Java 开发 从入门到精通

扶松柏　陈小玉◎编著

人民邮电出版社

北　京

图书在版编目（ＣＩＰ）数据

Java开发从入门到精通 / 扶松柏，陈小玉编著. --
北京 : 人民邮电出版社, 2016.9
ISBN 978-7-115-42027-5

Ⅰ. ①J… Ⅱ. ①扶… ②陈… Ⅲ. ①JAVA语言—程序
设计 Ⅳ. ①TP312

中国版本图书馆CIP数据核字(2016)第123638号

内 容 提 要

本书由浅入深地详细讲解了 Java 的开发技术，并通过具体实例的实现过程演练了各个知识点的具体使用流程。本书共 20 章，第 1～2 章讲解了 Java 技术的基础知识，包括 Java 印象和第一段 Java 程序；第 3～9 章分别讲解了 Java 语法、条件语句、循环语句、数组、面向对象等知识，这些内容都是 Java 开发技术的核心知识；第 10～14 章分别讲解了集合、类库、泛型、异常处理、I/O 和文件处理的基本知识，这些内容是 Java 开发技术的重点和难点；第 15～19 章是典型应用内容，分别讲解了数据库编程、网络与通信编程、多线程等内容；第 20 章通过一个综合实例的实现过程，介绍了 Java 技术在综合项目中的使用流程。本书内容循序渐进，以"技术解惑"和"范例演练"贯穿全书，引领读者全面掌握 Java 语言。

本书不但适用于 Java 的初学者，也适用于有一定 Java 基础的读者，还可以作为大专院校相关专业的师生学习用书和培训学校的教材。

◆ 编　著　扶松柏　陈小玉

　　责任编辑　张　涛

　　责任印制　焦志炜

◆ 人民邮电出版社出版发行　　北京市丰台区成寿寺路 11 号
　　邮编　100164　　电子邮件　315@ptpress.com.cn
　　网址　http://www.ptpress.com.cn

　　印张：35.75
　　字数：951 千字　　　　　　　2016 年 9 月第 1 版
　　　　　　　　　　　　　　　　2016 年 9 月北京第 1 次印刷

定价：59.00 元（附光盘）

读者服务热线：(010)81055410　印装质量热线：(010)81055316
反盗版热线：(010)81055315
广告经营许可证：京东工商广字第 8052 号

前　言

从你开始学习编程的那一刻起，就注定了以后所要走的路：从编程学习者开始，依次经历实习生、程序员、软件工程师、架构师、CTO 等职位的磨砺；当你站在职位顶峰的位置蓦然回首，会发现自己的成功并不是偶然，在程序员的成长之路上会有不断修改代码、寻找并解决 Bug、不停地测试程序和修改项目的经历；不可否认的是，只要你在自己的开发生涯中稳扎稳打，并且善于总结和学习，最终将会得到可喜的收获。

选择一本合适的书

对于一名想从事程序开发的初学者来说，究竟如何学习才能提高自己的开发技术呢？其一的答案就是买一本合适的程序开发图书进行学习。但是，市面上许多面向初学者的编程图书中，大多数篇幅都是基础知识讲解，多偏向于理论，读者读了以后面对实战项目时还是无从下手。讲清如何实现从理论平滑过渡到项目实战的图书，是初学者迫切需要的，为此，作者特意编写了本书。

本书讲解了入门类、范例类和项目实战类三类图书的内容。并且对实战知识不是点到为止地讲解，而是深入地探讨。用纸质书＋光盘资料（视频和源程序）＋网络答疑的方式，实现了入门＋范例练习＋项目实战的完美呈现，帮助读者从入门平滑过渡到项目实战的角色。

本书的特色

1. 以"入门到精通"的写作方法构建内容，让读者入门容易

为了使读者能够完全看懂本书的内容，本书遵循"入门到精通"基础类图书的写法，循序渐进地讲解这门开发语言的基本知识。

2. 破解语言难点，"技术解惑"贯穿全书，绕过学习中的陷阱

本书采用的不是编程语言知识点的罗列式讲解，为了帮助读者学懂基本知识点，每章都会有"技术解惑"板块，让读者知其然又知其所以然，也就是看得明白，学得通。

3. 全书共有 460 个实例，与"实例大全"类图书拥有同数量级的范例

书中一共有 460 个实例，其中有 153 个正文实例，1 个综合实例。每一个正文实例都穿插加入了 2 个与知识点相关的范例，即全书具有 306 个拓展范例。通过对这些实例及范例的练习，本书实现了对知识点的横向切入和纵向比较，让读者有更多的实践演练机会，并且可以从不同的角度展现一个知识点的用法，真正实现了举一反三的效果。

4. 视频讲解，降低学习难度

书中每一章均提供声、图并茂的语音教学视频，这些视频能够引导初学者快速入门，增强学习的信心，从而快速理解所学知识。

5. 贴心提示和注意事项提醒

本书根据需要在各章安排了很多"注意""说明"和"技巧"等小板块，让读者可以在学习

过程中更轻松地理解相关知识点及概念，更快地掌握个别技术的应用技巧。

6．源程序＋视频＋PPT 丰富的学习资料，让学习更轻松

因为本书的内容非常多，不可能用一本书的篇幅囊括"基础+范例+项目案例"的诸多内容，所以，需要配套 DVD 来辅助实现。在本书的光盘中不但有全书的源代码，而且还有精心制作的实例讲解视频。本书配套的 PPT 资料可以在网站下载（www.toppr.net）。

7．QQ 群+网站论坛实现教学互动，形成互帮互学的朋友圈

本书作者为了方便给读者答疑，特提供了网站论坛、QQ 群等技术支持，并且随时在线与读者互动。让大家在互学互帮中形成一个良好的学习编程的氛围。

本书的学习论坛是 www.toppr.net。

本书的 QQ 群是 347459801。

本书的内容

本书循序渐进、由浅入深地详细讲解了 Java 语言开发的技术，并通过具体实例的实现过程演练了各个知识点的具体应用。全书共 20 章，分别为 Java 之印象、第一段 Java 程序、Java 语法、条件语句、循环语句、特殊数据——数组、Java 的面向对象（上）、Java 的面向对象（中）、Java 的面向对象（下）、集合、常用的类库、泛型、异常处理、I/O 与文件处理、AWT 的奇幻世界、Swing 详解、数据库编程、网络与通信编程、多线程和综合案例——开发企业快信系统等内容。书中以"技术讲解""——"范例演练"——"技术解惑"贯穿全书，引领读者全面掌握 Java 语言开发。

各章的内容版式

本书的最大特色是实现了入门知识、实例演示、范例演练、技术解惑、综合实战 5 大部分内容的融合。其中各章内容由如下模块构成。

① 入门知识：循序渐进地讲解了 Java 语言开发的基本知识点。

② 实例演示：遵循理论加实践的学习模式，用 153 个实例演示了各个入门知识点的用法。

③ 范例演练：为了达到对知识点融会贯通、举一反三的效果，每个正文实例配套了 2 个演练范例，全书共计 306 个范例，多角度演示了各个知识点的用法和技巧。

④ 技术解惑：把读者容易混淆的部分单独用一个板块进行讲解和剖析，对读者所学的知识实现了"拔高"处理。

下面以本书第 3 章为例，演示本书各章内容版式的具体结构。

<table>
<tr><td rowspan="1">① 入门知识</td><td>

3.2.5　布尔型

　　布尔类型是一种表示逻辑值的简单类型，它的值只能是"真"或"假"这两个值中的一个。它是所有的诸如 a<b 这样的关系运算的返回类型。Java 中的布尔型对应只有一个——boolean 类型，用于表示逻辑上的"真"或"假"。boolean 类型的值只能是 true 或 false，不能用 0 或者非 0 来代表。布尔类型在 if、for 等控制语句的条件表达式中比较常见，在 Java 语言中使用 boolean 型变量的控制流程主要有下面几种。

❑ if 条件控制语句

❑ while 循环控制语句

❑ do 循环控制语句

❑ for 循环控制语句

　　在下面的内容中，将通过一个简单实例来说明在 Java 程序中使用布尔类型数据的基本流程。
</td></tr>
</table>

实例 007	复制布尔型变量并输出结果
源码路径	光盘\daima\3\Bugu.java
视频路径	光盘\视频\实例\第 3 章\007

实例文件 Bugu.java 的主要代码如下所示。

```
public class Bugu              //定义类
  {
    public static void main(String args[])
{
       boolean b;            //定义b
       b = false;            //赋值b
       System.out.println("b is " + b);
       b = true;             //赋值b
    System.out.println("b is " + b);
    if(b) System.out.println("This is executed.");
    b = false;               //赋值b
       if(b) System.out.println("This is not executed.");
    System.out.println("10 > 9 is " + (10 > 9));
       }
  }
```

范例 013：定义两个布尔类型变量并赋值

源码路径：光盘\演练范例\013\

视频路径：光盘\演练范例\013\

范例 014：实现强制类型转换

源码路径：光盘\演练范例\014\

视频路径：光盘\演练范例\014\

执行后的效果如图 3-6 所示。

```
b is false
b is true
This is executed.
10 > 9 is true
```

图 3-6　执行效果

3.7　技术解惑

3.7.1　定义常量时的注意事项

3.7.2　char 类型中单引号的意义

3.7.3　正无穷和负无穷的问题

3.7.4　移位运算符的限制

赠送资料

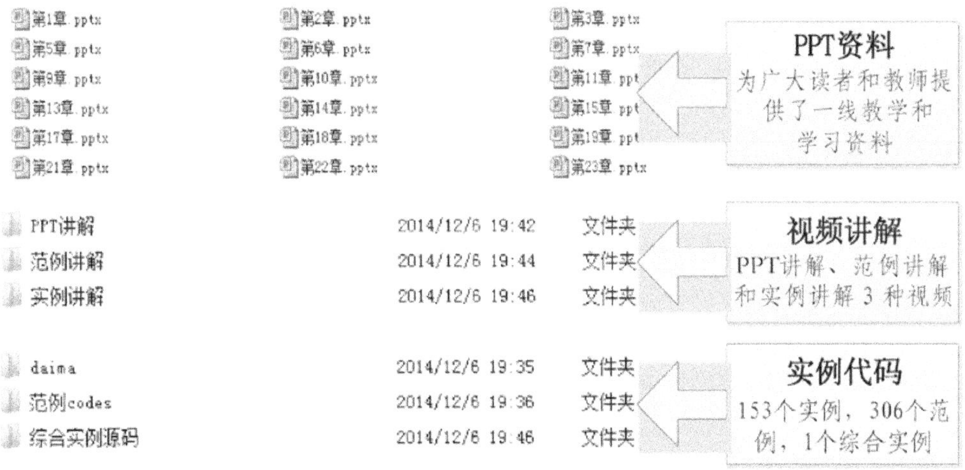

第1章.pptx	第2章.pptx	第3章.pptx
第5章.pptx	第6章.pptx	第7章.pptx
第9章.pptx	第10章.pptx	第11章.ppt
第13章.pptx	第14章.pptx	第15章.ppt
第17章.pptx	第18章.pptx	第19章.ppt
第21章.pptx	第22章.pptx	第23章.pptx

PPT讲解	2014/12/6 19:42	文件夹
范例讲解	2014/12/6 19:44	文件夹
实例讲解	2014/12/6 19:46	文件夹

daima	2014/12/6 19:35	文件夹
范例codes	2014/12/6 19:36	文件夹
综合实例源码	2014/12/6 19:46	文件夹

售后服务

本书的读者对象

初学编程的自学者	编程爱好者
大中专院校的教师和学生	相关培训机构的教师和学员
毕业设计的学生	初、中级程序开发人员
软件测试人员	实习中的初级程序员
在职程序员	

致谢

十分感谢我的家人给予的巨大支持。本人水平毕竟有限，书中存在纰漏在所难免，诚请读者提出意见或建议，以便修订并使之更臻完善。编辑联系邮箱：zhangtao@ptpress.com.cn。

最后感谢您购买本书，希望本书能成为您编程路上的领航者，祝您阅读快乐！

作者

目　　录

第 15 章 AWT 的奇幻世界 ……………… 340

（视频总计 49 分钟，实例 10 个，拓展实例 20 个，技术解惑 6 个）

第 1 章

Java 之印象

究竟 Java 是什么呢？为什么让你在众多语言中选择并学习这门语言呢？本章将会为读者讲解这些疑惑。学完本章的内容，相信初学者会对 Java 有一个深刻的印象。

本章内容

▸▸ 初步认识 Java

▸▸ 面向对象

技术解惑

卓越者的总结

对初学者的 3 条建议

理解 Java 的垃圾回收机制

1.1　初步认识 Java

知识点讲解：光盘:视频\PPT 讲解（知识点）\第 1 章\初步认识 Java.mp4

纵观各大主流招聘媒体，总是会看到多条招聘 Java 程序员的广告。由此可以看出，Java 程序员很受市场欢迎。在本节将带领大家认识 Java 这门语言，为读者步入本书后面知识的学习打下基础。

1.1.1　都在谈论 Java

Java 是由 Sun 公司于 1995 年 5 月推出的 Java 程序设计语言（以下简称 Java 语言）和 Java 平台的总称。用 Java 实现的 HotJava 浏览器（支持 Java Applet）向我们展示了 Java 语言的魅力：跨平台、动态的 Web、Internet 计算。从那以后，Java 便被广大程序员和企业用户广泛接受，成为了受欢迎的编程语言之一。

Java 平台由 Java 虚拟机（Java Virtual Machine）和 Java 应用编程接口（Application Programming Interface，API）构成。Java 应用编程接口为 Java 应用提供了一个独立于操作系统的标准接口，可分为基本部分和扩展部分。在硬件或操作系统平台上安装一个 Java 平台之后，Java 应用程序就可运行。现在，Java 平台已经嵌入到了几乎所有的操作系统。这样 Java 程序只需编译一次，就可以在各种系统中运行。

Java 分为如下 3 个体系。

- JavaSE：Java2 Platform Standard Edition 的缩写，即 Java 平台标准版。
- JavaEE：Java 2 Platform Enterprise Edition 的缩写，即 Java 平台企业版。
- JavaME：Java 2 Platform Micro Edition 的缩写，即 Java 平台微型版。

1.1.2　Java 的特点

- 简单：Java 语言的语法与 C 语言和 C++语言十分接近，这样大多数程序员可以很容易地学习和使用 Java。另外，Java 还丢弃了 C++中很少使用的、很难理解的那些特性，例如，操作符重载、多继承、自动强制类型转换等。并且令广大学习者高兴的是 Java 不再使用指针，学习者再也不用为学习指针而发愁。Java 还为我们提供了自动废料收集机制，使得程序员不必再为内存管理而担忧。
- 面向对象：Java 语言提供了类、接口和继承等特性。为了简单起见，Java 只支持类之间的单继承和接口之间的多继承，并且也支持类与接口之间的实现机制。总之，Java 语言是一门纯粹面向对象的程序设计语言。
- 分布式：Java 语言支持 Internet 应用开发，在基本的 Java 应用编程接口中有一个网络应用编程接口（java.net），通过这个接口提供了用于网络应用编程的类库，包括 URL、URLConnection、Socket、 ServerSocket 等。Java 的 RMI（远程方法激活）机制也是开发分布式应用的重要手段。
- 健壮：Java 的强类型机制、异常处理、废料的自动收集等是 Java 程序健壮性的重要保证。Java 通过安全检查机制，使 Java 程序更具健壮性。
- Java 语言是安全的：程序员通常在网络环境中使用 Java 语言，所以，Java 为我们提供了一个安全机制以防止被恶意代码攻击。Java 语言除了具有的许多安全特性以外，还为网络下载应用提供了一个安全防范机制（ClassLoader 类），例如，分配不同的名字空间以防替代本地的同名类。字节代码检查和安全管理机制（SecurityManager 类）为 Java 应用程序提供了一个"安全哨兵"。
- 可移植：可移植性是指能够在不同的开发平台和服务器平台上使用，不管是微软的产品还是其他产品。Java 的运行环境是用 ANSI C 实现的，所以，Java 系统本身具有很强的可移植性，可以在很多平台上运行。

❑ 解释型：Java 程序在 Java 平台上被编译为字节码格式，这样就可以在实现这个 Java 平台的任何系统中运行。在运行时，Java 平台中的 Java 解释器对这些字节码进行解释执行，执行过程中需要的类在联接阶段被载入到运行环境中。

❑ 高性能：与那些解释型的高级脚本语言相比，Java 的确是高性能的。随着 JIT（Just-In-Time）编译器技术的发展，Java 的运行速度已经越来越接近于 C++。

❑ 多线程：当程序需要同时处理多项任务时就需要多线程开发，一个程序在同一时间只能做一件事情的功能过于简单，肯定无法满足现实的需求。在实际的应用中，多线程开发是必不可少的，多线程的目的是在同一时间可以做多件事情，并且可以开启多个线程同时做一件事情，这样可以提高效率。不管是对于 C 语言、C++还是其他的程序设计语言，线程都是一个十分重要的知识点，多线程是现代开发软件系统的发展方向，Java 作为主流的程序设计语言，它当然是支持多线程的，具有并发性，其执行的效率很高。

❑ 动态：Java 语言的设计目标之一是适应于动态变化的环境。Java 程序中的类需要能够动态地被载入到运行环境中，也可以通过网络来载入所需要的类。动态语言的好处是有利于软件升级。

1.1.3　Java 中的一些名词解释

在 Java 语言中有许多专业术语，这些专业术语通常是指 Java 语言下的一个技术或者一个功能，下面介绍一些常用的技术名词。

1. JDBC

JDBC（Java DataBase Connectivity）提供连接各种关系数据库的统一接口，可以为多种关系数据库提供统一访问，它由一组用 Java 语言编写的类和接口组成。JDBC 为数据库开发人员提供了一个标准的 API，使数据库开发人员能够用纯 Java API 编写数据库应用程序。

2. EJB

EJB（Enterprise JavaBeans）使得程序员可以方便地创建、部署和管理跨平台的基于组件的企业应用。

3. Java RMI

Java RMI（Java Remote Method Invocation）用来开发分布式 Java 应用程序。一个 Java 对象的方法能被远程 Java 虚拟机调用，这样可以在对等的两端激活远程方法，这也可以发生在客户端和服务器之间，只要双方的应用程序都是用 Java 编写的。

4. Java IDL

Java IDL（Java Interface Definition Language）提供了与 CORBA（Common Object Request Broker Architecture）的无缝互操作性，这使得 Java 能集成异构的商务信息资源。

5. JNDI

JNDI（Java Naming and Directory Interface）提供了从 Java 平台到应用程序的统一无缝连接，这个接口屏蔽了企业网络所使用的各种命名和目录服务。

6. JMAPI

JMAPI（Java Management API）为异构网络上系统、网络和服务管理的开发提供一整套丰富的对象和方法。

7. JMS

JMS（Java Message Service）提供了企业消息服务，例如，可靠的消息队列、发布和订阅通信，以及有关推拉（Push/Pull）技术的各个方面。

8．JTS

JTS（Java Transaction Service）提供了存取事务处理资源的开放标准，这些事务处理资源包括事务处理应用程序和事务处理管理及监控等。

9．JavaBean

在 Java 技术中，除了上面的内容，还需要特别关注 JavaBeans 技术，它是一个开放的、标准的组件体系结构，它虽然独立于平台，但是，使用 Java 语言开发。

1.2　面 向 对 象

📹 知识点讲解：光盘:视频\PPT 讲解（知识点）\第 1 章\面向对象.mp4

在具体学习 Java 语言之前，需要先弄清楚什么是面向对象，面向对象思想是学好 Java 语言的前提。在讲解 Java 语言的具体语法知识之前，先和大家一起学习面向对象的基本知识。

1.2.1　什么是面向对象

在目前的软件开发领域有两种主流的开发方法，分别是结构化开发方法和面向对象开发方法。早期的编程语言如 C、Basic、Pascal 等都是结构化编程语言，随着软件开发技术的逐渐发展，人们发现面向对象可以提供更好的可重用性、可扩展性和可维护性，于是催生了大量的面向对象的编程语言，如 C++、Java、C#和 Ruby 等。

面向对象程序设计即 OOP，是 Object-Oriented Programming 的缩写。面向对象编程技术是一种起源于 20 世纪 60 年代的 Simula 语言，其自身理论已经十分完善，并被多种面向对象程序设计语言（Object-Oriented Programming Langunianling，OOPL）实现。由于很多原因，国内大部分程序设计人员并没有很深的 OOP 以及 OOPL 理论，很多人从一开始学习到工作很多年都只是接触到 C/C++、Java 等静态类型语言，而对纯粹的 OOP 思想以及动态类型语言知之甚少。

对象的产生通常基于两种基本方式，分别是以原型对象为基础产生新对象和以类为基础产生新对象。

1．基于原型

原型模型是以一个有代表性的对象为基础来产生各种新的对象，并由此继续产生更符合实际应用的对象。而原型—委托也是 OOP 中的对象抽象，是代码共享机制中的一种。

2．基于类

一个类提供了一个或多个对象的通用性描叙。从形式化的观点看，类与类型有关，因此，一个类相当于是从该类中产生的实例的集合。

1.2.2　Java 的面向对象编程

面向对象编程方法学是 Java 编程的指导思想。在使用 Java 进行编程时，应该首先利用对象建模技术（OMT）来分析目标问题，抽象出相关对象的共性，对它们进行分类，并分析各类之间的关系；然后再用类来描述同一类对象，归纳出类之间的关系。Coad 和 Yourdon 在对象建模技术、面向对象编程和知识库系统的基础之上设计了一整套面向对象的方法，具体来说分为面向对象分析（OOA）和面向对象设计（OOD）。对象建模技术、面向对象分析和面向对象设计共同构成了系统设计的过程，如图 1-1 所示。

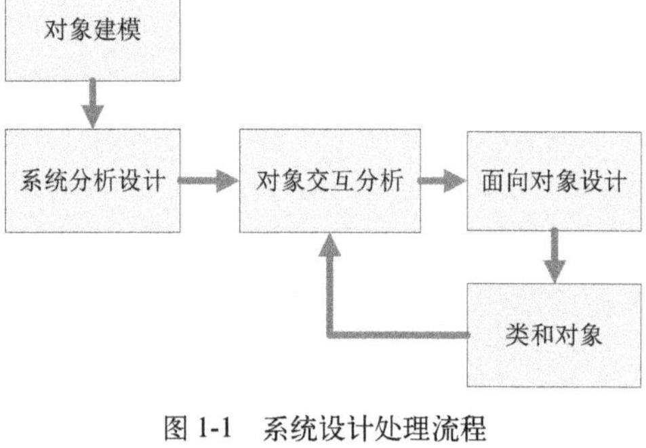

图 1-1　系统设计处理流程

1.2.3　UML 统一建模语言

在进行对象建模、面向对象分析和设计的过程中，需要使用建模语言来描述分析的过程和结果。统一建模语言即 UML，是 Unified Modeling Langunianling 的缩写。UML 是为了实现上述目标而设计的一种标准通用的设计语言。

1. UML 图的类型

UML 为我们提供了多种类型的模型描述图，当在某种给定的方法学中使用这些图时，人们就能更容易理解和交流设计思想。UML 图可以分为如下 3 种类型。

（1）静态图。

静态图即 Static Diagram，其功能是描述了不发生任何变化的软件元素的逻辑结构，描绘了类、对象和数据结构及其存在于它们之间的关系。

（2）动态图。

动态图即 Dynamic Diagram，其功能是展示软件实体在运行期间的的变化，主要描绘了执行流程、实体改变状态的方式。

（3）物理图。

物理图即 Physical Diagram，其功能是显示软件实体不变化的物理结构，主要用来描绘库文件、字节文件和数据文件等，以及存在于它们之间的相互关系。

2. 类图和对象图

在 Java 中，通常使用类图和对象图来表示项目内程序类的结构和各元素间的对应关系。在下面的内容中，将简要介绍类图和对象图的基本知识。

（1）类图。

类图表示不同的实体间的相互关系，显示了系统的静态结构。类图可用于表示逻辑类，逻辑类通常是指事物的种类，比如球队、电影之类的抽象描述。类图还可以用于表示实现类，实现类就是程序员要编写的类。实现类图与逻辑类图可能会用来描述一些相同的类。然而，实现类图与逻辑类图不会使用相同的描述属性。

类图通常用矩形表示，并在矩形内将类分为 3 个部分。其中最上面的部分显示类的名称，中间部分显示类的属性，最下面的部分显示类的方法，例如图 1-2 所示的格式。

类名
+类属性 1
+类属性 2
…………
+类属性 n
+类方法
+类方法
+类方法
+类方法
+类方法

图 1-2　典型类图结构

❄　注意：在现实应用中，最常用、最简单的类图就是一个在里面显示了类名的长方形。在大多数的 UML 中，多数类只要有一个能够清楚表达的命名就可以了。

在类名部分还可以显示类的构造类型，类的构造型在双角括符号"《》"之间指定，并放在类的名称上面。常见的构造类型包括如下 3 类。

❑　实现类：直接显示类的名称。

❑　接口：在类名上方的双角括符号"《》"内显示。

❑　工具类：在类名上方的双角括符号"《》"内显示。

如果类名用斜体表示，或者在类名下面，则表示这个类是一个抽象类。

在属性和方法的前面可以用修饰符"+"或"-"，其功能是表示属性或方法的作用域，具体说明如下所示。

❑　修饰符"-"：表示属性或方法是私有的（private）。

- ❑　修饰符"#"：表示属性或方法是保护的（protected）。
- ❑　修饰符"+"：表示属性或方法是公用的（public）。

通常在类的属性或方法参数名称的冒号后，显示了属性的类型或方法的参数的类型。方法的返回值类型显示在方法后面的冒号之后。

例如图 1-3 显示了一个 Lei 类的类图结构。

Lei
+ming: string +xingbie: char -nianling: int
+Chuli(in type: string): void +Lei(in ming: string, in xingbie: char, in nianling: int): void +Chuli2(): void +Chuli3(): void

图 1-3　Lei 类的类图结构

（2）对象图。

对象图的功能是用来表示类的实例化对象。通常用一个两层的矩形结构来表示对象图，其中上层标识对象名和类名，下层标识对象的实例化属性值。例如在下面的代码中，创建了一个 Lei 类的对象 mm。

```
Lei mm = new Lei("mm", 'F', 24);
```

上述 mm 对象的对象图如图 1-4 所示。

在同一个应用项目中，类之间可能存在如下多种类别的相互关系。

mm: Lei
ming: string="mm" xingbie: char='F' nianling: int =24

图 1-4　对象图示例

- ❑　继承：即 inheritance，是指一个类从其父类派生而来，继承了父类的属性和方法。基于类的继承叫做一般化（generalization），基于接口的继承，叫做实现（realization）。
- ❑　关联：即 association，类之间的关联大多用来表示变量实例持有对其他对象的引用，这种关系是半永久的，并没有包含关系。
- ❑　依赖：即 dependency，是不同类实例之间的暂时相互关系。
- ❑　聚合：即 aggregation，是关联的一种特殊形式，代表着一种整体和部分的关系。并且里面的部分可以作为其他整体的部分，而部分和整体之间也没有生命期的依赖。
- ❑　组合：即 composition，是聚合的一种特殊形式。组合的关联性比聚合更强，而部分只能作为唯一的一个整体的部分，而且部分的生命周期依赖于整体的生命周期。

UML 是一种设计语言，它的目的不是表现细节，而是表现结构，仅仅展示必要的细节。所以 UML 不可能与源代码一一对应，只是在结构上存在了某种对应关系。

3. 序列图和状态图

除了前面介绍的类图和对象图外，在 Java 中还可以使用序列图和状态图来表示项目内程序类的结构和各元素间的对应关系。在下面的内容中，将对序列图和状态图的基本知识进行简要介绍。

（1）序列图。

序列图显示具体用例（或用例的一部分）的详细流程，它不但显示了流程中不同对象之间的交互关系，而且还可以很详细地显示对不同对象的各种调用。在序列图中有如下两个维度。

- ❑　垂直维度：以发生的时间顺序显示消息/调用的序列。
- ❑　水平维度：显示对象实例之间的交互。

对象之间的交互存在如下 5 种关系。

- ❑　调用：即 call，一个对象调用另一个对象（或本身）的方法。
- ❑　返回：即 return，返回一个值作为方法调用的结果。
- ❑　发送：即 send，一个对象给另一个对象（或本身）异步发送一个消息。
- ❑　创建：即 create，一个对象实例化另一个对象。
- ❑　销毁：即 destroy，一个对象销毁另一个对象（或本身）。

　　绘制序列图的方法非常简单，通常用图顶部的框表示类的实例对象，框中的类实例名称和类名称之间用空格/冒号/空格来分隔。如果某个类实例向另一个类实例发送了处理消息，则绘制一条具有指向接收类实例的开箭头的连线，并把处理的名称放在连线上面。对于某些特别重要的消息，可以绘制一条具有指向发起类实例的开箭头的虚线，将返回值标注在虚线上。有助于序列图的阅读。

　　（2）状态图。

　　状态图表示某个类所处的不同状态和该类的状态转换信息。每个类都有状态，但不是每个类都应该有一个状态图。只有当行为的改变和状态有关时才创建状态图。一般只描述在系统活动期间具有 3 个或更多潜在状态的类的状态图。

　　状态图中的符号集包括如下 5 个基本元素。

- ❑　初始起点：使用实心圆来绘制。
- ❑　状态转换：使用带箭头的线段来绘制。
- ❑　当前状态：使用圆角矩形来绘制。
- ❑　判断点：使用空心圆来绘制。
- ❑　一个或者多个终止点：使用内部包含实心圆的圆来绘制。

　　在绘制状态图时，首先需要绘制起点和一条指向该类的初始状态的转换线段。状态本身可以在图上的任意位置绘制，然后只需使用状态转换线条将它们连接起来。

1.2.4　对象建模技术

　　对象建模技术源于通用电气公司的一套系统开发技术，是以面向对象的思想为基础，通过对问题进行抽象而构造出一组相关的模型。通过对象建模技术，可以全面地描述问题领域的结构。对象建模技术把分析时收集到的信息构造在如下 3 类模型中。

- ❑　功能模型：功能模型定义系统做什么。
- ❑　对象模型：对象模型定义系统对谁做。
- ❑　动态模型：动态模型定义系统如何做。

　　通过上述 3 个模型，可以从不同的角度对系统进行描述，首先分别着重于系统的某个侧面，然后整体组合起来构成对系统的完整描述。

　　1．功能模型

　　功能模型的功能是实现系统内部数据的传送和处理。功能模型能够说明，从输入数据能够计算出什么样的输出数据，但是，没有考虑参加计算的数据按什么时序来执行。功能模型由多个数据流图组成，它们指明从外部输入，通过操作和内部存储，直到外部输出的整个数据流情况。功能模型还包括了对象模型内部数据间的限制。功能模型中的数据流图往往形成一个层次结构，一个数据流图的过程可以由下一层的数据流图作进一步的说明。UML 中通常使用用例图和活动图来描述功能模型。

　　建立功能模型的主要步骤如下所示。

　　（1）确定输入和输出值。

　　（2）用数据流图表示功能的依赖性。

　　（3）具体说明每个具体功能。

　　（4）确定限制。

　　（5）确定功能优化的准则。

　　上述操作的具体实现流程如图 1-5 所示。

　　2．对象模型

　　对象模型的功能是描述系统的静态结构，

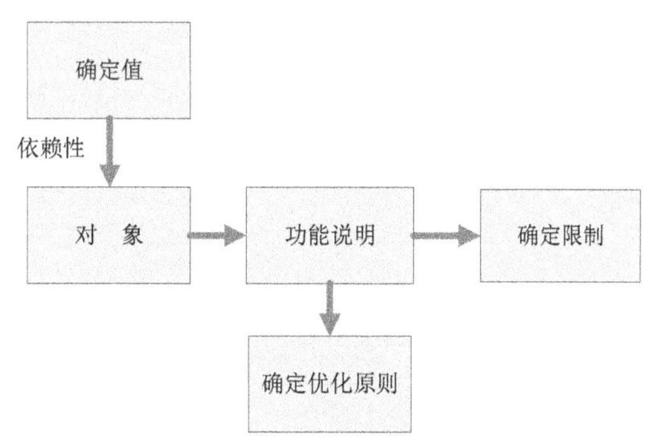

图 1-5　功能模型处理流程

包括类和对象，它们的属性和操作，以及它们之间的关系。构造对象模型的主要目的是，发掘与项目应用密切相关的概念。对象模型用包含对象和对象之间关系的图来表示，在 UML 中通常使用类图和对象图来描述对象模型。

使用 OMT 建立对象模型的主要步骤如下所示。

（1）确定对象类。

（2）定义数据词典，并利用它来描述类的属性和类之间的关系。

（3）用继承来组织和简化类的结构和类之间的关系。

（4）测试访问路径。

（5）根据对象之间的关系和对象的功能将对象分组建立模块。

上述操作的具体实现流程如图 1-6 所示。

3．动态模型

动态模型主要用于控制系统的逻辑，考察在任何时候对象及其关系的改变，描述这些涉及时序和改变的状态。通常使用状态图和事件跟踪图来描述动态模型。

状态图是状态和事件以及它们之间的关系所形成的网络，侧重于描述每一类对象的动态行为。而事件跟踪图则侧重于说明系统执行过程中的一个特点场景，描述完成系统某个功能的一个事件序列。

对象到对象的单个消息叫做一个事件。在系统的一个特定环境下发生的一系列事件叫做一个场景。场景通常起始于一个系统外部的输入事件，结束于一个系统外部的输出事件。在一个场景中，一系列事件和交换事件的对象都可以放在一个事件跟踪图中表示。UML 使用状态图和序列图来描述动态模型，序列图对应于事件跟踪图。

建立动态模型的主要步骤如下所示。

（1）预制典型的交互序列场景。

（2）确定对象之间的事件，为每个场景建立事件跟踪图。

（3）为每个系统预制一个事件流图。

（4）为具有重要动态行为的类建立状态图。

（5）检验不同状态图中共享的事件的一致性和完整性。

上述操作的具体实现流程如图 1-7 所示。

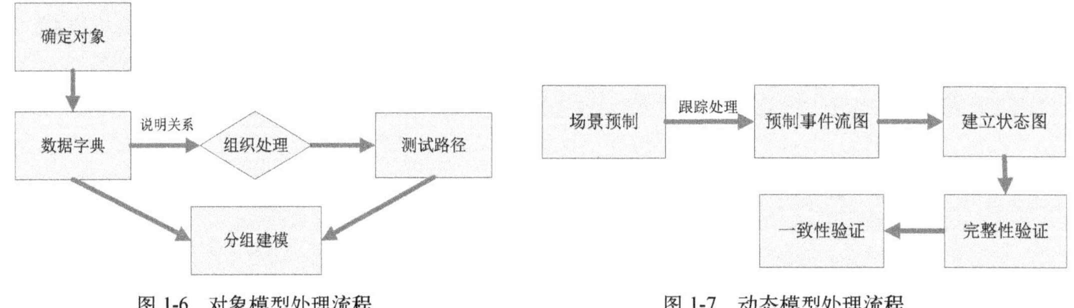

图 1-6　对象模型处理流程　　　　　　图 1-7　动态模型处理流程

1.2.5　面向对象分析

面向对象分析属于软件开发过程中的问题定义阶段。传统的系统分析产生一组面向过程的文档，定义目标系统的功能；面向对象分析则产生一种描述系统功能和问题领域的基本特征的综合文档。

1．面向对象分析的原则

Java 中面向对象的分析需要遵循下面的原则。

（1）抽象。

从许多事物中舍弃个别的、非本质的特征，抽取共同的、本质性的特征，这就是抽象。抽象是形成概念的必要手段。抽象原则具有如下两点意义。

- 尽管问题域中的事物是很复杂的，但是分析员并不需要了解和描述它们的一切，只需要分析研究其中与系统目标有关的事物及其本质性特征。
- 通过舍弃个体事物在细节上的差异，抽取其共同特征而得到一批事物的抽象概念。

抽象是面向对象方法中使用最为广泛的原则，抽象原则包括过程抽象和数据抽象两个方面。

- 过程抽象：任何一个完成确定功能的操作序列，使用者都可以把它看成一个单一的实体，尽管实际上它可能是由一系列更低级的操作完成的。
- 数据抽象：根据施加于数据之上的操作来定义数据类型，并限定数据的值只能由这些操作来修改和观察。数据抽象是面向对象分析的核心原则。它强调把数据（属性）和操作（服务）结合为一个不可分的对象，对象的外部只需要知道它做什么，而不必知道它如何做。

（2）封装。

封装就是把对象的属性和服务结合为一个不可分的系统单位，并尽可能隐蔽对象的内部细节。

（3）继承。

特殊类的对象拥有的其一般类的全部属性与服务，这是特殊类对一般类的继承。在面向对象分析中运用继承原则，就是在每个由一般类和特殊类形成的结构中，把一般类的对象实例和所有特殊类的对象实例都共同具有的属性和服务，一次性地在一般类中进行显式定义。在特殊类中不再重复地定义一般类中已定义的东西，但是在语义上，特殊类却自动地、隐含地拥有它的一般类（以及所有更上层的一般类）中定义的全部属性和服务。继承原则的好处是：使系统模型比较清晰。

（4）分类。

分类就是把具有相同属性和服务的对象划分为一类，用类作为这些对象的抽象描述。分类原则实际上是抽象原则运用于对象描述时的一种表现形式。

（5）聚合。

聚合的原则是：把一个复杂的事物看成若干比较简单的事物的组装体，从而简化对复杂事物的描述。

（6）关联。

通过一个事物联想到另外的事物，能使人发生联想的原因是事物之间确实存在着某些联系。

（7）消息通信。

这一原则要求对象之间只能通过消息进行通信，而不允许在对象之外直接地存取对象内部的属性。通过消息进行通信是由于封装原则引起的。在 OOA 中要求用消息连接表示出对象之间的动态联系。

（8）粒度控制。

考虑某部分的细节时暂时撇开其余的部分，这就是粒度控制原则。

2.　面向对象分析的阶段

面向对象分析的过程分为两个阶段，分别是问题领域分析和应用分析，这两个阶段的具体说明如下所示。

（1）问题领域分析阶段。

问题领域分析是软件开发的基本组成部分，目的是使开发人员了解问题领域的结构，建立大致的系统实现环境。问题领域分析给出一组抽象概念作为特定系统需求开发的参考。问题领域分析实际上是一种学习过程。软件开发人员在这个阶段应该尽可能地理解当前系统中与应用有关的知识，放宽考虑的范围，尽可能地标识与应用有关的概念。有了广泛的问题领域知识，涉及具体的应用时，就可以更快地进入状态，掌握应用的核心知识。而且，在用户改变对目标系统的需求时，广泛的分析可以帮助我们预测出目标系统在哪些方面会发生哪些变化。在分析过程中，应该标识出系统的基本概念（对象、类、方法、关系等）、识别问题领域的特征，并把这些概念集成到问题领域的模型中。问题领域的模型必须包含概念之间的关系，以及每个概念的全部信息。标识出来的相关概念应该根据信息内容来有机地融合到问题领域的综合视图中。

（2）应用分析阶段。

应用分析是依据在问题领域分析时建立起来的问题领域模型来进行的。应用分析时，把问题领域模型用于当前特定的应用之中。首先，通过收集到的用户信息来对问题领域进行取舍，把用户需求作为限制条件来使用，以缩减问题领域的信息量。因此，问题领域分析的视野大小直接影响到应用分析保留的信息量。一般来说，问题领域分析阶段产生的模型并不需要用程序设计语言来表示，而应用分析阶段产生的影响条件则需要用某种程序设计语言来表示。模型识别的要求可以针对一个应用，也可以针对多个应用。通常我们着重考虑两个方面，即应用视图和类视图。在类视图中，必须对每个类的属性和操作进行细化，并表示出类之间的相互作用关系。

3．面向对象分析的具体目标

面向对象分析需要完成如下两个目标。

（1）形式化地说明所面对的应用问题，最终形成软件系统基本构成的对象，以及系统所必须遵从的、由应用环境所决定的规则和约束条件。

（2）明确地规定构成系统的对象如何协同工作和完成指定的功能。

通过面向对象分析所建立的系统模型是以概念为中心的，因此称为概念模型。概念模型由一组相关的类组成。面向对象分析可以通过自顶向下地逐层分解来建立系统模型，也可以自底向上地从已经定义的类出发，逐步构造新的类。

概念模型的构造和评审由如下 5 个层次构成。

- ❑　类和对象层。
- ❑　属性层。
- ❑　服务层。
- ❑　结构层。
- ❑　主题层。

上述 5 个层次不是构成软件系统的层次，而是分析过程中的层次。当 5 个层次的工作全部完成时，面向对象分析的任务也就完成了。

　　注意：在实际编程操作中，面向对象分析的目标是得出问题领域的功能模型、对象模型和动态模型，并用相应的 UML 图将它们表示出来。

1.2.6　面向对象设计

经过前面的分析处理后，接下来就可以进行具体设计了。面向对象设计的任务是对面向对象分析的结果进行规范化整理，以便能够被面向对象编程直接接受。在接下来的内容中，将简要介绍面向对象设计的基本知识。

1．面向对象设计概述

面向对象设计是一种软件设计方法，是一种工程化规范。面向对象设计中主要的操作如下所示。

- ❑　确定需要的类。
- ❑　给每个类提供一组完整的操作。

❑　明确地使用继承来表现共同点。

所以说，面向对象设计就是一个根据需求决定所需的类、类的操作，以及类之间关联的过程。

从面向对象分析到面向对象设计是一个逐步扩充模型的过程。面向对象分析以实际问题为中心，可以不考虑与软件实现相关的任何问题，主要考虑"做什么"的问题；面向对象设计则是面向软件实现的实际开发活动，主要考虑"怎么做"的问题。

面向对象设计的目标是管理程序内部各部分的相互依赖关系。为了达到这个目标，面向对象设计要求将程序分成块，然后分别将各个块隐藏在接口（interface）的后面，让它们只通过接口相互交流。比如说，如果用面向对象设计的方法来设计一个客户端—服务器应用，那么服务器和客户端之间不应该有直接的依赖，而是应该让服务器的接口和客户端的接口相互依赖。

2．面向对象设计的原则

面向对象设计所要遵循的原则如下所示。

（1）模块化。

面向对象开发方法很自然地支持了把系统分解成模块的设计原则：对象就是模块。它是把数据结构和操作这些数据的方法紧密地结合在一起所构成的模块。

（2）抽象。

面向对象方法不仅支持过程抽象，而且支持数据抽象。

（3）信息隐藏。

在面向对象方法中，信息隐藏通过对象的封装性来实现。

（4）低联系。

在面向对象方法中，对象是最基本的模块，因此，联系主要指不同对象之间相互关联的紧密程度。低联系是设计的一个重要标准，因为这有助于使得系统中某一部分的变化对其他部分的影响降到最低。

3．面向对象设计的任务

面向对象设计有如下 3 个任务。

（1）对象定义规格的求精。

对于面向对象分析所抽象出来的对象、类，以及汇集的分析文档，面向对象设计需要有一个根据设计要求整理和求精的过程，使之更能符合面向对象编程的需要，具体实施如下。

❑　根据面向对象的概念模型整理分析所确定的对象结构、属性、方法等内容，改正错误的内容，删去不必要和重复的内容等。

❑　进行分类整理，以便于下一步数据库设计和程序处理模块设计的需要，整理的方法主要是进行归类，对类、对象、属性、方法和结构、主题进行归类。

（2）数据模型和数据库设计。

数据模型的设计需要确定类、对象属性的内容、消息连接的方式、系统访问、数据模型的方法等。最后，每个对象实例的数据都必须落实到面向对象的库结构模型中。

（3）优化。

面向对象设计的优化设计过程是从另一个角度对分析结果和处理业务过程的整理归纳，优化包括对象和结构的优化、抽象、集成。

4．面向对象设计的过程和步骤

面向对象设计的过程，是通过利用设计阶段中的 4 个层次来建立系统的问题领域、用户界面、任务管理和数据管理的过程。

（1）问题领域。

问题领域包括与我们所面对的应用问题直接相关的所有类和对象。主要是根据需求的变化来对面向对象分析阶段产生的模型中的类和对象、结构、属性和操作进行组合和分解，根据面向对象设计原则来增加必要的类、属性和关系。

（2）用户界面。

通常在面向对象分析阶段给出了所需的属性和操作，在面向对象设计阶段必须根据需求把交互的细节加入用户界面的设计中，包括有效的人机交互所必需的实际显示和输入。

用户界面部分的设计主要由以下 7 个方面组成：

- ❑　用户分类。
- ❑　描述人及其任务的脚本。
- ❑　设计命令层。
- ❑　设计详细的交互。
- ❑　继续扩展用户界面原型。
- ❑　设计人机交互类。
- ❑　根据图形用户界面进行设计任务管理部分的设计。

（3）任务管理。

任务是进程的别称，是执行一系列活动的一段程序。当系统中有许多并发行为时，需要依照各个行为的协调和通信关系来划分各种任务，以简化并发行为的设计和编码。任务管理主要包括任务的选择和调整。

（4）数据管理。

数据管理提供了在数据管理系统中存储和检索对象的基本结构，包括对永久性数据的访问和管理。数据管理的方法主要有 3 种，分别是文件管理、关系数据库管理，以及面向对象的数据库管理。

1.2.7　Java 的面向对象特性

Java 是一门纯粹的面向对象的编程语言，完全支持封装、继承和多态这三大面向对象的基本特征。Java 程序的组成单位就是类，不管什么规模的 Java 应用程序，都是由一个个类组成的。

1.　一切皆为对象

在 Java 语言中，除了 8 个基本数据类型值之外都是对象，对象就是面向对象程序设计的中心。对象是人们要进行研究的任何事物，从最简单的数字到复杂的航空母舰等均是对象。对象不仅能表示具体的事物，而且还能表示抽象的规则、计划或事件。对象是具有状态的，一个对象用数据值来描述它的状态。Java 通过为对象定义 Field（以前常被称为属性，现在也称为字段）来描述对象的状态。对象也具有操作，这些操作可以改变对象的状态，对象的操作也被称为对象的行为，Java 通过为对象定义方法来描述对象的行为。对象实现了数据和操作的结合，使数据和操作封装于对象的统一体中。对象是 Java 程序里的核心，所以，Java 里的对象具有唯一性，每个对象都有一个标识来引用它，如果某个对象失去了标识，这个对象将变成垃圾，只能等着系统垃圾回收来回收它。Java 语言不允许直接访问对象，而是通过对对象的引用来操作对象。

2.　类和对象

具有相同或相似性质的一组对象的抽象就是类，类是抽象的、概念上的定义，是对一类事物的描述。对象是实际存在的该类事物的每个个体，因而也称实例（instance）。对象的抽象是类，类的具体化就是对象，也可以说类的实例是对象。类用来描述一系列对象，类会概述每个对象应包括的数据，类概述每个对象的行为特征。因此，我们可以把类理解成某种概念、定义，它规定了某类对象所共同具有的数据和行为特征。

Java 语言使用关键字 class 来定义一个类，Java 允许程序员自定义类。在 Java 中定义类时，可使用关键字 Field 来描述该类对象的数据，可使用方法来描述该类对象的行为特征。类的行为特主要是指属性和操作，具体说明如下所示。

- Java 中的类具有属性，它是对象状态的抽象，用数据结构来描述该类对象的共同数据特征。
- Java 中的类具有操作，它是对象行为的抽象，用操作名和实现该操作的方法来描述该类对象的共同行为。

在客观世界中有若干类，这些类之间有一定的结构关系。通常有如下两种主要的结构关系。

- 一般—特殊结构：也被称为分类结构，这种分类结构关系就是典型的继承关系，Java 语言使用关键字 extends 来表示这种分类结构，Java 的子类是一种特殊的父类。因此，这种"一般—特殊"结构关系其实是一种"is a"关系。
- 整体—部分结构：也被称为组装结构，这种分类关系就是典型的组合关系，Java 语言通过在一个类里保存另一个对象的引用来实现这种组合关系，因此这种"整体—部分"结构关系其实是一种"has a"关系。

程序员在定义 Java 类之后，就可以使用关键字 new 来创建指定类的对象，每个类可以创建任意多个对象，多个对象的 Field 值可以不同，这表现为不同对象的数据存在差异。

1.3 技 术 解 惑

Java 语言开发技术博大精深，能够应用于多个领域。正是因为如此，一直深受广大程序员的喜爱。作为一名初学者，肯定会在学习过程中遇到很多疑问和困惑。在本节的内容中，笔者将自己的心得体会告诉大家，帮助读者解答困惑问题。

1.3.1 卓越者的总结

面向对象之父 Alan Kay 曾经总结了第一个成功的面向对象语言的 5 个基本特性，这同时也是 Java 语言所具备的 5 个基本特性，这些特性表现了一种纯粹的面向对象程序设计方式。

（1）万物皆为对象。将对象视为奇特的变量，它可以存储数据，除此之外，你还可以要求它在自身上执行操作。

（2）程序是对象的集合，它们通过发送消息来告知彼此所要做的。要想请求一个对象，就必须对该对象发送一条消息。也就是说，可以把消息想像为对某个特定对象的方法的调用请求。

（3）每个对象都有自己的由其他对象所构成的存储。换句话说，可以通过创建包含现有对象的包的方式来创建新类型的对象。因此，可以在程序中构建复杂的体系，同时将其复杂性隐藏在对象的简单性背后。

（4）每个对象都拥有其类型，在 Java 程序中，需要将每个对象都表示成某个类（class）的一个实例（instance），这里"类"就是"类型"的同义词。每个类区别于其他类的特性就是"可以发送什么样的消息给它"。

（5）某一特定类型的所有对象都可以接收同样的消息。例如"圆形"类型的对象同时也是"几何形"类型的对象，所以，一个"圆形"对象必定能够接收发送给"几何形"对象的消息。这意味着可以编写与"几何形"交互并自动处理所有与几何形性质相关的事物的代码。这种可替代性（substitutability）是 OOP 中最强有力的概念之一。

另一位名叫 Booch 的大师针对对象提出了一个更加简洁的描述：对象具有状态、行为和标识。这意味着每一个对象都可以拥有内部数据（它们给出了该对象的状态）和方法（它们产生行为），并且每一个对象都可以唯一地与其他对象区分开来，具体说来，就是每一个对象在内存中都有一个唯一的地址。

1.3.2　对初学者的 3 条建议

（1）学得要深入，基础要扎实。

基础的作用不必多说，在大学课堂上曾经讲过了很多次，在此重点说明"深入"。职场不是学校，企业要求你能高效地完成项目功能，但是现实中的项目种类繁多，我们需要从基础上掌握 Java 技术的精髓。走马观花式的学习已经被社会所淘汰，入门水平不会被开发公司所接受，他们需要的是高手。

（2）恒心，演练，举一反三。

学习编程的过程是枯燥的，我们需要将学习 Java 当成是自己的乐趣，只有做到持之以恒才能有机会学好。另外，编程最注重实践，最害怕闭门造车。每一个语法，每一个知识点，都要反复用实例来演练，这样才能加深对知识的理解。要做到举一反三，只有这样才能对知识有深入的理解。

1.3.3　理解 Java 的垃圾回收机制

在 Java 的众多突出特性之中，垃圾回收机制是它最具代表性的一个。在 C++中，对象所占的内存在程序结束运行之前一直被占用，在明确释放之前不能分配给其他对象；而在 Java 中，当没有对象引用指向原先分配给某个对象的内存时，该内存便成为垃圾，JVM 的一个系统级线程会自动释放该内存块，垃圾收集意味着程序不再需要的对象是"无用信息"，这些信息将被丢弃。当一个对象不再被引用时，内存回收它占领的空间，以便空间被后来的新对象使用。事实上，除了释放没用的对象，垃圾收集也可以清除内存记录碎片。由于创建对象和垃圾收集器释放丢弃对象所占的内存空间，因此，内存会出现碎片。碎片是分配给对象的内存块之间的空闲内存洞。碎片整理将所占用的堆内存移到堆的一端，JVM 将整理出的内存分配给新的对象。

垃圾收集能自动释放内存空间，减轻编程的负担，这使 Java 虚拟机具有一些优点。首先，它能使编程效率提高。在没有垃圾收集机制的时候，可能要花许多时间来解决一个难懂的存储器问题。在用 Java 语言编程时，靠垃圾收集机制可大大缩短时间。另外，它保护程序的完整性，垃圾收集是 Java 语言安全性策略的一个重要部分。

垃圾收集的一个潜在的缺点是它的开销影响程序性能。Java 虚拟机必须追踪运行程序中有用的对象，而且最终释放没用的对象。这一个过程需要花费处理器的时间。另外，垃圾收集算法的不完备性，使得早先采用的某些垃圾收集算法不能保证 100%收集到所有的废弃内存。当然，随着垃圾收集算法的不断改进以及软、硬件运行效率的不断提升，这些问题都可以得到解决。

第 2 章

第一段 Java 程序

　　经过本书第 1 章内容的学习，已经了解了 Java 语言的基本特点，并且对面向对象编程思想有了一个大体了解。从本章开始，将和大家一起来学习 Java 语言的基本知识。在学习具体语法知识之前，首先讲解搭建 Java 开发环境的方法，并通过一段程序来介绍 Java 的运作机制，为步入本书后面知识的学习打下基础。

本章内容

- ▸▸ 搭建 Java 开发平台
- ▸▸ 编写第一段 Java 程序
- ▸▸ 使用 IDE 工具
- ▸▸ Java 的运行机制

技术解惑

遵循源文件命名规则

忽视系统文件的扩展名

环境变量的问题

大小写的问题

main()方法的问题

注意空格问题

到底用不用 IDE 工具

区分 JRE 和 JDK

2.1　搭建 Java 开发平台

知识点讲解：光盘:视频\PPT 讲解（知识点）\第 2 章\搭建 Java 开发平台.mp4

"工欲善其事，必先利其器"，这一说法在编程领域同样行得通，因为学习 Java 开发也离不开一款好的开发工具。但是在使用开发工具进行 Java 开发之前，需要先安装 JDK 并进行相关设置。

2.1.1　安装JDK

我们必须先安装 JDK，然后再配置环境，只有这样才能够在自己的计算机系统中编译并运行一个 Java 程序。JDK（Java Development Kit）是整个 Java 的核心，包括了 Java 运行环境、Java 工具和 Java 基础的类库。JDK 是学好 Java 的第一步，是开发和运行 Java 环境的基础，当用户要对 Java 程序进行编译的时候，必须先获得对应操作系统的 JDK，否则将无法编译 Java 程序。在安装 JDK 之前需要先获得 JDK，获得 JDK 的具体操作如下。

（1）在 Sun 官方网站下载，网址为 http://developers.sun.com/downloads/，如图 2-1 所示。

（2）在图 2-1 中可以看到有很多版本，在此选择当前最新的 Java 7，其下载页面如图 2-2 所示。

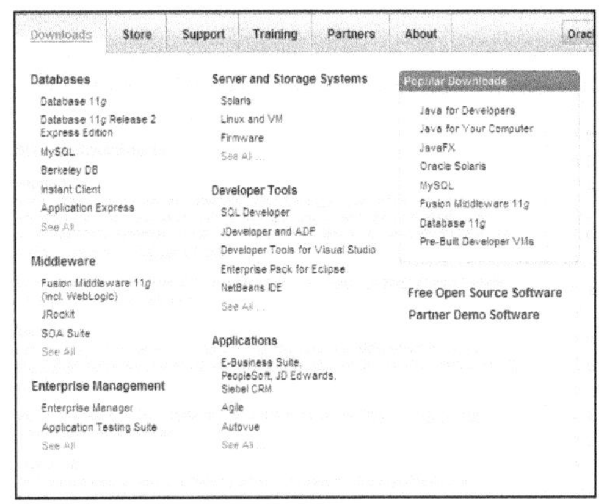

图 2-1　Sun 官方下载页面

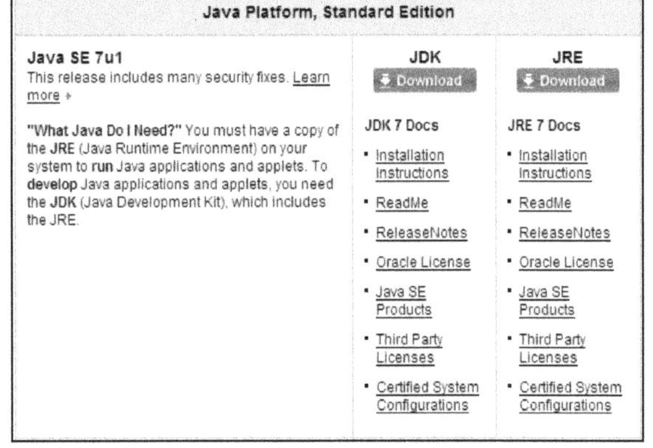

图 2-2　JDK 下载页面

（3）在图 2-2 中单击 JDK 下方的"Download"按钮，在弹出的新界面中选择我们所要下载的 JDK，例如笔者选择的是 Windows x86 版本，如图 2-3 所示。

（4）下载完成后双击下载的".exe"文件开始进行安装，将弹出"安装向导"对话框，在此单击"下一步"按钮，如图 2-4 所示。

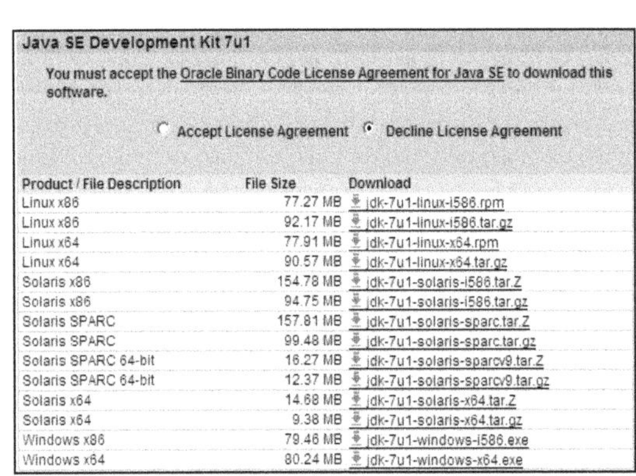

图 2-3　选择 Windows x86 版本

图 2-4　"安装向导"对话框

（5）弹出"安装路径"对话框，在此选择文件的安装路径，如图 2-5 所示。

（6）设置好安装路径，然后单击"下一步"按钮开始在安装路径下解压缩下载的文件，如图 2-6 所示。

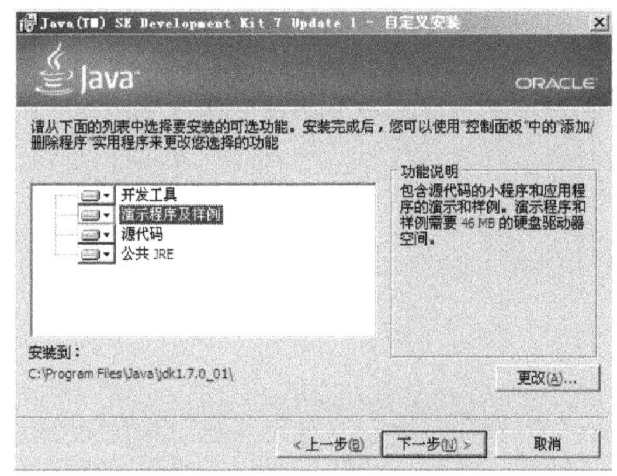

图 2-5　"安装路径"对话框

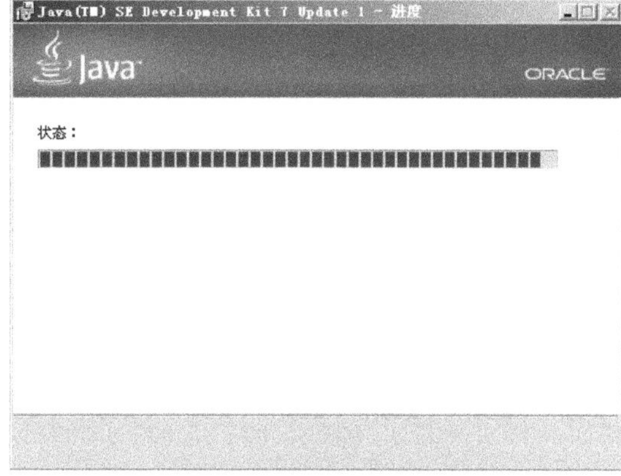

图 2-6　解压缩下载的文件

（7）完成后弹出"目标文件夹"对话框，在此选择要安装的位置，如图 2-7 所示。

（8）单击"下一步"按钮后开始正式安装，如图 2-8 所示。

（9）完成后弹出"完成"对话框，单击"完成"按钮完成整个安装过程，如图 2-9 所示。

完成安装后可以检测是否安装成功，检测方法是依次单击"开始"｜"运行"，在运行框中输入"cmd"并按下回车键，在打开的 CMD 窗口中输入 java –version，如果显示如图 2-10 所示的提示信息，则说明安装成功。

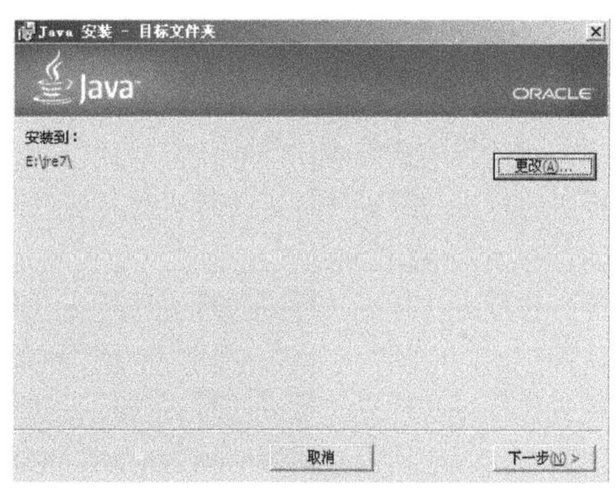

图 2-7　"目标文件夹"对话框

图 2-8　继续安装

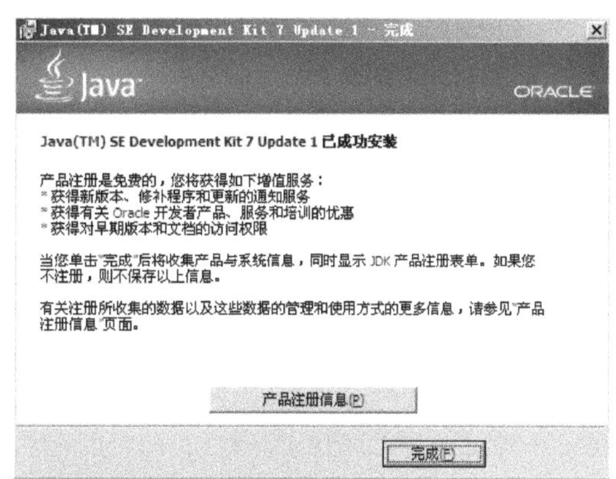

图 2-9　完成安装

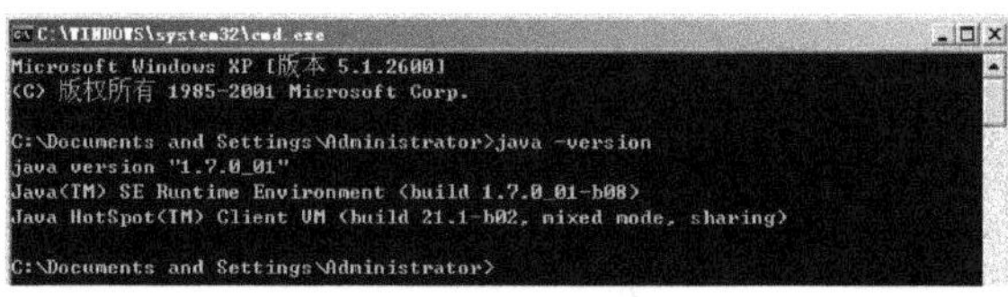

图 2-10　CMD 窗口

2.1.2　配置开发环境

如果上面的安装失败也没有关系，我们只需将其目录的绝对路径添加到系统的 PATH 中即可解决。下面就为大家奉上该解决办法的流程。

（1）右键依次单击"我的电脑"｜"属性"｜"高级"，单击下面的"环境变量"，在下面的"系统变量"处选择新建，在变量名处输入 JAVA_HOME，在变量值中输入刚才的目录，比如笔者使用的"E:\jdk1.7.0_01"，如图 2-11 所示。

（2）再次新建一个变量名为 classpath，其变量值如下所示。

```
.;%JAVA_HOME%/lib/rt.jar;%JAVA_HOME%/lib/tools.jar
```

单击"确定"按钮找到 PATH 的变量，双击或单击编辑，在变量值最前面添加如下值。

```
%JAVA_HOME%/bin;
```

具体如图 2-12 所示。

图 2-11　设置系统变量　　　　图 2-12　设置系统变量

（3）再依次单击"开始"｜"运行"，在运行框中输入"cmd"并按下回车键，在打开的 CMD 窗口中输入 java –version，如果显示如图 2-13 所示的提示信息，则说明安装成功。

图 2-13　CMD 界面

注意：上述变量设置中，是按照笔者本人的安装路径设置的，笔者安装 JDK 的路径是 C:\Program Files\Java\jdk1.7.01_b08。

2.2　编写第一段 Java 程序

知识点讲解：光盘:视频\PPT 讲解（知识点）\第 2 章\编写第一段 Java 程序.mp4

当完成 Java 开发环境的安装工作后，接下来开始编写一段 Java 程序，并把这段 Java 程序进行编译运行，正式开始我们的编码之旅。

2.2.1　编写一段 Java 代码

打开记事本，在记事本里编写下面的代码。

```java
public class First{
    /*这是一个 main 方法*/
    public static void main(String [] args){
        /* 输出此消息 */
        System.out.println("第一段Java程序！");
    }
}
```

然后记事本文件保存为 first.java，如图 2-14 所示。

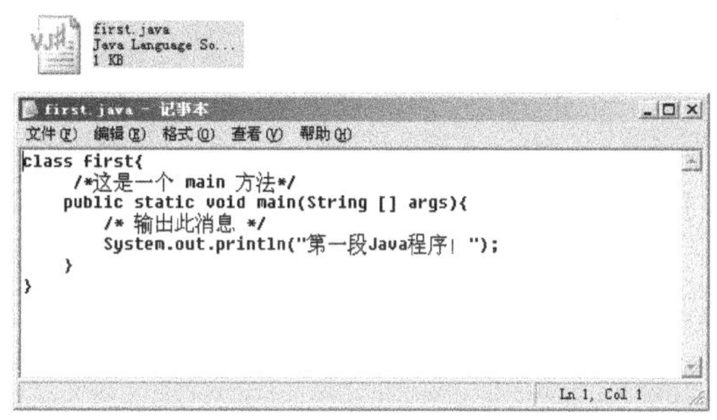

图 2-14　记事本文件 first.java

注意：可以编写 Java 程序的编辑器

我们可以使用任何无格式的文本编辑器来编辑 Java 源代码，在 Windows 操作系统上可以使用记事本（NotePad）、EditPlus 等程序，在 Linux 平台上可使用 vi 命令等。但是不能使用写字板和 Word 等文档编辑器来编写 Java 程序。因为写字板和 Word 等工具是有格式的编辑器，当我们使用它们编辑一份文档时，这个文档中会包含一些隐藏的格式化字符，这些隐藏字符会导致程序无法正常编译和运行。

2.2.2　编译 Java 程序

我们需要使用 javac 命令来编译 Java 程序，由于前面已经把 javac 命令所在的路径添加到了系统的 PATH 环境变量中，因此现在可以使用 javac 命令来编译 Java 程序了。如果我们直接在命令行窗口里输入 javac，不跟任何选项和参数，系统将会输出大量提示信息来提示 javac 命令的具体用法，读者可以参考该提示信息来使用 javac 命令。对于初学者来说，建议先掌握 javac 命令的如下用法。

```
javac -d destdir srcFile
```

在上面命令中，-d destdir 是 javac 命令的选项，功能是指定编译生成的字节码文件的存放路径，destdir 值需要是本地磁盘上的一个合法有效路径。srcFile 表示 Java 源文件所在的位置，此位置既可是绝对路径，也可以是相对路径。通常总是将生成字节码文件放在当前路径下，当前路径可以用点“.”来表示。如果想在命令行进入前面编写的文件 first.java 所在的路径，在该路径下应该输入如下命令。

```
javac -d . first.java
```

假设文件 first.java 所在的路径为“E:\daima\2”，则整个编译过程在 CMD 界面中的具体效果如图 2-15 所示。

在图 2-15 中，“cd”命令的功能是进入某一个指定的子目录，例如“cd daima”就是表示进入 E 盘中“daima”文件夹。运行上述命令后会在该路径下生成一个 first.class 文件，如图 2-16 所示。

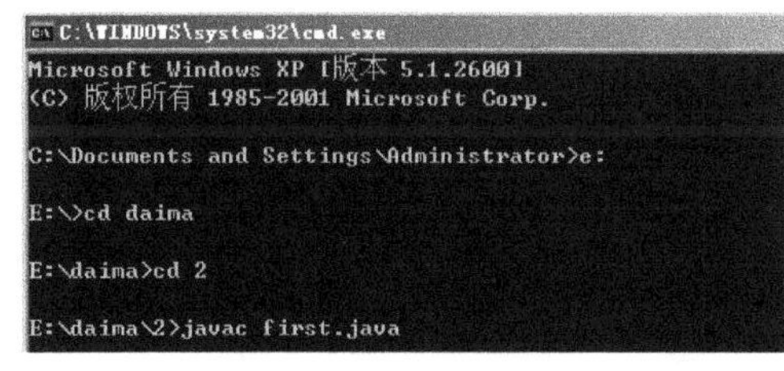

图 2-15　CMD 中的编译过程

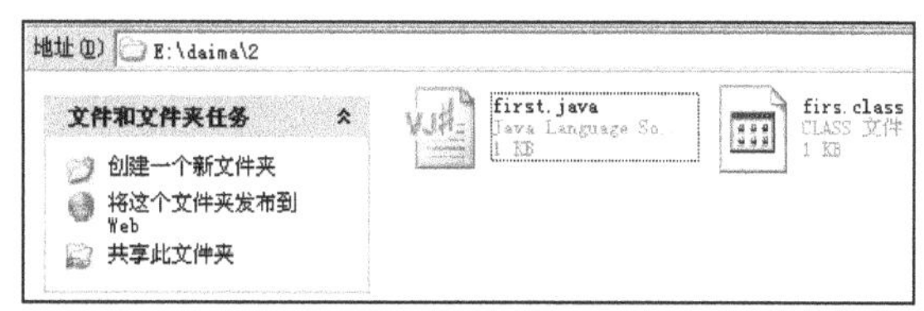

图 2-16　生成 first.class 文件

2.2.3　运行 Java 代码

编译之后我们需要使用 java 命令来运行 Java 程序，启动命令行窗口进入 HelloWorld.class 所在的位置，在命令行窗口里直接输入不带任何参数或选项的 java 命令后，可以看到系统输出大量提示，告诉开发者如何使用 java 命令。使用 java 命令的语法格式如下所示。

```
java java程序中的类名
```

一定要注意，java 命令后的参数是 Java 程序的类名，既不是字节码文件的文件名，也不是 Java 源文件名。例如我们可以通过命令行窗口进入 first.class 所在的路径，输入命令如下所示。

```
java first
```

运行上面命令，将看到输出如下结果。

```
第一段Java程序！
```

初学者经常容易忘记 Java 是一门区分大小写的语言，例如在下面的运行命令中错误地将 first 写成了 First，就会造成运行异常。

```
java First
```

2.3　使用 IDE 工具

　　知识点讲解：光盘:视频\PPT 讲解（知识点）\第 2 章\使用 IDE 工具.mp4

在本章 2.2 节中的体验 Java 程序的过程中，发现这样编写、编译、运行程序的过程非常烦琐。为了提高开发效率，我们可以使用第三方工具来帮助我们。在本节的内容中，将讲解几种主流 IDE 开发工具的基本知识，以帮助读者提高开发 Java 程序效率。

2.3.1　最受欢迎的工具——Eclipse

Eclipse 是一个开放源代码的软件开发项目，是一个开放源代码的、基于 Java 的可扩展开发平台。就其本身而言，Eclipse 只是一个框架和一组服务，能够通过插件和组件来构建开发环境。

1．Eclipse 介绍

在 Eclipse 中附带了一个标准的插件集，在里面包括了 Java 开发工具（Java Development Tools，JDT）。Eclipse 专注于为高度集成的工具开发提供一个全功能的、具有商业品质的工业平台。它主要由 Eclipse 项目、Eclipse 工具项目和 Eclipse 技术项目 3 个项目组成，具体来说由如下 4 个部分组成。

- ❑　Eclipse Platform：是一个开放的可扩展 IDE，提供了一个通用的开发平台。
- ❑　JDT：支持 Java 开发。
- ❑　CDT：支持 C 开发。
- ❑　PDE：支持插件开发。

虽然大多数用户很乐于将 Eclipse 当作 Java IDE 来使用，但 Eclipse 的目标不仅限于此。Eclipse 还包括插件开发环境（Plug-in Development Environment，PDE），这个组件主要针对希望扩展 Eclipse 的软件开发人员，因为它允许他们构建与 Eclipse 环境无缝集成的工具。由于 Eclipse 中的每样东西都是插件，对于给 Eclipse 提供插件，以及给用户提供一致和统一的集成开发环境而言，所有工具开发人员都具有同等的发挥场所。

Eclipse 是著名的跨平台的集成开发环境（IDE），Eclipse 的本身只是一个框架平台，但是众多插件的支持使得 Eclipse 拥有其他功能相对固定的 IDE 软件很难具有的灵活性。许多软件开发商以 Eclipse 为框架开发自己的 IDE。图 2-17 所示为 Eclipse 启动界面。

2．获得 Eclipse

Eclipse 是一个免费的开发工具，用户可以去官方网站进行下载即可获得,具体获取过程如下所示。

图 2-17　Eclipse 启动界面

（1）打开 IE 浏览器，在浏览器中输入网址"http://www.Eclipse.org/"，然后单击"Download Eclipse"超级链接，如图 2-18 所示。

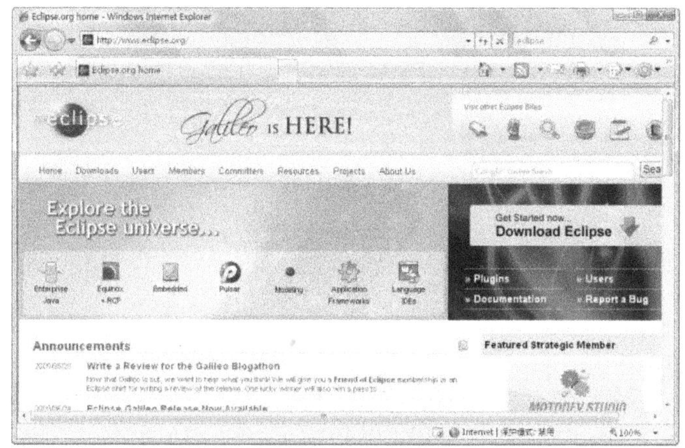

图 2-18　Eclipse 的首页

（2）进入"Eclipse"下载页面，在"Eclipse IDE for Java EE Developers (189 MB)"栏中，根据操作系统选择"Eclipse"版本，在此单击"Windows"超级链接，如图 2-19 所示。

（3）单击"[China] Actuate Shanghai (http)"超级链接开始下载 Eclipse，笔者使用了"迅雷"进行下载，如图 2-20 所示。

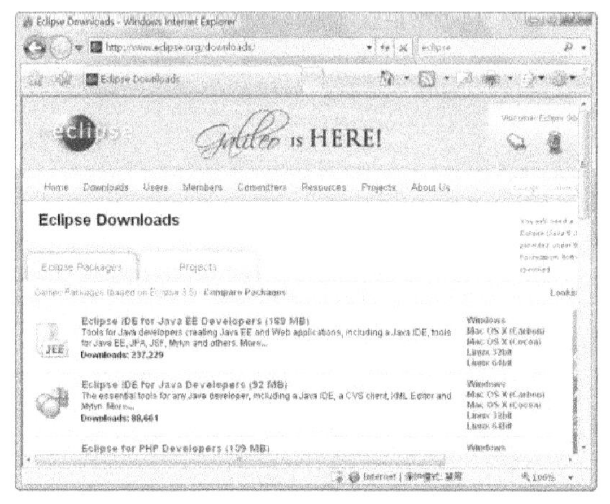

图 2-19　下载页面

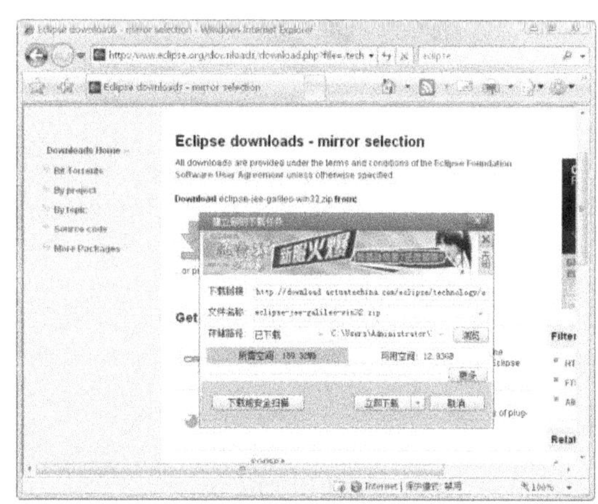

图 2-20　下载 Eclipse

3．新建一个 Eclipse 项目

解压缩下载的 Eclipse 文件，然后双击文件"eclipse.exe"启动 Eclipse。新建 Eclipse 项目的操作过程如下所示。

（1）在任意一个盘里新建一个文件夹，如这里在 F 盘新建"open"文件夹，然后在"Workspace"文本框中输入地址，单击"OK"按钮，如图 2-21 所示。

（2）在顶部菜单栏中依次单击"File"｜"New"｜"Project"命令新建一个项目，如图 2-22 所示。

（3）在打开的"New Project"对话框中单击"Java"选项，然后在下面打开"Java Project"选项，选择后单击"Next"按钮，如图 2-23 所示。

（4）在打开的对话框中，在"Project name"文本框中输入项目名称，例如输入"one"，输入完成后单击"Finish"按钮，如图 2-24 所示。

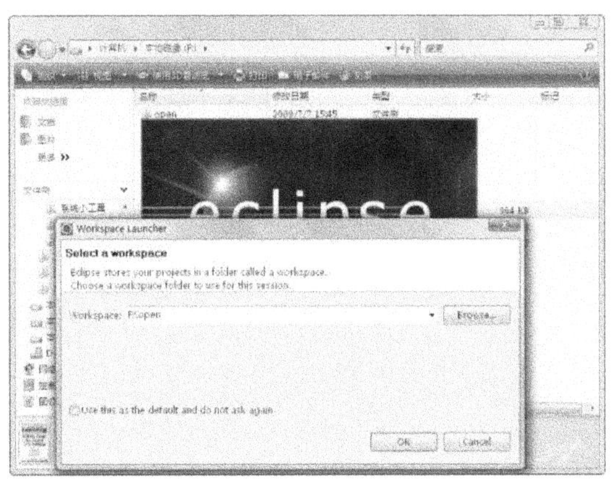

图 2-21　指定项目文件夹

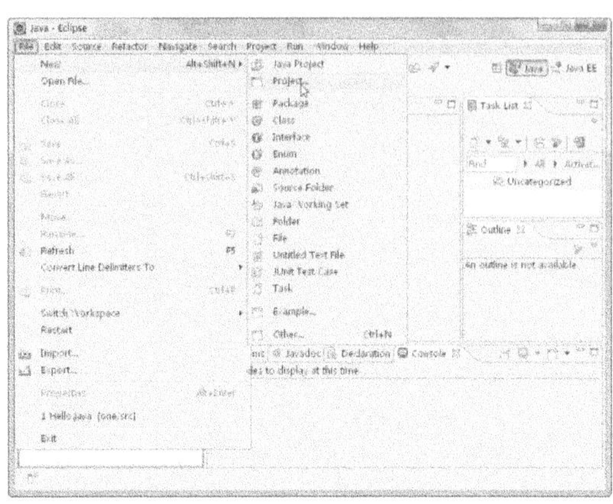

图 2-22　选择命令

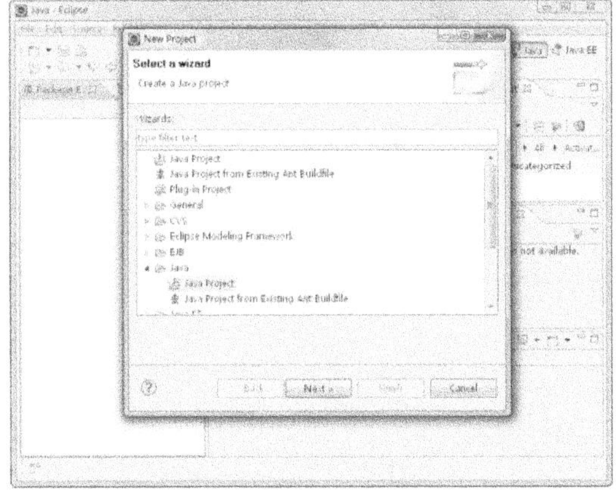

图 2-23　"New Project"对话框

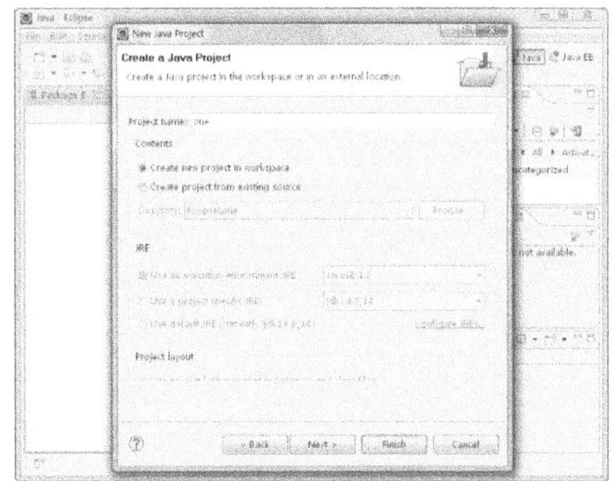

图 2-24　新建项目

（5）在 Eclipse 的左侧双击项目"One"，选择"str"选项，单击鼠标右键，在弹出的快捷菜单中，选择"New/Class"命令，如图 2-25 所示。

（6）打开"Java Class"对话框，在"Name"文本框中输入类名，如"Hi"，选择 public static void main(String[] args) 复选框，然后单击"Finish"按钮，如图 2-26 所示。

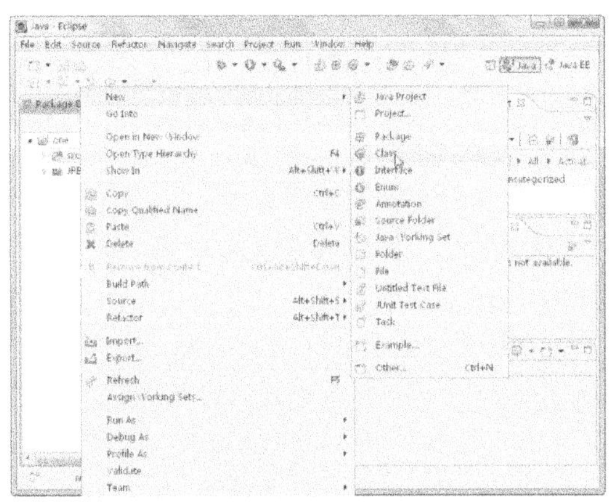

图 2-25　选择命令

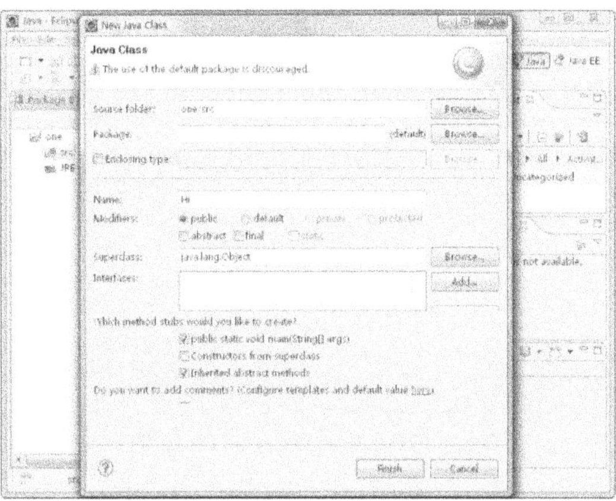

图 2-26　"Java Class"对话框

（7）然后打开"Hi"文件，输入代码，输入完成后的效果如图 2-27 所示。

（8）编译代码后单击 ⊙ 按钮后打开"Save and Launch"对话框，然后单击"OK"按钮，如图 2-28 所示。

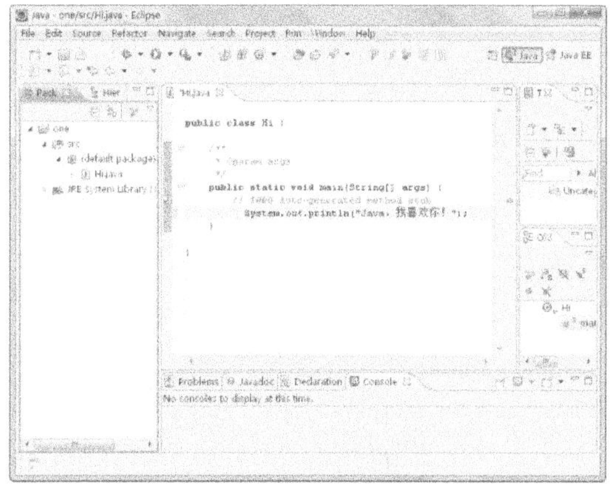

图 2-27　输入代码

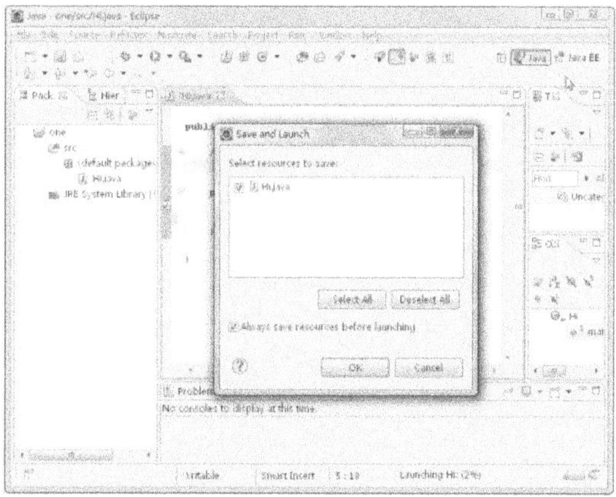

图 2-28　编译 Java

（9）单击"OK"按钮后即可看到运行后的结果，如图 2-29 所示。

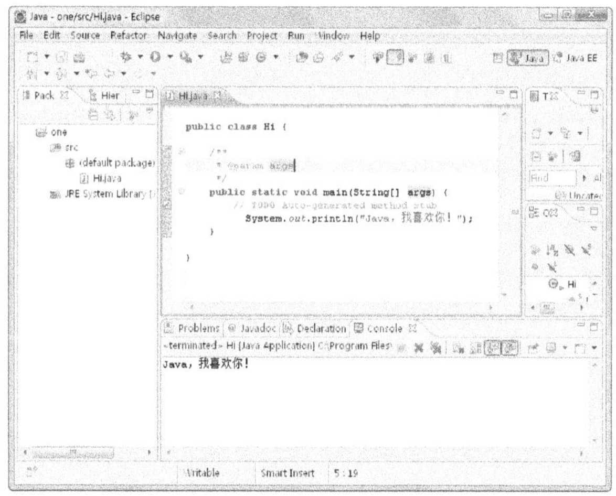

图 2-29　运行后的结果

注意：对于初学者来说，建议使用 Eclipse 新建项目后，直接使用 Eclipse 编辑器全部手动编写代码，这样可以帮助我们快速掌握 Java 语言的语法知识，通过实例巩固所学的知识。

2.3.2　官方推出的工具——Netbeans

NetBeans 是由原来 Sun 建立的开放源码的软件开发工具，是一个开放框架，可扩展的开发平台，可以用于 Java、C/C++等的开发，本身是一个开发平台，可以通过扩展插件来扩展功能。

1．NetBeans 介绍

NetBeans 是 Sun 公司在 2000 年创立的，它是开放源运动以及开发人员和客户社区的家园，旨在构建世界级的 Java IDE。NetBeans 当前可以在 Solaris、Windows、Linux 和 Macintosh OS X 平台上进行开发，并在 SPL（Sun 公用许可）范围内使用。http://www.netbeans.org 已经获得业界的广泛认可，并支持 NetBeans 扩展 IDE 模块目录中的 100 多个模块。

NetBeans 是一个全功能的开放源码 Java IDE，可以帮助开发人员编写、编译、调试和部署

Java 应用，并将版本控制和 XML 编辑融入其众多功能之中。NetBeans 可支持 Java 2 平台标准版（J2SE）应用的创建、采用 JSP 和 Servlet 的 2 层 Web 应用的创建，以及用于 2 层 Web 应用的 API 及软件的核心组的创建。此外，NetBeans 最新光盘还预装了两个 Web 服务器，即 Tomcat 和 GlassFish，从而免除了烦琐的配置和安装过程。所有这些都为 Java 开发人员创造了一个可扩展的开放源多平台的 Java IDE。

你可以通过 NetBeans 获得更多的开发工具，包括建立桌面应用、企业级应用、Web 开发和 Java 移动应用程序开发、C/C++，甚至 Ruby。NetBeans 支持多种操作系统平台，包括 Windows、Linux、Mac OS 和 Solaris 等操作系统。

2．获取 NetBeans

NetBeans 是一款免费的软件，读者可以去官方站点下载获取，具体获取流程如下所示。

（1）在 IE 地址栏中输入"http://www.netbeans.org/"，然后在页面下载 Netbeans，单击"Download NetBeans IDE"按钮，如图 2-30 所示。

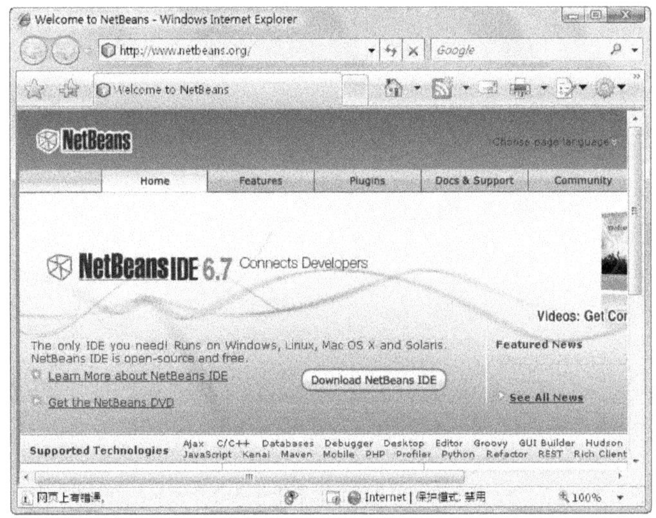

图 2-30　单击超级链接

（2）在打开的页面中，用户可以根据自己的需要进行下载，这里单击"All"下的"下载"按钮，如图 2-31 所示。

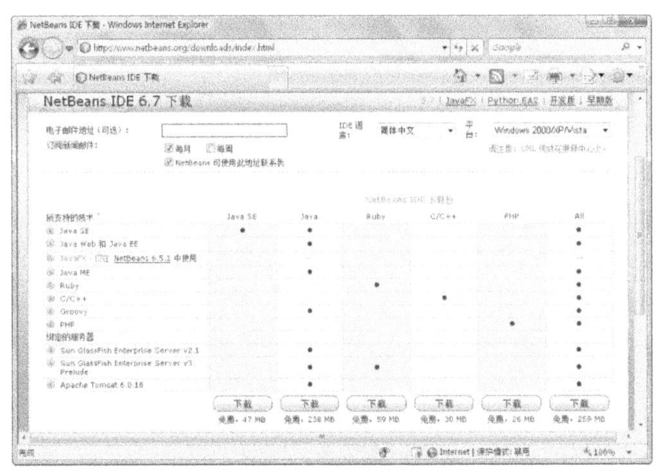

图 2-31　下载"NetBeans IDE"

（3）单击"请点击这里下载"按钮，然后将自动下载工具，这里的"下载工具"是迅雷，将自动启动迅雷，然后单击"立即下载"按钮，如图 2-32 所示。

图 2-32　启动迅雷进行下载

3．安装 NetBeans

下载 NetBeans 完成后可以安装 NetBeans，安装过程十分简单，具体安装流程如下所示。

（1）双击"NetBeans"按钮打开"NetBeans"安装向导，然后在欢迎界面中单击"定制"按钮，如图 2-33 所示。

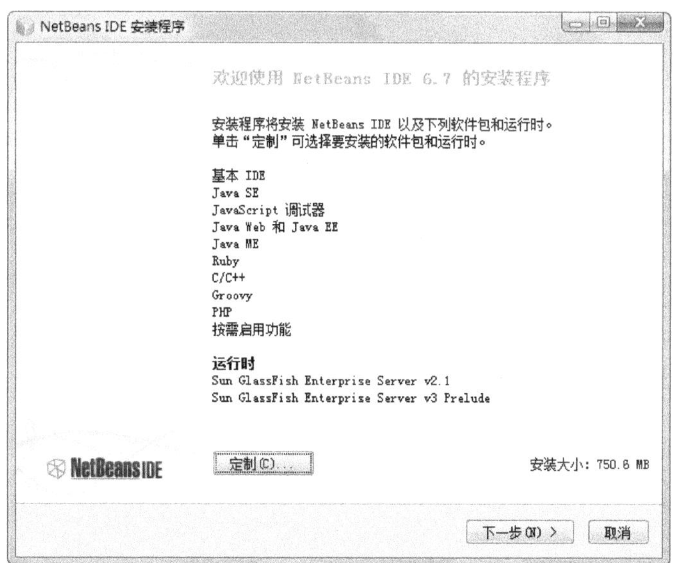

图 2-33　欢迎界面

（2）打开"定制安装"对话框，在列表框中选择需要的组件，然后单击"确定"按钮，如图 2-34 所示。

（3）返回到欢迎界面，单击"下一步"按钮，然后在"许可证协议"窗口中勾选 ☑我接受许可证协议中的条款(A)，然后单击"下一步"按钮，如图 2-35 所示。

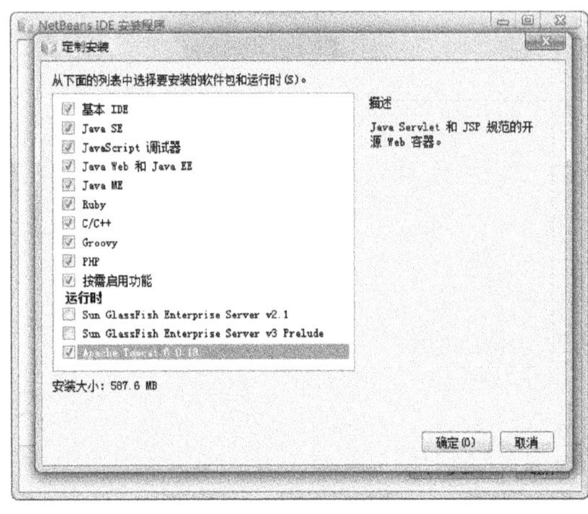

图 2-34　选择组件

图 2-35　"许可证协议"对话框

（4）打开"NetBeans IDE 6.7 安装"对话框，在"将 NetBeans IDE 安装到以下位置"文本框中输入下载位置，然后在"用于 NetBeans IDE 的 JDK"文本框中设置 JDK 的位置，单击"下一步"按钮，如图 2-36 所示。

（5）在"Apache Tomcat 6.0.18 安装"对话框中指定 Tomcat 的安装位置，然后单击"下一步"按钮，如图 2-37 所示。

图 2-36　"NetBeans IDE 安装程序"对话框

图 2-37　指定 Tomcat 的位置

（6）在打开的"摘要"对话框中可以看到具体的安装位置，单击"安装"按钮开始进行安装，如图 2-38 所示。

（7）整个安装的过程需要一定的时间，在"安装"对话框中会用一个进度条来提示进度，如图 2-39 所示。

（8）在"安装完成"窗口中依次选择

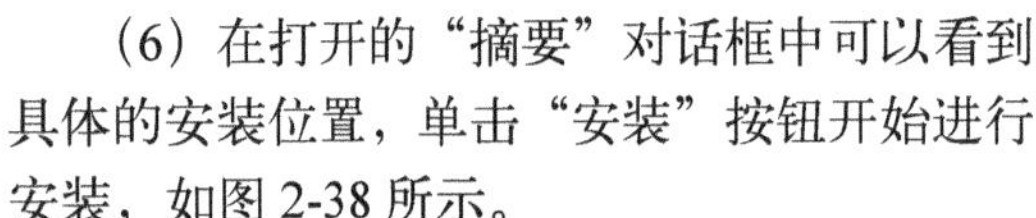

复选框和

复选框，然后单击"完成"按钮，如图 2-40 所示。

4．使用 NetBeans 新建项目

使用 NetBeans 新建 Java 项目的操作方法

图 2-38　安装文件

十分简单，其具体操作流程如下所示。

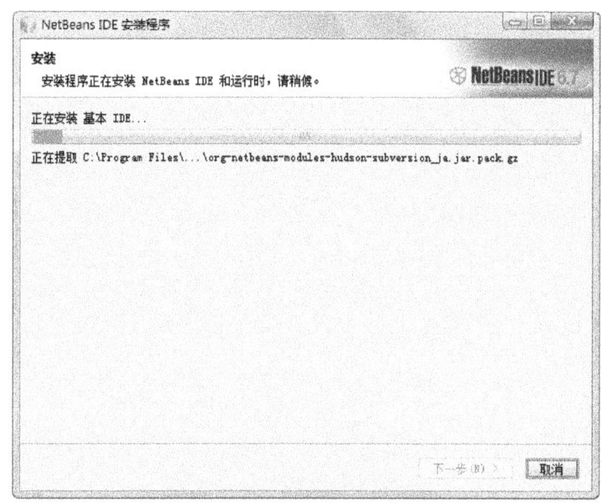

图 2-39　安装 Netbeans

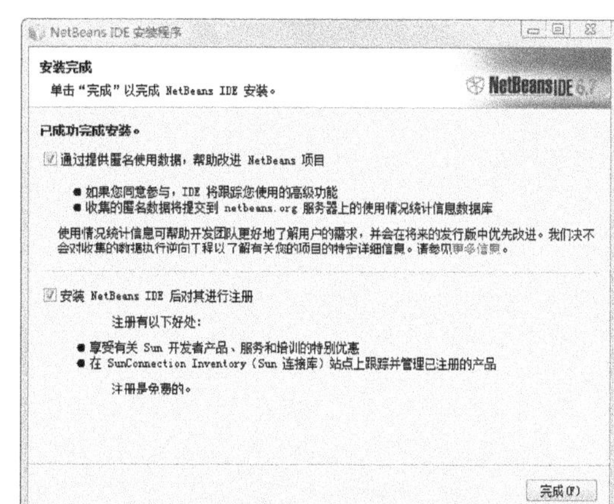

图 2-40　完成安装

（1）双击 NetBeans 桌面图标，启动 NetBeans 软件，如图 2-41 所示。

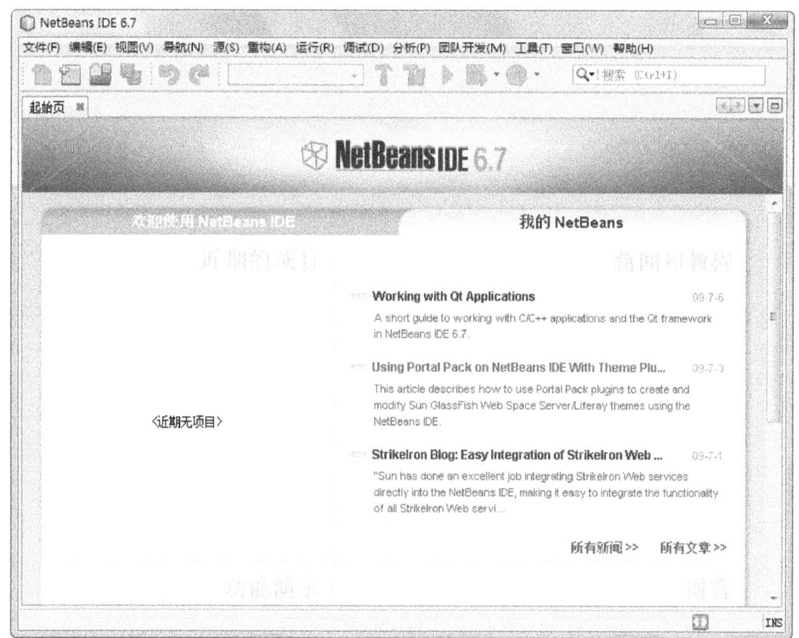

图 2-41　启动 NetBeans IDE 软件

（2）在菜单栏中依次单击"文件"｜"新建项目"命令即可新建一个 Java 项目，如图 2-42 所示。

（3）打开"新建项目"对话框，在左边"类别"选择需要的类，例如选择 Java，然后在"项目"类别选择项目的类别，例如 Java 应用程序，如图 2-43 所示。

（4）选择后单击"下一步"按钮，在对话框中设置项目的名称、项目位置以及创建主类的名称，如图 2-44 所示。

（5）进入创建的项目，打开新建的类开始编写程序，输入程序完成后，单击 ▷ 按钮开始进行调试运行，会得到如图 2-45 所示的结果。

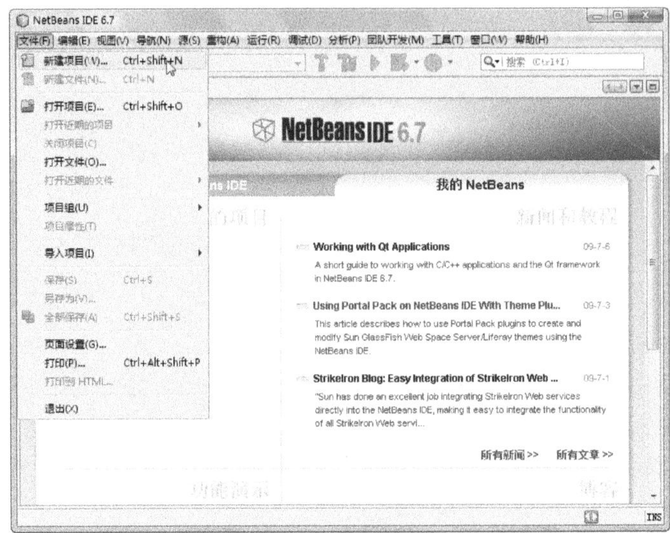

图 2-42　新建项目

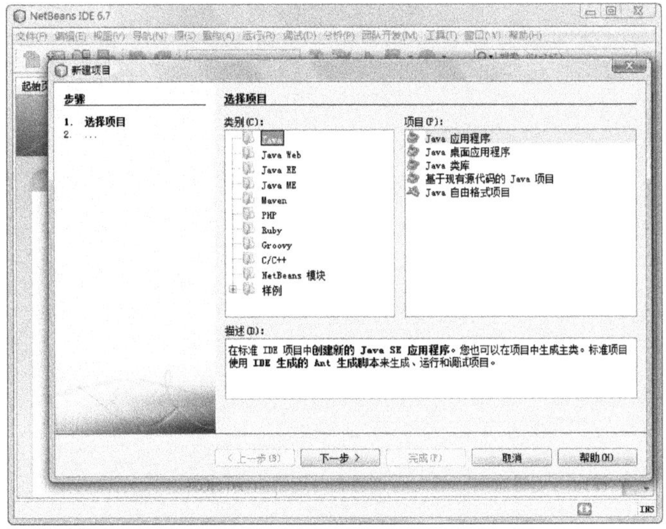

图 2-43　选择项目的类别

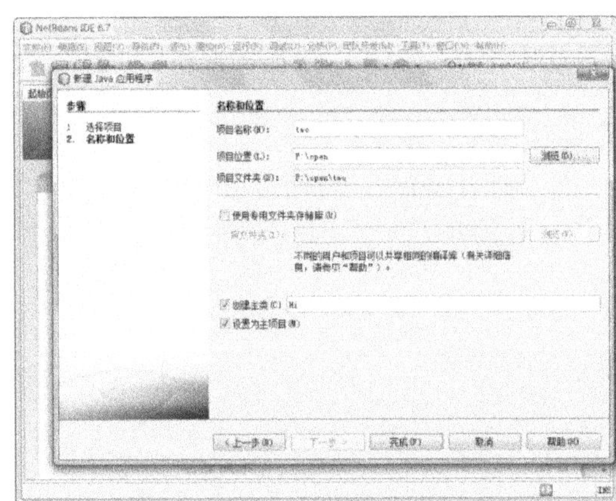

图 2-44　创建项目

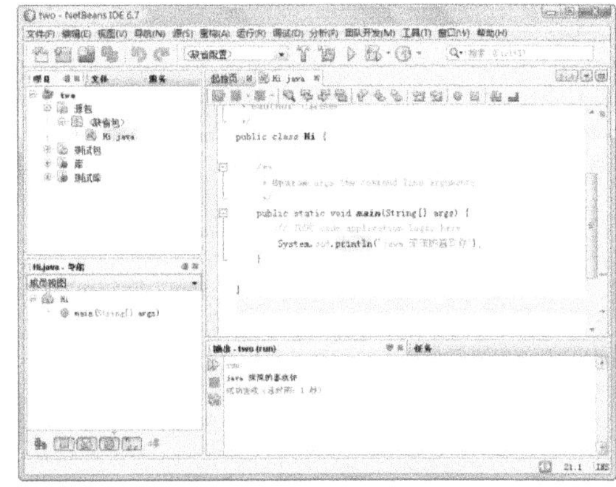

图 2-45　NetBeans 调试的结果

2.3.3　商业工具——JBuilder

JBuilder 是 Borland 公司开发的针对 Java 的开发工具，使用 JBuilder 将可以快速、有效地开发各类 Java 应用程序，它使用的 JDK 与 Sun 公司标准的 JDK 不同，它经过了较多的修改，以便开发人员能够像开发 Delphi 应用那样开发 Java 应用。

JBuilder 的核心有一部分采用了 VCL 技术，利用它编写的代码即使是初学者也可以读懂。JBuilder 的另外一个好处是通过互联网，将分布在世界不同地方的开发人员联合起来开发项目。

2.4　Java 的运行机制

知识点讲解：光盘:视频\PPT 讲解（知识点）\第 2 章\Java 的运行机制.mp4

Java 语言是一种特殊的高级语言，它不但有解释性语言的特征，也有编译性语言的特征，我们需要先编译 Java 程序，然后解释运行 Java 程序。在本章 2.2 节的内容中，通过一段 Java 程序了解了编译并运行 Java 程序的基本方法。我们只是从表面上了解了 Java 程序的编译和运行流程，为了加深对 Java 的理解，在本节将从根本上讲解 Java 程序的运行机制。

2.4.1　编译型/解释型运行机制

高级语言有两种执行程序的方式，分别是编译型和解释型。

1. 编译型

编译型的语言指使用专门的编译器、针对特定平台（操作系统）将某种高级语言源代码一次性"翻译"成可被该平台硬件执行的机器码（包括机器指令和操作数），并包装成该平台所能识别的可执行性程序的格式，这个转换过程称为编译（Compile）。编译后会生成一个可以脱离开发环境的可执行性程序，可以在很多特定的平台上独立运行。

有些程序编译结束后，还可能需要对其他编译好的目标代码进行链接，即组装两个以上的目标代码模块生成最终的可执行性程序，通过这种方式实现低层次的代码复用。

因为编译型语言是一次性地编译成机器码，所以可以脱离开发环境独立运行，而且通常运行效率较高；但因为编译型语言的程序被编译成特定平台上的机器码，因此编译生成的可执行性程序通常无法移植到其他平台上运行；如果需要移植，则必须将源代码复制到特定平台上，针对特定平台进行修改，至少也需要采用特定平台上的编译器重新编译。现有的 C 和 C++等高级语言都属于编译型语言。

2. 解释型

解释型语言是指使用专门的解释器对源程序逐行解释成特定平台的机器码并立即执行的语言，解释型语言通常不会进行整体性的编译和链接处理，解释型语言相当于把编译型语言中的编译和解释过程混合到了一起同时完成。可以认为：每次执行解释型语言的程序都需要进行一次编译，因此解释型语言的程序运行效率通常较低，而且不能脱离解释器独立运行。但解释型语言有一个优势：跨平台比较容易，只需提供特定平台的解释器即可，每个特定平台上的解释器负责将源程序解释成特定平台的机器指令即可。解释型语言可以方便地实现源程序级的移植，但这是以牺牲程序执行效率为代价的。现有的 Ruby、Python 等语言都属于解释型语言。

2.4.2　程序运行机制

Java 语言比较特殊，由 Java 语言编写的程序必须经过编译步骤，但这个编译步骤并不会生成特定平台的机器码，而是生成一种与平台无关的字节码（也就是*.class 文件）。当然这种字节码不是可执行性的，必须使用 Java 解释器来解释执行。正是因为此，可以认为 Java 既是一种编译型语言，也是一种解释型语言。

在 Java 语言中，负责解释执行字节码文件的是 Java 虚拟机，即 JVM（Java Virtual Machine）。JVM 是可运行 Java 字节码文件的虚拟计算机。所有平台上的 JVM 向编译器提供相同的编程接口，而编译器只需要面向虚拟机，生成虚拟机能理解的代码，然后由虚拟机来解释执行。在一些虚拟机的实现中，还会将虚拟机代码转换成特定系统的机器码执行，从而提高执行效率。

当使用 Java 编译器编译 Java 程序时，会生成与平台无关的字节码，这些字节码不面向任何具体平台，它只面向 JVM。不同平台上的 JVM 都是不同的，但它们都提供了相同的接口。JVM 是 Java 程序跨平台的关键部分，只要为不同平台实现了相应的虚拟机，编译后的 Java 字节码就可以在该平台上运行。由此可见，几乎不可能在不同的平台上运行相同的字节码程序，而只能通过中间的转换器 JVM 才可以实现。

2.5　技 术 解 惑

2.5.1　遵循源文件命名规则

Java 中的命名规则有很多，例如变量命名规则和类命名规则等，而在此讲解的是 Java 源文件的命名规则。在编写 Java 程序时，源文件名字不能随便起，需要遵循下面的两个规则。

- ❑ Java 源文件的后缀必须是 ".java"，不能是其他文件后缀名。
- ❑ 一般来说，可以任意命名 Java 源文件的名字，但是当 Java 程序代码中定义了一个 public 类时，该源文件的主文件名必须与该 public 类（也就是该类定义使用了 public 关键字修饰）的类名相同。由此而可以得出一个结论：因为 Java 程序源文件的文件名必须与 public 类的类名相同，所以一个 Java 源文件里最多只能定义一个 public 类。

根据上述规则，我们可以得出命名程序文件的如下 3 个建议。

- ❑ 一个 Java 源文件只定义一个类，不同的类使用不同的源文件定义。
- ❑ 将每个源文件中单独定义的类都定义成 public。
- ❑ 保持 Java 源文件的主文件名与该源文件中定义的 public 类同名。

2.5.2　忽视系统文件的扩展名

有很多初学者经常犯一个错误，即在保存一个 Java 文件时经常保存成形如 "*.java.txt" 格式的文件名，因为这种格式文件名从表面看起来太像是 "*.java" 了，所以经常会引发错误。要想解决这个粗心的错误，我们可以修改 Windows 的默认设置。因为 Windows 系统的默认设置是"隐藏已知文件类型的扩展名"，所以我们只需将此设置选项取消勾选即可，如图 2-46 所示。

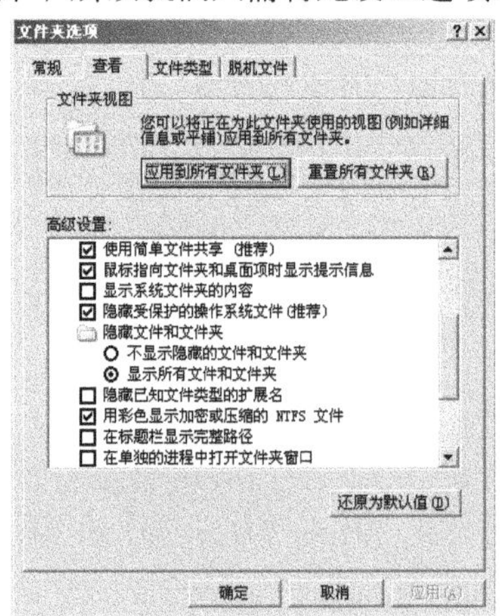

图 2-46　取消勾选"隐藏已知文件类型的扩展名"选项

2.5.3 环境变量的问题

Java 的 JDK 经过了几年的发展，已经发展到了现在的 JDK-7 系列，即 JDK1.7。新的 JDK 更加成熟，速度也更快。但是往往程序员总是难以忘记以前版本的一些特点和用法，经常会不自觉地在新版本中按照旧版本的方式进行操作。例如最常见的就是环境变量问题，本章 2.1.2 节中已经介绍了设置环境变量的问题。其实对于开发纯 Java 项目来说，如果使用的是 JDK1.5 以上的版本，则完全不用画蛇添足般地设置环境变量。

设置 CLASSPATH 环境变量会比较麻烦，在设置 CLASSPATH 环境变量后，Java 解释器会在当前路径搜索 Java 类，例如在 first.class 文件所在路径运行 java first 将没有任何问题。但如果设置了 CLASSPATH 环境变量，Java 解释器会只在 CLASSPATH 环境变量所指定的系列路径中搜索 Java 类，这样就容易出现问题了。

在当今很多教科书和资料中，都提到过在 CLASSPATH 中添加 dt.jar 和 tools.jar 这两个文件的教程，所以很多初学者会将 CLASSPATH 变量的值设置为如下形式。

```
D:\Java\jdk1.6.0_03\lib\dt.jar;D:\Java\jdk1.7.0_01\lib\tools.jar
```

这样做会导致 Java 解释器不在当前路径下搜索 Java 类，此时如果在文件 first.class 所在路径运行 java first 会出现如图 2-47 所示的错误提示。

```
E:\daima\2>java First
Exception in thread "main" java.lang.NoClassDefFoundError: First
Caused by: java.lang.ClassNotFoundException: First
        at java.net.URLClassLoader$1.run(URLClassLoader.java:202)
        at java.security.AccessController.doPrivileged(Native Method)
        at java.net.URLClassLoader.findClass(URLClassLoader.java:190)
        at java.lang.ClassLoader.loadClass(ClassLoader.java:307)
        at sun.misc.Launcher$AppClassLoader.loadClass(Launcher.java:301)
        at java.lang.ClassLoader.loadClass(ClassLoader.java:248)
Could not find the main class: First.  Program will exit.
```

图 2-47　错误提示

造成上述错误的原因是找不到类定义，这是由于 CLASSPATH 环境变量设置不正确造成的。所以在此建议广大读者，在设置 CLASSPATH 环境变量时一定不要忘记在 CLASSPATH 环境变量中增加一点 "."，强制 Java 解释器在当前路径搜索 Java 类。

2.5.4 大小写的问题

Java 语言是严格区分大小写的语言，但是很多初学者对大小写问题往往都不够重视。例如有的读者编写的 Java 程序里的类是 "first"，但当他运行 Java 程序时运行的是 "java First" 的形式。所以在此因此提醒读者必须注意，在 Java 程序中的 First 和 first 是不同的，必须严格注意 Java 程序中大小写的问题。在此建议广大读者，在按照书中实例程序编写 Java 代码时，必须严格注意 Java 程序中每个单词的大小写，不要随意编写，例如 class 和 Class 是不同的两个词，class 是正确的，但如果写成 Class 则程序无法编译通过。这是因为 Java 程序里的关键字全部是小写的，无须大写任何字母。

2.5.5 main()方法的问题

如果需要用 Java 解释器直接运行一个 Java 类，则这个 Java 类必须包含 main()方法。在 Java 中必须使用 public 和 static 来修饰 main()，并且必须使用 void 来声明该方法的返回值，而且该方法的形参只能是一个字符串数组，而不能是其他形式的参数。对于这个 main()方法来说，修饰它的修饰符 public 和 static 的位置可以互换，但其他部分则是固定的。

在定义 main()方法时也需要注意大小写的问题，如果不小心把方法名的首字母写成了大写，编译时不会出现任何问题，但运行该程序时将引发错误。

2.5.6　注意空格问题

空格问题是初学者很容易犯的一个错误，在 Windows 系统中的很多路径都包含有空格，例如 C 盘中的"Program Files"，而这个文件夹恰好是 JDK 的默认安装路径。如果在 CLASSPATH 环境变量中包含的路径中含有空格，则可能会引发错误。所以推荐大家在安装 JDK 和 Java 相关程序/工具时，不要安装在包含空格的路径里，否则可能引发错误。

2.5.7　到底用不用 IDE 工具

笔者对初学者的建议是：在初期尽量不要使用 IDE 工具，但是现在一个追求速成的年代，大多数人都希望用最快的速度掌握 Java 技术。其实市面中的 IDE 工具居多，除了 Eclipse、Jbuilde 和 NetBeans 之外，还有 IBM 提供的 WSAD、JetBrains 提供的 IntelliJ IDEA、IBM 提供的 VisualAge、Oracle 提供的 JDeveloper、Symantec 提供的 Visual Cafe 以及 BEA 提供的 WorkShop，每个 IDE 都各有特色，各有优势。如果从工具学起，势必造成对工具的依赖，当换用其他 IDE 工具时会变得极为困难。而如果从 Java 语言本身学起，把 Java 语法和基本应用熟记于心，到那时再使用 IDE 工具才会得心用手。

在我们日常使用的 Windows 平台上可以选择记事本来编码，如果嫌 Windows 下记事本的颜色太单调，可以选择使用 EditPlus 或 UltraEdit 工具。

如果实在要用 IDE 工具，例如 Eclipse，则建议纯粹将它作为一款编辑器来用，将所有代码靠自己一个个字符敲打并输入来完成，而不是靠里面的帮助文档和操作菜单来完成编码工作。

2.5.8　区分 JRE 和 JDK

对于很多初学者来说，对 JDK 和 JRE 两者比较迷糊，不知道到底有什么异同。

- ❑ JRE：表示 Java 运行时环境，全称是 Java Runtime Environment，是运行 Java 程序的必需条件。
- ❑ JDK：表示 Java 标准版开发包，全称是 Java SE Development Kit，是 Sun 提供的一套用于开发 Java 应用程序的开发包，它提供了编译、运行 Java 程序所需的各种工具和资源，包括 Java 编译器、Java 运行时环境，以及常用的 Java 类库等。

Sun 把 Java 分为 Java SE、Java EE 和 Java ME 三部分，而且为 Java SE 和 Java EE 分别提供了 JDK 和 Java EE SDK (Software Development Kit)两个开发包。如果读者只学习 Java SE 的编程知识，可以下载标准的 JDK，如果学完 Java SE 之后还需要继续 Java EE 相关内容，也可以选择下载 Java EE SDK。因为有一个 Java EE SDK 版本里已经包含了最新版的 JDK，所以在安装的 Java EE SDK 中已经包含了 JDK。

一般来说，如果我们只是要运行 Java 程序，可以只安装 JRE，而无须安装 JDK。但是如果要开发 Java 程序，则应该安装 JDK。安装 JDK 之后就包含 JRE 了，也可以运行 Java 程序。但如果只是需要运行 Java 程序，而不是开发 Java 程序，则只需在计算机上安装 JRE 即可。

第 3 章

Java 语法

和其他编程语言一样，学习 Java 也要首先学习语法知识，例如变量、常量、运算符和数据类型等。在本章中，将讲解 Java 语言的基本语法知识，主要包括量、数据类型、标识符、关键字、运算符、表达式、字符串和注释等方面的知识，为读者步入本书后面知识的学习打下基础。

<table>
<tr><td>

本章内容

▶▶ 量
▶▶ 数据类型
▶▶ 运算符
▶▶ 标识符和关键字
▶▶ 字符串
▶▶ 类型转换

</td><td>

技术解惑

定义常量时的注意事项
char 类型中单引号的意义
正无穷和负无穷的问题
移位运算符的限制

</td></tr>
</table>

3.1　量

知识点讲解：光盘:视频\PPT 讲解（知识点）\第 3 章\量.mp4

量是用来传递数据的介质，有着十分重要的作用。在 Java 程序中的量既可以是变化的，也可以是固定不变的。根据是否可变，可以将 Java 中的量分为变量和常量。在接下来的内容中，将详细讲解 Java 语言中变量和常量的基本知识。

3.1.1　常量

永远不变的量就是常量，其值不能改变，它们是不随时间变化的某些量和信息，也可以是表示某一数值的字符或字符串。在 Java 程序中，常量名经常用大写字母来表示，具体格式如下所示。

```
final double PI=value;
```

其中 PI 是常量的名称，value 是常量的值。

实例 001	定义几个 Java 常量	
	源码路径　\daima\3\ding.java	视频路径　\视频\实例\第 3 章\001

实例文件 ding.java 的主要代码如下所示。

```java
public class Math
{
    //定义一个全局常量PI
    public final double PI = 3.1415926;
    public final int aa = 24;
    public final int bb = 36;
    public final int cc = 48;
    public final int dd = 60;
    public String str1="hello";
    public String str2="aa";
    public String str3="bb";
    public String str4="cc";
    public String str5="dd";
    public String str6="ee";
    public String str7="ff";
    public String str8="gg";
    public String str9="hh";
    public String str10="ii";
    public Boolean mm=true;
    public Boolean nn=false;
}
```

> 范例 001：定义并操作常量
> 源码路径：光盘\演练范例\001\
> 视频路径：光盘\演练范例\001\
> 范例 002：输出错误信息和调试信息
> 源码路径：光盘\演练范例\002\
> 视频路径：光盘\演练范例\002\

在上述代码中，分别定义了不同类型的常量，既有 double 类型，也有 int 类型；既有 String 类型，也有 Boolean 类型，有关这些类型的基本知识，将在本章后面的内容中进行详细介绍。

在 Java 中，常量也被称为直接量，直接量是指在程序中通过源代码直接指定的值，例如在 "int a=5;" 这行代码中，我们为变量 a 所分配的初始值 5 就是一个直接量。

并不是所有数据类型都可以指定直接量的，能指定直接量的通常只有 3 种类型：基本类型、字符串类型和 null 类型。具体来说，Java 支持如下 8 种类型的直接量。

- ❑ int 类型的直接量：在程序中直接给出的整型数值，可分为十进制、八进制和十六进制 3 种，其中八进制需要以 0 开头，十六进制需要以 Ox 或 OX 开头。例如 123、012（对应十进制的 10）、Ox12（对应十进制的 18）等。
- ❑ long 类型的直接量：在整数数值后添加 l 或 L 后就变成了 long 类型的直接量，例如 3L，Ox12L（对应 10 进制的 18L）。
- ❑ float 类型的直接量：在一个浮点数后添加 f 或 F 就是 float 类型的直接量，这个浮点数既可以是标准小数形式，也可以是科学记数法形式。例如 5.34F、3.14E5f。

- double 类型的直接量：直接给出一个标准小数形式或者科学记数法形式的浮点数就是 double 类型的直接量。例如 5.34、3.14E5。
- boolean 类型的直接量：这个类型的直接量只有两个 true 和 false。
- char 类型的直接量：char 型的直接量有 3 种形式，分别是用单引号括起的字符、转义字符和 Unicode 值表示的字符。例如'a'、'\n'和'\u0061'。
- String 类型的直接量：一个用双引号括起来的字符序列就是 String 类型的直接量。
- null 类型的直接量：这个类型的直接量只有一个值，null。

在上面的 8 种类型的直接量中，null 类型是一种特殊类型，它只有一个值：null，而且这个直接量可以赋给任何引用类型的变量，用以表示这个引用类型变量中保存的地址为空，即还未指向任何有效对象。

3.1.2　变量

在声明变量时都必须为其分配一个类型，不管在什么样的程序设计中都会涉及变量的知识。在程序运行过程中，空间内的值是变化的，这个内存空间就称为变量。为了操作方便，给这个空间取了个名字，称为变量名。因为内存空间内的值就是变量值，所以即使申请了内存空间，变量也不一定有值。要想让变量有值，就必须要放入一个值。在申请变量的时候，无论是什么样的数据类型，它们都会有一个默认的值，例如 int 的数据变量的默认值是"0"，char 数据变量的默认值是 null，byte 的数据变量的默认值是"0"。

在 Java 程序中，声明变量的基本格式与声明常量的方式有所不同，具体格式如下所示。

```
typeSpencifier varName=value;
```

- typeSpencifier：为 Java 中合法的数据类型，这和常量是一样的。
- varName：变量名，变量和常量的最大的区别是 value 的值是可有可无的，而且还可以对其进行动态初始化。

变量分为局部变量和全局变量，全局变量也称作成员变量，该变量被定义在一个类中，在所有的方法和函数之外，局部变量在一个方法或者一个函数中。

1．局部变量

局部变量，顾名思义，就是在一个方法块或者一个函数内起作用，超过这个范围，它将没有任何作用。由此可以看出，变量在程序中是随时可以改变的，随时都在传递着数据。

| 实例 002 | 用变量计算三角形、正方形和长方形的面积 |

源码路径　\daima\3\PassTest.java　　　　　　视频路径　\视频\实例\第 3 章\002

实例文件 PassTest.java 的主要代码如下所示。

```
public class PassTest    //定义类PassTest
{
    public static void main(String args[])
    {
        //三角形面积
        int a3=12,b3=34;           //赋值a3和b3
        int s3=a3*b3/2;            //面积公式
        //输出结果
        System.out.println("三角形的面积为"+s3);
        //正方形面积
        double a1=12.2;           //赋值a1
        double s1=a1*a1;          //面积公式
//输出结果
System.out.println("正方形的面积为"+s1);
        //长方形面积
    double a2=388.1,b2=332.3;    //赋值a2和b2
    double s2=a2*b2;            //面积公式
        System.out.println("长方形的面积为"+s2);    //输出结果
    }
}
```

> 范例 003：计算长方形和三角形的面积
> 源码路径：光盘\演练范例\003\
> 视频路径：光盘\演练范例\003\
> 范例 004：从控制台接受输入字符
> 源码路径：光盘\演练范例\004\
> 视频路径：光盘\演练范例\004\

执行后的效果如图 3-1 所示。

2．全局变量

明白了局部变量后就不难理解全局变量了，其实它就是比局部变量的作用区域更大的变量，能在整个程序内起作用。

```
三角形的面积为204
正方形的面积为148.83999999999997
长方形的面积为20050.03
```

图 3-1　执行效果

实例 003　输出设置的变量值

源码路径　\daima\3\Quan.java　　　　　　视频路径　\视频\实例\第 3 章\003

实例文件 Quan.java 的主要代码如下所示。

```java
public class Quan {
    //定义变量x, y, z, z1, a, b, c, d, e
    byte x;
        short y;              //定义变量y
        int z;               //定义变量z
        int z1;              //定义变量z1
        long a;              //定义变量a
        float b;             //定义变量b
        double c;            //定义变量c
        char d;              //定义变量d
        boolean e;           //定义变量e
//下面设置z1的值, 并分别输出x, y, z, a, b, c, d, e的值
    public static void main(String[] args)
        {
        int z1=111;          //给z1赋值
        System.out.println("  打印数据z="+z1);
        //下面开始分别输出数据
        Quan m=new Quan();
        System.out.println("  打印数据x="+m.x);
        System.out.println("  打印数据y="+m.y);
        System.out.println("  打印数据z="+m.z);
        System.out.println("  打印数据a="+m.a);
        System.out.println("  打印数据b="+m.b);
        System.out.println("  打印数据c="+m.c);
        System.out.println("  打印数据d="+m.d);
        System.out.println("  打印数据e="+m.e);
        }
    }
```

```
范例 005：演示局部变量的影响
源码路径：光盘\演练范例\005\
视频路径：光盘\演练范例\005\
范例 006：重定向输出流实现程序日志
源码路径：光盘\演练范例\006\
视频路径：光盘\演练范例\006\
```

在上述实例代码中，全局变量将对这个程序产生作用，但是局部可以随时更改这个变量的值，在上面的程序里，定义了两个 int z1；在局部中重新定义了这个变量，在这个局部中这个变量的值将会发生改变，将上面的程序运行，在这里定义了 byte 变量"x"、short 变量"y"、int 变量"z"和"z1"、float 变量"b"、double 变量"c"、char 变量"d"、"Boolean"变量 e，都未赋予值，但是在执行的时候都出现了值，这说明，不管什么类型的变量，都有默认值，未给变量定义值，它将以默认值产生，执行后的效果如图 3-2 所示。

```
打印数据z=111
打印数据x=0
打印数据y=0
打印数据z=0
打印数据a=0
打印数据b=0.0
打印数据c=0.0
打印数据d=
打印数据e=false
```

图 3-2　执行效果

在面对变量作用域的问题时，一定要了解变量要先定义后才能使用，但也不是在变量定义后的语句一直都能使用前面定义的变量。我们可以用大括号将多个语句包起来形成一个复合语句，变量只能在定义它的复合语句中使用。例如下面的演示代码。

```java
public class TestScope
{
    public static void main(String[] args)
    {
        int x = 12;
        {
            int q = 96;           // x和q都可用
            int x = 3;            //错误的定义,Java中不允许有这种嵌套定义
            System.out.println("x is "+x);
            System.out.println("q is "+q);
        }
```

```
        q = x;
        System.out.println("x is "+x);
    }
}
```

✿ 注意：正确使用注释

在本书前面讲解的演示代码中，为了让读者明白一段代码的含义，笔者特意在代码中添加了注释。Java 中的注释有两种，分别是单行注释和多行注释，具体格式如下所示。

❑　单行注释：//。

❑　多行注释：/**/。

3.2　数　据　类　型

📷 知识点讲解：光盘:视频\PPT 讲解（知识点）\第 3 章\数据类型.mp4

Java 中的数据类型可以分为简单数据类型和复杂数据类型两种。简单数据类型是 Java 的基础类型，它包括整数类型、浮点类型、字符类型和布尔类型，在本章将重点讲解。复合数据类型由简单数据类型组成，是用户根据自己的需要定义并实现其运算的类型，如类、接口、数组。为了便于读者快速理解，笔者将 Java 中的数据类型分为了两大类，分别是基本类型和引用类型，具体结构如下所示。

1. 基本类型

1）数值类型

（1）浮点数。

❑　float。

❑　double。

（2）整数类型。

❑　byte。

❑　short。

❑　int。

❑　long。

（3）字符类型。

❑　char。

（4）布尔类型：Boolean 类型。

2. 引用类型

（1）类类型。

（2）接口类型。

（3）数组类型。

3.2.1　简单数据类型值的范围

Java 中的简单数据类型是最简单的，主要由 byte、short、int、long、char、float、double 和 boolean 组成，简单数据类型所占的内存位数以及取值范围如表 3-1 所示。

表 3-1	数据类型	
数 据 类 型	所 占 位 数	值 范 围
byte（字符类型）	8 位	−128～127
short（短整型）	16 位	−32768～32767
int（整型）	32 位	−2147483648～2147483647

续表

数 据 类 型	所 占 位 数	值 范 围
long（长整型）	64 位	
float（单精度浮点型）	32 位	
double（双精度浮点型）	32 位	
char（字符型）	64 位	0～65535
boolean（布尔型）	1 位	Ture 或 False

3.2.2　字符型

在 Java 程序中，存储字符的数据类型是字符型，用字母 char 表示。字符型通常用于表示单个的字符，字符常量必须使用单引号 "'" 括起来。Java 语言使用 16 位的 Unicode 编码集作为编码方式，而 Unicode 被设计成支持世界上所有书面语言的字符，包括中文字符，所以 Java 程序支持各种语言的字符。

Java 中的字符型常量有如下 3 种表示形式。

❑　直接通过单个字符来指定字符常量：例如'A'、'9'和'0'等。

❑　通过转义字符表示特殊字符常量：例如'\n'、'\f'等。

❑　直接使用 Unicode 值来表示字符常量，格式是'\uXXXX'，其中 XXXX 代表一个 16 进制的整数。

实例 004　　**输出字符型变量的值**

源码路径　\daima\3\Zifu.java　　　　　视频路径　\视频\实例\第 3 章\004

实例文件 Zifu.java 的主要代码如下所示。

```java
public class Zifu
{
    public static void main(String args[])
    {
        char ch1='\u0001';          //赋值ch1
        char ch2='\u0394';          //赋值ch2
        char ch3='\uffff';          //赋值ch2
        System.out.println(ch1);    //输出ch1
        System.out.println(ch2);    //输出ch2
        System.out.println(ch3);    //输出ch2
    }
}
```

范例 007：输出文本字符
源码路径：光盘\演练范例\007\
视频路径：光盘\演练范例\007\
范例 008：自动类型转换/强制类型转换
源码路径：光盘\演练范例\008\
视频路径：光盘\演练范例\008\

执行后的效果如图 3-3 所示。

上述实例的执行效果是只显示了一些图形，为什么呢？这是使用 Unicode 码表示的结果。Unicode 所定义的国际化字符集能表示今天为止的所有字符集，如拉丁文、希腊语等几十种语言，大部分字符我们是看不懂的，用户不需要掌握。读者请注意，在执行的结果处有一个问号，它有可能是真的问号，有可能是不能显示的符号。但是为了正常地输出这些符号，该怎么处理？Java 提供了转义字符，以 "\" 开头，十六进制计数法用 "\" 和 "U" 字开头，后面跟着十六进制数字。常用的转义字符如表 3-2 所示。

图 3-3　执行效果

表 3-2	转义字符
转 义 字 符	描　　述
\0x	八进制字符
\u	十六进制 Unicode 字符
\'	单引号字符

续表

转 义 字 符	描　述
\"	双引号字符
\\	反斜杠
\r	回车
\n	换行
\f	走纸换页
\t	横向跳格
\b	退格

3.2.3 整型

整型是 Java 语言中常用的数据类型，它是有符号的 32 位整数数据类型，整型 int 用在数组、控制语句等多个地方，Java 系统会把 byte 和 short 自动提升为整型 int。

类型 int 是最常用的整数类型，在通常情况下，一个 Java 整数常量默认就是 int 类型。对于初学者来说，需要特别注意如下两点。

（1）如果直接将一个较小的整数常量（在 byte 或 short 类型的范围内）赋给一个 byte 或 short 变量，系统会自动把这个整数常量当成 byte 或者 short 类型来处理。

（2）如果使用一个巨大的整数常量（超出了 int 类型的表述范围）时，Java 不会自动把这个整数常量当成 long 类型来处理。如果希望系统把一个整数常量当成 long 类型来处理，应在这个整数常量后增加 l 或者 L 作为后缀。通常推荐使用 L，因为 l 很容易跟 1 混淆。

实例 005	通过整型类型计算正方形和三角形的面积
	源码路径　\daima\3\zheng.java　　　　视频路径　\视频\实例\第 3 章\005

实例文件 zheng.java 的主要代码如下所示。

```
public class Zheng                        //定义类Zheng
{
public static void main(String args[])
    {
        //正方形面积
        int b=7;                          //赋值b
        int L=b*4;                        //赋值L
        int s=b*b;                        //赋值S
        System.out.println("正方形的周长为"+L);    //输出周长
        System.out.println("正方形的面积为"+s);    //输出面积
        //三角形面积
        int a3=5,b3=7;                     //赋值a3和b3
        int s3=a3*b3/2;                    //计算面积
        System.out.println("三角形的面积为"+s3);   //输出面积
    }
}
```

范例 009：演示 int 类型的提升处理
源码路径：光盘\演练范例\009\
视频路径：光盘\演练范例\009\
范例 010：自动提升数据类型
源码路径：光盘\演练范例\010\
视频路径：光盘\演练范例\010\

执行后的效果如图 3-4 所示。

其实我们可以把一个较小的整数常量（在 int 类型的表述范围以内）直接赋给一个 long 类型的变量，这并不因为 Java 会把这个较小的整数常量当成 long 类型来处理。Java 依然会把这个整数常量当成 int 类型来处理，只是这个 int 类型的值会完成自动类型转换到 long 类型。

```
正方形的周长为28
正方形的面积为49
三角形的面积为17
```

图 3-4　执行效果

3.2.4 浮点型

整型在计算机中肯定是不够用的，这时候就出现了浮点型数据。浮点数据用来表示 Java 中的浮点数，浮点类型数据表示有小数部分的数字，总共有两种类型：单精度浮点型（float）和双精度浮点型（double），它们的取值范围比整型大许多，下面对其进行讲解。

1．单精度浮点型——float

单精度浮点型是专指占用 32 位存储空间的单精度数据类型，在编程过程中，当需要小数部分且对精度要求不高时，一般使用单精度浮点型，这种数据类型很少用，不详细讲解。

2．双精度浮点型——double

双精度浮点类型占用 64 位存储空间，在计算中占有很大的比重，保证数值的准确。

double 类型代表双精度浮点数，float 代表单精度浮点数。一个 double 类型的数值占 8 个字节，64 位，一个 float 类型的数值占 4 个字节，32 位。更加详细地说，Java 语言的浮点数有两种表示形式。

（1）十进制数形式：这种形式就是平常简单的浮点数，例如 5.12，512.0，.512。浮点数必须包含一个小数点，否则会被当成 int 类型处理。

（2）科学记数法形式：例如 5.12e2（即 5.12×10^2），5.12E2（也是 5.12×10^2）。必须指出的是，只有浮点类型的数值才可以使用科学计数形式表示。例如 51200 是一个 int 类型的值，但 512E2 则是浮点型的值。

Java 语言的浮点型默认是 double 型，如果希望 Java 把一个浮点型值当成 float 处理，应该在这个浮点型值后紧跟 f 或 F。例如"5.12"代表的是一个 double 型的常量，它占 64 位的内存空间；5.12f 或者 5.12F 才表示一个 float 型的常量，占 32 位的内存空间。当然，也可以在一个浮点数后添加 d 或 D 后缀，强制指定是 double 类型，但通常没必要。

因为 Java 浮点数使用二进制数据的科学记数法来表示浮点数，因此可能不能精确表示一个浮点数，例如我们把 5.2345556f 值赋给一个 float 类型的变量，接着输出这个变量时看到这个变量的值已经发生了改变。如果使用 double 类型的浮点数则比 float 类型的浮点数会更加精确，但如果浮点数的精度足够高（小数点后的数字很多时），依然可能发生这种情况。如果开发者需要精确保存一个浮点数，可以考虑使用 BigDecimal 类。

实例 006	使用浮点型计算圆的面积
源码路径　\daima\3\Syuan.java	视频路径　\视频\实例\第 3 章\006

实例文件 Syuan.java 的主要代码如下所示。

```java
public class Syuan
{
    public static void main(String args[])
    {
        double r=45.0324;              //赋值r
        final double PI=3.1415926; //PI
        double area=PI*r*r;            //面积计算
        //输出面积
        System.out.println("圆的面积是: S="+area);
    }
}
```

范例 011：演示不同浮点型的用法
源码路径：光盘\演练范例\011\
视频路径：光盘\演练范例\011\
范例 012：实现自动类型转换
源码路径：光盘\演练范例\012\
视频路径：光盘\演练范例\012\

执行后的效果如图 3-5 所示。

圆的面积是：S=6370.889196939849

图 3-5　执行效果

3.2.5　布尔型

布尔类型是一种表示逻辑值的简单类型，它的值只能是真或假这两个值中的一个。它是所有的诸如 a<b 这样的关系运算的返回类型。Java 中的布尔型对应只有一个——boolean 类型，用于表示逻辑上的"真"或"假"。boolean 类型的值只能是 true 或 false，不能用 0 或者非 0 来代表。布尔类型在 if、for 等控制语句的条件表达式中比较常见，在 Java 语言中使用 boolean 型变

量的控制流程主要有下面的几种。

- ❑ if 条件控制语句。
- ❑ while 循环控制语句。
- ❑ do 循环控制语句。
- ❑ for 循环控制语句。

实例 007	复制布尔型变量并输出结果
源码路径　\daima\3\Bugu.java	视频路径　\视频\实例\第 3 章\007

实例文件 Bugu.java 的主要代码如下所示。

```java
public class Bugu                     //定义类
 {
    public static void main(String args[])
{
        boolean b;                    //定义b
        b = false;                    //赋值b
        System.out.println("b is " + b);
        b = true;                     //赋值b
    System.out.println("b is " + b);
        if(b) System.out.println("This is executed.");
        b = false;                    //赋值b
        if(b) System.out.println("This is not executed.");
    System.out.println("10 > 9 is " + (10 > 9));
        }
 }
```

> 范例 013：定义两个布尔类型变量并赋值
> 源码路径：光盘\演练范例\013\
> 视频路径：光盘\演练范例\013\
> 范例 014：实现强制类型转换
> 源码路径：光盘\演练范例\014\
> 视频路径：光盘\演练范例\014\

执行后的效果如图 3-6 所示。

```
b is false
b is true
This is executed.
10 > 9 is true
```

图 3-6　执行效果

3.3　运　算　符

📺 知识点讲解：光盘:视频\PPT 讲解（知识点）\第 3 章\运算符.mp4

运算符是程序设计中重要的构成元素之一，运算符可以细分为算术运算符、位运算符、关系运算符、逻辑运算符和其他运算符。在本节的内容中，将详细讲解 Java 语言中运算符的基本知识。

3.3.1　算术运算符

在数学中有加减乘除运算，算术运算符（Arithmetic Operators）就是用来处理数学运算的符号，这是最简单、也最常用的符号。在数字的处理中几乎都会用到算术运算符号，算术运算符可以分为基本运算符、取余运算符和递增或递减运算符等几大类。具体说明如表 3-3 所示。

表 3-3　算术运算符

类　　型	运　算　符	说　明
基本运算符	+	加
	-	减
	*	乘
	/	除

续表

类　型	运　算　符	说　明
取余运算符	%	取余
递增或递减	++ --	递增 递减

1. 基本运算符

在 Java 程序中，使用最广泛的便是基本运算符。

实例 008　使用基本运算符的加减乘除 4 种运算

源码路径　\daima\3\JiBen1.java　　　　　　视频路径　\视频\实例\第 3 章\008

实例文件 JiBen1.java 的主要代码如下所示。

```java
public class JiBen1
{
public static void main(String args[])
    {
        int a=12;
        int b=4;
//运算符
        System.out.println(a-b);
        System.out.println(a+b);
        System.out.println(a*b);
        System.out.println(a/b);
    }
}
```

范例 015：演示基数运算的过程
源码路径：光盘\演练范例\015\
视频路径：光盘\演练范例\015\
范例 016：实现加密处理
源码路径：光盘\演练范例\016\
视频路径：光盘\演练范例\016\

执行后的效果如图 3-7 所示。

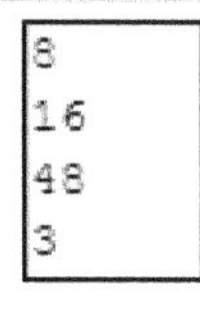

图 3-7　执行效果

❀　注意：分母为零的情况

在计算机运算中的运算和数学运算有些不同，一般来说分母不能为零，为零会发生程序错误，但是有时程序分母为零并不是错误，例如下面的代码【光盘\daima\3\Jiben.java】。

```java
public class Jiben {
 public static void main(String args[])
    {
        int AAA=126;
//整型数据分母不能为零
        System.out.println(a/0);
    }
}
```

将上述代码编译后会得到如图 3-8 所示的结果。

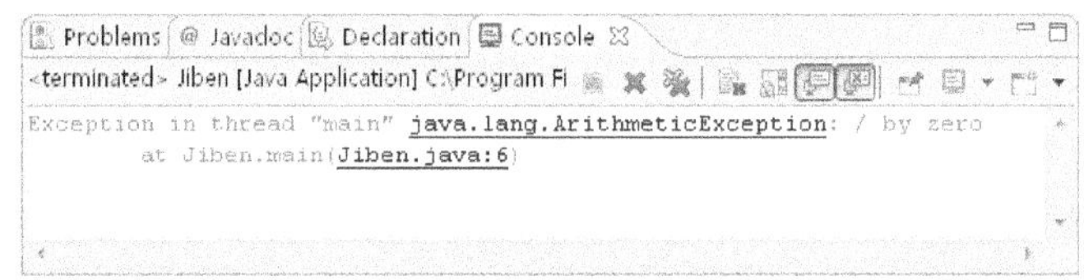

图 3-8　运行结果

上面的结果提示用户分母不能为零，如果将上述代码中的"int AAA=126"改为"double AAA=126"后，编译后会得到如图 3-9 所示的结果。

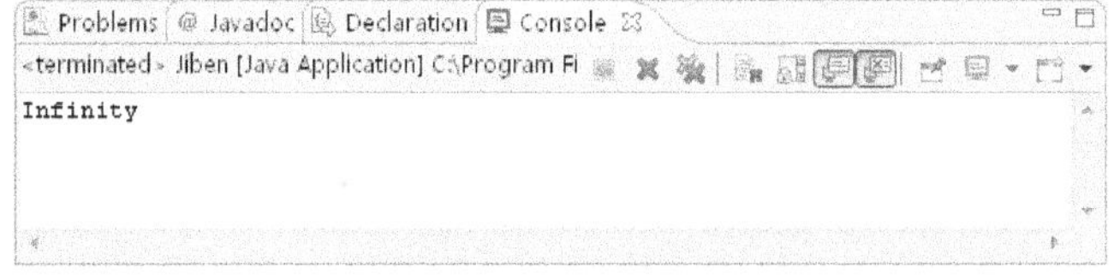

图 3-9　更改后的结果

在基本运算符中，只要将分子定义为 double 型，则分母为零是正确的，得到的值是无穷大，这一点希望初学者加以理解。

2．求余运算符

求余运算的结果不一定总是整数，它的计算结果是使用第一个运算数除以第二个运算数，得到一个整除的结果后剩下的值，也就是余数。由于求余运算符也需要进行除法运算，因此如果求余运算的两个运算数都是整数类型，则求余运算的第二个运算数不能是 0，否则将引发除以零异常。如果求余运算的两个操作数中有 1 个或者 2 个是浮点数，则允许第二个操作数是 0 或 0.0，只是求余运算的结果是非数：NaN。0 或 0.0 对零以外的任何数求余都将得到 0 或 0.0。

求余运算符是一种很奇怪的运算符，在数学中很少接触过，其实可以很简单地理解它。求余运算符一般被用在除法中，它的取值不是商，而是余数，如 5/2，它取的是余数，所以结果是 1，而不是商值结果 2.5。

<table>
<tr><td>实例 009</td><td>使用"%"运算符</td></tr>
<tr><td></td><td>源码路径　\daima\3\Yushu.java　　　视频路径　\视频\实例\第 3 章\009</td></tr>
</table>

实例文件 Yushu.java 的主要代码如下所示。

```java
public class Yushu
    {
    public static void main(String[] args) {
//求余数
int A=19%3;
int K=-19%-3;
int Q=19%-3;
int J=-19%3;
System.out.println("A=19%3的余数"+A);
System.out.println("K=-19%-3的余数"+K);
System.out.println("Q=19%-3的余数"+Q);
System.out.println("J=-19%3的余数"+J);
    }
    }
```

范例 017：演示取模运算的规律
源码路径：光盘\演练范例\017\
视频路径：光盘\演练范例\017\
范例 018：用三元运算符判断奇偶数
源码路径：光盘\演练范例\018\
视频路径：光盘\演练范例\018\

执行后的效果如图 3-10 所示。

3．递增递减

递增递减运算符分别是指"++"和"--"，每执行一次，变量将会增加 1 或者减少 1，它可以放在变量的前面，也可以放在变量的后面。无论哪一种都能改变变量的结果，但它们有一些不同，这种变化让初学程序的人甚感疑惑。递增、递减对于刚学程序的人来说是一个难点，读者一定要强加理解，理解的不是++与--的问题，而是在变量前用还是在变量后用的问题。

```
A=19%3的余数1
K=-19%-3的余数-1
Q=19%-3的余数1
J=-19%3的余数-1
```

图 3-10　执行效果

<table>
<tr><td>实例 010</td><td>使用递增递减运算符</td></tr>
<tr><td></td><td>源码路径　\daima\3\Dione.java　　　视频路径　\视频\实例\第 3 章\010</td></tr>
</table>

实例文件 Dione.java 的主要代码如下所示。

```java
public class Dione{
    public static void main(String args[])    {
        int a=199;
        int b=1009;
//数据的递增与递减
        System.out.println(a++);
        System.out.println(a);
        System.out.println(++a);
        System.out.println(b--);
        System.out.println(b);
        System.out.println(--b);
    }
    }
```

范例 019：演示递增递减运算符的用法
源码路径：光盘\演练范例\019\
视频路径：光盘\演练范例\019\
范例 020：更精确地运用浮点数
源码路径：光盘\演练范例\020\
视频路径：光盘\演练范例\020\

执行后的效果如图 3-11 所示。

看了上述执行结果后，相信大多数读者都会一头雾水。在上面程序中，a++是先执行程序才加 1，++a 是先加 1 再执行程序，a--是先执行 a 的值再减 1，--a 是 a 先减 1，然后再执行程序。代码"system.out.println(a++);"是先执行然后再加 1，所以它输出的值应该是初始值 199，"system.out.println(a)；"因为前一句代码将其加 1，所以结果有所变化，结果为 200，"system.out.println(++a)"是先加 1，其结果就是 2001，而后面的代码相信读者也应该懂了。

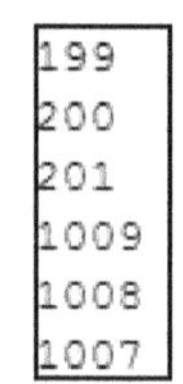

图 3-11　执行效果

3.3.2　关系运算符和逻辑运算符

在 Java 程序设计中，关系运算符（Relational Operators）和逻辑运算符（Logical Operator）显得十分重要。关系运算符是指值与值之间的相互关系，逻辑（logical）关系是指可以用真值和假值链接在一起的方法。

1. 关系运算符

在数学运算中有大于或者小于、等于、不等于的关系，在程序中可以使用关系运算符来表示上述关系。在表 3-4 中列出了 Java 中的关系运算符，通过这些关系运算符会产生一个结果，这个结果是一个布尔值，即 true 或 false，在 Java 中任何类型的数据都可以用"=="进行比较是不是相等，用"!="比较是否不相等，只有数字才能比较大小，关系运算的结果可以直接赋予布尔变量。

表 3-4　　　　　　　　　　　　　　　　关系运算符

类　型	说　明
==	等于
! =	不等于
>	大于
<	小于
>=	大于等于
<=	小于等于

2. 逻辑运算符

布尔逻辑运算符是最常见的逻辑运算符，用于对 Boolean 型操作数进行布尔逻辑运算，在 Java 中的布尔逻辑运算符如图 3-5 所示。

表 3-5　　　　　　　　　　　　　　　　逻辑运算符

类　型	说　明
&&	与（AND）
||	或（OR）
∧	异或（XOR）
|	简化或（Short-circuit OR）
&	简化并（Short-circuit AND）
!	非（NOT）

逻辑运算符与关系运算符运算后得到的结果一样，都是 Boolean 类型的值。在 Java 程序设计中，"&&"和"||"布尔逻辑运算符不总是对运算符右边的表达式求值，如果使用逻辑与"&"和逻辑或"|"，则表达式的结果可以由运算符左边的操作数单独决定。通过表 3-6 读者可以了

解常用逻辑运算符号"&&"、"||"、"!"运算后的结果。

表 3-6 　　　　　　　　　　　　　　逻辑运算符

A	B	A&&B	A||B	!A
false	false	false	false	true
false	true	false	true	true
true	false	false	true	false
true	true	true	true	false

在接下来的内容中，将通过一个具体实例来说明关系运算符的基本用法。

实例 011　使用关系运算符

源码路径　\daima\3\guanxi.java　　　　　视频路径　\视频\实例\第 3 章\011

实例文件 guanxi.java 的主要代码如下所示。

```java
public class guanxi{
public static void main(String args[]){
    char a='k';            //赋值a
    char b='k';            //赋值b
    char c='A';            //赋值c
    int d=100;             //赋值d
    int e=101;             //赋值e
    System.out.println(a==b);
    //下面开始分别输出对应的运算结果
    System.out.println(b==c);
    System.out.println(b!=c);
    System.out.println(d<e);
  }
}
```

范例 021：演示使用逻辑运算符的用法
源码路径：光盘\演练范例\021\
视频路径：光盘\演练范例\021\
范例 022：不用乘法运算符实现 2×16
源码路径：光盘\演练范例\022\
视频路径：光盘\演练范例\022\

执行后的效果如图 3-12 所示。

```
false
true
```

图 3-12　执行效果

3.3.3　位运算符

在 Java 程序设计中，使用位运算符来操作二进制数据。位运算（Bitwise Operators）可以直接操作整数类型的位，这些整数类型包括 long、int、short、char 和 byte。Java 语言中位运算符的具体说明如表 3-7 所示。

表 3-7 　　　　　　　　　　　　　　逻辑运算符

位逻辑运算符	说　　明
~	按位取反运算
&	按位与运算
|	按位或运算
^	按位异或运算
>>	右移
>>>	右移并用 0 填充
<<	左移

因为位运算符能够在整数范围内对位操作，所以这样的操作对一个值产生什么效果是很重要的。具体来说，了解 Java 如何存储整数值并且如何表示负数是非常有用的。在表 3-8 中演示了操作数 A 和操作数 B 按位逻辑运算的结果。

表 **3-8**　位逻辑运算结果

操作数 A	操作数 B	A|B	A&B	A^B	~A
0	0	0	0	0	1
0	1	1	0	1	1
1	0	1	0	1	0
1	1	1	1	0	0

移位运算符把数字的位向右或向左移动，产生一个新的数字。Java 的右移运算符有 2 个，分别是>>和>>>。

- ❑ >>运算符：能够把第一个操作数的二进制码右移指定位数后，将左边空出来的位以原来的符号位来填充。即如果第一个操作数原来是正数，则左边补 0。如果第一个操作数是负数，则左边补 1。

- ❑ >>>：能够把第一个操作数的二进制码右移指定位数后，将左边空出来的位总是以 0 来填充。

下面通过一段代码来演示在 Java 中使用位运算符的基本方法，其代码【光盘\daima\3\WeiOne.java】如下所示。

```java
public class WeiOne {
  public static void main(String args[]) {
      String binary[] = {"0000", "0001", "0010", "0011", "0100", "0101", "0110", "0111", "1000", "1001", "1010", "1011", "1100",
      "1101", "1110", "1111"
      };
      int a = 3;
      int b = 6;
      int c = a | b;
      int d = a & b;
      int e = a ^ b;
      int f = (~a & b) | (a & ~b);
      int g = ~a & 0x0f;
      System.out.println(" a = " + binary[a]);
      System.out.println(" b = " + binary[b]);
      System.out.println(" a|b = " + binary[c]);
      System.out.println(" a&b = " + binary[d]);
      System.out.println(" a^b = " + binary[e]);
      System.out.println("~a&b|a&~b = " + binary[f]);
      System.out.println(" ~a = " + binary[g]);
      }
}
```

按位异或运算符 "^"，只有在比较两个位不相等时结果才返回 1，否则结果是零。上述代码能够表明运算符 XOR 的一个有用属性。运行上述代码后的执行效果如图 3-13 所示。

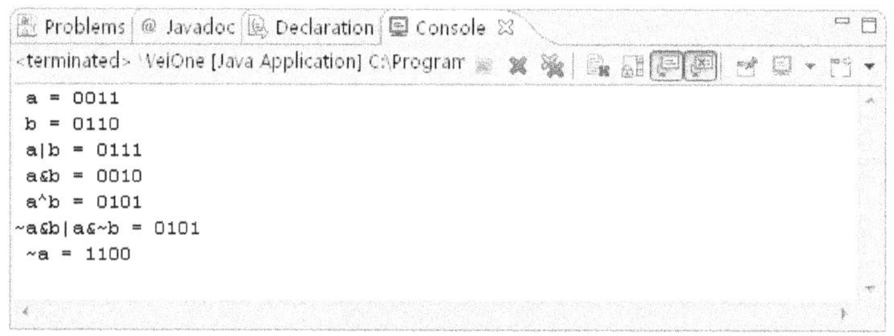

图 3-13　位运算符

3.3.4　条件运算符

条件运算符是一种特殊的运算符，也被称为三目运算符。它与前面所讲解的运算符有很大不同，在 Java 中提供了一个三元运算符，其实这跟后面讲解的 if 语句有相似之处。条件运算符的目的是决定把哪个值赋给前面的变量。在 Java 语言中使用条件运算符的语法格式如下所示。

变量=(布尔表达式)？为true时所赋予的值: 为false时所赋予的值;

实例 012　使用条件运算符

源码路径　\daima\3\tiao.java　　　　　　　　　视频路径　\视频\实例\第 3 章\012

实例文件 tiao.java 的主要代码如下所示。

```
public class tiao
{
    public static void main(String args[])
    {
//赋值chengji的初始值为70
        double chengji=70;
        String Tiao=(chengji>=90)?"已经很优秀":
                            "不是很优秀, 还需要努力!";

        //输出结果
        System.out.println(Tiao);
    }
}
```

> 范例 023：根据条件的不同实现赋值
> 源码路径：光盘\演练范例\023\
> 视频路径：光盘\演练范例\023\
> 范例 024：实现两个变量的互换
> 源码路径：光盘\演练范例\024\
> 视频路径：光盘\演练范例\024\

在上述代码中，设置如果变量 chengji 大于或等于 90，则输出""已经很优秀的提示，反之就输出"不是很优秀，还需要努力!"的提示。因为在代码中设置"chengji=70"，所以执行后的效果如图 3-14 所示。

图 3-14　执行效果

3.3.5　赋值运算符

赋值运算符是一个等号"="，Java 中的赋值运算与在其他计算机语言中的运算一样，起到了一个赋值的作用。在 Java 中使用赋值运算符的格式如下所示。

```
var = eXPression;
```

其中，变量 var 的类型必须与表达式 expression 的类型一致。

赋值运算符有一个有趣的属性，它允许我们对一连串变量进行赋值。请看下面的代码。

```
int x, y, z; x = y = z = 100;
```

在上述代码中，使用了一个赋值语句对变量 x、y、z 都赋值为100。这是因为"="运算符产生右边表达式的值，因此 $z = 100$ 的值是 100，然后该值被赋给 y，并依次被赋给 x。使用"字符串赋值"是给一组变量赋与同一个值的简单办法。在赋值时类型必须匹配，否则将会出现编译错误。

实例 013　演示赋值类型不匹配的错误

源码路径　\daima\3\fuzhi.java　　　　　　　　　视频路径　\视频\实例\第 3 章\013

实例文件 fuzhi.java 的主要代码如下所示。

```
public class fuzhi
{
    public static void main(String args[])
    {
        //定义的字节数据
        byte a=9;
        byte b=7;
        byte c=a+b;
        System.out.println(c);
    }
}
```

> 范例 025：扩展赋值运算符的功能
> 源码路径：光盘\演练范例\025\
> 视频路径：光盘\演练范例\025\
> 范例 026：演示运算符的应用
> 源码路径：光盘\演练范例\026\
> 视频路径：光盘\演练范例\026\

在上述代码中，执行后发现提示类型不匹配，执行效果如图 3-15 所示。

```
Exception in thread "main" java.lang.Error: Unresolved compilation problem:
        Type mismatch: cannot convert from int to byte

        at fuzhi.main(fuzhi.java:9)
```

图 3-15　执行效果

✿　注意：扩展赋值运算符

在 Java 中可以对赋值运算符进行扩展，其中最为常用的有如下扩展操作。

+=: 对于 x+=y，等效于 x=x+y。

-=: 对于 x -=y，等效于 x=x-y。

>=: 对于 x *=y，等效于 x=x*y。

/=: 对于 x / =y，等效于 x=x/y。

%=: 对于 x%=y，等效于 x=x%y。

&=: 对于 x&=y，等效于 x=x&y。

|=: 对于 x | =y，等效于 x=xly。

^=: 对于 x^=y，等效于 x=x^y。

<<=: 对于 x<<=y，等效于 x=x<<y。

>>=: 对于 x>>=y，等效于 x=x>>y。

>>>=: 对于 x>>>=y，等效于 x= x>>>y。

另外，在后面的学习中我们会接触到 equals()方法，此方法和赋值运算符==的功能类似。要想理解两者之间的区别，我们需要从变量说起。Java 中变量分为两类，一类是值类型，它储存的是变量真正的值，比如基础数据类型，值类型储存在内存的栈中；一类是引用类型，它们储存的是对象的地址，而该地址所对应的内存空间储存的才是我们需要的内容，比如字符串和对象等，储存在内存中的堆中。而赋值运算符==比较的是值类型，如果比较两个引用类型，比较的就是它们的引用地址。而 equals()方法只能用来比较引用类型，就是引用的内容。

（1）= =运算符。

= =运算符比较的是左右两边的变量是否来自同一个内存地址。如果比较的是值类型（如基础数据类型，int char 之类）的话，由于值类型是存储在栈里面的，当两个变量有同一个值时，其实它们只用到了一个内存空间，所以比较的结果是 true。

（2）equals()方法。

eqluals()方法是 Object 类的基本方法之一，所以每个类都有自己的 equals()方法，其功能是比较两个对象是否是同一个，通俗地理解就是比较这两个对象内容是否一样。

3.3.6　运算符的优先级

数学中的运算都是从左向右运算的，在 Java 中除了单目运算符、赋值运算符和三目运算符外，大部分运算符也是从左向右结合的，单目运算符、赋值运算符和三目运算符是从右向左结合的，也就是它们是从右向左运算的。乘法和加法是两个可结合的运算，也就是说，这两个运算符左右两边的操作符可以互换位置而不会影响结果。

运算符有不同的优先级，所谓优先级就是在表达式运算中的运算顺序，表 3-9 中列出了包括分隔符在内的所有运算符的优先级顺序，上一行中的运算符总是优先于下一行的。

表 3-9　　　　　　　　　　　　　　　　**Java 运算符的优先级**

运　算　符	Java 运算符
分隔符	.　　[]　　()　　{}　　,　　;
单目运算符	++　　--　　~　　!
强制类型转换运算符	(type)
乘法/除法/求余	*　　/　　%
加法/减法	+　　-
移位运算符	<<　　>>　　>>>
关系运算符	<　　<=　　>=　　>　　instanceof
等价运算符	==　　!=

续表

运　算　符	Java 运算符
按位与	&
按位异或	^
按位或	|
条件与	&&
条件或	||
三目运算符	?:
赋值	=　+=　-=　*=　/=　&=　|=　^=　%=　<<=　>>=　>>>=

根据表 3-9 所示的运算符的优先级，假设 int a=3，开始分析下面 b 的计算过程。

```
int b= a+2*a
```

程序先执行 2*a 得到 6，再计算 a+6 得到 9。如果使用( )就可以改变程序的执行过程，例如：

```
int b=(a+2)*a
```

则先执行 a+2 得到 5，再用 5*a 得 15。

实例 014　使用表达式与运算符

源码路径　\daima\3\biaoone.java　　　　　视频路径　\视频\实例\第 3 章\014

实例文件 biaoone.java 的主要代码如下所示。

```java
public class biaoone
{
    public static void main(String args[])
    {
    int a=231;
    int b=4;
    int h=56;
    int k=45;
    int x=a+h/b;
    int y=h+k;
    System.out.println(x);
    System.out.println(y);
    System.out.println(x==y);
    }
}
```

范例 027：演示运算符的优先级
源码路径：光盘\演练范例\027\
视频路径：光盘\演练范例\027\
范例 028：演示关系运算符的应用
源码路径：光盘\演练范例\028\
视频路径：光盘\演练范例\028\

执行后的效果如图 3-16 所示。

注意：书写 Java 运算符的两点注意事项。

（1）不要把一个表达式写得过于复杂，如果一个表达式过于复杂，则把它分成几步来完成。

（2）不要过多地依赖运算符的优先级来控制表达式的执行顺序，这样可读性太差，尽量使用小括号( )来控制表达式的执行顺序。

```
245
101
false
```

图 3-16　执行效果

3.4　标识符和关键字

知识点讲解：光盘:视频\PPT 讲解（知识点）\第 3 章\标识符和关键字.mp4

在本书前面的演示代码中，已经使用了大量的标识符和关键字。例如代码中的大括号、分号等就是标识符，而代码中的 int、public 等就是关键字。在本节将详细讲解 Java 语言中标识符和关键字的基本知识，为读者步入本书后面知识的学习打下基础。

3.4.1　标识符

标识符是赋给类、方法或变量的名称。在 Java 语言中，用标识符来识别类名、变量名、方法名、类型名、数组名和文件名。

Java 语言开头规定，标识符由大小写字母、数字、下划线（_）、美元符号（$）组成，但不能以数字开头，标识符没有最大长度限制，例如下面都是合法的标识符。

```
Chongqin $
D3Tf
T_w_o
$67.55
```

要想判断标识符是不是合法，可以参考下面的 4 条规则。

- ❑　标识符不能以数字开头，如 7788。
- ❑　标识符中不能出现规定以外的字符，如 You'are、deng@qq.com。
- ❑　标识符中不能出现空格。
- ❑　标识符中只能出现美元字符$，而不能包含@、#等特殊字符。

标识符是严格区分大小写的，在 Java 中，no 和 No 是完全不同的。还需要注意的是虽然使用$符号在语法上是被允许的，但在编码规范中规定尽量不要使用它，因为它容易混淆。

3.4.2　关键字

关键字是 Java 系统保留使用的标识符，也就是说只有 Java 系统才能使用，程序员不能使用这样的标识符。关键字是 Java 中的特殊保留字，到目前为止，Java 语言保留的关键字如表 3-10 所示。

表 3-10　　　　　　　　　　　　　　　　　　**Java 关键字**

abstract	boolean	break	byte	case	catch	char	class	const	continue
default	do	double	else	extends	final	finally	float	for	goto
if	implements	import	instanceof	int	interface	long	nafive	new	package
private	protected	public	return	short	static	strictfp	super	switch	synchronized
this	throw	throws	transient	try	void	volatile	while	assert	

从表 3-10 中可以看出，true、false 和 null 都是 Java 中定义的特殊值，虽然它们不是关键字，但也不能作为类名、方法名和变量名等。另外，表中的 goto 和 const 是两个保留字（reserved word），保留字的意思是 Java 现在还未使用这两个单词作为关键字，但可能在未来的 Java 版本中使用这两个单词作为关键字。

3.5　字　符　串

📀 知识点讲解：光盘:视频\PPT 讲解（知识点）\第 3 章\字符串.mp4

字符串（String）是由 0 个或多个字符组成的有限序列，是编程语言中表示文本的数据类型。通常以串的整体作为操作对象，例如在串中查找某个子串、求取一个子串、在串的某个位置上插入一个子串以及删除一个子串等。两个字符串相等的充要条件是：长度相等，并且各个对应位置上的字符都相等。假设 p、q 是两个串，求 q 在 p 中首次出现的位置的运算叫做模式匹配。串的两种最基本的存储方式是顺序存储方式和链接存储方式。

3.5.1　字符串的初始化

在 Java 程序中，使用关键字 new 来创建 String 实例，具体格式如下所示。

```
String a=new String( );
```

上面的这段代码创建了一个名为 String 的类，并把它赋给变量，但它此时是一个空的字符串，接下来就为这个字符串赋值，赋值代码如下所示。

```
a="I am a person Chongqing"
```

在 Java 程序中，我们将上述两句代码合并，就可以产生一种简单的字符串表示。

```
String s=new String ("I am a person Chongqing");
```

除了上面的表示方法，还有如下一种表示字符串的形式。

```
String s= ("I am a person Chongqing");
```

实例 015　初始化一个字符串

源码路径　\daima\3\Stringone.java　　　　　视频路径　\视频\实例\第 3 章\015

实例文件 Stringone.java 的主要代码如下所示。

```java
public class Stringone {
    public static void main(String[] args) {
        String str = "上邪";
        System.out.println("OK");
        String cde = "别人笑我太疯癫";
        System.out.println(str + cde);
    }
}
```

范例 029：格式化一个字符串

源码路径：光盘\演练范例\029\

视频路径：光盘\演练范例\029\

范例 030：扩展赋值运算符的功能

源码路径：光盘\演练范例\030\

视频路径：光盘\演练范例\030\

执行后的效果如图 3-17 所示。

图 3-17　执行效果

注意：字符串并不是原始的数据类型，它应是复杂的数据的类型，对它进行初始化的方法不只一种，但也没有规定谁是最优秀的，用户可以根据自己的习惯使用。

3.5.2　String 类

在 Java 程序中可以使用类 String 来操作字符串，在此类中有许多方法可以供我们程序员使用。

1. 索引

在 Java 程序中，通过索引方法可以返回 String 指定索引的位置，用户需要注意的是，它的数字从零开始，其使用格式如下所示。

```
public char charAt (int index)
```

2. 追加字符串

追加字符串是指在字符串的末尾再添加字符串，追加字符串是一个比较常用的方法，具体语法格式如下所示。

```
Public String concat (String S)
```

实例 016　使用索引方法

源码路径　\daima\3\suoyin.java　　　　　视频路径　\视频\实例\第 3 章\016

实例文件 suoyin.java 的主要代码如下所示。

```java
public class suoyin
{
    public static void main(String args[])
    {
        String x="dongjiemeili";
        System.out.println(x.charAt(5));
    }
}
```

范例 031：使用追加方法

源码路径：光盘\演练范例\031\

视频路径：光盘\演练范例\031\

范例 032：货币金额的大写形式

源码路径：光盘\演练范例\032\

视频路径：光盘\演练范例\032\

执行后的效果如图 3-18 所示。

在上面的实例代码中，有一个在字符串变量的 "x"，然后给它一个值是 "dongjiemeili" 的字符串，通过倒数第 3 行取这个字符串的脚码为 "5" 的字符，因为下标是从 "0" 开始。初学者可能会理解为字母 "j"，可真正的结果并不是，下标为 "5"，实际上是第 6 个字母。

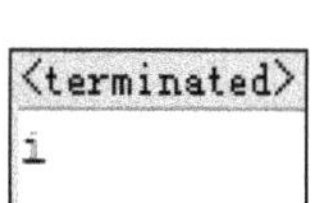

图 3-18　执行效果

3. 比较字符串

比较字符串是将两个字符串进行比较，看是否相同，如果相同返回一个值 true，如果不相同则返回一个值 false，其格式如下。

```
public Boolean equalsIgnoreCase(String s)
```

4. 取字符串长度

在 String 中有一个方法可以获取字符串的长度，其语法格式如下所示。

```
public int length ( )
```

实例 017　　使用比较字符串方法

源码路径　\daima\3\bijiao.java　　　　　视频路径　\视频\实例\第 3 章\017

实例文件 bijiao.java 的主要代码如下所示。

```
public class bijiao
{
    public static void main(String args[])
    {
        String x="student";
        String xx="STUDENT";
        String y="student";
        String z="T";
System.out.println(x.equalsIgnoreCase(xx));
System.out.println(x.equalsIgnoreCase(y));
System.out.println(x.equalsIgnoreCase(z));
    }
}
```

> 范例 033：使用求字符串长度方法
> 源码路径：光盘\演练范例\033\
> 视频路径：光盘\演练范例\033\
> 范例 034：String 类格式化当前日期
> 源码路径：光盘\演练范例\034\
> 视频路径：光盘\演练范例\034\

执行后的效果如图 3-19 所示。

5. 替换字符串

替换是两个动作，第一个是查找，第二个是替换。在 Java 中实现替换字符串的方法十分简单，只需要使用 replace()方法即可实现。使用此方法的语法格式如下所示。

```
true
true
false
```

图 3-19　执行效果

```
public String replace (char old, char   new)
```

6. 字符串的截取

在有的时候，经常需要从长的字符串中截取一段字符串，此功能可以通过 substring()方法实现，此方法有两种使用格式。

第一种格式如下：

```
public String substring (int begin)
```

第二种格式如下：

```
public String substring (int begin, int end)
```

实例 018　　使用替换字符串方法

源码路径　\daima\3\Tihuan.java　　　　　视频路径　\视频\实例\第 3 章\018

实例文件 Tihuan.java 的主要代码如下所示。

```
public class Tihuan {
    public static void main(String args[])
    {
        String x="我想我要走了";
        String y=x.replace('走','去');
        System.out.println(y);
    }
}
```

> 范例 035：使用截取字符串方法
> 源码路径：光盘\演练范例\035\
> 视频路径：光盘\演练范例\035\
> 范例 036：字符串的大小写转换
> 源码路径：光盘\演练范例\036\
> 视频路径：光盘\演练范例\036\

执行后的效果如图 3-20 所示。

```
我想我要去了
```

图 3-20　执行效果

7.　字符串大小写互转

在许多时候需要对字符串的字母进行转换，在 String 类里，用户可以使用专用方法进行互换。将大写字母转换成小写字母的方法的语法格式如下所示。

```
public String toLowerCase ( )
```

将小写转大写的方法的语法格式如下所示。

```
Public String toUpperCase ( )
```

8.　消除字符串中的空格字符

在字符串中可能有空白字符，有时在一些特定的环境中并不需要这样的空白，此时我们可以使用 trim()方法去除掉空白，此方法的语法格式如下所示。

```
pbulic String trim ( )
```

实例 019	将大写字母转换成小写字母

源码路径　　\daima\3\Daxiao1.java　　　　视频路径　　\视频\实例\第 3 章\019

实例文件 Daxiao1.java 的主要代码如下所示。

```java
public class Daxiao1 {
    public static void main(String args[])
    {
        String x="I LOVE YoU!!";
        //字母大小写转换
        String y=x.toLowerCase();
        System.out.println(x);
        System.out.println(y);
    }
}
```

> 范例 037：将小写字母转换成大写字母
> 源码路径：光盘\演练范例\037\
> 视频路径：光盘\演练范例\037\
> 范例 038：使用 trim()方法
> 源码路径：光盘\演练范例\038\
> 视频路径：光盘\演练范例\038\

执行后的效果如图 3-21 所示。

```
I LOVE YoU!!
i love you!!
```

图 3-21　执行效果

3.5.3　StringBuffer 类

类 StringBuffer 是 Java 中另外一种重要的操作字符串的类，当需要对字符串进行大量的修改时，使用 StringBuffer 类是最佳的选择。接下来将详细讲解类 StringBuffer 中的常用方法。

1.　追加字符

在 StringBuffer 中实现追加字符功能的方法的语法格式如下所示。

```
public synchronized StringBuffer append(boolean b)
```

2.　插入字符

前面的追加字符方法总是在末尾添加内容，倘若需要在字符中添加内容，就需要使用方法 insert()，其语法格式如下所示。

```
public synchronized StringBuffer insert (int offset, String s)
```

上述格式的含义是：将第 2 个参数的内容添加到第一个参数指定的位置，换句话说，第一个参数表示要插入的起始位置，第 2 个参数是需要插入的内容，它可以是包括 String 的任何数据类型。

3.　颠倒字符

颠倒字符方法能够将字符颠倒，例如"我是谁"，颠倒过来就变成"谁是我"，在许多的时候也很需要。颠倒字符方法 reverse()的语法格式如下所示。

```
public synchronized StringBuffer reverse ( )
```

实例 020	使用追加字符函数

源码路径　　\daima\3\Zhui1.java　　　　视频路径　　\视频\实例\第 3 章\020

实例文件 Zhui1.java 的主要代码如下所示。

```
public class Zhui1 {
 public static void main(String args[]){
   StringBuffer x1 = new StringBuffer("金山WPS办公");
   x1.append(",中国人的选择");
   System.out.println(x1);
   StringBuffer x2 = new StringBuffer("WPS");
   x2.append(2009);
   System.out.println(x2);
 }
}
```

> 范例 039：替换指定的文本字符
> 源码路径：光盘\演练范例\039\
> 视频路径：光盘\演练范例\039\
> 范例 040：使用颠倒字符方法 reverse()
> 源码路径：光盘\演练范例\040\
> 视频路径：光盘\演练范例\040\

执行后的效果如图 3-22 所示。

图 3-22　执行效果

3.6　类型转换

知识点讲解：光盘:视频\PPT 讲解（知识点）\第 3 章\类型转换.mp4

在 Java 程序中，不同基本类型的值经常需要在不同类型之间进行转换。Java 语言所提供的 7 个数值型之间可以相互转换，有自动类型转换和强制类型转换这两种类型转换方式。

3.6.1　自动类型转换

如果系统支持把某个基本类型的值直接赋给另一种基本类型的变量，则这种方式被称为自动类型转换。当把一个取值范围小的数值或变量直接赋给另一个取值范围大的变量时，系统将可以进行自动类型转换。

Java 里所有数值型变量之间可以进行类型转换，取值范围小的可以向取值范围大的进行自动类型转换，就如有两瓶水，当把小瓶里的水倒入大瓶中时不会有任何问题。Java 支持自动类型转换的类型如图 3-23 所示。

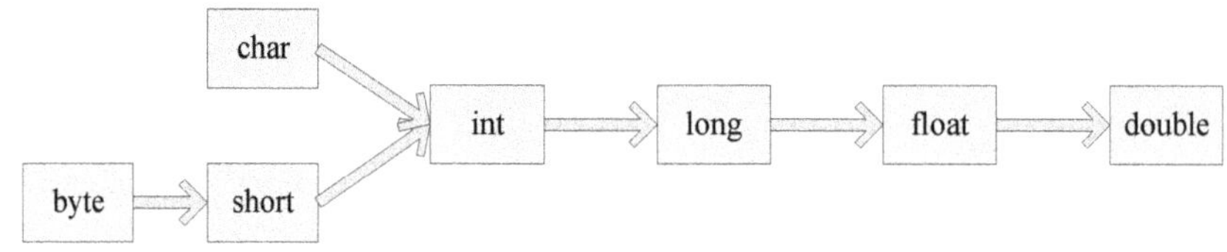

图 3-23　自动类型转换图

在图 3-23 所示的类型图中，箭头左边的数值可以转换为箭头右边的数值。当把任何基本类型的值和字符串值进行连接运算时，基本类型的值将自动类型转换为字符串类型。虽然字符串类型不再是基本类型，而是引用类型。因此如果希望把基本类型的值转换为对应的字符串，可以把基本类型的值和一个空字符串进行连接。

实例 021　演示 Java 的自动转换

源码路径　\daima\3\zidong.java　　　　视频路径　\视频\实例\第 3 章\021

实例文件 zidong.java 的主要代码如下所示。

```
public class zidong
{
    public static void main(String[] args)
    {
        int a   = 6;
        //int可以自动转换为float类型
```

```
                float f = a;
                //下面将输出6.0
                System.out.println(f);
                //定义一个byte类型的整数变量
                byte b = 9;
        //下面代码将出错，byte型不能自动类型转换为char型
                //char c = b;
        //下面是byte型变量可以自动类型转换为double型
                double d = b;
                //下面将输出9.0
                System.out.println(d);
        }
}
```

范例 041：把基本类型转换为字符串

源码路径：光盘\演练范例\041\

视频路径：光盘\演练范例\041\

范例 042：判断用户名是否正确

源码路径：光盘\演练范例\042\

视频路径：光盘\演练范例\042\

执行后的效果如图 3-24 所示。

```
6.0
9.0
```

图 3-24　执行效果

3.6.2　强制转换

如果希望把图 3-23 中箭头右边的类型转换为左边的类型，则必须使用强制转换实现。Java 中强制类型转换的语法格式如下所示。

```
(targetType)value
```

强制类型转换的运算符是圆括号"( )"，下面代码【光盘\daima\3\qiangzhi.java】演示了 Java 中强制类型转换的过程。

```java
public class qiangzhi
{
    public static void main(String[] args)
    {
        int iValue = 233;
        //强制把一个int类型的值转换为byte类型的值
        byte bValue = (byte)iValue;
        //将输出-23
        System.out.println(bValue);
        double dValue = 3.98;
        //强制把一个double类型的值转换为int
        int toI = (int)dValue;
        // 将输出3
        System.out.println(toI);
    }
}
```

在上述代码中，当把一个浮点数强制类型转换为一个整数时，Java 将直接截断浮点数的小数部分。除此之外，上面程序还把一个 233 强制类型转换为 byte 型整数，从而变成了-23，这就是典型的溢出。

3.7　技 术 解 惑

3.7.1　定义常量时的注意事项

在 Java 语言中，主要是利用 final 关键字（在 Java 类中灵活使用 Static 关键字）来进行 Java 常量定义。当常量被设定后，一般情况下就不允许再进行更改。在定义常量时，需要注意如下 3 点。

（1）在定义 Java 常量的时候，就需要对常量进行初始化。也就是说，必须要在常量声明时对其进行初始化。跟局部变量或者成员变量不同，当在常量定义的时候初始化过后，在应用程序中就无法再次对这个常量进行赋值。如果强行赋值的话，数据库会跳出错误信息，并拒绝接受这一新的值。

（2）需要注意 final 关键字使用的范围。这个 final 关键字不仅可以用来修饰基本数据类型的常量，还可以用来修饰对象的引用或者方法。如数组就是一个对象引用。为此可以使用 final 关键字来定义一个常量的数组。这就是 Java 语言中一个很大的特色。一旦一个数组对象被 final 关键字设置为常量数组之后，它只能够恒定地指向一个数组对象，无法将其改变指向另外一个对象，也无法更改数组中的值。

（3）需要注意常量的命名规则。不同的语言，在定义变量或者常量时，都有自己的一套编码规则。这主要是为了提高代码的共享程度与提高代码的易读性。在 Java 常量定义时，也有自己的一套规则。如在给常量取名时，一般都用大写字符。在 Java 语言中，大小写字符是敏感的。之所以采用大写字符，主要是为了跟变量进行区分。虽然说给常量取名时采用小写字符，也不会有语法上的错误。但是，为了在编写代码时能够一目了然地判断变量与常量，最好还是能够将常量设置为大写字符。另外，在常量中，往往通过下划线来分隔不同的字符，而不像对象名或者类名那样，通过首字符大写的方式来进行分隔。这些规则虽然不是强制性的规则，但是为了提高代码友好性，方便开发团队中的其他成员阅读，这些规则还是需要遵守的。

总之，Java 开发人员需要注意，被定义为 final 的常量需要采用大写字母命名，并且中间最好使用下划线作为分隔符来进行连接多个单词。在定义 final 的数据不论是常量、对象引用还是数组，在主函数中都不可以改变，否则会被编辑器拒绝并提示错误信息。

3.7.2　char 类型中单引号的意义

char 类型使用单引号括起来，而字符串使用双引号括起来。关于 String 类的具体用法以及对应的各种方法，读者可以参考查阅 API 文档中的信息。其实 Java 语言中的单引号、双引号和反斜线都有特殊的用途，如果在一个字符串中包了这些特殊字符，应该使用转义字符的表示形式。例如我们希望在 Java 程序中表示一个绝对路径："c:\daima"，但这种写法得不到我们期望的结果，因为 Java 会把反斜线当成转义字符，所以我们应该写成"c:\\daima"的形式，只有同时写两个反斜线，Java 才会把第一个反斜线当成转义字符，和后一个斜线组成真正的斜线。

3.7.3　正无穷和负无穷的问题

Java 还提供了 3 个特殊的浮点数值：正无穷大、负无穷大和非数，用于表示溢出和出错。例如使用一个正数除以 0 将得到正无穷大，使用一个负数除以 0 将得到负无穷大，0.0 除以 0.0 或对一个负数开方将得到一个非数。正无穷大通过 Double 或 Float 的 POSITIVE_INFINITY 表示；负无穷大通过 Double 或 Float 的 NEGATIVE_INFINITY 表示，非数通过 Double 或 Float 的 NaN 表示。

只有浮点数除以 0 才可以得到正无穷大或负无穷大，因为 Java 语言会自动把和浮点数运算的 0（整数）当成 0.0（浮点数）来处理。如果一个整数值除以 0，则会抛出一个"ArithmeticException：/by zero（除以 0 异常）"。

3.7.4　移位运算符的限制

Java 移位运算符只能用在整数型上，不能用在浮点型上。也就是说，>>、>>>和<<这三个移位运算符并不是适合所有的数值类型，它们只适合对 byte、short、char、int 和 long 等整数型进行运算。除此之外，进行移位运算时还有如下规则。

（1）对于低于 int 类型（如 byte、short 和 char）的操作数来说，总是先自动类型转换为 int 类型后再移位。

（2）对于 int 类型的整数移位，例如 a>>b，当 b>32 时，系统先用 b 对 32 求余（因为 int 类型只有 32 位），得到的结果才是真正移位的位数。例如 a>>33 和 a>>1 的结果完全一样，而 a>>32 的结果和 a 相同。

（3）对于 long 型的整数移位时 a>>b，当 b>64 时，总是先用 b 对 64 求余（因为 long 类型是 64 位），得到的结果才是真正移位的位数。

当进行位移运算时，只要被移位的二进制码没有发生有效位的数字丢失（对于正数而言，通常指被移出的位全部都是 0），不难发现左移 n 位就相当于乘以 2 的 n 次方，右移则是除以 2 的 n 次方。这里存在一个问题：左移时左边舍弃的位中数字通常是无效的，但右移时右边舍弃的位常常是有效的，因此左移和右移更容易看出这种运行效果。并且位移运算不会改变操作数本身，只是得到了一个新的运算结果，而原来的操作数本身是不会改变的。

第 4 章

条件语句

在 Java 程序中有许多条件语句，条件语句在很多教材中也被称为顺序结构。通过条件语句，可以判断不同条件的执行结果。本章的内容将带领读者一起领会 Java 语言中的条件语句的基本知识，并通过具体实例的实现过程来讲解各个知识点的具体使用流程。

<table>
<tr><td>本章内容</td><td>技术解惑</td></tr>
<tr><td>▶▶ if 语句详解</td><td>if-else 语句的意义</td></tr>
<tr><td>▶▶ switch 语句详解</td><td>使用 switch 语句时的几个注意事项</td></tr>
<tr><td>▶▶ 条件语句演练</td><td>何时用 switch 语句比较好</td></tr>
<tr><td></td><td>switch 语句和 if…else if 语句的选择</td></tr>
</table>

4.1 if 语句详解

知识点讲解：光盘:视频\PPT 讲解（知识点）\第 4 章\if 语句详解.mp4

if 语句是假设语句，换句话说，if 语句是最基础的条件语句。if 关键字中文意思是如果，按其细致的语法归纳来说总共有 3 种，分别是 if 语句、if-else 语句和 if-else…if-else 语句。在本节将向读者详细讲解上述这 3 种 if 语句的基本知识，并通过具体实例来讲解 if 语句的基本用法。

4.1.1 if 语句

if 语句由保留字符 if、条件语句和位于后面的语句组成，条件语句通常是一个布尔表达式，结果为 true 和 false。如果条件为 true，则执行语句并继续处理其后的下一条语句；如果条件为 false，则跳过该语句并继续处理紧跟着整个 if 语句的下一条语句；当条件 condition 为 true 时，执行 statement1 语句；当 condition 为 false 时，则执行 statement2 语句，其执行流程如图 4-1 所示。

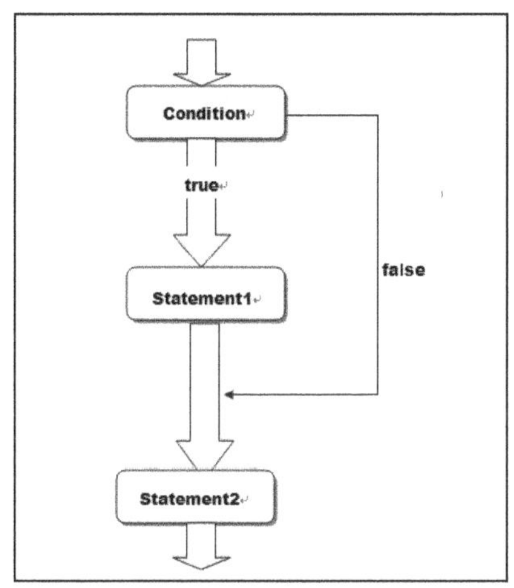

图 4-1　if 语句流程图

使用 if 语句的语法格式如下所示。

```
if(条件表达式)
```

语法说明：if 是该语句中的关键字，后续紧跟一对小括号，该对小括号任何时候不能省略，小括号的内部是具体的条件，语法上要求该表达式结果为 boolean 类型。后续为功能的代码，也就是当条件成立时执行的代码，在程序书写时，一般为了直观地表达包含关系，功能代码一般需要缩进。

例如下面的演示代码。

```
int a = 10;
    if (a >= 0)
    System.out.println ("a是正数");
    if ( a % 2 == 0)
    System.out.println ("a是偶数");
```

在上述演示代码中，第一个条件是判断变量 a 的值是否大于等于零，如果该条件成立则执行输出；第二个条件是判断变量 a 是否为偶数，如果成立也输出。

再看下面代码的执行流程。

```
int m = 20;
    if ( m > 20)
    m += 20;
    System.out.println (m);
```

按照前面的语法格式说明，只有 m+=20；这行代码属于功能代码，而后续的输出语句和前面的条件形成顺序结构，所以该程序执行以后输出的结果为 20。如果当条件成立时，需要执行的语句有多句，此时可以使用语句块来进行表述，具体语法格式如下所示。

```
if(条件表达式){
功能代码块;
}
```

这种语法格式中，使用一个代码块来代替前面的功能代码，这样可以在代码块内部书写任意多行的代码，而且也使整个程序的逻辑比较清楚，所以在实际的代码编写中推荐使用该种逻辑。

实例 022　判断成绩是否及格

源码路径　\daima\4\Ifkong.java　　　　　　视频路径　\视频\实例\第 4 章\022

实例文件 Ifkong.java 的主要代码如下所示。

```
public class Ifkong
{
    public static void main(String args[])
    {
        int chengji = 45;
        if(chengji>60){System.out.println("及格");
        }
        System.out.println("不及格");
    }
}
```

> 范例 043：检查成绩是否优秀
> 源码路径：光盘\演练范例\043\
> 视频路径：光盘\演练范例\043\
> 范例 044：判断某一年是否为闰年
> 源码路径：光盘\演练范例\044\
> 视频路径：光盘\演练范例\044\

执行后的效果如图 4-2 所示。

在上述实例 022 的代码中，没有满足 if 语句中的条件，所以没有执行 if 语句里面的内容。

图 4-2　执行效果

4.1.2　if 语句的延伸

在第一个 if 语句中，大家可以看到，它并不对条件不符合的内容进行处理，这在程序中是不可饶恕的错误。因为这是不允许的，所以 Java 引进了另外一种条件语句：if-else，其基本语法格式如下所示。

```
if (condition)
statement1;
else
statement2;
```

if-else 语句的执行流程如图 4-3 所示。

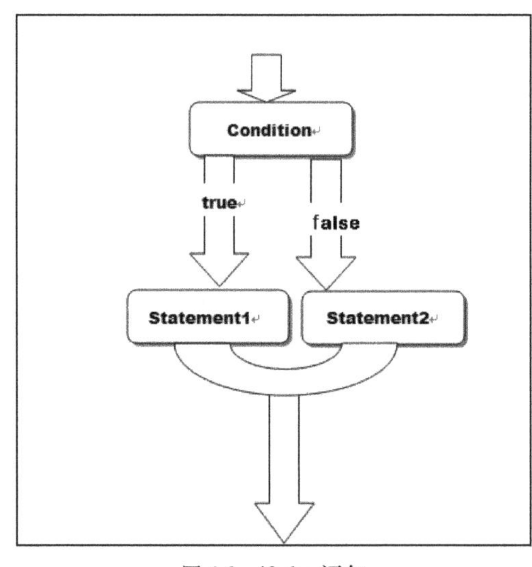

图 4-3　if-else 语句

实例 023	对两种条件给出不同的答案
	源码路径 \daima\4\Ifjia.java　　　　　视频路径 \视频\实例\第 4 章\023

实例文件 Ifjia.java 的主要代码如下所示。

```
public class Ifjia {
  public static void main(String args[])
    {
        int a = 100;
        if(a>99)
          {
            System.out.println("大于99");
          }
        else {
            System.out.println("小于等于99");
          }
        System.out.println("检验完毕");
          }
        }
```

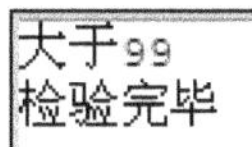

范例 045：根据两种条件给出处理结果
源码路径：光盘\演练范例\045\
视频路径：光盘\演练范例\045\
范例 046：验证登录信息的合法性
源码路径：光盘\演练范例\046\
视频路径：光盘\演练范例\046\

执行后的效果如图 4-4 所示。

图 4-4　执行效果

注意：在 Java 程序设计里，变量可以是中文。

4.1.3　多个条件判断的 if 语句

if 语句实际上是一种十分强大的条件语句，它可以对多种情况进行判断。可以判断多条件的语句是 if-else-if，其语法格式如下所示。

```
if (condition1)
statement1;
else if (condition2)
statement2;
else statement3
```

首先它会判断第一个条件 condition1 为 true 时，执行 statement。当为 false 时，则继续执行下面的代码；当 condition2 为 true 时，执行 statement2；当 condition 为 false 时，则执行 statement3。

if-else-if 的执行流程图如图 4-5 所示。

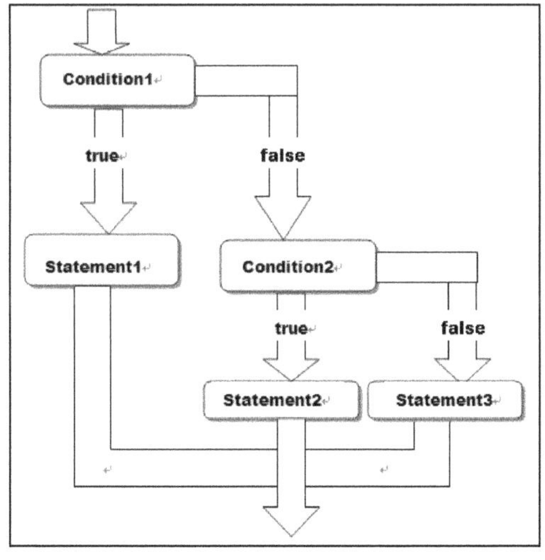

图 4-5　嵌套的 if 语句

在 Java 语句中，if...else 可以嵌套无限次，可以说只要遇到正确的 condition 条件，就会执行相关的语句，然后结束整个程序的运行。

<table>
<tr><td>实例 024</td><td colspan="2">判断多个条件然后给出不同的值</td></tr>
<tr><td></td><td>源码路径　\daima\4\IfDuo.java</td><td>视频路径　\视频\实例\第 4 章\024</td></tr>
</table>

实例文件是 IfDuo.java 的具体实现代码如下所示。

```
public static void main(String args[])
    {
    int 总成绩 = 452;
    if(总成绩>610)
        System.out.println("重点本科");
    else if(总成绩>570)
        System.out.println("一般本科");
    else if(总成绩>450)
        System.out.println("专科");
    else if(总成绩>390)
        System.out.println("高职");
    else
        System.out.println("落榜");
    System.out.println("检查完毕");
    }
}
```

范例 047：判断某年是否是闰年
源码路径：光盘\演练范例\047\
视频路径：光盘\演练范例\047\
范例 048：为新员工分配部门
源码路径：光盘\演练范例\048\
视频路径：光盘\演练范例\048\

执行后的效果如图 4-6 所示。

if-else-if 语句是嵌套的语句，是可以多状态进行判断的语句。其实 if 语句可以对一件事物进行多个条件限制，也可以对一件事物限制多个条件。

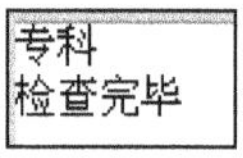

注意：要按照逻辑顺序书写 else if 语句。

专科
检查完毕

图 4-6　执行效果

每个 else if 语句在书写时是有顺序的，在实际书写时，必须按照逻辑上的顺序进行书写，否则将出现逻辑错误。…if-else 语句是 Java 语言中提供的一个多分支条件语句，但是在判断某些问题时，书写会比较麻烦，所以在语法中提供了另外一个语句——switch 语句来更好地实现多分支语句的判别。

4.2　switch 语句详解

知识点讲解：光盘:视频\PPT 讲解（知识点）\第 4 章\switch 语句详解.mp4

switch 有"开关"之意，switch 语句是为了判断多条件而诞生的。使用 switch 语句的方法和使用 if 嵌套语句的方法十分相似，但是 switch 语句更加直观、更加容易理解。在本节的内容中，将详细讲解 switch 语句的基本用法。

4.2.1　switch 语句的形式

switch 语句能够对条件进行多次判断，具体语法格式如下所示。

```
switch(整数选择因子) {
case 整数值1：语句; break;
case 整数值2：语句; break;
case 整数值3：语句; break;
case 整数值4：语句; break;
case 整数值5：语句; break;
//..
default:语句;
}
```

其中，"整数选择因子"必须是 byte、short、int 和 char 类型，每个 value 必须是与"整数选择因子"类型兼容的一个常量，而且不能重复。"整数选择因子"是一个特殊的表达式，能产生整数值。switch 能将整数选择因子的结果与每个整数值比较。若发现相符的，就执行对应的语句（简单或复合语句）。若没有发现相符的，就执行 default 语句。

在上面的定义中，大家会注意到每个 case 均以一个 break 结尾。这样可使执行流程跳转至 switch 主体的末尾。这是构建 switch 语句的一种传统方式，但 break 是可选的。若省略 break，会继续执行后面的 case 语句的代码，直到遇到一个 break 为止。尽管通常不想出现这种情况，但对有经验的程序员来说，也许能够善加利用。注意最后的 default 语句没有 break，因为执行流程已到了 break 的跳转目的地。当然，如果考虑到编程风格方面的原因，完全可以在 default 语句的末尾放置一个 break，尽管它并没有任何实际的用处。

switch 语句的执行流程如图 4-7 所示。

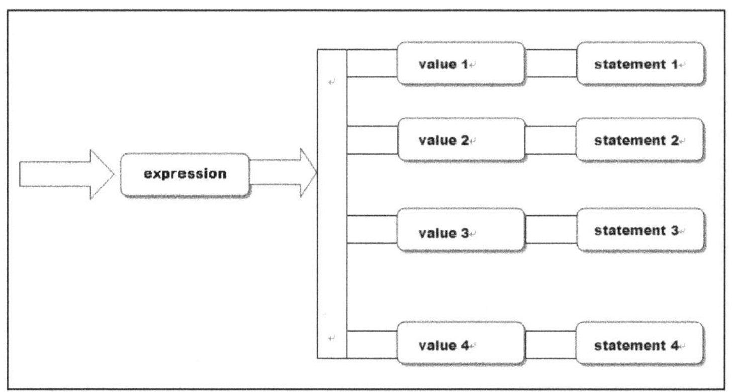

图 4-7　switch 语句

实例 025	使用 switch 语句
	源码路径　\daima\4\switchtest1.java　　　　视频路径　\视频\实例\第 4 章\025

实例文件 switchtest1.java 的具体代码如下所示。

```java
public class switchtest1
{
    public static void main(String args[])
    {
        int a=567;
        switch(a)
        {
            case 555:
System.out.println("a=555");
            break;
            case 557:
                System.out.println("a=557");
                break;
            case 567:
                System.out.println("a=567");
                break;
            default:
                System.out.println("no");
        }
    }
}
```

范例 049：使用 switch 语句
源码路径：光盘\演练范例\049\
视频路径：光盘\演练范例\049\
范例 050：根据消费金额计算折扣
源码路径：光盘\演练范例\050\
视频路径：光盘\演练范例\050\

执行后的效果如图 4-8 所示。

```
a=567
```

图 4-8　执行效果

4.2.2　无 break 的情况

在本章前面演示的代码中，都多次出现了 break 语句，其实在 switch 语句中可以没有这个关键字。一般来说，当 switch 遇到一些关键字"break"时，程序会自动结束 switch 语句，如果把 switch 语句中的 break 关键字去掉了，程序将自动运行，一直到程序结束。

实例 026	在 switch 语句中去掉 break
	源码路径　\daima\4\switchone1.java　　　视频路径　\视频\实例\第 4 章\026

实例文件 switchone1.java 的具体代码如下所示。

```java
public class switchone1
{
    public static void main(String args[])
    {
        int a=33;
        switch(a)
        {
            case 11:
System.out.println("a=11");
            case 22:
System.out.println("a=22");
            case 33:
System.out.println("a=33");
            break;
            default:
System.out.println("no");
        }
    }
}
```

> 范例 051：去掉 break 后引发的问题
> 源码路径：光盘\演练范例\051\
> 视频路径：光盘\演练范例\051\
> 范例 052：判断用户输入月份的季节
> 源码路径：光盘\演练范例\052\
> 视频路径：光盘\演练范例\052\

执行后的效果如图 4-9 所示。

通过上面的实例可以看出 break 的作用，它找到符合条件的内容后还在继续执行，所以 break 语句在 switch 语句中十分重要，如果没有 break 语句很有可能发生意外。

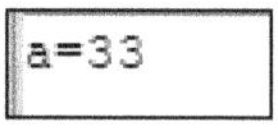

图 4-9　执行效果

4.2.3　case 没有执行语句

在前面的讲解中，switch 里的 case 语句都有执行语句，倘若 case 里没有执行语句会怎么样呢？下面通过一个实例进行讲解。

实例 027	在 case 语句后没有执行的代码
	源码路径　\daima\4\Switchcase.java　　　视频路径　\视频\实例\第 4 章\027

实例文件 Switchcase.java 的具体代码如下所示。

```java
public class Switchcase {
    public static void main(String args[])
    {
        int a=111;
        switch(a)
        {
            case 111:
            case 222:
            case 333:
System.out.println("a=111|a=222|a=333");
            default:
System.out.println("no");
        }
    }
}
```

> 范例 053：判断月份的季节
> 源码路径：光盘\演练范例\053\
> 视频路径：光盘\演练范例\053\
> 范例 054：判断输入年份是否是闰年
> 源码路径：光盘\演练范例\054\
> 视频路径：光盘\演练范例\054\

执行后的效果如图 4-10 所示。

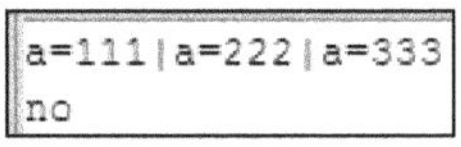

图 4-10　执行效果

4.2.4　default 可以不在末尾

通过前面的学习，很多初学者可能会误认为 default 一定位于 switch 的结尾。其实不然，它可以位于 switch 的任意位置，请看下面的一段代码。

```
public class switch1
{
    public static void main(String args[])
    {
        int a=1997;
        switch(a)
        {
            case 1992:
                System.out.println("a=1992");
            default:
                System.out.println("no");
            case 1997:
                System.out.println("a=1997");
            case 2008:
                System.out.println("a=2008");
        }
    }
}
```

这段代码很好理解，就是 a 对应着哪一个，就从哪一句语句向下执行，直到程序结束为止。如果下面没有相对应的程序，则从 default 开始执行，直到程序结束为止。执行后的效果如图 4-11 所示。

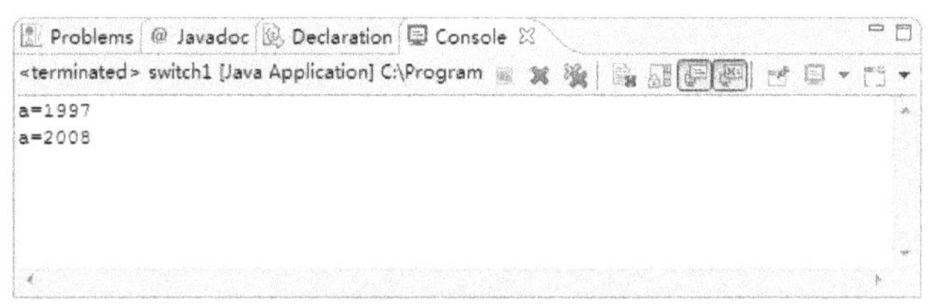

图 4-11　执行结果

4.3　条件语句演练

知识点讲解：光盘:视频\PPT 讲解（知识点）\第 4 章\条件语句演练.mp4

到此为止，已经学完了 Java 语言中的所有假设语句，此时我们可以随心所欲地编写程序。但是由于初学者编程经验尚浅，缺少处理问题的经验，所以在本节的内容中，将通过具体条件语句的实战演练来提高大家的编程能力。

4.3.1　正确使用 switch 语句

switch 是控制选择的一种方式，编译器生成代码时可以对这种结构进行特定的优化，从而产生效率比较高的代码。在 Java 中，编译器能够根据分支的情况分别产生 tableswitch 和 lookupswitch，其中 tableswitch 适用于处理分支比较集中的情况，而 lookupswitch 适用于处理分支比较稀疏的情况。请看下面的一段代码【光盘:\daima\4\Testone1.java】。

```
public class Testone1 {
    public static void main(String[] args) {
        int i = 3;
        switch (i){
            case 0:
                System.out.println("0");
                break;
            case 1:
                System.out.println("1");
                break;
            case 3:
                System.out.println("3");
                break;
            case 5:
                System.out.println("5");
                break;
```

```
                case 10:
                    System.out.println("10");
                    break;
                case 13:
                    System.out.println("13");
                    break;
                case 14:
                    System.out.println("14");
                    break;
            default:
            System.out.println("default");
                    break;
            }
        }
    }
```

上面的 switch 语句代码非常简单，在编写代码时读者一定要清楚当参数 case 和参数 switch 的值相等时，系统就会执行对应的 case 语句。在 Java 中规定，参数 case 必须是常量表达式，也就是 case 语句参数必须是最终的，即 case 值只能使用常量值常量的最终变量。执行上述代码后的效果如图 4-12 所示。

图 4-12　正确编写 switch 语句

4.3.2　正确使用 if 语句

所谓条件语句，是指程序根据条件是否成立进行选择执行的一类语句。条件语句在 Java 应用中使用得比较广泛，难点在于如何准确地抽象条件。例如实现程序登录功能时，如果用户名和密码正确，则进入系统，否则弹出"密码错误"这样的提示框等。下面是一段经典的 if 语句代码【光盘:\daima\4\Ifjing.java】。

```java
public class Ifjing
{
   public static void main(String[] args) {
       int month = 3;
        int days = 0;      //日期数
        if(month == 1){
        days = 31;
        }else if(month == 2){
        days = 28;
        } else if(month == 3){
        days = 31;
        } else if(month == 4){
        days = 30;
        } else if(month == 5){
        days = 31;
        } else if(month == 6){
        days = 30;
        } else if(month == 7){
        days = 31;
        } else if(month == 8){
        days = 31;
        } else if(month == 9){
        days = 30;
        } else if(month == 10){
        days = 31;
        } else if(month == 11){
        days = 30;
        } else if(month == 12){
        days = 31;
        }
```

```
        System.out.print(days);
      }
    }
```

在书写 if 语句时，每个 else if 语句是有顺序的。在实际书写时，必须按照逻辑上的顺序进行书写，否则将出现逻辑错误。执行上述代码后的效果如图 4-13 所示。

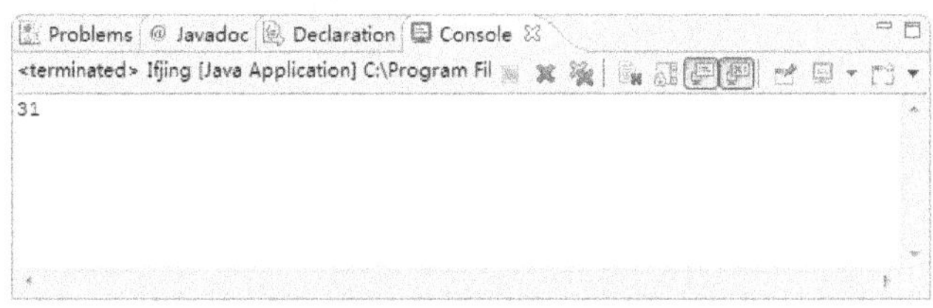

图 4-13 if 语句的正确书写

4.3.3 switch 语句的执行顺序

有很多读者学完了 switch 语句后，并不真正知道 switch 语句的执行顺序是怎么一回事。从前面所学的知识可以知道，switch 表达式的值决定选择哪个 case 分支，如果找不到相应的分支，就直接从"default"开始输出，当程序执行一条 case 语句后，因为例子中的 case 分支中没有 break 和 return 语句，所以程序会执行紧接于其后的语句。为了更好地说明 switch 语句的执行顺序，下面通过 3 段代码进行详细说明。

第一段代码如下所示。

```
public class switchs1 {
    public static void main(String[] args){
    int x=0;
  switch(x){
  default:
     System.out.println("default");
  case 1:
          System.out.println(1);
        case 2:
              System.out.println(2);
      }
    }
}
```

执行上面的代码会得到如下结果：

```
default 1 2
```

第二段代码如下所示。

```
public class switchs2 {
    public static void main(String[] args) {
            int x = 0;
              switch (x) {
                default:
                  System.out.println("default");
                case 0:
                      System.out.println(0);
                case 1:
                System.out.println(1);
            case 2:
                  System.out.println(2);
              }
    }
}
```

执行上面的代码会得到如下结果：

```
0 1 2
```

第三段代码如下所示。

```
public class switchs3 {
    public static void main(String[] args) {
            int x = 0;
              switch (x) {
                case 0:
```

```
                System.out.println(0);
            case 1:
                System.out.println(1);
        case 2:
            System.out.println(2);
          default:
            System.out.println("default");
            }
    }
}
```

执行上面的代码会得到如下结果：

```
0 1 2 default
```

4.4　技术解惑

4.4.1　if-else 语句的意义

实际上 if-else 的条件语句才能够真正地判断，像上一节 if 语句中只有一种状态，这种假设很少。而本节介绍的 if...else...语句能够针对两种状态，不管条件符合不符合，都会给出一个结果，上面的"举一反三"很好地说明了这个问题。

对于 if-else 语句来说，因为 if 的条件和 else 的条件是互斥的，所以在实际执行中，只有一个语句中的功能代码会得到执行。当程序中有多个 if 时，else 语句和最近的 if 匹配。在实际开发中，有些公司在书写条件时，即使 else 语句中不书写代码，也要求必须书写 else，这样可以让条件封闭。这个不是语法上必须的。

4.4.2　使用 switch 语句时的几个注意事项

switch 语句是实现多路选择的一种易行方式（比如从一系列执行路径中挑选一个）。但它要求使用一个选择因子，并且必须是 int 或 char 那样的整数值。例如，假若将一个字串或者浮点数作为选择因子使用，那么它们在 switch 语句里是不会工作的。对于非整数类型，则必须使用一系列 if 语句。

另外，因为 switch 语句每次比较的是相等关系，所以可以把功能相同的 case 语句合并起来，而且可以把其他的条件合并到 default 语句中，这样可以简化 case 语句的书写。该代码的结构比最初的代码简洁很多了。例如使用 if-else 语句来根据月份获得每个月的天数（不考虑闰年），此应用可以用下面的代码实现。

```
int month = 10;
int days = 0;
switch(month){
case 1:
  days = 31;
  break;
  case 2:
  days = 28;
  break;
  case 3:
  days = 31;
  break;
  case 4:
  days = 30;
  break;
  case 5:
  days = 31;
  break;
  case 6:
  days = 30;
  break;
  case 7:
  days = 31;
  break;
```

```
    case 8:
    days = 31;
    break;
    case 9:
    days = 30;
    break;
    case 10:
    days = 31;
    break;
    case 11:
    days = 30;
    break;
    case 12:
    days = 31;
    break;
    }
```

根据简洁写法，上述代码也可以简化为如下格式。

```
int month = 10;
int days = 0;
switch(month){
    case 2:
    days = 28;
    break;
    case 4:
    case 6:
    case 9:
    case 11:
    days = 30;
    break;
    default:
    days = 31;
}
```

其实 if 语句可以实现程序中所有的条件，switch 语句特别适合一系列点相等的判别，结构显得比较清晰，而且执行速度比 if 语句要稍微快一些，在实际的代码中，可以根据需要来使用对应的语句实现程序要求的逻辑功能。

4.4.3 何时用 switch 语句比较好

我们知道 switch 语句和 if 语句的作用各有千秋，但是何时用 switch 语句会比较好呢？其实 switch 语句与 if 语句不同，switch 语句只能对整型（字符型、枚举型）等式进行测试，而 if 语句可以处理任意数据类型的关系表达式、逻辑表达式，如果有两条以上基于同一个整型变量的条件表达式，那么最好使用 switch 语句。

4.4.4 switch 语句和 if…else if 语句的选择

我们知道，switch 语句和 if…else if 语句都能实现嵌套功能，在具体编程应用中应该怎么样选择呢？这个要因具体情况而定。采用 if…else if 语句格式实现多分支结构，实际上是将问题细化成多个层次，并对每个层次使用单、双分支结构的嵌套，采用这种方法一旦嵌套层次过多，将会造成编程、阅读、调试的困难。当某种算法要用某个变量或表达式单独测试每一个可能的整数值常量，然后作出相应的动作时，if…else if 语句会很麻烦，正因为此，Java 语言提供的 switch 语句横空出世，直接处理多分支选择结构。

第 5 章

循环语句

在本书上一章的内容中，为了实现条件判断我们学习了条件语句，让程序的执行顺序发生了变化。为了满足循环和跳转等功能，在本章将为读者详细讲解Java中循环语句的知识，主要包括 for 语句、while 语句、do...while 语句和跳转语句。

本章内容	**技术解惑**
▶▶ Java 循环语句	使用 for 循环的技巧
▶▶ 跳转语句	跳转语句的选择技巧

5.1　Java 循环语句

知识点讲解：光盘:视频\PPT 讲解（知识点）\第 5 章\Java 循环语句.mp4

在 Java 程序中主要有 3 种循环语句，分别是 for 循环、while 语句和 do...while 语句，下面将对这 3 种循环语句进行详细讲解。

5.1.1　for 循环

在 Java 程序中，for 语句是最为常见的一种循环语句，for 循环是一个功能强大且形式灵活的结构，下面对它进行讲解。

1. 书写格式

for 语句是十分常见的循环的语句，其语法格式如下所示。

```
for(initialization;condition;iteration)
{
}
```

从上面的代码格式可以看出，for 循环语句由 3 个部分组成，分别是变量的声明和初始化、布尔表达式、循环表达式，每一部分都用分号分隔。如只有一条语句需要重复，大括号就没有必要。

for 循环的执行过程如下。

（1）当循环启动时先执行其初始化部分，通常这是设置循环控制变量值的一个表达式,作为控制循环的计数器。重要的是你要理解初始化表达式仅被执行一次。

（2）计算条件 condition 的值。条件 condition 必须是布尔表达式，它通常将循环控制变量与目标值相比较。如果这个表达式为真则执行循环体，如果为假则循环终止。

（3）执行循环体的反复部分，这部分通常是增加或减少循环控制变量的一个表达式。接下来重复循环，首先计算条件表达式的值，然后执行循环体，接着执行反复表达式。这个过程不断重复直到控制表达式变为假。

2. 执行方式

如图 5-1 展示了 for 循环执行的流程。

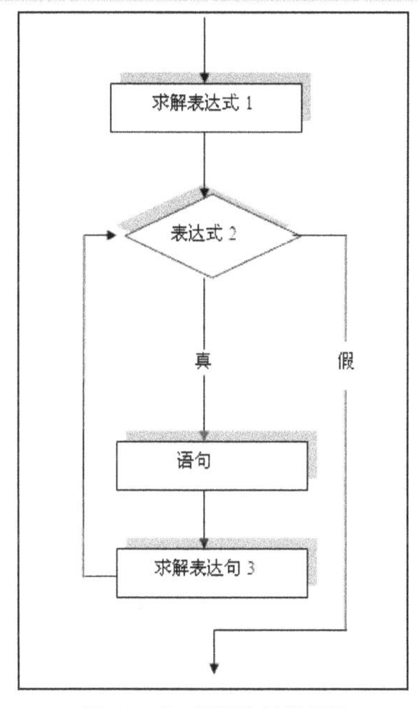

图 5-1　for 循环执行流程图

实例 028	使用 for 循环语句输出 0-9 十个数字
源码路径　\daima\5\Forone.java	视频路径　\视频\实例\第 5 章\028

实例文件 Forone.java 的主要代码如下所示。

```java
public class Forone1 {
    public static void main(String args[])
    {
        for(int a=0;a<10;a++)
        {
            System.out.println(a);
        }
    }
}
```

范例 055：使用循环遍历数组
源码路径：光盘\演练范例\055\
视频路径：光盘\演练范例\055\
范例 056：使用 for 循环输出 8 个符号
源码路径：光盘\演练范例\056\
视频路径：光盘\演练范例\056\

执行后的效果如图 5-2 所示。

在一般情况下，for 循环语句的条件表达式有一个变量，但是允许有多个表达式。我们在初始化表达式时可以声明多个变量，每个变量用逗号隔开。下面通过一段代码【光盘\dama\5\

fortwo2.java】来演示表达式中有多个变量的情况。

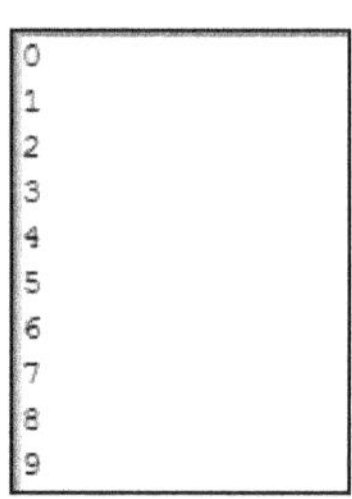

图 5-2　执行效果

```
public class fortwo2
{
 public static void main(String args[])
 {
//for语句
    for(int Aa=2,Bb=12;Aa<Bb;Aa++,Bb--)
    {
        System.out.println("Aa="+Aa);
        System.out.println("Bb="+Bb);
    }
 }
}
```

执行上述代码后的效果如图 5-3 所示。

图 5-3　执行结果

3．for 语句嵌套

在 Java 中使用 for 循环语句时，是可以嵌套的，也就是说可以在一个 for 语句中使用另外一个 for 语句。for 嵌套的形式是：for（m）{for（n）{}}，它执行的方式是 m 循环执行一次，内循环执行 N 次，然后外循环执行第 2 次，内循环再执行 N 次，直到外循环执行完为止，内循环也会终止。请读者看下面的一段代码【光盘\daima\5\fortwo3.java】。

```
public class fortwo3 {
 public static void main(String[] args)
 {
    //第一层for嵌套语句
    for(int a=0;a<3;a++)
    {
        //第二层for嵌套语句
        for(int b=a;b<3;b++)
        {
            System.out.println("$");
        }
        System.out.print("￥");
    }
 }
}
```

在上面的代码中，在一个 for 语句中使用了另外一个 for 语句，这就是 for 语句的嵌套。双重嵌套的语句是最常用的 for 语句嵌套形式，上面这段代码使用嵌套显示了人民币和美元符号，执行效果如图 5-4 所示。

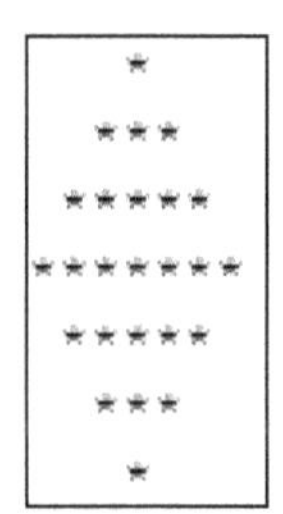

图 5-4　for 循环执行效果

实例 029	在屏幕中输出一个用 "*" 摆放的菱形
	源码路径　\daima\5\fortwo4.java　　　视频路径　\视频\实例\第 5 章\029

实例文件 fortwo4.java 的主要代码如下所示。

```java
public class fortwo4 {
    public static void main(String[] args)
    {
    int n = 7;
    int o = (n/2);
    int t= 1;
    int step = 2;
    for (int i=0; i<n; i++) {
    for (int j=0; j<Math.abs(o); j++) {
    System.out.print((char)32);
    }
    o--;
    for (int k=1; k<=t; k++)
    {
    System.out.print("*");
    }
    t = t + step;
    if (t == n)
    {
    step = -step;
    }
    System.out.println();
    }
    }
}
```

范例 057：编写一个三角形序列
源码路径：光盘\演练范例\057\
视频路径：光盘\演练范例\057\
范例 058：使用 for 循环输入杨辉三角
源码路径：光盘\演练范例\058\
视频路径：光盘\演练范例\058\

执行后的效果如图 5-5 所示。

图 5-5　执行效果

5.1.2　while 循环语句

在 Java 程序里，除了 for 循环语句以外，while 语句也是十分著名的循环语句，其特点和 for 语句十分类似，接下来将详细讲解 while 循环语句的基本知识。

while 循环的书写格式

while 循环语句的最大的特点，就是不知道循环多少次使用它，当不知道语句块或者语句需要重复多少次时，使用 while 语句是最好的选择。当 while 的表达式为真时，while 语句重复执行一条语句或者语句块。使用 while 语句的基本格式如下所示。

```
while (condition)
{
}
```

while 语句的执行流程如图 5-6 所示。

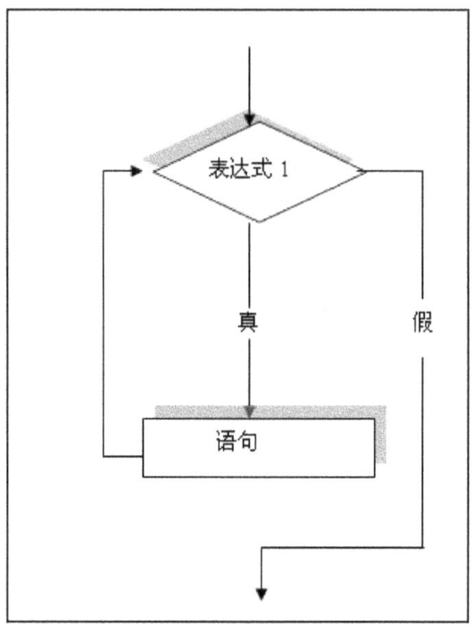

图 5-6　while 语句的执行流程图

<table>
<tr><td>实例 030</td><td>循环输出 18 个数字
源码路径　\daima\5\whileone.java　　　　　视频路径　\视频\实例\第 5 章\030</td></tr>
</table>

实例文件 whileone.java 的主要代码如下所示。

```
public class whileone
{
    public static void main(String args[])
    {
        int X=0;
        while(X<18)
        {
            System.out.print(X);
            X++;
        }
    }
}
```

> 范例 059：输出累加和不大于 30 的所有自然数
> 源码路径：光盘\演练范例\059\
> 视频路径：光盘\演练范例\059\
> 范例 060：使用嵌套循环输出九九乘法表
> 源码路径：光盘\演练范例\060\
> 视频路径：光盘\演练范例\060\

由此可以看出，while 语句和 for 循环的语句在结构上有很大不同。执行效果如图 5-7 所示。

在 Java 编程应用中，经常联合使用 if 循环和 while 循环，下面的一段代码【光盘：源代码/第 5 章/whilethree.java】演示了联合使用 if 和 while 的用法。

```
<terminated> whileone [Java Application]
01234567891011121314151617
```

图 5-7　执行效果

```
public class whilethree {
    public static void main(String[] args) {
    int x=0;
    while(++x<=78)
    if ((x%7)= =0)
    System.out.print(x);
    System.out.println();
    }
}
```

运行上述代码后的效果如图 5-8 所示。

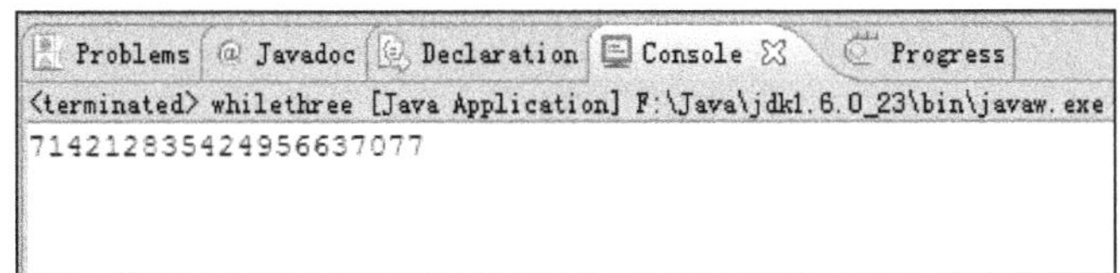

图 5-8　运行结果

另外，如果 while 循环的循环体部分和迭代语句合并在一起，且只有一行代码，此时可以省略 while 循环后面花括号。但这种省略花括号的做法，可能会降低程序的可读性。在使用 while 循环时，一定要保证循环条件有变成 false 的时候，否则这个循环将成为一个死循环，即永远无法结束这个循环。

5.1.3　do-while 循环语句

在许多程序设计里会存在这种情况：当条件为假时也需要执行语句一次。初学者可以这么理解，在执行一次循环后再测试表达式。在 Java 语言中，我们可以使用 do-while 语句实现上述功能描述的循环。

1. 书写格式

在 Java 语言中，do-while 循环语句的特点是至少会执行一次循环体，因为其条件表达式在循环的最后。使用 do-while 循环语句的格式如下所示。

```
do
{
}
While (condition)
```

do-while 语句先执行一次再判断表达式，如果表达式为真则循环继续，如果表达式为假则循环到此结束。

2. 执行方式

do…while 循环语句的执行流程如图 5-9 所示。

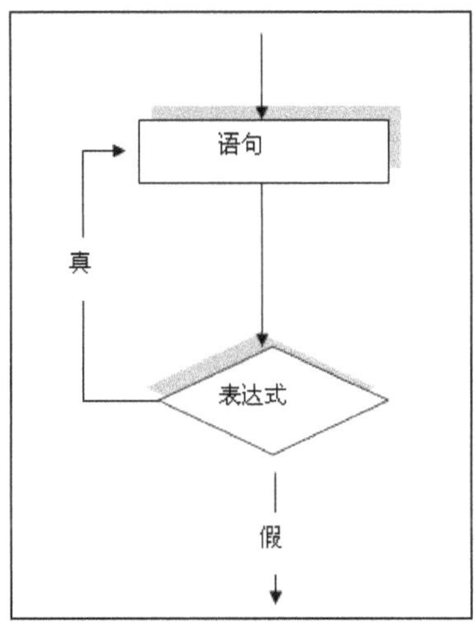

图 5-9　do-while 流程图

也就是说，在 do-while 语句中无论如何都要执行代码一次。

实例 031	使用 do-while 语句	
源码路径　\daima\5\doone.java		视频路径　\视频\实例\第 5 章\031

实例文件 doone.java 的主要代码如下所示。

```
public class doone
{
    public static void main(String args[])
    {
        int x=0;
        do
        {
            System.out.println(x);
            x++;
        }while(x<8);
    }
}
```

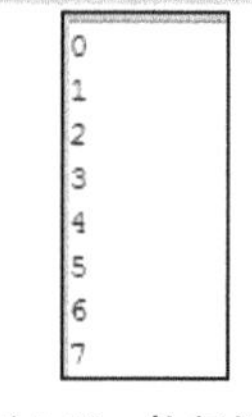

执行后的效果如图 5-10 所示。

3．应用举例

do-while 语句是常见的循环语句之一，使用它的频率十分高，接下来将通过几个具体实例来加深对 do-while 语句的学习与理解。例如可以使用 do-while 循环语句解决"判断累加和不大于 120 的所有自然数"这一问题，具体代码【光盘\daima\5\dothree.java】如下所示。

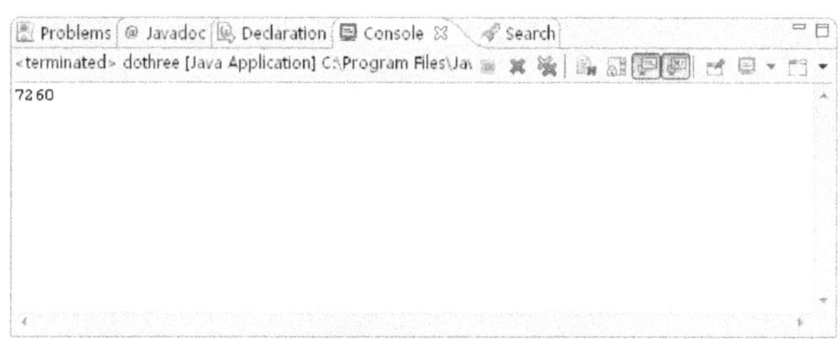

图 5-10　执行效果

```
public class dothree
{
    public static void main(String args[])
    {
        int i = 1;
        int sum = 0;
        do
        {
        sum += i++;
        }
        while(i<=120);
        System.out.println(sum);
    }
}
```

在编写上述 do-while 代码时，一定不要忘记 while()语句后面的分号";"，初学者容易漏掉这个分号，这样会造成编译和运行时报错。执行效果如图 5-11 所示。

图 5-11　执行结果

5.2　跳 转 语 句

知识点讲解：光盘:视频\PPT 讲解（知识点）\第 5 章\跳转语句.mp4

在使用条件语句和循环语句中，有时候不需要再进行循环，此时就需要特定的关键字来实现跳转功能，例如 break。在本节的内容中，将详细讲解在 Java 中使用跳转语句的基本知识。

5.2.1　break 语句的应用

在本章前面的内容中已经接触了 break 语句，了解它到在 switch 语句里可以终止一个语句。其实除了这个功能外，break 还能实现其他功能，例如可以退出一个循环。break 语句根据用户使用的不同，可以分为无标号退出循环和有标号退出循环两种。

1．无标号退出循环

无标号退出循环是指直接退出循环，当在循环语句中遇到 break 语句时循环会立即终止，循环体外面的语句也将会重新开始。请读者看下面的一段演示代码【光盘\daima\5\break1.java】。

```java
public class break1
{
  public static void main(String args[])
  {
      for(int dd=0;dd<19;dd++)
      {
          if(dd==3)
          {
              //跳转功能从此开始
              break;
          }
          System.out.println(dd);
      }
  }
}
```

在上面的代码中，不管 for 循环有多少次循环，它都会在"d=3"时终止程序，执行后的效果如图 5-12 所示。

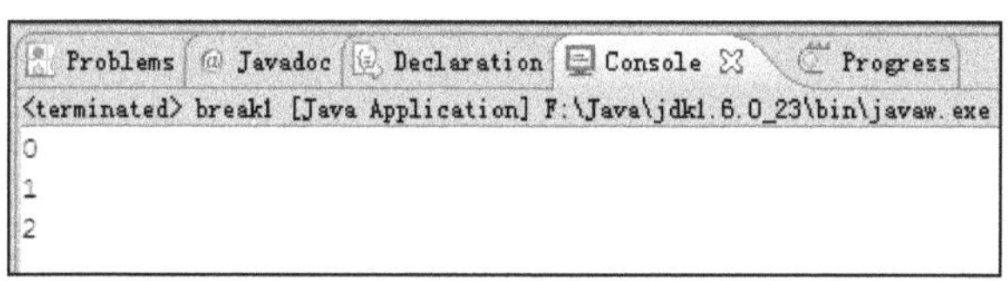

图 5-12　break 语句执行效果

其实 break 语句不但可以用在 for 语句中，还可以用在 while 语句和 do-while 语句中，下面将通过一个具体实例对它们进行讲解。

<table>
<tr><td>实例 032</td><td colspan="2">在 while 循环语句中使用 break</td></tr>
<tr><td></td><td>源码路径　\daima\5\break2.java</td><td>视频路径　\视频\实例\第 5 章\032</td></tr>
</table>

实例文件 break2.java 的主要代码如下所示。

```java
public class break2
{
  public static void main(String args[])
  {
      int A=0;
      while(A<18)
      {
          if(A==7)
          {
              break;
          }
          System.out.println(A);
          A++;
      }
  }
}
```

> 范例 063：在 do-while 语句中使用 break
> 源码路径：光盘\演练范例\063\
> 视频路径：光盘\演练范例\063\
> 范例 064：循环输出空心的菱形
> 源码路径：光盘\演练范例\064\
> 视频路径：光盘\演练范例\064\

执行后的效果如图 5-13 所示。

2．有标号的 break 语句

在 Java 程序中，只有在嵌套的语句中才可以使用有标号的 break 语句。在嵌套的循环语句中，可以在循环语句前面加一个标号，在使用 break 语句时，就可以使用 break 后面紧接着一个循环语句前面的标号来退出该标号所在的循环。

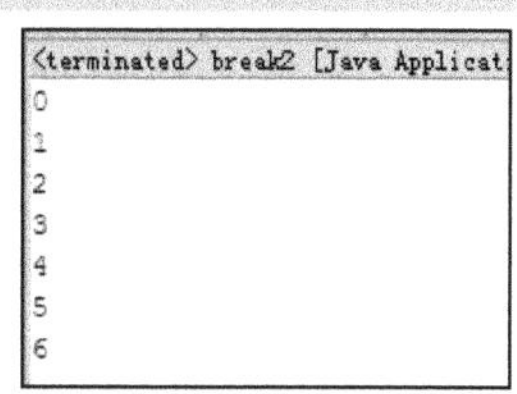

图 5-13　执行效果

实例 033　使用有标号的 break 语句

源码路径　\daima\5\breakyou.java　　　　视频路径　\视频\实例\第 5 章\033

实例文件 breakyou.java 的主要代码如下所示。

```java
public class breakyou
  {
    public static void main(String args[])
    {
        out:for(int X=0;X<10;X++)
          {
            System.out.println("X="+X);
            for(int Y=0;Y<10;Y++)
          {
            if(Y==7)
            {
                break out;
            }
            System.out.println("Y="+Y);
          }
        }
      }
    }
```

> 范例 065：将 break 用在嵌套语句中的外层
> 源码路径：光盘\演练范例\065\
> 视频路径：光盘\演练范例\065\
> 范例 066：演示初学者很容易出现的错误
> 源码路径：光盘\演练范例\066\
> 视频路径：光盘\演练范例\066\

程序运行后，先执行外层再执行内层，输出 X=0，然后内层循环语句，输出 Y=0，然后输出 Y=1，Y=2，Y=3，Y=4……当 Y=7 时，将会执行 break 语句，退出 out 循环语句，从而退出循环。执行后的效果如图 5-14 所示。

```
X=0
Y=0
Y=1
Y=2
Y=3
Y=4
Y=5
Y=6
```

图 5-14　执行效果

注意：标号要有意义

读者们一定要注意，带标号的 break 语句只能放在这个标号所指的循环里面，如果放到别的循环体里面会出现编译错误。另外，break 后的标号必须是一个有效的标号，即这个标号必须在 break 语句所在的循环之前定义，或者在其所在循环的外层循环之前定义。当然如果把这个标号放在 break 语句所在循环之前定义，会失去标号的意义，因为 break 默认就是结束其所在的循环。通常紧跟 break 之后的标号，必须在 break 所在循环的外层循环之前定义才有意义。

5.2.2　return 语句的应用

在 Java 程序中，使用 return 语句可以返回一个方法的值，并把控制权交给调用它的语句。使用 return 语句的语法格式如下所示。

```
return[表达式];
```

表达式是可选参数，表示要返回的值，它的数据类型必须同方法声明中的返回值类型一致，这可以通过强制类型转换实现。

在编写 Java 程序时，return 语句被放在方法的最后，用于退出当前的程序，并返回一个值。如果把单独的 return 语句放在一个方法中间时会出现编译错误。如果用户要把 return 语句放在中间，可以使用条件语句 if，然后将 return 语句放在一个方法中间，用来实现在程序中未执行的全部语句退出。

实例 034　使用 return 语句

源码路径　\daima\5\return1.java　　　　视频路径　\视频\实例\第 5 章\034

实例文件 return1.java 的主要代码如下所示。

```java
public class return1
  {
    public static int gcd(int a, int b)
    {
        int min = a;
        int max = b;
        if (a > b)
        {
```

```
            min = b;
            max = a;
            }
            if (min == 0)
            return max;
            else
            return gcd(min, max - min);
            }
    public static void main(String[] args)
{
    System.out.println(return1.gcd(75, 15));
    }
}
```

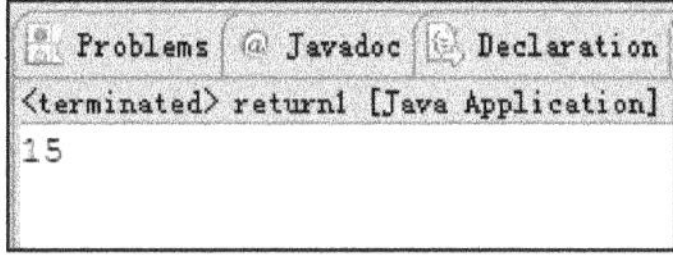

范例 067：演示 return 语句的高级用法
源码路径：光盘\演练范例\067\
视频路径：光盘\演练范例\067\
范例 068：foreach 循环优于 for 循环
源码路径：光盘\演练范例\068\
视频路径：光盘\演练范例\068\

执行后的效果如图 5-15 所示。

图 5-15　执行效果

5.2.3　continue 跳转语句

在 Java 语言中，continue 跳转语句不如前面几种跳转语句应用的多，其作用是强制一个循环提前返回，也就是让循环继续执行，但不执行本次循环剩余的循环体中的语句。

实例 035　使用 continue 语句

源码路径　\daima\5\conone.java　　　　　　视频路径　\视频\实例\第 5 章\035

实例文件 conone.java 的主要代码如下所示。

```java
public class conone
{
    public static void main(String args[])
    {
        for(int a=0;a<10;a++)
        {
            System.out.print(a);
            if(a%2==0)
            {
                continue;
            }
            System.out.println("$");
        }
    }
}
```

范例 069：使用 continue 输出小九九
源码路径：光盘\演练范例\069\
视频路径：光盘\演练范例\069\
范例 070：终止循环体
源码路径：光盘\演练范例\070\
视频路径：光盘\演练范例\070\

在上述代码中，先进入循环输出为 0，然后执行控制语句，计算结果为 true。在执行 continue 语句时，再也不执行循环语句中的剩余语句，回到循环语句,输出 1,然后进入选择控制语句,计算结果为 false,则不再执行 continue，继续执行，输出美元符号（$），依次类推。上述代码是无标号的，continue 也可带标号。执行后的效果如图 5-16 所示。

图 5-16　执行效果

5.3　技　术　解　惑

5.3.1　使用 for 循环的技巧

控制 for 循环的变量经常只是用于该循环，而不用在程序的其他地方。在这种情况下，可以在循环的初始化部分中声明变量。当我们在 for 循环内声明变量时，必须记住重要的一点：

该变量的作用域在 for 语句执行后就结束了（因此，该变量的作用域就局限于 for 循环内）。在 for 循环外，变量就不存在了。如果你在程序的其他地方需要使用循环控制变量，你就不能在 for 循环中声明它。由于循环控制变量不会在程序的其他地方使用，因此大多数程序员都在 for 循环中来声明它。

另外，初学者经常以为只要在 for 后面的括号中控制了循环迭代语句就万无一失了，其实不是这样的。请看下面的代码。

```java
public class TestForError
{
    public static void main(String[] args)
    {
        //循环的初始化条件，循环条件，循环迭代语句都在下面一行
        for (int count = 0 ; count < 10 ; count++)
        {
            System.out.println(count);
            //再次修改了循环变量
            count *= 0.1;
        }
        System.out.println("循环结束!");
    }
}
```

在上述代码中，在循环体内修改了 count 变量的值，并且把这个变量的值乘以 0.1，这会导致 count 的值永远都不能超过 10，所以上面程序是一个死循环。

其实在使用 for 循环时，还可以把初始化条件定义在循环体之外，把循环迭代语句放在循环体内。把 for 循环的初始化语句放在循环之前定义还有一个好处，那就是可以扩大初始化语句中所定义的变量的作用域。在 for 循环里定义的变量，其作用域仅在该循环内有效，for 循环终止以后，这些变量将不可被访问。

5.3.2　跳转语句的选择技巧

通过本章前面内容的学习，Java 语言中的 3 个跳转语句的知识全部学习完毕，但是究竟在什么时候用哪一种跳转语句是初学者面临的主要问题。为了解决这个问题，先看下面的一段代码【光盘\daima\5\tiao.java】。

```java
public class tiao {
    public static void main(String[] args)
    {
        int i=0;
        outer:
            while(true)
            {i++;
            inner:
                for(int j=0;j<15;j++)
                {
                    i+=j;
                    if(j==3)
                        continue inner;
                    break outer;
                }
            continue outer;
        }
        System.out.println(i);
    }
}
```

上面的代码执行结果很简单，只输出数字“1”。这段代码同时用到了 break 和 continue 语句，它们都是用来停止循环语句的，但是两者有一定的区别。其中 break 是用来停止整个循环的，并开始处理 break 程序块的后面一行代码，而 continue 语句只是停止当前循环，因此开始执行同一循环的下一次循环。

再看下面的一段代码，具体代码【光盘\daima\5\tiao1.java】如下所示。

```java
public class tiao1 {
    final static int Aa=10;
```

```
public static void main(String[] args){
    for(int Bb=0;Bb<Aa;Bb++){
        System.out.print(Bb);
        if(Bb>5){
            break;
        }
        System.out.print(Bb);
    }
}
}
```

执行上述代码后的效果如图 5-17 所示。

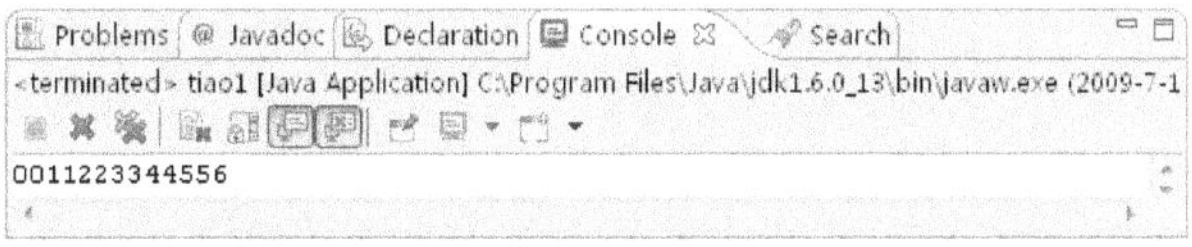

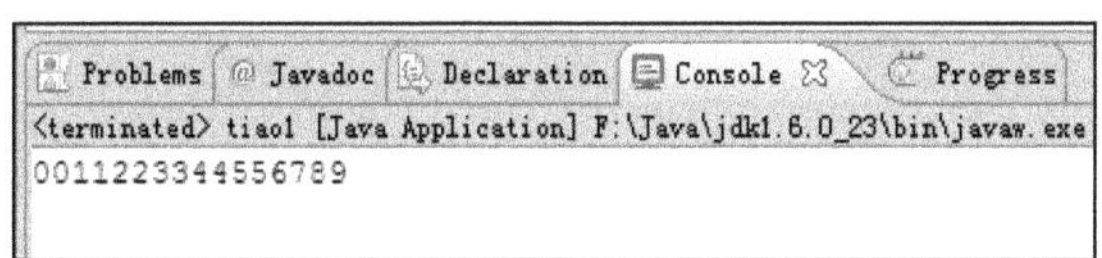

图 5-17　执行效果

我们如果将上面的代码进行修改，将"break;"修改成"continue;"，其执行结果将会发生变化，修改后的执行效果如图 5-18 所示。

图 5-18　输出结果

由此可见，continue 的功能和 break 有点类似，区别是 continue 只是中止了本次循环，接着开始下一次循环。而 break 则是完全终止循环。我们可以将 continue 的作用理解为：略过当次循环中剩下的语句，重新开始新的循环。

第 6 章

特殊数据——数组

数组是 Java 程序中最常见的一种数据结构，能够将相同类型的数据用一个标识符来封装到一起，构成一个对象序列或基本类型序列。数组比我们前面所学习的数据类型的存储效率要高，在本章将详细讲解数组和数组操作的基本知识

<table>
<tr><td>本章内容</td><td>技术解惑</td></tr>
<tr><td>▸▸ 简单的一维数组</td><td>数组内是同一类型的数据</td></tr>
<tr><td>▸▸ 二维数组</td><td>动态初始化数组的规则</td></tr>
<tr><td>▸▸ 三维数组</td><td>引用类型</td></tr>
<tr><td>▸▸ 操作数组</td><td>数组必须初始化</td></tr>
<tr><td>▸▸ 深入理解数组</td><td></td></tr>
</table>

6.1 简单的一维数组

知识点讲解：光盘:视频\PPT 讲解（知识点）\第 6 章\简单的一维数组.mp4

肯定有很多读者要问：已经有了变量和常量，推出数组有什么用呢？自从 Java 推出以来，数组是一直是 Java 中的最重要组成部分。数组属于构造数据类型，一个数组可以拥有多个数组元素，这些数组元素可以是基本数据类型或是构造类型。按照数组元素类型的不同，数组可以分为数值数组、字符数组、指针数组、结构数组等各种类型。如果按照数组内的维数来划分，可以将数组分为一维数组和多维数组。在日常 Java 编程应用中，一维数组最为常见，在本节将详细讲解 Java 语言中一维数组的基本知识。

6.1.1 声明一维数组

数组是某一类元素的集合体，每一个元素都拥有一个索引值，只需要指定索引值就可以取出对应的数据。在 Java 中声明一维数组的的格式如下所示。

```
int[] array;
```

也可以用下面的格式：

```
int array[];
```

虽然这两种格式的形式不同，但是含义是一样的，各个参数的具体说明如下所示。

- ❑ int：数组元素类型。
- ❑ array：数组名称。
- ❑ []：一维数组的内容都是通过这个符号括起来。

除了上面声明的整型数组外，还可以声明多种数据类型的数据，例如下面的代码。

```
boolean[] array;      //声明布尔数组
float[] array;        //声明浮点数组
double[] array;       //声明双精度数组
```

6.1.2 创建一维数组

创建数组实质上就是为数组申请相应的存储的空间，数组的创建需要用大括号"{}"括起来，然后将一组相同类型的数据放在存储空间里，Java 编译器负责管理存储空间的分配。创建数组的方法十分简单，具体格式如下所示。

```
int[] a={1,2,3,5,8,9,15};
```

上述代码创建了一个名为 a 的整形数组，但是为了访问数组中的特点元素，应指定数组元素的位置序数，也就是索引和下标，一维数组具体结构如图 6-1 所示。

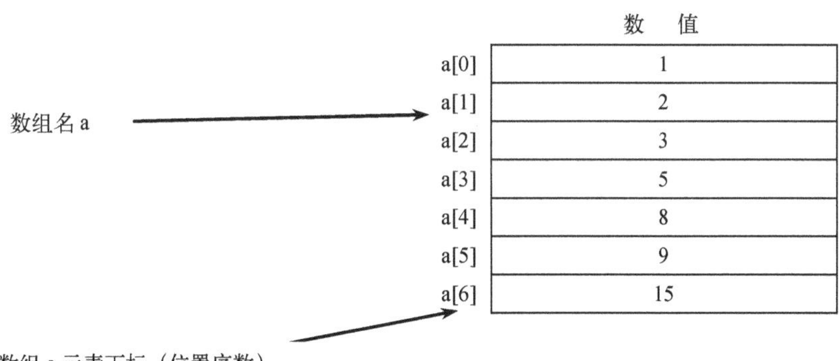

图 6-1 一维数组内部结构

上面这个数组的名称是 a，方括号的值为序号即下标，这样就可以很清楚地表示每一个数组元素，数组 a 的第一个值就用 a[0]表示，第 2 个值就用 a[1]表示，依次类推。

<table>
<tr><td>实例 036</td><td colspan="2">创建并输出一维数组中的数据</td></tr>
<tr><td></td><td>源码路径　\daima\6\shuzuone1.java</td><td>视频路径　\视频\实例\第 6 章\036</td></tr>
</table>

实例文件 shuzuone1.java 的主要代码如下所示。

```java
public class shuzuone1{
  public static void main(String[] args) {
  //定义数组
      int[] X={12,13,24,77,68,39,60};
      int[] Y;
      Y=X;
      for(int i=0;i<X.length;i++){
          Y[i]++;
  System.out.println("X["+i+"]="+X[i]);
  System.out.println("Y["+i+"]="+Y[i]);
      }
    }
}
```

范例 071：将数组 Y 赋值

源码路径：光盘\演练范例\071\

视频路径：光盘\演练范例\071\

范例 072：获取一维数组最小值

源码路径：光盘\演练范例\072\

视频路径：光盘\演练范例\072\

因为数组基数都是从零开始的，所以最大数组下标为"length-1"，在上述代码中，数组 Y 没有任何元素，它此时只是被实例化了一个对象，告诉编译器为它分配一定的存储空间，然后数组 X 赋值给 Y，这个编译操作实际上就是将 X 数组的内存地址赋给数组 Y。在上述代码中，Y 数组并没有赋值。执行后的效果如图 6-2 所示。

```
Y[2]=25
X[3]=78
Y[3]=78
X[4]=69
Y[4]=69
X[5]=40
Y[5]=40
X[6]=61
Y[6]=61
```

图 6-2　执行效果

6.1.3　初始化一维数组

在 Java 程序里，一定要将数组看作一个对象，它的数据类型和前面基本数据类型相同。在很多时候我们需要对数组进行初始化处理，在初始化的时候需要规定数组的大小，当然也可以初始化数组中的每一个元素。下面的代码演示了初始化一维数组的方法。

```java
int[] a=new int[8];
int[] a=new int{1,2,3,4,5,6,7,8};
int[] a={1,2,3,4};
```

对上述代码的具体说明如下所示。

❑　int：数组类型。

❑　a：数组名称。

❑　new：对象初始化语句。

在初始化数组的时候，当使用关键字 new 创建数组后，一定要明白它只是一个引用，直到将值赋给引用，开始进行初始化操作后才算是真正的结束，在上面 3 种初始化数组的方法中，读者可以根据自己的习惯选择一种初始化的方法。

<table>
<tr><td>实例 037</td><td colspan="2">初始化一维数组，并将数组值输出打印</td></tr>
<tr><td></td><td>源码路径　\daima\6\shuzuone3.java</td><td>视频路径　\视频\实例\第 6 章\037</td></tr>
</table>

实例文件 shuzuone3.java 的主要代码如下所示。

```java
import java.util.Random;//插入Random包
public class shuzuone3{
    public static void main(String[] args)
{   //实例化Random类对象
    Random rand=new Random();
    //随机产生0～20的数作为int数组的长度
    int[]x=new int[rand.nextInt(12)];
    double[]y=new double[rand.nextInt(12)];
    //随机产生0～20的数作为int数组的长度
    System.out.println("x的长度为"+x.length);
        System.out.println("y的长度为"+y.length);
        for(int i=0;i<x.length;i++){
            x[i]=rand.nextInt(12); //随机产生0～20的数赋给数组a
    //打印数组a
```

范例 073：初始化两个不同类型的数组

源码路径：光盘\演练范例\073\

视频路径：光盘\演练范例\073\

范例 074：将二维数组中的行列互换

源码路径：光盘\演练范例\074\

视频路径：光盘\演练范例\074\

```
        System.out.println("x["+i+"]="+x[i]);
    }
            for(int i=0;i<y.length;i++){
            //随机产生double数赋给数组b
            y[i]=rand.nextDouble();
        System.out.println("y["+i+"]="+y[i]);//打印数组b
            }
        }
}
```

执行后的效果如图6-3所示。

```
x的长度为4
y的长度为6
x[0]=2
x[1]=4
x[2]=9
x[3]=10
y[0]=0.5843489955851864
y[1]=0.4187335836745856
y[2]=0.3341976294809611
y[3]=0.5326970350790404
y[4]=0.08315756661225215
y[5]=0.07668470640226788
```

图6-3　执行效果

6.2　二　维　数　组

知识点讲解：光盘:视频\PPT 讲解（知识点）\第 6 章\二维数组.mp4

在 Java 语言的多维数组中，二维数组是应用最为广泛的一种数组。二维数组是指有两个底标的数组，初学者可以将二维数组理解成一个围棋棋盘，要描述一个元素的位置，必须通过纵横两个底标来描述。在本节将详细讲解 Java 语言中二维数组的基本知识，为读者步入本书后面的学习打下基础。

6.2.1　声明二维数组

前面已经学习声明一维数组的知识，体会发现声明二维数组变得十分简单了，因为它与声明一维数组的方法十分相似。很多程序员将二维数组习惯地看做是一个特殊的一维数组，其每一个元素又是一个数组。声明二维数组的语法格式如下所示。

```
float A[][];
char B[][];
int C[][];
```

上述代码中各个参数的具体说明如下所示。

- ❑　float：数组类型。
- ❑　A：数组名称。
- ❑　char：数组类型。
- ❑　B：数组名称。
- ❑　数组 A 的元素可以存放 float 型数据。

6.2.2　创建二维数组

创建二维数组的过程，实际上就是在计算机上申请一个存储空间的过程，例如下面是创建二维数组的代码。

```
int A[][]=
{1,3,5,7},
{2,4,6,8};
```

通过上述代码创建了一个二维数组，A 是数组名，实质上此二维数组相当于一个两行 4 列的矩阵，当需要取多维中的值时，可以使用下标来显示。具体格式如下所示。

```
Array[i-1][j-1]
```

上述代码中各个参数的具体说明如下所示。

- ❏ i：数组的行数。
- ❏ j：数组的列数。

下面以一个二维数组为例，看一下 3 行 4 列的数组内部结构，此数据的结构如表 6-1 所示。

表 6-1　　　　　　　　　　　　　　二维数组内部结构表

	列 1	列 2	列 3	列 4
行 0	A[0] [0]	A[0] [1]	A[0] [2]	A[0] [3]
行 1	A[1] [0]	A[1] [1]	A[1] [2]	A[1] [3]
行 2	A[2] [0]	A[2] [1]	A[2] [2]	A[2] [3]

实例 038　创建二维数组并输出打印里面的数据

源码路径　\daima\6\shuzutwo1.java　　　　　　视频路径　\视频\实例\第 6 章\038

实例文件 shuzutwo1.java 的主要代码如下所示。

```java
public class shuzutwo1
{
  public static void main(String[] args)
  {
      int [][] Aa={
              {11,12,23,24},
              {15,26,27,18},
              {19,10,17,18},
              {13,14,15,16},
              {17,18,19,20},
      };
      for(int i=0;i<Aa.length;i++)
          for(int j=0;j<Aa[i].length;j++){
  System.out.println("Aa["+i+"]["+j+"] ="+Aa[i][j]);
          }
  }
}
```

范例 075：将二维数组的值赋给另外的数组
源码路径：光盘\演练范例\075\
视频路径：光盘\演练范例\075\
范例 076：利用数组随机抽取幸运观众
源码路径：光盘\演练范例\076\
视频路径：光盘\演练范例\076\

在上述代码中，使用 for 循环语句打印输出了二维数组中的数据。在打印二维数组时，第一个 for 循环语句表示以行进行循环，第二个循环语句以每行的列数进行循环，这样就达到了取得二维数组中的每个值的功能。执行后的效果如图 6-4 所示。

```
Aa[0][0] =11
Aa[0][1] =12
Aa[0][2] =23
Aa[0][3] =24
Aa[1][0] =15
Aa[1][1] =26
Aa[1][2] =27
Aa[1][3] =18
Aa[2][0] =19
Aa[2][1] =10
Aa[2][2] =17
Aa[2][3] =18
Aa[3][0] =13
Aa[3][1] =14
Aa[3][2] =15
Aa[3][3] =16
Aa[4][0] =17
Aa[4][1] =18
Aa[4][2] =19
Aa[4][3] =20
```

图 6-4　执行效果

6.2.3　初始化二维数组

初始化二维数组的方法非常简单，特别是在学习过初始化一维数组的方法后就感觉更为简单了，因为初始化二维数组和初始化一维数组的方法一样，也是使用下面的语法格式实现的。

```
array=new int[]…[]{第一个元素的值, 第二个元素的值, 第三个元素的值, …};
```

或者用对象数组的语法实现：

```
array=new int[]…[]{new构造方法 (参数列), {new构造方法 (参数列), …};
```

上述代码中各个参数的具体说明如下所示。

- ❑　array：数组名称。
- ❑　new：实例化对象语句。
- ❑　int：数组元素类型。

二维数组是多维数组中的一种，为了使数组的结构显得更加清晰，建议使用多个大括号"{}"括起来即可。下面以二维数组为例，如果希望第一维有 3 个索引，第二维有两个索引，就可以使用下列语法来指定元素的初始值。

```
integer[][]array=new Integer[][]{
{new Integer(1), new Integer(2)},
{new Integer(3), new Integer(4)},
{new Integer(5), new Integer(6)},
}
```

上述代码中各个参数的具体说明如下所示。

- ❑　array：数组名称。
- ❑　int：数组元素类型。
- ❑　new：实例化对象语句。
- ❑　Integer：数组元素类型。

<table>
<tr><td>实例 039</td><td>初始化二维数组，然后找到最大数和最小数</td></tr>
<tr><td></td><td>源码路径　\daima\6\shuzutwo3.java　　　视频路径　\视频\实例\第 6 章\039</td></tr>
</table>

实例文件 shuzutwo3.java 的主要代码如下所示。

```java
public class shuzutwo3 {
    int grades[][]={
        {37,78,96,43},
        {26,17,99,11},
        {40,90,86,81}
    };
    public static void main(String args[]){
        shuzutwo3 m=new shuzutwo3();
        System.out.println("最小的数: "+m.minimum());
        System.out.println("最大的数: "+m.maximum());
    }
    public int minimum(){
        int lowGrade=grades[0][0];
        for(int row=0;row<grades.length;row++){
            for(int column=0;column<grades  [row].length;column++){
if(grades[row][column]<lowGrade)
lowGrade=grades[row][column];
            }
        }
        return lowGrade;
    }
    public int maximum(){
        int highGrade=grades[0][0];
        for(int row=0;row<grades.length;row++){
            for(int column=0;column<grades  [row].length;column++){
if(grades[row][column]>highGrade)
highGrade=grades[row][column];
            }
        }
        return highGrade;
    }
}
```

> 范例 077：计算二维数组最大值和最小值
> 源码路径：光盘\演练范例\077\
> 视频路径：光盘\演练范例\077\
> 范例 078：设置 JTable 表格的列名与列宽
> 源码路径：光盘\演练范例\078\
> 视频路径：光盘\演练范例\078\

在上述代码中，使用 for 循环语句打印输出了二维数组中的数据。在打印二维数组时，第一个 for 循环语句表示以行进行循环，第二个循环语句以每行的列数进行循环，这样就达到了取得二维数组中的每个值的功能。执行后的效果如图 6-5 所示。

　　在数组中寻找数组的最大元素和最小元素是十分常见的操作，例如在公司里面查询本月工资情况时都需要求最大值和最小值。

```
<terminated> shuzutwo3
最小的数: 11
最大的数: 99
```

图 6-5　执行效果

6.3　三　维　数　组

知识点讲解：光盘:视频\PPT 讲解（知识点）\第 6 章\三维数组.mp4

　　三维数组也是多维数组的一种，是二维数组和一维数组的升级。在一些情况下，一维数组和二维数组很可能不能描述一种相同类型的数据，这个时候可以考虑用三维数组。在本节将详细讲解三维数组的基本知识，为步入本书后面知识的学习打下基础。

6.3.1　声明三维数组

　　声明三维数组的方法十分简单，与声明数组、二维数组的方法相似，具体格式如下所示。

```
float a[][][];
char b[][][];
```

上述代码中各个参数的具体说明如下所示。

- ❑　float：数组类型。
- ❑　a：数组名称。
- ❑　b：数组名称。

6.3.2　创建三维数组的方法

　　创建一个三维数组的方法也十分的简单，例如下面的代码。

```
int[][][] a=new int[2][2][3];
```

　　在上面创建数组的代码中，定义了一个 2*2*3 的三维数组，我们可以将其想象成一个 2*3 的二维数组即可。

6.3.3　初始化三维数组

　　初始化三维数组的方法十分简单，例如下面的代码初始化了一个三维数组。

```
int[][][]a={
 //初始化三维数组
{{1,2,3}, {4,5,6}}
{{7,8,9},{10,11,12}}
}
```

　　通过上述代码，定义了并且初始化了三维数组的元素值。

实例 040　　创建三维数组，然后输出打印数组内元素

源码路径　　\daima\6\shuzuduo1.java　　　　　视频路径　　\视频\实例\第 6 章\040

实例文件 shuzuduo1.java 的主要代码如下所示。

```
public class shuzuduo1 {
    public static void main(String args[]){
        int[][][] a=new int[2][2][];
        a[0][0]=new int[2];
        a[0][0][0]=1;
        a[0][0][1]=2;
        a[0][1]=new int[2];
        a[0][1][0]=3;
        a[0][1][1]=4;
        a[1][0]=new int[2];
        a[1][0][0]=5;
        a[1][0][1]=6;
        a[1][1]=new int[2];
        a[1][1][0]=1;
```

范例 079：产生一个随机数

源码路径：光盘\演练范例\079\

视频路径：光盘\演练范例\079\

范例 080：数组的小标和下界

源码路径：光盘\演练范例\080\

视频路径：光盘\演练范例\080\

```
          a[1][1][1]=1;
          for(int i=0;i<a.length;i++){
           for(int j=0;j<a[0].length;j++){
            for(int z=0;z<a[0][0].length;z++){
             System.out.println("a["+i+"]["+j+"]["+z+"]="+a[i][j][z]);
            }
           }
          }
         }
        }
```

执行后的效果如图 6-6 所示。

```
a[0][0][0]=1
a[0][0][1]=2
a[0][1][0]=3
a[0][1][1]=4
a[1][0][0]=5
a[1][0][1]=6
a[1][1][0]=1
a[1][1][1]=1
```

图 6-6　执行效果

6.4　操　作　数　组

知识点讲解：光盘：视频\PPT 讲解（知识点）\第 6 章\操作数组.mp4

定义数组和初始化数组的方法都十分简单，读者在学习的过程中除了掌握定义和初始化的知识外，还要掌握操作数组的方法。数组是相同数据类型的一次集合，操作数组具有很大的意义。在本节将详细讲解几种常用的操作数组的方法。

6.4.1　复制数组

复制数组是指复制一个数组内的数值，在 Java 中可以使用 System 中的方法 arraycopy()实现复制数组功能。方法 arraycopy()的语法格式如下所示。

```
System.arraycopy(arrayA,0,arrayB,0,a.length);
```

❑ array A：来源数组名称。

❑ 0：来源数组起始位置。

❑ array B：目的数组名称。

❑ 0：目的数组起始位置。

❑ arrayA.length：复制来源数组元素的个数。

上述复制数组方法 arraycopy()有一定局限，我们可以改写这个方法，让此方法的功能更加强大，可以复制数组内的任何元素。具体格式如下所示。

```
System.arraycopy
(arrayA,2,arrayB,3,3);
```

❑ array A：来源数组名称。

❑ 2：来源数组起始位置第 2 个元素。

❑ array B：目的数组名称。

❑ 3：目的数组起始位置第 3 个元素。

❑ 3：在来源数组第 2 个元素开始复制 3 个元素。

实例 041	复制一维数组中的元素
	源码路径　\daima\6\shuzugong1.java　　　　视频路径　\视频\实例\第 6 章\041

实例文件 shuzugong1.java 的主要代码如下所示。

```
public class shuzugong1 {
public static void main(String[] args)
{
    int X;
    int Y[] = { 10, 9, 8, 7, 6, 5, 4, 3, 2, 1 };
    int Z[] = new int[10];
    System.arraycopy(Y, 0, Y, 0, Y.length);
    for (X = 0; X < Y.length; X++)
        System.out.print(Y[X] + " ");
    System.out.println();
    }
}
```

范例 081：复制数组元素
源码路径：光盘\演练范例\081\
视频路径：光盘\演练范例\081\
范例 082：实现计数器界面
源码路径：光盘\演练范例\082\
视频路径：光盘\演练范例\082\

执行后的效果如图 6-7 所示。

```
10 9 8 7 6 5 4 3 2 1
```

图 6-7　执行效果

6.4.2　比较数组

比较数组就是检查两个数组是否相同，如果相同，则返回一个布尔值 true；如果不相同，则返回布尔值 false。在 Java 中可以使用方法 equalse()比较数组是否相等，具体格式如下所示。

```
Arrays.equalse(arrayA,arrayB);
```

❑　arrayA：待比较数组名称。

❑　arrayB：待比较数组名称。

如果两个数组相同就会 true，如果两个数组不相同就会返回 false。

实例 042	比较两个一维数组
	源码路径　\daima\6\shuzugong3.java　　　视频路径　\视频\实例\第 6 章\042

实例文件 shuzugong3.java 的主要代码如下所示。

```
import java.util.Arrays;
public class shuzugong3
{
public static void main(String[] args)
    {
int[]a1={1,2,3,4,5,6,7,8,9,0};
        int[]a2=new int[9];
System.out.println(Arrays.equals(a1, a2));
int[]a3={1,2,3,4,5,6,7,8,9,0};
System.out.println(Arrays.equals(a1, a3));
int[]a4={1,2,3,4,5,6,7,8,9,5};
System.out.println(Arrays.equals(a1, a4));
    }
}
```

范例 083：比较两个数组的元素
源码路径：光盘\演练范例\083\
视频路径：光盘\演练范例\083\
范例 084：复选框控件数组
源码路径：光盘\演练范例\084\
视频路径：光盘\演练范例\084\

执行后的效果如图 6-8 所示。

在比较数组的时候，一定要在程序前面加上一句"import.java.util.Arrays;"否则程序会自动报错，这段代码的意思插入软件包 Arrarys。

```
false
true
false
```

图 6-8　执行效果

6.4.3　搜索数组中的元素

在 Java 中可以使用方法 binarySearch()搜索数组中的某一个元素，其语法格式如下所示。

```
int i=binarySearch (a, "abcde");
```

❑　a：搜索数组的名称。

❑　abcde：需要在数组中查找的内容。

下面通过一段代码来演示使用 binarySearch()搜索数组内元素的方法，具体代码【光盘\daima\6\shuzugong5.java】如下所示。

```
import java.util.Arrays;
import java.util.Comparator;
public class shuzugong5
{
```

```java
    public static void main(String[] args)
    {

        int[] Aa={6,2,5,4,6,2,3};
        Arrays.sort(Aa);
        Arrays.binarySearch(Aa, 5);
        System.out.print("排序后的数组为：");
        for(int i=0;i<Aa.length;i++){
            System.out.print(+Aa[i]+" ");
        }
        System.out.println();
            int location=Arrays.binarySearch(Aa, 4);
System.out.println("查找4的位置是"+location+",Aa["+location+"]="
+Aa[location]);
        }
}
```

执行后的效果如图 6-9 所示。

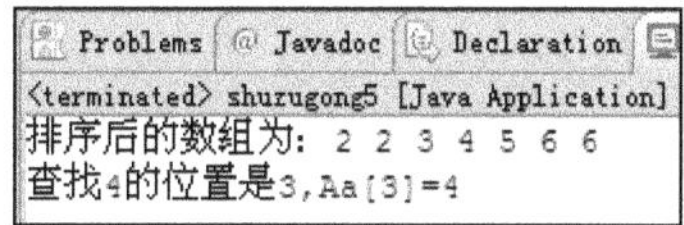

图 6-9　执行效果

6.4.4　排序数组

排序数组是指对数组内的元素进行排序，在 Java 中可以使用方法 sort()实现排序功能。使用方法 sort()的语法格式如下所示。

```java
Arrays.sort(a);
```

参数 a 是待排序数组名称。

下面通过一段代码来演示使用 sort()排序数组内元素的方法，具体代码【光盘\daima\6\shuzugong6.java】如下所示。

```java
import java.util.Arrays;
public class shuzugong6 {
    public static void main(String[] args)
    {
        String []a=new String[] {"123","XYZ","ABCD","256"};
        Arrays.sort(a);
        System.out.println(Arrays.asList(a));
    }
}
```

执行后的效果如图 6-10 所示。

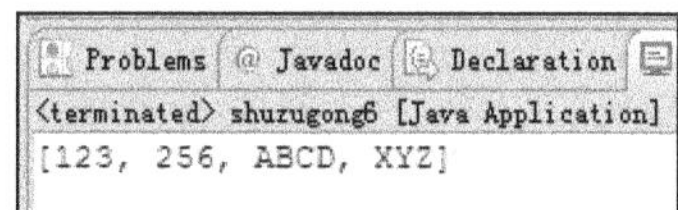

图 6-10　执行效果

6.4.5　填充数组

在 Java 程序设计里，可以使用 fill()方法向一个数组中填充元素，此方法的功能十分有限，只能使用同一个数值进行填充。使用此方法的语法格式如下所示。

```java
int a []=new int[10];
Arrays.fill(array,11);
```

其中参数 a 是指将要填充数组的名称，上述格式的含义是将数值 11 填充到数组 a 中。

下面通过一段代码来演示使用 fill()向数组中填充元素的方法，具体代码【光盘\daima\6\shuzugong7.java】如下所示。

```java
import java.util.Arrays;
public class shuzugong7 {
    public static void main(String[] args)
```

```
    {
        int size=0;
        if(args.length!=0)
            size=Integer.parseInt(args[0]);
        int[]a1=new int[size];
        Arrays.fill(a1, 11);
        for(int i=0;i<a1.length;i++){
            System.out.print("a1["+i+"]="+a1[i]+" ");
        }
        System.out.println();
    }

}
```

在 Eclipse 中需要依次选择"Run"｜"Run configurations"命令后才能运行上述代码，如图 6-11 所示。

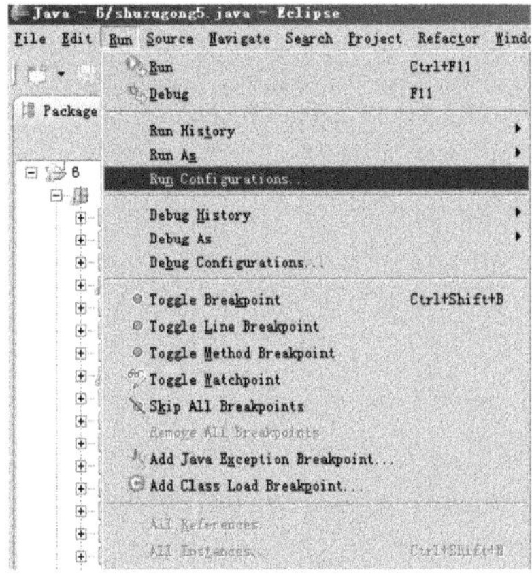

图 6-11　选择命令

如果直接执行上述程序后只会看到一片空白，这是因为缺少环境变量的原因，我们需要在"Run configurations"对话框中进行设置，如图 6-12 所示。

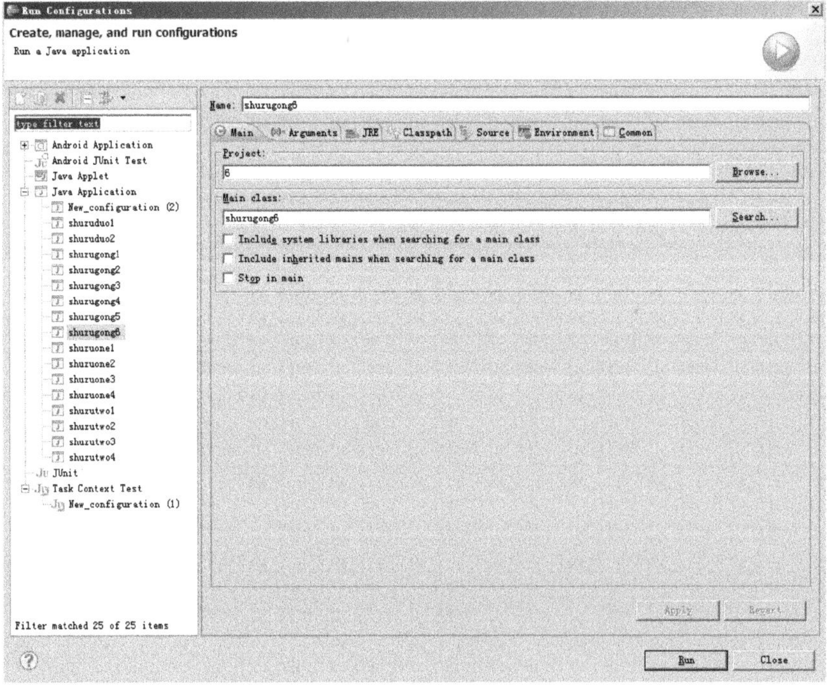

图 6-12　设置参数

单击右边的"Arguments"选项卡，在"Program arguments"中设置参数，这里需要将其值设置成"6"，设置完成后，如图 6-13 所示。

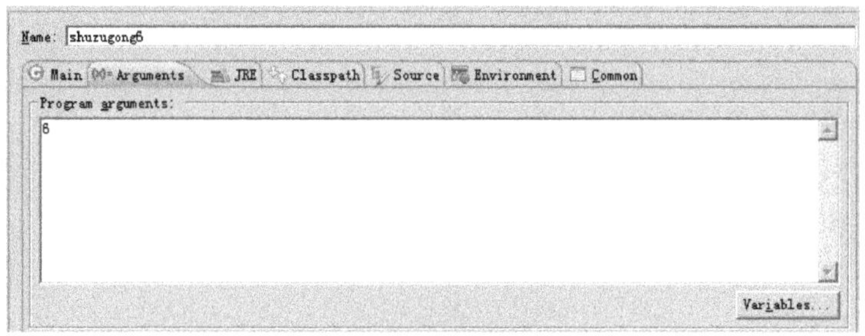

图 6-13　设置运行参数

设置完成后将会得到如图 6-14 所示的效果。

```
a1[0]=11 a1[1]=11 a1[2]=11 a1[3]=11 a1[4]=11 a1[5]=11
```

图 6-14　运行结果

6.5　深入理解数组

知识点讲解：光盘:视频\PPT 讲解（知识点）\第 6 章\深入理解数组.mp4

除了本章前面介绍的内容外，在 Java 体系中的数组知识还有其他高级用法。在本节的内容中，将深入研究 Java 数组的基本知识，为读者步入本书后面知识的学习打下基础。

6.5.1　动态数组

Java 动态数组是一种可以任意伸缩数组长度的对象，在 Java 中比较常用的动态数组是 ArrayList。ArrayList 是 javaAPI 中自带的 java.util.ArrayList。下面通过一段具体代码来介绍 ArrayList 作为 Java 动态数组的用法，具体代码如下所示。

```java
public class JavaArrayList {
 public static void main(String[]args) {
  //Java动态数组的初始化
  ArrayList al=new ArrayList();
  //向Java动态数组中添加数据
  al.add("a");
  al.add("b");
  al.add("c");
  //输出Java动态数组
  for(int i=0;i<al.size();i++)
  {
   String alEach=(String)al.get(i);
   System.out.println(alEach);
  }
  //删除数组中的某个元素,删除第二个元素
  al.remove(1);
  //修改Java动态数组, 把新的元素放到第二个位置
  al.add(1,"2");
  ////输出Java动态数组
  for(int i=0;i<al.size();i++)
  {
   String alEach=(String)al.get(i);
   System.out.println(alEach);
  }
 }
}
```

执行上述代码后会输出：

```
a
b
c
a
2
c
```

除了 ArrayList 之外，其实 Java 中的动态数组还有一种格式，此种格式需要从动态初始化谈起。动态初始化只指定数组的长度，由系统为每个数组元素指定初始值，动态初始化的语法格式如下所示。

```
arryName=new type [length];
```

在上述格式中，需要指定一个 int 整型的 length 参数，这个参数指定了数组的长度，也就是可以容纳数组元素的个数。此处的 type 必须与定义数组时使用的 type 类型相同，或者是定义数组时使用的 type 类型的子类。

6.5.2　foreach 循环

foreach 语句是从 Java 1.5 开始出现的新特征之一，在遍历数组和遍历集合方面，foreach 为开发人员提供了极大的方便。从实质上说，foreach 语句是 for 语句的特殊简化版本，虽然 foreach 语句并不能完全取代 for 语句，但是任何的 foreach 语句都可以改写为 for 语句版本。

foreach 并不是一个关键字，习惯上将这种特殊的 for 语句格式称为"foreach"语句。从英文字面意思理解 foreach 也就是"for 每一个"的意思。foreach 语句的语法格式如下所示。

```
for(type 元素变量x：遍历对象obj){
    引用了x的Java语句;
}
```

其中"元素类型 type"是数组元素或集合元素的类型，"元素变量 x"是一个形参名，foreach 循环自动将数组元素、集合元素依次赋给该变量。

<table>
<tr><td>实例 043</td><td colspan="2">使用 foreach 遍历数组元素</td></tr>
<tr><td></td><td>源码路径　\daima\6\TestForEach.java</td><td>视频路径　\视频\实例\第 6 章\042</td></tr>
</table>

实例文件 TestForEach.java 的主要代码如下所示。

```java
public class TestForEach
{
    public static void main(String[] args)
    {
        String[] books = {"AAA",
            "BBB",
            "CCC"};
        //使用foreach循环来遍历数组元素
        //其中book将会自动迭代每个数组元素
        for (String book : books)
        {
            System.out.println(book);
        }
    }
}
```

范例 085：演示不对循环变量赋值
源码路径：光盘\演练范例\085\
视频路径：光盘\演练范例\085\
范例 086：用数组翻转字符串
源码路径：光盘\演练范例\086\
视频路径：光盘\演练范例\086\

从上面程序中可以看出，使用 foreach 循环遍历数组元素无须获得数组长度，也无须根据索引来访问数组元素。foreach 循环和普通循环不同的是，它无须循环条件，无须循环迭代语句，这些部分都由系统来完成，foreach 循环自动迭代数组的每个元素，当每个元素都被迭代一次后，foreach 循环自动结束。执行后的效果如图 6-15 所示。

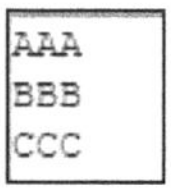

图 6-15　执行效果

6.5.3　数组的内理

数组是一种引用数据类型，数组引用变量只是一个引用，数组元素和数组变量在内存里是分开存放的。在接下来的内容中，将深入介绍数组在内存中的运行机制。

1．内存中的数组

数组引用变量只是一个引用，这个引用变量可以指向任何有效的内存，只有当该引用指向有效内存后，才可通过该数组变量来访问数组元素。与所有引用变量相同的是，引用变量是访问真实对象的根本方式。也就是说，如果我们希望在程序中访问数组，则只能通过这个数组的引用变量来访问它。实际的数组元素被存储在堆（heap）内存中；数组引用变量是一个引用类型的变量，被存储在栈（stack）内存中。

当一个方法执行时，每个方法都会建立自己的内存栈，在这个方法内定义的变量将会逐个放入这块栈内存里，随着方法的执行结束，这个方法的内存栈也将自然销毁了。所以在所有方法中定义的变量都是放在栈内存中的；当我们在程序中创建一个对象时，这个对象将被保存到运行时数据区域中，以便于反复利用（因为对象的创建成本通常较大），此运行时的数据区域就是堆内存，堆内存中的对象不会随着方法的结束而销毁，即使方法结束后，这个对象还可能被另一个引用变量所引用，这个对象依然不会被销毁。只有当一个对象没有任何引用变量引用它的时候，系统垃圾回收机制才会在合适的时候回收它。

如果堆内存中的数组不再有任何引用变量指向自己，则这个数组将成为垃圾，该数组所占的内存将会被系统的垃圾回收机制回收。因此，为了让垃圾回收机制回收一个数组所占的内存空间，则可以将该数组变量赋为 null，也就切断了数组引用变量和实际数组之间的引用关系，实际数组也就成了垃圾。

只要类型相互兼容，可以让一个数组变量指向另一个实际的数组，这种操作会产生数组的长度可变的错觉。

我们程序员在进行程序开发时，不要仅仅停留在代码表面，而要深入底层的运行机制，才可以对程序的运行机制有更准确的把握。当我们看一个数组时，一定要把数组看成两个部分：一个是数组引用，也就是在代码中定义的数组引用变量；还有一个是实际数组本身，这个部分是运行在系统内存里的，通常无法直接访问它，只能通过数组引用变量来访问它。

2．初始化基本类型数组

对于基本类型数组来说，数组元素的值直接存储在对应的数组元素中，因此在初始化数组时，先为此数组分配内存空间，然后直接将数组元素的值存入对应数组元素中。例如在下面的代码中，定义了一个 int[] 类型的数组变量，采用动态初始化的方式初始化了该数组，并显式为每个数组元素赋值。具体代码【光盘\daima\6\6\jiben.java】如下所示。

```java
public class jiben
{
    public static void main(String[] args)
    {
        //定义一个int[]类型的数组变量
        int[] iArr;
        //动态初始化数组, 数组长度为5
        iArr = new int[5];
        //采用循环方式为每个数组元素赋值
        for (int i = 0; i <iArr.length ; i++ )
        {
            iArr[i] = i + 10;
        }
    }
}
```

上述代码的执行过程代表了基本类型数组初始化的典型过程，在执行第一行代码"int[] iArr;"时，仅定义一个数组变量，在执行了"int[] iArr;"后，仅在栈内存中定义了一个空引用（就是 iArr 数组变量），这个引用并未指向任何有效的内存，也就无法指定数组的长度。当执行"iArr= new int[5];"动态初始化后，系统将负责为该数组分配内存空间，并分配默认的初始值：所有数组元素都被赋为 0。

3．初始化引用类型数组

引用类型数组的数组元素是引用，因此情况变得更加复杂：每个数组原理存储的还是引用，它指向另一块内存，在这块内存里存储了有效数据。

6.6　技　术　解　惑

6.6.1　数组内是同一类型的数据

因为 Java 是一门是面向对象的编程语言，能很好地支持类与类之间的继承关系，这样可能产生一个数组里可以存放多种数据类型的假象。例如有一个水果数组，要求每个数组元素都是水果，实际上数组元素既可以是苹果，也可以是香蕉，但这个数组的数组元素的类型还是唯一的，只能是水果类型。

另外，数组是一种引用类型的变量，因此使用它定义一个变量时，仅仅表示定义了一个引用变量（也就是定义了一个指针），这个引用变量还未指向任何有效的内存，因此定义数组时不能指定数组的长度。由于定义数组仅仅只是定义了一个引用变量，并未指向任何有效的内存空间，所以还没有内存空间来存储数组元素，因此这个数组也不能使用，只有初始化数组后才可以使用。

6.6.2　动态初始化数组的规则

在执行动态初始化时，程序员只需指定数组的长度即可，即为每个数组元素指定所需的内存空间，系统将负责为这些数组元素分配初始值。在指定初始值时，系统按如下规则分配初始值。

- ❑　数组元素的类型是基本类型中的整数类型（byte、short、int 和 long），则数组元素的值是 0。
- ❑　数组元素的类型是基本类型中的浮点类型（float、double），则数组元素的值是 0.0。
- ❑　数组元素的类型是基本类型中的字符类型（char），则数组元素的值是'\u0000'。
- ❑　数组元素的类型是基本类型中的布尔类型（boolean），则数组元素的值是 false。
- ❑　数组元素的类型是引用类型（类、接口和数组），则数组元素的值是 null。

6.6.3　引用类型

如果一个内存中的对象没有任何引用的话，就说明这个对象已经不再被使用了，从而可以成为被垃圾回收的候选。不过由于垃圾回收器的运行时间不确定，可被垃圾回收的对象的实际被回收时间是不确定的。对于一个对象来说，只要有引用的存在，它就会一直存在于内存中。如果这样的对象越来越多，超出了 JVM 中的内存总数，JVM 就会抛出 OutOfMemory 错误。虽然垃圾回收的具体运行是由 JVM 来控制的，但是开发人员仍然可以在一定程度上与垃圾回收器进行交互，其目的在于更好地帮助垃圾回收器管理好应用的内存。这种交互方式就是从 JDK 1.2 开始引入的 java.lang.ref 包。

（1）强引用。

在一般的 Java 程序中，见到最多的就是强引用（strong reference）。例如"Date date = new Date()"其中的 date 就是一个对象的强引用。对象的强引用可以在程序中到处传递。很多情况下，会同时有多个引用指向同一个对象。强引用的存在限制了对象在内存中的存活时间。假如对象 A 中包含了一个对象 B 的强引用，那么一般情况下，对象 B 的存活时间就不会短于对象 A。如果对象 A 没有显式地把对象 B 的引用设为 null 的话，就只有当对象 A 被垃圾回收之后，对象 B 才不再有引用指向它，才可能获得被垃圾回收的机会。

除了强引用之外，在 java.lang.ref 包中提供了对一个对象的不同的引用方式。JVM 的垃圾回收器对于不同类型的引用有不同的处理方式。

（2）软引用。

软引用（soft reference）在强度上弱于强引用，通过类 SoftReference 来表示。它的作用是告诉垃圾回收器，程序中的哪些对象不那么重要，当内存不足的时候是可以被暂时回收的。当 JVM 中的内存不足的时候，垃圾回收器会释放那些只被软引用所指向的对象。如果全部释放完这些对象之后，内存还不足，才会抛出 OutOfMemory 错误。软引用非常适合于创建缓存。当系统内存不足的时候，缓存中的内容是可以被释放的。比如考虑一个图像编辑器的程序。该程序会把图像文件的全部内容都读取到内存中，以方便进行处理。而用户也可以同时打开多个文件。当同时打开的文件过多的时候，就可能造成内存不足。如果使用软引用来指向图像文件内容的话，垃圾回收器就可以在必要的时候回收掉这些内存。

6.6.4　数组必须初始化

在 Java 中不能只分配内存空间而不赋初始值。因为一旦为数组的每个数组元素分配了内存空间，每个内存空间里存储的内容就是该数组元素的值，即使这个内存空间存储的内容为空，这个"空"也是一个值，用 null 来表示。不管以哪一种方式来初始化数组，只要为数组元素分配了内存空间，数组元素就具有了初始值。获取初始值的方式有两种，一种由系统自动分配，一种由程序员指定。

第 7 章

Java 的面向对象（上）

Java 是一门面向对象的语言，为我们提供了定义类、定义属性、方法等最基本的功能。类被认为是一种自定义的数据类型，可以使用类来定义变量，所有使用类定义的变量都是引用变量，它们将会引用到类的对象，对象由类负责创建。类用于描述客观世界里某一类对象的共同特征，而对象则是类的具体存在，Java 程序使用类的构造器来创建该类的对象。在本章将详细讲解 Java 面向对象的一些知识与面向对象的一些特性，重点学习类和方法的相关知识。

本章内容	技术解惑
▶▶ 类	Java 传递引用类型的实质
▶▶ 修饰符	掌握 this 的好处
▶▶ 方法详解	推出抽象方法的原因
▶▶ 使用 this	什么时候用抽象类
▶▶ 使用类和对象	static 修饰的作用
▶▶ 抽象类和抽象方法	
▶▶ 软件包	

7.1 类

📽 知识点讲解：光盘:视频\PPT 讲解（知识点）\第 7 章\类.mp4

只要是一门面向对象的语言，就一定有类，例如 C++、C#和 PHP 等。类是指将相同属性的东西放在一起，Java 中的每一个源程序至少都会有一个类。Java 是面向对象的程序设计语言，类是面向对象的重要内容，我们可以把类当成一种自定义数据类型，可以使用类来定义变量，这种类型的变量统称为引用型变量。也就是说，所有类是引用数据类型。在面向对象的程序中，首先要将一个对象看作一个类，假定人是对象，任何一个人都是一个对象，类是一个大概念，所以这些对象具有一定的属性和方法。例如在下面的代码中，定义一个名为 person 的类，这是具有一定特性的一类事物，而 Tom 则是类的一个对象实例，其代码如下所示。

```java
class person {
//人具有age属性
int age;
//人具有name属性
 String name;
//人具有shut方法
 void shut(){
     System.out.println("My name is"+name);
  }
public static void main(String args[]){
//类及类属性和方法的使用
person Tom=new person();
Tom.age=27;
Tom.name="TOM";
Tom.shut();
 }
```

在一个类中只有属性和方法，其中属性是描述对象的，方法是让对象实现功能的。

7.1.1 定义类

在 Java 语言中，定义类的语法格式如下所示。

```
[修饰符] class  类名
{
零个到多个构造器的定义…
零个到多个属性…
零个到多个方法…
}
```

在上面定义类的语法格式中，修饰符可以是 public、final 或 static，或者完全省略这两个修饰符，类名只要是一个合法的标识符即可，但这仅仅满足的是 Java 的语法要求；如果从程序的可读性方面来看，Java 类名必须是由一个或多个有意义的单词连缀而成，每个单词首字母大写，其他字母全部小写，单词与单词之间不要使用任何分隔符。

在定义一个类时可以包含 3 种最常见的成员，分别是构造器、属性和方法。这 3 种成员都可以定义零个或多个，如果 3 种成员都只定义了零个，这说明定义了一个空类，这没有太大的实际意义。类中各个成员之间的定义顺序没有任何影响，各个成员之间可以相互调用。但是需要注意的是，static 修饰的成员不能访问没有 static 修饰的成员。

7.1.2 定义属性

属性有时也被称为字段，在 Java 官方中被称为 Filed。属性用于定义该类或该类的实例所包含的数据，方法则用于定义该类或该类的实例的行为特征或功能实现。构造器用于构造该类的实例，Java 语言通过关键字 new 来调用构造器，从而返回该类的实例。构造器是一个类创建对象的根本途径，如果一个类没有构造器，这个类通常将无法创建实例。为此 Java 语言提供构造器机制，系统会为该类提供一个默认的构造器。一旦程序员为一个类提供了构造器，系统将不再为该类提供构造器。

在 Java 中定义属性的语法格式如下所示。

```
[修饰符] 属性类型 属性名 [=默认值];
```

上述格式的具体说明如下所示。

- ❑ 修饰符：修饰符既可以省略，也可以是 public、protected、private、static、final，其中 public、protected、private 最多只能出现其中之一，可以与 static、final 组合起来修饰属性。
- ❑ 属性类型：属性类型可以是 Java 语言允许的任何数据类型，包括基本类型和现在介绍的引用类型。
- ❑ 属性名：属性名则只要是一个合法的标识符即可，但这只是从语法角度来说的；如果从程序可读性角度来看，属性名应该由一个或多个有意义的单词连缀而成，第一个单词首字母小写，后面每个单词首字母大写，其他字母全部小写，单词与单词之间不需使用任何分隔符。
- ❑ 默认值：在定义属性时可以定义一个可选的默认值。

7.1.3　定义方法

在 Java 中定义方法的语法格式如下所示。

```
[修饰符] 方法返回值类型 方法名 [=形参列表];
{
由零条或多条可执行语句组成的方法体
}
```

上述格式的具体说明如下所示。

- ❑ 修饰符：可以省略，也可以是 public、protected、private、static、final、abstract，其中 public、protected、private 这 3 个最多只能出现其中之一；abstract 和 final 最多只能出现其中之一，它们可以与 static 组合起来共同修饰方法。
- ❑ 方法返回值类型：返回值类型可以是 Java 语言允许的任何数据类型，包括基本类型和引用类型；如果声明了方法返回值类型，则方法体内必须有一个有效的 return 语句，该语句返回一个变量或一个表达式，这个变量或者表达式的类型必须与此处声明的类型匹配。如果在一个方法中没有返回值，则必须使用 void 来声明没有返回值。
- ❑ 方法名：方法名命名规则与属性命名规则基本相同，但通常建议方法名以英文中的动词开头。
- ❑ 形参列表：形参列表用于定义该方法可以接受的参数，形参列表由零组到多组“参数类型形参名”组合而成，多组参数之间以英文逗号（,）隔开，形参类型和形参名之间以英文空格隔开。一旦在定义方法时指定了形参列表，则调用该方法时必须传入对应的参数值——谁调用方法，谁负责为形参赋值。

在方法体中的多条可执行性语句之间有严格的执行顺序，排在方法体前面的语句总是先执行，排在方法体后面的语句总是后执行。

读者朋友实际上在本书前面的章节中已经多次接触过方法，例如“public static void main（String args[]）{}”这段代码中就使用了方法 main()，在下面的代码中也定义了几个方法。

```
//定义一个无返回值的方法
public void cheng(){
System.out.println("我已经长大了");
//...
}
//定义一个有返回值的方法
public int Da(){
int a=100;
return a;
```

7.1.4　定义构造器

构造器是一个特殊的方法，定义构造器的语法格式与定义方法的语法格式非常像。在 Java

中定义构造器的语法格式如下所示。

```
[修饰符] 构造器名 (形参列表);
{
由零条或多条可执行语句组成的构造器执行体
}
```

上述格式的具体说明如下所示。

- ❑ 修饰符：修饰符可以省略，也可以是 public、protected、private 其中之一。
- ❑ 构造器名：构造器名必须和类名相同。
- ❑ 形参列表：和定义方法形参列表的格式完全相同。

构造器不能定义返回值类型声明，也不能使用 void 定义构造器没有返回值。如果为构造器定义了返回值类型，或使用 void 定义构造器没有返回值，编译时不会出错，但 Java 会把这个所谓的构造器当成方法来处理。

7.2　修　饰　符

知识点讲解：光盘:视频\PPT 讲解（知识点）\第 7 章\修饰符.mp4

在本章前面的内容中讲解定义属性和方法的知识时，曾经提到过修饰符的问题。在 Java 语言中，为了严格控制访问权限，特意引进了修饰符这一概念。在本节的内容中，将详细讲解修饰符的基本知识。

7.2.1　public 修饰符

在 Java 程序中，如果将属性和方法定义为 public 类型，那么此属性和方法所在的类和及其子类，同一个包中的类，不同包中的类都可以访问这些属性和方法。

实例 044	在类中创建 public 的属性和方法
	源码路径　\daima\7\Leitwo1.java　　　视频路径　\视频\实例\第 7 章\044

实例文件 Leitwo1.java 的主要代码如下所示。

```java
public class Leitwo1
  {
    public int a;
    public void print()
    {
        System.out.println("a的值为"+a);
    }
}
class textone
{
    public static void main(String args[])
    {
        Leitwo1 aa=new Leitwo1();
        aa.a=4478;
        aa.print();
    }
}
```

> 范例 087：使用 public 修饰符
> 源码路径：光盘\演练范例\087\
> 视频路径：光盘\演练范例\087\
> 范例 088：温度单位转换工具
> 源码路径：光盘\演练范例\088\
> 视频路径：光盘\演练范例\088\

在上面的实例代码中，textone 类可以随意访问 Leitwo1 的方法和属性。执行后的效果如图 7-1 所示。

```
a的值为4478
```

图 7-1　执行效果

7.2.2　private 私有修饰符

在 Java 程序里，如果将属性和方法定义为 private 类型，那么该属性和方法只能在自己的类中被访问，在其他类中不能被访问。下面的一段演示代码【光盘\daima\7\leitwo3.java】很好地说明了这一特点。

```java
public class Leitwo3
{
 private String uname;
 private int uid;
    public String getuname()
 {

            return uname;

 }

    private int getuid()
 {

    return uid;

 }

    public Leitwo3(String uname,int uid)
 {

    this.uname=uname;
    this.uid=uid;

 }

    public static void main(String args[])
 {

        Leitwo3 PrivateUse1=new Leitwo3("AAA",21002);
        Leitwo3 PrivateUse2=new Leitwo3("BBB",61002);
    String a1=PrivateUse1.getuname();
    System.out.println("姓名:"+a1);
    int a2=PrivateUse1.getuid();
    System.out.println("学号:"+a2);

    String a3=PrivateUse2.getuname();
    System.out.println("姓名:"+a3);
    int a4=PrivateUse2.getuid();
    System.out.println("学号:"+a4);
        }
}
```

执行上述代码后的效果如图 7-2 所示。

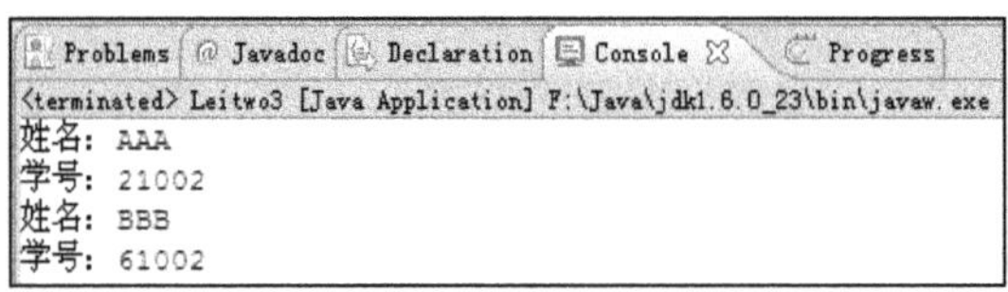

图 7-2　执行效果

7.2.3　protected 保护修饰符

在编写 Java 应用程序时，如果使用了修饰符"protected"修饰属性和方法，那么该属性和方法只能在自己的子类和类中被访问。下面的一段演示代码【光盘\daima\7\leitwo4.java】很好地说明了这一特点。

```java
public class Leitwo4
{
 protected   int a;
 protected void print()
 {

        System.out.println("a="+a);

 }

    public static void main(String args[])
 {

    Leitwo4 a1=new Leitwo4();
    a1.a=2011;
    a1.print();
            Leitwo4 a2=new Leitwo4();
    a2.a=2012;
    a2.print();
 }
}
```

执行上述代码后的效果如图 7-3 所示。

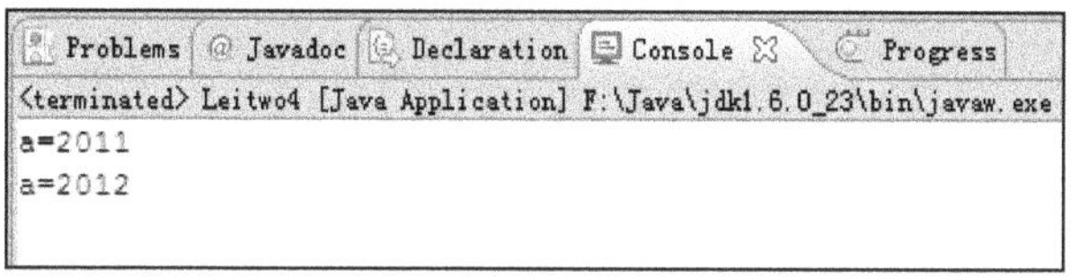

图 7-3　执行效果

7.2.4　其他修饰符

前面 3 节讲解的 3 个修饰符是在 Java 中最常用的修饰符。除了这 3 个修饰符外，在 Java 程序中还有许多其他的修饰符，具体说明如下所示。

- ❑ 默认修饰符：如果没有指定访问控制修饰符，则表示使用默认修饰符，这时变量和方法只能在自己的类及该类同一个包下的类中访问。
- ❑ static：被 static 修饰的变量为静态变量，被 static 修饰的方法为静态方法。
- ❑ final：被 final 修饰的变量在程序整个执行过程中最多赋一次值，所以经常它被定义为常量。
- ❑ transient：它只能修饰非静态的变量。
- ❑ volatile：和 transient 一样，它只能修饰变量。
- ❑ abstract：被 abstract 修饰的成员称作为抽象方法，
- ❑ synchronized：该修饰符只能应用于方法，不能修饰类和变量。

实例 045	使用默认修饰符创建属性和方法
源码路径　\daima\7\leitwo5.java	视频路径　\视频\实例\第 7 章\045

实例文件 leitwo5.java 的主要代码如下所示。

```java
public class leitwo5
{
    int a;
    int b;
    void print()
    {
        int c=a+b;
        System.out.println("a+b="+c);
    }
}
class UserOne1
{
    public static void main(String args[])
    {
        leitwo5 a1=new leitwo5();
        a1.a=2;
        a1.b=3;
        a1.print();
    }
}
```

范例 089：使用 static 修饰符
源码路径：光盘\演练范例\089\
视频路径：光盘\演练范例\089\
范例 090：域的默认初始化值
源码路径：光盘\演练范例\090\
视频路径：光盘\演练范例\090\

在上面的实例代码中，全局变量和方法的访问权限修饰符都是默认的，由于类 UserOne1 中的变量和方法都是默认的，所以类在 UserOne1 中访问默认的方法 Print()，由此可见，变量和方法对于自己所在的类并且在默认的包（包的知识在后面讲解）下的类都是可见的。执行后的效果如图 7-4 所示。

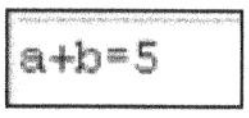

a+b=5

图 7-4　执行效果

7.3　方　法　详　解

知识点讲解：光盘:视频\PPT 讲解（知识点）\第 7 章\方法详解.mp4

方法是类或对象行为特征的抽象，是类或对象中最重要的组成部分之一。Java 中的方法完全类似于传统结构化程序设计里的函数，Java 里的方法不能独立存在，所有的方法都必须定义在类里。方法在逻辑上要么属于类，要么属于对象。

7.3.1　方法的所属性

不论是从定义方法的语法上来看，还是从方法的功能上来，都不难发现方法和函数之间的相似性。实际上，方法确是由传统的函数发展而来，但方法与传统的函数有着显著不同。在结构化编程语言里，函数是老大，整个软件由一个一个的函数组成。在面向对象编程语言里，类才是老大，整个系统由一个一个的类组成。因此在 Java 语言里，方法不能独立存在，方法必须属于类或对象。在 Java 中如果需要定义一个方法，则只能在类体内定义，不能独立定义一个方法。一旦将一个方法定义在某个类体内，如果这个方法使用了 static 修饰，则这个方法属于这个类，否则这个方法属于这个类的对象。

Java 语言是静态的，当定义一个类之后，只要不再重新编译这个类文件，该类和该类的对象所拥有的方法是固定的，永远都不会改变。因为 Java 中的方法不能独立存在，它必须属于一个类或者一个对象，因此方法也不能像函数那样被独立执行。在执行方法时必须使用类或对象来作为调用者。即所有方法都必须使用"类.方法"或"对象.方法"的格式来调用。此处可能会产生一个问题，当在同一个类里不同方法之间相互调用时，不可以直接调用吗？在此需要明确一个道理：当在同一个类的一个方法调用另外一个方法时，如果被调方法是普通方法，则默认使用 this 作为调用者，如果被调方法是静态方法，则默认使用类作为调用者。从表面上看起来某些方法可以被独立执行，但实际上还是使用 this 或者类来作为调用者。

永远不要把方法当成独立存在的实体，正如现实世界由类和对象组成，而方法只能作为类和对象的附属，Java 语言里的方法也是一样。讲到此处，可以总结 Java 里的方法的所属性主要体现在如下几个方面。

- ❑　方法不能独立定义，方法只能在类体里定义。
- ❑　从逻辑意义上来看，方法要么属于该类本身，要么属于该类的一个对象。
- ❑　永远不能独立执行方法，执行方法必须使用类或对象作为调用者。

7.3.2　传递方法参数

Java 里的方法是不能独立存在的，调用方法也必须使用类或对象作为主调者。如果在声明方法时包含了形参声明，则调用方法时必须给这些形参指定参数值，调用方法时实际传给形参的参数值也被称为实参。究竟 Java 的实参值是如何传入方法的呢？这是由 Java 方法的参数传递机制来控制的。传递 Java 方法的参数的方式只有一种，即使用值传递方式。值传递是指将实际参数值的副本（复制品）传入方法中，而参数本身不会受到任何影响。

<table>
<tr><td>实例 046</td><td colspan="2">演示传递方法的参数</td></tr>
<tr><td></td><td>源码路径　\daima\7\chuandi.java</td><td>视频路径　\视频\实例\第 7 章\046</td></tr>
</table>

实例文件 chuandi.java 的主要代码如下所示。

```java
public class chuandi
{
    public static void swap(int a , int b)
    {
        //下面3行代码实现a、b变量的值交换
        //定义一个临时变量来保存a变量的值
        int tmp = a;
        //把b的值赋给a
        a = b;
        //把临时变量tmp的值赋给a
        b = tmp;
        System.out.println("swap方法里, a的值是" + a + "; b的值是" + b);
    }
```

<table>
<tr><td>范例 091：传递引用类型参数</td></tr>
<tr><td>源码路径：光盘\演练范例\091\</td></tr>
<tr><td>视频路径：光盘\演练范例\091\</td></tr>
<tr><td>范例 092：编写同名的方法</td></tr>
<tr><td>源码路径：光盘\演练范例\092\</td></tr>
<tr><td>视频路径：光盘\演练范例\092\</td></tr>
</table>

```
public static void main(String[] args)
{
    int a = 6;
    int b = 9;
    swap(a , b);
    System.out.println("交换结束后, 实参a的值是" + a + "; 实参b的值是" + b);
}
```

执行后的效果如图 7-5 所示。

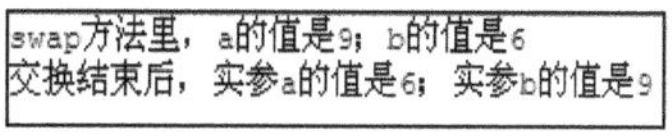

在上述实例代码中，swap()方法里 a 和 b 的值是 9、6，交
换结束，实参 a 和 b 的值是 6、9。从执行结果可以看出，main()
方法里的变量 a 和 b，并不是 swap()方法里的 a 和 b。正如前面讲的：a 和 b 只是 main()方法里
变量 a 和 b 的复制品。Java 程序总是从 main()方法开始执行，main()方法开始定义了 a、b 两个
局部变量。当程序执行 swap()方法时，系统进入 swap()方法，并将 main()方法中的 a、b 变量作
为参数值传入 swap()方法，swap()方法的只是 a、b 的副本，而不是 a、b 本身，进入 swap()方
法后系统中产生了 4 个变量。在 main()方法中调用 swap()方法时，main()方法还未结束。因此，
系统分别为 main()方法和 swap()方法分配两块栈区，分别用于保存 main()方法和 swap()方法的
局部变量。main()方法中的 a、b 变量作为参数值传入 swap()方法，实际上是在 swap()方法栈区
中重新产生了两个变量 a、b，并将 main()方法栈区中 a、b 变量的值分别赋给 swap()方法栈区
中的 a、b 参数（就是 swap()方法的 a、b 形参进行了初始化）。此时，系统存在两个 a 变量、两
个 b 变量，只是存在于不同的方法栈区中而已。程序在 swap()方法交换 a、b 两个变量的值，实
际上是对覆盖区域的 a、b 变量进行交换，交换结束后 swap()方法中输出 a、b 变量的值，看到
a 的值为 9，b 的值为 6。由此可以得出，main()方法栈区中的 a、b 的值并未有任何改变，程序
改变的只是 swap()方法栈中的 a、b。由此可以得出值传递的实质是：当系统开始执行方法时，
系统为形参执行初始化，即把实参变量的值赋给方法的形参变量，方法里操作的并不是实际的
实参变量。

7.3.3　长度可变的方法

自 JDK 1.5 之后，在 Java 中可以定义形参长度可变的参数，从而允许为方法指定数量不确
定的形参。如果在定义方法时，在最后一个形参的类型后增加 3 点"..."，则表明该形参可以接
受多个参数值，多个参数值被当成数组传入。例如在下面的代码【光盘\daima\7\Bian.java】中，
定义了一个形参长度可变的方法。

```
public class Bian
{
    //定义了形参个数可变的方法
    public static void test(int a , String... books)
    {
        //books被当成数组处理
        for (String tmp : books)
        {
            System.out.println(tmp);
        }
        //输出整数变量a的值
        System.out.println(a);
    }
    public static void main(String[] args)
    {
        //调用test方法, 为args参数可以传入多个字符串
        test(5 , "AAA" , "BBB");
        //调用test方法, 为args参数可以传入多个字符串
        test(23 , new String[]{"CCC" , "DDD"});
    }
}
```

在上述代码中，当我们调用 test()方法时，books 参数可以传入多个字符串作为参数值。从
test()方法体的代码来看，形参个数可变的参数其实就是一个数组参数。执行效果如图 7-6 所示。

图 7-5　执行效果

```
 Problems  @ Javadoc  Declaration  Console ☒  Progress
<terminated> Bian [Java Application] F:\Java\jdk1.6.0_23\bin\javaw.exe
BBB
5
CCC
DDD
23
```

图 7-6　执行效果

7.3.4　构造方法

当使用一个类创建对象的时候，Java 会调用该类的构造方法，构造方法的命名必须与类名一致，不然将会发生编译错误。构造方法之所以特殊，是因为无论是否定义构造方法，所有的类都会自动地定义构造方法。倘若用户定义了构造方法，则以用户定义为准，如果没有定义，则调用默认的构造方法。在 Java 中声明构造方法的格式如下所示。

```
[构造方法修饰符]方法名([参数列表])
{
方法体
}
```

实例 047	在类中创建一个构造方法
	源码路径　\daima\7\leione.java　　　　视频路径　\视频\实例\第 7 章\047

实例文件 leione.java 的主要代码如下所示。

```java
public class leione
 {
    String gname;
    int     gid;
    float   gprice;
    public void print(){
        System.out.println("商品名"+gname+",产品序列号"+gid+",价格是"+gprice);
    }
    public static void main(String args[]){
        leione book1=new leione();
        book1.gname="湖南烤鸭";
        book1.gid=10005601;
        book1.gprice=77.0F;
        book1.print();
      leione book2=new leione();
        book2.gname="重庆火锅底料";
        book2.gid=1222002;
        book2.gprice=35;
        book2.print();
          }
}
```

范例 093：使用构造方法
源码路径：光盘\演练范例\093\
视频路径：光盘\演练范例\093\
范例 094：构造方法应用
源码路径：光盘\演练范例\094\
视频路径：光盘\演练范例\094\

执行后的效果如图 7-7 所示。

```
商品名湖南烤鸭,产品序列号10005601,价格是78.0
商品名重庆火锅底料,产品序列号1222002,价格是35.0
```

图 7-7　执行效果

7.3.5　递归方法

如果一个方法在其方法体内调用它自身，这被称为方法的递归。方法递归包含了一种隐式的循环，它会重复执行某段代码，但这种重复执行无须循环控制。例如有如下数学题。

已知有一个数列：f(0)=1，f(1)=4，f(n+2)=2* f(n+1)+f(n)，其中 n 是大于 0 的整数，求 f(10) 的值。

上述数学题目可以使用递归来求得，例如在下面的代码【光盘\daima\7\digui.java】中，定义了 fn 方法来计算 f(10)。

```
public class digui
{
    public static int fn(int n)
    {
        if (n == 0)
        {
            return 1;
        }
        else if (n == 1)
        {
            return 4;
        }
        else
        {
            //方法中调用它自身，就是方法递归
            return 2 * fn(n - 1) + fn(n - 2);
        }
    }
    public static void main(String[] args)
    {
        //输出fn(10)的结果
        System.out.println(fn(10));
    }
}
```

在上述代码中，对于 fn(10)来说，等于 2*fn(9)+fn(8)，其中 fn(9)又等于 2*fn(8)+fn(7)+……以此类推，最终得到 fn(2)等于 2*fn(1)+ fn(0)，即 fn(2)是可计算的，然后一路反算回去，就可以最终得到 fn(10)的值。仔细看上面递归的过程会发现，当一个方法不断地调用它本身时，必须在某个时刻方法的返回值是确定的，即不再调用它本身。否则这种递归就变成了无穷递归，类似于死循环。因此定义递归方法时规定：递归一定要向已知方向递归。

递归是非常有用的，例如我们希望遍历某个路径下所有文件，但这个路径下的文件夹的深度是未知的，此时就可以使用递归来实现这个需求，在系统中可以定义一个方法，该方法接受一个文件路径作为参数，该方法可遍历出当前路径下所有文件和文件路径，即在该方法里再次调用该方法本身来处理该路径下所有文件路径。由此可见，只要一个方法的方法体实现里再次调用了方法本身，就是递归方法。

7.4　使用 this

知识点讲解：光盘:视频\PPT 讲解（知识点）\第 7 章\使用 this.mp4

在本书前面讲解变量时，曾经将变量分为局部变量和全局变量两种。此时大家可以试想一下，当局部变量和全局变量的数据类型和名称都相同时，全局变量将会被隐藏，不能够使用。为了解决这个问题，Java 规定可以使用关键字 this 去访问全局变量。使用 this 的语法格式如下所示。

```
this.成员变量名
this.成员方法名()
```

下面通过一段代码讲解 this 的用法，具体代码【光盘\daima\7\leithree1.java】如下所示。

```
public class leithree1
{
    public String color="粉红色";//定义全局变量
    //定义一个方法
    public void hu()
    {
        String color="咖啡色";
    //定义局部变量
        System.out.print ("她的外套是"+color+"色的");
    //此处应用了局部变量
        System.out.print("她的外套是"+this.color+"色的");
    //此处应用了全局变量
    }
}
```

执行上述代码不会产生任何结果，这是因为没有编写 main()方法。但是 this 在方法 hu()里已经顺利访问了全局变量，如果要它显示则需要编写一个 main()方法，然后在 main()方法调用这个 hu()方法。编写完成后的代码如下所示。

```
public class leithree1
{
    public String color="粉红色";//定义全局变量
    //定义一个方法
    public void hu()
    {
        String color="咖啡色";
    //定义局部变量
        System.out.println ("她的外套是"+color+"色的");
    //此处应用了局部变量
        System.out.println("她的外套是"+this.color+"色的");
    //此处应用了全局变量
    }
    public static void main(String args[])
    {
        leithree1 bb=new leithree1();
        bb.hu();
    }
}
```

执行后的效果如图 7-8 所示。

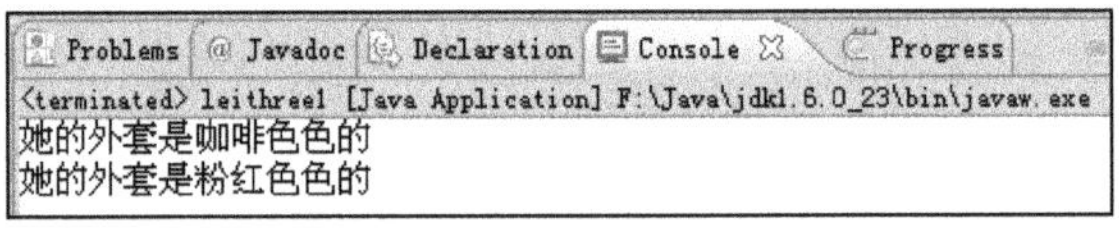

Problems @ Javadoc Declaration Console Progress
<terminated> leithree1 [Java Application] F:\Java\jdk1.6.0_23\bin\javaw.exe
她的外套是咖啡色色的
她的外套是粉红色色的

图 7-8　执行效果

Java 中的 this 关键字总是指向调用的对象。根据 this 出现位置的不同，this 作为对象的默认引用有如下两种情形。

❑　在构造器中引用该构造器执行初始化的对象。

❑　在方法中引用调用该方法的对象。

7.5　使用类和对象

知识点讲解：光盘:视频\PPT 讲解（知识点）\第 7 章\使用类和对象.mp4

在 Java 程序中，使用对象实际上就是引用对象的方法和变量，通过点"."可以实现对变量的访问和对方法的调用。在 Java 程序中，方法和变量都有一定的访问权限，例如 public、protected 和 private 等，通过一定的访问权限来允许或者限制其他对象的访问。在本节的内容中，将详细讲解在 Java 中使用类和对象的基本知识。

7.5.1　创建和使用对象

在 Java 程序中，一般通过关键字 new 来创建对象，电脑会自动为对象分配一个空间，然后访问变量和方法，不同的对象变量也是不同的，方法由对象调用。

实例 048　**在类中创建和使用对象**

源码路径　\daima\7\leidui1.java　　　　　　视频路径　\视频\实例\第 7 章\048

实例文件 leidui1.java 的主要代码如下所示。

```
public class leidui1
{
    int X=12;
    int Y=23;
        public void printFoo()
```

```
    {
    System.out.println("X="+X+",Y="+Y);
    }
    public static void main(String args[])
    {
        leidui1 Z=new leidui1();
        Z.X=41;
        Z.Y=75;
        Z.printFoo();
        leidui1 B=new leidui1();
        B.X=23;
        B.Y=38;
        B.printFoo();
    }
}
```

范例 095：修改实例 048 的代码
源码路径：光盘\演练范例\095\
视频路径：光盘\演练范例\095\
范例 096：使用单例模式
源码路径：光盘\演练范例\096\
视频路径：光盘\演练范例\096\

执行后的效果如图 7-9 所示。

```
X=41,Y=75
X=23,Y=38
```

图 7-9　执行效果

7.5.2　使用静态变量和静态方法

在前面的修饰符已经讲过，只要使用修饰符 static 关键字在变量和方法前面，这个变量和方法就被称作静态变量和静态方法，静态变量和静态方法访问只需要类名，通过运算"."即可以实现对变量的访问和对方法的调用。

实例 049　**使用静态变量和静态方法**

源码路径　\daima\7\leijing1.java　　　　　视频路径　\视频\实例\第 7 章\049

实例文件 leijing1.java 的主要代码如下所示。

```
public class leijing1 {
    static int X;
    static int Y;
        public void printJingTai(){
        System.out.println("X="+X+",Y="+Y);
    }
    public static void main(String args[]){
        leijing1 Aa=new leijing1();
        Aa.X=4;
        Aa.Y=5;
        leijing1.X=112;
        leijing1.Y=252;
        Aa.printJingTai();
        leijing1 Bb=new leijing1();
        Bb.X=3;
        Bb.Y=8;
        leijing1.X=131;
        leijing1.Y=272;
        Bb.printJingTai();
    }
}
```

范例 097：在对象中调用静态方法
源码路径：光盘\演练范例\097\
视频路径：光盘\演练范例\097\
范例 098：祖先的止痒药方
源码路径：光盘\演练范例\098\
视频路径：光盘\演练范例\098\

在上述代码中，用 new 运算符创建了一个对象。执行后的效果如图 7-10 所示。

```
X=112,Y=252
X=131,Y=272
```

图 7-10　执行效果

7.6　抽象类和抽象方法

知识点讲解：光盘:视频\PPT 讲解（知识点）\第 7 章\抽象类和抽象方法.mp4

在明白了类之后，就很容易理解抽象类。在类之前加一个关键字"abstract"就构成了抽象类。有了抽象类后，就必定有抽象方法，抽象方法就是抽象类里的方法。在本节将详细讲解抽象类和抽象方法的基本知识，为读者步入本书后面知识的学习打下基础。

7.6.1　抽象类和抽象方法基础

抽象方法和抽象类必须使用 abstract 修饰符来定义，有抽象方法的类只能被定义成抽象类，类里可以没有抽象方法。所谓抽象类是指只声明方法的存在而不去实现他的类，抽象类不能进行实例化，也就是不能创建其对象。在定义抽象类时，要在关键字 class 前面加上关键字 abstract，具体其格式如下所示。

```
abstract class  类名
{
类体
}
```

在 Java 中使用抽象方法和抽象类的规则如下所示。

- ❑ 抽象类必须使用 abstract 修饰符来修饰，抽象方法也必须使用 abstract 修饰符来修饰，方法不能有方法体。
- ❑ 抽象类不能被实例化，无法使用 new 关键字来调用抽象类的构造器创建抽象类的实例。
- ❑ 抽象类里不包含抽象方法，这个抽象类也不能创建实例。
- ❑ 抽象类可以包含属性、方法（普通方法和抽象方法都可以）、构造器、初始化块、内部类、枚举类六种成分。抽象类的构造器不能用于创建实例，主要是用于被其子类调用。
- ❑ 含有抽象方法的类（包括直接定义了一个抽象方法；继承了一个抽象父类，但没有完全实现父类包含的抽象方法；以及实现了一个接口，但没有完全实现接口包含的抽象方法 3 种情况）只能能被定义成抽象类。

由此可见，抽象类同样能包含和普通类相同的成员。只是抽象类不能创建实例，普通类不能包含抽象方法，而抽象类可以包含抽象方法。

抽象方法和空方法体的方法不是同一个概念。例如 public abstract void test()是一个抽象方法，它根本没有方法体，即方法定义后面没有一对花括号；但 public void test(){}是一个普通方法，它已经定义了方法体，只是这个方法体为空而已，即它的方法体什么也不做，因此这个方法不能使用 abstract 来修饰。

接下来编写一段创建抽象类的代码，然后通过几段代码去实现它。首先新建一个名为 Fruit 的抽象类，其代码【光盘\daima\7\Fruit.java】如下所示。

```java
public abstract class Fruit {
    //定义抽象类
    public String color;                    //定义颜色变量
    //定义构造方法
    public Fruit()
    {
        color="红色";                        //对变量color进行初始化
    }
    //定义抽象方法
    public abstract void harvest();          //收获的方法
}
```

抽象类是不会具体实现的，如果不实现，那么这个类将不会有任何意义。所以接下来可以新建一个类来继承这个抽象类（继承的特性将在下面讲解），其代码【光盘\daima\7\pingguo.java】如下所示。

```java
public class pingguo extends Fruit
{
    public void harvest()
    {
        System.out.println("苹果已经收获!");
    }
}
```

接下来新建一个名为 Juzi 的类，其代码【光盘\daima\7\Juzi.java】如下所示。

```
public class Juzi
{
    public void harvest()
    {
        System.out.println("橘子已经收获!");
    }
}
```

新建一个名为 zong 的类，其代码【光盘\daima\7\zong.java】如下所示。

```
public class zong {
    public static void main(String[] args)
    {
            System.out.println("调用苹果类的harvest()方法的结果:");
            pingguo pingguo=new pingguo();
            pingguo.harvest();
            System.out.println("调用橘子类的harvest()方法的结果:");
            Juzi orange=new Juzi();
            orange.harvest();
    }
}
```

到此为止，整个程序编写完毕，执行后的效果如图 7-11 所示。

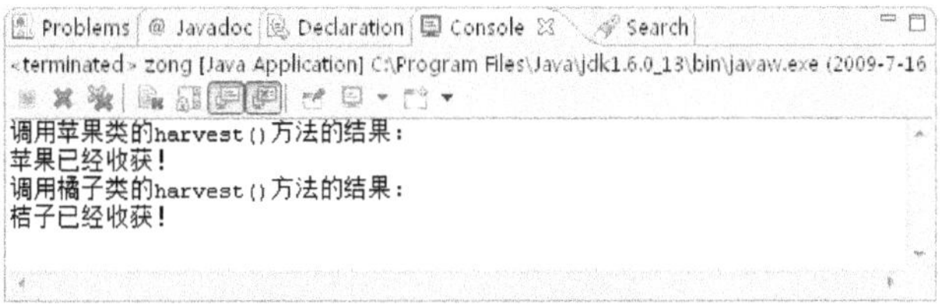

图 7-11　创建抽象类

7.6.2　抽象类必须有一个抽象方法

抽象类最大的规则是必须有一个抽象方法，下面通过一段代码【光盘\daima\7\leichou.java】来演示这个规则。

```
abstract class Cou {
 int a1;
 int b1;
    Cou(int a,int b)
    {
        a1=a;
        b1=b;
    }
    abstract int mathtext();
}
class Cou1 extends Cou
{
 Cou1(int a,int b)
    {
        super(a,b);
    }
 int mathtext()
    {
        return a1+b1;
    }
}
class Cou2 extends Cou
{
 Cou2(int a,int b)
    {
        super(a,b);
    }
 int mathtext()
    {
        return a1-b1;
    }
}
public class leichou
{
```

```
public static void main(String args[])
{
    Cou1 abs1=new Cou1(3,2);
    Cou2 abs2=new Cou2(4,2);
    Cou abs;
    abs=abs1;
    System.out.println("加过后，它的值是"+abs.mathtext());
    abs=abs2;
    System.out.println("除过后，它的值是"+abs.mathtext());
}
}
```

执行后的效果如图 7-12 所示。

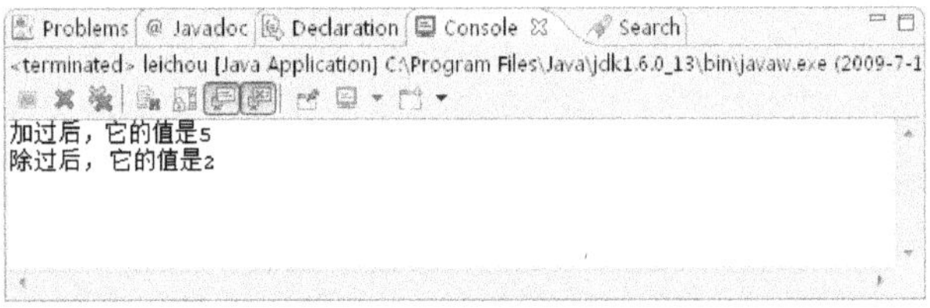

Problems @ Javadoc Declaration Console Search
<terminated> leichou [Java Application] C:\Program Files\Java\jdk1.6.0_13\bin\javaw.exe (2009-7-1
加过后，它的值是5
除过后，它的值是2

图 7-12　抽象类的规则

7.6.3　抽象类的作用

　　抽象类不能创建实例，它只能当成父类来被继承。从语义的角度看，抽象类是从多个具体类中抽象出来的父类，它具有更高层次的抽象。从多个具有相同特征的类中抽象出一个抽象类，以这个抽象类作为其子类的模板，从而避免了子类设计的随意性。

　　抽象类体现的就是一种模板模式的设计，抽象类作为多个子类的通用模板，子类在抽象类的基础上进行扩展、改造，但子类总体上会大致保留抽象类的行为方式。如果编写一个抽象父类，父类提供了多个子类的通用方法，并把一个或多个方法留给其子类实现，这就是一种模板模式，模板模式也是最常见、最简单的设计模式之一。接下来看一个模板模式的演示代码，在这个演示的抽象父类中，父类的普通方法依赖于一个抽象方法，而抽象方法则推迟到子类中提供实现。具体代码【光盘\daima\7\moban.java】如下所示。

```
public abstract class moban
{
    //转速
    private double turnRate;
    public moban()
    {
    }
    //把返回车轮半径的方法定义成抽象方法
    public abstract double getRadius();
    public void setTurnRate(double turnRate)
    {
        this.turnRate = turnRate;
    }
    //定义计算速度的通用算法
    public double getSpeed()
    {
        //速度等于 车轮半径 * 2 * PI * 转速
        return java.lang.Math.PI * 2 * getRadius() * turnRate;
    }
}
```

　　在上述代码中，定义了抽象类 moban 来表示车速，在里面定义了一个 getSpeed()方法。该方法用于返回当前车速，getSpeed()方法依赖于 getRadius 方法的返回值。对于抽象类 SpeedMeter 来说，它无法确定车轮的半径，所以 getRadius()方法必须推迟到其子类中来实现。接下来开始编写子类 zilei 的代码，该子类实现了其抽象父类的 getRadius()方法，不但可以创建类 moban 的对象，也可通过该对象来取得当前速度。子类的具体实现代码【光盘\daima\7\zilei.java】如下所示。

```
public class zilei extends moban
{
    public double getRadius()
    {
        return 0.28;
    }
    public static void main(String[] args)
    {
        zilei csm = new zilei();
        csm.setTurnRate(15);
        System.out.println(csm.getSpeed());
    }
}
```

注意：使用模板模式的两条规则

（1）抽象父类可以只定义需要使用的某些方法，其余则留给其子类实现。

（2）父类中可能包含需要调用的其他系列方法的方法，这些被调方法既可以由父类实现，也可由其子类实现。在父类中提供的方法只是定义了一个通用算法，其实现也许并不完全由自身实现，而必须依赖于其子类的辅助。

7.7　软　件　包

知识点讲解：光盘:视频\PPT 讲解（知识点）\第 7 章\软件包.mp4

插入软件包的方法十分简单，就是一行程序命令。在本节将详细讲解定义包和插入软件包的方法，通过具体实例演示在 Java 中使用软件包的过程，为读者步入本书后面知识的学习打下基础。

7.7.1　定义软件包

定义软件包的方法十分简单，只需要在 Java 源程序中第一句添加一句程序即可。在 Java 中定义包的格式如下所示。

```
package 包名;
```

package 声明了多程序中的类属于哪个包，在一个包中可以包含多个程序，在 Java 程序中还可以创建多层次的包，具体格式如下所示。

```
package 包名1[.包名2[.包名3]];
```

例如下面的代码创建一个多层次的包。

```
package China.CQ;
public class UseFirst
{
    public static void main(String args[])
    {
        System.out.println("这个程序定义了一个包");
    }
}
```

执行上述代码后将会创建一个多层次的包，效果如图 7-13 所示。

由此可见，定义软件包的过程实际上就是新建了一个文件夹，它将编译后的文件放在新建的文件夹中，定义软件包实际上完成的就是这个事情。

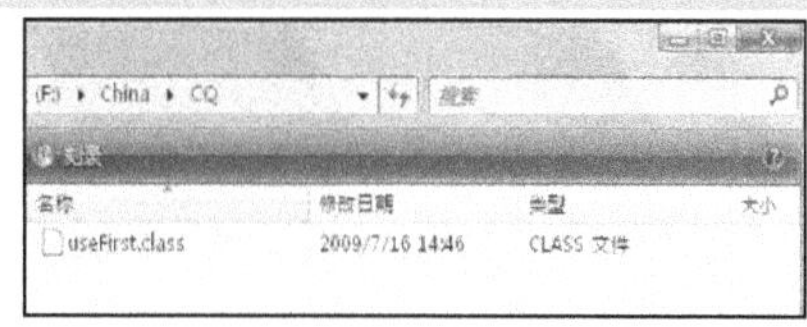

图 7-13　编译后

7.7.2　在 Eclipse 定义软件包

使用 Eclipse 定义软件包的方法十分简单，其具体操作过程如下所示。

（1）使用鼠标选择项目，单击鼠标右键，在弹出的快捷菜单中依次选择"New"｜"Package"，如图 7-14 所示。

（2）在打开的"Java Package"对话框中输入需要建立的软件包名，如果需要建立多级包，只需要用点"."隔开即可，如图 7-15 所示。

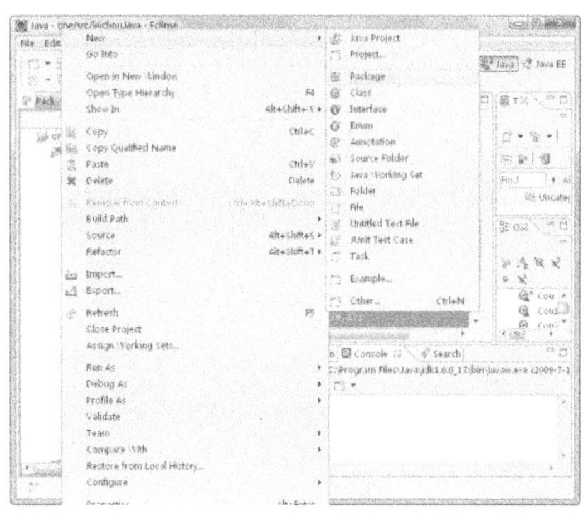

图 7-14　定义软件包

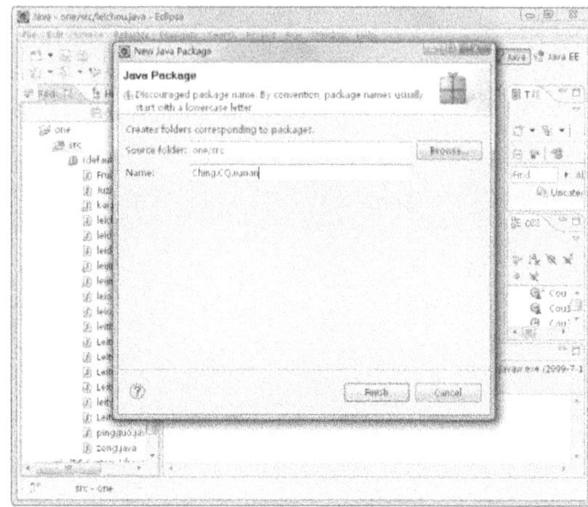

图 7-15　新建软件包

（3）单击"Finish"按钮，然后开始建立源代码。选择新建的包，单击鼠标右键，在弹出的快捷菜单中依次选择"new"｜"class"命令，在打开的新窗口中输入一个类名，例如 student，如图 7-16 所示。

（4）单击"Finish"按钮后，这个类将会自动添加软件包名，如图 7-17 所示。

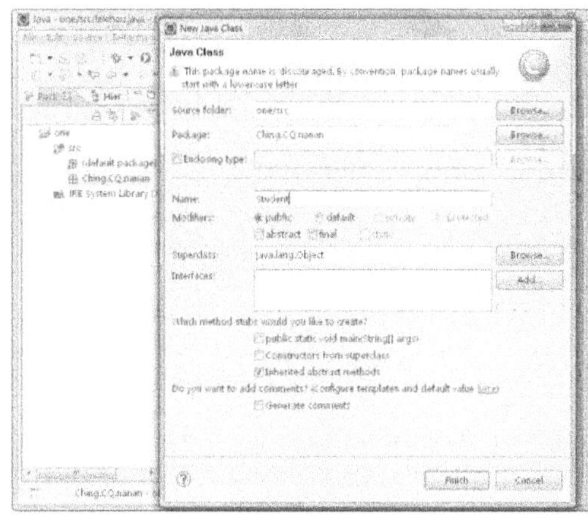

图 7-16　创建类

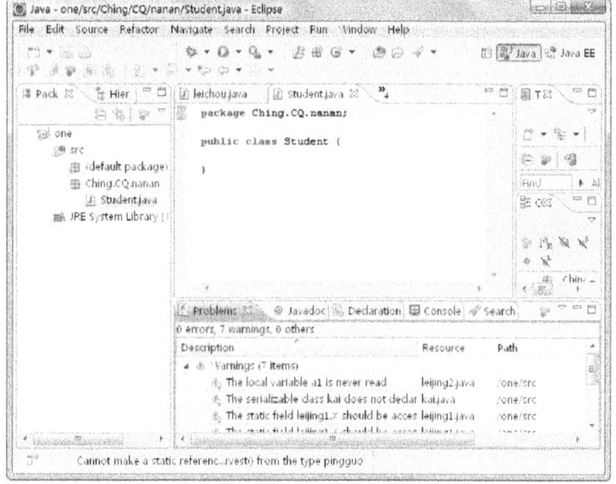

图 7-17　新建的包

7.7.3　在程序里插入软件包

在 Java 程序中插入软件包的方法十分简单，只需使用 import 语句插入所需要的类即可。在本书的数组一章中，已经对插入软件包这个概念进行了初次的接触。在 Java 程序中插入软件包的格式如下所示。

```
import 包名1[.包名2...].(类名1*);
```

上述格式中各个参数的具体说明如下所示。

❑　包名 1：一级包。

❑　包名 2：二级包。

❑　类名：是需要导入的类的类名。也可使用*号，它表示将导入这个包中的所有的类。

<table>
<tr><td>实例 050</td><td colspan="2">在类中插入一些特定的包</td></tr>
<tr><td></td><td>源码路径　\daima\7\leibao.java</td><td>视频路径　\视频\实例\第 7 章\050</td></tr>
</table>

实例文件 leibao.java 的主要代码如下所示。

```java
import java.util.*;
import java.awt.*;
import java.util.Date;
public class leibao
{
    int a;
    int b;
        public void print()
    {
        System.out.println("a="+a+",b="+b);
    }
    }
class BaoTwo
{
    public static void main(String args[])
    {
        leibao a1=new leibao();
        a1.a=121;
        a1.b=232;
        a1.print();
    }
}
```

> 范例 099：插入不同包中的相同类
> 源码路径：光盘\演练范例\099\
> 视频路径：光盘\演练范例\099\
> 范例 100：统计图书的销售数量
> 源码路径：光盘\演练范例\100\
> 视频路径：光盘\演练范例\100\

执行后的效果如图 7-18 所示。

```
a=121,b=232
```

图 7-18　执行效果

7.8　技　术　解　惑

7.8.1　Java 传递引用类型的实质

除 8 种基本类型之外，在 Java 中其余类型都是引用类型，包括 String 也是引用类型，传递的也是引用类型。首先看下面的一段 Java 代码。

```java
import java.util.Scanner;
import org.junit.Test;
public class TestCoreJava {
@Test
public void testString() {
String original = "原来的值";
modifyA(original);
System.out.println(original);
StringBuffer sb = new StringBuffer();
sb.append(original);
modifyObject(sb);
System.out.println(sb.toString());
}
public void modifyA(String b) {
b = "改变的值";
}
public void modifyObject(StringBuffer object ) {
String b = "改变的值";
StringBuffer sb1 = new StringBuffer();
sb1.append(b);
//object.append(b); 在object指向的引用没改变之前, 调用append方法对其指向的堆内存中内容进行修改, 是可以达到修
//改原始StringBuffer对象sb的存放内容这个目的的
object = sb1;
}
}
```

本来笔者以为既然传递的是引用，那么上述 String 对象的 original 交由方法 modifyA()处理

后，original 存放的值应该变为"改变的值"。同样 StringBuffer 对象 sb 存放的值也应该改变成"改变的值"，但是结果却没有，输出都为"原来的值"，然后我就怀疑是否他们传递的不是引用。原来 modifyA (String b)方法在被调用时，original 传递给该方法，这创建了一个新的 String 对象 b，它也将引用指向 original 对象指向的那块堆内存。而在 modifyA()方法中使用语句"b = "改变的值";"时，该语句并不能够达到改变 original 对象的目的，它仅仅将 b 对象的引用地址改为指向"改变的值"这个对象所在的堆内存。所以 original 对象还是指向原来的堆内存，当然它的输出结果不变，同样的问题对 StringBuffer 对象 sb 也存在。

所以可以看出，没有达到期望结果的原因是使用"="赋值运算符，它修改了副本对象（被调用方法自己创建的中间对象，如 modifyA()方法创建的 b）的引用地址，使它指向了不同的堆内存（这对原始的对象内容是没有影响的），而没有实际修改它指向的堆内存中的具体值导致的意外。所以，modifyObject()方法中那条被注释语句可以达到修改原始内容的目的。

7.8.2　掌握 this 的好处

关键字 this 最大的作用就让类中一个方法访问该类的另一个方法或属性。其实 this 关键字是很容易理解的，接下来笔者举两个例子做对比，相信大家看后对 this 的知识就完全掌握了。

第一段代码演示了没有使用 this 的情况，具体代码如下所示。

```java
class A
{
private int aa,bb;                    //声明两个整型变量
public int returnData(int x,int y)    //一个返回整型数的方法
{
aa = x;
bb = y;
return aa + bb;
}
}
```

在第二段代码中使用 this，具体代码如下所示。

```java
class A
{
private int aa,bb;                       //声明两个整型变量
public int returnData(int aa,int bb)     //一个返回整型数的方法
{
this.aa = aa;        //第一个aa是全局变量的aa,后一个aa是参数aa
this.bb = bb;        //第一个bb是全局变量的bb,后一个bb是参数bb
return (this.aa + this.bb);
}
}
```

然后在下面的代码中需要重点注意"MyDate newDay=new MyDate(this);"语句中 this 的作用。

```java
class MyDate{
  private int day;
  private int month;
  private int year;                  //定义3个成员变量
  public MyDate(int day,int month,int year){
    this.day=day;
    this.month=month;
    this.year=year;
  } //构造方法
  public MyDate(MyDate date){
    this.day=date.day;
    this.month=date.month;
    this.year=date.year;             //将参数Date类中的成员变量赋给MyDate类
  } //构造方法
  public int getDay(){
    return day;
  }//方法
  public void setDay(int day){
    this.day=day;                    //参数Day赋给此类中的Ddy
    }
      public MyDate addDays(int moreDay){
```

```
            MyDate newDay=new MyDate(this);
            newDay.day=newDay.day+moreDay;
            return newDay;                        //返回整个类
          }
        public void print(){
            System.out.println("My Date: "+year+"-"+month+"-"+day);
          }
    }
public class TestMyDate{
  public static void main(String args[]){
    MyDate myBirth=new MyDate(19,11,1987);        //利用构造函数初始化
    MyDate next=myBirth.addDays(7);
    //addDays()的返回值是类，将其返回值赋给变量next
    next.print();
  }
}
```

上面的两个类从本质说是相同的，而为什么在第 2 个类中使用 this 关键字呢？注意到第 2 个类中的方法 returnData (int aa,int bb)的形式参数分别为 aa 和 bb，刚好和"private int aa,bb;"里的变量名是一样的。现在问题来了：究竟如何在 returnData 的方法体中区别形式参数 aa 和全局变量 aa 呢？难道两个 bb 也是如此？这就是引入 this 关键字的用处所在了。this.aa 表示的是全局变量的 aa，而没有加 this 的 aa 表示形式参数的 aa，bb 也是如此！

在此笔者建议，在编程中不能过多使用 this 关键字。这从上面的代码也可以看出，相同的变量名加上 this 关键字过多时，有时会让人分不清哪个是哪个。这时可以按照以下第三段代码进行修改，避免使用 this 关键字。

```
class A
{
private int aa,bb; //声明两个整型变量
public int returnData(int aa1,int bb1)
{

aa = aa1;          //在aa后面加上一数字1加以区分，其他以此类推
bb = bb1;
return aa + bb;

}
}
```

由此可以看出，上面的第一、第二、第三都是一样的，但是第三段既避免了使用 this 关键字，又避免了第一段中 x 和 y 这种参数意思不明确的缺点，所有建议使用第三段一样的方法。

7.8.3 推出抽象方法的原因

当编写一个类时，常常会为该类定义一些方法，这些方法用以描述该类的行为方式，那么这些方法都有具体的方法体。但在某些情况下，某个父类只是知道其子类应该包含怎样的方法，但无法准确知道这些子类如何实现这些方法，例如定义了一个 Shape 类，这个类应该提供一个计算周长的方法 scalPerimeter()，但不同 Shape 子类对周长的计算方法是不一样的，也就是说 Shape 类无法准确知道其子类计算周长的方法。

很多人以为，既然 Shape 不知道如何实现 scalPerimeter()方法，那么就干脆不要管它了。其实这是不正确的做法，假设有一个 Shape 引用变量，该变量实际上引用到 Shape 子类的实例，那么这个 Shape 变量就无法调用 scalPerimeter()方法，必须将其强制类型转换为其子类类型，才可调用 scalPerimetc()方法，这就降低了 Shape 的灵活性。

究竟如何既能在 Shape 类中包含 scalPerimete()方法，但又无需提供其方法实现呢？在 Java 中的做法是使用抽象方法满足该要求。抽象方法是只有方法签名，并没有方法实现的方法。

7.8.4 什么时候用抽象类

抽象类是一种很特殊的类，究竟在什么时候用抽象类呢？在做一个工程的时候，有很多重复的工作需要不同的类完成，这个时候就可以使用抽象类然后定义抽象方法，其他的类继承这

个类，快速使用方法来完成任务。至于如何继承，将在本书下一章的内容中进行详细讲解。

7.8.5　static 修饰的作用

使用 static 修饰的方法属于这个类，或者说属于该类的所有实例所共有，使用 static 修饰的方法不但可以使用类作为调用者来调用，也可以使用对象作为调用者来调用。但值得指出的是，因为使用 static 修饰的方法还是属于这个类的，所以使用该类的任何对象来调用这个方法将会得到相同的执行结果，与使用类作为调用者的执行结果完全相同。

不使用 static 修饰的方法则属于该类的对象，不属于这个类。因此不使用 static 修饰的方法只能用对象作为调用者调用，不能使用类作为调用者调用。使用不同对象作为调用者来调用同一个普通方法，可能会得到不同的结果。

第 8 章

Java 的面向对象（中）

在上一章的内容中，讲解了类和方法的基本知识。通过具体实例演示了类和方法在 Java 中的作用，本章将进一步讲解 Java 在面向对象方面的核心技术，逐一讲解继承、重载、接口和构造器的知识。

本章内容

▶▶ 类的继承
▶▶ 重写和重载
▶▶ 隐藏和封装
▶▶ 接口

技术解惑

重写方法的两点注意事项
重写和重载的区别
举例理解类的意义
Java 包的一些规则
探讨 Package 和 import 的机制
Java 接口编程的机理

8.1　类的继承

知识点讲解：光盘:视频\PPT 讲解（知识点）\第 8 章\类的继承.mp4

　　类的继承是指从已经定义的类中派生出一个新类，继承是面向对象最重要的特征，在本书前面的章节中其实已经使用过继承的知识。在本节的内容中，将详细讲解 Java 语言中继承的基本知识。

8.1.1　父类和子类

　　继承是面向对象的机制，利用继承可以创建一个公共类，这个类具有多个项目的共同属性，然后一些具体的类继承该类，同时再加上自己特有的属性。在 Java 中实现继承的方法十分简单，具体格式如下所示。

```
<修饰符>class<子类名>extends<父类名>
{
[<成员变量定义>]…
[<方法的定义>]…
}
```

　　我们通常把子类称为父类的直接子类，把父类称为子类的直接超类。假如类 A 继承了类 B 的子类，则必须符合下面的要求。

- ❑　存在另外一个类 C，类 C 是类 B 的子类，类 A 是类 C 的子类，那么可以判断出类 A 是类 B 的子类。
- ❑　在 Java 程序中，一个类只能有一个父类，也就是说在 extends 关键字前只能有一个类，它不支持多重继承。

实例 051	新建两个类，让其中一个类继承另一个类
	源码路径　\daima\8\Jione1.java　　　视频路径　\视频\实例\第 8 章\051

　　实例文件 Jione1.java 的主要代码如下所示。

```java
class jitwo
{
    String name;
    int age;
    long number;
    jitwo(long number,String name,int age)
    {
        System.out.println("姓名 "+name);
        System.out.println("年龄 "+age);
        System.out.println("手机 " +number);
    }
}
class super2b extends jitwo
{
    super2b(long number,String name,int age,boolean b)
    {
        super(number,name,age);
        System.out.println("喜欢运动?"+b);
    }
}
public class Jione1
{
    public static void main(String args[])
    {
        super2b abc1=new super2b(15881,"花花",18,true);
    }
}
```

范例 101：演示类的继承
源码路径：光盘\演练范例\101\
视频路径：光盘\演练范例\101\
范例 102：不能重写的方法
源码路径：光盘\演练范例\102\
视频路径：光盘\演练范例\102\

　　在上述代码中，类 super2b 继承了父类 jitwo 的属性和方法，执行后的效果如图 8-1 所示。

```
姓名 花花
年龄 18
手机 15881
喜欢运动? true
```

图 8-1　执行效果

8.1.2 调用父类的构造方法

构造方法是 Java 类中比较重要的方法，一个子类可以十分简单地访问构造方法，具体格式如下所示。

```
Super(参数);
```

实例 052	用子类去访问父类的构造方法
源码路径 \daima\8\Newgou.java	视频路径 \视频\实例\第 7 章\052

实例文件 Newgou.java 的主要代码如下所示。

```java
public class Newgou {
        String bname;
        int     bid;
        int     bprice;
        Newgou(){
        bname="乱石穿空";
        bid=322221;
        bprice=42;
        }
        Newgou(Newgou a){
            bname=a.bname;
            bid=a.bid;
            bprice=a.bprice;
        }
    Newgou(String name,int id,int price){
            bname=name;
            bid=id;
            bprice=price;
}
        void print(){
        System.out.println("书名:"+bname+"序号:"+bid+"   价格:"+bprice);
}}
class Newgou1 extends Newgou{
    String Newgou;
    Newgou1(){
        super();//调用父类的构造方法
        Newgou="作家出版社";
    }
    Newgou1( Newgou1 b){
        super(b);//调用父类的构造方法
        Newgou=b.Newgou;
    }
Newgou1(String x,int y,int z,String aa){
        super(x,y,z);//调用父类的构造方法
        Newgou=aa;
}}
class text1{
public static void main(String args[]){
        Newgou1 a1=new Newgou1();
        Newgou1 a2=new Newgou1("物种起源",343006,45,"中国新世界出版集团");
    Newgou a3=new Newgou(a2);
    System.out.println(a1.Newgou);
    a1.print();
System.out.println(a2.Newgou);
        a2.print();
        a3.print();
}}
```

> 范例 103：自动调用父类中默认的构造方法
> 源码路径：光盘\演练范例\103\
> 视频路径：光盘\演练范例\103\
> 范例 104：将字符串转换为整数
> 源码路径：光盘\演练范例\104\
> 视频路径：光盘\演练范例\104\

执行后的效果如图 8-2 所示。

```
作家出版社
书名: 乱石穿空序号: 322221   价格: 42
中国新世界出版集团
书名: 物种起源序号: 343006   价格: 45
书名: 物种起源序号: 343006   价格: 45
```

图 8-2　执行效果

8.1.3 访问父类的属性和方法

在 Java 程序中，一个类的子类可以访问父类中的属性和方法，具体语法格式如下所示。

```
Super.[方法和全局变量];
```

<table>
<tr><td>实例 053</td><td colspan="2">用子类去访问父类的属性</td></tr>
<tr><td></td><td>源码路径　\daima\8\supertwo1.java</td><td>视频路径　\视频\实例\第 8 章\053</td></tr>
</table>

实例文件 supertwo1.java 的主要代码如下所示。

```
class supertwo1
{
    int a=11;
    int b=29;
}
class supertwo2 extends supertwo1
{
    int a=57;
    int b=89;
    supertwo2(int x,int y,int z,int q) {
        super.a=x;//调用父类被子类隐藏的变量
        super.b=y;
        a=z;
        b=q;
    }
    void print()
        {
        System.out.println(""+super.a);
        System.out.println(""+super.b);
        System.out.println(""+a);
        System.out.println(""+b);
        }
}
class text2
    {
    public static void main(String args[]){
        supertwo2 a1=new supertwo2(11,22,23,24);
        a1.print();
    }
}
```

> 范例 105：把基本类型转换为字符串
> 源码路径：光盘\演练范例\105\
> 视频路径：光盘\演练范例\105\
> 范例 106：实现整数进制转换器
> 源码路径：光盘\演练范例\106\
> 视频路径：光盘\演练范例\106\

在上述代码中分别新建一个父类和子类，让子类去访问父类的属性，然后通过 text2 类进行实例化调用。执行后的效果如图 8-3 所示。

```
11
22
23
24
```

图 8-3　执行效果

8.1.4　多重次继承

不要被"多重次"所吓到，多重次继承十分容易也十分简单，假如类 B 继承了类 A，类 C 继承了类 B，这种情况就叫做 Java 的多重次继承。下面一段代码【光盘\daima\8\Duolei.java】演示了 Java 中的多重次继承。

```
public class Duolei {
    String bname;
    int     bid;
    int     bprice;
    Duolei()
{
    bname="羊肉串";
    bid=14002;
    bprice=45;
}
    Duolei(Duolei a)
{
    bname=a.bname;
    bid=a.bid;
    bprice=a.bprice;
}
    Duolei(String name,int id,int price)
    {
```

```java
            bname=name;
            bid=id;
            bprice=price;

      }
   void print()
   {
        System.out.println("小吃名:"+bname+"  序号:"+bid+"  价格:"+bprice);
   }
}
class Badder extends Duolei
{
  String badder;

  Badder()
  {
        super();
        badder="沙县小吃";
  }
  Badder( Badder b)
  {
        super(b);
        badder=b.badder;
  }

  Badder(String x,int y,int z,String aa)
  {
        super(x,y,z);
        badder=aa;
  }
}

class Factory extends Badder
{
  String factory;

  Factory()
  {
        super();
        factory="成都小吃";
  }

  Factory(Factory c)
  {
        super(c);
        factory=c.factory;
  }

  Factory(String x,int y,int z,String l,String n)
  {
        super(x,y,z,l);
        factory=n;
  }
}

class zero
{
  public static void main(String args[])
  {
        Factory a1=new Factory();
        Factory a2=new Factory("希望火腿",92099,25,"沙县蒸饺","金华小吃");
        Factory a3=new Factory(a2);
        System.out.println(a1.badder);
        System.out.println(a1.factory);
        a1.print();
        System.out.println(a2.badder);
        System.out.println(a2.factory);
        a2.print();
        a3.print();
  }
}
```

执行上述代码后的效果如图 8-4 所示。

```
Problems  @ Javadoc  Declaration  Console  ☒  Progress
<terminated> supertwo3 [Java Application] F:\Java\jdk1.6.0_23\bin\javaw.exe
小吃名: 羊肉串 序号: 14002  价格: 45
沙县蒸饺
金华小吃
小吃名: 希望火腿 序号: 92099  价格: 25
小吃名: 希望火腿 序号: 92099  价格: 25
```

图 8-4　多重次继承

8.1.5　重写父类的方法

子类扩展了父类，子类是一个特殊的父类。在大多数时候，子类总是以父类为基础，然后增加额外新的属性和方法。但是也有一种例外情况，子类需要重写父类的方法。例如飞鸟类都包含了飞翔的方法，鸵鸟作为一种特殊的鸟类，也是鸟的一个子类，所以鸵鸟可以从飞鸟类中获得飞翔方法。但是鸵鸟不会飞，所以这个飞翔方法不适合鸵鸟，为此鸵鸟需要重写鸟类的方法。为了说明上述问题，我们编写具体代码来说明。首先在文件 feiniao.java 中定义类 feiniao，具体代码如下所示。

```java
public class feiniao
{
    //Bird类的fly方法
    public void fly()
    {
        System.out.println("我会飞...");
    }
}
```

然后编写文件 tuoniao.java，在里面定义类 tuoniao，此类扩展了类 feiniao，重写了 feiniao 类的 fly 方法。具体代码如下所示。

```java
public class tuoniao extends feiniao
{
    //重写Bird类的fly方法
    public void fly()
    {
        System.out.println("我只能在地上跑...");
    }
    public void callOverridedMethod()
    {
        //在子类方法中通过super来显式调用父类被覆盖的方法
        super.fly();
    }

    public static void main(String[] args)
    {
        //创建Ostrich对象
        tuoniao os = new tuoniao();
        //执行Ostrich对象的fly方法, 将输出"我只能在地上跑..."
        os.fly();
        os.callOverridedMethod();
    }
}
```

执行上述代码后的效果如图 8-5 所示。

```
Problems  @ Javadoc  Declaration  Console  ☒  Progress
<terminated> tuoniao [Java Application] F:\Java\jdk1.6.0_23\bin\javaw.exe
我只能在地上跑...
我会飞...
```

图 8-5　执行效果

这种子类包含与父类同名方法的现象被称为方法重写，也被称为方法覆盖（Override）。可以说子类重写了父类的方法，也可以说子类覆盖了父类的方法。Java 方法的重写要遵循"两同两小一大"规则，"两同"是指方法名相同、形参列表相同；"两小"是指子类方法返回值类型应比父类方法返回值类型更小或相等，子类方法声明抛出的异常类应比父类方法声明抛出的异常类更小或相等。"一大"是指子类方法的访问权限应比父类方法更大或相等。特别需要指出的是，覆盖方法和被覆盖方法要么都是类方法，要么都是实例方法，不能一个是类方法，一个是实例方法。

8.2　重写和重载

知识点讲解：光盘:视频\PPT 讲解（知识点）\第 8 章\重写和重载.mp4

在面向对象的时候，重写和重载十分重要，它们都体现出了 Java 的优越性。虽然两者的名字十分接近，但是实际上却相差得很远，两者并不是同一概念。在本节将详细讲解重写和重载的基本知识，为读者步入本书后面知识的学习打下基础。

8.2.1　重写

重写是建立在 Java 里面的类的继承基础之上的，能够使 Java 语言结构变得更加丰富。对于初学者来说很难理解重写，但是只要明白它的思想就变得十分简单。重写实际上就是重写子类，重新编写父类的方法以达到自己的需要。下面通过一段代码来演示如何定义方法的重写，具体代码【光盘\daima\8\chongxie.java】如下所示。

```java
public class chongxie
{
    void print()
    {
        System.out.println("父类的方法");
    }
}
class Chongxieone extends chongxie
{
    void print()
    {
        System.out.println("子类, 重写了父类的方法");
    }
}
```

上述代码不会执行任何的结果，但是在父类中"有 void print(){}"这个方法，通过在子类中重写此方法来达到子类需要的要求。

在编写 Java 程序时避免不了子类重写父类，新定义的类必然会有新的特征，不然这个类也没有意义。上面这段代码的目的只是让读者明白如何重写，但是没有实际的意义，下面给出一段完整的代码让读者领会重写的重要性，其代码【光盘\daima\8\Cxie.java】如下所示。

```java
class Cxie
{
 String sname;
 int     sid;
 int     snumber;
    void print()
    {
    System.out.println("公司名:"+sname+"   序号:"+sid+"公司人数:"+snumber);
 }
    Cxie( String name,int id,int number)
    {
    sname=name;
    sid=id;
    snumber=number;
 }
}
class Cxietwo extends Cxie
{
 String sadder;
 Cxietwo(String x,int y,int z,String aa)
    {
        super(x,y,z);
```

```
            sadder=aa;
        }
    void print()
    {
        System.out.println("学院/系别:"+sname+"  序号:"+sid+"  总人数:"+snumber+"  地址:"+sadder);
    }
}
class gongsi
{
 public static void main(String args[])
    {
        Cxietwo a1=new Cxietwo("计算机系",21,2700,"西三楼");
        a1.print();
        }
}
```

执行上述代码后的效果如图 8-6 所示。

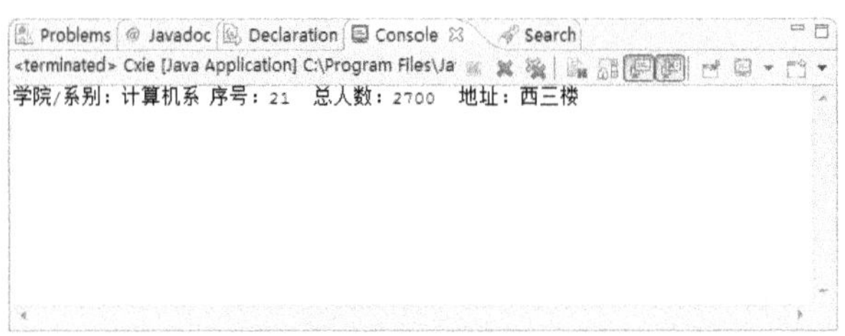

图 8-6　重写

Java 中的重写具有自己的规则，初学者需要牢记这些规则。

❑　父类中的方法并不是在任何情况下都可以重写的，当父类中的方法控制修饰符为 private 时，该方法只能被自己的类访问，不能被外部的类访问，在子类是不能被重写的。

❑　如果定义父类的方法为 public，在子类中绝对不定义为 private。

实例 054	定义一个接口并编写一个抽象方法

源码路径　\daima\8\Cguize.java　　　　　视频路径　\视频\实例\第 8 章\054

实例文件 Cguize.java 的主要代码如下所示。

```
class Cguize{
    String sname;
    int     sid;
    int     snumber;
    public void print(){
        System.out.println("公司名:"
        +sname+"  序号:"+sid+"  公司人数:"+snumber);
    }
    Cguize( String name,int id,int number){
        sname=name;
        sid=id;
        snumber=number;
    }
}
class CguizeOne extends Cguize{
    String sadder;
CguizeOne(String x,int y,int z,String aa){
        super(x,y,z);
        sadder=aa;
    }
    private void print()//重写方法降低访问权限
    {
        System.out.println("公司名为:"+sname+"  序号:"+sid+"  总人数:"+snumber+"  公司地址:"+sadder);
    }
}
class texttwo{
    public static void main(String args[]){
        CguizeOne a1=new CguizeOne("重庆金区公司",72221,7001,"渝南大道");
        a1.print();
    }
}
```

范例 107：演示子类重写父类的方法
源码路径：光盘\演练范例\107\
视频路径：光盘\演练范例\107\
范例 108：查看数字的取值范围
源码路径：光盘\演练范例\108\
视频路径：光盘\演练范例\108\

执行后将会出现编译错误，效果如图 8-7 所示。

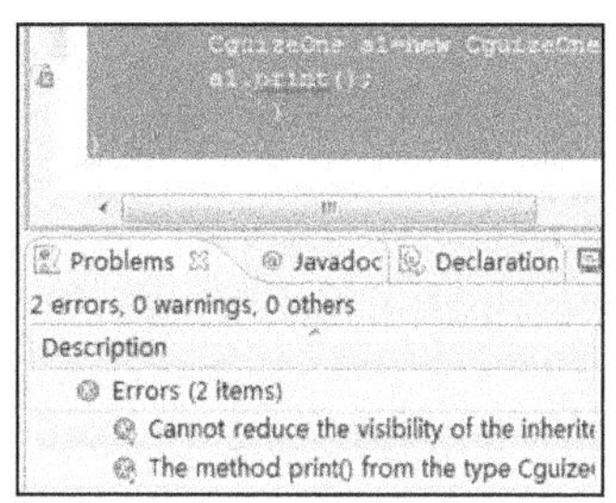

图 8-7　执行效果

8.2.2　重载

重写和重载虽然不是同一个概念，但是它们也有相似之处，那就是它们都能体现出 Java 的优越性。重载大大减少了程序员的编码负担，开发者不需要记住那些复杂而难记的名称即可实现项目需求。

在 Java 程序中，同一类中可以有两个或者多个方法具有相同的方法名，只要它们的参数不同即可，这就是方法的重载。Java 中的重载规则十分简单，参数决定了重载方法的调用。当调用重载方法时，确定要调用哪个参数是基于其参数的，如果是 int 参数调用该方法，则调用自带的 int 方法；如果是 double 参数调用该方法，则调用自带的 double 重载方法。

实例 055	演示方法的重载
	源码路径　\daima\8\Czai.java　　　　视频路径　\视频\实例\第 8 章\055

实例文件 Czai.java 的主要代码如下所示。

```java
public class Czai{
    String ename;
    int     age;
    void print(){
        System.out.println("姓名为: "+ename+" 年龄: "+age);
    }
    void print(String   a,int b){
        System.out.println("姓名为: "+a+" 年龄: "+b);
    }
    void print(String a,int b,int c){
        System.out.println("姓名为: "+a+" 年龄: "+b+" ID号: "+c);
    }
    void print (String a,int b,double c){
        System.out.println("姓名为: "+a+" 年龄: "+b+" ID号: "+c);
    }
}
class textdir{
    public static void main(String args[])
{
        Czai a1=new Czai();
        a1.ename="无敌";
        a1.age=28;
        a1.print();
        a1.print("AAA",27);
        a1.print("BBB",16,10025);
        a1.print("CCC",25,4125);
    }
}
```

范例 109：演示 Java 重载的规则
源码路径：光盘\演练范例\109\
视频路径：光盘\演练范例\109\
范例 110：ascii 编码查看器
源码路径：光盘\演练范例\110\
视频路径：光盘\演练范例\110\

执行后的效果如图 8-8 所示。

图 8-8　执行效果

8.2.3　联合使用重写与重载

从本书前面的知识可以知道，重写是指在子类中重写编写父类继承过来的方法，让方法具有新的功能；而重载是在一个类中同方法名不同参数的方法，它们两个针对的对象不同。在同一段 Java 代码中，有可能会同时出现重写和重载。例如在下面的代码【光盘：daima/第 8 章/Cfang.java】中同时有重载和重写。

```java
public class Cfang
{
 int a=101;
 int b=902;
 int print(){
     return a+b;
 }
 int print(int a,int b){
     return a+b;
 }
}
class Cfang1 extends Cfang{
 int print ()
 {
     return a;
 }
 double print(int a,double b)
 {
     return a+b;
 }
}
class textyo{
 public static void main(String args[])      {
     Cfang a1=new Cfang();
     Cfang1 a2=new Cfang1();
     a1.a=1;
     a1.b=2;
     System.out.println(a1.print());
     System.out.println(a1.print(13,22));
     a2.a=4;
     a2.b=5;
     System.out.println(a2.print());
     System.out.println(a2.print(33,22));
 }
}
```

执行上述代码后的效果如图 8-9 所示。

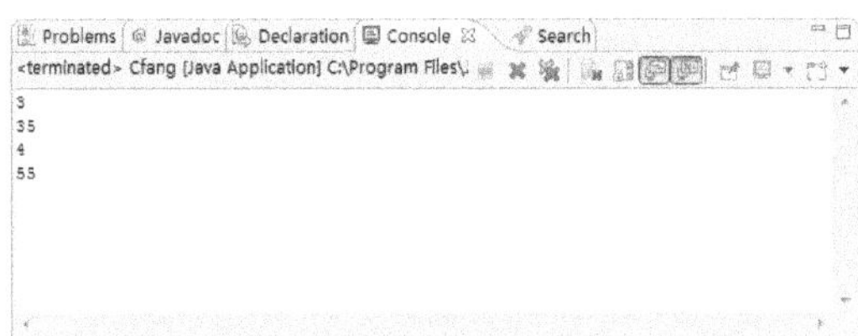

图 8-9　重载的规则

8.3　隐藏和封装

知识点讲解：光盘:视频\PPT 讲解（知识点）\第 8 章\隐藏和封装.mp4

在 Java 程序中可以通过某个对象直接访问其属性，但是这可能会引起一些潜在的问题。例如将某个 Person 类的 age 属性直接设为 10000，虽然这在语法上没有任何问题，但是违背了自然现实。为此在 Java 中推出了封装这一概念，可以将类和对象的属性进行封装处理。

8.3.1　Java 中的封装

封装（Encapsulation）是面向对象三大特征之一，是指将对象的状态信息隐藏在对象内部，不允许外部程序直接访问对象内部信息，而是通过该类所提供的方法来实现对内部信息的操作和访问。封装是面向对象编程语言对客观世界的模拟，客观世界里的属性都被隐藏在对象内部，外界无法直接操作和修改。例如 Person 对象中的 age 属性，只能随着岁月的流逝，age 属性才会增加，而我们不能随意修改 Person 对象的 age 属性。概括起来，在 Java 中封装类或对象的目的如下所示。

❑ 隐藏类的实现细节。

❑ 让使用者只能通过事先预定的方法来访问数据，从而可以在该方法里加入控制逻辑，限制对属性的不合理访问。

❑ 进行数据检查，从而有利于保证对象信息的完整性。

❑ 便于修改，提高代码的可维护性。

在 Java 中为了实现良好的封装，需要从如下两个方面考虑。

❑ 将对象的属性和实现细节隐藏起来，不允许外部直接访问。

❑ 把方法暴露出来，让方法来操作或访问这些属性。

由此可见，封装有两个方面的含义，一是把该隐藏的隐藏起来，二是把该暴露的暴露出来。这两个含义都需要使用 Java 提供的访问控制符来实现。

8.3.2 使用访问控制符

在 Java 中提供了 3 个访问控制符，分别是 private、protected 和 public，分别代表了 3 个访问控制级别。除此之外，还有一个不加任何访问控制符的访问控制级别 default，也就是说 Java 一共提供了 4 个访问控制级别，由小到大分别是 private、default、protected 和 public。其中 default 并没有对应的访问控制符，当不使用任何访问控来修饰类或类成员时，系统默认使用 default 访问控制级别。上述这 4 个访问控制级别的具体说明如下所示。

❑ private：如果类里的一个成员（包括属性和方法）使用 private 访问控制修饰时，这个成员只能在该类的内部被访问。很显然，这个访问控制符用于修饰属性最合适。使用 private 来修饰属性就可以把属性隐藏在类的内部。

❑ default：如果类里的一个成员（包括属性和方法）或者一个顶级类不使用任何访问控制符修饰，我们就称它是默认访问控制，default 访问控制的成员或顶级类可以被相同包下其他类访问。

❑ protected：如果一个成员（包括属性和方法）使用 protected 访问控制符修饰，那么这个成员既可以被同一个包中其他类访问，也可以被不同包中的子类访问。在通常情况下，如果使用 protected 来修饰一个方法，通常是希望其子类来重写这个方法。

❑ public：这是一个最宽松的访问控制级别，如果一个成员（包括属性和方法）或者一个顶级类使用了 public 修饰，这个成员或顶级类就可以被所有类访问，不管访问类和被访问类是否处于同一包中，是否具有父子继承关系。

访问控制符用于控制一个类的成员是否可以被其他类访问，对于局部变量来说，其作用域就是它所在的方法，不可能被其他类来访问，因此不能使用访问控制符来修饰。

Java 中的顶级类也可以使用访问控制符修饰，但是顶级类只能有两种访问控制级别，分别是 public 和 default（默认的）。顶级类不能使用 private 和 protected 修饰，因为顶级类既不处于任何类的内部，也就没有其外部类的子类了，因此 private 和 protected 访问控制符对顶级类没有意义。例如在下面的代码中使用了合理的访问控制定义了一个 Person 类，具体代码如下所示。

```
public class Person
{
private String name;
private int age;
public Person()
```

```java
    {
    }
    public Person(String name , int age)
    {
        this.name = name;
        this.age = age;
    }
    public void setName(String name)
    {
        //执行合理性校验，要求用户名必须在2～6位之间
        if (name.length() > 6 || name.length() < 2)
        {
            System.out.println("您设置的人名不符合要求");
            return;
        }
        else
        {
            this.name = name;
        }
    }
    public String getName()
    {
        return this.name;
    }

    public void setAge(int age)
    {
        //执行合理性校验，要求用户年龄必须在0～100之间
        if (age > 100 || age < 0)
        {
            System.out.println("您设置的年龄不合法");
            return;
        }
        else
        {
            this.age = age;
        }
    }
    public int getAge()
    {
        return this.age;
    }
}
```

通过上述代码定义了 Person 类，该类的 name 和 age 属性只能在 Person 类内才可以操作和访问，在 Person 类之外只能通过各自对应的 setter 和 getter 方法来操作和访问它们。

在使用 Java 中的访问控制符时，应该遵循如下 3 条基本原则。

❑ 类里的绝大部分属性都应该使用 private 修饰，除了一些 static 修饰的、类似全局变量的属性，才可能考虑使用 public 修饰。除此之外，有些方法只是用于辅助实现该类的其他方法，这些方法被称为工具方法，工具方法也应该使用 private 修饰。

❑ 如果某个类主要用做其他类的父类，该类里包含的大部分方法可能仅希望被其子类重写，而不想被外界直接调用，则应该使用 protected 修饰这些方法。

❑ 希望暴露出来给其他类自由调用的方法应该使用 public 修饰。因此，类的构造器通过使用 public 修饰，暴露给其他类中创建该类的对象。因为顶级类通常都希望被其他类自由使用，所以大部分顶级类都使用 public 修饰。

8.3.3　Java 中的包

甲骨文公司的 JDK，各种系统软件厂商，众多的软件开发商，会热心地为程序员提供成千上万的、具有各种用途的类。除此之外，程序员在开发过程中也要提供大量的类，这么多的类会不会发生同名的情形呢？答案是肯定的。那么如何处理这种重名问题呢？Java 允许在类名前增加一个前缀来限定这个类，这就是 Java 的包（package）机制。通过包机制提供了类的多层命名空间，用于解决类的命名冲突、类文件管理等问题。

　　Java 允许将一组功能相关的类放在同一个 package 下，从而组成逻辑上的类库单元，如果希望把一个类放在指定的包结构下，我们应该在 Java 源程序的第一个非注释行放如下格式的代码：

```
package packageName;
```

　　一旦在 Java 源文件中使用了 package 语句，则意味着该源文件里定义的所有类都属于这个包。位于包中的每个类的完整类名都应该是包名和类名的组合，如果其他人需要使用该包下的类，也应该使用包名加类名的组合。例如下面的代码在包 mmm 下面定义了一个简单的 Java 类。

```
package mmm;
public class TestHello
{
    public static void main(String[] args)
    {
        Hello h = new Hello();
    }
}
```

　　上述代码中的第 6 行代码行表明把 Hello 类放在包 mmm 的空间下。把上面源文件保存在任意位置，可以使用如下命令来编译这个 Java 文件。

```
javac -d . Hello.java
```

　　在本书前面的内容中已经介绍过，-d 选项用于设置编译生成 class 文件的保存位置，这里指定将生成的 class 文件放在当前路径（“.”代表当前路径）。使用该命令编译该文件后，发现当前路径下并没有 Hello.class 文件，而是在当前路径下多了一个名为 mmm 的文件夹，该文件夹下则有一个 Hello.class 文件，这是怎么回事呢？这与 Java 的设计有关，假设某个应用中包含 2 个 Hello.class，Java 通过引入包机制来区分 2 个不同的 Hello 类。不仅如此，这两个 Hello 类还对应 2 个 Hello.class 文件，它们在文件系统也必须分开存放才不会引起冲突。所以 Java 规定位于包中的类，在文件系统中也必须有与包名层次相同的目录结构。也就是对于上面的 Hello.class，它必须放在 mmm 文件夹下才是有效的，当使用带“．d”选项的 javac 命令来编译 Java 源文件时，该命令会自动建立对应的文件结构来存放相应的 class 文件。如果直接使用 javac Hello.java 命令来编译这个文件，将会在当前路径生成一个 Hello.class，而不会生成 mmm 文件夹。也就是说，如果编译 Java 文件时不使用“-d”选项，编译器不会为 Java 源文件生成相应的文件结构。正因为如此，笔者推荐编译 Java 文件中总是使用“-d”选项，即想把生成的 class 放在当前路径，应使用“-d”选项，而不是省略“-d”选项。进入编译器生成的 mmm 文件夹所在路径，执行如下命令：

```
javac mmm.Hello
```

　　运行上面命令后会看到上面程序正常输出。如果进入 mmm 路径下，使用 java Hello 命令来运行 Hello 类则会提示系统错误。

　　Java 中同一个包中的类不必位于相同的目录，不仅如此，我们应该把 Java 源文件也放在与包名一致的目录结构下。如果系统中存在两个 Hello 类，通常也对应两个 Hello.java 源文件，如果把它们源文件也放在对应的文件结构下就可以解决源文件在文件系统上的存储冲突。

　　很多读者以为只要把生成的 class 文件放在某个目录下，这个目录名就成了这个类的包名。这是一个错误的看法，不是有了目录结构，就等于有了包名。包名必须在 Java 源文件中通过 package 语句指定，而不是靠目录名来指定的。Java 的包机制需要满足如下两个前提。

❑　源文件里使用 package 语句指定包名。

❑　class 文件必须放在对应的路径下。

　　Java 的核心类都放在 Java 这个包及其子包下面，Java 扩展的类放在了 javax 包以及子包下面，这些实用类就是我们平常说的 API（应用程序接口），Sun 按这些类的功能分别放在不同的包下，其中在开发过程中最常用的包如下所示。

❑　java.lang：包含了 Java 语言的核心类，如 String、Math、System 和 Thread 类等，使用这个包下的类无须使用 import 语句导入，系统会自动导入这个包下所有类。

- java.util：包含了 Java 大量工具类、集合框架类和接口，例如 Arrays、List、Set 等。
- java.net：包含了一些 Java 网络编程相关的类/接口。
- java.io：包含了一些 Java 输入/输出编程相关的类/接口。
- java.text：包含了一些 Java 格式化相关的类。
- java.sql：包含了 Java 进行 JDBC 数据库编程的相关类/接口。
- java.awt：包含了抽象窗口工具集（Abstract Window Toolkits）的相关类/接口，这些类要用于构建图形用户界面（GUI）程序。
- java.swing：包含 Swing 图形用户界面编程的相关类/接口，这些类可构建与平台无关的 GUI 程序。

在本书后面的内容中将讲解上述包中的具体内容，此时此刻读者只需简单了解有这些包即可。

8.3.4　import

如果需要使用不同包中的其他类时，总是需要使用该类的全名，这是一件很烦琐的事情。为了简化编程，Java 引入了 import 关键字，通过 import 可以向某个 Java 文件中导入指定包层次下某个类或全部类，import 语句应该出现在 package 语句（如果有的话）之后、类定义之前。一个 Java 源文件只能包含一个 package 语句，可以包含多个 import 语句，多个 import 语句用于导入多个包层次下的类。

使用 import 语句导入单个类的格式如下所示。

```
Import package.subpackage...ClassName
```

通过上述格式可以直接导入指定 Java 类。一旦在 Java 源文件中使用 lmport 语句来导入指定类，在该原文件中使用这些类时可以省略包前缀，不再需要使用类全名。例如下面的代码中，使用 import 语句来导入 mmm.sub.Apple 类，具体代码如下所示。

```
package mmm;
import mmm.sub.Apple;
import java.util.*;
import java.sql.*;
public class TestHello {
    public static void main(String[] args)
    {
        Hello h = new Hello();
        //使用这种类全名
        lee.sub.Apple a = new lee.sub.Apple();
        //如果使用import语句来导入Apple类后，就可以不再使用类全名
        Apple aa = new Apple();
        Date d = new Date();
    }
}
```

正如上面代码中看到的，通过使用 import 语句可以简化编程。但 import 语句并不是必需的，只要坚持在类中使用其他类的全名，则可无须使用 import 语句。import 语句可以简化编程，可以导入指定包下某个类或全部类。在 JDK1.5 以后更是增加了一种静态导入的语法，它用于导入指定类的某个静态属性值或全部静态属性值。

静态导入语句使用 import static 实现，静态导入也有两种语法，分别用于导入指定类的单个静态属性和全部静态属性。

8.4　接　　口

知识点讲解：光盘:视频\PPT 讲解（知识点）\第 8 章\接口.mp4

在 Java 程序中有一种元素和类的特性十分相似，这种元素是接口。定义接口的方法和定义类的方法十分相似，并且在接口里面也有方法，在接口中可以派生出新的类。在本节将详细讲解接口的基本知识，为读者步入本书后面知识的学习打下基础。

8.4.1　定义接口

一旦创建接口，接口的方法和抽象类中的方法一样，它的方法是抽象的，也就是说接口不具备实现的功能，它只是指定要做什么，而不管具体怎么做。一旦定义了接口，任何类都可以实现这个接口，它与类不同，一个类只可以继承一个类，但是一个类可以实现多个接口，这在编写程序时，解决了一个类要具备多方面的特征的问题。在 Java 中创建接口的语法格式如下所示。

```
[public] interface<接口名>{
[<常量>]
[<抽象方法>]
}
```

- ❑　public：接口的修饰符只能是 public，因为只有这样接口才能被任何包中的接口或类访问。
- ❑　interface：接口的关键字。
- ❑　接口名：它的定义法则和类名一样。
- ❑　常量：在接口中不能声明变量，因为接口要具备 3 个特征，即公共性、静态的和最终的。

8.4.2　接口里的量和方法

因为在 Java 接口中定义变量时，只能使用关键字 public、static 和 final，所以在接口中只能声明常量，不能声明变量。在 Java 接口中，有的方法必须是抽象方法。

1．接口里的量

在接口里只能有常量，主要原因是这样能保证实现该接口的所有类可以访问相同的常量。

实例 056	在定义的接口里面编写常量
	源码路径　\daima\8\jiechang.java　　视频路径　\视频\实例\第 8 章\056

实例文件 jiechang.java 的主要代码如下所示。

```java
public interface Jiechang
{
    int a=100;
    int b=200;
    int c=323;
    int d=234;
    int f=523;
    void print();
    void print1();
}
class Jiedo implements Jiechang
{
    public void print()
    {
        System.out.println(a+b);
    }

    public void print1()
    {
        System.out.println(c+d+f);
    }
}
class Jie
{
    public static void main(String args[])
    {
        Jiedo a1=new Jiedo();
        a1.print();
        a1.print1();
    }
}
```

> 范例 111：演示在接口定义常量出错
> 源码路径：光盘\演练范例\111\
> 视频路径：光盘\演练范例\111\
> 范例 112：Double 类型的比较处理
> 源码路径：光盘\演练范例\112\
> 视频路径：光盘\演练范例\112\

执行后的效果如图 8-10 所示。

2．接口里的方法

接口里的方法都是抽象的或者公有的，在方法声明的时候，可以省掉关键字 public、abstract，因为它的方法都是公有和抽象的，不需要关键字修饰，

300
1080

图 8-10　执行效果

当然添加了修饰符也没有错。下面的代码演示了在接口中使用方法的流程，具体代码【光盘\daima\8\cuofang.java】如下所示。

```java
interface newjie
{
 void print();
 public void print1();
 abstract void print2();
 public abstract void print3();
 abstract public void print4();
}

class newjie1 implements newjie
{
 public void print()
 {
     System.out.println("newjie接口里第一方法没有修饰符");
 }

 public void print1()
 {
     System.out.println("newjie接口里第二个方法有修饰符public");
 }

 public    void print2()
 {
     System.out.println("newjie接口里第三个方法有修饰符abstract");
 }

 public    void print3()
 {
     System.out.println("newjie接口里第四个方法有修饰符public和abstract");
 }

 public void print4()
 {
     System.out.println("newjie接口里第五个方法有修饰符abstract和public");
 }
}

class coufang
{
 public static void main(String args[])
 {
     newjie1 a1=new newjie1();
     a1.print();
     a1.print1();
     a1.print2();
     a1.print3();
     a1.print4();
 }
}
```

在上述代码中定义了一个接口，在接口里定义了方法，其实这五个方法是相同的。在编写程序时，建议读者使用第一种方式编写。执行上述代码后的效果如图 8-11 所示。

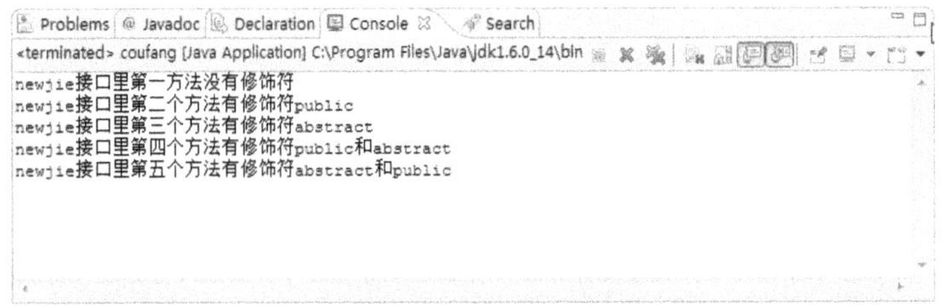

图 8-11　接口里的方法

8.4.3　实现接口

实际上在本书前面的学习中，读者已经接触到了接口的实现。在接口的实现过程中，一是能为所有的接口提供实现的功能，二是能遵循重写的所有的规则，三是能保持相同的返回的数据类型。在 Java 中实现接口的格式如下所示。

```
[<修饰符>] class<类名> implements <接口名>
{
……
}
```

<table><tr><td>实例 057</td><td>编写一个类去实现一个接口</td></tr><tr><td></td><td>源码路径　\daima\8\jieshi.java　　　　　　视频路径　\视频\实例\第 8 章\057</td></tr></table>

实例文件 jieshi.java 的主要代码如下所示。

```
interface JieOne{
    int add(int a,int b);
}
interface JieTwo{
    int sub(int a,int b);
}
interface JieThree{
    int mul(int a,int b);
}
interface JieFour{
    int umul(int a,int b);
}
class JieDuo implements JieOne,JieTwo,JieThree,JieFour{
    public int add(int a,int b){
        return a+b;
    }
        public int sub(int a,int b){
        return a-b;
    }
        public int mul(int a,int b){
        return a*b;
    }
    public int umul(int a,int b){
        return a/b;
    }
}
class jieshi{
    public static void main(String args[]){
        JieDuo aa=new JieDuo();
    System.out.println("a+b="+aa.add(2400,1200));//提供具体实现方法
    System.out.println("a-b="+aa.sub(2400,1200)); //提供具体实现方法
    System.out.println("a*b="+aa.mul(2400,1200)); //提供具体实现方法
    System.out.println("a/b="+aa.umul(2400,1200)); //提供具体实现方法
    }}
}
```

> 范例 113：实现接口继承
> 源码路径：光盘\演练范例\113\
> 视频路径：光盘\演练范例\113\
> 范例 114：经理和员工的差异
> 源码路径：光盘\演练范例\114\
> 视频路径：光盘\演练范例\114\

执行后的效果如图 8-12 所示。

```
a+b=3600
a-b=1200
a*b=2880000
a/b=2
```

图 8-12　执行效果

8.4.4　引用接口

在编写的程序时，用户可以建立接口类型的引用变量。接口的引用变量能够存储一个指向对象的引用值，这个对象可以实现任何该接口的类的实例，用户可以通过接口调用该对象的方法，这些方法在类中必须是抽象方法。例如下面的代码演示了引用接口的过程，具体代码【光盘\daima\8\jieyin.java】如下所示。

```
interface diyijie
{
    int add(int a,int b);
}
interface dierjie
```

```java
{
    int sub(int a,int b);
}
interface disanjie
{
    int mul(int a,int b);
}
interface disijie
{
    int umul(int a,int b);
}
class jiekouniu implements diyijie,dierjie,disanjie,disijie
{
    public int add(int a,int b)
    {
        return a+b;
    }
    public int sub(int a,int b)
    {
        return a-b;
    }
        public int mul(int a,int b)
    {
        return a*b;
    }
        public int umul(int a,int b)
    {
        return a/b;
    }
}
class jieyin
{
    public static void main(String args[])
    {
        jiekouniu aa=new jiekouniu();
        //接口的引用执行对象的引用
        diyijie    bb=aa;
        dierjie    cc=aa;
        disanjie   dd=aa;
        disijie ee=aa;
        //对象引用并调用方法
        System.out.println("a+b="+aa.add(14,22));
        System.out.println("a-b="+aa.sub(42,32));
        System.out.println("a*b="+aa.mul(44,22));
        System.out.println("a/b="+aa.umul(24,22));
        System.out.println("a+b="+bb.add(23,42));
        System.out.println("a-b="+cc.sub(32,12));
        System.out.println("a*b="+dd.mul(42,24));
        System.out.println("a/b="+ee.umul(342,22));
    }
}
```

执行上述代码后的效果如图 8-13 所示。

```
Problems  @ Javadoc  Declaration  Console  Search
<terminated> jieyin [Java Application] C:\Program Files\Java\jdk1.6.0_14\bin\ja\
a+b=36
a-b=10
a*b=968
a/b=1
a+b=65
a-b=20
a*b=1008
a/b=15
```

图 8-13　执行效果

8.4.5　接口的继承

接口的继承和类继承不一样，接口完全支持多继承，即一个接口可以有多个直接父接口。和类继承相似，子接口扩展某个父接口，将会获得父接口里定义的所有抽象方法、常量属性、内部类和枚举类定义。当一个接口继承多个父接口时，多个父接口排在 extends 关键字之后，多个父接口之间以英文逗号","隔开。例如在下面的代码【光盘\daima\8\jicheng.java】中定义了 3 个接口，第 3 个接口继承了前面两个接口。

```java
interface interfaceA
{
    int PROP_A = 5;
    void testA();
}
interface interfaceB
{
    int PROP_B = 6;
    void testB();
}
interface interfaceC extends interfaceA, interfaceB
{
    int PROP_C = 7;
    void testC();
}
public class jicheng
{
    public static void main(String[] args)
    {
        System.out.println(interfaceC.PROP_A);
        System.out.println(interfaceC.PROP_B);
        System.out.println(interfaceC.PROP_C);
    }
}
```

在上面的代码中，接口 interfaceC 继承了 interfaceA 和 interfaceB，所以 interfaceC 中获得了它们的常量。在方法 main 中通过 interfaceC 来访问 PROP_A、PROP_B 和 PROP_C 常量属性。

8.4.6　接口和抽象类

接口和抽象类有很多相似之处，它们都具有如下特征。

❑ 接口和抽象类都不能被实例化，它们都位于继承树的顶端，用于被其他类实现和继承。

❑ 接口和抽象类都可以包含抽象方法，实现接口或继承抽象类的普通子类都必须实现这些抽象方法。

接口和抽象类之间也有区别，这种差别主要体现在二者设计目的上。作为系统与外界交互的窗口，接口体现的是一种规范。对于接口的实现者而言，接口规定了实现者必须向外提供哪些服务（以方法的形式来提供）；对于接口的调用者而言，接口规定了调用者可以调用哪些服务，以及如何调用这些服务（就是如何来调用方法）。当在一个程序中使用接口时，接口是多个模块间的耦合标准；当在多个应用程序之间使用接口时，接口是多个程序之间的通信标准。

从某种程度上来看，接口类似于整个系统的"总纲"，它制定了系统各模块应该遵循的标准，因此一个系统中的接口不应该经常改变。一旦接口被改变，对整个系统甚至其他系统的影响将是辐射式的，会导致系统中大部分类都需要改写。而抽象类则不一样，抽象类作为系统中多个子类的共同父类，它所体现的是一种模板式设计。抽象类作为多个子类的抽象父类，可以被当成系统实现过程中的中间产品，这个中间产品已经实现了系统的部分功能（那些已经提供实现的方法），但这个产品依然不能当成最终产品，必须有更进一步的完善，这种完善可能有几种不同方式。并且在具体用法上，接口和抽象类存在如下 6 点差别。

❑ 接口里只能包含抽象方法，不包含已经提供实现的方法；抽象类则完全可以包含普通方法。

❑ 接口里不能定义静态方法，而抽象类里可以定义静态方法。

❑ 接口里只能定义静态常量属性，不能定义普通属性。抽象类里则既可以定义普通属性，也可以定义静态常量属性。

❑ 接口不包含构造器。抽象类里可以包含构造器，抽象类里的构造器并不用于创建对象，而是让其子类调用这些构造器来完成属于抽象类的初始化操作。

❑　接口里不能包含初始化块，但抽象类则完全可以包含初始化块。

❑　一个类最多只能有一个直接父类，包括抽象类；但一个类可以直接实现多个接口，通过实现多个接口可以弥补 Java 单继承的不足。

8.5　技　术　解　惑

8.5.1　重写方法的两点注意事项

（1）当子类覆盖了父类方法后，子类对象将无法访问父类中被覆盖的方法，但还可以在子类方法中调用父类中被覆盖的方法。如果需要在子类方法中调用父类中被覆盖的方法，可以使用 super（被覆盖的是实例方法）或者父类类名（被覆盖方法是类方法）作为调用者来调用父类中被覆盖的方法。

（2）如果父类方法具有私有（private）访问权限，则该方法对其子类是隐藏的，其子类无法访问该方法，也就是说无法重写该方法。如果在子类中定义了一个与父类 private 方法具有相同名字的方法，相同形参列表，相同返回值类型的方法，依旧还不是重写，只是在子类中重新定义了一个新方法。

8.5.2　重写和重载的区别

重写和重载十分好理解，重写实际上应用在继承的子类中，而重载是在一个类中，有多个方法，功能相近，它们通过参数来区别方法。初学者需要一个口诀即可理解重写重载，"继承可重写，方法可重载"。 方法重载和方法重写在英语中分别是 overload 和 override，经常看到很多初学者询问重载和重写的区别，其实把重载和重写放在一起比较本身没有太大的意义，因为重载主要发生在同一个类的多个同名方法之间，而重写发生在子类和父类的同名方法之间。它们之间的联系很少，除了二者都是发生在方法之间，并要求方法名相同之外，没有太大的相似之处。当然，父类方法和子类方法之间也可能发生重载，因为子类会获得父类方法，如果子类定义了一个父类方法有相同方法名，但参数列表不同的方法，就会形成父类方法和子类方法的重载。如果子类定义了和父类同名的属性，也会发生子类属性覆盖父类属性的情形。在正常情况下，子类里定义的方法、子类属性直接访问该属性，都会访问到覆盖属性，无法访问父类被覆盖的属性。

8.5.3　举例理解类的意义

一个类犹如一个小的模块，我们应该只让这个模块公开必须让外界知道的内容，而隐藏其他一切内容。在进行程序设计时，应该尽量避免一个模块直接操作和访问一个模块的数据，模块设计追求高内聚（尽可能把模块的内部数据、功能实现细节藏在模块内部独立完成，不允许外部直接干预）、低耦合（仅暴露少量的方法给外部使用）。正如我们日常常见的 U 盘，U 盘里的数据及其实现细节被完全隐藏在 U 盘里面，外部设备（如主机板）只能通过 USB 驱动（提供一些方法供外部调用）来和 U 盘进行交互。

8.5.4　Java 包的一些规则

在 Java 语法中，只要求包名是有效的标识符即可，但从可读性规范角度来看，包名应该全部由小写字母组成。当系统越来越大时，会不会发生包名、类名同时重复的情形呢？这个可能性不大，但是在实际开发中，我们还是应该选择合适的包名，用以更好地组织系统中类库。为了避免不同公司之间类名的重复，Sun 建议使用公司 Internet 域名来作为包名，例如公司的 Internet 域名是 sohu.com，则建议将该公司的所有类都放在 com.sohu 包及其子包下。

package 语句必须作为源文件的第一句非注释性语句，一个源文件只能指定一个包，即只能包含一条 package 语句，该源文件中可以定义多个类，则这些类将全部位于该包下。如果没有显式指定 package 语句，则处于默认包下。在实际开发应用中，通常不会把类定义在默认的包下。另外，同一个包下的类可以自由访问。

8.5.5 探讨 Package 和 import 的机制

很多程序员用了很久的 Java，可是对于 Java 的 package 跟 import 还是不太了解。很多人以为原始码.java 文件中的 import 会让编译器把所 import 的程序通通写到编译好的.class 档案中，或是认为 import 跟 C/C++的#include 相似，实际上这种观念是错误的。

Java 会使用 package 这种机制的原因也非常明显，就像我们取姓名一样，光是一间学校的同一届同学中，就有可能出现不少同名的同学，如果不取姓的话，那学校在处理学生数据，或是同学彼此之间的称呼，就会发生很大的困扰。相同的，全世界的 Java 类别数量极多，而且还不断地成长当中，如果类别不使用套件名称，那在用到相同名称的不同类别时，就会产生极大的困扰。幸运的是，Java 的套件名称我们可以自己取，不像人的姓没有太大的选择（所以有很多同名同姓的），如果依照 Sun 的规范来取套件名称，那理论上不同人所取的套件名称不会相同，也就不会发生名称冲突的情况。

（1）package 机制。

基本原则：需要将类文件切实安置到其所归属之 package 所对应的相对路径下。下面的文件 Hello.java 保存在"D:\Java\"目录下。

```
package   A;
public class Hello{
   public static void main(String args[]){
       System.out.println("Hello World!");
   }
}
D:\Java>javac   Hello.java   此程序可以编译通过, 接着执行。
D:\Java>java   Hello          但是执行时，却提示以下错误!
Exception in thread "main" java.lang.NoClassDefFoundError: hello (wrong name: A/Hello)
        at java.lang.ClassLoader.defineClass0(Native Method)
        at java.lang.ClassLoader.defineClass(ClassLoader.java:537)
        at java.security.SecureClassLoader.defineClass(SecureClassLoader.java:123)
        at java.net.URLClassLoader.defineClass(URLClassLoader.java:251)
        at java.net.URLClassLoader.access$100(URLClassLoader.java:55)
        at java.net.URLClassLoader$1.run(URLClassLoader.java:194)
        at java.security.AccessController.doPrivileged(Native Method)
        at java.net.URLClassLoader.findClass(URLClassLoader.java:187)
        at java.lang.ClassLoader.loadClass(ClassLoader.java:289)
        at sun.misc.Launcher$AppClassLoader.loadClass(Launcher.java:274)
        at java.lang.ClassLoader.loadClass(ClassLoader.java:235)
        at java.lang.ClassLoader.loadClassInternal(ClassLoader.java:302)
```

原因是把生成的 Hello.class 规定打包在"D:\Java\A"文件中，必须在 A 文件中才能运行。应该在"D:\Java"目录下建立一个 A 目录，然后把 Hello.class 放在它下面，此时执行可正常通过。

```
D:\Java\>java A.hello      输出:Hello world!
```

（2）import 机制。

假设在"D:\Java"目录下建立文件 JInTian.java，其代码如下所示。

```
import   A.Hello;
public class JInTian{
    public static void main(String[] args){
        Hello   Hello1=new Hello();
    }
}
D:\Java\>javac JInTian.java    编译成功!
D:\Java\>java   JInTian        运行成功!
```

也就是说在 JInTian.class 中成功地引用了 Hello.class 类这个功能，这是通过 import A.Hello 来实现的，如果没有这段代码，就会提示不能找到 Hello 这个类。

如果"D:\Java"目录下仍保留一个 Hello.java 文件的话，执行对主程序的编译命令时仍会报错。如果删除文件"D:\Java\A\Hello.java"，只留文件 Hello.class，执行对主程序的编译命令时可以通过，此时可以不需要子程序的源代码。

8.5.6　Java 接口编程的机理

Java 接口体现的是一种实现规范和分离的程序设计原则，充分利用接口可以降低各个程序模块之间的耦合，从而提高系统的可扩展性和可维护性。因为这种编程原则，所以很多软件架构设计理论都倡导"面向接口"编程，而不是面向实现类编程，都希望通过面向接口编程来降低程序的耦合。

在一个面向对象的系统中，系统的各种功能是由许许多多的不同对象协作完成的。在这种情况下，各个对象内部是如何实现自己的对系统设计人员来讲就不那么重要了；而各个对象之间的协作关系则成为系统设计的关键。小到不同类之间的通信，大到各模块之间的交互，在系统设计之初都是要着重考虑的，这也是系统设计的主要工作内容。面向接口编程就是指按照这种思想来编程。在日常工作中，我们已经按照接口编程了，只不过大多数初学者没有这方面的意识，只是在被动地实现这一思想；这表现为频繁地抱怨别人改的代码影响了你（接口没有设计到），表现在某个模块的改动引起其他模块的大规模调整（模块接口没有很好地设计）等。

如果从更深的层次理解接口，应该理解为：定义（规范，约束）与实现（名实分离的原则）的分离。我们一般在实现一个系统的时候，通常是将定义与实现合为一体，不进行分离的。

接口的本身反映了系统设计人员对系统的抽象理解。接口应该有两类，第一类是对一个体的抽象，它可对应为一个抽象体（abstract class）；第二类是对一个体某一方面的抽象，即形成一个抽象面（interface）。

设计接口的另一个不可忽视的因素是接口所处的环境（context,environment），持系统论观点的人士认为：环境是系统要素所处的空间与外部影响因素的总和。任何接口都是在一定的环境中产生的。因此环境的定义及环境的变化对接口的影响是不容忽视的，脱离原先的环境，所有的接口将失去原有的意义。

按照组件的开发模型（3C），它们三者相辅相成，面向对象、面向过程和接口各司一面，浑然一体，缺一不可。具体说明如下所示。

- ❑ 面向对象是指在考虑问题时，以对象为单位，考虑它的属性及方法。
- ❑ 面向过程是指我们考虑问题时，以一个具体的流程（事务过程）为单位来考虑它的实现。
- ❑ 接口设计与非接口设计是针对复用技术而言的，与面向对象（过程）不是一个问题。

其实 UML 里面所说的 interface 是协议的另一种说法，并不是指 com 的 interface，CORBA 的 interface，Java 的 interface，Delphi 的 interface，人机界面的 interface 或 NIC 的 interface。在具体实现时，可以把 UML 的 interface 实现为语言的 interface，分布式对象环境的 interface 或其他什么 interface。就理解 UML 的 interface 而言，指的是系统每部分的实现和实现之间，通过 interface 所确定的协议来共同工作。由此可见，面向 interface 编程的原意是指面向抽象协议编程，实现者在实现时要严格按协议来办。也就如同 Bill Joy 大师所言：一边翻 rfc，一边写代码的意思。面向对象编程是指面向抽象和具象。抽象和具象是矛盾的统一体，不可能只有抽象没有具象。一般懂得抽象的人都明白这个道理。但有的人只知具象却不知抽象为何物。

第 9 章

Java 的面向对象（下）

在前面两章的内容中，讲解了 Java 面向对象的基本知识，通过具体实例演示了各个知识点的用法。本章将进一步讲解 Java 在面向对象方面的核心技术，逐一讲解构造器、多态、块初始化、包装类、类成员、final 修饰符、内部类和枚举类的知识，为读者步入本书后面知识的学习打下基础。

<table>
<tr><td>本章内容</td><td>技术解惑</td></tr>
<tr><td>▶▶ 构造器详解</td><td>构造器和方法的区别</td></tr>
<tr><td>▶▶ 多态</td><td>this 在构造器中的妙用</td></tr>
<tr><td>▶▶ 引用类型</td><td>分析子类构造器调用父类构造器的几种情况</td></tr>
<tr><td>▶▶ 组合</td><td></td></tr>
<tr><td>▶▶ 初始化块</td><td>要避免编译错误</td></tr>
<tr><td>▶▶ 包装类</td><td>强制类型转换不是万能的</td></tr>
<tr><td>▶▶ 深入详解 final 修饰符</td><td>继承和组合的选择</td></tr>
<tr><td>▶▶ 内部类</td><td>分析发生异常的原因</td></tr>
<tr><td>▶▶ 枚举类</td><td>用 final 修饰基本类型和引用类型变量之间的区别</td></tr>
<tr><td></td><td>类的 4 种权限</td></tr>
<tr><td></td><td>手工实现枚举类的缺点</td></tr>
</table>

9.1　构造器详解

知识点讲解：光盘:视频\PPT 讲解（知识点）\第 9 章\构造器详解.mp4

构造器是一个特殊的方法，这个方法能够创建类的实例。Java 语言里构造器是创建对象的重要途径，所以在一个 Java 类中必须包含一个或一个以上的构造器。在本节将详细讲解 Java 构造器的基本知识，为读者步入本书后面知识的学习打下基础。

9.1.1　初始化构造器

构造器最大的用处就是在创建对象时执行初始化。当创建一个对象时，系统为这个对象的属性进行默认的初始化，这种默认初始化会把所有基本类型的属性设置为 0（对数值型属性）或 false（对布尔型属性），把所有引用类型的属性设置为 null。想改变这种默认的初始化，想让系统创建对象时就为该对象各属性显式指定初始值，就可以通过构造器来实现。

Java 的构造器并不是函数，所以它并不能被继承。构造器的修饰符比较有限，仅有 public、private 和 protected 三个。

因为构造器不是函数，所以它没有返回值，也不答应有返回值。但是这里要说明一下，构造器中答应存在 return 语句，但是 return 什么都不返回，假如我们指定了返回值，虽然编译器不会报出任何错误，但是 JVM 会认为它是一个与构造器同名的函数罢了，这样就会出现一些莫名其妙的无法找到构造器的错误，这是要加倍注意的。例如在下面的代码中自定义了一个构造器，通过这个构造器可以我们进行自定义的初始化操作。具体代码【光盘\daima\9\chuyin.java】如下所示。

```java
public class chuyin
{
    public String name;
    public int count;
    //提供自定义的构造器，该构造器包含两个参数
    public chuyin(String name, int count)
    {
        //构造器里的this代表它进行初始化的对象
        //下面两行代码将传入的2个参数赋给this代表对象的name和count属性
        this.name = name;
        this.count = count;
    }
    public static void main(String[] args)
    {
        //使用自定义的构造器来创建chuyin对象
        //系统将会对该对象执行自定义的初始化
        chuyin tc = new chuyin("AAA", 20000);
        //输出TestConstructor对象的name和count属性
        System.out.println(tc.name);
        System.out.println(tc.count);
    }
}
```

在上述代码中，在输出对象 chuyin 时，其实属性 name 不再为 null，而属性 count 也不再是 0，这就是提供自定义构造器的作用。执行后的效果如图 9-1 所示。

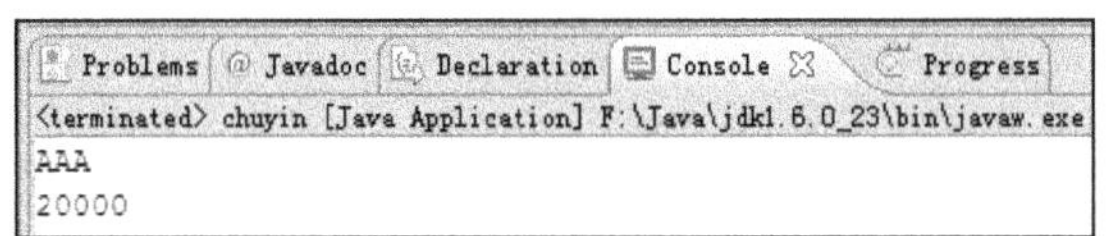

图 9-1　执行效果

如果用户希望该类保留无参数的构造器，或者希望有多个初始化过程，则可以为该类提供多个构造器。如果一个类里提供了多个构造器，就形成了构造器的重载。所以建议读者们在编程时为 Java 类保留无参数的默认构造器。如果为一个类编写了有参数的构造点，通常建议为该

类额外编写一个无参数的构造器。因为构造器主要用于被其他方法调用，用以返回该类的实例，所以通常把构造器设置成 public 访问权限，从而允许系统中任何位置的类来创建该类的对象。除非在一些极端的情况下，我们需要限制创建该类的对象，可以把构造器设置成为诸如 private 的其他权限，主要用于被其子类调用，把其设置为 private 可以阻止其他类创建该类的实例。

9.1.2 构造器重载

在 Java 程序中的同一个类里可以有多个构造器，多个构造器的形参列表不同，即被称为构造器重载。构造器重载允许 Java 类里包含多个初始化逻辑，从而允许使用不同的构造器来初始化 Java 对象。

构造器重载和方法重载基本相似，都要求构造器的名字相同，这一点无须特别要求，因为构构造器必须与类名相同，所以同一个类的所有构造器名肯定相同。为了让系统能区分不同的构造器，多个构造器的参数列表必须不同。

实例 058	在类中提供两个同名构造器	
源码路径　\daima\9\gouchong.java		视频路径　\视频\实例\第 9 章\058

实例文件的主要代码如下所示。

```java
public class chuyin
{
    public String name;
    public int count;
    //提供自定义的构造器, 该构造器包含两个参数
    public chuyin(String name, int count)
    {
        //构造器里的this代表它进行初始化的对象
        //将传入的2个参数赋给this代表对象的name和count属性
        this.name = name;
        this.count = count;
    }
    public static void main(String[] args)
    {
    //使用自定义的构造器来创建chuyin对象
        //对该对象执行自定义的初始化
        chuyin tc = new chuyin("AAA", 20000);
//输出TestConstructor对象的name和count属性
        System.out.println(tc.name);
        System.out.println(tc.count);
    }
}
```

> 范例 115：在构造器中使用另一个构造器
> 源码路径：光盘\演练范例\115\
> 视频路径：光盘\演练范例\115\
> 范例 116：重写父类中的方法
> 源码路径：光盘\演练范例\116\
> 视频路径：光盘\演练范例\116\

上面的类 chuyin 提供了两个重载的构造器，虽然两个构造器的名字相同，但是形参列表不同。系统通过 new 调用构造器时，系统将根据传入的实参列表来决定调用哪个构造器。执行后的效果如图 9-2 所示。

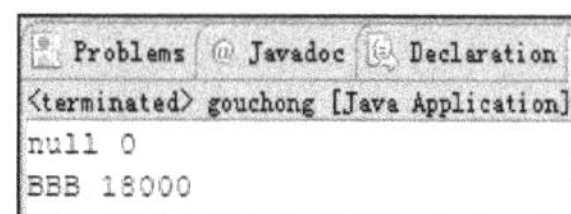

图 9-2　执行效果

9.1.3 调用父类构造器

在 Java 程序中，子类不会获得父类的构造器，但有的时候子类构造器里需要调用父类构造器的初始化代码，就如同 9.1.2 节中介绍的一个构造器需要调用另一个重载的构造器一样。在一个构造器中调用另一个重载的构造器需要使用 this 调用来实现，在子类构造器中调用父类构造器需要使用 super 调用来实现。

实例 059	在类构造器中使用 super 调用 Base 构造器里的初始化代码	
源码路径　\daima\9\fugou.java		视频路径　\视频\实例\第 9 章\059

实例文件 fugou.java 的主要代码如下所示。

```
class Base
{
    public double size;
    public String name;
    public Base(double size, String name)
    {
        this.size = size;
        this.name = name;
    }
}
public class fugou extends Base
{
    public String color;
    public fugou(double size, String name, String color)
    {
    //通过super调用来调用父类构造器的初始化过程
        super(size, name);
        this.color = color;
    }
    public static void main(String[] args)
    {
        fugou s = new fugou(9.1, "测试", "红色");
        //输出Sub对象的三个属性
        System.out.println(s.size + "--" + s.name + "--" + s.color);
    }
}
```

范例 117：演示构造器之间的调用关系

源码路径：光盘\演练范例\117\

视频路径：光盘\演练范例\117\

范例 118：计算几何图形的面积

源码路径：光盘\演练范例\118\

视频路径：光盘\演练范例\118\

执行后的效果如图 9-3 所示。

在上面的实例代码中，定义了类 Base 和类 fugou，其中类 fugou 是类 Base 的子类，程序在类 fugou 的构造器中使用 super 来调用 Base 构造器的初始化代码。由整个过程可以看出，使用

图 9-3　执行效果

super 调用和使用 this 调用非常相似，区别在于 super 调用的是其父类的构造器，而 this 调用的是同一个类中重载的构造器。因此使用 super 调用的父类构造器也必须出现在子类构造器执行体的第一行。由此可见，不会同时出现 this 调用和 super 调用。

9.2　多　态

知识点讲解：光盘:视频\PPT 讲解（知识点）\第 9 章\多态.mp4

9.2.1　何谓多态

多态性是面向对象程序设计代码重用的一个重要机制。多态是面向对象语言中很普遍的一个概念，虽然我们经常把多态混为一谈，但实际上有 4 种不同类型的多态，我们先来看看普通面向对象中的多态。

人们通常把多态分为两个大类（分别是特定的和通用的），4 个小类（分别是强制的、重载的、参数的和包含的）。它们的结构如图 9-4 所示。

在这样一个体系中，多态表现了多种形式的能力。通用的多态引用有相同结构类型的大量对象，它们有着共同的特征。特定的多态涉及的是小部分没有相同特征的对象。这 4 种多态的具体说明如下所示。

- 强制的：一种隐式做类型转换的方法。

- 重载的：将一个标志符用作多个意义。

- 参数的：为不同类型的参数提供相同的操作。

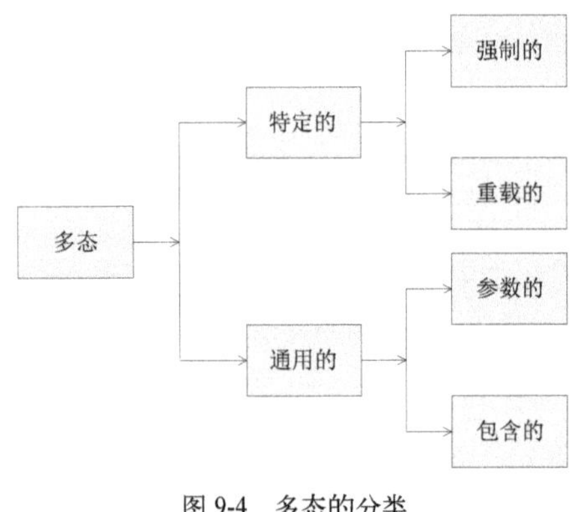

图 9-4　多态的分类

- 包含的：类包含关系的抽象操作。

在接下来的内容中，将详细介绍上述 4 种多态的基本知识。

（1）强制的多态。

强制多态隐式地将参数按某种方法，转换成编译器认为正确的类型以避免错误。例如在以下的表达式中，编译器必须决定二元运算符"+"所应做的工作。

```
2.0 + 2.0
2.0 + 2
2.0 + "2"
```

第一个表达式将两个 double 的操作数相加，在 Java 中特别声明了这种用法。

第二个表达式将 double 型和 int 相加，在 Java 中没有明确定义这种运算，不过编译器隐式地将第二个操作数转换为 double 型，并作 double 型的加法。这样做对程序员来说十分方便，否则将会抛出一个编译错误，或者强制程序员显式地将 int 转换为 double。

第三个表达式将 double 与一个 String 相加，在 Java 中没有定义这样的操作，所以编译器将 double 转换成 String 类型，并将它们做串联。

强制多态也会发生在方法调用中。假设类 Derived 继承了类 Base，类 C 有一个原型为 m（Base）的方法，则在下面的代码中，编译器隐式地将类 Derived 的对象 derived 转化为类 Base 的对象。这种隐式的转换使方法 m（Base）使用所有能转换成 Base 类的所有参数。

```
C c = new C();
Derived derived = new Derived();
c.m( derived );
```

隐式的强制转换可以避免类型转换的麻烦，减少编译错误。当然编译器仍然会优先验证符合定义的对象类型。

（2）重载的多态。

重载允许用相同的运算符或方法表示截然不同的意义。"+"在上面的程序中有两个意思，一是表示两个 double 型的数相加，二是表示两个串相连。另外还有整型相加、长整型等等，这些运算符的重载依赖于编译器根据上下文做出的选择。以往的编译器会把操作数隐式转换为完全符合操作符的类型。虽然 Java 明确支持重载，但是不支持用户定义的操作符重载。

Java 支持用户定义的函数重载。在一个类中可以有相同名字的方法，这些方法可以有不同的意义。在这些重载的方法中必须满足参数数目不同、相同位置上的参数类型不同的条件，这些不同可以帮助编译器区分不同版本的方法。

编译器以这种唯一表示的特征来表示不同的方法，比用名字表示更为有效。正因为如此，所有的多态行为都能编译通过。

强制和重载的多态都被分类为特定的多态，因为这些多态都是在特定的意义上的。这些被划入多态的特性给程序员带来了很大的方便。强制多态排除了麻烦的类型和编译错误。重载多态像一块糖，允许程序员用相同的名字表示不同的方法，这非常方便。

（3）参数的多态。

参数多态允许把许多类型抽象成单一的表示。例如，在一个名为 List 的抽象类中，描述了一组具有同样特征的对象，提供了一个通用的模板。我们可以通过指定一种类型以重用这个抽象类。这些参数可以是任何用户定义的类型，很多用户都可以使用这个抽象类，因此参数多态毫无疑问地成为最强大的多态。

Java 实际上并不支持真正的安全类型风格的参数多态，这也是 java.util.List 和 java.util 的其他集合类是用原始的 java.lang.Object 写的原因。Java 的单根继承方式解决了部分问题，但没有发挥出参数多态的全部功能。

（4）包含的多态。

包含多态通过值的类型和集合的包含关系实现了多态的行为.在包括 Java 在内的众多面向对象语言中，包含关系是子类型的。所以 Java 的包含多态是子类型的多态。在早期，Java 开发者们所提及的多态就特指子类型的多态。通过一种面向类型的观点，我们可以看到子类型多态的强大功能。

9.2.2　演示 Java 中的多态

在前面一节讲解了 Java 多态的理论知识，接下来将通过一段代码来讲解多态在 Java 程序中的作用。具体代码【光盘\daima\9\duotai.java】如下所示。

```java
class jiBaseClass{
    public int book = 6;
    public void base()
    {
        System.out.println("父类的普通方法");
    }
    public void test()
    {
        System.out.println("父类的被覆盖的方法");
    }
}
public class duotai extends jiBaseClass{
    //重新定义一个book实例属性覆盖父类的book实例属性
    public String book = "Android江湖";
    public void test()
    {
        System.out.println("子类的覆盖父类的方法");
    }
    public void sub()
    {
        System.out.println("子类的普通方法");
    }
    public static void main(String[] args)
    {
        //下面编译时类型和运行时类型完全一样, 因此不存在多态
        jiBaseClass bc = new jiBaseClass();
        //输出 6
        System.out.println(bc.book);
        //下面两次调用将执行jiBaseClass的方法
        bc.base();
        bc.test();

        //下面编译时类型和运行时类型完全一样, 因此不存在多态
        duotai sc = new duotai();
        //输出"轻量级J2EE企业应用实战"
        System.out.println(sc.book);
        //下面调用将执行从父类继承到的base方法
        sc.base();
        //下面调用将执行当前类的test方法
        sc.test();
        //下面调用将执行当前类的sub方法
        sc.sub();

        //下面编译时类型和运行时类型不一样, 多态发生
        jiBaseClass sanYin = new duotai();
        //输出 6, 这表明访问的是父类属性
        System.out.println(sanYin.book);
        //下面调用将执行从父类继承到的base方法
        sanYin.base();
        //下面调用将执行当前类的test方法
        sanYin.test();
        //jiBaseClass类没有提供sub方法, 这是因为sanYin的编译类型是jiBaseClass
        //所以以下面代码编译时会出现错误
        //sanYin.sub();
    }
}
```

在上述代码的 main() 方法中显式创建了 3 个引用变量，其中前两个引用变量 bc 和 sc 的编译时类型和运行时类型完全相同，因此调用它们的属性和方法非常正常，完全没有任何问题。但第三个引用变量 sanYin 则比较特殊，它编译时的类型是 BaseClass，而运行时类型是 SubClass，当调用该引用变量的 test 方法时，实际执行的是类 SubClass 中覆盖后的 test() 方法，这就是多态。

因为子类其实是一种特殊的父类，所以 Java 允许把一个子类对象直接赋给一个父类引用变量，而无须任何类型转换。当把一个子类对象直接赋给父类引用变量时，例如上面的"BaseClass sanYin=SubClass0;"，这个引用变量 sanYin 的编译时的类型是 BaseClass，而运行时类型是 SubClass。当运行时调用该引用变量的方法时，其方法行为总是像子类方法的行为，而不是像父类方法行为。此时会出现相同类型的变量、执行同一个方法时呈现出不同的行为特征，这就是多态。

引用变量在编译阶段只能调用其编译时类型所具有的方法，但是在运行时则执行它运行时类型所具有的方法。因此在编写 Java 代码时，引用变量只能调用声明该变量时所用类里包含的方法。例如我们通过"Object m = new Person()"代码定义一个变量 m，则此 m 能调用 Object 类的方法，而不能调用在类 Person 中定义的方法。

与方法不同的是，对象的属性则不具备多态性：如上面的 sanYin 引用变量，程序中输出它的 book 属性时，并不是输出在 SubClass 类里定义的实例属性，而是输出 BaseClass 类的实例属性。表面看在上面的代码中显式创建了 3 个对象，其实在内存里至少创建了 5 个对象，因为当系统创建 sc 和 sanYin 两个变量所引用的对象时，系统会隐式为其各自创建对应的父类对象，其父类对象可以在 SubClass 类通过 super 引用来访问。不管是 sc 变量，还是 sanYin 变量，它们都可以访问到两个 book 属性，其中一个来自于 BaseClass 类里定义的实例属性，一个来自于 SubClass 类里定义的实例属性。当通过引用变量来访问其包含的实例属性时，系统总是试图访问它编译时类所定义的属性，而不是它运行时类所定义的属性。

注意：多态的核心

多态的核心是类型的一致性。对象上的每一个引用和静态的类型检查器都要确认这样的依附。当一个引用成功地依附于另一个不同的对象时，有趣的多态现象就产生了。我们也可以把几个不同的引用依附于同一个对象。

多态依赖于类型和实现的分离，多用来把接口和实现分离。多态行为会用到类的继承关系所建立起来的子类型关系。Java 接口同样支持用户定义的类型，相对地，Java 的接口机制启动了建立在类型层次结构上的多态行为。

9.3　引用类型

知识点讲解：光盘:视频\PPT 讲解（知识点）\第 9 章\引用类型.mp4

在本书前面的内容中曾经涉及引用类型的知识，但是都没有深入详解，这是因为读者还不具备深入学习引用类型所需要的知识。本节将详细讲解 Java 中引用类型的基本知识，为读者步入本书后面知识的学习打下基础。

9.3.1　4 种引用类型

对于需要长期运行的应用程序来说，如果无用的对象所占用的内存空间不能得到及时释放的话，那么在一个局部的时间段内便形成了事实上的内存泄露。如果要及时地释放内存，在 Java 中最稳妥的方法就是，在使用完对象之后立刻执行"object=null"语句。当然，这也是一种理想状态。

在 JDK 中引入了 4 种对象引用类型，通过如下四种引用类型强行调用垃圾回收方法 System.gc()来解决内存泄露问题。

（1）强引用：在日常编程应用中所用的大多数引用类型都属于强引用类型，方法是显式执行"object=null"语句。

（2）软引用：被软引用的对象，如果内存空间足够，垃圾回收器是不会回收它的，如果内存空间不足，垃圾回收器将回收这些对象占用的内存空间。在 Java 中软引用对应着 java.lang.ref.SoftReference 类，一个对象如果要被软引用，只需将其作为参数传入 SoftReference 类的构造方法中就行了。

　　（3）弱引用：与前面的软引用相比，被弱引用的对象拥有更短的内存时间（也就是生命周期）。垃圾回收器一旦发现了被弱引用的对象，不管当前内存空间是不是足够，都会回收它的内存，弱引用对应着 java.lang.ref.WeakReference 类。同样的道理，一个对象如果想被弱引用，只需将其作为参数传入 WeakReference 类的构造方法中就行了。

　　（4）虚引用：虚引用不是一种真实可用的引用类型，完全可以视为一种"形同虚设"的引用类型。设计虚引用的目的在于结合引用关联队列，实现对对象引用关系的跟踪。在 Java 中虚引用对应着 java.lang.ref.PhantomReference 类。一个对象如果要被虚引用，只需将其作为参数传入 PhantomReference 类的构造方法中就行了，同时作为参数传入的还有引用关联队列 java.lang.ref.ReferenceQueue 的对象实例。

　　例如下面的代码演示了上述 4 种引用类型的用法。

```java
import java.lang.ref.SoftReference;
import java.lang.ref.WeakReference;
import java.lang.ref.PhantomReference;
import java.lang.ref.ReferenceQueue;
import java.util.Set;
import java.util.HashSet;

public class TestReferences
{
    public static void main(String[] args)
    {
        int length=10;

        //创建length个MyObject对象的强引用
        Set<MyObject> a = new HashSet<MyObject>();
        for(int i = 0; i < length; i++)
        {
            MyObject ref=new MyObject("Hard_" + i);
            System.out.println("创建强引用:" +ref);
            a.add(ref);
        }
        //a=null;
        System.gc();

        //创建length个MyObject对象的软引用
        Set<SoftReference<MyObject>> sa = new HashSet<SoftReference<MyObject>>();
        for(int i = 0; i < length; i++)
        {
            SoftReference<MyObject> ref=new SoftReference<MyObject>(new MyObject("Soft_" + i));
            System.out.println("创建软引用:" +ref.get());
            sa.add(ref);
        }
        System.gc();

        //创建length个MyObject对象的弱引用
        Set<WeakReference<MyObject>> wa = new HashSet<WeakReference<MyObject>>();
        for(int i = 0; i < length; i++)
        {
            WeakReference<MyObject> ref=new WeakReference<MyObject>(new MyObject("Weak_" + i));
            System.out.println("创建弱引用:" +ref.get());
            wa.add(ref);
        }
        System.gc();

        //创建length个MyObject对象的虚引用
        ReferenceQueue<MyObject> rq = new ReferenceQueue<MyObject>();
        Set<PhantomReference<MyObject>> pa = new HashSet<PhantomReference<MyObject>>();
        for(int i = 0; i < length; i++)
        {
            PhantomReference<MyObject>ref=newPhantomReference<MyObject>(new MyObject("Phantom_" +i), rq);
            System.out.println("创建虚引用:" +ref.get());
            pa.add(ref);
        }
        System.gc();
```

```
    }
}
class MyObject
{
    private String id;

    public MyObject(String id)
    {
        this.id = id;
    }

    public String toString()
    {
        return id;
    }

    public void finalize()
    {
        System.out.println("回收对象:" + id);
    }
}
```

在上述代码中，类 SoftReference、WeakReference 和 PhantomReference 都继承自抽象类 java.lang.ref.Reference。在抽象类 Reference 定义了方法 clear() 来撤销引用关系，定义方法 get() 来返回被引用的对象。执行后将依次输出如下创建不用引用并分别释放的过程。

```
创建强引用：Hard_0
创建强引用：Hard_1
创建强引用：Hard_2
创建强引用：Hard_3
创建强引用：Hard_4
创建强引用：Hard_5
创建强引用：Hard_6
创建强引用：Hard_7
创建强引用：Hard_8
创建强引用：Hard_9
创建软引用：Soft_0
创建软引用：Soft_1
创建软引用：Soft_2
创建软引用：Soft_3
创建软引用：Soft_4
创建软引用：Soft_5
创建软引用：Soft_6
创建软引用：Soft_7
创建软引用：Soft_8
创建软引用：Soft_9
创建弱引用：Weak_0
创建弱引用：Weak_1
创建弱引用：Weak_2
创建弱引用：Weak_3
创建弱引用：Weak_4
创建弱引用：Weak_5
创建弱引用：Weak_6
```

创建弱引用：Weak_7
创建弱引用：Weak_8
创建弱引用：Weak_9
创建虚引用：null
创建虚引用：null
创建虚引用：null
创建虚引用：null
创建虚引用：null
创建虚引用：null
创建虚引用：null
创建虚引用：null
创建虚引用：null
回收对象：Phantom_0
回收对象：Phantom_9
回收对象：Phantom_8
回收对象：Phantom_7
回收对象：Phantom_6
回收对象：Phantom_5
回收对象：Phantom_4
回收对象：Phantom_3
回收对象：Phantom_2
回收对象：Phantom_1
回收对象：Weak_9
回收对象：Weak_8
回收对象：Weak_7
回收对象：Weak_6
回收对象：Weak_5
回收对象：Weak_4

9.3.2　instanceof 运算符

instanceof 是 Java 语言中的一个二元操作符，和= =、>、<等是同一类元素。由于 instanceof 是由字母组成的，所以也是 Java 的保留关键字。instanceof 的作用是测试它左边的对象是否是它右边的类的实例，返回一个 boolean 类型的 instanceof。请看下面的代码。

```
String s = "I AM an Object!";
boolean isObject = s instanceof Object;
```

在上述代码中声明了一个 String 对象引用，指向了一个 String 对象，然后用 instancof 来测试它所指向的对象是否是 Object 类的一个实例。因为这是真的，所以返回结果 true，也就是 isObject 的值为 True。

比如我们在编写一个处理账单系统时，其中有如下 3 个类。

```
public class Bill {//省略细节}
public class PhoneBill extends Bill {//省略细节}
public class GasBill extends Bill {//省略细节}
```

在具体处理程序中有一个专门的方法来接受一个 Bill 类型的对象，这样可以计算金额。假设两种账单的计算方法不同,而传入的 Bill 对象可能是两种中的任何一种,则需要使用 instanceof

来判断。

```
public double calculate(Bill bill) {
    if (bill instanceof PhoneBill) {
    //计算电话账单
    }
    if (bill instanceof GasBill) {
    //计算燃气账单
    }
    ...
```

这样就可以用一个方法来处理两种子类。然而这种做法通常被认为是没有好好利用面向对象中的多态性。其实上面的功能要求用方法重载完全可以实现，这是面向对象编程应用的做法，避免回到结构化编程模式。只要提供两个名字和返回值都相同、接受参数类型不同的方法就可以了。

```
public double calculate(PhoneBill bill) {
//计算电话账单
}

public double calculate(GasBill bill) {
//计算燃气账单
}
```

9.3.3　引用变量的强制类型转换

在编写 Java 程序时，引用变量只能调用它编译时类型的方法，而不能调用它运行时类型的方法，即使它实际所引用对象确实包含该方法。如果需要让这个引用变量来调用它运行时类型的方法，必须使用强制类型转换把它转换成运行时类型，强制类型转换需要借助于类型转换运算符。

Java 中的类型转换运算符是小括号“()”，使用类型转换运算符的语法格式如下所示。

```
(type)variable
```

上述格式可以将变量 variable 转换成一个 type 类型的变量，这种类型转换运算符可以将一个基本类型变量转换成另一个类型。除此之外，此类型转换运算符还可以将一个引用类型变量转换成其子类类型。

下面通过一段代码来演示使用强制转换的过程，具体代码【光盘\daima\9\qiangzhuan.java】如下所示。

```
public class qiangzhuan
{
    public static void main(String[] args)
    {
        double d = 13.4;
        long l = (long)d;
        System.out.println(l);
        int in = 5;
        //下面代码试图把一个数值型变量转换为boolean型, 所以会出错
        //boolean b = (boolean)in;
        Object obj = "Hello";
        //obj变量的编译类型为Object, 是String类型的父类, 可以强制类型转换
        //而且obj变量实际上类型也是String类型, 所以运行时也可通过
        String objStr = (String)obj;
        System.out.println(objStr);
        //定义一个objPri变量, 编译类型为Object, 实际类型为Integer
        Object objPri = new Integer(5);
        //objPri变量的编译类型为Object, 是String类型的父类, 可以强制类型转换
        //而objPri变量实际上类型是Integer类型, 所以下面代码运行时引发ClassCastException异常
        String str = (String)objPri;
    }
}
```

在上述代码中，因为变量 objPri 的实际类型是 Integer 类型，所以运行上述代码时会引发 ClassCastException 异常。执行效果如图 9-5 所示。

为了解决上述异常，在进行类型转换之前应先通过 instanceof 运算符来判断是否可以成功

转换。

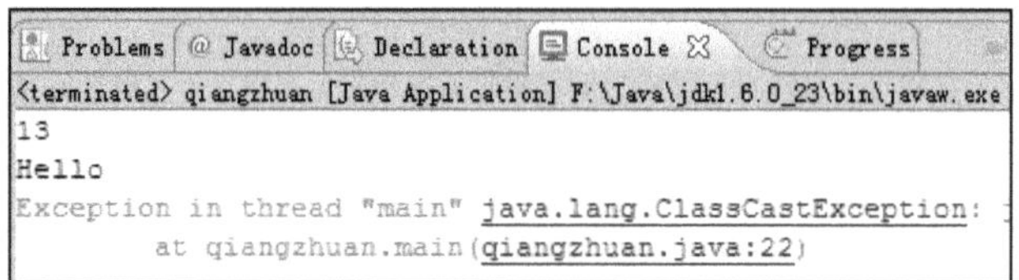

图 9-5　执行效果

9.4　组　　合

知识点讲解：光盘:视频\PPT 讲解（知识点）\第 9 章\组合.mp4

在本书上一章中曾经讲解了继承的知识，继承是实现类重用的重要手段，但是继承会破坏封装。相比之下，在 Java 中通过组合也可以实现类重用，而采用组合方式来实现类重用则能提供更好的封装性。

如果需要复用一个类，除了把这个类当成基类来继承之外，还可以把该类当成另一个类的组合成分，从而允许新类直接复用该类的 public 方法。不管是继承还是组合，都允许在新类（对于继承来说是子类）中直接复用旧类的方法。对于继承来说，子类可以直接获得父类的 public 方法。当程序在使用子类时，可以直接访问该子类从父类那里继承到的方法。而组合能够把旧类对象作为新类的属性嵌入，用以实现新类的功能。我们看到的只是新类的方法，而不能看到嵌入在对象中的方法。因此，通常需要在新类里使用 private 来修饰嵌入的旧类对象。

如果仅仅从类复用的角度来看，会很容易发现父类的功能等同于被嵌入类，都是将自身的方法提供给新类使用。子类和组合关系里的整体类都可以复用原有类的方法，这样可以实现自身的功能。例如在下面的代码中有 3 个类。

```java
class dongwu
{
    private void beat()
    {
        System.out.println("休息...");
    }
    public void breath()
    {
        beat();
        System.out.println("走路...");
    }
}
//继承dongwu，直接复用父类的breath方法
class niao extends dongwu
{
    public void fly()
    {
        System.out.println("飞翔...");
    }
}
//继承dongwu，直接复用父类的breath方法
class nnn extends dongwu
{
    public void run()
    {
        System.out.println("奔跑...");
    }
}
public class jiben
{
    public static void main(String[] args)
    {
```

```
            niao b = new niao();
            b.breath();
            b.fly();
            nnn w = new nnn();
            w.breath();
            w.run();
        }
    }
```

在上述代码中，niao 和 nnn 继承于 dongwu，从而允许让 nnn 和 niao 可以获得 dongwu 的方法，从而复用了 dongwu 提供的 breath()方法。通过这种方式相当于让类 nnn 和类 niao 同时有父类 dongwu 的 breath()方法，这样类 niao 和 nnn 都可以直接调用 dongwu 里面定义的 breath()方法。

我们知道编程都讲究代码复用的原则，我们也可以编写如下可以实现复用的并且可以实现上述功能的代码。

```java
class dongwu
{
    private void beat()
    {
        System.out.println("心脏跳动...");
    }
    public void breath()
    {
        beat();
        System.out.println("休息...");
    }
}
class niao
{
    //将原来的父类嵌入原来的子类，作为子类的一个组合成分
    private dongwu a;
    public niao(dongwu a)
    {
        this.a = a;
    }
    //重新定义一个自己的breath方法
    public void breath()
    {
        //直接复用dongwu提供的breath方法来实现niao的breath方法
        a.breath();
    }
    public void fly()
    {
        System.out.println("飞翔...");
    }
}
class nnn
{
    //将原来的父类嵌入原来的子类，作为子类的一个组合成分
    private dongwu a;
    public nnn(dongwu a)
    {
        this.a = a;
    }
    //重新定义一个自己的breath方法
    public void breath()
    {
        //直接复用dongwu提供的breath方法来实现niao的breath方法
        a.breath();
    }
    public void run()
    {
        System.out.println("奔跑...");
    }
}
public class haiyou
{
    public static void main(String[] args)
    {
        //此时需要显式创建被嵌入的对象
        dongwu a1 = new dongwu();
        niao b = new niao(a1);
```

```
        b.breath();
        b.fly();
        //此时需要显式创建被嵌入的对象
        dongwu a2 = new dongwu();
        nnn w = new nnn(a2);
        w.breath();
        w.run();
        }
    }
```

在上述代码中，对象 nnn 和对象 niao 由对象 dongwu 组合而成，在上述代码创建对象 nnn 和对象 niao 之前，首先得创建对象 dongwu，并利用对象 dongwu 来创建对象 nnn 和对象 niao。

9.5　初 始 化 块

知识点讲解：光盘:视频\PPT 讲解（知识点）\第 9 章\初始化块.mp4

Java 使用构造器来对单个对象进行初始化操作，在使用构造器时需要先把整个 Java 对象的状态初始化完成，然后将 Java 对象返回给程序，从而让该 Java 对象的信息更加完整。在 Java 中与构造器功能类似的是初始化块，能够实现对 Java 对象的初始化操作。在本节的内容中，将详细讲解 Java 中初始化块的基本知识。

9.5.1　何谓初始化块

在 Java 语言的类中，初始化块和属性、方法、构造器处于平等的地位。在一个类里可以有多个初始化块，在相同类型的初始化块之间是有顺序的，其中前面定义的初始化块先执行，后面定义的初始化块

后执行。在 Java 中实现初始化块的语法格式如下所示。

```
修饰符 {
//初始化块的可执行代码
}
```

在 Java 中有两种初始化块，分别是静态初始化块和非静态初始化块。

❑ 静态初始化块：使用 static 定义，当类装载到系统时执行一次。如果在静态初始化块中想初始化变量，则只能初始化类变量，即 static 修饰的数据成员。

❑ 非静态初始化块：在每个对象生成时都会被执行一次，可以初始化类的实例变量。非静态初始化块会在构造函数执行时，且在构造函数主体代码执行之前被运行。

实例 060　**在类中定义一个构造器**

源码路径　\daima\9\ren.java　　　　　　　　视频路径　\视频\实例\第 9 章\060

实例文件 ren.java 的主要代码如下所示。

```java
public class ren{
{       //下面定义一个初始化块
        int a = 6;
        //在初始化块中
        if (a > 4){
    System.out.println("ren初始化块:局部变量a的值大于4");
        }
    System.out.println("ren的初始化块");
        }
        //定义第二个初始化块
        {
    System.out.println("ren的第二个初始化块");
        }
        //定义无参数的构造器
        public ren(){
    System.out.println("ren类的无参数构造器");
        }
        public static void main(String[] args){
            new ren();
```

范例 119：说明初始化块的执行顺序
源码路径：光盘\演练范例\119\
视频路径：光盘\演练范例\119\
范例 120：提高产品的质量
源码路径：光盘\演练范例\120\
视频路径：光盘\演练范例\120\

```
        }
    }
```

执行后的效果如图 9-6 所示。

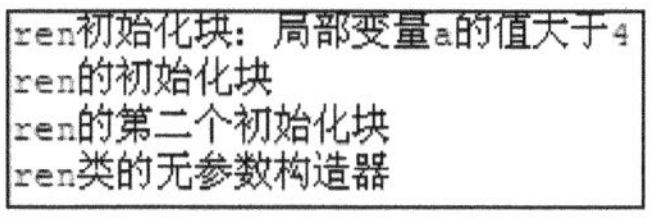

在上面的实例代码中定义了一个类 ren，在里面既包含了构造器，也包含了初始化块。当创建 Java 对象时，系统总是先调用在该类中定义的初始化块。如果在一个类中定义了两个普

ren初始化块: 局部变量a的值大于4
ren的初始化块
ren的第二个初始化块
ren类的无参数构造器

图 9-6　执行效果

通初始化块，则前面定义的初始化块先执行，后面定义的初始化块后执行。由此可见，初始化的作用和构造器相似，都用于对 Java 对象执行指定初始化操作，它们之间依然存在一些差异。

> 注意：当 Java 创建一个对象时，系统先为该对象的所有实例属性分配内存，然后程序开始对这些实例属性执行初始化，其初始化顺序是先执行初始化块或声明属性时指定的初始值，然后再执行构造器里指定的初始值。初始化块虽然也是 Java 类的一种成员，但是因为没有名字和标识，所以无法通过类和对象来调用初始化块。只有在创建 Java 对象时才隐式执行初始化块，并且是在执行构造器之前执行。

9.5.2　静态初始化块

如果在 Java 程序中使用 static 修饰符定义了初始化块，则称这个初始化块为静态初始化块。静态初始化块是类相关的，系统将在类初始化阶段执行静态初始化块，而不是在创建对象时才执行。因此静态初始化块总是比普通初始化块先执行。

静态初始化块能够初始化处理整个类，通常用于对类属性执行初始化处理，但是不能初始化处理实例属性。与普通初始化块类似的是，系统在类初始化阶段执行静态初始化块时，不仅会执行本类的静态初始化块，还会一直上溯到 java.lang.Object 类（如果它包含静态初始化块），先执行 java.lang.Object 类的静态初始化块，然后执行其父类的静态初始化块……最后才执行该类的静态初始化块。只有经过上述过程才能完成该类的初始化过程。只有完成类的初始化工作后，才可以在系统中使用这个类，包括访问这个类的方法和属性，或者用此类来创建实例。

例如下面的代码演示了 Java 中静态初始化块的用法。

```java
class gen
{
    static{
        System.out.println("gen的静态初始化块");
    }
    {
        System.out.println("gen的普通初始化块");
    }
    public gen()
    {
        System.out.println("gen的无参数的构造器");
    }
}
class zhong extends gen
{
    static{
        System.out.println("zhong的静态初始化块");
    }
    {
        System.out.println("zhong的普通初始化块");
    }
    public zhong()
    {
        System.out.println("zhong的无参数的构造器");
    }
    public zhong(String msg)
    {
        //通过this调用同一类中重载的构造器
        this();
        System.out.println("zhong的带参数构造器, 其参数值:" + msg);
    }
}
```

```
class xiao extends zhong
{
    static{
        System.out.println("xiao的静态初始化块");
    }
    {
        System.out.println("xiao的普通初始化块");
    }
    public xiao()
    {
        //通过super调用父类中有一个字符串参数的构造器
        super("AAAA");
        System.out.println("执行xiao的构造器");
    }

}

public class jing
{
    public static void main(String[] args)
    {
        new xiao();
        new xiao();

    }
}
```

在上述代码中定义了 3 个类 gen、zhong 和 xiao，3 个类都提供了静态初始化块和普通初始化块，并且在类 zhong 中使用了 this 调用了重载构造器，而在 xiao 中使用 super 显式调用了其父类指定的构造器。在上述代码执行了两次 "new xiao();"，创建两个 xiao 对象。当第一次创建一个对象 xiao 时，因为系统中还不存在 xiao 类，因此需要先加载并初始化类 xiao。在初始化类时 xiao 会先执行其顶层父类的静态初始化块，然后再执行父类的静态初始化块，最后才执行 xiao 本身的静态初始化块。当初始化类 xiao 成功后，类 xiao 将在该虚拟机中一直存在。当第二次创建实例 xiao 时，无须再次初始化 xiao 类。执行后的效果如图 9-7 所示。

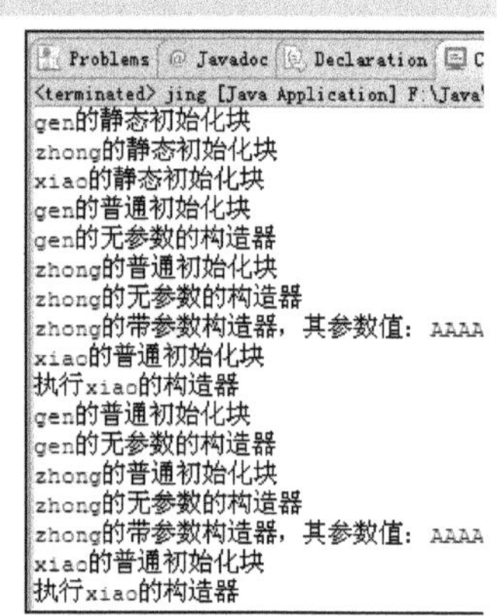

图 9-7　执行效果

9.6　包　装　类

知识点讲解：光盘:视频\PPT 讲解（知识点）\第 9 章\包装类.mp4

Java 虽然是面向对象的编程语言，但是在里面包含了 8 种基本数据类型，这 8 个基本数据类型不支持面向对象的编程机制。这些基本数据类型的数据不具备"对象"的特性，例如没有属性、没有方法可以被调用。这 8 种基本数据类型带来了一定的方便之处，例如可以进行简单、有效的常规数据处理。但在某些时候，在使用基本数据类型时会有一些制约，例如所有引用类型的变量都继承了 Object 类，都可以当成 Object 类型变量来使用。但是基本数据类型的变量就不可以，如果有个方法需要用到 Object 类型的参数，但实际需要的值却是诸如数字 3 之类的数值，这可能就比较难以处理。为了解决 8 个基本数据类型的变量不能当成 Object 类型变量使用的这一问题，在 Java 中引入了包装类，通过包装类可以为 8 个基本数据类型分别定义相应的引用类型，这被称之为基本数据类型的包装类。

在表 9-1 中列出了 Java 中基本数据类型和包装类之间的关系。

将基本数据类型变量包装成包装类实例是通过对应包装类的构造器来实现的，并且在 8 个包中除了 Character 之外，还可以通过传入一个字符串参数来构建包装类对象。

表 9-1	基本数据类型和包装类之间的对应
基本数据类型	包　装　类
byte	Byte
short	Short
int	Integer
long	Long
char	Character
float	Float
double	Double
boolean	Boolean

实例 061　把基本类型变量转换成对应包装类对象

源码路径　\daima\9\baozhuang.java　　　　视频路径　\视频\实例\第 9 章\061

实例文件 baozhuang.java 的主要代码如下所示。

```java
public class baozhuang{
    public static void main(String[] args) {
        boolean bl = true;
        //通过构造器把b1基本类型变量包装成包装类对象
        Boolean blObj = new Boolean(bl);
        int it = 5;
        //通过构造器把it基本类型变量包装成包装类对象
        Integer itObj = new Integer(it);
        //把一个字符串转换成Float对象
        Float fl = new Float("1.23");
        //把一个字符串转换成Boolean对象
        Boolean bObj = new Boolean("true");
        System.out.print("---------" + bObj);
        //下面会引发java.lang.NumberFormatException异常
        //Long lObj = new Long("ddd");
        //取出Boolean对象里的boolean变量
        boolean bb = bObj.booleanValue();
        //取出Integer对象里的int变量
        int i = itObj.intValue();
        //取出Float对象里的float变量
        float f = fl.floatValue();
    }
}
```

范例 121：使用自动装箱和自动拆箱
源码路径：光盘\演练范例\121\
视频路径：光盘\演练范例\121\
范例 122：骑车销售商场模式
源码路径：光盘\演练范例\122\
视频路径：光盘\演练范例\122\

执行后的效果如图 9-8 所示。

在上面的实例代码中，演示了如何把基本类型变量转换成对应包装类对象，以及如何把一个字符串包装成包装类对象的过程。在上面程序中分别可以把把 e、5 等基本类型变量包装成包装类对象。并且通过向包装类构造器里传入一个字符串参数，

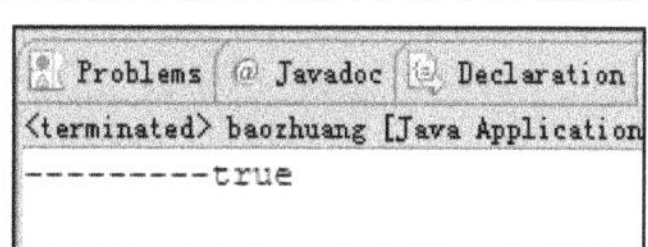

图 9-8　执行效果

分别利用"4.56""false"等字符串来创建包装类对象。其中一行代码试图把字符串"ddd"转换成 Long 类型变量，所以编译时没有问题，但是在运行时会引发 java.lang.NumberFormatException 异常。

9.7　深入详解 final 修饰符

知识点讲解：光盘:视频\PPT 讲解（知识点）\第 9 章\深入详解 final 修饰符.mp4

在本书的第 7 章简要介绍过 final 修饰符的基本知识，了解到 final 可以修饰类、变量和方法。通过 final 修饰以后，能够表示其修饰的类、方法和变量不可改变。在本节将深入讲解 final

的知识，为提高读者的水平做好铺垫。

9.7.1　用 final 修饰变量

当使用 fnal 修饰变量时，表示该变量一旦获得了初始值之后就不可被改变。final 既可以修饰成员变量，例如类变量和实例变量，也可以修饰局部变量和形参。用 final 修饰的变量不可以被改变，一旦获得初始值之后，该 final 变量的值就不能被重新赋值。在 Java 中用 final 修饰局部变量和全局变量的作用是不同的，原因是 final 变量获得初始值之后不能被重新赋值。

1．用 final 修饰成员变量

成员变量是随着类初始化或对象初始化而初始化的。当初始化类时，系统会为该类的类属性分配内存，并分配一个默认的值；当创建对象时，系统会为该对象的实例属性分配内存，并分配默认值。也就是说当执行静态初始化块时可以对类属性赋初始值，当执行普通初始化块、构造器时可对实例属性赋初始值。因此，成员变量的初始值可以在定义该变量时指定默认值，可以在初始化块、构造器中指定初始值，否则成员变量的初始值将是由系统自动分配的初始值。

当使用 final 修饰成员变量时，一旦有了初始值后就不能被重新赋值，所以不可以在普通方法中对成员变量重新赋值。成员变量只能在定义该成员变量时指定默认值，或者在静态初始化块、初始化块和构造器为成员变量指定初始值。如果既没有在定义成员变量时指定初始值，也没有在初始化块、构造器中为成员变量指定初始值，那么这些成员变量的值将一直是 0、'\u0000'、false 或 null，这些成员变量也就失去了存在的意义。

当使用 final 修饰成员变量时，要么在定义成员变量时指定初始值，要么在初始化块和构造器中为成员变量赋初始值。如果在定义该成员变量时指定了默认值，则不能在初始化块和构造器中为该属性重新赋值。综上所述，final 在修饰类属性、实例属性时能够指定初始值的一定范围，具体说明如下所示。

❑　修饰类属性时：可在静态初始化块中、声明该属性时指定初始值。

❑　修饰实例属性时：可在非静态初始化块、声明该属性时、构造器中指定初始值。

2．用 final 修饰局部变量

在初始化局部变量时，局部变量必须由程序员显式初始化。因此使用 final 修饰局部变量时既可以指定默认值，也可以不指定默认值。如果在定义修饰的局部变量时没有指定默认值，则可以在后面代码中对该 final 变量赋一个初始值，但是前提是只能一次，不能重复赋值。如果在定义 final 修饰的局部变量时已经指定默认值，则在后面的代码中不能再对该变量赋值。在下面的实例中，演示了使用 final 修饰局部变量和形参的情形。

<table>
<tr><td>实例 062</td><td>使用 final 修饰成员变量</td></tr>
<tr><td></td><td>源码路径　　\daima\9\chengyuan.java　　　　视频路径　　\视频\实例\第 9 章\062</td></tr>
</table>

实例文件 chengyuan.java 的主要代码如下所示。

```
public class chengyuan{
    //定义成员变量时指定默认值, 合法
    final int a = 6;
    final String str;
    final int c;
    final static double d;
    //初始化块, 可对没有指定默认值的实例属性指定初始值
    {
        //在初始化块中为实例属性指定初始值, 合法
        str = "Hello";
        //定义a属性时已经指定了默认值, 不能为a重新赋值,
        下面赋值语句非法
        //a = 9;
    }
    //静态初始化块, 可对没有指定默认值的类属性指定初始值
    static
```

范例 123：使用 final 修饰基本类型
源码路径：光盘\演练范例\123\
视频路径：光盘\演练范例\123\
范例 124：两个相同的宠物
源码路径：光盘\演练范例\124\
视频路径：光盘\演练范例\124\

```java
    {
        //在静态初始化块中为类属性指定初始值，合法
        d = 5.6;
    }
    //构造器，可对没有指定默认值、且没有在初始化块中指定初始值的实例属性指定初始值
    public chengyuan(){
        c = 5;
    }
    public void changeFinal(){
        //普通方法不能为final修饰的成员变量赋值
        //d = 1.2;
        //不能在普通方法中为final成员变量指定初始值
        //ch = 'a';
    }
    public static void main(String[] args){
        chengyuan tf = new chengyuan();
        System.out.println(tf.a);
        System.out.println(tf.c);
        System.out.println(tf.d);
    }
}
```

执行后的效果如图 9-9 所示。

上面的实例代码演示了初始化 final 成员变量的各种情形，和普通成员变量不同的是，final 成员变量（包括实例属性和类属性）必须由程序员显式初始化，系统不会对 final 成员进行隐式初始化。所以如果想在构造器、初始化块中对 final 成员变量进行初始化，一定要在初始化之前就访问成员变量的值。

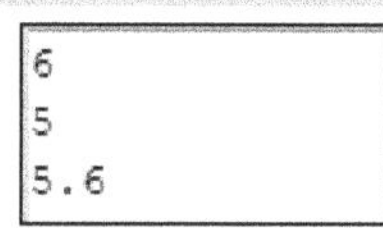

图 9-9　执行效果

9.7.2　final 方法

在 Java 中不能重写用 final 修饰的方法，如果不希望子类重写父类的某个方法，则可以使用 final 来修饰该方法。在 Java 中的 Object 类中有一个 final 方法——getClass()，因为 Java 不希望任何类重写这个方法，所以使用 final 把这个方法密封起来。但对于该类提供的方法 toString() 和 equals()允许子类重写，所以没有使用 final 修饰该方法。

例如下面的代码试图重写 final 方法，执行后将会引发编译错误。

```java
public class cuowu
{
 public static void test(){}
}
class Sub extends cuowu
{
 //下面方法定义将出现编译错误，不能重写final方法
 public void test(){}
}
```

上述代码中的父类是 cuowu，在该类中定义的方法 test()是一个 final 方法，如果其子类试图重写这个方法则会引发编译错误。

在 Java 程序中，对于 private 方法来说，因为它仅在当前类中可见，其子类无法访问该方法。如果在子类中定义一个与父类 private 方法有相同方法名、相同形参列表和相同返回值类型的方法，也不是方法重写，只是重新定义了一个新方法。即使使用 final 修饰了一个 private 访问权限的方法，仍然可以在其子类中定义与该方法具有相同方法名、相同形参列表、相同返回值类型的方法。例如在下面的代码中，在子类中"重写"了父类的 private final 方法。

```java
public class chongsi{
 private final void test(){}
}
class mmm extends chongsi{
 //下面方法定义将不会出现问题
 public void test(){}
}
```

final 修饰的方法只是不能被重写，并不是不能被重载。

9.8　内　部　类

知识点讲解：光盘:视频\PPT 讲解（知识点）\第 9 章\内部类.mp4

内部类是指在一个外部类的内部再定义一个类。内部类作为外部类的一个成员，并且是依附于外部类而存在的。内部类可以是静态的，可以使用 protected 和 private 来修饰，而外部类只能使用 public 和缺省的包访问权限。Java 中的内部类主要有成员内部类、局部内部类、静态内部类和匿名内部类等。

9.8.1　何谓内部类

在 Java 程序中，通常把类定义成一个独立的程序单元。在某些情况下，可以把一个类放在另一个类的内部定义，这个定义在其他类内部的类就被称为内部类（有的地方也叫嵌套类），包含内部类的类被称为外部类（有的地方也叫宿主类）。Java 从 JDK 1.1 开始引入了内部类，内部类主要作用如下所示。

- ❑ 内部类提供了更好的封装，可以把内部类隐藏在外部类之内，不允许同一个包中的其间该类。假设需要创建一个名为 mmm 的类，类 mmm 需要组合一个 mmmLeg 的属性，mmmLeg 只有在 mmm 类里才有效，离开了类 mmm 之后就没有任何意义。在这种情况下，可以把 mmmLeg 定义成 mmm 的内部类，不允许其他类访问 mmmLeg。
- ❑ 内部类成员可以直接访问外部类的私有数据，因为内部类被当成其外部类成员，同一个类的成员之间可以互相访问。但外部类不能访问内部类的实现细节，例如内部类的属性。
- ❑ 匿名内部类适合用于创建那些仅需要一次使用的类。对于前面介绍的命令模式，当需要传入一个 Command 对象时，重新专门定义 PrintCommand 和 AddCommand 两个实现类可能没有太大的意义，因为这两个实现类可能仅需使用一次。在这种情况下，使用匿名内部类会更加方便。

注意：为什么需要内部类

典型的情况是，内部类继承自某个类或实现某个接口，内部类的代码操作创建其外围类的对象。所以你可以认为内部类提供了某种进入其外围类的窗口。使用内部类最吸引人的原因是每个内部类都能独立地继承自一个（接口的）实现，所以无论外围类是否已经继承了某个（接口的）实现，对于内部类都没有影响。如果没有内部类提供的可以继承多个具体的或抽象的类的能力，一些设计与编程问题就很难解决。从这个角度看，内部类使得多重继承的解决方案变得完整。接口解决了部分问题，而内部类有效地实现了"多重继承"。

9.8.2　非静态内部类

定义内部类的方法非常简单，只要把一个类放在另一个类内部定义即可。此处的"类内部"包括类中的任何位置，甚至在方法中也可以定义内部类（方法里定义的内部类被称为局部内部类）。在 Java 中定义内部类的语法格式如下所示。

```
public class 类名
{
//此处定义内部类
}
```

在大多数情况下，内部类都被作为成员内部类定义，而不是作为局部内部类。成员内部类是一种与属性、方法、构造器和初始化块相似的类成员；局部内部类和匿名内部类则不是类成员。Java 中的成员内部类分为两种，分别是静态内部类和非静态内部类，使用 static 修饰的成员内部类是静态内部类，没有使用 static 修饰的成员内部类是非静态内部类。因为内部类可以作为其外部类的成员，因此可以使用任意访问控制符来修饰，例如 private 和 protected 等。

<table><tr><td>实例 063</td><td>演示非静态内部类的用法</td></tr><tr><td></td><td>源码路径 \daima\9\feijing.java   视频路径 \视频\实例\第 9 章\063</td></tr></table>

实例文件 feijing.java 的主要代码如下所示。

```java
public class feijing{
    private double weight;
    //外部类的两个重载的构造器
    public feijing(){}
    public feijing(double weight){
        this.weight = weight;
    }
    //定义一个内部类
    private class feijingLeg{
        //内部类的两个属性
        private double length;
        private String color;
        //内部类的两个重载的构造器
        public feijingLeg(){}
        public feijingLeg(double length, String color){
            this.length = length;
            this.color = color;
        }
        public void setLength(double length){
            this.length = length;
        }
        public double getLength(){
            return this.length;
        }
        public void setColor(String color){
            this.color = color;
        }
        public String getColor(){
            return this.color;
        }
        //内部类方法
        public void info(){
        System.out.println("当前位置是:" + color + ", 坐标:" + length);
    //直接访问外部类的private属性:weight
    System.out.println("所属地区:" + weight);
        }}
    public void test(){
        feijingLeg cl = new feijingLeg(1.12, "白里透红");
        cl.info();
    }
    public static void main(String[] args){
        feijing feijing = new feijing(2122);
        feijing.test();
    }
}
}
```

范例 125：使用 this 限定
源码路径：光盘\演练范例\125\
视频路径：光盘\演练范例\125\
范例 126：重新计算对象的哈希码
源码路径：光盘\演练范例\126\
视频路径：光盘\演练范例\126\

执行后的效果如图 9-10 所示。

```
当前位置是: 白里透红, 坐标: 1.12
所属地区: 2122.0
```

图 9-10　执行效果

在上面实例代码中，在类 feijing 中定义了一个名为 feijingLeg 的非静态内部类，并在 feijingLeg 类的实例方法中直接访问类 feijing 的 private 访问权限的实例属性。代码中的斜体部分是一个普通的类定义，因为把此类定义放在了另一个类的内部，所以就成为了一个内部类，我们可以使用 private 修饰符来修饰这个类。在外部类 feijing 中包含了一个 test 方法，在该方法里创建了一个 feijingLeg 对象，并调用了该对象的 info 方法。当在外部类中使用非静态内部类时，与平时使用的普通类并没有太大的区别。如果编译上述程序，会看到在文件所在路径生成了两个 class 文件，一个是 feijing.class，另一个是 feijing$feijingLeg.class，前者是外部类 feijing 的 class 文件，后者是内部类 feijingLeg 的 class 文件。因为在非静态内部类中可以直接访问外部类的 private 成员，所以上述代码中的斜体部分就是在类 feijingLeg 的方法内直接访问其外部类的 private 属性。这是因为在非静态内部类对象中保存了一个它寄存的外部类对象的引用（当调用非静态内部类的实例方法时，必须有一个非静态内部类实例，而非静态内部类实例必须寄存在外部类实例里）。

9.8.3　成员内部类

成员内部类作为外部类的一个成员存在，与外部类的属性、方法并列。请看下面的演示代码。

```
publicclass Outer {
privatestaticinti = 1;
privateintj = 10;
privateintk = 20;
publicstaticvoidouter_f1() {
}
publicvoidouter_f2() {
}
// 成员内部类中，不能定义静态成员
// 成员内部类中，可以访问外部类的所有成员
class Inner {
// static int inner_i = 100; //内部类中不允许定义静态变量
intj = 100; // 内部类和外部类的实例变量可以共存
intinner_i = 1;
void inner_f1() {
System.out.println(i);
//在内部类中访问内部类自己的变量直接用变量名
System.out.println(j);
//在内部类中访问内部类自己的变量也可以用this.变量名
System.out.println(this.j);
//在内部类中访问外部类中与内部类同名的实例变量用外部类名.this.变量名
System.out.println(Outer.this.j);
//如果内部类中没有与外部类同名的变量，则可以直接用变量名访问外部类变量
System.out.println(k);
outer_f1();
outer_f2();
}
}
//外部类的非静态方法访问成员内部类
publicvoidouter_f3() {
Inner inner = new Inner();
inner.inner_f1();
}
// 外部类的静态方法访问成员内部类，与在外部类外部访问成员内部类一样
publicstaticvoidouter_f4() {
//step1 建立外部类对象
Outer out = new Outer();
//step2 根据外部类对象建立内部类对象
Inner inner = out.new Inner();
//step3 访问内部类的方法
inner.inner_f1();
}
publicstaticvoid main(String[] args) {
outer_f4(); //该语句的输出结果和下面3条语句的输出结果一样
//如果要直接创建内部类的对象，不能想当然地认为只需加上外围类Outer的名字，
//就可以按照通常的样子生成内部类的对象，而是必须使用此外围类的一个对象来
//创建其内部类的一个对象:
//Outer.Inner outin = out.new Inner()
//因此，除非你已经有了外围类的一个对象，否则不可能生成内部类的对象。因为此
//内部类的对象会悄悄地链接到创建它的外围类的对象。如果你用的是静态的内部类，
//那就不需要对其外围类对象的引用
Outer out = new Outer();
Outer.Inner outin = out.new Inner();
outin.inner_f1();
}
}
```

内部类是一个编译时的概念，一旦编译成功就会成为完全不同的两类。对于一个名为 outer 的外部类和其内部定义的名为 inner 的内部类来说，编译完成后会生成 outer.class 和 outer$inner.class 两个类。

9.8.4　局部内部类

在方法中定义的内部类称为局部内部类。与局部变量类似，局部内部类不能有访问说明符，

因为它不是外围类的一部分，但是它可以访问当前代码块内的常量，和此外围类所有的成员。
请看下面的演示代码。

```
publicclass Outer {
privateints = 100;
privateintout_i = 1;
publicvoid f(finalint k) {
finalint s = 200;
int i = 1;
finalint j = 10;
//定义在方法内部
class Inner {
ints = 300;                //可以定义与外部类同名的变量
// static int m = 20;       //不可以定义静态变量
Inner(int k) {
inner_f(k);
}
intinner_i = 100;
voidinner_f(int k) {
//如果内部类没有与外部类同名的变量，在内部类中可以直接访问外部类的实例变量
System.out.println(out_i);
//可以访问外部类的局部变量(即方法内的变量)，但是变量必须是final的
System.out.println(j);
//System.out.println(i);
//如果内部类中有与外部类同名的变量，直接用变量名访问的是内部类的变量
System.out.println(s);
//用this.变量名访问的也是内部类变量
System.out.println(this.s);
//用外部类名.this.内部类变量名访问的是外部类变量
System.out.println(Outer.this.s);
}
}
new Inner(k);
}
publicstaticvoid main(String[] args) {
// 访问局部内部类必须先有外部类对象
Outer out = new Outer();
out.f(3);
}
}
```

9.8.5　静态内部类

　　静态内部类也叫嵌套类，前面介绍的两种内部类与变量类似，读者可以对照参考变量的用法。如果不需要内部类对象与其外围类对象之间有联系，可以将内部类声明为 static，这通常称为嵌套类（nested class）。想要理解 static 应用于内部类时的含义，就必须记住普通内部类对象隐含地保存了一个引用，这个引用指向创建它的外围类对象。然而当内部类是 static 时就不这样了。嵌套类意味着有如下两点含义。

　　❑　要创建嵌套类的对象，并不需要其外围类的对象。

　　❑　不能从嵌套类的对象中访问非静态的外围类对象。

　　请看下面的演示代码。

```
publicclass Outer {
privatestaticinti = 1;
privateintj = 10;
publicstaticvoidouter_f1() {
}
publicvoidouter_f2() {
}
// 静态内部类可以用public,protected,private修饰
// 静态内部类中可以定义静态或者非静态的成员
staticclass Inner {
staticintinner_i = 100;
intinner_j = 200;
staticvoidinner_f1() {
//静态内部类只能访问外部类的静态成员(包括静态变量和静态方法)
System.out.println("Outer.i" + i);
outer_f1();
```

```
}
voidinner_f2() {
// 静态内部类不能访问外部类的非静态成员(包括非静态变量和非静态方法)
// System.out.println("Outer.i"+j);
// outer_f2();
}
}
publicvoidouter_f3() {
// 外部类访问内部类的静态成员: 内部类.静态成员
System.out.println(Inner.inner_i);
Inner.inner_f1();
// 外部类访问内部类的非静态成员:实例化内部类即可
Inner inner = new Inner();
inner.inner_f2();
}
publicstaticvoid main(String[] args) {
newOuter().outer_f3();
}
}
```

生成一个静态内部类不需要外部类成员：这是静态内部类和成员内部类的区别。静态内部类的对象可以直接生成“Outer.Inner in = new Outer.Inner();”，而不需要通过生成外部类对象来生成。这样实际上使静态内部类成为了一个顶级类。在正常情况下，不能在接口内部放置任何代码，但嵌套类可以作为接口的一部分，因为它是 static 的。只是将嵌套类置于接口的命名空间内，这并不违反接口的规则。

9.8.6　匿名内部类

匿名内部类就是没有名字的内部类，究竟什么情况下需要使用匿名内部类呢？如果满足下面的一些条件，建议使用匿名内部类。

- ❑　只用到类的一个实例。
- ❑　类在定义后立即用到。
- ❑　类非常小（Sun 推荐是在 4 行代码以下）。
- ❑　给类命名并不会导致你的代码更容易被理解。

在使用匿名内部类时需要遵循如下原则。

- ❑　匿名内部类不能有构造方法。
- ❑　匿名内部类不能定义任何静态成员、方法和类。
- ❑　匿名内部类不能是 public、protected、private 和 static。
- ❑　只能创建匿名内部类的一个实例。
- ❑　一个匿名内部类一定是在 new 的后面，用其隐含实现一个接口或实现一个类。
- ❑　因匿名内部类为局部内部类，所以局部内部类的所有限制都对其生效。

请看下面一段怪异的演示代码。

```
//在方法中返回一个匿名内部类
public class Parcel6 {
    public Contents cont() {
        return new Contents() {
            private int i = 11;
            public int value() {
                return i;
            }
        }; // 在这里需要一个分号
    }
    public static void main(String[] args) {
        Parcel6 p = new Parcel6();
        Contents c = p.cont();
    }
}
```

在上述代码中，方法 cont()能够将下面两个动作合并在一起：返回值的生成和表示这个返回值的类的定义。更进一步说，这个类是匿名的，它没有名字。更糟的是，看起来是我们正要创建的一个 Contents 对象。

```
return new Contents()
```

但是在到达语句结束的分号之前，可以在这里插入一个类的定义。

```
return new Contents() {
private int i = 11;
public int value() { return i; }
};
```

这种奇怪的语法是指创建一个继承自 Contents 的匿名类的对象。通过 new 表达式返回的引用被自动向上转型为对 Contents 的引用。匿名内部类的语法是下面例子的简略形式。

```
class MyContents implements Contents {
private int i = 11;
public int value() { return i; }
    }
return new MyContents();
```

在这个匿名内部类中，使用了默认的构造器来生成 Contents。假如在下面的代码中，如果基类需要一个有参数的构造器，应该怎么办？

```
public class Parcel7 {
public Wrapping wrap(int x) {
return new Wrapping(x) {
public int value() {
return super.value() * 47;
        }
};
    }
public static void main(String[] args) {
Parcel7 p = new Parcel7();
Wrapping w = p.wrap(10);
    }
}
```

解决办法是简单地传递合适的参数给基类的构造器，这里是将 x 传进 new Wrapping(x)。在匿名内部类末尾的分号，并不是用来标记此内部类结束（C++中是那样）。实际上它标记的是表达式的结束，只不过这个表达式正巧包含了内部类罢了。因此，这与别的地方使用的分号是一致的。

如果在匿名类中定义成员变量，我们同样能够对其执行初始化操作。

```
public class Parcel8 {
public Destination dest(final String dest) {
return new Destination() {
private String label = dest;
public String readLabel() { return label; }
};
    }
public static void main(String[] args) {
Parcel8 p = new Parcel8();
Destination d = p.dest("Tanzania");
    }
}
```

如果有一个匿名内部类，它要使用一个在它的外部定义的对象，编译器会要求其参数引用是 final 型的，就像 dest()中的参数。如果忘记了会得到一个编译期错误信息，如果只是简单地给一个成员变量赋值，那么使用此例中的方法就可以了。如果你想做一些类似构造器的行为，应该怎么办呢？在匿名类中不可能有已命名的构造器，因为它根本没名字。但是通过初始化实例，就能够达到为匿名内部类"制作"一个构造器的效果。例如下面的代码就可以。

```
abstract class Base {
public Base(int i) {
System.out.println("Base constructor, i = " + i);
    }
public abstract void f();
}
public class AnonymousConstructor {
public static Base getBase(int i) {
return new Base(i) {
    {
System.out.println("Inside instance initializer");
```

```
            }
public void f() {
System.out.println("In anonymous f()");
            }
};
      }
public static void main(String[] args) {
Base base = getBase(47);
base.f();
      }
}
```

在上述代码中，不要求变量 i 一定是 final 的。因为 i 被传递给匿名类的基类的构造器，它并不会在匿名类内部被直接使用。下面的代码是带实例初始化的"parcel"形式，其中 dest() 的参数必须是 final，因为它们是在匿名类内被使用的。

```
public class Parcel9 {
public Destinationdest(final String dest, final float price) {
return new Destination() {
private int cost;
            {
cost = Math.round(price);
if(cost > 100)
System.out.println("Over budget!");
            }

private String label = dest;
public String readLabel() { return label; }
};
      }
public static void main(String[] args) {
Parcel9 p = new Parcel9();
Destination d = p.dest("Tanzania", 101.395F);
      }
}
```

在实例初始化的部分可以看到有一段代码，那原本是不能作为成员变量初始化的一部分而执行的（就是 if 语句）。所以对于匿名类而言，实例初始化的实际效果就是构造器。当然它受到了限制：你不能重载实例初始化，所以你只能有一个构造器。

9.8.7　匿名类和内部类中的 this

有时候我们会用到一些内部类和匿名类，当在匿名类中用 this 时，这个 this 指的是匿名类或内部类本身。这时如果我们要使用外部类的方法和变量的话，则应该加上外部类的类名。例如下面的代码。

```
public class A {
int i = 1;
public A() {
Thread thread = new Thread() {
public void run() {
for(;;) {
A.this.run();
try {
sleep(1000);
} catch(InterruptedException ie) {
}
}
}
};
thread.start();
}
public void run() {
System.out.println("i = " + i);
i++;
}
public static void main(String[] args) throws Exception {
new A();
}
}
```

在上述代码中，thread 是一个匿名类对象，在它的定义中，它的 run 函数里用到了外部类的 run 函数。这时由于函数同名，直接调用就不行了。这时有两种办法，一种就是把外部的 run 函数换一个名字，但这种办法对于一个开发到中途的应用来说是不可取的。那么就可以用这个例子中的办法：用外部类的类名加上 this 引用来说明要调用的是外部类的方法 run。

再看下面的代码。

```
this.test(new Inner(){
public void method1(){
System.out.print("1111");
}
public void method2(){
System.out.print("22222");
}
});
```

如果此时调用 test()方法，那 Inner 类的 method1 和 method2 是什么时候被调用的？难道也是 this 对象向它们发消息（比如传入一个参数）吗？还是直接显式地调用？对于 Inner 类来说，除了 this 这个类，即代码"this.test"中的 this 能够调用 Inner 类的方法，其他地方都不行。然而这也需要在类中有个地方保存有对这个内部类实例的引用才可以。再说明一次，内部类是用来在某个时刻调用外面的方法而存在的，这就是回调。也就是说内部类实例的方法只能在包容类的实例中调用，在其他地方无法调用。

9.8.8 总结 Java 内部类

内部类分为成员内部类、静态嵌套类、方法内部类、匿名内部类，这几种内部类的共同特征如下所示。

- ❑ 内部类仍然是一个独立的类，在编译之后内部类会被编译成独立的.class 文件，但是前面冠以外部类的类名和$符号。
- ❑ 内部类不能用普通的方式访问。内部类是外部类的一个成员，因此内部类可以自由地访问外部类的成员变量，无论是否是 private 的。

（1）成员内部类的格式如下。

```
class Outer {
    class Inner{}
}
```

编译上述代码会产生两个文件：Outer.class 和 Outer$Inner.class。

成员内部类内不允许有任何静态声明，下面代码不能通过编译。

```
class Inner{
    static int a = 10;
}
```

能够访问成员内部类的唯一途径就是通过外部类的对象。

- ❑ 成员内部类可以从外部类的非静态方法中实例化内部类对象，例如下面的代码。

```
class Outer {
    private int i = 10;
    public void makeInner(){
        Inner in = new Inner();
        in.seeOuter();
    }
    class Inner{
        public void seeOuter(){
            System.out.print(i);
        }
    }
}
```

从表面上看并没有创建外部类的对象就实例化了内部类对象，和上面的话矛盾。事实上如果不创建外部类对象也就不可能调用 makeInner()方法，所以到头来还是要创建外部类对象的。

我们可能试图把 makeInner()方法修饰为静态方法，即 static public void makeInner()。，因为它没有 this 引用。但是如果在这个静态方法中实例化一个外部类对象，再用这个对象实例化外部类呢？完全可以，请看下面的内容。

❑　从外部类的静态方法中实例化内部类对象，例如下面的代码。

```
class Outer {
    private int i = 10;
    class Inner{
        public void seeOuter(){
            System.out.print(i);
        }
    }
    public static void main(String[] args) {
        Outer out = new Outer();
        Outer.Inner in = out.new Inner();
        //Outer.Inner in = new Outer().new Inner();
        in.seeOuter();
    }
}
```

被注释掉的那行是它上面两行的合并形式，一条简洁的语句。此时我们对比一下：在外部
类的非静态方法中实例化内部类对象是普通的 new 方式：

```
Inner in = new Inner();
```

在外部类的静态方法中实例化内部类对象，必须先创建外部类对象：

```
Outer.Inner in = new Outer().new Inner();
```

❑　内部类的 this 引用。

普通的类可以用 this 引用当前的对象，内部类也是如此。但是假若内部类想引用外部类当
前的对象呢？用"外部类名.this；"的形式，如下面代码中的 Outer.this。

```
class Outer {
    class Inner{
        public void seeOuter(){
            System.out.println(this);
            System.out.println(Outer.this);
        }
    }
}
```

❑　成员内部类的修饰符。

对于普通的类，可用的修饰符有 final、abstract、strictfp、public 和默认的包访问。而成员
内部类更像一个成员变量和方法，可用的修饰符有 final、abstract、public、private、protected、
strictfp 和 static。一旦用 static 修饰内部类，它就变成静态内部类了。

（2）方法内部类。

顾名思义，把类放在方法内。例如下面的代码。

```
class Outer {
    public void doSomething(){
        class Inner{
            public void seeOuter(){
            }
        }
    }
}
```

❑　方法内部类只能在定义该内部类的方法内实例化，不可以在此方法外对其实例化。

❑　方法内部类对象不能使用该内部类所在方法的非 final 局部变量。

因为方法的局部变量位于栈上，只存在于该方法的生命期内。当一个方法结束，其栈结构
被删除，局部变量成为历史。但是该方法结束之后，在方法内创建的内部类对象可能仍然存在
于堆中。例如，如果对它的引用被传递到其他某些代码，并存储在一个成员变量内。正因为不
能保证局部变量的存活期和方法内部类对象的一样长，所以内部类对象不能使用它们。下面是
完整的演示代码。

```
class Outer {
    public void doSomething(){
        final int a =10;
        class Inner{
            public void seeOuter(){
                System.out.println(a);
            }
```

```
        }
        Inner in = new Inner();
        in.seeOuter();
    }
    public static void main(String[] args) {
        Outer out = new Outer();
        out.doSomething();
    }
}
```

❑　方法内部类的修饰符。

与成员内部类不同，方法内部类更像一个局部变量，可以用于修饰方法内部类的只有 final 和 abstract。

❑　静态方法内的方法内部类。

静态方法是没有 this 引用的，因此在静态方法内的内部类遭受同样的待遇，即：只能访问外部类的静态成员。

（3）匿名内部类。

顾名思义是指没有名字的内部类，从表面上看起来它们似乎有名字，实际那不是它们的名字。

❑　继承式的匿名内部类，例如下面的代码。

```
class Car {
    public void drive(){
        System.out.println("Driving a car!");
    }
}
class Test{
    public static void main(String[] args) {
        Car car = new Car(){
            public void drive(){
                System.out.println("Driving another car!");
            }
        };
        car.drive();
    }
}
```

上述代码编译执行后会输出。

```
Driving another car!
```

其中引用变量 Car 不是引用 Car 的对象，而是匿名子类 Car 的对象。建立匿名内部类的关键点是重写父类的一个或多个方法。再强调一下，是重写父类的方法，而不是创建新的方法。因为用父类的引用不可能调用父类本身没有的方法，创建新的方法是多余的。

❑　接口式的匿名内部类，例如下面的代码。

```
interface   Vehicle {
    public void drive();
}

class Test{
    public static void main(String[] args) {
        Vehicle v = new Vehicle(){
            public void drive(){
                System.out.println("Driving a car!");
            }
        };
        v.drive();
    }
}
```

上面的代码很怪，好像是在实例化一个接口。事实并非如此，接口式的匿名内部类是实现了一个接口的匿名类，而且只能实现一个接口。

❑　参数式的匿名内部类，例如下面的代码。

```
class Bar{
    void doStuff(Foo f){}
}
```

```
interface Foo{
    void foo();
}

class Test{
    static void go(){
        Bar b = new Bar();
        b.doStuff(new Foo(){
            public void foo(){
                System.out.println("foofy");
            }
        });
    }
}
```

（4）静态嵌套类。

从技术上讲静态嵌套类不属于内部类，因为内部类与外部类共享一种特殊关系，更确切地说是对实例的共享关系。而静态嵌套类则没有上述关系。它只是位置在另一个类的内部，因此也被称为顶级嵌套类。静态的含义是该内部类可以像其他静态成员一样，没有外部类对象时，也能够访问它。静态嵌套类不能访问外部类的成员和方法，例如下面的代码。

```
class Outer{
    static class Inner{}
}
class Test {
    public static void main(String[] args){
        Outer.Inner n = new Outer.Inner();
    }
}
```

9.9　枚　举　类

知识点讲解：光盘:视频\PPT 讲解（知识点）\第 9 章\枚举类.mp4

在大多数情况下 Java 类的对象是有限而且固定的，例如季节类，它只有春、夏、秋、冬四个对象。像这种实例有限而且固定的类，在 Java 里被称为枚举类。在本节将详细讲解 Java 枚举类的基本知识，为读者步入本书后面知识的学习打下基础。

9.9.1　枚举类的方法

Java 中的所有的枚举类都继承了 java.lang.Enum 类，所以枚举类可以直接使用 java.lang.Enum 类中所包含的方法。在类 java.lang.Enum 类中提供了如下几个常用的方法。

- String name()：(E o)：用于指定枚举对 toString()，同一个枚举实例只能与相同类型的枚举实例进行比较。如果该枚举对象位于指定枚举对象之后则返回正整数，如果该枚举对象位于指定枚举对象之前，则返回负整数，否则返回零。

- String name()：返回此枚举实例的名称，这个名字就是定义枚举类时列出的所有枚举值之一。与此方法相比，大多数程序员应该优先考虑使用 toString()方法，因为 toString() 方法型能够返回用户友好的名称。

- int ordinal()：返回枚举值在枚举类中的索引值（就是枚举值在枚举声明中的位置，第一个枚举值的索引值为零）。

- String toString()：返回枚举常量的名称，与 name 方法相似，但方法 toString()更加常用。

- public static <T extends Enum<T>>T valueOf(Class<T> enumType, String name)：这是一个静态方法，能够返回指定枚举类中指定名称的枚举值。名称必须与在该枚举类中声明枚举值时所用的标识符完全匹配，不允许使用额外的空白字符。

9.9.2　手动实现枚举类

在 Java 中可以通过如下方式手动实现枚举类。

❑ 通过 private 将构造器隐藏起来。

❑ 把此类的所有可能实例都使用 public static final 属性保存起来。

❑ 提供一些静态方法允许其他程序根据特定参数来获取与之匹配的实例。

下面通过一段代码来演示在 Java 中实现枚举类的方法，首先定义一个名为 jijie 的类，然后在里面分别为四个季节定义了 4 个对象，这样类 jijie 就被定义为了一个枚举类。具体代码【光盘\daima\9\jijie.java】如下所示。

```java
public class jijie
{
    //把Season类定义成不可变的，将其属性也定义成final
    private final String name;
    private final String desc;
    public static final jijie SPRING = new jijie("春天", "小桥流水");
    public static final jijie SUMMER = new jijie("夏天", "烈日高照");
    public static final jijie FALL = new jijie("秋天", "天高云淡");
    public static final jijie WINTER = new jijie("冬天", "惟余莽莽");
    public static jijie getSeaon(int jijieNum)
    {
        switch(jijieNum)
        {
            case 1 :
                return SPRING;
            case 2 :
                return SUMMER;
            case 3 :
                return FALL;
            case 4 :
                return WINTER;
            default :
                return null;
        }
    }
    //将构造器定义成private访问权限
    private jijie(String name, String desc)
    {
        this.name = name;
        this.desc = desc;
    }
    //只为name和desc属性提供getter方法
    public String getName()
    {
        return this.name;
    }
    public String getDesc()
    {
        return this.desc;
    }
}
```

在上述代码中，类 jijie 是一个不可变类，在此类中包含了 4 个 static final 常量属性，这四个常量属性就代表了该类所能创建的对象。当其他程序需要使用 jijie 对象时，不但可以使用 Season.SPRING 方式来获取 jijie 对象，也可通过 getjijie 静态工厂方法获得 jijie 对象。我们可以使用下面的代码【光盘\daima\9\Testjijie.java】使用上面定义的 jijie 类。

```java
public class Testjijie
{
    public Testjijie(jijie s)
    {
        System.out.println(s.getName() + ", 是一个"+ s.getDesc() + "的季节");
    }
    public static void main(String[] args)
    {
        //直接使用jijie的FALL常量代表一个Season对象
        new Testjijie(jijie.FALL);
    }
}
```

从上面的演示代码可以看出，使用枚举类的好处是可以使程序更加健壮，避免创建对象的随意性。

9.9.3　枚举类型

枚举类型是从 JDK 1.5 开始引入的，Java 引进了一个全新的关键字 enum 来定义一个枚举类。例如下面就是一个典型枚举类型的定义代码。

```
public enum Color{
RED, BLUE, BLACK, YELLOW, GREEN
}
```

显然，enum 很像一个特殊的 class 类，实际上 enum 声明定义的类型就是一个类。而这些类都是类库中 Enum 类的子类（java.lang.Enum），它们继承了这个 Enum 中的许多有用的方法。我们对代码编译之后发现，编译器将 enum 类型单独编译成了一个字节码文件：Color.class。

接下来我们以上面的Color类作为举例，详细介绍使用enum定义的枚举类的特征及其用法。

（1）Color 枚举类就是 class，而且是一个不可以被继承的 final 类。其枚举值（RED，BLUE……）都是 Color 类型的类静态常量，我们可以通过下面的方式来得到 Color 枚举类的一个实例：

```
Color c=Color.RED;
```

这些枚举值都是 public static final 的，也就是我们经常所定义的常量方式，因此枚举类中的枚举值最好全部大写。

（2）既然枚举类是 class，所以可以在枚举类型中有构造器、方法和数据域。但是枚举类的构造器有很大的不同，具体说明如下所示。

❑　构造器只是在构造枚举值的时候被调用，看下面的一段 Java 代码。

```
enum Color{
RED(255, 0, 0), BLUE(0, 0, 255), BLACK(0, 0, 0), YELLOW(255, 255, 0),GREEN(0, 255, 0);
//构造枚举值, 比如RED(255, 0, 0)
private Color(int rv, int gv, int bv){
this.redValue=rv;
this.greenValue=gv;
this.blueValue=bv;
}
public String toString(){        //覆盖了父类Enum的toString()
return super.toString()+"("+redValue+","+greenValue+","+blueValue+")";
}
private int redValue;           //自定义数据域,private为了封装
private int greenValue;
private int blueValue;
}
```

❑　构造器只能私有 private，绝对不允许有 public 构造器。这样可以保证外部代码无法新构造枚举类的实例。这也是完全符合情理的，因为我们知道枚举值是 public static final 的常量而已。但枚举类的方法和数据域可以允许外部访问。看下面的一段 Java 代码。

```
public static void main (String args[])
{
// Color colors=new Color (100, 200, 300); //wrong
Color color=Color.RED;
System.out.println (color); //  调用了toString()方法
}
```

（3）所有枚举类都继承了 Enum 的方法，接下来将详细介绍这些方法。

❑　定义 ordinal 方法返回枚举值在枚举类中的顺序,这个顺序根据枚举值声明的顺序而定。

```
Color.RED.ordinal(); //返回结果: 0
Color.BLUE.ordinal(); //返回结果: 1
```

❑　定义 compareTo 方法，用 Enum 实现了 java.lang.Comparable 接口，因此可以比较对象与指定对象的顺序。Enum 中的 compareTo 返回的是两个枚举值的顺序之差。当然，前提是两个枚举值必须属于同一个枚举类，否则会抛出 ClassCastException 异常。

```
Color.RED.compareTo(Color.BLUE); //返回结果  -1
```

❑　编写静态方法 values，用于返回一个包含全部枚举值的数组。

```
Color[] colors=Color.values();
for(Color c:colors){
System.out.print(c+",");
}//返回结果: RED, BLUE, BLACK YELLOW, GREEN
```

❑ 定义 toString 方法返回枚举常量的名称。

```
Color c=Color.RED;
System.out.println(c); //返回结果: RED
```

❑ 定义 valueOf 方法，此方法和 toString 方法是相对应的，返回带指定名称的指定枚举类型的枚举常量。

```
Color.valueOf("BLUE"); //返回结果: Color.BLUE
```

❑ 定义 equals 方法比较两个枚举类对象的引用。

```
//JDK源代码:
public final boolean equals(Object other) {
return this==other;
}
```

（4）枚举类可以在 switch 语句中使用，例如下面的代码。

```
Color color=Color.RED;
switch(color){
case RED: System.out.println("it's red");break;
case BLUE: System.out.println("it's blue");break;
case BLACK: System.out.println("it's blue");break;
```

为了说明 enum 的用法，接下来我们通过具体代码来说明具体使用流程。

（1）首先在程序中定义一个枚举类，具体代码【光盘\daima\9\jijieEnum.java】如下所示。

```
public enum jijieEnum
{
    SPRING,SUMMER,FALL,WINTER;
}
```

编译上述程序后将会生成一个 jijieEnum.class 文件，这表明枚举类是一个特殊的 Java 类，关键字和 class、interface 关键字的作用大致相似。在定义枚举时需要显式列出所有枚举值，如上面的"SPRING，SUMMER，FALL，WINTER"，在所有枚举值之间用逗号"，"隔开，枚举值列举结束后以英文分号作为结束。这些枚举值代表了该枚举类的所有可能实例。如果要使用该枚举类的某个实例，可以使用 EnumClass.variable 的形式，如 jijieEnum.SPRING。

（2）编写代码测试上面定义的枚举类 jijieEnum，具体代码【光盘\daima\9\TestEnum.java】如下所示。

```
public class TestEnum
{
    public void judge(jijieEnum s)
    {
        //switch语句里的表达式可以是枚举值
        switch (s)
        {
            case SPRING:
                System.out.println("万物复苏的春天");
                break;
            case SUMMER:
                System.out.println("盛夏的果实");
                break;
            case FALL:
                System.out.println("天高云淡之秋");
                break;
            case WINTER:
                System.out.println("惟余莽莽之冬日");
                break;
        }
    }
    public static void main(String[] args)
    {
        //所有枚举类都有一个values方法, 返回该枚举类的所有实例
        for (jijieEnum s : jijieEnum.values())
        {
            System.out.println(s);
        }
        new TestEnum().judge(jijieEnum.SPRING);
    }
}
```

通过上述代码测试了枚举类 jijieEnum 的用法，该类通过 values 方法返回了 jijieEnum 枚举类的所有实例，并通过循环迭代输出了 jijieEnum 枚举类的所有实例。并且 switich 表达式中还使用了 jijieEnum 对象作为表达式，这是 JDK 1.5 增加枚举后 switch 扩展的功能，switch 表达式可以是任何枚举类实例。不仅如此，当 switch 表达式使用枚举类型变量时，后面 case 表达式中的值直接使用枚举值的名字，无需添加枚举类作为限定。执行效果如图 9-11 所示。

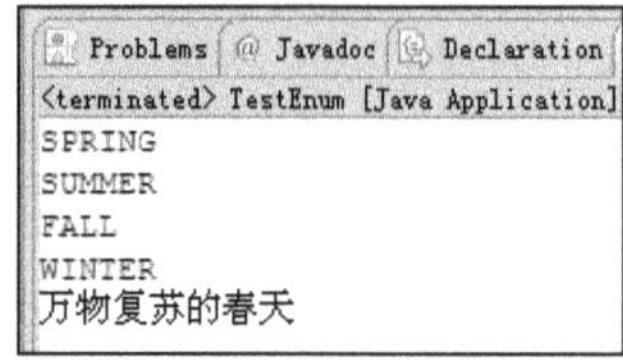

图 9-11　执行效果

9.10　技 术 解 惑

9.10.1　构造器和方法的区别

在学习 Java 时必须理解构造器。因为构造器可以提供许多特殊的方法，这对于初学者来说经常混淆。但是，构造器和方法又有很多重要的区别。我们说构造器是一种方法，就像讲澳大利亚的鸭嘴兽是一种哺乳动物。要理解鸭嘴兽，那么先必须理解它和其他哺乳动物的区别。同样地，要理解构造器就要了解构造器和方法的区别。所有学习 Java 的人，尤其是对那些要认证考试的，理解构造器是非常重要的。

（1）功能和作用的不同。

构造器是为了创建一个类的实例，这个过程也可以在创建一个对象的时候用到。

```
Platypus p1 = new Platypus();
```

相反，方法的作用是为了执行 Java 代码。

（2）修饰符，返回值和命名的不同。

和方法一样，构造器可以有任何访问的修饰，例如 public、protected、private 或者没有修饰（通常被 package 和 friendly 调用）。不同于方法的是，构造器不能有非访问性质的修饰，例如 abstract、final、native、static 或者 synchronized。

另外，返回类型也是非常重要的。方法能返回任何类型的值或者无返回值（void），构造器没有返回值，也不需要 void。

（3）谈谈两者的命名。

构造器使用和类相同的名字，而方法则不同（虽然构造器是构造方法，但命名却不同于方法）。按照习惯，方法通常用小写字母开始，而构造器通常用大写字母开始。构造器通常是一个名词，因为它和类名相同；而方法通常更接近动词，因为它说明一个操作。

（4）与 this 用法的区别。

构造器和方法使用关键字 this 有很大的区别。方法引用 this 指向正在执行方法的类的实例。静态方法不能使用 this 关键字，因为静态方法不属于类的实例，所以 this 也就没有什么东西去指向。构造器的 this 指向同一个类中、不同参数列表的另外一个构造器，看下面的一段代码。

```
public class Platypus {
String name;
Platypus(String input) {
name = input;
}
Platypus() {
this("John/Mary Doe");
}
public static void main(String args[]) {
Platypus p1 = new Platypus("digger");
Platypus p2 = new Platypus();
}
}
```

在上面的代码中，有两个不同参数列表的构造器。第一个构造器。

```
Platypus(String input) {
name = input;
} 给类的成员name赋值
```

第二个构造器。

```
Platypus() {
this("John/Mary Doe");
}//调用第一个构造器, 给成员变量name一个初始值 "John/Mary Doe"
```

在构造器中，如果要使用关键字 this，那么必须放在第一行，如果不这样将会导致编译错误。

9.10.2 this 在构造器中的妙用

假设有两个构造器 A 和 B，其中构造器 B 里完全包含了构造器 A。对于这种完全包含的情况，如果是两个方法之间存在这种关系，则可以在方法 B 中调用方法 A。但是构造器不能直接被调用，构造器必须使用 new 关键字来调用。但是一旦使用关键字 new 来调用构造器，将会导致系统重新创建一个对象。为了在构造器 B 中调用构造器 A 中的初始化代码，又不会重新创建一个 Java 对象，可以使用 this 关键字来调用相应构造器。上面的举一反三演示了 this 的这种妙用。

还有很多初学者认为用 this 来调用另一个重载的构造器是没有必要的，因为可以使用将一个构造器中的代码复制、粘贴到这个构造器的方法来解决上述问题。虽然也可以实现，但是这种做法是错误的。因为从软件工程的角度来看，这样做是相当"菜"的。在软件开发中有一个规则：不要把相同的代码段写两次以上。因为几乎所有的软件产品都需要不断更新，如果需要更新上面构造器 A 的初始化代码，假设构造器 B、构造器 C……都包含了相同的初始化代码，则需要同时打开构造器 A、构造器 B、构造器 C……这样会涉及到许多代码的修改。反之，如果构造构造器 B、构造器 C……是通过 this 调用了构造器 A 的初始化代码，则只需打开构造器 A 进行修改即可。所以在此提醒广大读者，在同一个程序中应该尽量避免相同的代码重复出现，要充分复用每一段代码，尽量让程序代码更加简单并高效。

9.10.3 分析子类构造器调用父类构造器的几种情况

无论是否使用 super 调用来执行父类构造器的初始化代码，子类构造器总会调用父类的构造器一次，在 Java 程序中，有如下几种子类构造器调用父类构造器的情况。

- ❑ 子类构造器执行体的第一行使用 super 显式调用父类构造器，系统将根据 super 调用里传入的实参列表调用父类对应的构造器。
- ❑ 子类构造器执行体的第一行代码使用 this 显式调用本类中重载的构造器，系统将根据 this 调用里传入的实参列表调用本类另一个构造器。执行本类中另一个构造器时即会调用父类的构造器。
- ❑ 子类构造器执行体中既没有 super 调用，也没有 this 调用，系统将会在执行子类构造器前隐式调用父类无参数的构造器。

在上述所有情况中，当调用子类构造器来初始化子类对象时，构造器总会在子类构造器之前执行。并且在执行父类构造器时，系统会再次上溯执行其父类的构造器……依此类推，创建任何 Java 对象，最先执行的总是 java.lang.Object 类的构造器。

9.10.4 要避免编译错误

在使用 instanceof 运算符时需要注意，运算符前面操作数的编译时的类型要么与后面的类型相同，要么与后面的类有父子继承关系，否则会引起编译错误。例如下面的代码【光盘\daima\9\ceshi.java】演示了在 Java 程序中使用 instanceof 运算符的方法和错误情形。

```
public class ceshi
{
```

```
public static void main(String[] args)
{
    Object hello = "Hello";
    //String是Object类的子类，所以返回true
    System.out.println("字符串是否是Object类的实例: " + (hello instanceof Object));
    System.out.println("字符串是否是String类的实例: " + (hello instanceof String));
    System.out.println("字符串是否是Math类的实例: " + (hello instanceof Math));
    System.out.println("字符串是否是Comparable接口的实例: " + (hello instanceof Comparable));
    String a = "Hello";
    //String类既不是Math类，也不是Math类的父类，所以下面代码编译无法通过
    System.out.println("字符串是否是Math类的实例: " + (a instanceof Math));
}
}
```

在上述代码中，前面的几行使用 instanceof 运算符的代码能够正常运行，最后一行代码将会出现编译错误，原因是类型不相配。

在 Java 中使用 instanceof 运算符的最主要目的是：在执行强制类型转换之前，应首先判断前一个对象是否是后一个类的实例，是否可以成功地转换，从而保证代码更加健壮。

9.10.5　强制类型转换不是万能的

Java 中的强制类型转并不是万能的，在进行强制类型转换时需要注意如下两点。

❑　基本类型之间的转换只能在数值类型之间进行，这里所说的数值类型包括整数型、字符型和浮点型。但数值型不能和布尔型之间进行类型转换。

❑　引用类型之间的转换只能把一个父类变量转换成子类类型，如果是两个没有任何继承关系的类型，则无法进行类型转换，否则编译时就会出现错误。如果试图把一个父类实例转换成子类类型，则必须这个对象实际上是子类实例才行（即编译时类型为父类类型，而运行时类型是子类类型），否则会在运行时引发 ClassCastException 异常。上面的演示代码很好地演示了哪些情况可以进行类型转换，哪些情况不可以进行类型转换。

9.10.6　继承和组合的选择

在 Java 编程应用中，经常会遇到选择继承还是选择组合的问题。继承是对已有的类做一番改造，目的是获得一个特殊的版本。也就是说将一个较为抽象的类改造成能适用于某些特定需求的类，例如前面演示代码中 nnn 和 dongwu 的关系，使用继承更能表达其现实意义。毕竟用一只动物来合成一只老虎毫无意义，原因是老虎并不是由动物组成的。反之，如果两个类之间有明确的整体、部分的关系，例如 Person 类需要复用 Arm 类的方法（Person 对象由 Arm 对象组合而成），此时就应该采用组合关系来实现复用，把 Arm 作为 Person 类的嵌入属性，借助 Arm 的方法实现 Person 的方法。

概括起来说，继承要表达的是一种"是（is-a）"的关系，而组合表达的是"有（has-a）"的关系。

9.10.7　分析发生异常的原因

当试图使用一个字符串来创建 Byte、Short、Integer、Long、Float 和 Double 等包装类对象时，如果传入的字符串不能成功转换成对应基本类型变量，则会引发 java.lang.NumberFormatException 异常。如果试图使用一个字符串来创建 Boolean 对象时，传入的字符串是"true"，或此字符串不同字母的大小写变化形式，例如"True"，都会创建 true 对应的 Boolean 对象。如果传入其他字符串，则会创建对应的 Boolean 对象。

如果希望获得包装类对象中包装的基本类型变量，则可以使用包装类提供 xxxValue()实例方法。

9.10.8　用 final 修饰基本类型和引用类型变量之间的区别

当使用 final 修饰基本类型变量时，因为不能对基本类型变量重新赋值，所以不能改变基本

类型变量。但对于引用类型的变量而言，它保存的仅仅是一个引用，final 只保证这个引用所引用的地址不会改变。也就是说会一直引用同一个对象，但是这个对象完全可以发生改变。

9.10.9　类的 4 种权限

外部类的上一级程序单元是包，所以它只有两个作用域，一个是同一个包，一个是任何位置。所以只需两种访问权限，分别是包访问权限和公开访问权限，这两种权限正好对应省略访问控制符和 public 访问控制符。省略访问控制符是包访问权限，即同一包中的其他类可访问省略访问控制符的成员。因此，如果一个外部类不使用任何访问控制符修饰，则只能被同一个包中其他类访问。而内部类的上一级程序单元是外部类，它就具有 4 个作用域，分别是同一个类、同一个包、父子类和任何位置，对应的可以使用 4 种访问控制权限。

9.10.10　手工实现枚举类的缺点

在 Java 程序中手工实现枚举类会存在如下几个问题。

- ❑ 类型不安全：例如上述演示代码的每个季节是一个 int 型的整数，我们完全可以把一个季节当成一个 int 整数来使用。假如进行加法运算 jijie_SPRING+jijie_SUMMER，此种运算完全正常。
- ❑ 没有命名空间：当需要使用季节时，必须在 SPRING 前使用 jijie_前缀。
- ❑ 输出的意义不明确：当我们打印输出某个季节，例如输出 jijie_SPRING，实际上输出的是 1，这个 1 很难猜测它代表了春天。

由此可见，我们手工定义的枚举类既有存在的意义，但是也存在手动定义枚举类的代码量比较大的问题，所以 Java 从 JDK 1.5 后开始增加了对枚举类的支持。

第 10 章

集合

  Java 的集合类是一种特别有用的工具类，能够存储数量不等的多个对象，并可以实现常用数据结构，例如栈和队列等。除此之外，Java 集合还可用于保存具有映射关系的关联数组。本章将详细讲解 Java 集合技术的基本知识。

本章内容

- Java 集合概述
- Collection 接口和 Iterator 接口
- Set 接口
- List 接口
- Map 接口
- Queue 接口
- 集合工具类 Collections

- 其他集合类

技术解惑

Collection 集合元素的改变问题

深入理解 HashSet

使用类 EnumSet 时的注意事项

ArrayList 和 Vector 的区别

TreeMap 判断两个元素相等的标准

分析几种 Map 类的性能

LinkedList、ArrayList、Vector 性能问题的研究

用 swap() 方法把集合中两个位置的内容进行交换

10.1　Java 集合概述

知识点讲解：光盘:视频\PPT 讲解（知识点）\第 10 章\Java 集合概述.mp4

Java 中的集合大致上可分为 4 种体系，分别是 Set、List、Map 和 Queue，具体说明如下所示。

- Set：代表无序、不可重复的集合。
- List：代表有序、重复的集合。
- Map：代表具有映射关系的集合。
- Queue：从 JDK 1.5 以后增加的一种体系集合，代表一种队列集合实现。

Java 集合就像一种容器，可以把多个对象（实际上是对象的引用，但习惯上都称对象）"丢进"该容器中。在 JDK 1.5 之前，Java 集合会丢失容器中所有对象的数据类型，把所有对象都当成 Object 类型处理，从 JDK 1.5 增加了泛型以后，Java 集合可以记住容器中对象的数据类型，从而可以编写更简洁、健壮的代码。

Java 语言的集合框架图如图 10-1 所示。

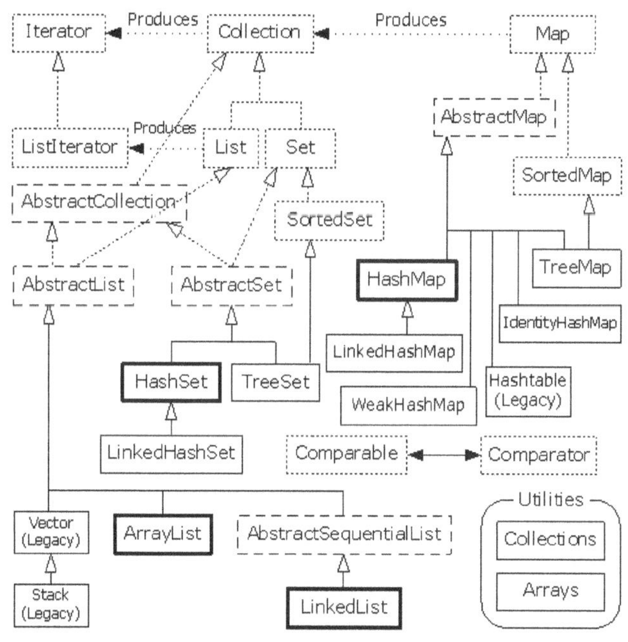

图 10-1　Java 集合框架图

图 10-1 所示的框架图由如下 3 部分组成。

- 集合接口：6 个接口（短虚线表示），表示不同集合类型，是集合框架的基础。
- 抽象类：5 个抽象类（长虚线表示），对集合接口的部分实现。可扩展为自定义集合类。
- 实现类：8 个实现类（实线表示），对接口的具体实现。

在很大程度上，一旦理解了接口就代表理解了整个框架。虽然总要创建接口特定的实现，但访问实际集合的方法应该限制在接口方法的使用上。这允许我们更改基本的数据结构而不必改变其他代码。Java 集合框架中主要存在如下接口。

- Collection：接口是一组允许重复的对象。
- Set 接口：继承于 Collection，但不允许重复，使用自己内部的一个排列机制。
- List 接口：继承于 Collection，允许重复，以元素安插的次序来放置元素，不会重新排列。

❑　Map 接口：是一组成对的键－值对象，即所持有的是 key-value pairs。Map 中不能有重复的 key，它拥有自己的内部排列机制。

容器中的元素类型都为 Object，从容器取得元素时必须将它转换成原来的类型。

10.2　Collection 接口和 Iterator 接口

知识点讲解：光盘:视频\PPT 讲解（知识点）\第 10 章\Collection 接口和 Iterator 接口.mp4

Collection 接口用于表示任何对象或元素组，想要尽可能地以常规方式处理一组元素时，就使用这一接口。Collection 接口的结构如图 10-2 所示。

```
                    Collection

+add(element : Object) : boolean
+addAll(collection : Collection) : boolean
+clear() : void
+contains(element : Object) : boolean
+containsAll(collection : Collection) : boolean
+equals(object : Object) : boolean
+hashCode() : int
+iterator() : Iterator
+remove(element : Object) : boolean
+removeAll(collection : Collection) : boolean
+retainAll(collection : Collection) : boolean
+size() : int
+toArray() : Object[]
+toArray(array : Object[ ]) : Object[]
```

图 10-2　Collection 接口结构

在接下来的内容中，将详细讲解 Collection 接口和 Iterator 接口的基本知识。

10.2.1　基础知识介绍

在 Collection 接口中主要存在如下类别的功能方法。

（1）单元素添加、删除操作。

❑　boolean add (Object o)：将对象添加给集合。

❑　boolean remove (Object o)：如果集合中有与 o 相匹配的对象，则删除对象 o。

（2）查询操作。

❑　int size()：返回当前集合中元素的数量。

❑　boolean isEmpty()：判断集合中是否有任何元素。

❑　boolean contains (Object o)：查找集合中是否含有对象 o。

❑　Iterator iterator()：返回一个迭代器，用来访问集合中的各个元素。

（3）组操作（作用于元素组或整个集）。

❑　boolean containsAll (Collection c)：查找集合中是否含有集合 c 中所有元素。

❑　boolean addAll (Collection c)：将集合 c 中所有元素添加给该集合。

❑　void clear()：删除集合中所有元素。

❑　void removeAll (Collection c)：从集合中删除集合 c 中的所有元素。

❑　void retainAll (Collection c)：从集合中删除集合 c 中不包含的元素。

（4）将 Collection 转换为 Object 数组。

❑　Object[] toArray()：返回一个内含集合所有元素的 array。

❑　Object[] toArray (Object[] a)：返回一个内含集合所有元素的 array。运行期间返回的 array 和参数 a 的类型相同，需要转换为正确的类型。

　　除此之外，我们还可以把集合转换成任何其他的对象数组。但是不能直接把集合转换成基本数据类型的数组，因为集合必须持有对象。由于一个接口实现必须实现所有的接口方法，因此调用程序就需要一种途径来知道一个可选的方法是不是不受支持。如果调用一种可选方法时，会抛出 UnsupportedOperationException 异常表示操作失败，则表示方法不受支持。此异常类继承于 RuntimeException 类，避免了将所有集合操作放入 try-catch 块。

　　在 Collection 中没有提供 get()方法，如果要遍历 Collectin 中的元素，就必须使用 Iterator。

　　（1）AbstractCollection 抽象类。

　　AbstractCollection 类提供了具体"集合框架"类的基本功能。虽然我们可以自行实现 Collection 接口的所有方法，但是除了方法 iterator()和方法 size()可以在恰当的子类中实现外，其他所有方法都由 AbstractCollection 类来提供实现。如果子类不覆盖某些方法，可选的如 add()之类的方法将抛出异常。

　　（2）Iterator 接口

　　接口 Collection 中的方法 iterator()能够返回一个 Iterator。Iterator 接口方法能以迭代方式逐个访问集合中各个元素，并安全地从 Collection 中除去适当的元素。

　　Iterator 接口的结构如图 10-3 所示。

　　Iterator 接口中包含的方法如下所示。

图 10-3　Iterator 接口

- ❑ boolean hasNext()：判断是否存在另一个可访问的元素。
- ❑ Object next()：返回要访问的下一个元素。如果到达集合结尾，则抛出 NoSuchElement Exception 异常。
- ❑ void remove()：删除上次访问返回的对象。此方法必须紧跟在一个元素的访问后执行，如果上次访问后集合已被修改，将会抛出 IllegalStateException 异常。

　　在 Iterator 中进行删除操作会对底层 Collection 带来影响。迭代器是故障快速修复（fail-fast）的。这意味当另一个线程修改底层集合的时候，如果正在使用 Iterator 遍历集合，那么 Iterator 就会抛出 ConcurrentModificationException（另一种 RuntimeException 异常）异常并立刻失败。

10.2.2　Collection 接口和 Iterator 接口

实例 064　**使用 Collection 方法操作集合里的元素**

源码路径　\daima\10\yongCollection.java　　　　视频路径　\视频\实例\第 10 章\064

　　实例文件 yongCollection.java 的主要代码如下所示。

```java
import java.util.*;
public class yongCollection {
    public static void main(String[] args) {
        Collection c = new ArrayList();
        c.add("美美"); //添加元素
//虽然集合里不能放基本类型的值，但Java支持自动装箱
        c.add(6);
        System.out.println("集合c的元素个数为:" + c.size());
        c.remove(6);        //删除指定元素
        System.out.println("集合c的元素个数为:" + c.size());
        //判断是否包含指定字符串
        System.out.println("集合c的是否包含美美字符串:" + c.contains("美美"));
        c.add("android江湖");
    System.out.println("集合c的元素:" + c);
        Collection books = new HashSet();
        books.add("android江湖");
        books.add("会当凌绝顶");
        System.out.println("集合c是否完全包含books集合?" + c.containsAll(books));
```

范例 127：使用 Iterator 遍历结合元素

源码路径：光盘\演练范例\127\

视频路径：光盘\演练范例\127\

范例 128：用 HashSet 删除学生

源码路径：光盘\演练范例\128\

视频路径：光盘\演练范例\128\

```
        //用c集合减去books集合里的元素
        c.removeAll(books);
        System.out.println("集合c的元素:" + c);
        c.clear();//删除c集合里所有元素
        System.out.println("集合c的元素:" + c);
            //books集合里只剩下c集合里也同时包含的元素
            books.retainAll(c);
            System.out.println("集合books的元素:" + books);
        }
    }
```

执行后的效果如图 10-4 所示。

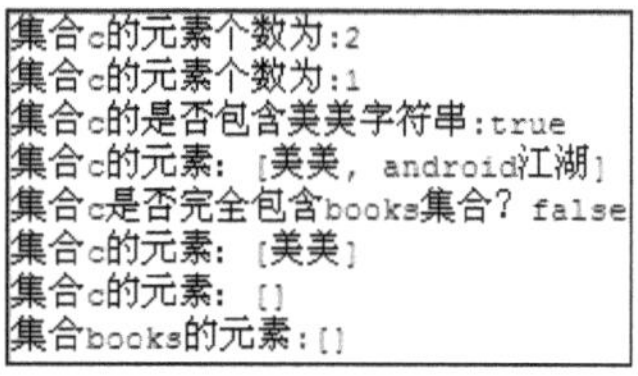

在上面的实例代码中创建了两个 Collection 对象，一个是集合 c，一个是集合 books，其中集合 c 是 ArrayList，而集合 books 是 HashSet，虽然它们使用的实现类不同。当把它们当成 Collection 来使用时，具体使用方法 remove、clear 等来操作集合元素时是没有任何区别的。当使用 System.out 的 println 方法

图 10-4　执行效果

输出集合对象时，将输出[ele1，ele2，…]的形式，这显然是因为 Collection 的实现类重写了 toString()方法，所有 Collection 集合实现类都重写了 toString()方法，此方法能够一次性地输出集合中的所有元素。

10.3　Set 接口

知识点讲解：光盘:视频\PPT 讲解（知识点）\第 10 章\Set 接口 .mp4

Set 如同一个罐子，可以把对象"丢进"Set 集合里面，集合里多个对象之间没有明显的顺序。Set 集合与 Collection 基本类似，它没有提供任何额外的方法。可以说 Set 就是一个 Collection，只不过其行为不同。Set 不允许包含相同的元素，如果试图把两个相同元素加入同一个 Set 集合中，则添加操作失败，add 方法会返回 false，并且不会增加新元素。在本节将详细讲解 Set 接口的基本知识，为读者步入本书后面知识的学习打下基础。

10.3.1　基础知识介绍

Set 接口的结构如图 10-5 所示。

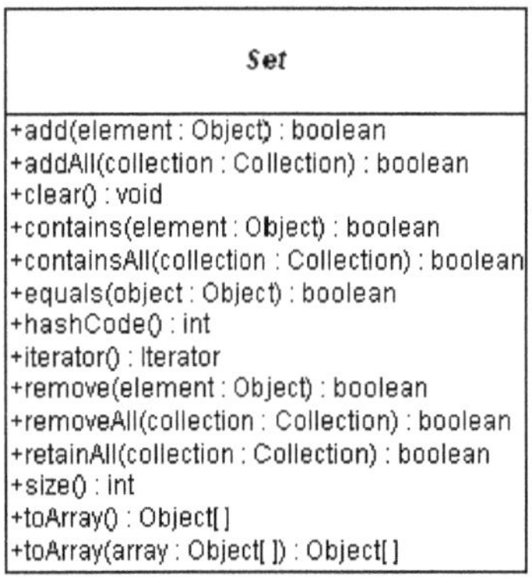

图 10-5　Set 接口的结构

1.　Hash 表

Hash 表是一种数据结构，用于查找对象。Hash 表为每个对象计算出一个整数，称为 Hash Code（哈希码）。Hash 表是个链接式列表的阵列。每个列表称为一个 buckets（哈希表元）。对象位置的计算 index=HashCode % buckets（HashCode 为对象哈希码，buckets 为哈希表元总数）。

当我们添加元素时，有时会遇到已经填充了元素的哈希表元，这种情况称为 Hash Collisions（哈希冲突），这时必须判断该元素是否已经存在于该哈希表中。

如果哈希码是合理地随机分布的，并且哈希表元的数量足够大，那么哈希冲突的数量就会减少。同时，我们也可以通过设定一个初始的哈希表元数量来更好地控制哈希表的运行。初始哈希表元的数量为：

```
buckets = size * 150% + 1 //size为预期元素的数量
```

如果哈希表中的元素放得太满，就必须进行 rehashing（再哈希）。再哈希使哈希表元数增倍，并将原有的对象重新导入新的哈希表元中，而原始的哈希表元被删除。load factor（加载因子）决定何时要对哈希表进行再哈希。在 Java 编程语言中，加载因子默认值为 0.75，默认哈希

表元为 101。

2．Comparable 接口和 Comparator 接口

在"集合框架"中有两种比较接口，分别是 Comparable 接口和 Comparator 接口。像 String 和 Integer 等 Java 内建类实现 Comparable 接口以提供一定排序方式，但这样只能实现该接口一次。对于那些没有实现 Comparable 接口的类或者自定义的类，可以通过 Comparator 接口来定义你自己的比较方式。

（1）Comparable 接口。

在包 java.lang 中，接口 Comparable 适用于一个类有自然顺序的时候。假定对象集合是同一类型，该接口允许我们把集合排序成自然顺序。

Comparable 接口的结构如图 10-6 所示。

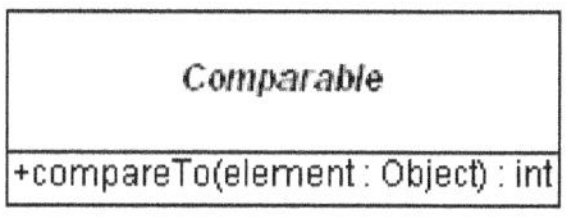

其中方法 int compareTo（Object o）用于比较当前实例对象与对象 o。如果位于对象 o 之前，则返回负值；如果两个对象在排序中位置相同，则返回 0；如果位于对象 o 后面，则返回正值。

图 10-6　Comparable 接口结构

在 Java 2 SDK 版本 1.4 中有 24 个类实现 Comparable 接口。在表 10-1 中展示了 8 种基本类型的自然排序。虽然一些类共享同一种自然排序，但只有相互可比的类才能排序。

表 10-1　8 种基本类型的自然排序

类	排序
BigDecimal, BigInteger, Byte, Double, Float, Integer, Long, Short	按数字大小排序
Character	按 Unicode 值的数字大小排序
String	按字符串中字符 Unicode 值排序

利用 Comparable 接口创建自己的类排序顺序的过程，只是实现 compareTo()方法的问题。通常就是依赖几个数据成员的自然排序。同时类也应该覆盖 equals()和 hashCodc()以确保两个相等的对象返回同一个哈希码。

（2）Comparator 接口。

如果一个类不能用于实现 java.lang.Comparable，或者不喜欢默认的 Comparable 行为，只想提供自己的排序顺序（可能多种排序方式），我们可以实现 Comparator 接口来定义一个比较器。Comparator 接口的结构如图 10-7 所示。

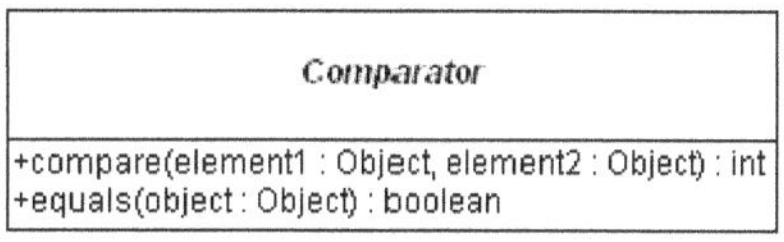

❏ int compare（Object o1, Object o2）：能够对两个对象 o1 和 o2 进行比较，如果 o1 位于 o2 的前面，则返回负值，如果在排序顺序中认为 o1 和 o2 是相同的则返回 0，如果 o1 位于 o2 的后面则返回正值。与 Comparable 相似，0 返回值不表示元素相等。一个 0 返回值只是表示两个对象排在同一位置。由 Comparator 用户决定如何处理。如果两个不相等的元素比较的结果为零，首先应该确信这是你要的结果，然后记录行为。

图 10-7　Comparator 接口的结构

❏ boolean equals（Object obj）：指示对象 obj 是否和比较器相等。该方法覆写 Object 的 equals()方法，检查的是 Comparator 实现的等同性，不是处于比较状态下的对象。

3．SortedSet 接口

在 Java 集合框架中提供了一个特殊的 Set 接口 SortedSet，它保持元素的有序顺序。此接口主要用于排序操作，即实现此接口的子类都属于排序的子类。当我们处理列表的子集时，更改视图会反映到源集。此外，更改源集也会反映在子集上。发生这种情况的原因在于视图由两端的元素而不是下标元素指定，所以如果想要一个特殊的高端元素（toElement）在子集中，我们

必须找到下一个元素。

添加到 SortedSet 实现类的元素必须实现 Comparable 接口，否则必须给它的构造函数提供一个 Comparator 接口的实现。类 TreeSet 是它的唯一一份实现。

因为集必须包含唯一的项，如果添加元素时比较两个元素导致了 0 返回值（通过 Comparable 的 compareTo()方法或 Comparator 的 compare()方法），那么新元素就没有添加进去。如果两个元素相等，那还好。但如果它们不相等的话，接下来就应该修改比较方法，让比较方法和 equals() 的效果一致。

接口 SortedSet 的结构如图 10-8 所示。

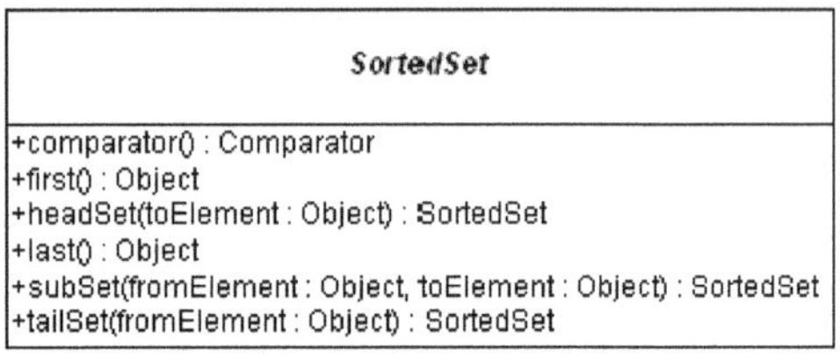

❑ Comparator comparator()：返回对元素进行排序时使用的比较器，如果使用 Comparable 接口的 compareTo()方法对元素进行比较，则返回 null。

❑ Object first()：返回有序集合中第一个（最低）元素。

❑ Object last()：返回有序集合中最后一个（最高）元素。

❑ SortedSet subSet (Object fromElement, Object toElement)：返回从 fromElement（包括）至 toElement（不包括）范围内元素的 SortedSet 视图（子集）。

❑ SortedSet headSet (Object toElement)：返回 SortedSet 的一个视图，其内各元素皆小于 toElement。

❑ SortedSet tailSet (Object fromElement)：返回 SortedSet 的一个视图，其内各元素皆大于或等于 fromElement。

4. AbstractSet 抽象类

AbstractSet 类覆盖了 Object 类的 equals()和 hashCode()方法，以确保两个相等的集返回相同的哈希码。如果两个集大小相等且包含相同元素，则这两个集相等。按照定义，集的哈希码是集中元素哈希码的总和。因此不论集的内部顺序如何，两个相等的集会有相同的哈希码。

Object 类。

❑ boolean equals (Object obj)：对两个对象进行比较，以便确定它们是否相同。

❑ int hashCode()：返回该对象的哈希码。相同的对象必须返回相同的哈希码。

5. HashSet 类和 TreeSet 类

Java 集合框架支持 Set 接口两种普通的实现，分别是 HashSet 和 TreeSet（TreeSet 实现 SortedSet 接口）。在更多情况下，我们会使用 HashSet 存储重复自由的集合。考虑到效率，添加到 HashSet 的对象需要采用恰当分配哈希码的方式来实现 hashCode()方法。虽然大多数系统类覆盖 Object 中缺省的 hashCode()和 equals()实现，但创建你自己的要添加到 HashSet 的类时，别忘了覆盖 hashCode()和 equals()。

当我们要从集合中以有序的方式插入和抽取元素时，TreeSet 实现会有用处。为了能顺利进行，添加到 TreeSet 的元素必须是可排序的。

（1）HashSet 类。

❑ HashSet()：构建一个空的哈希集。

❑ HashSet (Collection c)：构建一个哈希集，并且添加集合 c 中所有元素。

❑ HashSet (int initialCapacity)：构建一个拥有特定容量的空哈希集。

❑ HashSet (int initialCapacity, float loadFactor)：构建一个拥有特定容量和加载因子的空哈希集。loadFactor 是 0.0 至 1.0 之间的一个数。

图 10-8　SortedSet 的结构

（2）TreeSet 类。

- □ TreeSet()：构建一个空的树集。
- □ TreeSet (Collection c)：构建一个树集，并且添加集合 c 中所有元素。
- □ TreeSet (Comparator c)：构建一个树集，并且使用特定的比较器对其元素进行排序，comparator 比较器没有任何数据，它只是比较方法的存放器。这种对象有时称为函数对象。函数对象通常在"运行过程中"被定义为匿名内部类的一个实例。
- □ TreeSet (SortedSet s)：构建一个树集，添加有序集合 s 中所有元素，并且使用与有序集合 s 相同的比较器排序。

6．LinkedHashSet 类

类 LinkedHashSet 扩展了 HashSet。如果想跟踪添加给 HashSet 的元素的顺序，使用 LinkedHashSet 实现会有很大的帮助。LinkedHashSet 的迭代器按照元素的插入顺序来访问各个元素，它提供了一个可以快速访问各个元素的有序集合。同时也增加了实现的代价，因为哈希表元中的各个元素是通过双重链接式列表链接在一起的。

- □ LinkedHashSet()：构建一个空的链接式哈希集。
- □ LinkedHashSet (Collection c)：构建一个链接式哈希集，并且添加集合 c 中所有元素。
- □ LinkedHashSet (int initialCapacity)：构建一个拥有特定容量的空链接式哈希集。
- □ LinkedHashSet (int initialCapacity, float loadFactor)：构建一个拥有特定容量和加载因子的空链接式哈希集。LoadFactor 是 0.0～1.0 中的一个数。

10.3.2　使用 HashSet

HashSet 是 Set 接口的典型实现，大多数时候使用 Set 集合时就是使用这个实现类。HashSet 按 Hash 算法来存储其中的元素，因此具有很好的存取和查找性能。

HashSet 的主要特点如下所示。

- □ 不能保证元素的排列顺序，顺序有可能发生变化。
- □ HashSet 不是同步的，如果多个线程同时访问一个 HashSet，如果有 2 条或者 2 条以上的线程同时修改了 HashSet 集合时，必须通过代码来保证其同步。
- □ 结合元素可以是 null。

当向 HashSet 集合中存入一个元素时，HashSet 会调用该对象的 hashCode()方法来得到该对象的 hashCode 值，然后根据该 HashCode 值来决定该对象在 HashSet 中的存储位置。如果有两个元素通过 equals()方法比较返回 true，但它们的 hashCode()方法返回值不相等，HashSet 将会把它们存储在不同位置，也就可以添加成功。

实例 065	使用 HashSet 判断集合元素相同的标准
	源码路径　\daima\10\yongHashSet.java　　　视频路径　\视频\实例\第 10 章\065

实例文件 yongHashSet.java 的主要代码如下所示。

```java
import java.util.*;
//类A的equals()方法总是返回true,但没有重写其hashCode()方法
class A{
    public boolean equals(Object obj)
    {
        return true;
    }
}
//类B的hashCode()方法总是返回1,但没有重写其equals()方法
class B
{
    public int hashCode()
    {
        return 1;
```

范例 129：向 HashSet 添加一个可变对象
源码路径：光盘\演练范例\129\
视频路径：光盘\演练范例\129\
范例 130：生成一个不重复的随机序列
源码路径：光盘\演练范例\130\
视频路径：光盘\演练范例\130\

```
    }
}
//类C的hashCode()方法总是返回2,但没有重写其equals()方法
class C
{
    public int hashCode()
    {
        return 2;
    }
    public boolean equals(Object obj)
    {
        return true;
    }
}
public class yongHashSet
{
    public static void main(String[] args)
    {
        HashSet books = new HashSet();
        //分别向books集合中添加2个A对象, 2个B对象, 2个C对象
        books.add(new A());
        books.add(new A());
        books.add(new B());
        books.add(new B());
        books.add(new C());
        books.add(new C());
        System.out.println(books);
    }
}
```

执行后的效果如图 10-9 所示。

```
[B@1, B@1, C@2, A@c17164, A@de6ced]
```

图 10-9　执行效果

在上面的实例代码中，分别提供了 3 个类 A、B 和 C，它们分别重写了 equals()、hashCode()
两个方法的一个或全部，演示了 HashSet 判断集合元素相同标准的过程。在 books 集合中分别
添加了两个 A 对象、两个 B 对象和两个 C 对象，其中 C 类重写了 equals()方法总是返回 true，
hashCode()方法总是返回 2，这将导致 HashSet 把两个 C 对象当成同一个对象。

10.3.3　使用 TreeSet 类

TreeSet 是 SortedSet 接口的唯一实现，可以确保集合元素处于排序状态。例如下面的代码
演示了 TreeSet 类的基本用法，具体代码【光盘\daima\10\yongTestTreeSet.java】如下所示。

```java
import java.util.*;
public class yongTestTreeSet
{
 public static void main(String[] args)
 {
     TreeSet nums = new TreeSet();
     //向TreeSet中添加四个Integer对象
     nums.add(5);
     nums.add(2);
     nums.add(10);
     nums.add(-9);
     //输出集合元素, 看到集合元素已经处于排序状态
     System.out.println(nums);
     //输出集合里的第一个元素
     System.out.println(nums.first());
     //输出集合里的最后一个元素
     System.out.println(nums.last());
     //返回小于4的子集, 不包含4
     System.out.println(nums.headSet(4));
     //返回大于5的子集, 如果Set中包含5, 子集中还包含5
     System.out.println(nums.tailSet(5));
     //返回大于等于-3, 小于4的子集。
     System.out.println(nums.subSet(-3 , 4));
 }
}
```

TreeSet 并不是根据元素的插入顺序进行排序，而是根据元素的实际值来排序的。与 HashSet 集合采用 hash 算法来决定元素的存储位置不同，TreeSet 采用红黑树的数据结构对元素进行排序处理。执行后的效果如图 10-10 所示。

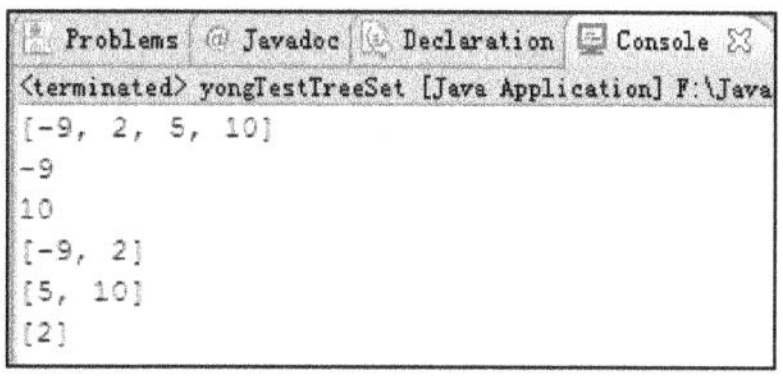

TreeSet 支持两种排序方法，分别是自然排序和定制排序，在默认情况下，TreeSet 采用自然排序。

（1）自然排序。

TreeSet 会调用集合元素的 compareTo (Object obj) 方法来比较元素之间的大小关系，然后将集合元素按照升序排序，这种排序方式就是自然排列。

图 10-10　执行效果

在 Java 中提供了一个 Comparable 接口，在该接口中定义了一个 compareTo (Object obj) 方法，该方法返回了一个整数值，实现该接口的类必须实现该方法，实现了该接口的类的对象就可以比较大小。当一个对象调用该方法与另一个对象进行比较时，例如"obj1.compareTo (obj2)"如果该方法返回 0 则表明这两个对象相等，如果该方法返回一个正整数，则表明 objl 大于 obj2，如果该方法返回一个负整数，则表明 objl 小于 obj2。

大部分类在实现 compareTo (Object obj) 方法时，都需要将被比较对象 obj 强制类型转换成相同类型，因为只有相同类的两个实例才会比较大小。当试图把一个对象添加到 TreeSet 集合时，TreeSet 会调用该对象的 compareTo (Object obj) 方法与集合中其他元素进行比较——这就要求集合中其他元素与该元素是同一个类的实例。也就是说，向 TreeSet 中添加的应该是同一个类的对象，否则会引发 ClassCastException 异常。

当向 TreeSet 中添加对象时，如果该对象是程序员自定义类的对象，则可以向 TreeSet 中添加多种类型的对象，前提是用户自定义类实现了 Comparable 接口，实现该接口时实现 compareTo (Object obj) 方法时没有进行强制类型转换。但当试图操作 TreeSet 里的集合数据时，不同类型的元素依然会发生 ClassCastException 异常。

当把一个对象加入 TreeSet 集合中时，TreeSet 调用该对象的 compareTo (Object obj) 方法与容器中的其他对象比较大小，然后根据红黑树算法决定它的存储位置。如果两个对象通过 compareTo (Object obj) 比较相等，TreeSet 即认为它们应存储在同一位置。对于 TreeSet 集合而言，它判断两个对象不相等的标准是：两个对象通过 equals() 方法比较返回 false，或通过 compareTo (object obj) 比较没有返回 0。即使两个对象是同一个对象，Treeset 也会把它当成两个对象来进行处理。

（2）定制排序。

TreeSet 的自然排序是根据集合元素的大小进行的，TreeSet 将它们以升序进行排列。如果需要实现定制排序，例如降序排列，可以使用 Comparator 接口的帮助。该接口里包含一个"int compare (T o1, T o2)"方法，此方法用于比较 o1 和 o2 的大小。如果该方法返回正整数则表明 ol 大于 O2；如果该方法返回 0，则表明 o1 等于 o2；如果该方法返回负整数，则表明 o1 小于 o2。

如果需要实现定制排序，则需要在创建 TreeSet 集合对象时提供一个 Comparator 对象与 TreeSet 集合相关联，由该 Comparator 对象负责集合元素的排序逻辑。

实例 066	演示 TreeSet 的自然排序用法
	源码路径　\daima\10\yongTreeSet.java　　　　视频路径　\视频\实例\第 10 章\066

实例文件 yongTreeSet.java 的主要代码如下所示。

```java
import java.util.*;
//Z类，重写了equals方法，总是返回false，
//重写了compareTo(Object obj)方法，返回正整数
class Z implements Comparable
```

```
    {
        int age;
        public Z(int age)
        {
            this.age = age;
        }
        public boolean equals(Object obj)
        {
            return false;
        }
        public int compareTo(Object obj)
        {
            return 1;
        }
    }
}
public class yongTreeSet
{
    public static void main(String[] args)
    {
        TreeSet set = new TreeSet();
        Z z1 = new Z(6);
        set.add(z1);
        System.out.println(set.add(z1));
        //下面输出set集合，将看到有2个元素
        System.out.println(set);
        //修改set集合的第一个元素的age属性
        ((Z)(set.first())).age = 9;
        //输出set集合的最后一个元素的age属性，将看到也变成了9
        System.out.println(((Z)(set.last())).age);
    }
}
```

> 范例 131：演示 TreeSet 的定制排序用法
> 源码路径：光盘\演练范例\131\
> 视频路径：光盘\演练范例\131\
> 范例 132：使用映射的相关类
> 源码路径：光盘\演练范例\132\
> 视频路径：光盘\演练范例\132\

执行后的效果如图 10-11 所示。

在上面的实例代码中，先把同一个对象再次添加到 TreeSet 集合中，因为 z1 对象的方法 equals()总是返回 false，而且方法 compareTo(object obj)总是返回 1。这样 TreeSet 会认为 z1 对象和它自己也不相同，所以在此 TreeSet 中添加了两个 z1 对象。

```
true
[Z@de6ced, Z@de6ced]
9
```

图 10-11　执行效果

10.3.4　使用 EnumSet 类

类 EnumSet 是一个与枚举类型一起使用的专用 Set 实现。在枚举 set 中所有元素都必须来自单个枚举类型（即必须是同类型，且该类型是 Enum 的子类）。枚举类型在创建 set 时显式或隐式地指定，枚举 set 在内部表示为位向量。使用 EnumSet 类表示的这种形式非常紧凑且高效，此类的空间和时间性能非常高效，足以用作传统上基于 int 的"位标志"的替换形式，具有高品质、类型安全的优势。

如果指定的 Collection 也是一个枚举 set，则批量操作（如 containsAll 和 retainAll）也应运行得非常快。由 Iterator 方法返回的迭代器按其自然顺序遍历这些元素（该顺序是声明枚举常量的顺序），返回的迭代器它从不抛出 ConcurrentModificationException 异常，也不一定显示在迭代进行时发生的任何 set 修改的效果。

类 EnumSet 不允许使用 null 元素，如果试图插入 null 元素将抛出 NullPointerException 异常。但是试图测试是否出现 null 元素或移除 null 元素将不会抛出异常。像大多数 Collection 一样，EnumSet 是不同步的，如果多个线程同时访问一个枚举 set，并且至少有一个线程修改该 set，则此枚举 set 在外部应该是同步的。这通常是通过对自然封装该枚举 set 的对象执行同步操作来完成的。如果不存在这样的对象，则应该使用方法 Collections.synchronizedSet (java.util.Set)来"包装"该 set。我们最好在创建时完成这一操作，以防止意外的非同步访问。

```
Set<MyEnum> s = Collections.synchronizedSet(EnumSet.noneOf(Foo.class));
```

在实现时需要注意，所有基本操作都在固定时间内执行。虽然并不保证，但它们很可能比其 HashSet 副本更快。如果参数是另一个 EnumSet 实例，则诸如 addAll()和 AbstractSet.removeAll (java.util.Collection)之类的批量操作也会在固定时间内执行。

　　类 EnumSet 没有暴露任何构造器来创建该类的实例，程序应该通过它提供的 static 方法来创建 EnumSet 对象。在类 EnumSet 中提供了如下常用 static 方法来创建 EnumSet 对象。

- ❑ static EnumSet allOf (Class elementType)：创建一个包含指定枚举类里所有枚举值的 EnumSet 集合。
- ❑ static EnumSet complementOf (EnumSet s)：创建一个其元素类型与指定 EnumSet 里元素类型相同的 EnumSet，新 EnumSet 集合包含原 EnumSet 集合所不包含的、此枚举类剩下的枚举值，即新 EnumSet 集合和原 EnumSet 集合的集合元素加起来就是该枚举类的所有枚举值。
- ❑ static EnumSet copyOf (Collection c)：使用一个普通集合来创建 EnumSet 集合。
- ❑ static EnumSet copyOf (EnumSet s)：创建一个与指定 EnumSet 具有相同元素类型、相同集合元素的 EnumSet。
- ❑ static EnumSet noneOf (Class elementType)：创建一个元素类型为指定枚举类型的空 EnumSet。
- ❑ static EnumSet of (E first, E... rest)：创建一个包含一个或多个枚举值的 EnumSet，传入的多个枚举值必须属于同一个枚举类。
- ❑ static EnumSet range (E from, E to)：创建包含从 from 枚举值到 to 枚举值范围内的所有枚举值的 EnumSet 集合。

实例 067	使用 EnumSet 保存枚举类里的值
	源码路径　\daima\10\yongEnumSet.java　　　　视频路径　\视频\实例\第 10 章\067

实例文件 yongEnumSet.java 的主要代码如下所示。

```
import java.util.*;
enum Season{
    SPRING,SUMMER,FALL,WINTER
}
public class yongEnumSet{
    public static void main(String[] args){
        //创建一个EnumSet集合, 集合元素就是Season枚举类的全部枚举值
        EnumSet es1 = EnumSet.allOf(Season.class);
        //输出[SPRING,SUMMER,FALL,WINTER]
        System.out.println(es1);
        //创建一个EnumSet空集合, 指定其集合元素是Season类的枚举值。
        EnumSet es2 = EnumSet.noneOf(Season.class);
        System.out.println(es2); //输出[]
        //手动添加两个元素
        es2.add(Season.WINTER);
        es2.add(Season.SPRING);
        System.out.println(es2);
        //以指定枚举值创建EnumSet集合
        EnumSet es3 = EnumSet.of(Season.SUMMER   , Season.WINTER);
        //输出[SUMMER,WINTER]
        System.out.println(es3);
        EnumSet es4 = EnumSet.range(Season.SUMMER   , Season.WINTER);
        //输出[SUMMER,FALL,WINTER]
        System.out.println(es4);
        //新创建的EnumSet集合的元素和es4集合的元素有相同类型
        //es5的集合元素 +es4集合元素 =Season枚举类的全部枚举值
        EnumSet es5 = EnumSet.complementOf(es4);
        //输出[SPRING]
        System.out.println(es5);
    }
}
```

范例 133：复制 Collection 集合中的元素
源码路径：光盘\演练范例\133\
视频路径：光盘\演练范例\133\
范例 134：使用集的相关类
源码路径：光盘\演练范例\134\
视频路径：光盘\演练范例\134\

执行后的效果如图 10-12 所示。

```
[SPRING, SUMMER, FALL, WINTER]
[]
[SPRING, WINTER]
[SUMMER, WINTER]
[SUMMER, FALL, WINTER]
[SPRING]
```

图 10-12　执行效果

在上面的实例代码中，演示了 EnEnumSet 集合的常规用法，通过使用 EnumSet 保存了枚举类里的值。

10.4　List 接口

知识点讲解：光盘:视频\PPT 讲解（知识点）\第 10 章\List 接口 .mp4

List 接口继承了 Collection 接口以定义一个允许重复项的有序集合,该接口不但能够对列表的一部分进行处理，还添加了面向位置的操作。在本节将详细讲解 Java 语言中 List 接口的基本知识，为读者步入本书后面知识的学习打下基础。

10.4.1　基本知识介绍

List 接口是一个有序集合，在集合中每个元素都有其对应的顺序索引。List 集合允许使用重复元素通过索引来访问指定位置的集合元素。因为 List 集合默认按元素的添加顺序设置元素的索引，例如第一次添加的元素索引为 0，第二次添加的元素索引为 1，依此类推。

接口 List 的结构如图 10-13 所示。

在 List 结构中包括了众多功能强大的方法，具体说明如下所示。

（1）面向位置的操作方法。

包括插入某个元素或 Collection 的功能，还包括获取、除去或更改元素的功能。在 List 中搜索元素可以从列表的头部或尾部开始，如果找到元素，还将报告元素所在的位置。在 List 集合中增加了一些根据索引来操作集合元素的方法，这些方法的具体说明如下所示。

```
List

+add(element : Object) : boolean
+add(index : int, element : Object) : void
+addAll(collection : Collection) : boolean
+addAll(index : int, collection : Collection) : boolean
+clear() : void
+contains(element : Object) : boolean
+containsAll(collection : Collection) : boolean
+equals(object : Object) : boolean
+get(index : int) : Object
+hashCode() : int
+indexOf(element : Object) : int
+iterator() : Iterator
+lastIndexOf(element : Object) : int
+listIterator() : ListIterator
+listIterator(startIndex : int) : ListIterator
+remove(element : Object) : boolean
+remove(index : int) : Object
+removeAll(collection : Collection) : boolean
+retainAll(collection : Collection) : boolean
+set(index : int, element : Object) : Object
+size() : int
+subList(fromIndex : int, toIndex : int) : List
+toArray() : Object[]
+toArray(array : Object[]) : Object[]
```

图 10-13　List 结构

❑ void add (int index, Object element)：在指定位置 index 上添加元素 element。

❑ boolean addAll (int index, Collection c)：将集合 c 的所有元素添加到指定位置 index。

❑ Object get (int index)：返回 List 中指定位置的元素。

❑ int indexOf (Object o)：返回第一个出现元素 o 的位置，否则返回-1。

❑ int lastIndexOf (Object o)：返回最后一个出现元素 o 的位置，否则返回-1。

❑ Object remove (int index)：删除指定位置上的元素。

❑ Object set (int index, Object element)：用元素 element 取代位置 index 上的元素，并且返回旧的元素。

（2）处理集合子集的方法。

List 接口不但以位置序列迭代地遍历整个列表，而且还能处理集合的子集。这些方法的具体说明如下所示。

❑ ListIterator listIterator()：返回一个列表迭代器，用来访问列表中的元素。

❑ ListIterator listIterator (int index)：返回一个列表迭代器，用来从指定位置 index 开始访问列表中的元素。

❑ List subList (int fromIndex, int toIndex)：返回从指定位置 fromIndex（包含）到 toIndex（不包含）范围中各个元素的列表视图。对子列表的更改（如 add()、remove()和 set()调用）对底层 List 也有影响。

1. ListIterator 接口

ListIterator 接口继承于 Iterator 接口，以支持添加或更改底层集合中的元素，还支持双向访问。ListIterator 没有当前位置，光标位于调用 previous()和 next()方法返回的值之间。ListIterator 接口的结构如图 10-14 所示。

❑ void add (Object o)：将对象 o 添加到当前位置的前面。

❑ void set (Object o)：用对象 o 替代 next 或 previous 方法访问的上一个元素。如果上次调用后列表结构被修改了，那么将抛出 IllegalStateException 异常。

❑ boolean hasPrevious()：判断向后迭代时是否有元素可访问。

❑ Object previous()：返回上一个对象。

❑ int nextIndex()：返回下次调用 next 方法时将返回的元素的索引。

❑ int previousIndex()：返回下次调用 previous 方法时将返回的元素的索引。

图 10-14　ListIterator 接口结构

在正常情况下，不用 ListIterator 改变某次遍历集合元素的方向——向前或者向后。虽然它在技术上可以实现，但是用 previous 后应该立刻调用 next()，返回的是同一个元素。把调用 next()和 previous()的顺序颠倒后，运行结果依然相同。

当使用 add()操作添加一个元素后，会导致新元素立刻被添加到隐式光标的前面。因此添加元素后调用 previous()会返回新元素，而调用 next()则不起作用，返回添加操作之前的下一个元素。

2. AbstractList 和 AbstractSequentialList 抽象类

在 Java 程序中有两个抽象的 List 实现类，分别是 AbstractList 和 AbstractSequentialList。像 AbstractSet 类一样，它们覆盖了 equals()和 hashCode()方法以确保两个相等的集合返回相同的哈希码。如果两个列表大小相等且包含顺序相同的相同元素，则这两个列表相等。这里的 hashCode()实现在 List 接口定义中指定，而在这里实现。

除了 equals()和 hashCode()方法之外，AbstractList 和 AbstractSequentialList 还实现了其余 List 方法的一部分。因为数据的随机访问和顺序访问是分别实现的，使得具体列表实现的创建更为容易。需要定义的一套方法取决于你希望支持的行为。你永远不必亲自提供的是 iterator 方法的实现。

3. LinkedList 类和 ArrayList 类

在“集合框架”中有两种常规的 List 实现，分别是 ArrayList 和 LinkedList，具体使用哪一种取决于我们的特定需要。如果要支持随机访问，而不必在除尾部的任何位置插入或除去元素，那么 ArrayList 提供了可选的集合。但如果需要频繁地从列表的中间位置添加和除去元素，而只要顺序地访问列表元素，那么使用 LinkedList 会更好。

ArrayList 和 LinkedList 都实现了 Cloneable 接口，都提供了两个构造函数，其中一个是无参的，一个接受另一个 Collection。

❑ LinkedList 类：LinkedList 类添加了一些处理列表两端元素的方法，其具体结构如

图 10-15 所示。

- void addFirst (Object o)：将对象 o 添加到列表的开头。
- void addLast (Object o)：将对象 o 添加到列表的结尾。
- Object getFirst()：返回列表开头的元素。
- Object getLast()：返回列表结尾的元素。
- Object removeFirst()：删除并且返回列表开头的元素。
- Object removeLast()：删除并且返回列表结尾的元素。
- LinkedList()：构建一个空的链接列表。
- LinkedList (Collection c)：构建一个链接列表，并且添加集合 c 的所有元素。

使用上述新方法可以把 LinkedList 当作一个堆栈、队列或其他面向端点的数据结构。

- ArrayList 类：ArrayList 类封装了一个动态再分配的 Object[]数组，每个 ArrayList 对象有一个 Capacity，这个 Capacity 表示存储列表中元素的数组的容量。当元素添加到 ArrayList 时，它的 Capacity 在常量时间内自动增加。在向一个 ArrayList 对象添加大量元素的程序中，可以使用 ensureCapacity 方法增加 Capacity。这可以减少增加重分配的数量。
- void ensureCapacity (int minCapacity)：将 ArrayList 对象容量增加 minCapacity。
- void trimToSize()：整理 ArrayList 对象容量为列表当前大小。程序可使用这个操作减少 ArrayList 对象存储空间。

图 10-15　LinkedList 类的结构

10.4.2　使用 List 接口和 ListIterator 接口

List 接口作为 Collection 接口的子接口，可以使用 Collection 接口里的全部方法。

实例 068　使用 List 根据索引来操作集合内的元素

源码路径　\daima\10\yongList.java　　　　　视频路径　\视频\实例\第 10 章\068

实例文件 yongList.java 的主要代码如下所示。

```java
import java.util.*;
    public class yongList{
    public static void main(String[] args){
        List books = new ArrayList();
        //向books集合中添加3个元素
        books.add(new String("AAA"));
        books.add(new String("BBB"));
        books.add(new String("CCC"));
        System.out.println(books);
        //将新字符串对象插入在第二个位置
        books.add(1 , new String("DDD"));
    for (int i = 0 ; i < books.size() ; i++ ){
    System.out.println(books.get(i));
        }
    books.remove(2); //删除第三个元素
        System.out.println(books);
    //判断指定元素在List集合中位置:输出1，表明位于第二位
    System.out.println(books.indexOf(new String("DDD")));
    //将第二个元素替换成新的字符串对象
    books.set(1, new String("BBB"));
    System.out.println(books);
    //将books集合的第二个元素 (包括) 到第三个元素 (不包括) 截取成子集合
 System.out.println(books.subList(1 , 2));
    }
}
```

范例 135：用 equals 方法判断两个对象是否相等

源码路径：光盘\演练范例\135\

视频路径：光盘\演练范例\135\

范例 136：通过 add 方法向 List 集合中添加元素

源码路径：光盘\演练范例\136\

视频路径：光盘\演练范例\136\

执行后的效果如图 10-16 所示。

上面的实例代码演示了 List 集合的独特用法，List 集合可以根据位置索引来访问集合中的元素，因此 List 增加了一种新的遍历集合元素的方法，即用普通 for 循环来遍历集合元素。

另外，在 List 中还额外提供了方法 iterator，该方法用于返回一个 listIterator 对象，ListIterator 接口继承了 Iterator 接口，提供了专门操作 List 的方法。ListIterator 接口在 Iterator 接口的基础上增加了如下方法。

- ❑ boolean hasPrevious()：返回该迭代器关联的集合是否还有上一个元素。
- ❑ Object previous()：返回该迭代器的上一个元素。
- ❑ void add()：在指定位置插入一个元素。

ListIterator 与普通 Iterator 相比发现，在 ListIterator 中增加了向前迭代的功能，而 Iterator 只能向后迭代，而且 ListIterator 还可通过 add 方法向 List 集合中添加元素，而 Iterator 只能删除元素。

10.4.3 使用 ArrayList 和 Vector 类

ArrayList 类和 Vector 作为 List 类的两个典型实现，完全支持本章前面介绍的 List 接口中的全部功能。ArrayList 类和 Vector 都是基于数组实现的 List 类，所以类 ArrayList 和 Vector 封装了动态再分配的 Object[]数组。每个 ArrayList 或 Vector 对象都有一个 Capacity 属性，这个 Capacity 表示所封装的 Object[]数组的长度。当向 ArrayList 或 Vector 中添加元素时，它们的 capacity 会自动增加。在 Java 编程应用中，我们无须关心 ArrayList 和 Vector 的 Capacity 属性。但如果向 ArrayList 集合或 Vector 集合中添加多个元素时，可使用方法 ensureCapacity 一次性地增加 Capacity，这样做的好处是减少分配的次数，提高处理性能。

类 ArrayList 和 Vector 在用法上几乎完全相同，但由于 Vector 是一个从 JDK 1.1 就开始有的集合，而在最开始的时候，Java 还没有提供系统的集合框架，所以在 Vector 中提供了一些方法名很长的方法，例如 addElement (Object obj)，此方法与 add (Object obj)没有任何区别。从 JDK 1.2 以后，Java 开始提供了系统集合框架，将 Vector 改为了实现 List 接口作为 List 的实现之一，从而导致 Vector 里有一些功能重复的方法。

在 Vector 中还提供了一个名为 stack 的子类，用于模拟"栈"的数据结构，"栈"通常是指"后进先出"的容器。最后"push（推进）"进栈的元素，将最先被"pop（推出）"出栈。与 Java 中其他集合一样，进栈和出栈的都是 Object，因此从栈中取出元素后必须做类型转换，除非只是使用 Object 具有的操作。所以在类 stack 增加了如下方法。

- ❑ Object peek()：返回"栈"的第一个元素，但并不将该元素"pop"出栈。
- ❑ Object pop()：返回"栈"的第一个元素，并将该元素"pop"出栈。
- ❑ Object push (Object item)：将一个元素"push"进栈，最后一个进"栈"的元素总是位于"栈"顶。

例如下面的代码【光盘\daima\10\yongVector.java】演示了 Vector 作为"栈"的功能。

```java
import java.util.*;
public class yongVector
{
    public static void main(String[] args)
    {
        Stack v = new Stack();
        //依次将3个元素push入"栈"
        v.push("AAA");
        v.push("BBB");
        v.push("CCC");
        System.out.println(v);
        //访问第一个元素, 但并不将其pop出"栈"
        System.out.println(v.peek());
        System.out.println(v);
        //pop出第一个元素
        System.out.println(v.pop());
        System.out.println(v);
```

图 10-16 执行效果

```
[AAA, BBB, CCC]
AAA
DDD
BBB
CCC
[AAA, DDD, CCC]
1
[AAA, BBB, CCC]
[BBB]
```

```
    }
}
```

上述代码执行后的效果如图 10-17 所示。

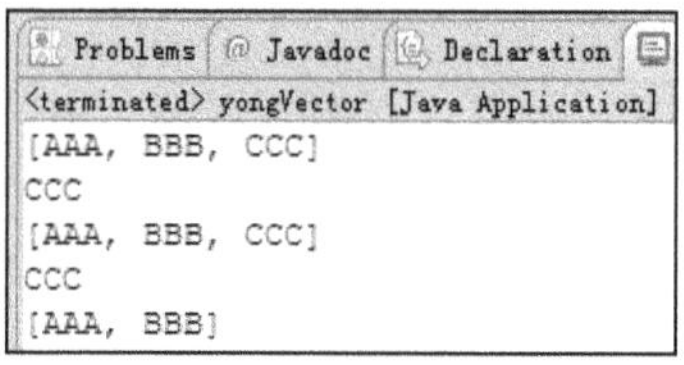

图 10-17　执行效果

10.5　Map 接口

知识点讲解：光盘:视频\PPT 讲解（知识点）\第 10 章\Map 接口.mp4

Map 接口用于保存具有映射关系的数据，因此在 Map 集合里保存了两组值，一组值用于保存 Map 里的 key，另外一组值用于保存 Map 里的 value，key 和 value 都可以是任何引用类型的数据。Map 的 key 不允许重复，即同一个 Map 对象的任何两个 key 通过 equals 方法比较总是返回 false。key 和 value 之间存在单向一对一关系，即通过指定的 key 总能找到唯一的、确定的 value。当从 Map 中取出数据时，只要给出指定的 key，就可以取出对应的 value。在本节的内容中，将详细讲解 Java 语言中 Map 接口的基本知识。

10.5.1　基本知识介绍

Map 接口的结构如图 10-18 所示。

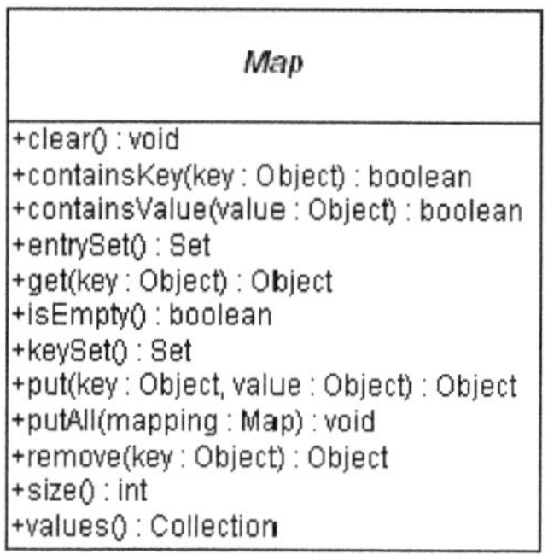

在上述结构中包含了如下几类常用的方法。

（1）添加、删除操作。

- Object put (Object key, Object value)：将互相关联的一个关键字与一个值放入该映像。如果该关键字已经存在，那么与此关键字相关的新值将取代旧值。方法返回关键字的旧值，如果关键字原先并不存在，则返回 null。

- Object remove (Object key)：从映像中删除与 key 相关的映射。

图 10-18　Map 接口的结构

- void putAll (Map t)：将来自特定映像的所有元素添加给该映像。

- void clear()：从映像中删除所有映射。

Map 接口中的键和值都可以为 null，但是不能把 Map 作为一个键或值添加给自身。

（2）查询操作。

- Object get (Object key)：获得与关键字 key 相关的值，并且返回与关键字 key 相关的对象，如果没有在该映像中找到该关键字，则返回 null。

- boolean containsKey (Object key)：判断映像中是否存在关键字 key。

- boolean containsValue (Object value)：判断映像中是否存在值 value。

- int size()：返回当前映像中映射的数量。

- boolean isEmpty()：判断映像中是否有任何映射。

（3）视图操作（用于处理映像中键/值对组）。

- Set keySet()：返回映像中所有关键字的视图集。因为映射中键的集合必须是唯一的，所以应用 Set 支持。你还可以从视图中删除元素，同时，关键字和它相关的值将从源映像中被删除，但是不能添加任何元素。

❏ Collection values()：返回映像中所有值的视图集，因为映射中值的集合不是唯一的，所以得用 Collection 支持。我们还可以从视图中删除元素，同时值和它的关键字将从源映像中被删除，但是不能添加任何元素。

❏ Set entrySet()：返回 Map.Entry 对象的视图集，即映像中的关键字/值对。

因为映射是唯一的，所以要用 Set 支持。我们还可以从视图中删除元素，同时这些元素将从源映像中被删除，但是不能添加任何元素。

1．Map.Entry 接口

通过 Map 接口中的 entrySet()方法可以返回一个实现 Map.Entry 接口的对象集合，集合中的每个对象都是底层 Map 中一个特定的键/值对。Map.Entry 接口的结构如图 10-19 所示。

通过 Map.Entry 接口集合的迭代器，可以获得每一个条目（唯一获取方式）的键或值并对值进行更改。当条目通过迭代器返回后，除非是迭代器自身的 remove()方法或者迭代器返回的条目的 setValue()方法，其余对源 Map 外部的修改都会导致此条目集变得无效，同时产生条目行为未定义。

❏ Object getKey()：返回条目的关键字。

❏ Object getValue()：返回条目的值。

❏ Object setValue (Object value)：将相关映像中的值改为 value，并且返回旧值。

2．SortedMap 接口

在集合框架中提供了一个特殊的 Map 接口——SortedMap，SortedMap 用来保持键的有序顺序。SortedMap 的结构如图 10-20 所示。

<table>
<tr><td colspan="2">

Map.Entry

+equals(object : Object) : boolean
+getKey() : Object
+getValue() : Object
+hashCode() : int
+setValue(value : Object) : Object
</td><td colspan="2">

SortedMap

+comparator() : Comparator
+firstKey() : Object
+headMap(toKey : Object) : SortedMap
+lastKey() : Object
+subMap(fromKey : Object, toKey : Object) : SortedMap
+tailMap(fromKey : Object) : SortedMap
</td></tr>
</table>

图 10-19　Map.Entry 接口的结构　　　　　图 10-20　SortedMap 的结构

SortedMap 接口是映像的视图（子集），在里面有两个端点提供了访问方法。除了排序是作用于映射的键以外，处理 SortedMap 和处理 SortedSet 一样。添加到 SortedMap 实现类的元素必须实现Comparable接口，否则必须给它的构造函数提供一个Comparator接口的实现，类 TreeMap 是它的唯一一份实现。

因为对于映射来说，每个键只能对应一个值，如果在添加一个"键/值"对时比较两个键产生了为"0"的返回值（通过 Comparable 的 compareTo()方法或通过 Comparator 的 compare()方法），那么原始键对应值被新的值替代。如果两个元素不相等则应该修改比较方法，让比较方法和 equals 方法的效果一致。

❏ Comparator comparator()：返回对关键字进行排序时使用的比较器，如果使用 Comparable 接口的 compareTo()方法对关键字进行比较，则返回 null。

❏ Object firstKey()：返回映像中第一个（最低）关键字。

❏ Object lastKey()：返回映像中最后一个（最高）关键字。

❏ SortedMap subMap (Object fromKey, Object toKey)：返回从 fromKey（包括）至 toKey（不包括）范围内元素的 SortedMap 视图（子集）。

- SortedMap headMap (Object toKey)：返回 SortedMap 的一个视图，其内各元素的 key 都小于 toKey。
- SortedSet tailMap (Object fromKey)：返回 SortedMap 的一个视图，里面各元素的 key 皆大于或等于 fromKey。

3.　AbstractMap 抽象类

和其他抽象集合实现相似，类 AbstractMap 覆盖了 equals()和 hashCode()方法以确保两个相等映射返回相同的哈希码。如果两个映射大小相等、包含同样的键且每个键在这两个映射中对应的值都相同，则这两个映射相等。映射的哈希码是映射元素哈希码的总和，其中每个元素是 Map.Entry 接口的一个实现。所以不论映射内部顺序如何，两个相等映射会报告相同的哈希码。

4.　HashMap 和 TreeMap 类

在 Java 集合框架中提供两种常规的 Map 实现，分别是 HashMap 和 TreeMap（TreeMap 实现 SortedMap 接口）。在 Map 中插入、删除和定位元素时，HashMap 是最好的选择。但是如果要按自然顺序或自定义顺序遍历键，那么选择 TreeMap 会更好。使用 HashMap 要求添加的键类明确定义了 hashCode()和 equals()的实现。这个 TreeMap 没有调优选项，因为该树总处于平衡状态。

（1）HashMap 类。

为了优化 HashMap 空间的使用，可以调优初始容量和负载因子。

- HashMap()：构建一个空的哈希映像。
- HashMap (Map m)：构建一个哈希映像，并且添加映像 m 的所有映射。
- HashMap (int initialCapacity)：构建一个拥有特定容量的空的哈希映像。
- HashMap (int initialCapacity, float loadFactor)：构建一个拥有特定容量和加载因子的空的哈希映像。

（2）TreeMap 类。

TreeMap 没有调优选项，因为该树总处于平衡状态。

- TreeMap()：构建一个空的映像树。
- TreeMap (Map m)：构建一个映像树，并且添加映像 m 中所有元素。
- TreeMap (Comparator c)：构建一个映像树，并且使用特定的比较器对关键字进行排序。
- TreeMap (SortedMap s)：构建一个映像树，添加映像树 s 中所有映射，并且使用与有序映像 s 相同的比较器排序。

5.　LinkedHashMap 类

类 LinkedHashMap 扩展了 HashMap，能够以插入顺序将"关键字/值"对添加进链接哈希映像中。像 LinkedHashSet 一样，在 LinkedHashMap 内部也采用双重链接式列表。

- LinkedHashMap()：构建一个空链接哈希映像。
- LinkedHashMap (Map m)：构建一个链接哈希映像，并且添加映像 m 中所有映射。
- LinkedHashMap (int initialCapacity)：构建一个拥有特定容量的空的链接哈希映像。
- LinkedHashMap (int initialCapacity, float loadFactor)：构建一个拥有特定容量和加载因子的空的链接哈希映像。
- LinkedHashMap (int initialCapacity, float loadFactor,boolean accessOrder)：构建一个拥有特定容量、加载因子和访问顺序排序的空的链接哈希映像。

如果将 accessOrder 设置为 true，那么链接哈希映像将使用访问顺序而不是插入顺序来迭代各个映像。当每次调用 get 或者 put 方法时，相关的映射便从它的当前位置上删除，然后放到链接式映像列表的结尾处（只有链接式映像列表中的位置才会受到影响，哈希表元则不受影响；

哈希表映射总是待在对应于关键字的哈希码的哈希表元中）。此特性对于实现高速缓存的"删除最近最少使用"的原则很有用。例如我们可以希望将最常访问的映射保存在内存中，并且从数据库中读取不经常访问的对象。当我们在表中找不到某个映射，并且该表中的映射已经放得非常满时，可以让迭代器进入该表，将它枚举的开头几个映射删除掉——这些是最近最少使用的映射。

❑ protected boolean removeEldestEntry (Map.Entry eldest)：如果想删除最老的映射，则覆盖该方法，以便返回 true。当某个映射已经添加给映像之后便调用该方法，默认的实现方法返回 false，表示默认条件下老的映射没有被删除。但是我们可以重新定义本方法，以便有选择地在最老的映射符合某个条件，或者映像超过了某个大小时，返回 true。

6.　WeakHashMap 类

类 WeakHashMap 是 Map 的一个特殊实现，它使用 WeakReference（弱引用）来存放哈希表关键字。在使用这种方式时，当映射的键在 WeakHashMap 的外部不再被引用时，垃圾收集器会将它回收，但它将把到达该对象的弱引用纳入一个队列。WeakHashMap 的运行将定期检查该队列，以便找出新到达的弱引用。当一个弱引用到达该队列时，就表示关键字不再被任何人使用，并且它已经被收集起来。然后 WeakHashMap 便删除相关的映射。

❑ WeakHashMap()：构建一个空弱哈希映像。

❑ WeakHashMap (Map t)：构建一个弱哈希映像，并且添加映像 t 中所有映射。

❑ WeakHashMap (int initialCapacity)：构建一个拥有特定容量的空的弱哈希映像。

❑ WeakHashMap (int initialCapacity, float loadFactor)：构建一个拥有特定容量和加载因子的空的弱哈希映像。

7.　IdentityHashMap 类

类 IdentityHashMap 也是 Map 的一个特殊实现。此类中关键字的哈希码不应该由 hashCode()方法来计算，而应该由 System.identityHashCode 方法进行计算（即使已经重新定义了 hashCode 方法）。这是 Object.hashCode 根据对象的内存地址来计算哈希码时使用的方法。并且为了对各个对象进行比较，IdentityHashMap 使用"＝＝"，而不使用 equals 方法。也就是说，相对于不同的关键字对象，即使它们的内容相同，也被视为不同的对象。类 IdentityHashMap 可以用于实现对象拓扑结构转换（topology-preserving object graph transformations，比如实现对象的串行化或深度拷贝），在进行转换时，需要一个"节点表"跟踪那些已经处理过的对象的引用。即使碰巧有对象相等，"节点表"也不应视其相等。另一个应用是维护代理对象。比如调试工具希望在程序调试期间维护每个对象的一个代理对象。

类 IdentityHashMap 不是一般意义的 Map 实现，它的实现有意地违背了 Map 接口要求通过 equals 方法比较对象的约定。这个类仅使用在很少发生的需要强调等同性语义的情况下。

❑ IdentityHashMap()：构建一个空的全同哈希映像，默认预期最大尺寸为 21。预期最大尺寸是映像期望把持的键/值映射的最大数目。

❑ IdentityHashMap (Map m)：构建一个全同哈希映像，并且添加映像 m 中所有映射。

❑ IdentityHashMap (int expectedMaxSize)：构建一个拥有预期最大尺寸的空的全同哈希映像。放置超过预期最大尺寸的键/值映射时，将引起内部数据结构的增长，有时可能很费时。

8.　Hashtable 类

HashMap 和 Hashtable 都是 Map 接口的典型实现类，它们之间的关系完全类似于 ArrayList 和 Vector 的关系，Hashtable 是一个古老的 Map 实现类，它从 JDK 1.0 起就已经出现了，当它出现时在 Java 还没有 Map 接口，所以它包含了两个烦琐的方法，分别是 elements()（类似于 Map

接口定义的 values()方法）和 keys()（类似于 Map 接口定义的 keySet()方法），现在已经很少使用这两个方法。

10.5.2　使用 HashMap 和 Hashtable 实现类

因为 HashMap 里的 key 不能重复，所以 HashMap 里最多只有一项 key-value 对的 key 为 null，但可以有无数多项 key-value 对的 value 为 null。例如在下面代码【光盘\daima\10\yongNullHashMap.java】中，演示了用 null 值作为 HashMap 的 key 和 value 的情形。

```java
import java.util.*;
public class yongNullHashMap
{
 public static void main(String[] args)
 {
    HashMap hm = new HashMap();
    //试图将2个key为null的key-value对放入HashMap中
    hm.put(null , null);
    hm.put(null , null);
    //将一个value为null的key-value对放入HashMap中
    hm.put("a" , null);
    //输出Map对象
    System.out.println(hm);
 }
}
```

在上述代码中，试图向 HashMap 中放入 3 个 key-value 对，其中"hm.put(null , null);"处将无法将 key-Value 对放入，这是因为 Map 中已经有一个 key-value 对的 key 为 null，所以无法再放入 key 为 null 的 key-value 对。而在"hm.put(null , null);"处可以放入该 key-value 对，因为一个 HashMap 中可以有多项 value 为 null。

为了成功地在 HashMap、Hashtable 中存储、获取对象，作为 key 的对象必须实现 hashCode 和 equals 方法。与 HashSet 集合不能保证元素的顺序一样，HashMap、Hashtable 也不能保证其中 key-value 对的顺序。和 HashSet 相似的是，HashMap、Hashtable 判断两个 key 相等的标准也是：两个 key 通过 equals 方法比较返回 true，两个 key 的 hashCode 值也相等。

除此之外，在 HashMap、Hashtable 中还包含一个名为 containsValue 方法来判断是否包含指定 value。HashMap、Hashtable 判断两个 value 是否相等的标准非常简单，只要两个对象通过 equals 比较返回 true 即可。下面的代码【光盘\daima\10\yongHashtable.java】演示了 Hashtable 判断两个 value 是否相等。

```java
import java.util.*;
class AAAA{
 int count;
 public AAAA(int count){
    this.count = count;
 }
 public boolean equals(Object obj){
    if (obj == this)
    {
       return true;
    }
    if (obj != null &&
       obj.getClass() == AAAA.class)
    {
       AAAA a = (AAAA)obj;
       if (this.count == a.count)
       {
          return true;
       }
    }
    return false;
 }
 public int hashCode()
 {
    return this.count;
 }
```

```
    }
class BBBB{
 public boolean equals(Object obj)
 {
     return true;
 }
}
public class yongHashtable{
 public static void main(String[] args)    {
     Hashtable ht = new Hashtable();
     ht.put(new AAAA(60000) , "android江湖");
     ht.put(new AAAA(87563) , "会当凌绝顶");
     ht.put(new AAAA(1232) , new BBBB());
     System.out.println(ht);
     //只要两个对象通过equals比较返回true, Hashtable就认为它们是相等的value
     //因为Hashtable中有一个B对象, 它与任何对象通过equals比较都相等, 所以下面输出true
     System.out.println(ht.containsValue("测试字符串"));
     //只要两个A对象的count属性相等, 它们通过equals比较返回true, 且hashCode相等
     //Hashtable即认为它们是相同的key, 所以下面输出true
     System.out.println(ht.containsKey(new AAAA(87563)));
     //下面语句可以删除最后一个key-value对
     ht.remove(new AAAA(1232));
     for (Object key : ht.keySet())
     {
         System.out.print(key + "---->");
         System.out.print(ht.get(key) + "\n");
     }
 }
}
```

在上述代码中定义了类 AAAA 和类 BBBB, 其中 AAAA 类判断两个 AAAA 对象相等的标准是 count 属性——只要两个 AAAA 对象的 count 属性相等, 通过 equals 方法比较会返回 true, 它们的 hashCode 也相等。而对象 BBBB 可以与任何对象相等。

注意: Hashtable 是一个线程安全的 Map 实现, 但 HashMap 是线程不安全的实现, 所以 HashMap 比 Hashtable 的性能高一点; 但如果有多条线程访问同一个 Map 对象时, 使用 Hashtable 实现类会更好。Hashtable 是一个古老的类, 它的类名甚至没有遵守 Java 的命名规范——每个单词的首字母都应该大写。也许当初开发 Hashtable 的工程师也没有注意到这一点, 后来大量 Java 程序中使用了 Hashtable 类, 所以这个类名也就不能改为 Hashtable 了, 否则将导致大量程序需要改写。与 Vector 类似的, 我们应该尽量少用 Hashtable 实现类, 即使需要创建线程安全的 Map 实现类, 也可以通过本章后面介绍的 Collections 工具类来把 HashMap 变成线程安全的, 而无须使用 Hashtable 实现类。

10.5.3　使用 SortedMap 接口和 TreeMap 实现类

正如 Set 接口派生出了 SortedSet 子接口, SortedSet 接口有一个 TreeSet 实现类一样, Map 接口也派生了一个 SortedMap 子接口, SortedMap 也有一个 TreeMap 实现类。与 TreeSet 类似的是, TreeMap 也是基于红黑树算法对 TreeMap 中所有 key 进行排序, 从而保证所有 TreeMap 中的 key-value 对处于有序状态。在 TreeMap 中有如下两种排序方式。

❑ 自然排序：TreeMap 的所有 key 必须实现 Comparable 接口, 而且所有 key 应该是同一类的对象, 否则将会抛出 ClassCastException 异常。

❑ 定制排序：在创建 TreeMap 时, 传入一个 Comparator 对象, 该对象负责对 TreeMap 中所有 key 进行排序。采用定制排序时不要求 Map 的 key 实现 Comparable 接口。

下面以自然排序为例, 演示使用 TreeMap 的基本方法, 具体代码【光盘\daima\10\yongTreeMap.java】如下所示。

```
import java.util.*;
//类RR重写了equals方法, 如果count属性相等返回true
//重写了compareTo(Object obj)方法, 如果count属性相等返回0
class RR implements Comparable
{
```

```java
        int count;
        public RR(int count)
        {
            this.count = count;
        }
        public String toString()
        {
            return "RR(count属性:" + count + ")";
        }
        public boolean equals(Object obj)
        {
            if (this == obj)
            {
                return true;
            }
            if (obj != null
                && obj.getClass() == RR.class)
            {
                RR r = (RR)obj;
                if (r.count == this.count)
                {
                    return true;
                }
            }
            return false;
        }
        public int compareTo(Object obj)
        {
            RR r = (RR)obj;
            if (this.count > r.count)
            {
                return 1;
            }
            else if (this.count == r.count)
            {
                return 0;
            }
            else
            {
                return -1;
            }
        }
    }
    public class yongTreeMap
    {
     public static void main(String[] args)
     {
        TreeMap tm = new TreeMap();
        tm.put(new RR(3) , "android江湖");
        tm.put(new RR(-5) , "会当凌绝顶");
        tm.put(new RR(9) , "一览众山小");
        System.out.println(tm);
        //返回该TreeMap的第一个Entry对象
        System.out.println(tm.firstEntry());
        //返回该TreeMap的最后一个key值
        System.out.println(tm.lastKey());
        //返回该TreeMap的比new R(2)大的最小key值
        System.out.println(tm.higherKey(new RR(2)));
        //返回该TreeMap的比new R(2)小的最大的key－value对
        System.out.println(tm.lowerEntry(new RR(2)));
        //返回该TreeMap的子TreeMap
        System.out.println(tm.subMap(new RR(-1) , new RR(4)));
     }
    }
```

　　接口 SortedMap 是一种排序接口，只要是实现了此接口的子类，都属于排序的子类，TreeMap 也是此接口的一个子类。定义 SortedMap 接口格式的代码如下所示。

```java
        public interface SortedMap<K,V>
        extends Map<K,V>
```

　　之前讲解的 TreeMap 就是此接口的实现类，所以 TreeMap 可以完成排序的功能，在此接口 上定义了一些 Map 中没有的方法。例如下面的代码演示了 SortedMap 的具体用法。

```java
public class SortedMapDemo {
    public static void main(String args[]){
        SortedMap<String, String> map = null;
// 声明SortedMap对象
        map = new TreeMap<String, String>();
// 实例化SortedMap对象
        map.put("D、jiangker", "http://www.
jiangker.com/") ; // 增加内容
        map.put("A、mldn", "www.mldn.cn");
// 增加内容
        map.put("C、zhinangtuan", "www.zhinangtuan.net.cn"); // 增加内容
        map.put("B、mldnjava", "www.mldnjava.cn");
// 增加内容
        System.out.print("第一个元素的内容的key:" + map.firstKey()) ;
        System.out.println(";对应的值:" + map.get(map.firstKey())) ;
        System.out.print("最后一个元素的内容的key:" + map.lastKey()) ;
        System.out.println(";对应的值:" +map.get(map.lastKey())) ;
        System.out.println("返回小于指定范围的集合") ;
        for(Map.Entry<String,String> me : map.headMap("B、mldnjava").
entrySet()){
            System.out.println("\t|- " + me.getKey() + " --> " + me. getValue());
        }
        System.out.println("返回大于指定范围的集合") ;
        for(Map.Entry<String,String> me :map.tailMap("B、mldnjava").
entrySet()){
            System.out.println("\t|- " + me.getKey() + " --> " + me. getValue());
        }
        System.out.println("部分集合") ;
        for(Map.Entry<String,String> me : map.subMap("A、mldnjava","C、
zhinangtuan").entrySet()){
            System.out.println("\t|- " +me.getKey() + " --> " + me. GetValue());
        }
    }
}
```

10.5.4　使用 WeakHashMap 类

WeakHashMap 与 HashMap 十分相似，此种 Map 的特点是除了自身有对 key 的引用之外，此 key 没有其他引用，那么此 map 会自动丢弃此值。例如在下面的代码中声明了两个 Map 对象，一个是 HashMap，一个是 WeakHashMap，同时向两个 map 中放入 a、b 两个对象，当 HashMap 用 remove 删除掉 a 并且将 a、b 都指向 null 时，WeakHashMap 中的 a 将自动被回收掉。出现这个状况的原因是，对于 a 对象而言，当 HashMap 用 remove 删除并且将 a 指向 null 后，除了 WeakHashMap 中还保存 a 外已经没有指向 a 的指针了，所以 WeakHashMap 会自动舍弃掉 a，而对于 b 对象虽然指向了 null，但 HashMap 中还有指向 b 的指针，所以 WeakHashMap 将会保留 b。

```java
package test;
import java.util.HashMap;
import java.util.Iterator;
import java.util.Map;
import java.util.WeakHashMap;
public class Test {
    public static void main(String[] args) throws Exception {
        String a = new String("a");
        String b = new String("b");
        Map weakmap = new WeakHashMap();
        Map map = new HashMap();
        map.put(a, "aaa");
        map.put(b, "bbb");
        weakmap.put(a, "aaa");
        weakmap.put(b, "bbb");
        map.remove(a);
        a=null;
        b=null;
        System.gc();
        Iterator i = map.entrySet().iterator();
        while (i.hasNext()) {
            Map.Entry en = (Map.Entry)i.next();
            System.out.println("map:"+en.getKey()+":"+en.getValue());
```

```
        }
        Iterator j = weakmap.entrySet().iterator();
        while (j.hasNext()) {
            Map.Entry en = (Map.Entry)j.next();
            System.out.println("weakmap:"+en.getKey()+":"+en.getValue());

        }
    }
}
```

10.5.5 使用 IdentityHashMap 类

此 Map 实现类的实现机制与 HashMap 基本相似，但它在处理两个 key 相等时比较独特。在 IdentityHashMap 中，当且仅当两个 key 严格相等（keyl==key2）时，IdentityHashMap 才会认为两个 key 相等。对于普通的 HashMap 来说，只要 keyl 和 key2 通过 equals 比较返回 true，且它们的 hashCode 值相等即可。

在 IdentityHashMap 中，提供了与 HashMap 基本相似的方法，也允许使用 null 作为 key 和 value。和 HashMap 类似的是，IdentityHashMap 不保证任何 key-value 对之间的顺序，更不能保证它们的顺序能够随着时间的推移保持不变。请看下面的演示代码【光盘\daima\10\yongIdentity HashMap.java】。

```java
import java.util.*;
public class yongIdentityHashMap
{
    public static void main(String[] args)
    {
        IdentityHashMap ihm = new IdentityHashMap();
        //下面的两行代码将会向IdentityHashMap对象中添加2个key-value对
        ihm.put(new String("语文") , 89);
        ihm.put(new String("数学") , 78);
        ihm.put("java" , 93);
        ihm.put("java" , 98);
        System.out.println(ihm);
    }
}
```

在上面的代码中，试图向 IdentityHashMap 对象中添加 4 个 key-value 对，前两个 key-value 对中的 key 是新创建的字符串对象，它们通过"=="比较不相等，所以 IdentityHashMap 会把它们当成两个 key 来处理。后两个 key-value 对中的 key 都是字符串直接量，而且它们的字节序列完全相同，Java 会缓存字符串直接量，所以它们通过==比较返回 true，IdentityHashMap 会认为它们是同一个 key，只能添加一个 key-value 对。执行效果如图 10-21 所示。

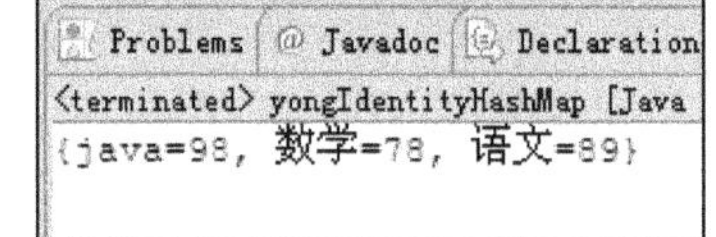

图 10-21 执行效果

10.5.6 使用 EnumMap 类

EnumMap 是一个与枚举类一起使用的 Map 实现，EnumMap 中所有 key 都必须是单个枚举类的枚举值。在 Java 中创建 EnumMap 时，必须显式或隐式指定它对应的枚举类。EnumMap 在内部以数组形式保存，所以这种实现形式非常紧凑、高效。

EnumMap 会根据 key 的自然顺序（即枚举值在枚举类中的定义顺序）来维护 key-value 对的次序。当在程序中通过 keySet()、entrySet()、values()等方法来遍历 EnumMap 时即可看到这种顺序。EnumMap 不允许使用 null 作为 key，但允许使用 null 作为 value。如果试图使用 null 作为 key，会抛出 NullPointerException 异常。如果仅仅只是查询是否包含值为 null 的 key，或者仅仅只是使用删除值为 null 的 key，都不会抛出异常。

与创建普通 Map 有所区别的是，创建 EnumMap 时必须指定一个枚举类，从而将该 EnumMap 和指定枚举类关联起来。下面的代码演示了 EnumMap 类的用法。

```java
import java.util.*;
enum Sjiejie
```

```
{
    SPRING,SUMMER,FALL,WINTER
}
public class TestEnumMap
{
    public static void main(String[] args)
    {
        //创建一个EnumMap对象，该EnumMap的所有key必须是Season枚举类的枚举值
        EnumMap enumMap = new EnumMap(Sjiejie.class);
        enumMap.put(Sjiejie.SUMMER , "热啊");
        enumMap.put(Sjiejie.SPRING , "暖和");

        System.out.println(enumMap);
    }
}
```

在上述代码中一个 EnumMap 对象，在创建该 EnumMap 对象时指定它的 key 只能是 Sjiejie 枚举类的枚举值，如果向该 EnumMap 中添加两个 key-value 对后，这两个 key-value 对将会以 Sjiejie 枚举值的自然顺序排序。

10.6　Queue 接口

知识点讲解：光盘:视频\PPT 讲解（知识点）\第 10 章\Queue 接口.mp4

接口 Queue 用于模拟队列数据结构，队列通常是指"先进先出"（FIFO）的容器。队列的头部保存在队列中存放时间最长的元素，队列的尾部保存在队列中存放时间最短的元素。新元素 offer（插入）到队列的尾部，访问元素（poll）操作会返回队列头部的元素。通常在队列中不允许随机访问队列中的元素。

在 Queue 接口中定义了如下常用的操作方法。

❑　void add (Object e)：将指定元素加入此队列的尾部。

❑　Object element()：获取队列头部的元素，但是不删除该元素。

❑　boolean offer (Object e)：将指定元素加入此队列的尾部。当使用有容量限制的队列时，此方法通常比 add (Object e)方法更好。

❑　Object peek()：获取队列头部的元素，但是不删除该元素。如果此队列为空，则返回 null。

❑　Object poll()：获取队列头部的元素，并删除该元素。如果此队列为空，则返回 null。

❑　Object remove()：获取队列头部的元素，并删除该元素。

在接口 Queue 有两个常用的实现类，分别是 LinkedList 和 PriorityQueue，在本节将详细介绍这两个实现类的基本知识。

10.6.1　LinkedList 类

类 LinkedList 是一个比较奇怪的类，是 List 接口的实现类，也是一个 List 集合，可以根据索引来随机访问集合中的元素。另外，在 LinkedList 中还实现了 Deque 接口。接口 Deque 是 Queue 接口的子接口，它代表一个双向队列。在 Deque 接口中定义了如下可以双向操作队列的方法。

❑　void addFirst (Object e)：将指定元素插入该双向队列的开头。

❑　void addLast (Object e)：将指定元素插入该双向队列的末尾。

❑　Iterator descendinglterator()：返回以该双向队列对应的迭代器，该迭代器将以逆向顺序来迭代队列中的元素。

❑　Object getFirst()：获取、但不删除双向队列的第一个元素。

❑　Object getLast()：获取、但不删除双向队列的最后一个元素。

❑　boolean offerFirst (Object e)：将指定的元素插入该双向队列的开头。

- ❏ boolean offerLast (Object e)：将指定的元素插入该双向队列的末尾。
- ❏ Object peekFirst()：获取、但不删除该双向队列的第一个元素；如果此双端队列为空，则返回 null。
- ❏ Object peekLast()：获取、但不删除该双向队列的最后一个元素；如果此双端队列为空，则返回 null。
- ❏ Object pollFirst()：获取、并删除该双向队列的第一个元素；如果此双端队列为空，则返回 null。
- ❏ Object pollLast()：获取、并删除该双向队列的最后一个元素；如果此双端队列为空，则返回 null。
- ❏ Object pop()：pop 出该双向队列所表示的栈中第一个元素。
- ❏ void push (Objecte)：将一个元素 push 进该双向队列所表示的栈中（即该双向队列的头部）。
- ❏ Object removeFirst()：获取、并删除该双向队列的第一个元素。
- ❏ Object removeFirstOccurrence (Object o)：删除该双向队列的第一次的出现元素 o。
- ❏ removeLast()：获取、并删除该双向队列的最后一个元素。
- ❏ removeLastOccurrence (Object o)：删除该双向队列的最后一次出现的元素 o。

因为在类 LinkedList 中还包含了 pop（出栈）和 push（入栈）这两个方法，所以类 LinkedList 不仅可以作为双向队列来使用，而且也可以当成"栈"来使用。除此之外，LinkedList 还实现了 List 接口，所以经常被当成 List 来使用。

实例 069	演示 LinkedList 类的用法

源码路径　\视频\实例\第 10 章\68　　　　视频路径　\视频\实例\第 10 章\069

实例文件 yongLinkedList.java 的主要代码如下所示。

```java
import java.util.*;
public class yongLinkedList
{
    public static void main(String[] args)
    {
        LinkedList books = new LinkedList();
        //将字符串元素加入队列的尾部
        books.offer("android江湖");
        //将一个字符串元素入栈
        books.push("会当凌绝顶");
        //将字符串元素添加到队列的头部
        books.offerFirst("一览众山小");
        for (int i = 0; i < books.size() ; i++ )
        {
System.out.println(books.get(i));
        }
        //访问、并不删除队列的第一个元素
System.out.println(books.peekFirst());
        //访问、并不删除队列的最后一个元素
System.out.println(books.peekLast());
        //采用出栈的方式将第一个元素pop出队列
        System.out.println(books.pop());
        //下面输出将看到队列中第一个元素被删除
        System.out.println(books);
        //访问、并删除队列的最后一个元素
System.out.println(books.pollLast());
        //下面输出将看到队列中只剩下中间一个元素       System.out.println(books);
    }
}
```

范例 137：演示数组的最好性能
源码路径：光盘\演练范例\137\
视频路径：光盘\演练范例\137\
范例 138：演示 PriorityQueue 的用法
源码路径：光盘\演练范例\138\
视频路径：光盘\演练范例\138\

执行后的效果如图 10-22 所示。

```
一览众山小
会当凌绝顶
android江湖
一览众山小
android江湖
一览众山小
[会当凌绝顶, android江湖]
android江湖
[会当凌绝顶]
```

图 10-22　执行效果

在上面的实例代码中，演示了 LinkedList 作为双向队列、栈和 List 集合的用法。由此可见，LinkedList 是一个功能非常强大集合类。

10.6.2　PriorityQueue 类

PriorityQueue 是一个基于优先级堆的无界优先级队列。优先级队列的元素按照其自然顺序进行排序，或者根据构造队列时提供的 Comparator 进行排序，具体取决于所使用的构造方法。优先级队列不允许使用 null 元素。依靠自然顺序的优先级队列还不允许插入不可比较的对象，这样做可能会导致 ClassCastException 异常。

PriorityQueue 队列的头是按指定排序方式确定的最小元素。如果多个元素都是最小值，则头是其中一个元素——选择方法是任意的。队列获取操作 poll、remove、peek 和 element 可以访问处于队列头的元素。

PriorityQueue 的优先级队列是无界的，但是有一个内部容量，控制着用于存储队列元素的数组大小。它通常至少等于队列的大小。随着不断向优先级队列添加元素，其容量会自动增加。无需指定容量增加策略的细节。类 PriorityQueue 及其迭代器实现了 Collection 和 Iterator 接口的所有可选方法。方法 iterator()中提供的迭代器不保证以任何特定的顺序遍历优先级队列中的元素。如果需要按顺序遍历，建议使用 Arrays.sort (pq.toArray())。

10.7　集合工具类 Collections

知识点讲解：光盘:视频\PPT 讲解（知识点）\第 10 章\集合工具类 Collections.mp4

在集合的应用开发中，集合的若干接口和若干个子类是最常使用的，但是在 JDK 中提供了一种集合操作的工具类——Collections，可以直接通过此类方便地操作集合。Collections 是一个能操作 Set、List 和 Map 等集合的工具类。在该工具类里提供了大量方法集合元素进行排序、查询和修改等操作，还提供了将集合对象设置为不可变、对集合对象实现同步制等方法。

10.7.1　排序操作

在工具类 Collections 中，提供了如下方法来对 List 集合元素进行排序。

- ❑ static void reverse (List list)：反转指定 List 集合中元素的顺序。
- ❑ static void shuffle (Listlist)：对 List 集合元素进行随机排序（shuffle 方法模拟了"洗牌"动作）。
- ❑ static void sort (List list)：根据元素的自然顺序对指定 List 集合的元素按升序进行排序。
- ❑ static void sort (List list, Comparator c)：根据指定 Comparator 产生的顺序对 List 集合的元素进行排序。
- ❑ static void swap (List list,int i,int j)：将指定 List 集合中 i 处元素和 j 处元素进行交换。
- ❑ static void rotate (Listlist.int distance)：当 distance 为正数时，将 list 集合的后 distance 个元素移到前面；当 distance 为负数时，将 list 集合的前 distance 个元素移到后面。该方法不会改变集合的长度。

<table>
<tr><td>实例 070</td><td colspan="2">使用 Collections 工具类来操作 List 集合</td></tr>
<tr><td></td><td>源码路径　\daima\10\yongLinkedList.java</td><td>视频路径　\视频\实例\第 10 章\070</td></tr>
</table>

文件 yongLinkedList.java 的主要代码如下所示。

```
public class TestSort{
    public static void main(String[] args)
    {
        ArrayList nums = new ArrayList();
        nums.add(2);
        nums.add(-5);
        nums.add(3);
        nums.add(0);
        //输出:[2, -5, 3, 0]
        System.out.println(nums);
        //将List集合元素的次序反转
        Collections.reverse(nums);
        //输出:[0, 3, -5, 2]
        System.out.println(nums);
        //将List集合元素按自然顺序排序
        Collections.sort(nums);
        //输出:[-5, 0, 2, 3]
        System.out.println(nums);
        //将List集合元素的按随机顺序排序
        Collections.shuffle(nums);
        //每次输出的次序不固定
        System.out.println(nums);
    }
}
```

> 范例 139：用 sort() 方法对集合进行排序
> 源码路径：光盘\演练范例\139\
> 视频路径：光盘\演练范例\139\
> 范例 140：增加所需要的元素
> 源码路径：光盘\演练范例\140\
> 视频路径：光盘\演练范例\140\

执行后的效果如图 10-23 所示。

```
[2, -5, 3, 0]
[0, 3, -5, 2]
[-5, 0, 2, 3]
[3, 2, 0, -5]
```

图 10-23　执行效果

10.7.2　查找和替换操作

在 Collections 中还提供了如下用于查找、替换集合元素的方法。

- static int binarySearch (List list, Object key)：使用二分搜索法搜索指定 List 集合，以获得指定对象在 List 集合中的索引。如果要该方法可以正常工作，必须保证 List 中的元素已经处于有序状态。
- static Object max (Collection coll)：根据元素的自然顺序，返回给定集合中的最大元素。
- static Object max (Collection coll, Comparator comp)：根据指定 Comparator 产生的顺序，返回给定集合的最大元素。
- static Object min (Collection coll)：根据元素的自然顺序，返回给定集合中的最小元素。
- static Object min (Collection coll, Comparator comp)：根据指定 Comparator 产生的顺序，返回给定集合的最小元素。
- static void fill (List list, Object obj)：使用指定元素 obj 替换指定 List 集合中的所有元素。
- static int frequency (Collection c, Object o)：返回指定集合中等于指定对象的元素数量。
- static int indexOfSubList (List source, List target)：返回子 List 对象在母 List 对象中第一次出现的位置索引；如果母 List 中没有出现这样的子 List，则返回-1。
- static int lastIndexOfSubList (List source, List target)：返回子 List 对象在母 List 对象中最后一次出现的位置索引；如果母 List 中没有出现这样的子 List，则返回-1。

❑ static boolean replaceAll (List list, Object oldVal, Object newVal)：使用一个新值 newVal
替换 List 对象所有的旧值 oldVal。

<table><tr><td>实例 071</td><td>使用 Collections 查找处理</td></tr><tr><td></td><td>源码路径　\daima\10\yongSearch.java　　　视频路径　\视频\实例\第 10 章\071</td></tr></table>

实例文件 yongSearch.java 的主要代码如下所示。

```java
import java.util.*;
public class yongSearch{
    public static void main(String[] args){
        ArrayList nums = new ArrayList();
        nums.add(2);
        nums.add(-5);
        nums.add(3);
        nums.add(0);
        //输出:[2, -5, 3, 0]
        System.out.println(nums);
System.out.println(Collections.max(nums)); //输出最大元素, 将输出3
System.out.println(Collections.min(nums)); //输出最小元素, 将输出-5
        //将nums中的0使用1来代替
        Collections.replaceAll(nums , 0, 1);
        //输出:[2, -5, 3, 1]
        System.out.println(nums);
        //判断-5 在List集合中出现的次数, 返回1
System.out.println(Collections.frequency(nums , -5));
        //对nums集合排序
        Collections.sort(nums);
        //输出:[-5, 1, 2, 3]
        System.out.println(nums);
    //只有排序后的List集合才可用二分法查询, 输出3
    System.out.println(Collections.binarySearch(nums , 3));
    }
}
```

> 范例 141：用 binarySearch()方法检索内容
> 源码路径:光盘\演练范例\141\
> 视频路径:光盘\演练范例\141\
> 范例 142：替换一个集合中的指定内容
> 源码路径:光盘\演练范例\142\
> 视频路径:光盘\演练范例\142\

执行后的效果如图 10-24 所示。

```
[2, -5, 3, 0]
3
-5
[2, -5, 3, 1]
1
[-5, 1, 2, 3]
3
```

图 10-24　执行效果

10.8　其他集合类

知识点讲解：光盘:视频\PPT 讲解（知识点）\第 10 章\其他集合类.mp4

除了本章前面介绍的集合类之外，在 Java 中还有很多其他重要的集合类，例如 Stack 类和属性类。本节将简要介绍 Stack 类和属性类的基本知识，为读者步入本书后面知识的学习打下基础。

10.8.1　Stack 类

栈采用先进后出的数据存储方式，每一个栈都包含一个栈顶，每次出栈是将栈顶的数据取出。经常上网的读者应该清楚地知道，在浏览器中存在一个后退的按钮，每次后退都是后退到上一步的操作，那么实际上这就是一个栈的应用，采用的是一个先进后出的操作。

在 Java 中可以使用 Stack 类进行栈的操作，类 Stack 是 Vector 的子类。定义 Stack 类的语法格式如下所示。

```
public class Stack extends Vector
```

在类 Stack 中常用的操作方法如表 10-2 所示。

表 10-2　　　　　　　　　　　　　**类 Stack 的常用方法**

序号	方　　法	类型	描　　述
1	public boolean empty()	常量	测试栈是否为空
2	public E peek()	常量	查看栈顶，但不删除
3	public E pop()	常量	出栈，同时删除
4	public E push(E item)	普通	入栈
5	public int search(Object o)	普通	在栈中查找

例如在下面的代码【光盘\daima\10\jinchu.java】完成入栈及出栈操作。

```java
import java.util.Stack;
public class StackDemo {
public static void main(String args[]) {
Stack s = new Stack();
// 实例化Stack对象
s.push("A");
// 入栈
s.push("B");
// 入栈
s.push("C");
// 入栈
System.out.print(s.pop() + "、");
// 出栈
System.out.print(s.pop() + "、");
// 出栈
System.out.println(s.pop() + "、"); // 出栈
System.out.print(s.pop() + "、");
// 错误, 出栈, 出现异常, 栈为空
}
}
```

执行上述代码后的效果如图 10-25 所示。从运行结果可以看出，先进去的内容最后才取出，而且如果栈已经为空，则无法再弹出，会出现空栈异常。

```
C、B、A、
Exception in thread "main" java.util.EmptyStackException
        at java.util.Stack.peek(Stack.java:85)
        at java.util.Stack.pop(Stack.java:67)
        at jinchu.main(jinchu.java:17)
```

图 10-25　执行效果

10.8.2　属性类 Properties

在 Java 中属性操作类是一个较为重要的类。要想明白属性操作类的作用，就必须先清楚什么叫属性文件，实际上在之前讲解国际化操作时就使用了属性文件（Message.properties），在一个属性文件中保存了多个属性，每一个属性就是直接用字符串表示出来的"key=value"对，如果要想轻松地操作这些属性文件中的属性，可以通过 Properties 类方便地完成。

对于属性文件来说，其实在 Windows 操作系统的很多地方都可以见到。例如 Windows 的启动引导文件 boot.ini 就是使用属性文件的方式保存的，具体代码如下所示。

```
[boot loader]
timeout=5
default=multi(0)disk(0)rdisk(0)partition(1)\WINDOWS
```

可以发现它是通过"key=value"形式保存的，那么这样的文件就是属性文件。类 Properties 本身是 Hashtable 类的子类，既然是其子类，则肯定也是按照 key 和 value 的形式存放数据的。

定义类 Properties 的格式如下所示。

```
public class Properties
extends Hashtable<Object,Object>
```

在类 Properties 中的很多方法都有实际用处，主要方法如表 10-3 所示。

表 10-3　　　　　　　　　　　　　Properties 类的主要方法

序号	方　　　法	类型	描　　　述
1	public Properties()	构造	构造一个空的属性类
2	public Properties(Properties defaults)	常量	构造一个指定属性内容的属性类
3	public String getProperty(String key)	常量	根据属性的 key 取得属性的 value，如果没有 key，则返回 null
4	public String getProperty(String key, String defaultValue)	普通	根据属性的 key 取得属性的 value，如果没有 key，则返回 defaultValue
5	public Object setProperty(String key, String value)	普通	设置属性
6	public void list(PrintStream out)	普通	属性打印
7	public void load(InputStream inStream) throws IOException	普通	从输入流中取出全部的属性内容
8	public void loadFromXML(InputStream in) throws IOException, InvalidPropertiesFormatException	普通	从 XML 文件格式中读取内容
9	public void store(OutputStream out,String comments) throws IOException	普通	将属性内容通过输出流输出，同时声明属性的注释
10	public void storeToXML(OutputStream os,String comment) throws IOException	普通	以 XML 文件格式输出属性，默认编码
11	public void storeToXML(OutputStream os,String comment, String encoding) throws IOException	普通	以 XML 文件格式输出属性，用户指定默认编码

虽然类 Properties 是 Hashtable 的子类，也可以像 Map 那样使用 put()方法保存任意类型的数据，但是一般属性都是由字符串组成的，所以在使用本类时本书只关心 Properties 类本身的方法，而从 Hashtable 接口继承下来的方法，本书将不作任何介绍。下面以一些实际操作向读者讲解 Properties 类中各种方法的使用。

✿　注意：XML 文件格式

XML（eXtensible Markup Language，可扩展的标记性语言）是在现在开发中使用最广泛的一门语言，所有的属性内容可以通过 storeToXML()和 loadFormXML()两个方法以 XML 文件格式进行保存和读取，但是使用 XML 格式保存时将按照指定的文档格式进行存放，如果格式出错，则将无法读取。

（1）在 Java 编程应用中，可以使用 setProperty()和 getProperty()方法设置和取得属性，操作时要以 String 为操作类型。例如下面的代码。

```java
public class test {
    public static void main(String[] args) {
        Properties pro = new Properties();          // 创建Properties对象
        pro.setProperty("BJ", "BeiJing");           // 设置内容
        pro.setProperty("TJ", "TianJin");           // 设置内容
        pro.setProperty("NJ", "NanJing");           // 设置内容
        System.out.println("1、BJ属性存在:" + pro.getProperty("BJ"));
        System.out.println("2、SC属性不存在:" + pro.getProperty("SC"));
        System.out.println("3、SC属性不存在，同时设置显示的默认值:"
                + pro.getProperty("SC", "没有发现"));
    }
}
```

执行上述代码后输出。

BJ 属性存在：BeiJing。

SC 属性不存在：null。

SC 属性存在，同时设置默认值：没有发现。

（2）当操作完成正常属性类之后，可以将其内容保存在文件中，那么直接使用 store()方法即可，同时指定 OutputStream 类型，指明输出的位置。属性文件的后缀是任意的，但是最好按照标准，将属性文件的后缀统一设置成"*.properties"。例如下面的演示代码【光盘\daima\10\test.java】。

```java
import java.io.File;
import java.io.FileOutputStream;
import java.util.Properties;
public class test {
    public static void main(String[] args) {
        Properties pro = new Properties();              // 创建Properties对象
        pro.setProperty("BJ", "BeiJing");               // 设置内容
        pro.setProperty("TJ", "TianJin");               // 设置内容
        pro.setProperty("NJ", "NanJing");               // 设置内容
        // 设置属性文件的保存路径
        File file = new File("D:" + File.separator + "area.properties");
        try {
            // 保存属性到普通文件中，并设置注释内容
            pro.store(new FileOutputStream(file), "Area Info");
        } catch (Exception e) {
            e.printStackTrace();
        }
    }
}}
```

执行后可以发现在属性类中所保存的全部内容直接输出到了属性文件中，即在"D"盘创建了一个名为"area.properties"的文件，文件内容是我们预先设置的内容。效果如图 10-26 所示。

图 10-26　执行效果

（3）在 Java 应用中，可以通过 load()方法从输入流中将所保存的所有属性内容读取出来。例如下面的代码。

```java
public class PropertiesDemo03 {
    public static void main(String[] args) {
        Properties pro = new Properties();
// 创建Properties对象
        // 设置属性文件的操作路径
        File file = new File("D:" + File.separator + "area.properties");
        try {
            pro.load(new FileInputStream(file)); // 读取属性文件
        } catch (Exception e) {
            e.printStackTrace();
        }
        System.out.println("BJ属性值存在，内容是:"+ pro.getProperty("BJ"));
    }
}
```

上述代码执行后输出。

BJ 属性值存在，内容是：BeiJing。

10.9 技 术 解 惑

10.9.1 Collection 集合元素的改变问题

当使用 Iterator 来迭代访问 Collection 集合元素时，Collection 集合里的元素不能被改变，只有通过 Iterator 中的 remove 方法删除上一次 next 方法返回的集合元素才可以。否则将会引发 java.util.ConcurrentModificationException 异常。下面的演示代码说明这个问题。

```java
public class IteratorError
{
    public static void main(String[] args)
    {
        //创建一个集合
        Collection books = new HashSet();
        books.add("android江湖");
        books.add("会当凌绝顶");
        //获取books集合对应的迭代器
        Iterator it = books.iterator();
        while(it.hasNext())
        {
            String book = (String)it.next();
            System.out.println(book);
            if (book.equals("Struts2权威指南"))
            {
                //使用Iterator迭代过程中，不可修改集合元素，下面代码引发异常
                books.remove(book);
            }
        }
    }
}
```

10.9.2 深入理解 HashSet

即使两个 A 对象通过 equals 比较返回 true，但 HashSet 依然把它们当成两个对象；即使两个 B 对象的 hashCode()返回相同值（都是 1），但 HashSet 依然把它们当成两个对象。在此读者需要注意一个问题：如果需要把一个对象放入 HashSet 中时，如果重写该对象对应类的 equals()方法，也应该重写其 hashCode()方法，其规则是如果两个对象通过 equals()方法比较返回 true 时，这两个对象的 hashCode 也应该相同。

如果两个对象通过 equals()方法比较返回 true，但这两个对象的 hashCode()方法返回不同的 hashCode 时，会导致 HashSet 把这两个对象保存在 HashSet 的不同位置，从而两个对象都可以添加成功，这和 HashSet 的规则有点出入。

如果两个对象的 hashCode()方法返回的 hashCode 相同，但它们通过 equals()方法比较返回 false 时将更麻烦。这是因为两个对象的 hashCode 值相同，HashSet 将试图把它们保存在同一个位置，但实际上又不行（不然只会剩下一个对象），所以处理起来比较复杂；而且 HashSet 访问集合元素时也是根据元素的 hashCode 值来访问，如果 HashSet 中包含两个元素有相同的 hashCode 值，将会导致性能下降。

10.9.3 使用类 EnumSet 时的注意事项

另外，在使用类 EnumSet 时需要注意如下 3 点。

（1）不允许使用 null 元素，试图插入 null 元素将抛出 NullPointerException。但是试图测试是否出现 null 元素或移除 null 元素时将不会抛出异常。

（2）EnumSet 是不同步的，不是线程安全的。

（3）EnumSet 的本质就是为枚举类型定制的一个 Set，且枚举 set 中所有元素都必须来自单个枚举类型。

10.9.4　ArrayList 和 Vector 的区别

ArrayList 和 Vector 的显著区别是：ArrayList 是线程不安全的，当多条线程访问同一个 ArrayList 集合时，如果有超过一条线程修改了 ArrayList 集合，则程序必须手动保证该集合的同步性。Vector 集合是线程安全的，无须程序保证该集合的同步性。因为 Vector 是线程安全的，所以 Vector 的性能比 ArrayList 的性能要低。实际上即使需要保证集合 List 的线程安全，同样不推荐使用 Vector 实现类，Collections 工具类可以将一个 ArrayList 变成线程安全的。

10.9.5　TreeMap 判断两个元素相等的标准

类似于 TreeSet 中判断两个元素相等的标准，TreeMap 中判断两个 key 相等的标准也是两个 key 通过 equals 比较返回 true，而通过 compareTo 方法返回 0，TreeMap 即判断这两个 key 是相等的。如果想用自定义的类作为 TreeMap 的 key，且想让 TreeMap 良好地工作，重写该类的 equals 方法和 compareTo 方法时应有一致的结果：即两个 key 通过 equals 方法比较返回 true 时，它们通过 compareTo 方法应该返回 0。如果 equals 方法与 compareTo 方法的返回结果不一致，那么该 TreeMap 与 Map 接口的规则有出入（当 equals 比较返回 true，但 CompareTo 比较不返回 0），或者 TreeMap 处理起来性能有所下降（当 compareTo 比较返回 0，但 equals 比较不返回 true 时）。

10.9.6　分析几种 Map 类的性能

对于 Map 常用实现类来说，HashMap 和 Hashtable 的效率大致相同，因为它们的实现机制几乎完全一样，但是 HashMap 比 Hashtable 要快一点，因为 Hashtable 需要额外实现同步操作。

而 TreeMap 比 HashMap、Hashtable 要慢（尤其在插入、删除 key-value 对的时候更慢），因为 TreeMap 需要额外的红黑树操作来维护 key 之间的次序。但是使用 TreeMap 也有一个好处——TreeMap 中的 key-value 对总是处于有序状态，无须专门进行排序操作。当 TreeMap 被填充之后，就可以调用 keySet()，取得由 key 组成的 Set，然后使用 toArray() 生成 key 的数组。接下来使用 Arrays 的 binarySearch() 方法在已经排序的数组中快速地查询对象。当然，通常只有在某些情况下无法使用 HashMap 的时候才这么做，因为 HashMap 正是为快速查询而设计的。通常，如果需要使用 Map 还是应该首选 HashMap 实现，除非需要一个总是排好序的 Map 时，才使用 TreeMap。

LinkedHashMap 比 HashMap 慢一点，因为它需要维护链表来保持 Map 中 key 的顺序。

10.9.7　LinkedList、ArrayList、Vector 性能问题的研究

LinkedList 与 ArrayList、Vector 的实现机制完全不同，ArrayList、Vector 内部以数组的形式来保存集合中的元素，因此随机访问集合元素上有较好的性能。而 LinkedList 内部以链表的形式来保存集合中的元素，因此随机访问集合元素时性能较差，但在插入、删除元素时性能非常出色（只需改变指针所指的地址即可）。实际上，Vector 因为实现了线程同步功能，所以各方面性能都有所下降。

对于所有内部基于数组的集合实现来说，例如 ArrayList、Vector 等，使用随机访问的速度比使用 Iterator 迭代访问的性能要好，因为随机访问会被映射成对数组元素的访问。

通常在 Java 编程过程中无须理会 ArrayList 和 LinkedList 之间的性能差异，只需了解 LinkList 集合不仅提供了 List 的功能，还额外提供了双向队列、栈的功能。但在一些性能非常敏感的地方需要慎重选择使用哪个 List 实现。

10.9.8　用 swap() 方法把集合中两个位置的内容进行交换

下面的代码演示了 swap() 方法的用法。

```java
public class tihuan {
    public static void main(String[] args) {
```

```java
        List<String> all = new ArrayList<String>();// 实例化List
        Collections.addAll(all, "1、MLDN", "2、LXH", "3、mldnjava");
// 增加内容
        System.out.print("交换之前的集合:") ;
// 输出信息
        Iterator<String> iter = all.iterator() ;
// 实例化Iterator对象
        while (iter.hasNext()) {
// 迭代输出
            System.out.print(iter.next() + "、");
// 输出内容
        }
        Collections.swap(all,0,2) ;
// 交换指定位置的内容
        System.out.print("\n交换之后的集合:") ;
// 输出信息
        iter = all.iterator() ;
// 实例化Iterator对象
        while (iter.hasNext()) {
// 迭代输出
            System.out.print(iter.next() + "、");
// 输出内容
        }
    }
}
```

执行后输出。

交换之前的集合：1、MLDN、2、LXH、3、mldnjava。

交换之后的集合：3、mldnjava、2、LXH、1、MLDN。

第 11 章

常用的类库

　　Java 为程序员提供了丰富的基础类库，这些类库能够帮助程序员快速开发出功能强大的项目。例如 Java SE 提供了三千多个基础类库，使用基础类库可以提高开发效率，降低开发难度。对于初学者来说，建议以 Java API 文档为参考进行编程演练，遇到问题时查阅 API 文档，逐步掌握更多的类。本章将详细讲解 Java 语言中常用类库的基本知识，为读者步入本书后面知识的学习打下基础。

<table>
<tr><td>

本章内容

▸▸ StringBuffer 类

▸▸ Runtime 类

▸▸ 程序国际化

▸▸ System 类

▸▸ Date 类

▸▸ Math 类

▸▸ Random 类

▸▸ NumberFormat 类

▸▸ BigInteger 类

▸▸ BigDecimal 类

▸▸ 克隆对象

▸▸ Arrays 类

▸▸ 接口 Comparable

▸▸ Observable 类和 Observer 接口

▸▸ 正则表达式

▸▸ Timer 类和 TimerTask 类

</td><td>

技术解惑

StringBuffer 和 String 选择的异同

通过 System 类获取本机的全部环境属性

分析对象的生命周期

如果没有实现 Comparable 接口会出现异常

体验正则表达式的好处

</td></tr>
</table>

11.1　StringBuffer 类

知识点讲解：光盘:视频\PPT 讲解（知识点）\第 11 章\StringBuffer 类.mp4

在本书前面的内容中，曾经讲解过 String 类型的基本知识。在 Java 中规定，一旦声明 String 的内容就不可再改变，如果要改变，改变的肯定是 String 的引用地址。如果一个字符串需要经常被改变，则必须使用 StringBuffer 类。在 String 类中可以通过"+"来连接字符串，在 StringBuffer 中只能使用方法 append()来连接字符串。

11.1.1　StringBuffer 类基础

在下面的表 11-1 中列出了 StringBuffer 类中的一些常用方法，读者想要了解此类的所有方法，可以自行查询 JDK 文档。

表 11-1　　　　　　　　　　　　类 **StringBuffer** 的常用方法

定　义	类型	描　述
public StringBuffer()	构造	StringBuffer 的构造方法
public StringBuffer append(char c)	方法	在 StringBuffer 中提供了大量的追加操作（与 String 中使用"+"类似），可以向 StringBuffer 中追加内容，此方法可以添加任何的数据类型
public StringBuffer append(String str)	方法	
public StringBuffer append(StringBuffer sb)	方法	
public int indexOf(String str)	方法	查找指定字符串是否存在
public int indexOf(String str,int fromIndex)	方法	从指定位置开始查找指定字符串是否存在
public StringBuffer insert(int offset,String str)	方法	在指定位置处加上指定字符串
public StringBuffer reverse()	方法	将内容反转保存
public StringBuffer replace(int start,int end, String str)	方法	指定内容替换
public int length()	方法	求出内容长度
public StringBuffer delete(int start,int end)	方法	删除指定范围的字符串
public String substring(int start)	方法	字符串截取，指定开始点
public String substring(int start,int end)	方法	截取指定范围的字符串
public String toString()	方法	Object 类继承的方法，用于将内容变为 String 类型

类 StringBuffer 支持的方法大部分与 String 的类似。使用类 StringBuffer 可以在开发中提升代码的性能，为了保证用户操作的适应性，在类 StringBuffer 中定义的大部分方法名称都与 String 中的是一样的。

11.1.2　使用 StringBuffer 类

在 Java 程序中，可以使用方法 append()来连接字符串，而且此方法返回了一个 StringBuffer 类的实例，这样就可以采用代码链的形式一直调用 append()方法。也可以直接使用 insert()方法在指定的位置上为 StringBuffer 添加内容。

实例 072	通过 append 连接各种类型的数据

源码路径　\daima\11\StringBufferT1.java　　　　　　视频路径　\视频\实例\第 11 章\072

实例文件 StringBufferT1.java 的主要代码如下所示。

```java
public class StringBufferT1{
    public static void main(String args[]){
        // 声明StringBuffer对象
```

```
        StringBuffer buf = new StringBuffer() ;
        // 向StringBuffer中添加内容
        buf.append("Hello ") ;
        // 可以连续调用append()方法
        buf.append("World").append("!!!") ;
        buf.append("\n") ;                    // 添加一个转义字符
        buf.append("数字 = ").append(1).append("\n") ;
                                              // 添加数字
        buf.append("字符 = ").append('C').append("\n");
                                              // 添加字符
        buf.append("布尔 = ").append(true) ;  // 添加布尔值
        System.out.println(buf) ; // 直接输出对象, 调用toString()
    }
};
```

范例 143：验证 StringBuffer 的内容可修改
源码路径：光盘\演练范例\143\
视频路径：光盘\演练范例\143\
范例 144：实现简单的数字时钟效果
源码路径：光盘\演练范例\144\
视频路径：光盘\演练范例\144\

在上述代码中，"buf.append("数字 = ").append(1).append("\n")"实际上就是一种代码链的操作形式。执行后的效果如图 11-1 所示。

在 Java 程序中，可以直接使用方法 insert()在指定的位置上为 StringBuffer 添加内容。在 StringBuffer 中专门提供了字符串反转的操作方法，所谓的字符串反转就是指将一个是"Hello"的字符串转为"olleH"。

```
Hello World!!!
数字 = 1
字符 = C
布尔 = true
```

图 11-1 　执行效果

实例 073　在任意位置处为 StringBuffer 添加内容

源码路径　\daima\11\StringBufferT3.java　　　　视频路径　\视频\实例\第 11 章\073

实例文件 StringBufferT3.java 的主要代码如下所示。

```
public class StringBufferT3{
    public static void main(String args[]){
        // 声明StringBuffer对象
        StringBuffer buf = new StringBuffer() ;
    // 添加内容
    buf.append("World!!") ;
    buf.insert(0,"Hello ") ;           // 在第一个内容之前添加内容
        System.out.println(buf) ;
    buf.insert(buf.length(),"MM~") ;   // 在最后添加内容
        System.out.println(buf) ;
    }
};
```

范例 145：演示字符串反转操作
源码路径：光盘\演练范例\145\
视频路径：光盘\演练范例\145\
范例 146：实现简单的电子时钟效果
源码路径：光盘\演练范例\146\
视频路径：光盘\演练范例\146\

执行后的效果如图 11-2 所示。

```
<terminated> StringBufferT3
Hello World!!
Hello World!!MM~
```

图 11-2 　执行效果

在类 StringBuffer 中也存在 replace()方法，使用此方法可以对指定范围的内容进行替换。在 String 中如果要进行替换，则使用的是 replaceAll()方法，而在 StringBuffer 中使用的是 replace()方法，这一点读者在使用时需要注意。

通过方法 substring()可以直接从 StringBuffer 的指定范围中截取出内容。

实例 074　在任意位置处为 StringBuffer 添加内容

源码路径　\daima\11\StringBufferT5.java　　　　视频路径　\视频\实例\第 11 章\074

实例文件 StringBufferT5.java 的主要代码如下所示。

```
public class StringBufferT5{
    public static void main(String args[]){
    // 声明StringBuffer对象
        StringBuffer buf = new StringBuffer() ;
    // 向StringBuffer添加内容
        buf.append("Hello ").append("World!!") ;
    // 将world的内容替换
        buf.replace(6,11,"AAA") ;
    // 输出内容
        System.out.println("内容替换之后的结果:" + buf) ;
    }
};
```

范例 147：演示字符串的替换操作
源码路径：光盘\演练范例\147\
视频路径：光盘\演练范例\147\
范例 148：实现简单的模拟时钟效果
源码路径：光盘\演练范例\148\
视频路径：光盘\演练范例\148\

执行后的效果如图 11-3 所示。

因为 StringBuffer 本身的内容是可更改的，所以也可以通过方法 delete()删除指定范围的内容。通过方法 indexOf()可以查找指定的内容，如果查找到了，则返回内容的位置，如果没有查找到则返回-1。

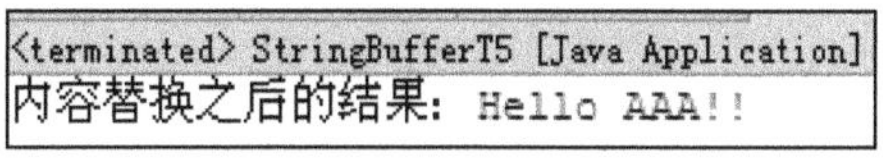

图 11-3　执行效果

实例 075　从 StringBuffer 中删除指定范围的字符串

源码路径　\daima\11\StringBufferT7.java　　　　视频路径　\视频\实例\第 11 章\075

实例文件 StringBufferT7.java 的主要代码如下所示。

```java
public class StringBufferT7{
    public static void main(String args[]){
// 声明StringBuffer对象
        StringBuffer buf = new StringBuffer() ;
// 向StringBuffer添加内容
        buf.append("Hello ").append("World!!") ;
// 将world的内容替换
        buf.replace(6,11,"AAA") ;
//删除指定范围中的内容
        String str = buf.delete(6,15).toString() ;
// 输出内容
    System.out.println("删除之后的结果:" + str) ;
    }
};
```

范例 149：查找指定的内容是否存在

源码路径：光盘\演练范例\149\

视频路径：光盘\演练范例\149\

范例 150：实现一个简单的万年历

源码路径：光盘\演练范例\150\

视频路径：光盘\演练范例\150\

执行后的效果如图 11-4 所示。

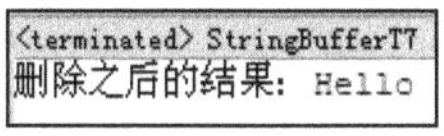

图 11-4　执行效果

11.2　Runtime 类

知识点讲解：光盘:视频\PPT 讲解（知识点）\第 11 章\Runtime 类.mp4

在 Java 语言中，类 Runtime 表示运行时操作类，是一个封装了 JVM 进程的类，每一个 JVM 都对应着一个 Runtime 类的实例，此实例由 JVM 运行时为其实例化。所以在 JDK 文档中，读者不会发现任何有关 Runtime 类中对构造方法的定义，这是因为 Runtime 类本身的构造方法是私有化的（单例设计），如果想取得一个 Runtime 实例，则只能通过以下方式实现。

```java
Runtime run = Runtime.getRuntime();
```

也就是说在类 Runtime 中提供了一个静态的 getRuntime()方法，此类可以取得 Runtime 类的实例，那么取得 Runtime 类的实例有什么用处呢？因为 Runtime 表示的是每一个 JVM 实例，所以可以通过 Runtime 取得一些系统的信息。

11.2.1　Runtime 类

类 Runtime 中的常用方法如表 11-2 所示。

表 11-2　　　　　　　　　　类 **Runtime** 的常用方法

方 法 定 义	类型	描 述
public static Runtime getRuntime()	普通	取得 Runtime 类的实例
public long freeMemory()	普通	返回 Java 虚拟机中的空闲内存量
public long maxMemory()	普通	返回 JVM 的最大内存量
public void gc()	普通	运行垃圾回收器，释放空间
public Process exec(String command) throws IOException	普通	执行本机命令

11.2.2 使用 Runtime 类

（1）得到 JVM 的内存空间信息。

使用类 Runtime 可以取得 JVM 中的内存空间，包括最大内存空间、空闲内存空间等，通过这些信息可以清楚地知道 JVM 的内存使用情况。例如下面的代码【光盘\daima\11\RuntimeT1.java】可以查看 JVM 的空间情况。

```java
public class RuntimeT1{
    public static void main(String args[]){
        Runtime run = Runtime.getRuntime();                        // 通过Runtime类的静态方法进行实例化操作
        System.out.println("JVM最大内存量:" + run.maxMemory());     // 观察最大的内存, 根据机器的不同, 环境也会有所不同
        System.out.println("JVM空闲内存量:" + run.freeMemory());     // 取得程序运行的空闲内存
        String str = "Hello " + "World" + "!!!"
            +"\t" + "Welcome " + "To " + "BEIJING" + "~";
        System.out.println(str);
        for(int x=0;x<1000;x++){
            str += x;                      // 循环修改内容, 会产生多个垃圾
        }
        System.out.println("操作String之后的,JVM空闲内存量:" + run.freeMemory());
        run.gc();                          // 进行垃圾收集, 释放空间
        System.out.println("垃圾回收之后的,JVM空闲内存量:" + run.freeMemory());
    }
};
```

在上述代码中，通过 for 循环修改了 String 中的内容，这样的操作必然会产生大量的垃圾，占用系统的内存区域，所以计算后可以发现 JVM 的内存量有所减少，但是当执行 gc()方法进行垃圾收集后，可用的空间就变大了。执行效果如图 11-5 所示。

（2）联合使用 Runtime 类与 Process 类。

在 Java 程序中，可以直接使用类 Runtime 运行本机的可执行程序。当前计算机执行程序就是我们平常所说的进程，这些进程在 Java 中用 Process 类来表示。

```
<terminated> RuntimeT1 [Java Application] F:\Java\jdk1
JVM最大内存量: 259522560
JVM空闲内存量: 15965064
Hello World!!!  Welcome To BEIJING~
操作String之后的,JVM空闲内存量: 14525424
垃圾回收之后的,JVM空闲内存量: 16089152
```

图 11-5　执行效果

实例 076	调用本机可执行程序

源码路径　\daima\11\RuntimeT2.java　　　　视频路径　\视频\实例\第 11 章\076

实例文件 RuntimeT2.java 的主要代码如下所示。

```java
public class RuntimeT2{
    public static void main(String args[]){
// 取得Runtime类的实例化对象
        Runtime run = Runtime.getRuntime();
    try{
// 调用本机程序, 此方法需要异常处理
        run.exec("notepad.exe");
        }catch(Exception e){
// 打印异常信息
        e.printStackTrace();
            // System.out.println(e);
        }
    }
};
```

> **范例 151：让记事本进程运行 5 秒后消失**
> 源码路径：光盘\演练范例\151\
> 视频路径：光盘\演练范例\151\
> **范例 152：查看生日的相关信息**
> 源码路径：光盘\演练范例\152\
> 视频路径：光盘\演练范例\152\

执行后会打开一个记事本文件，效果如图 11-6 所示。

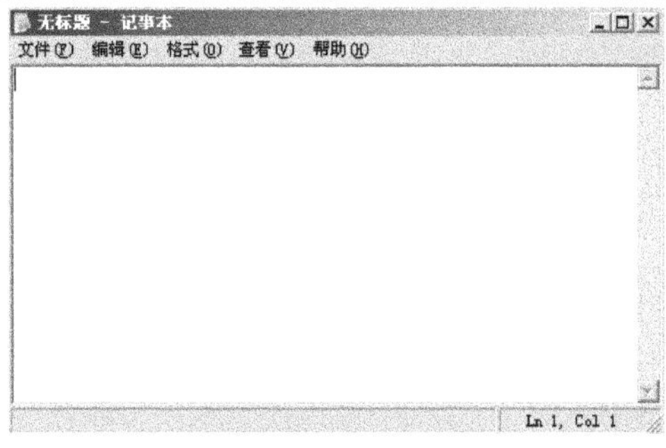

图 11-6　执行效果

※ 注意：内存管理

在 Java 中提供了无用单元自动收集机制。通过方法 totalMemory()和 freeMemory()可以知道对象的堆内存有多大，还剩多少。Java 会周期性地回收垃圾对象（未使用的对象），以便释放内存空间。但是如果想先于收集器的下一次指定周期来收集废弃的对象，可以通过调用 gc()方法来根

据需要运行无用单元收集器。一个很好的试验方法是先调用 gc()方法，然后调用 freeMemory()
方法来查看基本的内存使用情况，接着执行代码，然后再次调用 freeMemory()方法看看分配了
多少内存。

11.3　程序国际化

知识点讲解：光盘:视频\PPT 讲解（知识点）\第 11 章\程序国际化.mp4

国际化操作是在开发中较为常见的一种要求，那么什么叫国际化操作呢？实际上国际化的
操作就是指一个程序可以同时适应多门语言，即如果现在程序的使用者是中国人，则会以中文
为显示文字，如果现在程序的使用者是英国人，则会以英语为显示的文字，也就是说可以通过
国际化操作让一个程序适应各个国家或地区的语言要求。在本节的内容中，将详细讲解在 Java
中实现程序国际化的基本知识。

11.3.1　国际化基础

在 Java 中通常使用类 Locale 来实现 Java 程序的国际化，除此之外，还需要用属性文件和
ResourceBundle 类支持。属性文件是指后缀为.properties 的文件，文件中的内容保存结构为
"key=value"形式（关于属性文件的具体操作可以参照 Java 类集部分）。因为国际化的程序只是
显示语言的不同，那么就可以根据不同的国家或地区定义不同的属性文件，属性文件中保存真
正要使用的文字信息，要访问这些属性文件，可以使用类 ResourceBundle 来完成。

假如现在有一个程序要求可以同时适应法语、英语、中文的显示，那么此时就必须使用国
际化。我们可以根据各个不同的国家或地区配置不同的资源文件（资源文件有时也称为属性文
件，因为其后缀为.properties），所有的资源文件以"key=value"的形式出现，例如 message=你
好！。在程序执行中只是根据 key 找到 value 并将 value 的内容进行显示。也就是说只要 key 的
值不变，value 的内容可以任意更换。

在 Java 程序中必须通过以下 3 个类实现 Java 程序的国际化操作。

❑ java.util.Locale：用于表示一个国家或地区语言类。

❑ java.util.ResourceBundle：用于访问资源文件。

❑ java.text.MessageFormat：格式化资源文件的占位字符串。

上述 3 个类的具体操作流程是：先通过 Locale 类指定区域码，然后 ResourceBundle 根据
Locale 类所指定的区域码找到相应的资源文件，如果资源文件中存在动态文本，则使用
MessageFormat 进行格式化。

11.3.2　Locale 类

要想实现 Java 程序的国际化，首先需要掌握 Locale 类的基本知识。表 11-3 列出了类 Locale
中的构造方法。

表 11-3　　　　　　　　　　　　　　　类 Locale 的构造方法

方 法 定 义	类型	描　　述
public Locale(String language)	构造	根据语言代码构造一个语言环境
public Locale(String language,String country)	构造	根据语言和国家或地区构造一个语言环境

实际上对于各个国家或地区都有对应的 ISO 编码，例如中国的编码为 zh-CN，英语-美国的
编码为 en-US，法语的编码为 fr-FR。

对于各个国家或地区的编码，读者实际上没有必要去记住，只需要知道几个常用的就可以
了，如果想知道全部的国家或地区编码可以直接搜索 ISO 国家或地区编码。如果觉得麻烦也可

以直接在 IE 浏览器中查看各个国家或地区的编码，因为 IE 浏览器可以适应多个国家或地区的语言显示要求，操作步骤为，选择"工具"→"Internet 选项"命令，在打开的对话框中选择"常规"选项卡，单击"语言"按钮，在打开的对话框中单击"添加"按钮，弹出如图 11-7 所示的对话框。

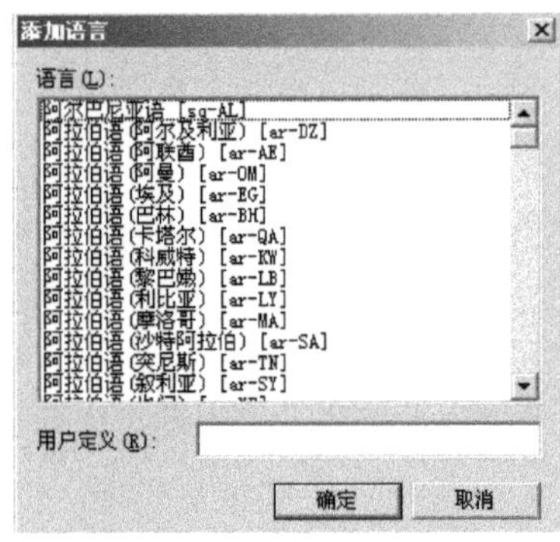

图 11-7　国家或地区编码

11.3.3　ResourceBundle 类

ResourceBundle 类的主要作用是读取属性文件，读取属性文件时可以直接指定属性文件的名称（指定名称时不需要文件的后缀），也可以根据 Locale 所指定的区域码来选取指定的资源文件，ResourceBundle 类中的常用方法如表 11-4 所示。

表 11-4　　　　　　　　　　　　ResourceBundle 类中的常用方法

方 法 定 义	类型	描　　述
public static final ResourceBundle getBundle (String baseName)	普通	取得 ResourceBundle 的实例，并指定要操作的资源文件名称
public static final ResourceBundle getBundle (String baseName,Locale locale)	普通	取得 ResourceBundle 的实例，并指定要操作的资源文件名称和区域码
public final String getString(String key)	普通	根据 key 从资源文件中取出对应的 value

如果要使用 ResourceBunlde 对象，则需要直接通过 ResourceBundle 类中的静态方法 getBundle()取得。

实例 077　　通过 ResourceBundle 取得资源文件中的内容

源码路径　\daima\11\InterT1.java　　　　　视频路径　\视频\实例\第 11 章\077

实例文件 InterT1.java 的主要代码如下所示。

```java
import java.util.ResourceBundle ;
public class InterT1{
    public static void main(String args[]){
// 找到资源文件，不用编写后缀
    ResourceBundle rb = ResourceBundle.getBundle("Message") ;
// 从资源文件中取得内容
    System.out.println("内容:" + rb.getString("info")) ;
    }
};
```

范例 153：输出不同国家或地区的"你好!"
源码路径：光盘\演练范例\153\
视频路径：光盘\演练范例\153\
范例 154：判断日期格式的有效性
源码路径：光盘\演练范例\154\
视频路径：光盘\演练范例\154\

通过上述代码读取了资源文件 Message.properties 中的内容，执行效果如图 11-8 所示。从以上程序中可以发现，程序通过资源文件中的 key 取得了对应的 value。

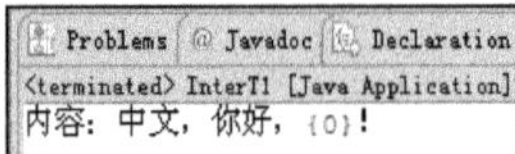

图 11-8　执行效果

11.3.4 处理动态文本

在本节前面介绍的国际化内容中，所有资源内容都是固定的，但是输出的消息中如果包含了一些动态文本，则必须使用占位符清楚地表示出动态文本的位置。在 Java 中通过"{编号}"格式设置占位符。在使用占位符之后，程序可以直接通过 MessageFormat 对信息进行格式化，为占位符动态设置文本的内容。

类 MessageFormat 类是类 Format 的子类，Format 类主要实现格式化操作,除了 MessageFormat 子类外,在 Format 中还有 NumberFormat、DateFormat 两个子类。

在进行国际化操作时，不只有文字需要处理，数字显示、日期显示等都要符合各个区域的要求，我们可以通过控制面板中的"区域和语言选项"对话框观察到这一点，如图 11-9 所示。并且同时改变的有数字、货币、时间等，所以在类 Format 中提供了 3 个子类来实现上述功能，分别是 MessageFormat、DateFormat、NumberFormat。

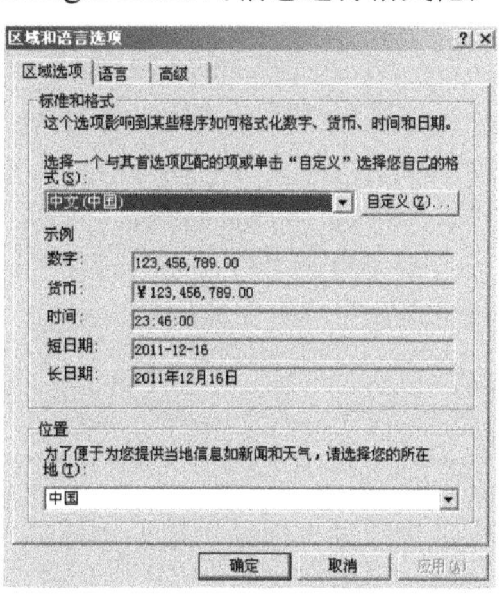

图 11-9　"区域和语言选项"对话框

假设现在要输出的信息(以中文为例)是"你好,xxx!"，其中，xxx 的内容是由程序动态设置的，所以此时可以修改之前的 3 个属性文件,让其动态地接收程序的 3 个文本。

（1）中文的属性文件 Message_zh_CN.properties，内容如下所示。

```
info = \u4f60\u597d\uff0c{0}\uff01
```

以上信息就是中文的"你好，{0}！"。

（2）英语的属性文件 Message_en_US.properties，内容如下所示。

```
info = Hello,{0}!
```

（3）法语的属性文件 Message_fr_FR.properties，内容如下所示。

```
info = Bonjour,{0}!
```

在以上 3 个属性文件中，都加入了"{0}"，表示一个占位符，如果有更多的占位符，则直接在后面继续加上"{1}""{2}"即可。然后就可以继续使用之前的 Locale 类和 ResourceBundle 类读取资源文件的内容，但是读取之后的文件因为要处理占位符的内容，所以要使用 MessageFormat 类进行处理，主要使用下面的方法实现。

```
public static String format(String pattern,Object…arguments)
```

其中第 1 个参数表示要匹配的字符串，第 2 个参数"Object…arguments"表示输入参数可以任意多个，并没有具体个数的限制。

实例 078	使用 MessageFormat 格式化动态文本

源码路径　\daima\11\InterT3.java　　　　　视频路径　\视频\实例\第 11 章\078

实例文件 InterT3.java 的主要代码如下所示。

```
import java.util.ResourceBundle ;
import java.util.Locale ;
import java.text.* ;
public class InterT3{
    public static void main(String args[]){
// 表示中国地区
        Locale zhLoc = new Locale("zh","CN") ;
// 表示美国地区
        Locale enLoc = new Locale("en","US") ;
// 表示法国地区
        Locale frLoc = newLocale("fr","FR") ;
        // 找到中文的属性文件, 需要指定中文的Locale对象
        ResourceBundle zhrb = ResourceBundle.getBundle("Message",zhLoc) ;
        // 找到英文的属性文件, 需要指定英文的Locale对象
        ResourceBundle enrb = ResourceBundle.getBundle("Message",enLoc) ;
        // 找到法文的属性文件, 需要指定法文的Locale对象
```

范例 155：使用数组传递参数
源码路径：光盘\演练范例\155\
视频路径：光盘\演练范例\155\
范例 156：使用常见的日期格式
源码路径：光盘\演练范例\156\
视频路径：光盘\演练范例\156\

```
        ResourceBundle frrb = ResourceBundle.getBundle("Message",frLoc) ;
        // 依次读取各个属性文件的内容，通过键值读取，此时的键值名称统一为info
        String str1 = zhrb.getString("info") ;
        String str2 = enrb.getString("info") ;
        String str3 = frrb.getString("info") ;
        System.out.println("中文:" + MessageFormat.format(str1,"无敌")) ;
        System.out.println("英语:" + MessageFormat.format(str2,"wudiwudi")) ;
        System.out.println("法语:" + MessageFormat.format(str3," wudiwudi")) ;
    }
};
```

上述代码通过 MessageFormat.format()方法设置了动态文本的内容，执行效果如图 11-10 所示。

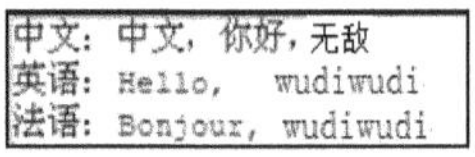

中文: 中文, 你好, 无敌
英语: Hello,   wudiwudi
法语: Bonjour, wudiwudi

图 11-10　执行效果

　　　注意：传递可变参数

在 Java 的可变参数传递中可以接收多个对象，在方法传递参数时可以使用如下形式实现。

```
返回值类型 方法名称(Object…args)
```

上述表示方法可以接收任意多个参数，然后按照数组的方式输出即可。

11.3.5　使用类代替资源文件

在 Java 中可以使用属性文件来保存所有的资源信息，当然也可以使用类来保存所有的资源信息，但是在开发中此种做法并不多见，主要还是以属性文件的应用为主。与之前的资源文件一样，如果使用类保存信息，则也必须按照"key-value"的形式出现，而且类的命名必须与属性文件一致。而且此类必须继承 ListResourceBundle 类，继承之后要覆写此类中的 getContent() 方法。例如用下面的代码建立了一个中文资源类。

```
import java.util.ListResourceBundle ;
public class Message_zh_CN extends ListResourceBundle{
  private final Object data[][] = {
      {"info","中文, 好的, {0}!"}
  } ;
  public Object[][] getContents(){                      // 覆写的方法
      return data ;
  }
};
```

然后在如下国际化程序中可以使用上面定义的资源类。

```
import java.util.ResourceBundle ;
import java.util.Locale ;
import java.text.* ;
public class InterT6{
  public static void main(String args[]){
      Locale zhLoc = new Locale("zh","CN") ;          // 表示中国地区
      // 找到中文的属性文件，需要指定中文的Locale对象
      ResourceBundle zhrb = ResourceBundle.getBundle("Message",zhLoc) ;
      String str1 = zhrb.getString("info") ;
      System.out.println("中文:" + MessageFormat.format(str1,"管西京")) ;
  }
};
```

读者在此一定要注意，在资源类中的属性一定是一个二维数组。另外，在本章之前讲解的程序中出现了 Message.properties、Message_zh_CN.properties 和 Message_zh_CN.class，如果在一个项目中同时存在这 3 个类型的文件，那么最终只会使用一个，使用时需要按照优先级。顺序为 Message_zh_CN.class、Message_zh_CN.properties、Message.properties。但是从实际开发的角度来看，使用一个类文件来代替资源文件的方式是很少见的，所以需要重点要掌握资源文件的使用。

11.4　System 类

　　知识点讲解：光盘:视频\PPT 讲解（知识点）\第 11 章\System 类.mp4

System 类可能是我们在日常开发中最经常看见的类，例如系统输出语句"System.out.

println()"就属于 System 类。实际上类 System 是一些与系统相关属性和方法的集合，而且在此类中所有的属性都是静态的，要想引用这些属性和方法，直接使用类 System 来调用即可。

11.4.1 System 类基础

在表 11-5 中列出了 System 类中的一些常用方法。

表 11-5 **System 类的常用方法**

方 法 定 义	类型	描　述
public static void exit(int status)	普通	系统退出，如果 status 为非 0 就表示退出
public static void gc()	普通	运行垃圾收集机制，调用的是 Runtime 类中的 gc 方法。
public static long currentTimeMillis()	普通	返回以毫秒为单位的当前时间
public static void arraycopy(Object src, int srcPos, Object dest,int destPos, int length)	普通	数组复制操作
public static Properties getProperties()	普通	取得当前系统的全部属性
public static String getProperty(String key)	普通	根据键值取得属性的具体内容

由此可见，System 类中的方法都是静态的，都是使用 static 定义的，所以在使用时直接使用类名称就可以调用，例如 System.gc()。

实例 079	**计算一个程序的执行时间**

源码路径　\daima\11\SystemT1.java　　　　视频路径　\视频\实例\第 11 章\079

实例文件 SystemT1.java 的主要代码如下所示。

```java
public class SystemT1{
    public static void main(String args[]){
// 取得开始计算之前的时间
        long startTime = System.currentTimeMillis() ;
        int sum = 0 ;                // 声明变量
// 执行累加操作
        for(int i=0;i<30000000;i++){
            sum += i ;
        }
// 取得计算之后的时间
        long endTime = System.currentTimeMillis() ;
        // 结束时间减去开始时间
        System.out.println("计算所花费的时间:" + (endTime-startTime) +"毫秒") ;
    }
};
```

范例 157：列出指定属性

源码路径：光盘\演练范例\157\

视频路径：光盘\演练范例\157\

范例 158：查看常用的系统属性

源码路径：光盘\演练范例\158\

视频路径：光盘\演练范例\158\

执行效果如图 11-11 所示。

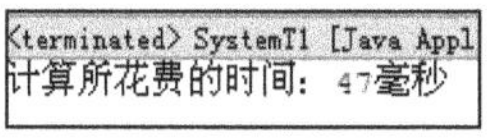

图 11-11　执行效果

11.4.2　垃圾对象的回收

Java 为我们提供了垃圾的自动收集机制，能够不定期地自动释放 Java 中的垃圾空间。在类 System 中有一个 gc() 方法，此方法也可以进行垃圾的收集，而且此方法实际上是对 Runtime 类中的 gc() 方法的封装，功能与其类似。接下来将要讲解的是如何对一个对象进行回收，一个对象如果不再被任何栈内存所引用，那么此对象就可以称为垃圾对象，等待被回收。实际上等待的时间是不确定的，所以可以直接调用方法 System.gc() 进行垃圾的回收。

在实际的开发中，垃圾内存的释放基本上都是由系统自动完成的，除非特殊情况，一般很少直接调用 gc() 方法。但是如果在一个对象被回收之前要进行某些操作该怎么办呢？实际上在类 Object 中有一个名为 finalize()的方法，定义此方法的语法格式如下所示。

```
protected void finalize() throws Throwable
```

在程序中的一个子类只需要覆写上述方法即可在释放对象前进行某些操作。例如我们可以通过下面的代码【光盘\daima\11\SystemT4.java】观察对象释放。

```
class Person{
  private String name ;
  private int age ;
  public Person(String name,int age){
      this.name = name ;
      this.age = age;
  }
  public String toString(){                         // 覆写toString()方法
      return "姓名:" + this.name + ", 年龄:" + this.age ;
  }
  public void finalize() throws Throwable{          // 对象释放空间时默认调用此方法
      System.out.println("对象被释放  --> " + this) ;
  }
};
public class SystemT4{
  public static void main(String args[]){
      Person per = new Person("张三",30) ;
      per = null ;                                  // 断开引用
      System.gc() ;                                 // 强制性释放空间
  }
};
```

在以上程序中强制调用了释放空间的方法，而且在对象被释放前调用了 finalize()方法。如果在 finalize()方法中出现了异常，则程序并不会受其影响，会继续执行。执行后输出。

```
对象被释放  --> 姓名:张三, 年龄:30
```

上述方法 finalize()抛出的是 Throwable 异常。在方法 finalize()上可以发现抛出的异常并不是常见的 Exception，而是使用了 Throwable 进行抛出的异常，所以在调用此方法时不一定只会在程序运行中产生错误，也有可能产生 JVM 错误。

11.5　Date 类

知识点讲解：光盘:视频\PPT 讲解（知识点）\第 11 章\Date 类.mp4

在 Java 程序的开发过程中经常会遇到操作日期类型的情形，Java 对日期的操作提供了良好的支持，主要使用包 java.util 中的 Date、Calendar 以及 java.text 包中的 SimpleDateFormat 实现。在本节将详细介绍使用 Date 类的基本知识，为读者步入本书后面知识的学习打下基础。

11.5.1　使用 Date 类

Date 类是一个较为简单的操作类，在使用中直接使用类 java.util.Date 的构造方法并进行输出就可以得到一个完整的日期，定义构造方法的格式如下所示。

```
public Date()
```

例如通过下面的代码【光盘\daima\11\DateT1.java】可以得到当前系统日期。

```
import java.util.Date ;
public class DateT1{
  public static void main(String args[]){
      Date date = new Date() ;// 直接实例化Date对象
      System.out.println("当前日期为:" + date) ;
  }
};
```

执行后的效果如图 11-12 所示。从程序的运行结果来看，已经得到了系统的当前日期，但是这个日期的格式并不是我们平常看到的格式，而且现在的时间也不能精确到毫秒，要想按照我们自己的格式显示时间可以使用 Calendar 类完成操作。

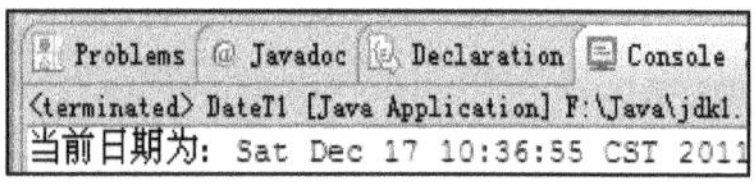

图 11-12　执行效果

11.5.2 使用 Calendar 类

在 Java 程序中，类可以通过类 Calendar 取得的当前的时间，并且可以精确到毫秒。但是此类本身是一个抽象类，如果要想使用一个抽象类，则必须依靠对象的多态性，通过子类进行父类的实例化操作。Calendar 的子类是 GregorianCalendar。在 Calendar 中提供了如表 11-6 所示的常量，分别表示日期的各个数字。

表 11-6　　　　　　　　　　　　Calendar 类中的常量

常　　量	类型	描　　述
public static final int YEAR	int	获取年
public static final int MONTH	int	获取月
public static final int DAY_OF_MONTH	int	获取日
public static final int HOUR_OF_DAY	int	获取小时，24 小时制
public static final int MINUTE	int	获取分
public static final int SECOND	int	获取秒
public static final int MILLISECOND	int	获取毫秒

除了在表 11-6 中提供的全局常量外，Calendar 类还提供了一些常用方法，如表 11-7 所示。

表 11-7　　　　　　　　　　　　Calendar 类提供的方法

方　　法	类型	描　　述
public static Calendar getInstance()	普通	根据默认的时区实例化对象
public boolean after(Object when)	普通	判断一个日期是否在指定日期之后
public boolean before(Object when)	普通	判断一个日期是否在指定日期之前
public int get(int field)	普通	返回给定日历字段的值

例如下面的代码【光盘\daima\11\DateT2\DateT2.java】可以获取系统的当前日期。

```java
import java.util.* ;
public class DateT2{
 public static void main(String args[]){
     Calendar calendar = new GregorianCalendar();   // 实例化Calendar类对象
     System.out.println("YEAR: " + calendar.get(Calendar.YEAR));
     System.out.println("MONTH: " + (calendar.get(Calendar.MONTH) + 1));
     System.out.println("DAY_OF_MONTH: " + calendar.get(Calendar.DAY_OF_MONTH));
     System.out.println("HOUR_OF_DAY: " + calendar.get(Calendar.HOUR_OF_DAY));
     System.out.println("MINUTE: " + calendar.get(Calendar.MINUTE));
     System.out.println("SECOND: " + calendar.get(Calendar.SECOND));
     System.out.println("MILLISECOND: " + calendar.get(Calendar.MILLISECOND));
 }
};
```

在上述代码中，通过 GregorianCalendar 子类实例化 Calendar 类，然后通过 Calendar 类中的各种常量及方法取得系统的当前时间。执行效果如图 11-13 所示。

```
YEAR: 2011
MONTH: 12
DAY_OF_MONTH: 17
HOUR_OF_DAY: 10
MINUTE: 43
SECOND: 48
MILLISECOND: 78
```

图 11-13　执行效果

11.5.3 使用 DateFormat 类

在类 java.util.Date 中获取的时间是一个非常正确的时间，但是因为其显示格式不理想，所以无法符合国人习惯的要求，实际上此时可以为此类进行格式化操作，将其变为符合国人习惯的日期格式。DateFormat 类与 MessageFormat 类都属于 Format 类的子类，专门用于格式化数据使用。定义 DateFormat 类的格式如下所示。

```
public abstract class DateFormat
extends Format
```

从表面定义上看 DateFormat 类是一个抽象类，所以无法直接实例化，但是在此抽象类中提供了一个静态方法，可以直接取得本类的实例。DateFormat 类的常用方法如表 11-8 所示。

表 11-8　　　　　　　　　　　　　DateFormat 类的常用方法

方　　法	类型	描　　述
public static final DateFormat getDateInstance()	普通	得到默认的对象
public static final DateFormat getDateInstance(int style, Locale aLocale)	普通	根据 Locale 得到对象
public static final DateFormat getDateTimeInstance()	普通	得到日期时间对象
public static final DateFormat getDateTimeInstance(int dateStyle,int timeStyle,Locale aLocale)	普通	根据 Locale 得到日期时间对象

上述 4 个方法都可以构造类 DateFormat 的对象，但是发现以上方法中需要传递若干个参数，这些参数表示日期地域或日期的显示形式。

实例 080　　演示 DateFormat 中的默认操作

源码路径　\daima\11\DateT3.java　　　　　　视频路径　\视频\实例\第 11 章\080

实例文件 DateT3.java 的主要代码如下所示。

```java
import java.text.DateFormat ;
import java.util.Date ;
public class DateT3{
    public static void main(String args[]){
// 声明一个DateFormat
        DateFormat df1 = null ;
// 声明一个DateFormat
        DateFormat df2 = null ;
// 得到日期的DateFormat对象
        df1 = DateFormat.getDateInstance() ;
// 得到日期时间的DateFormat对象
        df2 = DateFormat.getDateTimeInstance() ;
// 按照日期格式化
        System.out.println("DATE:" + df1.format(new Date())) ;
// 按照日期时间格式化
        System.out.println("DATETIME:" + df2.format(new Date())) ;
    }
};
```

范例 159：指定显示的风格
源码路径：光盘\演练范例\159\
视频路径：光盘\演练范例\159\
范例 160：重定向标准输出
源码路径：光盘\演练范例\160\
视频路径：光盘\演练范例\160\

执行效果如图 11-14 所示。从程序的运行结果中发现，第 2 个 DATETIME 显示了时间，但还不是比较合理的中文显示格式。如果想取得更加合理的时间，则必须在构造 DateFormat 对象时传递若干个参数。

```
DATE: 2011-12-17
DATETIME: 2011-12-17 10:59:11
```

图 11-14　执行效果

11.5.4　使用 SimpleDateFormat 类

在 Java 开发应用中，经常需要将一个日期格式转换为另外一种日期格式，例如日期 2011-10-19 10:11:30.345，转换后日期为 2011 年 10 月 19 日 10 时 11 分 30 秒 345 毫秒。从这两个日期可以发现，日期的数字完全一样，只是日期的格式有所不同。在 Java 中要想实现上述转换功能，必须使用包 java.text 中的类 SimpleDateFormat 完成。

首先必须先定义出一个完整的日期转化模板，在模板中通过特定的日期标记可以将一个日期格式中的日期数字提取出来，日期格式化模板标记如表 11-9 所示。

表 11-9　　　　　　　　　　　　　日期格式化模板标记

标记	描　　述
y	年，年份是 4 位数字，所以需要使用 yyyy 表示
M	年中的月份，月份是两位数字，所以需要使用 MM 表示
d	月中的天数，天数是两位数字，所以需要使用 dd 表示
H	一天中的小时数（24 小时），小时是两位数字，使用 HH 表示
m	小时中的分钟数，分钟是两位数字，使用 mm 表示
s	分钟中的秒数，秒是两位数字，使用 ss 表示
S	毫秒数，毫秒数是 3 位数字，使用 SSS 表示

另外，还需要使用类 SimpleDateFormat 中的方法才可以完成转换，此类中的常用方法如表 11-10 所示。

表 11-10　　　　　　　SimpleDateFormat 类中的常用方法

方　　法	类型	描　　述
public SimpleDateFormat(String pattern)	构造	通过一个指定的模板构造对象
public Date parse(String source) throws ParseException	普通	将一个包含日期的字符串变为 Date 类型
public final String format(Date date)	普通	将一个 Date 类型按照指定格式变为 String 类型

在实际开发中，用户所输入的各个数据都是以 String 方式进行接收的，所以此时为了可以正确地将 String 变为 Date 型数据，可以依靠 SimpleDateFormat 类完成。

实例 081　演示格式化日期操作

源码路径　\daima\11\DateT5.java　　　　　视频路径　\视频\实例\第 11 章\081

实例文件 DateT5.java 的主要代码如下所示。

```java
import java.text.* ;
import java.util.* ;
public class DateT5{
    public static void main(String args[]){
        String strDate = "2008-10-19 10:11:30.345" ;
        // 准备第一个模板，从字符串中提取出日期数字
        String pat1 = "yyyy-MM-dd HH:mm:ss.SSS" ;
        // 准备第二个模板，将提取后的日期数字变为指定的格式
        String pat2 = "yyyy年MM月dd日 HH时mm分ss秒SSS毫秒" ;
        SimpleDateFormat sdf1 = new SimpleDateFormat(pat1) ;
        // 实例化模板对象
        SimpleDateFormat sdf2 = new SimpleDateFormat(pat2) ;
        // 实例化模板对象
        Date d = null ;
        try{
            d = sdf1.parse(strDate) ;        // 将给定的字符串中的日期提取出来
        }catch(Exception e){                 // 如果提供的字符串格式有错误, 则进行异常处理
            e.printStackTrace() ;            // 打印异常信息
        }
        System.out.println(sdf2.format(d)) ; // 将日期变为新的格式
    }
};
```

范例 161：将 String 型数据变为 Date 型数据

源码路径：光盘\演练范例\161\

视频路径：光盘\演练范例\161\

范例 162：把一个日期变为指定格式

源码路径：光盘\演练范例\162\

视频路径：光盘\演练范例\162\

在上述代码中，首先使用第 1 个模板将字符串中表示的日期数字取出，然后再使用第 2 个模板将这些日期数字重新转化为新的格式表示。执行效果如图 11-15 所示。

图 11-15　执行效果

11.6　Math 类

知识点讲解：光盘:视频\PPT 讲解（知识点）\第 11 章\Math 类.mp4

Math 类是实现数学运算操作的类，在此类中提供了一系列的数学操作方法，例如求绝对值、

三角函数等。在类 Math 中提供的一切方法都是静态方法，所以直接由类名称调用即可。Math 类中的常用方法如下所示。

❑ public static int abs (int a)、public static long abs (long a)、public static float abs (float a)、public static double abs (double a)：abs 方法用来求绝对值。

❑ public static native double acos (double a)：acos 求反余弦函数。

❑ public static native double asin (double a)：asin 求反正弦函数。

❑ public static native double atan (double a)：atan 求反正切函数。

❑ public static native double ceil (double a)：ceil 返回最小的大于 a 的整数。

❑ public static native double cos (double a)：cos 求余弦函数。

❑ public static native double exp (double a)：exp 求 e 的 a 次幂。

❑ public static native double floor (double a)：floor 返回最大的小于 a 的整数。

❑ public static native double log (double a)：log 返回 lna。

❑ public static native double pow (double a, double b)：pow 求 a 的 b 次幂。

❑ public static native double sin (double a)：sin 求正弦函数。

❑ public static native double sqrt (double a)：sqrt 求 a 的开平方。

❑ public static native double tan (double a)：tan 求正切函数。

❑ public static synchronized double random()：返回 0～1 的随机数。

例如下面的代码【光盘\daima\11\MathDemo01.java】演示了 Math 类的基本操作方法。

```java
public class MathDemo01{
  public static void main(String args[]){
      // Math类中的方法都是静态方法，直接使用 "类.方法名称()" 的形式调用即可
      System.out.println("求平方根:" + Math.sqrt(9.0)) ;
      System.out.println("求两数的最大值:" + Math.max(10,30)) ;
      System.out.println("求两数的最小值:" + Math.min(10,30)) ;
      System.out.println("2的3次方:" + Math.pow(2,3)) ;
      System.out.println("四舍五入:" + Math.round(33.6)) ;
  }
};
```

在上面的操作中，Math 类中 round()方法的作用是进行四舍五入操作，但是此方法在操作时将小数点后面的全部数字都忽略掉，如果想精确到小数点后的准确位数，则必须使用类 BigDecimal 完成。执行效果如图 11-16 所示。

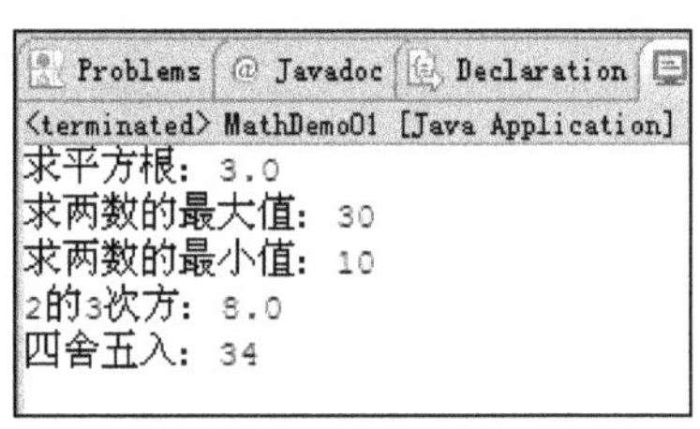

图 11-16　执行效果

11.7　Random 类

知识点讲解：光盘:视频\PPT 讲解（知识点）\第 11 章\Random 类.mp4

Random 类是一个随机数产生类，可以指定一个随机数的范围，然后任意产生在此范围中的数字。Random 类中的常用方法如表 11-11 所示。

表 11-11   **Random 类的常用方法**

方　　法	类型	描　　述
public boolean nextBoolean()	普通	随机生成 boolean 值
public double nextDouble()	普通	随机生成 double 值
public float nextFloat()	普通	随机生成 float 值
public int nextInt()	普通	随机生成 int 值
public int nextInt(int n)	普通	随机生成给定最大值的 int 值
public long nextLong()	普通	随机生成 long 值

例如通过下面的代码【光盘\daima\11\RandomDemo01.java】可以生成 10 个随机数字，且数字不大于 100。

```java
import java.util.Random ;
public class RandomDemo01{
  public static void main(String args[]){
    Random r = new Random() ;        // 实例化Random对象
    for(int i=0;i<10;i++){
      System.out.print(r.nextInt(100) + "\t") ;
    }
  }
};
```

以上程序中使用 Random 类，并通过 for 循环生成了 10 个不大于 100 的随机数。执行效果如图 11-17 所示。

50	53	7	81	45	17	85	80	23	1

图 11-17　执行效果

> 注意：在 Math 类中也有一个 random()方法

其实在 Math 类中也有一个 random()方法，该 random()方法的工作是生成一个[0,1.0]区间的随机小数。通过前面对 Math 类的学习可以发现，Math 类中的方法 random()就是直接调用类 Random 中的 nextDouble()方法实现的。只是方法 random()的调用比较简单，所以很多程序员都习惯使用 Math 类的 random()方法来生成随机数字。

11.8　NumberFormat 类

知识点讲解：光盘:视频\PPT 讲解（知识点）\第 11 章\NumberFormat 类.mp4

NumberFormat 类是表示数字格式化的类，即可以按照本地的风格习惯进行数字的显示。定义此类的格式如下所示。

```java
public abstract class NumberFormat extends Format
```

NumberFormat 类是一个抽象类，和 MessageFormat 类一样，都是 Format 的子类，在使用时可以直接使用 NumberFormat 类中提供的静态方法为其实例化。NumberFormat 类的常用方法如表 11-12 所示。

表 11-12   **NumberFormat 类的常用方法**

方　　法	类型	描　　述
public static Locale[] getAvailableLocales()	普通	返回所有语言环境的数组
public static final NumberFormat getInstance()	普通	返回当前默认语言环境的数字格式
public static NumberFormat getInstance(Locale inLocale)	普通	返回指定语言环境的数字格式
public static final NumberFormat getCurrencyInstance()	普通	返回当前默认环境的货币格式
public static NumberFormat getCurrencyInstance(Locale inLocale)	普通	返回指定语言环境的数字格式

因为现在的操作系统是中文语言环境，所以以上数字显示成了中国的数字格式化形式。另外，在类 NumberFormat 中还有一个比较常用的子类——DecimalFormat。DecimalFormat 类也是 Format 的一个子类，主要作用是格式化数字。当然，它在格式化数字时要比直接使用 NumberFormat 更加方便，因为它可以直接指定按用户自定义的方式进行格式化操作，与 SimpleDateFormat 类似，如果要进行自定义格式化操作，则必须指定格式化操作的模板，此模板如表 11-13 所示。

标　记	位　置	描　述
0	数字	代表阿拉伯数字，每一个 0 表示一位阿拉伯数字，如果该位不存在则显示 0
#	数字	代表阿拉伯数字，每一个#表示一位阿拉伯数字，如果该位不存在则不显示
.	数字	小数点分隔符或货币的小数分隔符
-	数字	代表负号
,	数字	分组分隔符
E	数字	分隔科学记数法中的尾数和指数
;	子模式边界	分隔正数和负数子模式
%	前缀或后缀	数字乘以 100 并显示为百分数
\u2030	前缀或后缀	乘以 1000 并显示为千分数
¤ \u00A4	前缀或后缀	货币记号，由货币号替换。如果两个同时出现，则用国际货币符号替换；如果出现在某个模式中，则使用货币小数分隔符，而不使用小数分隔符
'	前缀或后缀	用于在前缀或后缀中为特殊字符加引号，例如 "'#'#" 将 123 格式化为 "#123"；要创建单引号本身，则连续使用两个单引号，例如 "# o'clock"

表 11-13　　DecimalFormat 格式化模板

实例 082　演示格式化日期操作

源码路径　\daima\11\DateT5.java　　　　　视频路径　\视频\实例\第 11 章\082

实例文件 NumberFormatT1.java 的主要代码如下所示。

```java
import java.text.* ;
public class NumberFormatT1{
    public static void main(String args[]){
// 声明一个NumberFormat对象
        NumberFormat nf = null ;
// 得到默认的数字格式化显示
        nf = NumberFormat.getInstance();
        System.out.println("格式化之后的数字:" + nf.format(10000000));
        System.out.println("格式化之后的数字:" + nf.format(1000.345));
    }
};
```

> 范例 163：格式化对象数字
> 源码路径：光盘\演练范例\163\
> 视频路径：光盘\演练范例\163\
> 范例 164：计算程序运行时间
> 源码路径：光盘\演练范例\164\
> 视频路径：光盘\演练范例\164\

在上述代码中，首先使用第 1 个模板将字符串中表示的日期数字取出，然后再使用第 2 个模板将这些日期数字重新转化为新的格式表示。执行效果如图 11-18 所示。

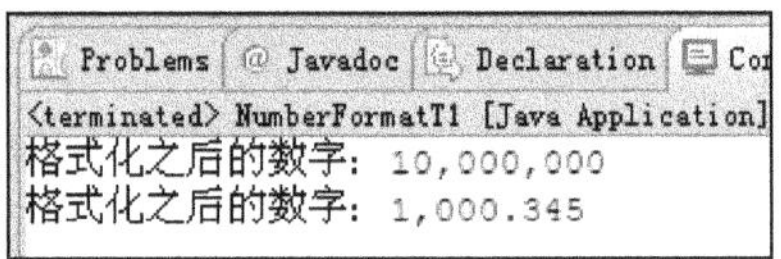

图 11-18　执行效果

11.9　BigInteger 类

知识点讲解：光盘:视频\PPT 讲解（知识点）\第 11 章\BigInteger 类.mp4

当面对一个非常大的数字时，在编程时肯定无法使用基本类型来接收，在 Java 初期碰到大数字时往往会使用 String 类进行接收，然后再采用拆分的方式进行计算，但是这种操作非常麻烦。Java 为了解决这个问题，专门提供了 BigInteger 类。BigInteger 类是一个表示大整数的类，定义在 java.math 包中，如果在操作时一个整型数据已经超过了整数的最大类型长度 long，数据无法装入，此时可以使用 BigInteger 类进行操作。

在 BigInteger 类中封装了各个常用的基本运算，在表 11-14 列出了此类的常用方法。

表 11-14　　　　　　　　　　　　　　BigInteger 类的常用方法

方　　法	类型	描　　述
public BigInteger(String val)	构造	将一个字符串变为 BigInteger 类型的数据
public BigInteger add(BigInteger val)	普通	加法
public BigInteger subtract(BigInteger val)	普通	减法
public BigInteger multiply(BigInteger val)	普通	乘法
public BigInteger divide(BigInteger val)	普通	除法
public BigInteger max(BigInteger val)	普通	返回两个大数字中的最大值
public BigInteger min(BigInteger val)	普通	返回两个大数字中的最小值
public BigInteger[] divideAndRemainder (BigInteger val)	普通	除法操作，数组的第 1 个元素为除法的商，第 2 个元素为除法的余数

在表 11-14 列出的只是 BigInteger 类中的常用方法，读者可以自行查阅 JDK 文档来了解其他方法的具体用法。

下面的一段代码【光盘\daima\11\BigIntegerDemo01.java】展示了使用 BigInteger 类的过程。

```java
import java.math.BigInteger ;
public class BigIntegerDemo01{
  public static void main(String args[]){
    BigInteger bi1 = new BigInteger("123456789") ;          // 声明BigInteger对象
    BigInteger bi2 = new BigInteger("987654321") ;          // 声明BigInteger对象
    System.out.println("加法操作:" + bi2.add(bi1)) ;  // 加法操作
    System.out.println("减法操作:" + bi2.subtract(bi1)) ;     // 减法操作
    System.out.println("乘法操作:" + bi2.multiply(bi1)) ;     // 乘法操作
    System.out.println("除法操作:" + bi2.divide(bi1)) ;       // 除法操作
    System.out.println("最大数:" + bi2.max(bi1)) ;       // 求出最大数
    System.out.println("最小数:" + bi2.min(bi1)) ;           // 求出最小数
    BigInteger result[] = bi2.divideAndRemainder(bi1) ;       // 求出余数的除法操作
    System.out.println("商是:" + result[0] + "; 余数是:" + result[1]) ;
  }
};
```

执行效果如图 11-19 所示。

```
加法操作: 1111111110
减法操作: 864197532
乘法操作: 121932631112635269
除法操作: 8
最大数: 987654321
最小数: 123456789
商是: 8; 余数是: 9
```

图 11-19　执行效果

11.10　BigDecimal 类

知识点讲解：光盘:视频\PPT 讲解（知识点）\第 11 章\BigDecimal 类.mp4

对于不需要任何准确计算精度的数字来说，在 Java 中可以直接使用 float 或 double，但是如果需要精确计算的结果，则必须使用 BigDecimal 类，而且使用此类也可以进行大数的操作。BigDecimal 类中的常用方法如表 11-15 所示。

表 11-15　　　　　　　　　　　　BigDecimal 类的常用方法

方　　　　法	类型	描　　　述
public BigDecimal(double val)	构造	将 double 表示形式转换为 BigDecimal
public BigDecimal(int val)	构造	将 int 表示形式转换为 BigDecimal
public BigDecimal(String val)	构造	将字符串表示形式转换为 BigDecimal
public BigDecimal add(BigDecimal augend)	普通	加法
public BigDecimal subtract(BigDecimal subtrahend)	普通	减法
public BigDecimal multiply(BigDecimal multiplicand)	普通	乘法
public BigDecimal divide(BigDecimal divisor)	普通	除法

例如在下面的代码【光盘\daima\BigDecimalDemo01.java】中，用 BigDecimal 类演示了四舍五入运算。

```java
import java.math.*;
class MyMath{
  public static double add(double d1,double d2){        // 进行加法计算
     BigDecimal b1 = new BigDecimal(d1) ;
     BigDecimal b2 = new BigDecimal(d2) ;
     return b1.add(b2).doubleValue() ;
  }
  public static double sub(double d1,double d2){        // 进行减法计算
     BigDecimal b1 = new BigDecimal(d1) ;
     BigDecimal b2 = new BigDecimal(d2) ;
     return b1.subtract(b2).doubleValue() ;
  }
  public static double mul(double d1,double d2){        // 进行乘法计算
     BigDecimal b1 = new BigDecimal(d1) ;
     BigDecimal b2 = new BigDecimal(d2) ;
     return b1.multiply(b2).doubleValue() ;
  }
  public static double div(double d1,double d2,int len){ // 进行乘法计算
     BigDecimal b1 = new BigDecimal(d1) ;
     BigDecimal b2 = new BigDecimal(d2) ;
     return b1.divide(b2,len,BigDecimal.ROUND_HALF_UP).doubleValue() ;
  }
  public static double round(double d,int len){         // 进行四舍五入
     BigDecimal b1 = new BigDecimal(d) ;
     BigDecimal b2 = new BigDecimal(1) ;
     return b1.divide(b2,len,BigDecimal.ROUND_HALF_UP).doubleValue() ;
  }
};

public class BigDecimalDemo01{
  public static void main(String args[]){
     System.out.println("加法运算:" + MyMath.round(MyMath.add(10.345,3.333),1)) ;
     System.out.println("减法运算:" + MyMath.round(MyMath.sub(10.345,3.333),3)) ;
     System.out.println("乘法运算:" + MyMath.round(MyMath.mul(10.345,3.333),2)) ;
     System.out.println("除法运算:" + MyMath.div(10.345,3.333,3)) ;
  }
};
```

在上述代码中，功能最重要的是方法 round()，此处的四舍五入操作实际上是用方法 divide() 实现的，因为只有此方法才可以指定小数点之后的位数，而且任何一个数字除以 1 都是原数字。执行效果如图 11-20 所示。

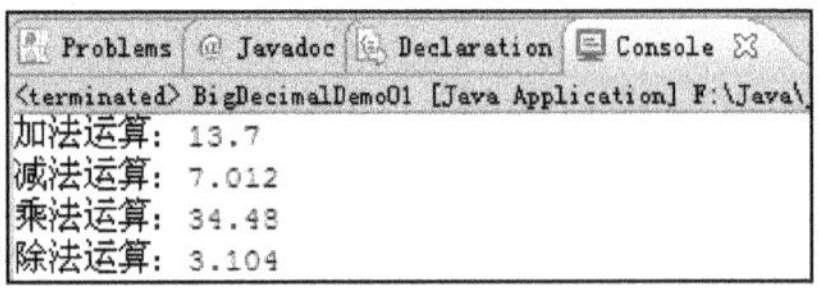

图 11-20　执行效果

11.11　克 隆 对 象

知识点讲解：光盘:视频\PPT 讲解（知识点）\第 11 章\克隆对象.mp4

在 Java 中支持克隆对象的操作，可以直接使用 Object 类中的方法 clone()实现。定义此方法的格式如下所示。

```
protected Object clone() throws CloneNotSupportedException
```

方法 clone()是受保护的类型，因此在子类中必须覆写此方法，而且覆写之后应该扩大访问权限，这样才能被外部调用。但是具体的克隆方法的实现还是在 Object 中，因此在覆写的方法中只需要调用 Object 类中的 clone()方法即可完成操作，而且在对象所在的类中必须实现 Cloneable 接口才可以完成对象的克隆操作。

如果直接查询 JDK 文档会发现，在接口 Cloneable 中并没有任何的方法定义，所以此接口在设计上称为一种标识接口，表示对象可以被克隆。例如下面的代码【光盘\daima\11\CloneDemo01.java】演示了 clone()方法实现对象克隆的方法。

```
class mm implements Cloneable{   // 实现Cloneable接口表示可以被克隆
  private String name ;
  public mm(String name){
     this.name = name ;
  }
  public void setName(String name){
     this.name = name ;
  }
  public String getName(){
     return this.name ;
  }
  public String toString(){
     return "姓名:" + this.name ;
  }
  public Object clone()
           throws CloneNotSupportedException
  {
     return super.clone() ;          // 具体的克隆操作由父类完成
  }
};
public class CloneDemo01{
  public static void main(String args[]) throws Exception{
     mm p1 = new mm("张三") ;
     mm p2 = (mm)p1.clone() ;
     p2.setName("李四") ;
     System.out.println("原始对象:" + p1) ;
     System.out.println("克隆后的对象:" + p2) ;
  }
};
```

执行效果如图 11-21 所示。

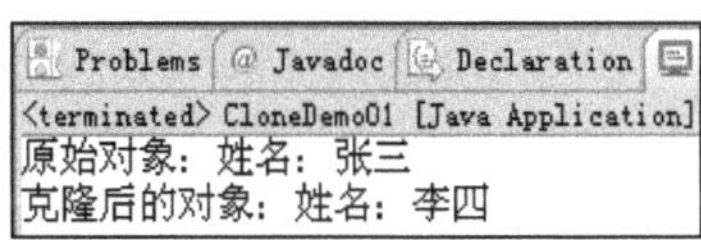

图 11-21　执行效果

11.12　Arrays 类

知识点讲解：光盘:视频\PPT 讲解（知识点）\第 11 章\Arrays 类.mp4

在 Java 中，Arrays 类是数组的操作类，被定义在 java.util 包中，主要功能是实现数组元素的查找、数组内容的填充、排序等。Arrays 类中的常用方法如表 11-16 所示。

表 11-16　　　　　　　　　　　　　Arrays 类的常用方法

方　　法	类型	描　　述
public static boolean equals(int[] a,int[] a2)	普通	判断两个数组是否相等，此方法被重载多次，可以判断各种数据类型的数组
public static void fill(int[] a,int val)	普通	将指定内容填充到数组之中，此方法被重载多次，可以填充各种数据类型的数组
public static void sort(int[] a)	普通	数组排序，此方法被重载多次，可以对各种类型的数组进行排序
public static int binarySearch(int[] a,int key)	普通	对排序后的数组进行检索，此方法被重载多次，可以对各种类型的数组进行搜索
public static String toString(int[] a)	普通	输出数组信息，此方法被重载多次，可以输出各种数据类型的数组

例如在下面的代码【光盘\daima\11\ArraysT.java】中，以整型数组为例讲解 Arrays 类的常用方法。

```java
import java.util.* ;
public class ArraysT{
  public static void main(String arg[]){
     int temp[] = {3,4,5,7,9,1,2,6,8} ;           // 声明一个整型数组
     Arrays.sort(temp) ;                          // 进行排序的操作
     System.out.print("排序后的数组:") ;
     System.out.println(Arrays.toString(temp)) ;  // 以字符串输出数组
     // 如果要想使用二分法查询的话，则必须是排序之后的数组
     int point = Arrays.binarySearch(temp,3) ;     // 检索位置
     System.out.println("元素'3'的位置在:" + point) ;
     Arrays.fill(temp,3);                         // 填充数组
     System.out.print("数组填充:") ;
     System.out.println(Arrays.toString(temp)) ;
  }
};
```

在上述代码中，首先使用静态初始化的方式声明了一个一维数组，然后利用 Arrays 类的方法 sort()进行排序，并通过二分查找法查找指定的内容是否存在，重新将数组的内容填充后，又利用方法 toString()将全部的内容变为 String 的形式并输出。执行效果如图 11-22 所示。

```
Problems  @ Javadoc  Declaration  Console
&lt;terminated&gt; ArraysT [Java Application] F:\Java\jdk1.
排序后的数组: [1, 2, 3, 4, 5, 6, 7, 8, 9
元素'3'的位置在: 2
数组填充: [3, 3, 3, 3, 3, 3, 3, 3, 3]
```

图 11-22　执行效果

11.13　接口 Comparable

知识点讲解：光盘:视频\PPT 讲解（知识点）\第 11 章\接口 Comparable.mp4

在讲解数组时，曾经讲过可以直接使用 java.util.Arrays 类进行数组的排序操作，而且 Arrays 类中的 sort 方法被重载多次，可以对任意类型的数组排序，排列时会根据数值的大小进行排序。同样此类也可以对 Object 数组进行排序，但是要使用此种方法排序也是有要求的，即对象所在的类必须实现 Comparable 接口，此接口就是用于指定对象排序规则的。

11.13.1　Comparable 接口基础

在 Java 中定义 Comparable 接口的格式如下所示。

```java
public interface Comparable<T>{
    public int compareTo(T o) ;
}
```

从以上定义中可以发现，在接口 Comparable 中也使用了 Java 泛型技术。其中只有一个 compareTo()方法，此方可以法返回一个 int 类型的数据，但是此 int 的值只能是以下 3 种。

- ❑　1：表示大于。
- ❑　-1：表示小于。
- ❑　0：表示相等。

假设现在要求设计一个学生类，在此类中包含了姓名、年龄、成绩，并产生一个对象数组，要求按成绩由高到低排序，如果成绩相等，则按年龄由低到高排序。如果直接编写排序操作，则会比较麻烦，所以，此时来观察如何使用 Arrays 类中的 sort()方法进行排序操作。我们可以通过如下代码【光盘\daima\11\ComparableT1.java】实现排序操作。

```java
class Student implements Comparable<Student> {     // 指定类型为Student
    private String name ;
    private int age ;
    private float score ;
    public Student(String name,int age,float score){
        this.name = name ;
        this.age = age ;
        this.score = score ;
    }
    public String toString(){
        return name + "\t\t" + this.age + "\t\t" + this.score ;
    }
    public int compareTo(Student stu){                    // 覆写compareTo()方法，实现排序规则的应用
        if(this.score>stu.score){
            return -1 ;
        }else if(this.score<stu.score){
            return 1 ;
        }else{
            if(this.age>stu.age){
                return 1 ;
            }else if(this.age<stu.age){
                return -1 ;
            }else{
                return 0 ;
            }
        }
    }
};
public class ComparableT1{
    public static void main(String args[]){
        Student stu[] = {new Student("张三",20,90.0f),
            new Student("李四",22,90.0f),new Student("王五",20,99.0f),
            new Student("赵六",20,70.0f),new Student("孙七",22,100.0f)} ;
        java.util.Arrays.sort(stu) ;                 // 进行排序操作
        for(int i=0;i<stu.length;i++){               // 循环输出数组中的内容
            System.out.println(stu[i]) ;
        }
    }
};
```

上述代码执行后的效果如图 11-23 所示。

```
Problems   @ Javadoc   Declaration   Console
<terminated> ComparableT1 [Java Application] F:\Java
孙七           22              100.0
王五           20              99.0
张三           20              90.0
李四           22              90.0
赵六           20              70.0
```

图 11-23　执行效果

由程序运行结果可以发现，程序完成了要求的排序规则，对对象数组进行了排序操作。

11.13.2　使用 Comparable 接口

前面 11.13.1 节所讲解的排序过程也就是数据结构中的二叉树排序方法，通过二叉树进行排序，然后利用中序遍历的方式把内容依次读取出来。二叉树排序的基本原理是将第 1 个内容作为根节点保存，如果后面的值比根节点的值小，则放在根节点的左子树；如果后面的值比根节点的值大，则放在根节点的右子树。

<table>
<tr><td>实例 083</td><td colspan="2">使用 Integer 实例化 Comparable 接口</td></tr>
<tr><td></td><td>源码路径　\daima\11\ComparableT2.java</td><td>视频路径　\视频\实例\第 11 章\083</td></tr>
</table>

实例文件 ComparableT2.java 的主要代码如下所示。

```java
public class ComparableT2{
    public static void main(String args[]){
// 声明一个Comparable接口对象
        Comparable com = null ;
        com = 30 ;  // 通过Integer为Comparable实例化
// 调用的是toString()方法
        System.out.println("内容为:" + com) ;
    }
};
```

> 范例 165：用 Comparable 操作二叉树
> 源码路径：光盘\演练范例\165\
> 视频路径：光盘\演练范例\165\
> 范例 166：转换角度和弧度
> 源码路径：光盘\演练范例\166\
> 视频路径：光盘\演练范例\166\

在上述代码中，接口 Comparable 通过 Integer 对象实例化，然后直接输出 Comparable 接口对象时实际上调用的是 Integer 类中的 toString()方法，此方法已经被 Integer 类覆写了。那么下面的代码就将直接使用 Comparable 接口完成，输出时为了方便，也直接将 Comparable 接口输出。执行效果如图 11-24 所示。

图 11-24　执行效果

11.13.3　使用 Comparator 接口

如果一个类已经开发完成，但是在此类建立的初期并没有实现 Comparable 接口，则此时肯定无法进行对象排序操作，为了解决这样的问题，Java 又定义了另一个比较器的操作接口——Comparator。此接口定义在 java.util 包中，定义格式如下所示。

```java
public interface Comparator<T>{
    public int compare(To1,To2) ;
    boolean equals(Object obj) ;
}
```

由此可以发现，在此接口中也存在一个 compareTo()方法，与之前不同的是，此方法要接收两个对象，其返回值依然是 0、-1、1。此外，此接口与之前不同的是，需要单独指定好一个比较器的比较规则类才可以完成数组排序。

假如我们定义一个学生类，其中有姓名和年龄属性，并按照年龄排序，具体实现代码【光盘\daima\11\ComparatorT.java】如下所示。

```java
class Student{                          // 指定类型为Student
  private String name ;
  private int age ;
  public Student(String name,int age){
      this.name = name ;
      this.age = age ;
  }
  public boolean equals(Object obj){      // 覆写equals方法
      if(this==obj){
          return true ;
      }
      if(!(obj instanceof Student)){
          return false ;
      }
      Student stu = (Student) obj ;
      if(stu.name.equals(this.name)&&stu.age==this.age){
          return true ;
      }else{
          return false ;
      }
  }
  public void setName(String name){
      this.name = name ;
  }
  public void setAge(int age){
      this.age = age ;
  }
  public String getName(){
      return this.name ;
```

```java
    }
    public int getAge(){
        return this.age ;
    }
    public String toString(){
        return name + "\t\t" + this.age   ;
    }
};

class StudentComparator implements Comparator<Student>{   // 实现比较器
    // 因为Object类中本身已经有了equals()方法
    public int compare(Student s1,Student s2){
        if(s1.equals(s2)){
            return 0 ;
        }else if(s1.getAge()<s2.getAge()){   // 按年龄比较
            return 1 ;
        }else{
            return -1 ;
        }
    }
};

public class ComparatorT{
    public static void main(String args[]){
        Student stu[] = {new Student("张三",20),
            new Student("李四",22),new Student("王五",20),
            new Student("赵六",20),new Student("孙七",22)} ;
        java.util.Arrays.sort(stu,new StudentComparator()) ;         // 进行排序操作
        for(int i=0;i<stu.length;i++){                               // 循环输出数组中的内容
            System.out.println(stu[i]) ;
        }
    }
};
```

在上述代码中，Comparator 和 Comparable 接口都可以实现相同的排序功能，但是与Comparable 接口相比，Comparator 接口明显是一种补救的做法。执行上述代码后输出。

```
李四      22
孙七      22
张三      20
王五      20
赵六      20
```

11.14　Observable 类和 Observer 接口

知识点讲解：光盘:视频\PPT 讲解（知识点）\第 11 章\Observable 类和 Observer 接口.mp4

在 Java 应用中，Observable 类和 Observer 接口的最大功能是实现观察者模式。例如现在房产调控比较严厉，很多购房者都在关注着房子的价格变化，每当房子价格变化时，所有的购房者都可以观察得到。实际上以上的购房者都属于观察者，他们都在关注着房子的价格。这个观察房价变化的过程就叫做观察者设计模式。在 Java 程序中，可以直接依靠 Observable 类和Observer 接口实现以上观察者模式的功能。

在 Java 应用中，需要被观察的类必须继承于 Observable 类，此类中的常用方法如表 11-17所示。

表 11-17　　　　　　　　　　　　　Observable 类的常用方法

方　　法	类型	描　　述
public void addObserver(Observer o)	普通	添加一个观察者
public void deleteObserver(Observer o)	普通	删除一个观察者
protected void setChanged()	普通	被观察者状态发生改变
public void notifyObservers(Object arg)	普通	通知所有观察者状态改变

每一个观察者类都需要实现 Observer 接口，定义 Observer 接口的格式如下所示。

```java
public interface Observer{
    void update(Observable o,Object arg) ;
}
```

在上述定义接口格式的代码中，只定义了一个名为 update()方法，其中第 1 个参数表示被观察者实例，第 2 个参数表示修改的内容。例如下面的代码【光盘\daima\11\ObserDemoT.java】演示了实现观察者模式的具体过程。

```java
import java.util.* ;
class House extends Observable{                    // 表示房子可以被观察
  private float price ;// 价钱
  public House(float price){
      this.price = price ;
  }
  public float getPrice(){
      return this.price ;
  }
  public void setPrice(float price){
      // 每一次修改的时候都应该引起观察者的注意
      super.setChanged() ;                         // 设置变化点
      super.notifyObservers(price) ;               // 价格被改变
      this.price = price ;
  }
  public String toString(){
      return "房子价格为:" + this.price ;
  }
};
class HousePriceObserver implements Observer{
  private String name ;
  public HousePriceObserver(String name){         // 设置每一个购房者的名字
      this.name = name ;
  }
  public void update(Observable o,Object arg){
      if(arg instanceof Float){
          System.out.print(this.name + "观察到价格更改为:") ;
          System.out.println(((Float)arg).floatValue()) ;
      }
  }
};
public class ObserDemoT{
  public static void main(String args[]){
      House h = new House(1000000) ;
      HousePriceObserver hpo1 = new HousePriceObserver("购房者A") ;
      HousePriceObserver hpo2 = new HousePriceObserver("购房者B") ;
      HousePriceObserver hpo3 = new HousePriceObserver("购房者C") ;
      h.addObserver(hpo1) ;
      h.addObserver(hpo2) ;
      h.addObserver(hpo3) ;
      System.out.println(h) ;  // 输出房子价格
      h.setPrice(666666) ;     // 修改房子价格
      System.out.println(h) ;  // 输出房子价格
  }
};
```

在上述代码中，多个观察者都在关注着价格的变化，只要价格一有变化，所有观察者会立刻有所行动。执行的效果如图 11-25 所示。

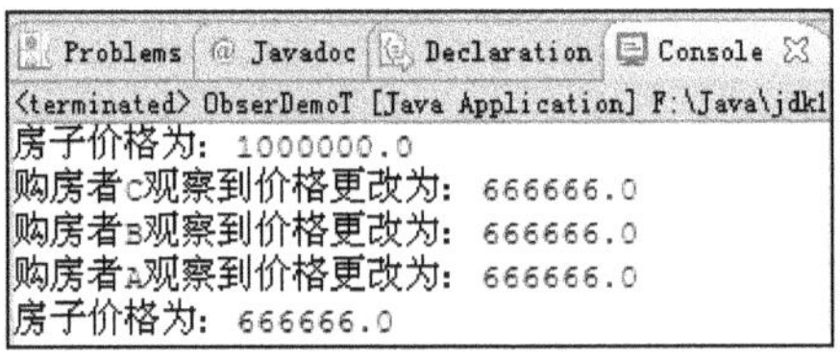

图 11-25　执行效果

11.15　正则表达式

知识点讲解：光盘:视频\PPT 讲解（知识点）\第 11 章\正则表达式.mp4

众所周知，在程序开发中，难免会遇到需要匹配、查找、替换、判断字符串的情况，而这些情况有时又比较复杂，如果用纯编码方式解决，往往会浪费程序员的时间及精力。因此，学习及使用正则表达式，便成了解决这一矛盾的主要手段。

11.15.1　正则表达式基础

正则表达式是一种可以用于模式匹配和替换的规范，一个正则表达式就是由普通的字符（例如字符 a 到 z）以及特殊字符（元字符）组成的文字模式，它用以描述在查找文字主体时待匹配的一个或多个字符串。正则表达式作为一个模板，将某个字符模式与所搜索的字符串进行匹配。

自从 JDK 1.4 推出 java.util.regex 包以来,Java 就为我们提供了很好的正则表达式应用平台。如果要在程序中应用正则表达式则必须依靠 Pattern 类与 Matcher 类，这两个类都在 java.util.regex 包中定义。Pattern 类的主要作用是进行正则规范编写，而 Matcher 类主要是执行规范，验证一个字符串是否符合其规范。

常用的正则规范的定义如表 11-18～表 11-20 所示。

表 11-18　　常用的正则规范

序号	规范	描　　述	序号	规范	描　　述
1	\\	表示反斜线（\）字符	9	\w	表示字母、数字、下划线
2	\t	表示制表符	10	\W	表示非字母、数字、下划线
3	\n	表示换行	11	\s	表示所有空白字符（换行、空格等）
4	[abc]	字符 a、b 或 c	12	\S	表示所有非空白字符
5	[^abc]	表示除了 a、b、c 之外的任意字符	13	^	行的开头
6	[a-zA-Z0-9]	表示由字母、数字组成	14	$	行的结尾
7	\d	表示数字	15	.	匹配除换行符之外的任意字符
8	\D	表示非数字			

表 11-19　　数量表示（X 表示一组规范）

规范	描　　述	序号	规范	描　　述
X	必须出现一次	5	X{n}	必须出现 n 次
X?	可以出现 0 次或 1 次	6	X{n,}	必须出现 n 次以上
X*	可以出现 0 次、1 次或多次	7	X{n,m}	必须出现 n～m 次
X+	可以出现 1 次或多次			

表 11-20　　逻辑运算符（X、Y 表示一组规范）

规　范	描　　述	序号	规范	描　　述
XY	X 规范后跟着 Y 规范	3	(X)	作为一个捕获组规范
X|Y	X 规范或 Y 规范			

在 Pattern 类中直接使用表 11-18～表 11-20 中的正则规则即可完成相应的操作，Pattern 类的常用方法如表 11-21 所示。

表 11-21　　　　　　　　　　　　**Pattern** 类的常用方法

方　　法	类型	描　　述
public static Pattern compile(String regex)	普通	指定正则表达式规则
public Matcher matcher(CharSequence input)	普通	返回 Matcher 类实例
public String[] split(CharSequence input)	普通	字符串拆分

在 Pattern 类中如果要取得 Pattern 类实例，则必须调用 compile()方法。如果要验证一个字符串是否符合规范，则可以使用 Matcher 类，Matcher 类的常用方法如表 11-22 所示。

表 11-22　　　　　　　　　　　　**Matcher** 类的常用方法

方　　法	类型	描　　述
public boolean matches()	普通	执行验证
public String replaceAll(String replacement)	普通	字符串替换

下面直接使用 Pattern 类和 Matcher 类完成一个简单的验证过程。

日期格式要求：yyyy-mm-dd。

则正则表达式下所示。

日期	1983	-07	23
格式	四位数字	两位数字	两位数字
正则表达式	\d{4}	\d{2}	\d{2}

11.15.2　使用 Pattern 类和 Matcher 类

实例 084　　**验证一个字符串是否是合法的日期格式**

源码路径　\daima\11\RegexDemoT3.java　　　　　视频路径　\视频\实例\第 11 章\084

实例文件 RegexDemoT3.java 的主要代码如下所示。

```java
import java.util.regex.Pattern ;
import java.util.regex.Matcher ;
public class RegexDemoT3{
    public static void main(String args[]){
// 指定好一个日期格式的字符串
        String str = "1983-07-27" ;
// 指定好正则表达式
        String pat = "\\d{4}-\\d{2}-\\d{2}" ;
// 实例化Pattern类
        Pattern p = Pattern.compile(pat) ;
// 实例化Matcher类
        Matcher m = p.matcher(str) ;
    if(m.matches()){// 进行验证的匹配, 使用正则
System.out.println("日期格式合法!") ;
        }else{
System.out.println("日期格式不合法!") ;
    }}
};
```

> 范例 167：按照字符串的数字拆分字符串
>
> 源码路径：光盘\演练范例\167\
>
> 视频路径：光盘\演练范例\167\
>
> 范例 168：使用三角函数
>
> 源码路径：光盘\演练范例\168\
>
> 视频路径：光盘\演练范例\168\

在上述代码中，"\"字符是需要进行转义的，两个"\"实际上表示的是一个"\"，所以实际上"\\d"表示的是"\d"。执行效果如图 11-26 所示。

日期格式合法！

图 11-26　执行效果

❀　注意：因为正则表达式是一个很庞杂的体系，所以此处仅例举些入门的概念，更多的内容请参阅相关资料。

11.15.3　String 类和正则表达式

在类 String 中有 3 个方法支持正则操作，具体信息如表 11-23 所示。

表 **11-23**	**String** 类中支持正则表达式的方法		
方　　法	类型	描　　述
public boolean matches(String regex)	普通	字符串匹配
public String replaceAll(String regex,String replacement)	普通	字符串替换
public String[] split(String regex)	普通	字符串拆分

例如在正则操作中，如果出现了一些正则表达式中的字符，则需要对这些字符进行转义，例如，现在有字符串"LXH:98|MLDN:90|LI:100"，要求将其拆分成下面的形式。

```
LXH      98
MLDN     90
LI       100
```

如果要完成上述操作，则肯定应该先使用"|"进行拆分，之后再使用":"进行拆分。如果直接使用"|"进行拆分，会发现根本就无法正确地执行。

实例 085	使用 String 修改之前的操作
	源码路径　　\daima\11\RegexDemoT5.java　　　　视频路径　　\视频\实例\第 11 章\085

实例文件 RegexDemoT5.java 的主要代码如下所示。

```java
import java.util.regex.Pattern ;
import java.util.regex.Matcher ;
public class RegexDemoT5{
    public static void main(String args[]){
    // 要求将里面的字符取出，也就是说按照数字拆分
        String str = "A1B22C333D4444E55555F" ;
                            // 指定好一个字符串
    String pat = "\\d+" ;       // 指定好正则表达式
        Pattern p = Pattern.compile(pat) ; // 实例化Pattern类
        Matcher m = p.matcher(str) ;      // 实例化Matcher类的对象
        String newString = m.replaceAll("_") ;
        System.out.println(newString) ;
    }
};
```

> 范例 169：实现字符的替换、验证和拆分
> 源码路径：光盘\演练范例\169\
> 视频路径：光盘\演练范例\169\
> 范例 170：使用反三角函数
> 源码路径：光盘\演练范例\170\
> 视频路径：光盘\演练范例\170\

执行效果如图 11-27 所示。

```
<terminated> RegexDemoT5
A_B_C_D_E_F
```

图 11-27　执行效果

11.16　Timer 类和 TimerTask 类

知识点讲解：光盘:视频\PPT 讲解（知识点）\第 11 章\Timer 类和 TimerTask 类.mp4

Timer 类是一种线程设施，可以用来实现在某一个时间或某一段时间后安排某一个任务执行一次或定期重复执行。该功能要与 TimerTask 配合使用。TimerTask 类用来实现由 Timer 安排的一次或重复执行的某一个任务。

11.16.1　Timer 类

每一个 Timer 对象对应的是一个线程，因此计时器所执行的任务应该迅速完成，否则可能会延迟后续任务的执行，而这些后续的任务就有可能堆在一起，等到该任务完成后才能快速连续执行。Timer 类中的常用方法如表 11-24 所示。

表 11-24　类 **Timer** 的常用方法

方　　法	类型	描　　述
public Timer()	构造	用来创建一个计时器并启动该计时器
public void cancel()	普通	用来终止该计时器，并放弃所有已安排的任务，对当前正在执行的任务没有影响
public int purge()	普通	将所有已经取消的任务移除，一般用来释放内存空间
public void schedule(TimerTask task, Date time)	普通	安排一个任务在指定的时间执行，如果已经超过该时间，则立即执行
public void schedule(TimerTask task,Date firstTime, long period)	普通	安排一个任务在指定的时间执行，然后以固定的频率（单位：毫秒）重复执行
public void schedule(TimerTask task,long delay)	普通	安排一个任务在一段时间（单位：毫秒）后执行
public void schedule(TimerTask task,long delay, long period)	普通	安排一个任务在一段时间（单位：毫秒）后执行，然后以固定的频率（单位：毫秒）重复执行
public void scheduleAtFixedRate(TimerTask task, Date firstTime, long period)	普通	安排一个任务在指定的时间执行，然后以近似固定的频率（单位：毫秒）重复执行
Public void scheduleAtFixedRate(TimerTask task, long delay, long period)	普通	安排一个任务在一段时间（单位：毫秒）后执行，然后以近似固定的频率（单位：毫秒）重复执行

方法 schedule()与方法 scheduleAtFixedRate()的区别在于重复执行任务时对于时间间隔出现延迟的情况处理，具体说明如下所示。

- ❑ 方法 schedule()：执行时间间隔永远是固定的，如果之前出现了延迟的情况，之后也会继续按照设定好的间隔时间来执行。
- ❑ 方法 scheduleAtFixedRate()：可以根据出现的延迟时间自动调整下一次间隔的执行时间。

11.16.2　TimerTask 类

在 Java 应用中，必须使用类 TimerTask 来执行具体的任务。TimerTask 类是一个抽象类，如果要使用该类，需要自己建立一个类来继承此类，并实现其中的抽象方法。TimerTask 中的常用方法如表 11-25 所示。

表 11-25　类 **TimerTask** 中的常用方法

方　　法	类型	描　　述
public void cancel()	普通	用来终止此任务，如果该任务只执行一次且还没有执行，则永远不会再执行，如果为重复执行任务，则之后不会再执行（如果任务正在执行，则执行完后不会再执行）
public void run()	普通	该任务所要执行的具体操作，该方法为引入的接口 Runnable 中的方法，子类需要覆写此方法
public long scheduled ExecutionTime()	普通	返回最近一次要执行该任务的时间（如果正在执行，则返回此任务的执行安排时间），一般在 run()方法中调用，用来判断当前是否有足够的时间来执行完成该任务

实例 086　　建立 TimerTask 的子类，建立测试类进行任务调度

源码路径　\daima\11\MyTask.java　　　　视频路径　\视频\实例\第 11 章\086

\daima\11\TestTask.java

实例文件 MyTask.java 的主要代码如下所示。

```
// 完成具体的任务操作
import java.util.TimerTask ;
import java.util.Date ;
import java.text.SimpleDateFormat ;
// 任务调度类都要继承TimerTask
class MyTask extends TimerTask{
    public void run(){
        SimpleDateFormat sdf = null ;
        sdf = new SimpleDateFormat("yyyy-MM-dd HH:mm:ss.SSS") ;
        System.out.println("当前系统时间为:" + sdf.format(new Date())) ;
    }
};
```

> 范例 171：使用双曲线函数
> 源码路径：光盘\演练范例\171\
> 视频路径：光盘\演练范例\171\
> 范例 172：指数和对数运算
> 源码路径：光盘\演练范例\172\
> 视频路径：光盘\演练范例\172\

然后在文件 MyTask.java 中调用上面定义的子类，主要代码如下所示。

```
// 完成具体的任务操作
import java.util.TimerTask ;
import java.util.Date ;
import java.text.SimpleDateFormat ;
class MyTask extends TimerTask{  // 任务调度类都要继承TimerTask
    public void run(){
        SimpleDateFormat sdf = null ;
        sdf = new SimpleDateFormat("yyyy-MM-dd HH:mm:ss.SSS") ;
        System.out.println("当前系统时间为:" + sdf.format(new Date())) ;
    }
};
```

执行后效果如图 11-28 所示。

```
当前系统时间为: 2011-12-17 13:35:00.437
当前系统时间为: 2011-12-17 13:35:02.437
当前系统时间为: 2011-12-17 13:35:04.437
当前系统时间为: 2011-12-17 13:35:06.437
当前系统时间为: 2011-12-17 13:35:08.437
当前系统时间为: 2011-12-17 13:35:10.437
当前系统时间为: 2011-12-17 13:35:12.437
```

图 11-28　执行效果

11.17　技　术　解　惑

11.17.1　StringBuffer 和 String 选择的异同

StringBuffer 类和 String 类一样，也用来代表字符串，只是由于 StringBuffer 的内部实现方式和 String 不同，所以 StringBuffer 在进行字符串处理时，不生成新的对象，在内存使用上要优于 String 类。因此，在实际使用时，如果经常需要对一个字符串进行修改，例如插入、删除等操作，使用 StringBuffer 要更加适合一些。

在 StringBuffer 类中存在很多和 String 类一样的方法，这些方法在功能上和 String 类中的功能是完全一样的。但是有一个最显著的区别在于，对于 StringBuffer 对象的每次修改都会改变对象自身，这点是和 String 类最大的区别。

另外，由于 StringBuffer 是线程安全的，关于线程的概念后续有专门的章节进行介绍，所以在多线程程序中也可以很方便地进行使用，但是程序的执行效率相对来说就要稍微慢一些。

11.17.2　通过 System 类获取本机的全部环境属性

在 Java 应用中，可以直接通过类 System 取得本机的全部环境属性，例如下面的代码【光盘\daima\11\SystemT2.java】。

```
public class SystemT2{
 public static void main(String args[]){
    System.getProperties().list(System.out) ;  // 列出系统的全部属性
 }
};
```

执行后的效果如图 11-29 所示。

```
-- listing properties --
java.runtime.name=Java(TM) SE Runtime Environment
sun.boot.library.path=F:\Java\jdk1.6.0_23\jre\bin
java.vm.version=19.0-b09
java.vm.vendor=Sun Microsystems Inc.
java.vendor.url=http://java.sun.com/
path.separator=;
java.vm.name=Java HotSpot(TM) Client VM
file.encoding.pkg=sun.io
user.country=CN
sun.java.launcher=SUN_STANDARD
sun.os.patch.level=Service Pack 3
java.vm.specification.name=Java Virtual Machine Specification
user.dir=E:\daima\11
java.runtime.version=1.6.0_23-b05
java.awt.graphicsenv=sun.awt.Win32GraphicsEnvironment
java.endorsed.dirs=F:\Java\jdk1.6.0_23\jre\lib\endorsed
os.arch=x86
java.io.tmpdir=C:\DOCUME~1\ADMINI~1\LOCALS~1\Temp\
line.separator=

java.vm.specification.vendor=Sun Microsystems Inc.
user.variant=
os.name=Windows XP
sun.jnu.encoding=GBK
java.library.path=F:\Java\jdk1.6.0_23\bin;.;C:\WINDOWS\...
java.specification.name=Java Platform API Specification
java.class.version=50.0
sun.management.compiler=HotSpot Client Compiler
os.version=5.1
user.home=C:\Documents and Settings\Administrator
user.timezone=
java.awt.printerjob=sun.awt.windows.WPrinterJob
file.encoding=GBK
```

图 11-29　执行效果

在前面程序中列出了系统中与 Java 相关的各个属性，在属性中需要关注如下两点。

- ❏ 文件默认编码：file.encoding=GBK。
- ❏ 文件分割符：file.separator=\。

11.17.3　分析对象的生命周期

　　一个类加载后进行初始化，然后就可以进行对象的实例化，对象实例化时会调用构造方法完成，当一个对象不再使用时就要等待被垃圾收集，然后对象终结，最终被程序卸载。对象的生命周期实际上与人的生命周期是一样的，当在母体中孕育生命时，实际上就是初始化的操作，是由 JVM 自动进行的，但是此时并不能立刻使用；当这个人出生时实际上就是对象的实例化操作；人出生之后可以进行很多的社会活动，这相当于使用对象调用了一系列的操作方法；当一个人工作了一辈子之后就要退休了，要把这个职位让给其他的人，实际上就属于垃圾收集的工作，释放空间给其他对象使用，这就是卸载，也将由 JVM 进行自动处理。

11.17.4　如果没有实现 Comparable 接口会出现异常

　　如果在上述演示代码中 Student 类中没有实现 Comparable 接口，在执行时会出现以下异常。

```
Exception in thread "main" java.lang.
    ClassCastException:
org.lxh.demo11. comparabledemo.Student
    cannot be cast to java.lang.Comparable
    at java.util.Arrays.mergeSort(Unknown Source)
    at java.util.Arrays.sort(Unknown Source)
    at org.lxh.demo11.comparabledemo.
    ComparableDemo01.main(ComparableDemo01. java:35)
```

　　上述异常是类型转换异常，原因是在排序时所有的对象都将向 Comparable 进行转换，所以一旦没有实现此接口就会出现以上错误。

11.17.5　体验正则表达式的好处

假设现在要求判断一个字符串是否由数字组成，则可以有以下两种做法。其中不使用正则验证的实现代码【光盘\daima\11\RegexDemoT1.java】如下所示。

```java
public class RegexDemoT1{
  public static void main(String args[]){
    String str = "1234567890" ;           // 此字符串由数字组成
    boolean flag = true ;                  // 定义一个标记变量
    // 要先将字符串拆分成字符数组, 之后依次判断
    char c[] = str.toCharArray() ;         // 将字符串变为字符数组
    for(int i=0;i<c.length;i++){           // 循环依次判断
      if(c[i]<'0'||c[i]>'9'){             // 如果满足条件, 则表示不是数字
        flag = false ;                     // 做个标记
        break ;                            // 程序不再向下继续执行
      }
    }
    if(flag){
      System.out.println("是由数字组成!") ;
    }else{
      System.out.println("不是由数字组成!") ;
    }
  }
};
```

在上述代码中，先将一个字符串拆分成一个字符数组，然后对数组中的每个元素进行验证，如果发现字符的范围不是在 0～9，表示不是数字，则设置一个标志位，并退出循环。执行效果如图 11-30 所示。

使用正则验证的实现代码【光盘\daima\11\RegexDemoT2.java】如下所示。

```java
import java.util.regex.Pattern ;
public class RegexDemoT2{
  public static void main(String args[]){
    String str = "1234567890" ;                        // 此字符串由数字组成
    if(Pattern.compile("[0-9]+").matcher(str).matches()){   // 使用正则
      System.out.println("是由数字组成!") ;
    }else{
      System.out.println("不是由数字组成!") ;
    }
  }
};
```

以上代码完成了和第 1 个范例同样的功能，但是代码的长度要比第 1 个程序短很多。实际上以上程序就是使用正则表达式进行验证的，而中间的"[0-9]+"就是正则表达式的匹配字符，表示的含义是：由 1 个以上的数字组成。执行效果如图 11-31 所示。

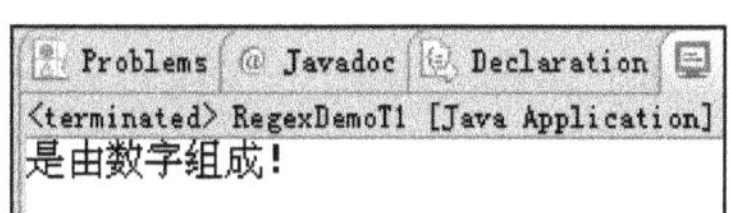

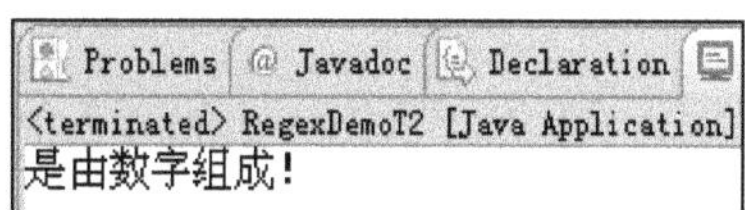

图 11-30　执行效果　　　　　　　　　　　图 11-31　执行效果

第 12 章

泛型

　　泛型（Generic type 或者 generics）是对 Java 语言类型系统的一种扩展，以支持创建可以按类型进行参数化的类。可以把类型参数看作是使用参数化类型时指定的类型的一个占位符，就像方法的形式参数是运行时传递的值的占位符一样。在本章将详细讲解 Java 语言中泛型的基本知识。

本章内容	技术解惑
▶▶ 泛型基础	彻底分析 Java 语言中泛型的本质
▶▶ 泛型详解	泛型方法和类型通配符的区别
▶▶ 类型通配符	泛型类的继承规则
▶▶ 泛型方法	类型擦除和泛型特性的联系
▶▶ 泛型接口	使用泛型应该遵循的原则和注意事项
▶▶ 泛型继承	
▶▶ 运行时类型识别	
▶▶ 强制类型转换	
▶▶ 擦除	

12.1 泛 型 基 础

知识点讲解：光盘:视频\PPT 讲解（知识点）\第 12 章\泛型基础.mp4

Java 语言中引入泛型是一个较大的功能增强。不仅语言、类型系统和编译器有了较大的变化，以支持泛型，而且类库也进行了大翻修，所以许多重要的类，比如集合框架，都已经成为泛型化的了。在本节的内容中，将简要讲解泛型的基本知识。

12.1.1 泛型的好处

Java 语言的集合有一个缺点：当我们把一个对象"丢进"集合后，集合就会"忘记"这个对象的数据类型，当再次取出该对象时，该对象的编译类型就变成了 Object 类型（其运行时类型没变）。Java 集合之所以被设计成这样，是因为设计集合的程序员不知道我们需要用它来保存什么类型的对象，所以他们把集合设计成能保存任何类型的对象，只要求具有很好的通用性。但是这样做会带来如下两个问题。

- ❑ 集合对元素类型没有任何限制，这样可能引发一些问题：例如想创建一个只能保存 Pig 的集合，但程序也可以轻易地将 Cat 对象"丢"进去，所以可能引发异常。
- ❑ 当把对象"丢进"集合时，集合丢失了对象的状态信息，集合只知道它盛装的是 Object，所以取出集合元素后通常还需要进行强制类型转换。这种强制类型转换既会增加编程的复杂度，也很可能引发 ClassCastException 异常。

使用泛型后带来了如下两点好处。

（1）类型安全。

泛型的主要目标是提高 Java 程序的类型安全。通过知道使用泛型定义的变量的类型限制，编译器可以在一个高得多的程度上验证类型假设。

Java 程序中的一种流行技术是定义这样的集合，即它的元素或键是公共类型的，比如"String 列表"或者"String 到 String 的映射"。通过在变量声明中捕获这一附加的类型信息，泛型允许编译器实施这些附加的类型约束。类型错误现在就可以在编译时被捕获了，而不是在运行时当作 ClassCastException 展示出来。将类型检查从运行时挪到编译时有助于更容易地找到错误，并可提高程序的可靠性。

（2）消除强制类型转换。

泛型的一个附带好处是，消除源代码中的许多强制类型转换。这使得代码更加可读，并且减少了出错机会。尽管减少强制类型转换可以降低使用泛型类的代码的复杂度，但是声明泛型变量会带来相应的复杂。

12.1.2 类型检查

在编译编译 Java 程序时，如果不检查类型会引发异常。

<table>
<tr><td>实例 087</td><td>如果不检查类型会引发异常</td></tr>
<tr><td></td><td>源码路径　\daima\12\youErr.java　　　视频路径　\视频\实例\第 12 章\087</td></tr>
</table>

实例文件 youErr.java 的具体实现代码如下所示。

```java
import java.util.*;
public class youErr
{
    public static void main(String[] args)
    {
        //创建一个只想保存字符串的List集合
        List strList = new ArrayList();
        strList.add("AAA");
```

```
        strList.add("BBB");
        strList.add("CCC");
        //"不小心"把一个Integer对象"丢进"了集合
        strList.add(5);
        for (int i = 0; i < strList.size() ; i++ )
        {
            // 因为List里取出的全部是Object, 所以必须强制类型转换
            // 最后一个元素将出现ClassCastException异常
            String str = (String)strList.get(i);
        }
    }
}
```

范例 173：自定义非泛型栈结构
源码路径：光盘\演练范例\173\
视频路径：光盘\演练范例\173\
范例 174：用泛型实现栈结构
源码路径：光盘\演练范例\174\
视频路径：光盘\演练范例\174\

　　在上述代码中创建了一个 List 集合，只希望此 List 对象保存字符串对象。在第一个加粗代码中，把一个 Integer 对象"丢进"了 List 集合中，这将导致程序在第二个加粗代码引发 ClassCastException 异常，因为程序试图把一个 Integer 对象转化为 String 类型。

　　如果希望创建一个 List 对象，并且该 List 对象中只能保存字符串类型，此时我们可以扩展 ArrayList。

实例 088　创建一个只能存放 String 对象的 StrList 集合类

源码路径　\daima\12\CheckT.java　　　　　视频路径　\视频\实例\第 12 章\088

　　实例文件 CheckT.java 的具体实现代码如下所示。

```
import java.util.*;
//自定义一个StrList集合类, 使用组合的方式来复用ArrayList类
class StrList
{
    private List strList = new ArrayList();
    //定义StrList的add方法
    public boolean add(String ele)
    {
        return strList.add(ele);
    }
    //重写get方法, 将get方法的返回值类型改为String类型
    public String get(int index)
    {
        return (String)strList.get(index);
    }
    public int size()
    {
        return strList.size();
    }
}
public class CheckT
{
    public static void main(String[] args)
    {
        //创建一个只想保存字符串的List集合
        StrList strList = new StrList();
        strList.add("AAA");
        strList.add("BBB");
        strList.add("CCC");
        //下面语句不能把Integer对象"丢进"集合中, 将引起编译异常
        strList.add(5);
        System.out.println(strList);
        for (int i = 0; i < strList.size() ; i++ )
        {
            //因为StrList里元素的类型就是String类型, 所以无需强制类型转换
            String str = strList.get(i);
        }
    }
}
```

范例 175：自定义泛型化数组类
源码路径：光盘\演练范例\175\
视频路径：光盘\演练范例\175\
范例 176：泛型方法和数据查询
源码路径：光盘\演练范例\176\
视频路径：光盘\演练范例\176\

　　在上述代码中，定义的 StrList 类实现了编译时的异常检查功能，当程序在加粗处试图将一个 Integer 对象添加到 StrList 时，程序不会通过编译。因为 StrList 只能接受 String 对象作为元素，所以加粗部分代码在编译时会出现错误提示。上述做法极其有用，并且使用方法 get() 返回

集合元素时，无须进行类型转换。但是上述做法也存在一个非常明显的局限性：当程序员需要定义大量的 List 子类时，这是一件让人沮丧的事情。所以从 JDK 1.5 以后，Java 开始引入了"参数化类型（parameterized type）"这一概念，允许我们在创建集合时指定集合元素的类型，例如 List<String>，这说明此 List 只能保存字符串类型对象。Java 的这种参数化类型被称为泛型（Generic）。

12.1.3　使用泛型

我们接下来以前面 12.1.2 节中的文件 youErr.java 为基础，讲解使用泛型后的改进。

实例 089	使用泛型	
源码路径　\daima\12\fanList.java		视频路径　\视频\实例\第 12 章\089

实例文件 fanList.java 的具体实现代码如下所示。

```java
import java.util.*;
public class fanList
{
    public static void main(String[] args)
    {
        //创建一个只想保存字符串的List集合
        List<String> strList = new ArrayList<String>();
        strList.add("AAA");
        strList.add("BBB");
        strList.add("CCC");
        //下面代码将引起编译错误
        strList.add(5);
        for (int i = 0; i < strList.size() ; i++ )
        {
            //下面代码无需强制类型转换
            String str = strList.get(i);
        }
    }
}
```

范例 177：泛型化方法和最小值
源码路径：光盘\演练范例\177\
视频路径：光盘\演练范例\177\
范例 178：泛型化接口和最大值
源码路径：光盘\演练范例\178\
视频路径：光盘\演练范例\178\

通过上述代码创建了一个特殊的 List——strList，此 List 集合只能保存字符串对象，不能保存其他类型的对象。创建这种特殊集合的方法非常简单，先在集合接口、类后增加尖括号，然后在尖括号里放数据类型，这表明这个集合接口、集合类只能保存特定类型的对象。其中通过第一行加粗代码指定了 strList 不是一个任意的 List，而是一个 String 的 List，写作"List<String>"的格式。List 是带一个类型参数的泛型接口，在上述代码中的类型参数是 String。在创建此 ArrayList 对象时也指定了一个类型参数。第二行加粗代码会引起引起编译异常，因为 strList 集合只能添加 String 对象，所以不能将 Integer 对象"丢进"该集合。并且第三行加粗代码处不需要进行强制类型转换，因为 strList 对象可以"记住"它的所有集合元素都是 String 类型。

由此可见，上述使用泛型的代码更加健壮，并且程序再也不能"不小心"把其他对象"丢进"strList 集合中。整个程序更加简洁，集合会自动记住所有集合元素的数据类型，从而无须对集合元素进行强制类型转换。

12.2　泛　型　详　解

知识点讲解：光盘:视频\PPT 讲解（知识点）\第 12 章\泛型详解.mp4

Java 中的泛型是指，允许在定义类、接口时指定类型形参，这个类型形参将在声明变量、创建对象时确定（即传入实际的类型参数，也可称为类型实参）。从 JDK 1.5 开始，改写了集合框架中的全部接口和类接口，并为这些接口和类增加了泛型支持，从而可以在声明集合变量、创建集合对象时传入类型实参，传入方式是本章前面用到的 List<String>和 ArrayList<String>两种类型。

12.2.1　定义泛型接口和类

从 JDK 1.5 开始，可以为任何类增加泛型声明（并不是只有集合类才可以使用泛型声明，虽然泛型是集合类的重要使用场所）。例如在下面的实例代码中自定义了一个 Apple 类，此 Apple 类可以包含一个泛型声明。

<table>
<tr><td>实例 090</td><td>定义泛型接口和类</td></tr>
<tr><td></td><td>源码路径　\daima\12\fru.java　　　　　　视频路径　\视频\实例\第 12 章\090</td></tr>
</table>

实例文件 fru.java 的具体实现代码如下所示。

```java
import java.util.*;
//定义Apple类时使用了泛型声明
public class fru<T>
{
    //使用T类型形参定义属性
    private T info;

    public fru(){}
    //下面方法中使用T类型形参来定义方法
    public fru(T info)
    {
        this.info = info;
    }
    public void setInfo(T info)
    {
        this.info = info;
    }
    public T getInfo()
    {
        return this.info;
    }
    public static void main(String[] args)
    {
        //因为传给T形参的是String实际类型，所以构造器的参数只能是String
        fru<String> a1 = new fru<String>("水果");
        System.out.println(a1.getInfo());
        //因为传给T形参的是Double实际类型，所以构造器的参数只能是Double或者double
        fru<Double> a2 = new fru<Double>(5.8);
        System.out.println(a2.getInfo());
    }
}
```

范例 179：使用通配符增强泛型
源码路径：光盘\演练范例\179\
视频路径：光盘\演练范例\179\
范例 180：实现泛型化折半查找
源码路径：光盘\演练范例\180\
视频路径：光盘\演练范例\180\

在上述代码中，定义了一个带泛型声明的 Apple<T>类，在使用 Apple<String>类时会为形参 T 传入实际类型，这样可以生成如 Apple<String>、Apple<Double>……形式的多个逻辑子类（物理上并不存在）。这就是在 12.1 节中可以使用 List<String>、ArrayList<String>等类型的原因，由于 JDK 在定义 List、ArrayList 等接口、类时使用了类型形参，因此在使用这些类时为其传入了实际的类型参数。

12.2.2　派生子类

在 Java 程序引用中，可以从泛型中派生子类。当创建了带泛型声明的接口、父类之后，可以为该接口创建实现类，或从该父类来派生子类，但是在使用这些接口、父类时不能再包含类型形参。例如下面代码是错误的：

```java
public class A extends fru<T>{}
```

如果想从类 fru 中派生一个子类，可以使用如下代码实现。

```java
public class A extends fru<String>
```

在使用方法时必须为所有的数据形参传入参数值，注意在使用类、接口时可以不为类型形参传入实际类型，这与使用方法是不同的，即下面代码也是正确的。

```java
public class A extends fru
```

如果从 fru<String>类派生子类，则在 fru 类中所有使用 T 类型形参的地方都将被替换成

String 类型，即它的子类将会继承方法 String getlnfo()和 void setlnfo（String info），如果子类需要重写父类的方法时需要特别注意这种情况。例如下面的代码演示了上述情形。

```java
public class A1 extends fru<String>
{
    //正确重写了父类的方法, 返回值与父类Apple<String>的返回值完全相同
    public String getInfo()
    {
        return "子类" + super.getInfo();
    }
    /*
    //下面方法是错误的, 重写父类方法时返回值类型不一致
    public Object getInfo()
    {
        return "子类";
    }
    */
}
```

如果在使用 fru 类时没有传入实际的类型参数，Java 编译器可能会发出警告，这是因为使用了未经检查或不安全的操作，这是泛型检查的警告。此时系统会将类 fru<T>中的 T 形参当成 Object 类型来处理。例如下面的代码演示了上述情形。

```java
public class A2 extends fru
{
    //重写父类的方法
    public String getInfo()
    {
        //super.getInfo()方法返回值是Object类型
        //所以加toString()才返回String类型
        return super.getInfo().toString();
    }
}
```

上述代码都是从带泛型声明的父类来派生子类，创建带泛型声明接口实现类的方法与此几乎一样，所以在此不再赘述。

12.2.3　并不存在泛型类

我们可以把类 ArrayList<String>当做 ArrayList 的子类，而事实上系统并没有为 ArrayList<String>生成新的 class 文件，而且也不会把 ArrayList<String>当成新类来处理。例如下面代码输出的结果是 true。

```java
List<String> l1 = new ArrayList<String>();
List<Integer> l2 = new ArrayList<Integer>();
System.out.println(l1.getClass() == l2.getClass());
```

运行上面代码片段后，可能有读者认为应该输出 false，但实际输出 true。因为不管泛型类型的实际类型参数是什么，它们在运行时总有同样的类（class）。

实际上，泛型对其所有可能的类型参数，都具有同样的行为，从而可以把相同的类当成许多不同的类来处理。另外，在 Java 类的静态方法、静态初始化或者静态变量的声明和初始化中，也不允许使用类型参数。例如下面程序演示了这种错误。

```java
public class R<T>
{
    // 下面程序代码错误, 不能在静态属性声明中使用类型参数
    static T info;
    T age;
    public void foo(T msg){}
    // 下面代码错误, 不能在静态方法声明中使用类型形参
    public static void bar(T msg){}
}
```

因为在系统中并不会真正生成泛型类，所以经过 instanceof 运算符处理后不能使用泛型类，例如下面的代码是错误的。

```java
Collection cs = new ArrayList<String>();
// 下面代码编译时引发错误: instanceof 运算符后不能使用泛型类
if(cs instanceof List<String>){...}
```

12.3　类型通配符

知识点讲解：光盘:视频\PPT 讲解（知识点）\第 12 章\类型通配符.mp4

当我们使用一个泛型类时（包括创建对象或声明变量），应该为这个泛型类传入一个类型实参，如果没有传入类型实际参数则会引起泛型警告。例如，如果 SubClass 是 SuperClass 的子类型（子类或者子接口），而 G 是具有泛型声明的类或者接口，那么 G<SubClass>是 G<SuperClass>的子类型并不成立。例如 List<String> 并不是 List<Object> 的子类。接下来我们与数组进行对比。

```
// 下面程序编译正常、运行正常
Number[] nums = new Integer[7];
nums[0] = 9;
System.out.println(nums[0]);
// 下面程序编译正常、运行时发生 java.lang.ArrayStoreException 异常
Integer[] ints = new Integer[5];
Number[] nums2 = ints;
nums2[0] = 0.4;
System.out.println(nums2[0]);
// 下面程序发生编译异常, Type mismatch: cannot convert from List<Integer> to List<Number>
List<Integer> iList = new ArrayList<Integer>();
        List<Number> nList = iList;
```

数组和泛型有所不同，如果 SubClass 是 SuperClass 的子类型（子类或者子接口），那么 SubClass[]依然是 SuperClass[]的子类，但 G<SubClass>不是 G<SuperClass>的子类。

为了表示各种泛型 List 的父类，我们需要使用类型通配符，类型通配符是一个问号（?），将一个问号作为类型实参传给 List 集合，写作：List<?>（意思是未知类型元素的 List）。这个问号（?）被称作通配符，它的元素类型可以匹配任何类型。例如下面的代码。

```
public void test(List<?> c)
{
    ……
}
```

现在我们可以使用任何类型的 List 来调用它，程序依然可以访问集合 c 中的元素，其类型是 Object。这种写法适用于任何支持泛型声明的接口和类，例如：Set<?>、Collection<?>、Map<?, ?>等。

这种带通配符的 List 仅表示它是各种泛型 List 的父类，并不能把元素加入到其中，例如下面的代码会引发编译错误：

```
List<?> c = new ArrayList<String>();
        // 下面程序引发编译错误
        c.add(new Object());
```

这是因为我们不知道上面程序中 c 集合中的元素类型，所以不能向其中添加对象。唯一的例外是 null，它是所有引用类型的实例。例如下面程序是正确的。

```
c.add(null);
```

12.3.1　设置类型通配符的上限

当直接使用"List<?>"这种形式时，这说明这个 List 集合是任何泛型 List 的父类。但还有一种特殊的情况，我们不想这个 List<?>是任何泛型 List 的父类，只想表示它是某一类泛型 List 的父类。假设有一个简单的绘图程序，在下面首先先分别定义 3 个形状。

（1）定义一个抽象类 Shape，具体代码如下所示。

```
public abstract class Shape
{
    public abstract void draw(Canvas c);
}
```

（2）定义 Shape 的子类 Circle，具体代码如下所示。

```
public class Circle extends Shape
{
```

```
    //实现画图方法，以打印字符串来模拟画图方法实现
    public void draw(Canvas c)
    {
        System.out.println("在画布" + c + "画一个圆");
    }
}
```

（3）定义 Shape 的子类 Rectangle，具体代码如下所示。

```
public class Rectangle extends Shape
{
    //实现画图方法，以打印字符串来模拟画图方法实现
    public void draw(Canvas c)
    {
        System.out.println("把一个矩形画在画布" + c + "上");
    }
}
```

通过上述流程定义了 3 个形状类，其中 Shape 是一个抽象父类，该抽象父类有两个子类 Circle 和 Rectangle，然后定义了绘制类 Canvas 画布类，通过此画布类可以画数量不等的形状（Shape 子类的对象）程序员应该如何定义 Canvas 类呢？上述类可以在一个画布（Canvas）上被画出来，代码如下所示。

```
public class Canvas {
    public void draw(Shape s) {
        s.draw(this);
    }
}
```

因为所有的图形通常都有很多个形状，假定它们用一个 list 来表示，在 Canvas 用一个方法来画出所有的形状会比较方便，代码如下所示。

```
public void drawAll(List<Shape> shapes) {
    for (Shape s : shapes) {
        s.draw(this);
    }
}
```

接下来添加一个如下调用。

```
List<Shape> shapes = new ArrayList<Shape>();
shapes.add(c);
shapes.add(r);
ca.drawAll(shapes);
```

很明显上述调用是正确的，但是下面的这种调用是错误的。

```
List<Circle> list = new ArrayList<Circle>();
list.add(c);
Canvas ca = new Canvas();
ca.draw(c);
ca.drawAll(list);
```

编译时会在最后一行出现错误，提示只能接受 Shape 类型，由此可见并没有因为 Circle 是 Shape 的子类而改变什么，因为在这个时候编译器只接受 Shape 类型，而我们所需要的是能够接受 Shape 所有的子类，所以我们采用下面这种方法。

```
public void   drawAll(List<? extends Shape> shapes) {
    for (Shape s : shapes) {
        s.draw(this);
    }
}
```

这表明接受 Shape 下所有的方法，这样我们再传递 Shape 子类的方法就行了。此处是通配符的一种用法。

综上所述，最合适的做法的代码如下所示。

```
import java.util.*;
public class Canvas
{
    //同时在画布上绘制多个形状
    public void drawAll(List<? extends Shape> shapes)
    {
        for (Shape s : shapes)
        {
            s.draw(this);
```

```
        }
    }
    public static void main(String[] args)
    {
        List<Circle> circleList = new ArrayList<Circle>();
        circleList.add(new Circle());
        Canvas c = new Canvas();
        c.drawAll(circleList);
    }
}
```

12.3.2　设置类型形参的上限

Java 泛型不仅允许在使用通配符形参时设定类型上限，也可以在定义类型形参时设定上限，用于表示传给该类型形参的实际类型必须是上限类型，或是该上限类型的子类。例如下面的代码演示了上述用法。

```
import java.util.*;
public class ffruu<T extends Number>
{
    T col;

    public static void main(String[] args)
    {
        ffruu<Integer> ai = new ffruu<Integer>();
        ffruu<Double> ad = new ffruu<Double>();
        //下面代码将引起编译异常
        //因为String类型传给T形参, 但String不是Number的子类型
        ffruu<String> as = new ffruu<String>();
    }
}
```

在上面的代码中定义了一个泛型类 ffruu，该 ffruu 类的类型形参的上限是 Number 类，这表明在使用 ffruu 类时为 T 形参传入的实际类型参数只能是 Number 或是 Number 类的子类，所以在加粗位置处将会引发编译错误，这是因为类型形参 T 是有上限的，而此处传入的实际类型是 String 类型，既不是 Number 类型，也不是 Number 类型的子类型。

在另外一种情况下，程序需要为类型形参设定多个上限（至多有一个父类上限，可以有多个接口上限）表明该类型形参必须是其父类的子类（包括是父类本身也行），并且实现多个上限接口。这种情形是一种极端的情形。例如下面的代码。

```
// 表明T类型必须是 Number 类或其子类, 并必须实现 java.io.Serializable 接口
public class Apple<T extends Number & java.io.Serializable>
{
    ...
}
```

12.4　泛　型　方　法

知识点讲解：光盘:视频\PPT 讲解（知识点）\第 12 章\泛型方法.mp4

在 Java 中提供了泛型方法，如果一个方法被声明成泛型方法，那么它将拥有一个或多个类型参数。不过与泛型类不同，这些类型参数只能在它所修饰的泛型方法中使用。在本节的内容中，将详细讲解 Java 中泛型方法的基本知识。

12.4.1　定义泛型方法

尝试写一个方法，它用一个 Object 的数组和一个 collection 作为参数，完成把数组中所有 object 放入 collection 中的功能。我们可以考虑用下面的代码实现。

```
static void fromArrayToCollection(Object[] a, Collection<?> c) {
for (Object o : a) {
c.add(o); // 编译期错误
}
}
```

上面定义的方法没有任何问题，关键在于上面方法中的 c 形参，它的数据类型是 Collection <Object>。正如前面所介绍的，Collection<Object>不是 Collection<String>类的父类，所以，上述方法的功能非常有限，只能将 Object 数组的元素复制到 Object（Object 的子类不行）Collection 集合。即下面的代码会引发编译异常。

```
String[] str = {"a", "b"};
List<String> strList = new ArrayList<String>();
// Collection<String> 对象不能当成 Collection<Object> 调用，下面的代码出现编译异常
fromArrayGToCollection(str, strList);
```

上面方法的参数类型不可以使用 Collection<String>，使用通配符 Collection<?> 也是不可行的，因为不能把对象放进一个未知类型的集合当中去。

那么使用通配符 Collection<?>是否可以解决呢，也不行！因为我们不能把对象放进一个未知类型的集合中去。解决这个问题的办法是使用 Generic Methods（泛型方法）。就像声明类型一样，方法的声明也可以被泛型化——就是说，带有一个或者多个类型参数。

在 Java 中创建一个泛型方法常用的形式如下所示。

```
[访问权限修饰符] [static] [final] <类型参数列表> 返回值类型 方法名([形式参数列表])
```

访问权限修饰符（包括 private、public、protected）、static 和 final 都必须写在类型参数列表的前面。返回值类型必须写在类型参数表的后面。泛型方法可以写在一个泛型类中，也可以写在一个普通类中。由于在泛型类中的任何方法，本质上都是泛型方法，所以在实际使用中，很少会在泛型类中再用上面的形式来定义泛型方法。类型参数可以用在方法体中修饰局部变量，也可以用在方法的参数表中，修饰形式参数。泛型方法可以是实例方法或是静态方法。类型参数可以使用在静态方法中，这是与泛型类的重要区别。

使用一个泛型方法通常有如下两种形式。

```
<对象名|类名>.<实际类型>方法名(实际参数表);
[对象名|类名].方法名(实际参数表);
```

如果泛型方法是实例方法，则要使用对象名作为前缀。如果是静态方法，则可以使用对象名或类名作为前缀。如果是在类的内部调用，且采用第二种形式，则前缀都可以省略。注意到这两种调用方法的差别在于前面是否显式地指定了实际类型。是否要使用实际类型，需要根据泛型方法的声明形式以及调用时的实际情况（就是看编译器能否从实际参数表中获得足够的类型信息）来决定。

这样可以使用泛型方法来解决本节刚开始的问题，具体代码如下。

```
static <T> void fromArrayToCollection(T[] a, Collection<T> c)
{
    for (T o : a)
    {
        c.add(o);
    }
}
```

例如下面的实例代码演示了泛型方法的完整用法。

<table><tr><td>实例 091</td><td>演示泛型方法的完整用法</td></tr><tr><td></td><td>源码路径　\daima\12\cefang.java　　　　　　视频路径　\视频\实例\第 12 章\091</td></tr></table>

实例文件 cefang.java 的具体实现代码如下所示。

```
import java.util.*;
public class cefang
{
    //声明一个泛型方法，该泛型方法中带一个T形参
    static <T> void fromArrayToCollection(T[] a, Collection<T> c)
    {
        for (T o : a)
        {
            c.add(o);
        }
    }
    public static void main(String[] args)
    {
```

范例 181：带有两个参数的泛型
源码路径：光盘\演练范例\181\
视频路径：光盘\演练范例\181\
范例 182：一个有界类型程序
源码路径：光盘\演练范例\182\
视频路径：光盘\演练范例\182\

```
        Object[] oa = new Object[100];
        Collection<Object> co = new ArrayList<Object>();
        //下面代码中T代表Object类型
        fromArrayToCollection(oa, co);
        String[] sa = new String[100];
        Collection<String> cs = new ArrayList<String>();
        //下面代码中T代表String类型
        fromArrayToCollection(sa, cs);
        //下面代码中T代表Object类型
        fromArrayToCollection(sa, co);
        Integer[] ia = new Integer[100];
        Float[] fa = new Float[100];
        Number[] na = new Number[100];
        Collection<Number> cn = new ArrayList<Number>();
        //下面代码中T代表Number类型
        fromArrayToCollection(ia, cn);
        //下面代码中T代表Number类型
        fromArrayToCollection(fa, cn);
        //下面代码中T代表Number类型
        fromArrayToCollection(na, cn);
        //下面代码中T代表String类型
        fromArrayToCollection(na, co);
        //下面代码中T代表String类型, 但na是一个Number数组
        //因为Number既不是String类型, 也不是它的子类, 所以出现编译错误
        fromArrayToCollection(na, cs);
    }
}
```

在上述代码中定义了一个泛型方法，该泛型方法中定义了一个 T 类型的形参，这个 T 类型形参就可以在该方法内当成普通类型来使用。与在接口、类中定义的类型形参不同的是，方法声明中定义的类型形参只能在方法里使用，而接口、类声明中定义的类型形参则可以在整个接口、类中使用。

与类、接口中使用泛型参数不同的是，方法中的泛型参数无需显式传入实际类型参数，如上面程序中，当程序调用 fromArrayToCollection 时，无须在调用该方法前传入 String、Object 等类型，编译器可以根据实参推断出类型形参的值。它通常可以推断出最直接的类型参数，例如下面的调用代码。

```
fromArrayToCoUection(sa, cs);
```

上述代码中的"cs"是一个 Collection<String>类型，与方法定义时的 fromArrayToCollection (T[]a, Collection<T>c)进行比较——只比较泛型参数，不难发现该 T 类型形参代表的实际类型是 String 类型。

对于下面的调用代码：

```
fromArrayToCoUection(ia, cn);
```

在上述代码中，"cn"是 Collection<Number>类型，与此方法的方法签名进行比较——只比较泛型参数，不难发现此 T 类型代表了 Number 类型。但是这样会引起编译器的迷惑，例如下面的程序。

```
public class Test
{
    // 声明一个泛型方法, 该泛型方法中带一个 T 类型参数
    static <T> void test(Collection<T> a, Collection<T> c)
    {
        // 方法体
    }
    public static void main(String[] args)
    {
        List<Object> ao = new ArrayList<Object>();
        List<String>   as = new ArrayList<String>();
        // 下面代码将产生编译错误
        test(as, ao);
    }
}
```

在上述代码中，编译器无法正确识别 T 所代表的实际类型。我们可以将该方法修改为下面的形式。

```java
public class Test
{
        // 声明一个泛型方法, 该泛型方法中带一个 T 类型参数
        static <T> void test(Collection<? extends T> a, Collection<T> c)
        {
                // 方法体
        }
        public static void main(String[] args)
        {
                List<Object> ao = new ArrayList<Object>();
                List<String>   as = new ArrayList<String>();
                // 下面代码编译正常
                test(as, ao);
        }
}
```

在上述代码中，将方法的第一个形参类型修改为 Collection<?extends T>，这种采用类型通配符的表示方法，只要 test 方法的前一个 Collection 集合元素类型是后一个 Collection 集合元素类型的子类即可。

12.4.2　设置通配符下限

当使用的泛型只能在本类及其父类类型上应用的时候，就必须使用泛型的范围下限设置。例如下面的演示代码。

```java
class Info<T>{                                    //设置泛型并设置上限最高为Number
    public T var;                                 //定义泛型变量
    public void setVar(T var){
        this.var=var;
    }
    public T getVar(){
        return var;
    }
    public String toString(){                     //覆写toString方法, 方便打印对象
        return this.var.toString();
    }
}
public class gennericDemo09
{
    public static void main(String args[]){
        Info<String> i1=new Info<String>();       //声明String的泛型对象
        Info<Object> i2=new Info<Object>();       //声明Object的泛型对象
        i1.setVar("MLDN");
        i2.setVar(new Object());
        fun(i1);
        fun(i2);
    }
    public static void fun(Info<? super String> temp){   //只能接收String或Object类型的泛型
        System.out.println(temp);
    }
}
```

除此之外，我们可以通过泛型方法返回泛型类，例如下面的代码。

```java
class Info<T extends Number>{                     //指定上限, 只能是数字类型
    private T var;                                //此类型由外部决定
    public T getVar(){
        return var;
    }
    public void setVar(T var){
        this.var=var;
    }
    public String toString(){                     //覆写toString方法, 方便打印对象
        return this.var.toString();
    }
}
public class gennericDemo05
{
    public static void main(String args[]){
        Info<Integer> info=fun(30);
        System.out.println(info.getVar());
    }
    public static <T extends Number> Info<T> fun(T temp){
```

```
        Info<T> info=new Info<T>();        //根据传入的数据类型实例化Info
        info.setVar(temp);                 //将传递的内容设置到Info对象的var属性之中
        return info;                       //返回实例化对象
    }
}
```

12.5　泛　型　接　口

知识点讲解：　光盘:视频\PPT 讲解（知识点）\第 12 章\泛型接口.mp4

除了泛型类和泛型方法，还可以使用泛型接口。泛型接口的定义与泛型类非常相似，它的声明形式如下所示。

```
inte**ce 接口名<类型参数表>
```

例如下面的代码创建了一个名为 MinMax 的接口,用来返回某个对象集的最小值或最大值。

```
inteface MinMax<T extends Comparable<T>>{
    T min();
    T max();
}
```

上述接口没有什么特别难懂的地方,类型参数 T 是有界类型,它必须是 Comparable 的子类。Comparable 本身也是一个泛型类，它是由系统定义在类库中的, 可以用来比较两个对象的大小。

接下来的事情是实现这个接口，这需要定义一个类来实现，具体代码如下所示。

```
class MyClass<T extends Comparable<T>> implements MinMax<T>{
    T [] vals;
    MyClass(T [] ob){
        vals = ob;
    }
    public T min(){
        T val = vals[0];
        for(int i=1; i<vals.length; ++i)
            if (vals[i].compareTo(val) < 0)
                val = vals[i];
        return val;
    }
    public T max(){
        T val = vals[0];
        for(int i=1; i<vals.length; ++i)
            if (vals[i].compareTo(val) > 0)
                val = vals[i];
        return val;
    }
}
```

在上述代码中，类的内部很容易理解，只是 MyClass 的声明部分 "class MyClass<T extends Comparable<T>> implements MinMax<T>" 看上去比较奇怪，它的类型参数 T 必须和要实现的接口中的声明完全一样。反而是接口 MinMax 的类型参数 T 最初是写成有界形式的，现在已经不再需要重写一遍。如果重写成下面的格式将无法通过编译。

```
class MyClass<T extends Comparable<T>> implements MinMax<T extends Comparable<T>>
```

通常，如果在一个类中实现了一个泛型接口，则此类也是泛型类。否则它无法接受传递给接口的类型参数。例如下面的声明格式是错误的。

```
class MyClass   implements MinMax<T>
```

因为在类 MyClass 中需要使用类型参数 T，而类的使用者无法把它的实际参数传递进来，所以编译器会报错。不过如果实现的是泛型接口的特定类型，例如：

```
class MyClass   implements MinMax<Integer>
```

上述写法是正确的，现在这个类不再是泛型类。编译器会在编译此类时，将类型参数 T 用 Integer 代替，而无需等到创建对象时再处理。

最后我们编写一个程序测试 MyClass 工作情况，具体代码如下所示。

```
public class demoGenIF{
    public static void main(String args[]){
        Integer inums[] = {56,47,23,45,85,12,55};
        Character chs[] = {'x','w','z','y','b','o','p'};
```

```
    MyClass<Integer> iob = new MyClass<Integer>(inums);
    MyClass<Character> cob = new MyClass<Character>(chs);
    System.out.println("Max value in inums: "+iob.max());
    System.out.println("Min value in inums: "+iob.min());
    System.out.println("Max value in chs: "+cob.max());
    System.out.println("Min value in chs: "+cob.min());
  }
}
```

由此可见，在使用类 MyClass 创建对象的方式上，和前面使用普通的泛型类没有任何区别。程序执行后输出：

Max value in inums: 85

Min value in inums: 12

Max value in chs: z

Min value in chs: b

12.6 泛型继承

知识点讲解：光盘:视频\PPT 讲解（知识点）\第 12 章\泛型继承.mp4

和普通类一样，Java 中的泛型类是可以继承的，任何一个泛型类都可以作为父类或子类。不过泛型类与非泛型类在继承时的主要区别是，泛型类的子类必须将泛型父类所需要的类型参数，沿着继承链向上传递。这与构造方法参数必须沿着继承链向上传递的方式类似。在本节将简要讲解 Java 泛型类的基本知识，为读者步入本书后面知识的学习打下基础。

12.6.1 以泛型类为父类

当一个类的父类是泛型类时，这个子类必须要把类型参数传递给父类，所以这个子类也必定是泛型类。下面是一个简单的例子，首先定义一个泛型类，具体代码如下所示。

```java
public class superGen<T> { //定义一个泛型类
    T ob;
    public superGen(T ob){
        this.ob = ob;
    }
    public superGen(){
        ob = null;
    }
    public T getOb(){
        return ob;
    }
}
```

然后定义它的一个子类，具体代码如下所示。

```java
public class derivedGen <T> extends superGen<T>{
    public derivedGen(T ob){
        super(ob);
    }
}
```

在此需要特别注意 derivedGen 是如何声明成 superGen 的子类的。

```java
public class derivedGen <T> extends superGen<T>
```

这两个类型参数必须用相同的标识符 T，这意味着传递给 derivedGen 的实际类型也会传递给 superGen。例如下面的定义：

```java
derivedGen<Integer> number = new derivedGen<Integer>(100);
```

将 Integer 作为类型参数传递给 derivedGen，再由它传递给 superGen，因此后者的成员 ob 也是 Integer 类型。虽然 derivedGen 里面并没有使用类型参数 T，但由于它要传递类型参数给父类，所以它不能定义成非泛型类。当然，在 derivedGen 中也可以使用 T，还可以增加自己需要的类型参数。例如下面的代码展示了一个更为复杂的 derivedGen 类。

```java
public class derivedGen <T, U> extends superGen<T>{
    U dob;
```

```
    public derivedGen(T ob1, U ob2){
        super(ob1);                    //传递参数给父类
        dob = ob2;                     //为自己的成员赋值
    }
    public U getDob(){
        return dob;
    }
}
```

在 Java 程序中，使用泛型子类和使用其他的泛型类没有区别，使用者根本无需知道它是否继承了其他的类。下面是一个测试程序，具体代码如下所示。

```
public class demoHerit_1{
    public static void main(String args[]){
        //创建子类的对象, 它需要传递两个参数, Integer类型给父类, 自己使用String类型
derivedGen<Integer,String> oa=new derivedGen<Integer,String>
(100,"Value is: ");
        System.out.print(oa.getDob());
        System.out.println(oa.getOb());
    }
}
```

程序执行后输出：

Value is: 100

12.6.2　以非泛型类为父类

前面介绍的泛型类是以泛型类作为父类，一个泛型类也可以以非泛型类为父类。此时不需要传递类型参数给父类，所有的类型参数都是为自己准备的。下面是一个简单的例子，首先编写如下代码。

```
public class nonGen
{
}
```

然后定义一个泛型类作为它的子类，具体代码如下所示。

```
public class derivedNonGen<T> extends nonGen{
    T ob;
    public derivedNonGen(T ob, int n){
        super(n);
        this.ob = ob;
    }
    public T getOb(){
        return ob;
    }
}
```

上述泛型类仍然传递了一个普通参数给它的父类，所以它的构造方法需要两个参数。接下来编写测试上述类的程序，具体代码如下所示。

```
public class demoHerit_2{
    public static void main(String args[]){
derivedNonGen<String> oa =new derivedNonGen<String> ("Value is: ",
100);
        System.out.print(oa.getOb());
        System.out.println(oa.getNum());
    }
}
```

程序执行后输出：

Value is: 100

12.7　运行时类型识别

知识点讲解：光盘:视频\PPT 讲解（知识点）\第 12 章\运行时类型识别.mp4

和其他的非泛型类一样，Java 中的泛型类也可以进行运行时类型识别的操作，既可以使用反射机制，也可以采用传统的方法。比如 instanceof 操作符。读者需要注意的是，因为在 JVM 中泛型类的对象总是一个特定的类型，此时它不再是泛型，所以所有的类型查询都只会产生原

始类型，无论是 getClass()方法，还是 instanceof 操作符。

例如对象 a 是 Generic<Integer>类型，那么 a instanceof Generic<? >测试结果为真，下面的测试结果也为真。

```
a instanceof Generic
```

上面尖括号中只能写通配符"? "，而不能写 Integer 之类确定的类型。在实际测试时，"? "会被忽略。同样道理，getClass()返回的也是原始类型。如果 b 是 Generic<String>类型，下面的语句的测试结果也为真。

```
a.getClass() == b.getClass()
```

下面的程序演示了上面描述的情况。

```
public class demoRTTI_1{
    public static void main(String args[]){
        Generic<Integer> iob = new Generic<Integer>(100);
        Generic<String> sob = new Generic<String>("Good");
        if (iob instanceof Generic)
            System.out.println("Generic<Integer> object is instance of Generic");
        if (iob instanceof Generic<?>)
System.out.println("Generic<Integer> object is instance of
Generic<?>");
        if (iob.getClass() == sob.getClass())
System.out.println("Generic<Integer> class equals Generic<String>
class");
    }
}
```

程序执行后输出：

Generic<Integer> object is instance of Generic

Generic<Integer> object is instance of Generic<?>

Generic<Integer> class equals Generic<String> class

泛型类对象的类型识别还有另外一个隐含的问题，它会在继承中显示出来。例如对象 a 是某泛型子类的对象，当用 instanceof 来测试它是否为父类对象时，测试结果也为真。在下面的代码中，使用了 12.6.1 节中的两个类 superGen 和 derivedGen。

```
public class demoRTTI_2{
    public static void main(String args[]){
        superGen <Integer> oa = new superGen<Integer>(100);
derivedGen<Integer,String> ob = new derivedGen<Integer,
String>(200,"Good");
        if (oa instanceof derivedGen)
            System.out.println("superGen object is instance of derivedGen");
        if (ob instanceof superGen)
            System.out.println("derivedGen object is instance of superGen");
        if(oa.getClass() == ob.getClass())
            System.out.println("superGen class equals derivedGen class");
    }
}
```

程序执行后输出：

derivedGen object is instance of superGen

从上述结果中可以看出，只有子类对象被 instanceof 识别为父类对象。

12.8　强制类型转换

知识点讲解：光盘:视频\PPT 讲解（知识点）\第 12 章\强制类型转换.mp4

和普通对象一样，泛型类的对象也可以采用强制类型转换转换成另外的泛型类型，不过只有当两者在各个方面兼容时才能这么做。泛型类的强制类型转换的一般格式如下所示。

```
(泛型类名<实际参数>)泛型对象
```

例如下面的代码展示了两个转换，其中一个是正确的，一个是错误的。它使用了 12.6.1 节中的两个类 superGen 和 derivedGen。

```
public class demoForceChange{
  public static void main(String args[]){
      superGen <Integer> oa = new superGen<Integer>(100);
derivedGen<Integer,String> ob = new derivedGen<Integer, String>
(200,"Good");
      //试图将子类对象转换成父类，正确
      if ((superGen<Integer>)ob instanceof superGen)
        System.out.println("derivedGen object is changed to superGen");
      //试图将父类对象转换成子类，错误
      if ((derivedGen<Integer,String>)oa instanceof derivedGen)
        System.out.println("superGen object is changed to derivedGen");
  }

}
```

编译上述程序时会出现一个警告，如果不理会这个警告，继续运行程序并输出如下结果。

```
derivedGen object is changed to superGen
Exception in thread "main" java.lang.ClassCastException: superGen
        at demoForceChange.main(demoForceChange.java:7)
```

在上述代码中，第一个类型转换成功，而第二个则不能成功。因为 oa 转换成子类对象时，无法提供足够的类型参数。由于强制类型转换容易引起错误，所以对于泛型类的强制类型转换是很严格的，即便是下面这样的转换也不能成功。

```
(derivedGen<Double,String>)ob
```

因为 ob 本身的第一个实际类型参数是 Integer 类型，无法转换成 Double 类型。所以在此建议读者，如果不是十分必要，不要做强制类型转换的操作。

12.9　擦　　除

知识点讲解：光盘:视频\PPT 讲解（知识点）\第 12 章\擦除.mp4

通常，程序员不必知道有关 Java 编译器将源代码转换成为 class 文件的细节。但在使用泛型时，对此过程进行一般的了解是必要的，因为只有了解这一细节，程序员才能理解泛型的工作原理，以及一些令人惊讶的行为——如果程序员不知道，可能会认为这是错误。在本节将详细讲解 Java 中擦除的基本知识，为读者步入本书后面知识的学习打下基础。

12.9.1　擦除基础

Java 在 JDK 1.5 以前的版本中是没有泛型的，为了保证对以前版本的兼容，Java 采用了与 C++的模板完全不同的方式来处理泛型（尽管两者的使用看上去很相似），Java 采用的方法称为擦除。

擦除的工作原理是：当 Java 代码被编译时，全部泛型类型的信息会被删除（擦除）。也就是使用类型参数来了替换它们的限界类型，如果没有指定界限，则默认类型是 Object，然后运用相应的强制转换（由类型参数来决定）以维持与类型参数的类型兼容。编译器会强制这种类型兼容。对于泛型来说，这种方法意味着在运行时不存在类型参数，它们仅仅只是一种源代码机制。为了更好地理解泛型是如何工作的，请看下面的两段代码。

```
//默认情况下,T由Object指定界限
public class Gen<T>{
  //下面所有的T将被Object所代替
  T ob;
  Gen(T ob){
    this.ob = ob;
  }
  T getOb(){
    return ob;
  }
}
```

将上述类编译完成后，在命令行输入 javap。Genjavap 是由系统提供的一个反编译命令，可以获取 class 文件中的信息或者是反汇编代码。执行该命令后输出。

```
Compiled from "Gen.java"
public class Gen extends java.lang.Object{
    java.lang.Object ob;
    Gen(java.lang.Object);
    java.lang.Object getOb();
}
```

从上述结果中可以看出，所有被 T 占据的位置都被 java.lang.Object 所取代，这也是前面将 T 称为"占位符"的原因。如果类型参数指定了上界，那么就会用上界类型来代替它。下面的代码表明了这一描述。

```
//T由String限界
public class GenStr<T extends String>{
    //下面所有的T将被String所代替
    T ob;
    GenStr(T ob){
        this.ob = ob;
    }
    T getOb(){
        return ob;
    }
}
```

用 javap 来反编译这个类，可以得到下面的结果。

```
Compiled from "GenStr.java"
public class GenStr extends java.lang.Object{
    java.lang.String ob;
    GenStr(java.lang.String);
    java.lang.String getOb();
}
```

在使用泛型对象时，实际上所有的类型信息也都会被擦除，编译器自动插入强制类型转换。例如下面的代码。

```
Gen<Integer> oa = new Gen<Integer>(100);
Gen<Integer> ob = oa.getOb();
```

由于 getOb 的实际返回类型是 Object 类型，所以后面这一句相当于下面的代码。

```
Gen<Integer> ob = (Gen<Integer>)oa.getOb();
```

正是由于擦除会去除实际的类型，所以，在运行时做类型识别将得到原始类型，而非具体指定的参数类型。

当把一个具有泛型信息的对象赋给另一个没有泛型信息的变量时，则所有在尖括号之间的类型信息都被扔掉了。例如下面的实例【光盘\daima\12\cachu.java】演示了这种擦除。

<table>
<tr><td>实例 092</td><td>演示擦除的用法</td></tr>
<tr><td></td><td>源码路径　\daima\12\cachu.java　　　　　视频路径　\视频\实例\第 12 章\092</td></tr>
</table>

实例文件 cachu.java 的具体实现代码如下所示。

```
class Apple<T extends Number>
{
    T size;
    public Apple()
    {
    }
    public Apple(T size)
    {
        this.size = size;
    }
    public void setA(T size)
    {
        this.size = size;
    }
    public T getSize()
    {
        return this.size;
    }
}
public class cachu
{
    public static void main(String[] args)
```

> 范例 183：使用通配符
> 源码路径：光盘\演练范例\183\
> 视频路径：光盘\演练范例\183\
> 范例 184：使用泛型方法
> 源码路径：光盘\演练范例\184\
> 视频路径：光盘\演练范例\184\

```
    {
        Apple<Integer> a = new Apple<Integer>(6);
        //a的getSize方法返回Integer对象
        Integer as = a.getSize();
        //把a对象赋给Apple变量，会丢失尖括号里的类型信息
        Apple b = a;
        //b只知道size的类型是Number
        Number size1 = b.getSize();
        //下面代码引起编译错误
        //Integer size2 = b.getSize();
    }
}
```

在上述代码中定义了一个带有泛型声明的 Apple 类，其类型形参的上限是 Number，此类型形参用于定义 Apple 类的 size 属性。在第一行加粗代码处创建了一个 Apple 对象，该 Apple 对象传入了 Integer 作为类型形参的值，所以调用 a 的 getSize 方法时返回 Integer 类型的值。当把 a 赋给一个不带泛型信息的变量 b 时，编译器就会丢失 a 对象的泛型信息，即使所有尖括号里的信息都被丢失——但因为 Apple 的类型形参的上限是 Number 类，所以编译器依然知道 b 的 getSize 方法返回 Number 类型，但具体是 Number 的哪个子类就不清楚了。

从逻辑上来看，List<String>是 List 的子类，如果直接把一个 List 对象赋给一个 List<String>对象会引发编译错误。但对泛型而言，可以直接把一个 List 对象赋给一个 List<String>对象，编译器会提示"未经检查的转换"的错误。

12.9.2　擦除带来的错误

擦除是一种很巧妙的办法，但它有时候会带来一些意想不到的错误：两个看上去并不相同的泛型类或是泛型方法，由于擦除的作用，最后会得到相同的类和方法。这种错误，也被称为冲突。冲突主要发生在下述 3 种情况。

1. 静态成员共享问题

在泛型类中可以有静态的属性或者方法。前面已经介绍过，静态方法不能使用类型参数。那么，其中的静态成员是否可以使用类型参数或者是本泛型类的对象呢？答案是：否！下面的代码展示了这一错误。

```
public class foo<T>{
    static T sa;                              //错误
    static foo<T> sb = new foo<T>();          //错误
    static foo<Integer> si = new foo<Integer>(100);
    static foo<String> ss = new foo<String>("Good");
    T ob;
    foo( T ob){
        this.ob = ob;
    }
    foo(){
        this.ob = null;
    }
}
```

在上述代码中，出现错误的两个变量 sa 和 sb 都采用不同的形式使用了类型参数 T。由于它们是静态成员，是独立于任何对象的，因此也可以在对象创建之前就被使用。此时，编译器无法知道用哪一个具体的类型来替代 T，所以编译器不允许这样使用。在静态方法中不允许出现类型参数 T 也是出于同样的道理。

2. 重载冲突问题

擦除带来的另外一个问题是重载的冲突，例如有如下两个方法重载。

```
void conflict(T o){  }
void conflict(Object o){   }
```

由于在编译时，T 会被 Object 所取代，因此它们实际上声明的是同一个方法，重载就出错了。另一种情形不是很直观，比如下面的方法重载。

```
public   int conflict(foo<Integer> i){}
public   int conflict(foo<String> s){}
```

编译上述代码时会报如下错误。

名称冲突：conflict(foo<java.lang.Integer>)和 conflict(foo<java. lang.String>) 具有相同疑符。

由此可见，编译器只是怀疑它可能会引发冲突，如果加上一些其他信息能够消除这一歧，编译是可以通过的。比如可以写成如下格式。

```
public    int conflict(foo<Integer> i){}
public    Sring conflict(foo<String> s){}
```

只是将返回类型修改一下，编译器就能从调用者处获得足够的信息，编译后可以成功通过。

3．接口实现问题

由于接口也可以是泛型接口，而一个类又可以实现多个泛型接口，所以也可能会引发冲突。比如下面代码。

```
class foo implements Comparable<Integer>, Comparable<Long>
```

由于 Comparable<Integer>和 Comparable<Long>都被擦除成 Comparable，所以这实际上是实现同一个接口。要实现泛型接口，只能实现具有不同擦除效果的接口。否则只能用下面的格式的来写。

```
class foo<T> implements Comparable<T>
```

12.10　技　术　解　惑

12.10.1　彻底分析Java 语言中泛型的本质

泛型在本质上是指类型参数化。所谓类型参数化，是指用来声明数据的类型本身，也是可以改变的，它由实际参数来决定。在一般情况下，实际参数决定了形式参数的值。而类型参数化，则是实际参数的类型决定了形式参数的类型。举一个简单的例子，假设方法 max()要求返回两个参数中较大的那个，那么可以写成下面的形式。

```
Integer max(Integer a, Integer b){
return a>b?a:b;
}
```

这样编写代码当然没有问题。不过，如果需要比较的不是 Integer 类型，而是 Double 或是 Float 类型，那么就需要另外再写 max()方法。参数有多少种类型，就要写多少个 max()方法。但是无论怎么改变参数的类型，实际上 max()方法体内部的代码并不需要改变。如果有一种机制，能够在编写 max()方法时，不必确定参数 a 和 b 的数据类型，而等到调用的时候再来确定这两个参数的数据类型，那么只需要编写一个 max()就可以了，这将大大降低程序员编程的工作量。

在 C++中，提供了函数模板和类模板来实现这一功能。而从 JDK 1.5 开始，也提供了类似的机制——泛型。从形式上看，泛型和C++的模板很相似，但它们是采用完全不同的技术来实现的。

在泛型出现之前，Java 的程序员可以采用一种变通的办法：将参数的类型均声明为 Object 类型。由于 Object 类是所有类的父类，所以它可以指向任何类对象，但这样做不能保证类型安全。

泛型则弥补了上述做法所缺乏的类型安全，也简化了过程，不必显式地在 Object 与实际操作的数据类型之间进行强制转换。通过泛型，所有的强制类型转换都是自动和隐式的。因此，泛型扩展了重复使用代码的能力，而且既安全又简单。

12.10.2　泛型方法和类型通配符的区别

JDK 中对于 Collection 接口中两个方法的定义如下所示。

```
public interface Collection<E>
{
        boolean containsAll(Collection<?> c);
        boolean addAll(Collection<? extends E> c);
}
```

　　上述两个方法都采用了类型通配符的形式，如果采用泛型方法形式来代替它们，具体代码如下所示。

```
public interface Collection<E>
{
        boolean <T> containsAll(Collection<T> c);
        boolean <T extends E> addAll(Collection<T> c);
}
```

　　上述方法使用了<T extends E>泛型形式，这是定义类型形参时设定上限（其中 E 是 Collection 接口里定义的类型形参，在该接口里 E 可当成普通类型使用）。

　　上面两个方法中类型形参 T 只使用了一次，类型形参 T 的唯一效果是可以在不同的调用点传入不同的实际类型。对于这种情况，应该使用通配符，因为通配符就是被设计用来支持灵活的子类化的。

　　泛型方法允许类型形参被用来表示方法的一个或多个参数之间的类型依赖关系，或者方法返回值与参数之间的类型依赖关系。如果没有这样的类型依赖关系，则不应该使用泛型方法。如果有需要，我们可以同时使用泛型方法和通配符，如 JDK 的 Collections.copy()方法。

　　一前一后的同时使用泛型方法和通配符也是可能的，例如下面的方法 Collections.copy()。

```
class Collections {
public static <T>    void copy(List<T> dest, List<? extends T> src){...}
}
```

　　注意两个参数的类型的依赖关系。任何被从源 list 从拷贝出来的对象必须能够将其指定为目标 list(dest) 的元素的类型——T 类型。因此源类型的元素类型可以是 T 的任意子类型，我们不关心具体的类型。

　　方法 copy 的签名使用一个类型参数表示了类型依赖，但是使用了一个通配符作为第二个参数的元素类型。我们也可以用其他方式写这个函数的签名而根本不使用通配符。

```
class Collections {
public static <T, S extends T>    void copy(List<T> dest, List<S> src){...}
}
```

　　这也可以，但是第一个类型参数在 dest 的类型和第二个参数的类型参数 S 的上限这两个地方都有使用，而 S 本身只使用一次，在 src 的类型中——没有其他的依赖于它。这意味着我们可以用通配符来代替 S。使用通配符比声明显式的类型参数更加清晰和准确，所以在可能的情况下使用通配符更好。

　　另外，通配符还有一个优势：它们可以在方法签名之外被使用，比如 field 的类型，局部变量和数组。类型通配符与显式声明类型形参还有一个显著的区别：类型通配符既可在方法签名中定义形参的类型，也可以用于定义变量的类型。但泛型方法中类型形参必须在对应方法中显式声明。

12.10.3　泛型类的继承规则

　　现在再来讨论一下关于泛型类的继承规则。前面所看到的泛型类之间是通过关键字 extends 来直接继承的，这种继承关系十分明显。不过，如果类型参数之间具有继承关系，那么对应的泛型是否也会具有相同的继承关系呢？比如，Integer 是 Number 的子类，那么 Generic<Integer> 是否是 Generic<Number>的子类呢？答案是：否！例如下面的代码将不会编译成功。

```
Generic<Number> oa = new Generic<Integer>(100);
```

　　因为 oa 的类型不是 Generic<Integer>的父类，所以这条语句无法编译通过。事实上，无论类型参数之间是否存在联系，对应的泛型类之间都是不存在联系的。

12.10.4　类型擦除和泛型特性的联系

　　在 Java 中，很多泛型的奇怪特性都与这个类型擦除的存在有关。

　　❑　泛型类并没有自己独有的 Class 类对象。比如并不存在 List<String>.class 或是 List

<Integer>.class，而只有 List.class。

- ❑ 静态变量是被泛型类的所有实例共享的。对于声明为 MyClass<T>的类，访问其中的静态变量的方法仍然是 MyClass.myStaticVar。不管是通过 new MyClass<String>还是 new MyClass<Integer>创建的对象，都是共享一个静态变量。
- ❑ 泛型的类型参数不能用在 Java 异常处理的 catch 语句中。因为异常处理是由 JVM 在运行时进行的。由于类型信息被擦除，因此 JVM 是无法区分两个异常类型 MyException <String>和 MyException<Integer>的。对于 JVM 来说，它们都是 MyException 类型的。也就无法执行与异常对应的 catch 语句。

12.10.5　使用泛型应该遵循的原则和注意事项

在 Java 中，使用泛型的时候可以遵循如下基本的原则，从而避免一些常见的问题。

- ❑ 在代码中避免泛型类和原始类型的混用。比如 List<String>和 List 不应该共同使用，因为这样会产生一些编译器警告和潜在的运行时异常。当需要利用 JDK 5 之前开发的遗留代码，而不得不这么做时，也尽可能地隔离相关的代码。
- ❑ 在使用带通配符的泛型类的时候，需要明确通配符所代表的一组类型的概念。由于具体的类型是未知的，因此很多操作是不允许的。
- ❑ 泛型类最好不要同数组一块使用。你只能创建 new List<?>[10]这样的数组，而无法创建 new List<String>[10]这样的。这限制了数组的使用能力，而且会带来很多费解的问题。因此，当需要类似数组的功能的时候，使用集合类即可。
- ❑ 不要忽视编译器给出的警告信息。

第 13 章

异常处理

在编写 Java 应用程序过程中，发生异常是在所难免的。所谓异常，是指程序在运行时发生的错误或者不正常的情况。异常对程序员来说是一件很麻烦的事情，需要程序员进行检测和处理。但 Java 语言非常人性化，它可以自动检测异常，并对异常进行捕获，并且通过程序可以对异常进行处理。在本章将详细讲解 Java 处理异常的知识。

本章内容

▶▶ 什么是异常
▶▶ 异常处理方式
▶▶ 抛出异常
▶▶ 自定义异常
▶▶ 分析 Checked 异常和 Runtime 异常的
区别
▶▶ 异常处理的陋习
▶▶ 异常处理语句的规则

技术解惑

用嵌套异常处理是更合理的方法
区别 throws 关键字和 throw 关键字
异常类的继承关系
子类 Error 和 Exception

13.1 什么是异常

知识点讲解：光盘:视频\PPT 讲解（知识点）\第 13 章\什么是异常.mp4

在程序设计里，异常处理就是提前编写程序处理可能发生的意外，如聊天工具需要连接网络，首先就是检查网络，对网络的各个程序进行捕获，然后对各个情况编写程序。如果登录聊天系统后突然发现没有登录网络，异常可以向用户提示"网络有问题，请检查联网设备"之类的提示，这种提醒就是通过异常处理实现的。

13.1.1 认识异常

在编程过程中，首先应当尽可能去避免错误和异常发生，对于不可避免、不可预测的情况则再考虑异常发生时如何处理。Java 中的异常用对象来表示。Java 对异常的处理是按异常分类处理的，异常的各类很多，每种异常都对应一个类型（class），每个异常都对应一个异常（类的）对象。

那么究竟异常的对象从哪里来呢？异常主要有两个来源，一是 Java 运行时环境自动抛出系统生成的异常，而不管你是否愿意捕获和处理，它总要被抛出！比如除数为 0 的异常。二是程序员自己抛出的异常，这个异常可以是程序员自己定义的，也可以是 Java 语言中定义的，使用 throw 关键字抛出异常，这种异常常用来向调用者汇报异常的一些信息。

异常是针对方法来说的，抛出、声明抛出、捕获和处理异常都是在方法中进行的。

在 Java 应用程序中，异常处理通过 try、catch、throw、throws、finally 这 5 个关键字进行管理。基本过程是用 try 语句块包住要监视的语句，如果在 try 语句块内出现异常，则异常会被抛出，你的代码在 catch 语句块中可以捕获到这个异常并做处理；还有一部分系统生成的异常在 Java 运行时自动抛出。你也可以通过 throws 关键字在方法上声明该方法要抛出异常，然后在方法内部通过 throw 抛出异常对象。finally 语句块会在方法执行 return 之前执行，Java 处理异常的一般结构如下所示。

```
try
{
程序代码
}catch(异常类型1 异常的变量名1)
{
程序代码
}catch(异常类型2 异常的变量名2)
{
程序代码
}finally
{
程序代码
}
```

13.1.2 Java 的异常处理机制

我们在编写 Java 程序时，要尽量做到这个程序的健壮性。所谓程序的健壮性，就是指程序在多数情况下能够正常运行，返回预期的正确结果；如果偶尔遇到异常情况，程序也能采取周到的解决措施。而不健壮的程序则没有事先充分预计到可能出现的异常，或者没有提供强有力的异常解决措施，导致程序在运行时，经常莫名其妙地终止，或者返回错误的运行结果，而且难以检测出现异常的原因。

Java 虚拟机用方法调用栈（method invocation stack）来跟踪一系列的方法调用过程。该堆栈保存了每个调用方法的本地信息（比如方法的局部变量）。当一个新方法被调用时，Java 虚拟机把描述该方法的栈结构置入栈顶，位于栈顶的方法为正在执行的方法。图 13-1 描述了方法调用栈的结构，图中方法的调用顺序为：main()方法调用 methodB()方法，methodB()方法调用

methodA()方法。

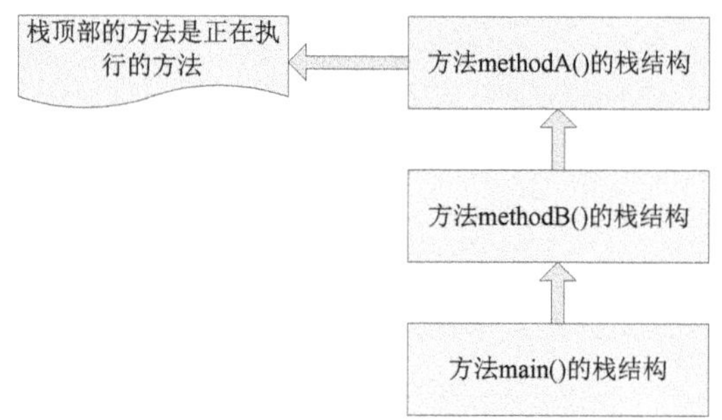

图 13-1　Java 虚拟机的方法调用栈

当方法 methodB()调用方法 methodA()时，如果方法中的代码块可能抛出异常，有如下两种处理办法。

（1）如果当前方法有能力自己解决异常，就在当前方法中通过 try-catch 语句捕获并处理异常，例如下面的代码。

```
public void methodA(int status){
    try{
//以下代码可能会抛出SpecialException
if(status==-1)
    throw new SpecialException("Monster");
    }catch(SpecialException e){
处理异常
    }
}
```

（2）如果当前方法没能力自己解决异常，就在方法的声明处通过 throws 语句声明抛出异常，例如下面的代码。

```
public void methodA(int status) throws SpecialException{
    //以下代码可能会抛出SpecialException
    if(status==-1)
throw new SpecialException("Monster");
    }
```

当一个方法正常执行完毕，Java 虚拟机会从调用栈中弹出该方法的栈结构，然后继续处理前一个方法。如果在执行方法的过程中抛出异常，Java 虚拟机必须找到能捕获该异常的 catch 代码块。它首先察看当前方法是否存在这样的 catch 代码块，如果存在，就执行该 catch 代码块；否则，Java 虚拟机会从调用栈中弹出该方法的栈结构，继续到前一个方法中查找合适的 catch 代码块。

例如，当方法 methodA()抛出 SpecialException 异常时，如果在该方法中提供了捕获 SpecialException 的 catch 代码块，就执行这个异常处理代码块。如果方法 methodA()未捕获该异常，而是采用第二种方式声明抛出 SpecialException，那么 Java 虚拟机的处理流程将退回到上层调用方法 methodB()，再查看方法 methodB()中有没有捕获 SpecialException。如果在方法 methodB()中存在捕获该异常的 catch 代码块，就执行这个 catch 代码块，此时定义 methodB()方法的代码如下所示。

```
public void methodB(int status){
    try{
methodA(status);
    }catch(SpecialException e){
处理异常
    }
}
```

由此可见，在回溯过程中，如果 Java 虚拟机在某个方法中找到了处理该异常的代码块，则该方法的栈结构将成为栈顶元素，程序流程将转到该方法的异常处理代码部分继续执行。

如果方法 methodB() 也没有捕获 SpecialException，而是声明抛出该异常，那么 Java 虚拟机的处理流程将退回到 main() 方法，此时定义方法 methodB() 的代码如下所示。

```
public void methodB(int status) throws SpecialException{
    methodA(status);
}
```

当 Java 虚拟机追溯到调用栈的最底部的方法，如果仍然没有找到处理该异常的代码块，将调用异常对象的 printStackTrace() 方法，打印来自方法调用栈的异常信息，随后终止整个应用程序。例如运行【演示代码 1】后会打印输出如下异常信息。

```
Exception in thread "main" SpecialException: Monster
    at Sample.methodA(Sample.java:4)
    at Sample.methodB(Sample.java:10)
    at Sample.main(Sample.java:15)
```

【演示代码 1】的具体代码如下所示。

```
public class Sample{
    public void methodA(int status)throws SpecialException{
if(status==-1)
    throw new SpecialException("Monster");
System.out.println("methodA");
    }

    public void methodB(int status)throws SpecialException{
methodA(status);
System.out.println("methodB");
    }
    public static void main(String args[])throws SpecialException{
new Sample().methodB(-1);
    }
}
```

在上述代码中，类 SpecialException 表示某一种异常，【演示代码 2】是它的源程序，【演示代码 2】的具体代码如下所示。

```
public class SpecialException extends Exception{
    public SpecialException(){}

    public SpecialException(String msg){
super(msg);
    }
}
```

13.1.3　Java 提供的异常处理类

在 Java 中有一个 lang 包，在此包里面有一个专门处理异常的类——Throwable，此类是所有异常的父类，每一个异常的类都是它的子类。其中 Error 和 Exception 这两个类十分重要，用得也较多，前者是用来定义那些通常情况下不希望被捕获的异常，而后者是程序能够捕获的异常情况。Java 中常用异常类的信息如表 13-1 所示。

表 13-1　　　　　　　　　　　　　　　　　Java 中的异常类

异常类名称	异常类含义
ArithmeticExeption	算术异常类
ArratIndexOutOfBoundsExeption	数组小标越界异常类
ArrayStroeException	将与数组类型不兼容的值赋值给数组元素时抛出的异常
ClassCastException	类型强制转换异常类
ClassNotFoundException	未找到相应大类异常
EOFEException	文件已结束异常类
FileNotFoundException	文件未找到异常类
IllegalAccessException	访问某类被拒绝时抛出的异常类
InstantiationException	试图通过 newInstance() 方法创建一个抽象类或抽象接口的实例时抛出异常类
IOEException	输入/输出抛出异常类

续表

异常类名称	异常类含义
NegativeArraySizeException	建立元素个数为负数的异常类
NullPointerException	空指针异常
NumberFormatException	字符串转换为数字异常类
NoSuchFieldException	字段未找到异常类
NoSuchMethodException	方法未找到异常类
SecurityException	小应用程序执行浏览器的安全设置禁止动作时抛出的异常类
SQLException	操作数据库异常类
StringIndexOutOfBoundsException	字符串索引超出范围异常类

13.2　异常处理方式

知识点讲解：光盘:视频\PPT 讲解（知识点）\第 13 章\异常处理方式.mp4

Java 的异常处理可以让程序具有更好的容错性，程序更加健壮。当程序运行出现意外情形时，系统会自动生成一个 Exception 对象来通知程序，从而实现"业务功能实现代码"和"错误处理代码"分离，提供更好的可读性。Java 中异常处理方式有 try/catch 捕获异常、throws 声明异常和 throw 抛出异常等，在出现异常后可以使用上述方式直接捕获并处理。

13.2.1　使用 try…catch 处理异常

在编写 Java 程序时，需要处理的异常一般是放在 try 代码块里，然后创建 catch 代码块。在 Java 语言中，用 try-catch 语句来捕获异常的格式如下所示。

```
try {
    可能会出现异常情况的代码
}catch (SQLException e) {
    处理操纵数据库出现的异常
}catch (IOException e) {
    处理操纵输入流和输出流出现的异常
}
```

对于以上代码，当程序操纵数据库出现异常时，Java 虚拟机将创建一个包含了异常信息的 SQLException 对象。catch (SQLException e)语句中的引用变量 e 引用这个 SQLException 对象。

实例 093　使用 try…catch 进行捕获并处理

源码路径　\daima\13\Yichang1.java　　　　视频路径　\视频\实例\第 13 章\093

实例文件 Yichang1.java 的主要代码如下所示。

```
public class Yichang1
{
    public static void main(String args[])
    {
        int x,y;
        try
        {
        x=0;
        y=5/x;
        System.out.println("需要检验的程序");
        }
        catch(ArithmeticException e)
        {
            System.out.println("发生了异常，分母不能为零");
        }
        System.out.println("程序运行结束");
    }
}
```

> 范例 185：类没有发现异常
> 源码路径：光盘\演练范例\185\
> 视频路径：光盘\演练范例\185\
> 范例 186：建立测试类进行任务调度
> 源码路径：光盘\演练范例\186\
> 视频路径：光盘\演练范例\186\

执行后的效果如图 13-2 所示。

在上面实例代码中存在了明显的错误，因为算术式子里有一个分母为零，我们都知道运算中的分母不能为零，这段代码需要放在 try 代码块里，然后通过 catch 里的代码对它进行处理，执行程序后会得到如图 13-2 所示的结果。上面这个代码是用户自己编写对它进行处理的，实际上这个代码可以交给系统对它进行处理。

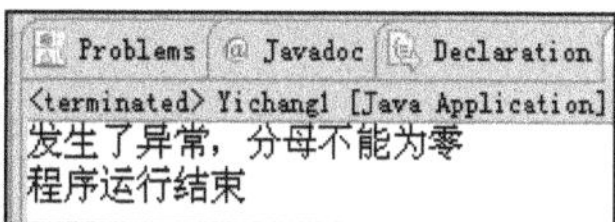

图 13-2　执行效果

13.2.2　处理多个异常

在 Java 程序中经常需要面对同时处理多个异常的情况，下面通过一个具体的实例代码讲解如何处理多个异常。

实例 094	处理多个异常
源码路径　\daima\13\Yitwo1.java	视频路径　\视频\实例\第 13 章\094

实例文件 Yitwo1.java 的具体实现代码如下所示。

```java
public class Yitwo1
{
    public static void main(String args[])
    {
        int [] a=new int[5];
        try
        {
            a[6]=123;
            System.out.println("需要检验的程序");
        }
        catch(ArrayIndexOutOfBoundsException e)
        {
            System.out.println("发生了ArrayIndexOutOfBoundsException异常");
        }
        catch(ArithmeticException e)
        {
            System.out.println("发生了ArithmeticException异常");
        }
        catch(Exception e)
        {
            System.out.println("发生了Exception异常");
        }
        System.out.println("结束");
    }
}
```

范例 187：非法访问异常
源码路径：光盘\演练范例\187\
视频路径：光盘\演练范例\187\
范例 188：文件未发现异常
源码路径：光盘\演练范例\188\
视频路径：光盘\演练范例\188\

在上述代码中定义了一个 int 类型的数组 a，我们猜测这个程序可能会发生 3 个异常，运行后会得到如图 13-3 所示的结果。

图 13-3　处理多个异常

13.2.3　将 finally 关键字使用在异常中

使用 try…catch 处理异常时可以加上关键字 finally，它可以增大处理异常的功能，它究竟有什么作用呢？不管程序有无异常发生都将执行 finally 语句块的内容，这使得一些不管在任何情况下都必须执行的步骤被执行，这样可保证程序的健壮性。

由于异常会强制中断正常流程，这会使得某些不管在任何情况下都必须执行的步骤被忽略，从而影响程序的健壮性。例如老管开了一家小店，在店里上班的正常流程为：每天 9 点开门营业，工作 8 个小时，下午 17 点关门下班。异常流程为：老管在工作时突然感到身体不适，于是提前下班。我们可以编写如下 work() 方法表示老管的上班动作。

```java
public void work()throws LeaveEarlyException {
    try{
9点开门营业
每天工作8个小时   //可能会抛出DiseaseException异常
下午17关门下班
    }catch(DiseaseException e){
throw new LeaveEarlyException();
    }
}
```

　　假如老管在工作时突然感到身体不适，于是提前下班，那么流程会跳转到 catch 代码块，这意味着关门的操作不会被执行，这样的流程显然是不安全的，必须确保关门的操作在任何情况下都会被执行。在程序中应该确保占用的资源被释放，比如及时关闭数据库连接，关闭输入流，或者关闭输出流。finally 代码块能保证特定的操作总是会被执行，其语法格式如下所示。

```java
public void work()throws LeaveEarlyException {
    try{
9点开门营业
每天工作8个小时   //可能会抛出DiseaseException异常
    }catch(DiseaseException e){
throw new LeaveEarlyException();
    }finally{
下午17点关门下班
    }
}
```

　　由此可见，在 Java 程序中，不管 try 代码块中是否出现异常，都会执行 finally 代码块。请看下面实例的具体演示代码。

<table><tr><td>实例 095</td><td>将 finally 关键字使用在异常中</td></tr></table>

源码路径	\daima\13\Yitwo2.java	视频路径	\视频\实例\第 13 章\095

　　实例文件 Yitwo2.java 的具体实现代码如下所示。

```java
public class Yitwo2 {
  public static void main(String args[])
  {
  try
  {
int age=Integer.parseInt("25L");//抛出异常
      System.out.println("输出1");
            }
  catch(NumberFormatException e)
            {
      int b=8/0;
System.out.println("请输入整数年龄");
System.out.println("错误"+e.getMessage());
            }
        finally {
        System.out.println("输出2");
    }
            System.out.println("输出3");
        }
}
```

> 范例 189：数据库操作异常
> 源码路径：光盘\演练范例\189\
> 视频路径：光盘\演练范例\189\
> 范例 190：在方法中抛出异常
> 源码路径：光盘\演练范例\190\
> 视频路径：光盘\演练范例\190\

　　执行后的效果如图 13-4 所示。

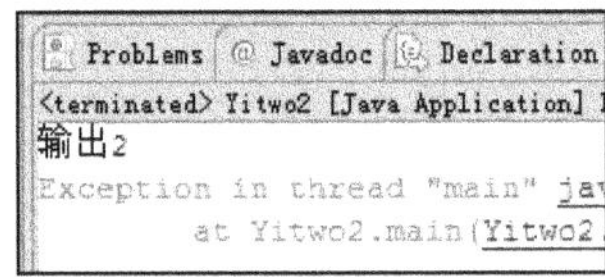

图 13-4　执行效果

　　再看下面的代码。

```java
public class WithFinally {
    public void methodA(int status)throws SpecialException{
if(status==-1) throw new SpecialException("Monster");
System.out.println("methodA");
```

```
    }
    public static void main(String args[]){
try{
    new WithFinally().methodA(-1);    //抛出SpecialException异常
    System.out.println("main");
}catch(SpecialException e){
    System.out.println("Kill Monster");
}finally{
    System.out.println("Finally");
}
    }
}
```

执行上述程序后输出：

```
Kill Monster
Finally
```

如果把方法 main()中的"methodA(−1)"改为"methodA(1)"后程序会正常运行，输出：

```
methodA
main
Finally
```

从程序的运行结果可以看出，不管方法 main()中的 try 代码块是否出现异常，后面的 finally 代码块总是被执行。

13.2.4 访问异常信息

如果 Java 应用程序要在 catch 块中访问异常对象的相关信息，则可以通过调用 catch 后异常形参的方法来获得。当 Java 运行时决定调用某个 catch 块来处理该异常对象时，会将该异常对象赋给 catch 块后的异常参数，程序就可以通过该参数来获得该异常的相关信息。

在所有的 Java 异常对象中都包含了如下常用方法。

- ❑ getMassage()：返回该异常的详细描述字符串。
- ❑ printStackTrace()：将该异常的跟踪栈信息输出到标准错误输出。
- ❑ printStackTrace (PrintStream s)：将该异常的跟踪栈信息输出到指定输出流。
- ❑ getStackTrace()：返回该异常的跟踪栈信息。

例如下面的实例代码演示了程序如何访问异常信息的流程。

实例 096	演示程序如何访问异常信息
源码路径 \daima\13\fangwen.java	视频路径 \视频\实例\第 13 章\096

实例文件 fangwen.java 的具体实现代码如下所示。

```
import java.io.*;
public class fangwen
{
    public static void main(String[] args)
    {
        try
        {
            FileInputStream fis = new FileInputStream("a.txt");
        }
        catch (IOException ioe)
        {
            System.out.println(ioe.getMessage());
            ioe.printStackTrace();
        }
    }
}
```

范例 191：方法上抛出异常
源码路径：光盘\演练范例\191\
视频路径：光盘\演练范例\191\
范例 192：自定义异常类
源码路径：光盘\演练范例\192\
视频路径：光盘\演练范例\192\

上述代码调用了 Exception 对象的 getMessage 方法来得到异常对象的详细信息，也使用了 printStackTrace 来打印该异常的跟踪信息。运行后的效果如图 13-5 所示。从执行结果可以看到异常的详细描述信息："a.txt（系统找不到指定的文件）"，这就是调用异常方法 getMessage 返回的字符串。

```
java.io.FileNotFoundException: a.txt (系统找不到指定的文件。)
        at java.io.FileInputStream.open(Native Method)
        at java.io.FileInputStream.<init>(FileInputStream.java:106)
        at java.io.FileInputStream.<init>(FileInputStream.java:66)
        at fangwen.main(fangwen.java:9)
a.txt (系统找不到指定的文件。)
```

图 13-5　执行效果

13.3　抛　出　异　常

知识点讲解：光盘:视频\PPT 讲解（知识点）\第 13 章\抛出异常.mp4

在很多时候程序对异常暂时不处理，只是将异常抛出去交给父类，让父类处理异常。在 Java 程序中抛出异常的这一做法在编程过程中经常用到，本节将带领大家一起学习 Java 程序抛出异常的基本知识。

13.3.1　使用 throws 抛出异常

抛出异常是指一个方法不处理这个异常，而是调用层次向上传递，谁调用这个方法，这个异常就由谁处理。在 Java 中可以使用 throws 来抛出异常，具体格式如下所示。

```
void methodName (int a) throws Exception
{
}
```

如果一个方法可能会出现异常，但没有能力处理这种异常，可以在方法声明处用 throws 子句来声明抛出异常，例如汽车在运行时可能会出现故障，汽车本身没办法处理这个故障，因此类 Car 的 run()方法声明抛出 CarWrongException。

```
public void run()throws CarWrongException{
if(车子无法刹车)throw new CarWrongException("车子无法刹车");
if(发动机无法启动)throw new CarWrongException("发动机无法启动");
}
```

类 Worker 的 gotoWork()方法调用以上 run()方法，gotoWork()方法捕获并处理 CarWrong Exception 异常，在异常处理过程中，又生成了新的迟到异常 LateException，gotoWork()方法本身不会再处理 LateExeption，而是声明抛出 LateExeption。

```
public void gotoWork()throws LateException{
   try{
car.run();
   }catch(CarWrongException e){   //处理车子出故障的异常
//找人修车子
……
//创建一个LateException对象, 并将其抛出
throw new LateException("因为车子出故障, 所以迟到了");
   }
}
```

谁会来处理类 Worker 的 gotoWork()方法抛出的 LateException 呢？显然是职工的老板，如果某职工上班迟到，那就扣他的工资。在一个方法可能会出现多种异常，使用 throws 子句可以声明抛出多个异常，例如下面的代码。

```
public void method() throws SQLException,IOException{...}
```

<table>
<tr><td>实例 097</td><td colspan="2">编写一个程序使用 throws 关键字将异常抛出</td></tr>
<tr><td></td><td>源码路径　\daima\13\YiThree1.java</td><td>视频路径　\视频\实例\第 13 章\097</td></tr>
</table>

实例文件 YiThree1.java 的具体代码如下所示。

```
public class YiThree1
  {
    public void methodName(int x) throws
      ArrayIndexOutOfBoundsException,ArithmeticException
      {
        System.out.println(x);
```

```
            if(x==0)
            {
                System.out.println("没有异常");
                return;
            }
            else if(x==1)
            {
                int [] a=new int[3];
                a[3]=5;
            }
            else if(x==2)
            {
                int i=0;
                int j=5/i;
            }
        }
        public static void main(String args[])
        {
            YiThree1 ab=new YiThree1();
            try
            {
                ab.methodName(0);
            }
            catch(Exception e)
            {
                System.out.println("异常:"+e);
            }
            try
            {
                ab.methodName(1);
            }
            catch(ArrayIndexOutOfBoundsException e)
            {
                System.out.println("异常:"+e);
            }
            try
            {
                ab.methodName(2);
            }
            catch(ArithmeticException e)
            {
                System.out.println("异常:"+e);
            }
        }
    }
```

> 范例 193：使用 throws 关键字抛出异常
> 源码路径：光盘\演练范例\193\
> 视频路径：光盘\演练范例\193\
> 范例 194：捕获单个异常
> 源码路径：光盘\演练范例\194\
> 视频路径：光盘\演练范例\194\

执行上述程序后会得到如图 13-6 所示的结果。

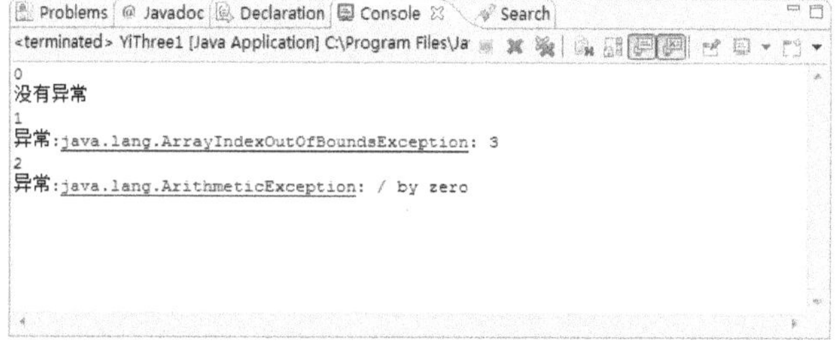

图 13-6　使用 throws 抛出异常

13.3.2　使用 throw 抛出异常

在 Java 中也可以使用关键字 throw 抛出异常，把它抛给上一级调用的异常，抛出的异常既可以是异常引用，也可以是异常对象。throw 语句用于抛出异常，例如以下代码表明汽车在运行时会出现故障。

```
public void run()throws CarWrongException{
    if(车子无法刹车)
throw new CarWrongException("车子无法刹车");
    if(发动机无法启动)
      throw new CarWrongException("发动机无法启动");
}
```

值得注意的是，由 throw 语句抛出的对象必须是 java.lang.Throwable 类或者其子类的实例。例如下面的代码是不合法的。

```
throw new String("有人溺水啦，救命啊!"); //编译错误，String类不是异常类型
```

关键字 throws 和 throw 尽管只有一个字母之差，却有着不同的用途，注意不要将两者混淆。

实例 098　使用 throw 抛出异常

源码路径　\daima\13\YiFour.java　　　　视频路径　\视频\实例\第 13 章\098

实例文件 YiFour.java 的主要代码如下所示。

```java
public class YiFour
{
    public static void main(String args[])
    {
        try
        {
            throw new ArrayIndexOutOfBoundsException();
        }
        catch(ArrayIndexOutOfBoundsException aoe){
            System.out.println("异常:"+aoe);
        }
        try
        {
            throw new ArithmeticException();
        }
        catch(ArithmeticException ae)
        {
            System.out.println("异常:"+ae);
        }
    }
}
```

> 范例 195：使用 throw 关键字处理异常
> 源码路径：光盘\演练范例\195\
> 视频路径：光盘\演练范例\195\
> 范例 196：捕获多个异常
> 源码路径：光盘\演练范例\196\
> 视频路径：光盘\演练范例\196\

执行后的效果如图 13-7 所示。

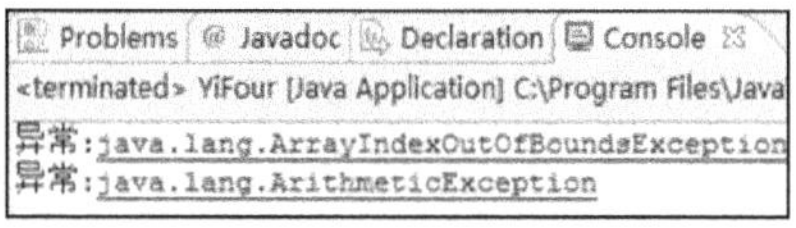

Problems @ Javadoc Declaration Console
<terminated> YiFour [Java Application] C:\Program Files\Java
异常:java.lang.ArrayIndexOutOfBoundsException
异常:java.lang.ArithmeticException

图 13-7　执行效果

13.4　自定义异常

知识点讲解：光盘:视频\PPT 讲解（知识点）\第 13 章\自定义异常.mp4

前面讲解的异常，都是系统自带，系统自己处理的，但是很多时候需要程序员自定义异常。在 Java 程序中要想创建自定义异常，需要继承类 Throwable 或者它的子类 Exception。自定义异常让系统把它看成一种异常来对待，由于自定义异常继承 Throwable 类，因此也继承了它里面的方法。

13.4.1　Throwable 类介绍

Throwable 是 java.lang 包中一个专门用来处理异常的类。它有两个子类，即 Error 和 Exception，它们分别用来处理两组异常。类 Error 和 Exception 的具体说明如下所示。

（1）Error：用来处理程序运行环境方面的异常，比如，虚拟机错误、装载错误和连接错误，这类异常主要是和硬件有关的，而不是由程序本身抛出的。

（2）Exception：是 Throwable 的一个主要子类。Exception 下面还有子类，其中一部分子类分别对应于 Java 程序运行时常常遇到的各种异常的处理，其中包括隐式异常。比如，程序中除数为 0 引起的错误、数组下标越界错误等，这类异常也称为运行时异常，因为它们虽然是由程序本身引起的异常，但不是程序主动抛出的，而是在程序运行中产生的。Exception 子类下面的另一部分子类

对应于 Java 程序中的非运行时异常的处理，这些异常也称为显式异常。它们都是在程序中用语句抛出、并且也是用语句进行捕获的，比如，文件没找到引起的异常、类没找到引起的异常等。

Throwable 类及其子类中主要包括如下方法。

- ArithmeticException：由于除数为 0 引起的异常。
- ArrayStoreException：由于数组存储空间不够引起的异常。
- ClassCastException：当把一个对象归为某个类，但实际上此对象并不是由这个类创建的，也不是其子类创建的，则会引起异常。
- IllegalMonitorStateException：监控器状态出错引起的异常。
- NegativeArraySizeException：数组长度是负数，则产生异常。
- NullPointerException：程序试图访问一个空的数组中的元素或访问空的对象中的方法或变量时产生异常。
- OutofMemoryException：用 new 语句创建对象时，如系统无法为其分配内存空间则产生异常。
- SecurityException：由于访问了不应访问的指针，使安全性出问题而引起异常。
- IndexOutOfBoundsExcention：由于数组下标越界或字符串访问越界引起异常。
- IOException：由于文件未找到、未打开或者 I/O 操作不能进行而引起异常。
- ClassNotFoundException：未找到指定名字的类或接口引起异常。
- CloneNotSupportedException：程序中的一个对象引用 Object 类的 clone 方法，但此对象并没有连接 Cloneable 接口，从而引起异常。
- InterruptedException：当一个线程处于等待状态时，另一个线程中断此线程，从而引起异常，有关线程的内容，将在本书后面的章节中进行详细讲述。
- NoSuchMethodException：所调用的方法未找到，引起异常。
- Illega1AccessException：试图访问一个非 public 方法。
- StringIndexOutOfBoundsException：访问字符串序号越界，引起异常。
- ArrayIdexOutOfBoundsException：访问数组元素下标越界，引起异常。
- NumberFormatException：字符的 UTF 代码数据格式有错引起异常。
- IllegalThreadException：线程调用某个方法而所处状态不适当，引起异常。
- FileNotFoundException：未找到指定文件引起异常。
- EOFException：未完成输入操作即遇文件结束引起异常。

Java 提供了丰富的异常类，这些异常类之间有严格的继承关系，例如在下面的实例代码中，演示了在 Java 中使用异常类的过程。

<table>
<tr><td>实例 099</td><td>在 Java 程序中使用异常类</td></tr>
<tr><td></td><td>源码路径　\daima\13\gaoji.java　　　　视频路径　\视频\实例\第 13 章\099</td></tr>
</table>

实例文件 gaoji.java 的主要代码如下所示。

```java
public class gaoji
{
    public static void main(String[] args)
    {
        try
        {
            int a = Integer.parseInt(args[0]);
            int b = Integer.parseInt(args[1]);
            int c = a / b;
            System.out.println("您输入的两个数相除的结果是:" + a / b);
        }
        catch (IndexOutOfBoundsException ie)
        {
```

范例 197：数组下标越界异常
源码路径：光盘\演练范例\197\
视频路径：光盘\演练范例\197\
范例 198：除零发生异常
源码路径：光盘\演练范例\198\
视频路径：光盘\演练范例\198\

```
            System.out.println("数组越界: 运行程序时输入的参数个数不够");
        }
        catch (NumberFormatException ne)
        {
            System.out.println("数字格式异常: 程序只能接受整数参数");
        }
        catch (ArithmeticException ae)
        {
            System.out.println("算术异常");
        }
        catch (Exception e)
        {
            e.printStackTrace();
            System.out.println("未知异常");
        }
    }
}
```

在上述代码中，针对 IndexOutOfBoundsException、NumberFormatException、ArithmeticException 类型的异常分别提供了专门的异常处理逻辑。可能存在如下几种 Java 运行时的异常处理逻辑。

- ❑ 如果运行该程序时输入的参数不够，将会发生数组越界异常，Java 运行时将使用 IndexOutOfBoundsException 对应的 catch 块处理该异常。
- ❑ 如果运行该程序输入的参数不是数字，而是字母，将发生数字格式异常，Java 运行时 将调用 NumberFormatException 对应的 catch 块处理该异常。
- ❑ 如果运行该程序输入的第二个参数是 0，将发生除 0 异常，Java 运行时将调用 ArithmeticException 对应的 catch 块处理该异常。
- ❑ 如果程序运行时出现其他异常，该异常对象总是 Exception 类或其子类的实例，Java 运行时将调用 Exception 对应的 catch 块处理该异常。

上述程序中的异常都是非常常见的运行时异常，读者应该记住这些异常，并掌握在哪些情况下可能出现这些异常。执行后的效果如图 13-8 所示。

数组越界: 运行程序时输入的参数个数不够

图 13-8　执行效果

13.4.2　使用 Throwable 类自定义异常

实例 100	编写自定义异常程序

源码路径　\daima\13\YiZone1.java、MyYi.java、MyyiT.java　　　视频路径　\视频\实例\第 13 章\100

在本实例中编写了几段程序，用自定义异常来解决异常问题。

第一段代码【光盘\daima\13\YiZone1.java】如下所示。

```
public class YiZone1 extends Exception
{
public YiZone1()
{
super();
}
public YiZone1(String msg)
{
super(msg);
}
public YiZone1(String msg, Throwable cause)
{
super(msg, cause);
}
public YiZone1(Throwable cause)
{
super(cause);
}
}
```

> 范例 199：深入理解自定义异常
> 源码路径：光盘\演练范例\199\
> 视频路径：光盘\演练范例\199\
> 范例 200：数组元素类型不匹配异常
> 源码路径：光盘\演练范例\200\
> 视频路径：光盘\演练范例\200\

第二段代码【光盘\daima\13\MyYi.java】如下所示。

```java
public class MyYi extends Throwable
{
public MyYi()
{
super();
}
public MyYi(String msg)
{
super(msg);
}
public MyYi(String msg, Throwable cause)
{
super(msg, cause);
}
public MyYi(Throwable cause)
{
super(cause);
}
}
```

第三段代码【光盘\daima\13\MyyiT.java】如下所示。

```java
public class MyyiT
{
public static void firstException() throws MyYi{
throw new MyYi("\"firstException()\" method occurs an exception!");
}

public static void secondException() throws MyYi{
throw new MyYi("\"secondException()\" method occurs an exception!");
}
public static void main(String[] args)
{
try {
    MyyiT.firstException();
    MyyiT.secondException();
} catch (MyYi e2){
System.out.println("Exception: " + e2.getMessage());
e2.printStackTrace();
}
}
}
```

执行上述程序后得到如图 13-9 所示的结果。

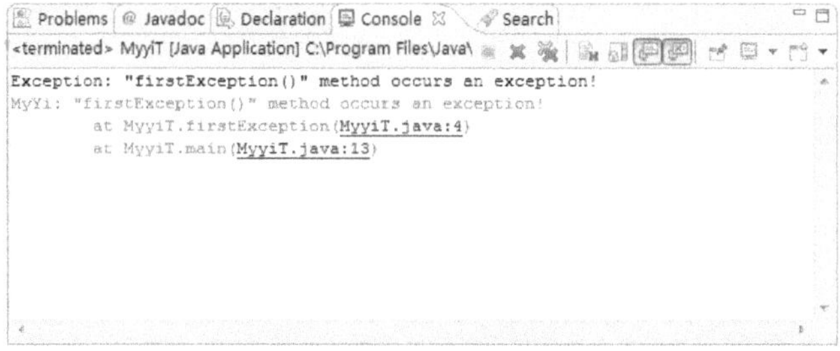

图 13-9　执行效果

13.5　分析 Checked 异常和 Runtime 异常的区别

知识点讲解：光盘:视频\PPT 讲解（知识点）\第 13 章\分析 Checked 异常和 Runtime 异常的区别.mp4

在 Java 中提供了两类主要的异常，分别是 Runtime exception 和 Checked exception。所有的 Checked exception 是从类 java.lang.Exception 中衍生出来的，而 Runtime exception 是从类 java.lang.RuntimeException 或类 java.lang.Error 中衍生出来的。本章前面讲解的用 throws 抛出异常机制就是基于 Checked 异常和 Runtime 异常理论实现的。Checked 异常和 Runtime 异常的不同之处表现在机制上和逻辑上这两方面。

13.5.1　机制上

Checked 异常和 Runtime 异常在机制上的不同表现在如下两点。

（1）如何定义方法。

（2）如何处理抛出的异常。

请看下面代码对 CheckedException 的定义。

```
public class CheckedException extends Exception
{
  public CheckedException() {}
  public CheckedException( String message )
{
super( message );
  }
}
```

下面是一个使用 exception 的例子。

```
public class ExceptionalClass

{
  public void method1()
throws CheckedException
{
 // ... throw new CheckedException("...出错了");
}
  public void method2(String arg)
{
 if( arg == null )
{
throw new NullPointerException("method2的参数arg是null! ");
  }
}
  public void method3() throws CheckedException
{
 method1();
  }
}
```

上述代码中的两个方法 method1() 和 method2() 都会抛出异常，可是只有 method1() 做了声明。另外，method3() 本身并不会抛出 exception，可是它却声明会抛出 CheckedException。在向你解释之前，让我们先来看看这个类的 main() 方法。

```
public static void main (String[] args)
{
  ExceptionalClass example = new ExceptionalClass();
  try
 {
example.method1();
example.method3();
  catch (CheckedException ex) { } example.method2(null);
}
```

在方法 main() 中，如果要调用 method1() 方法，我们必须把这个调用放在 try/catch 程序块当中，因为它会抛出 Checked exception。

相比之下，当我们调用 method2() 方法时，则不需要把它放在 try/catch 程序块当中，因为它会抛出的 exception 不是 Checked exception，而是 Runtime exception。会抛出 Runtime exception 的方法在定义时不必声明它会抛出 exception。接下来再来看看 method3()，它调用了 method1() 却没有把这个调用放在 try/catch 程序块当中。它是通过声明它会抛出 method1() 会抛出的 exception 来避免这样做的。它没有捕获这个 exception，而是把它传递下去。实际上方法 main() 也可以这样做，通过声明它会抛出 Checked exception 来避免使用 try/catch 程序块（当然我们反对这种做法）。

13.5.2　逻辑上

从逻辑的角度来说，Checked exceptions 和 Runtime exception 有不同的使用目的。其中 Checked exception 用来指示一种调用方能够直接处理的异常情况，而 Runtime exception 用来指示一种调用方本身无法处理或恢复的程序错误。

使用 checked exception 可以迫使我们捕获它并处理这种异常情况。以 java.net.URL 类的构建器(constructor)为例，其每一个构建器都会抛出 MalformedURLException。MalformedURL Exception 就是一种 checked exception。设想一下，你有一个简单的程序，用来提示用户输入一个 URL，然后通过这个 URL 去下载一个网页。如果用户输入的 URL 有错误，构建器就会抛出一个 exception。既然这个 exception 是 checked exception，你的程序就可以捕获它并正确处理：比如说提示用户重新输入。再看下面的代码。

```
public void method()
{
  int [] numbers = { 1, 2, 3 };
  int sum = numbers[0] numbers[3];
}
```

在运行方法 method()时会遇到 ArrayIndexOutOfBoundsException（因为数组 numbers 的成员是从 0 到 2）。对于这个异常，调用方无法处理/纠正。这个方法 method()和上面的 method2()一样，都是 runtime exception 的情形。上面已经提到，runtime exception 用来指示一种调用方本身无法处理/恢复的程序错误。而程序错误通常是无法在运行过程中处理的，必须改正程序代码。

总之在程序的运行过程中一个 checked exception 被抛出的时候，只有能够适当处理这个异常的调用方才应该用 try/catch 来捕获它。而对于 runtime exception 来说，则不应当在程序中捕获它。如果你要捕获它的话，就会冒这样一个风险：程序代码的错误（bug）被掩盖在运行当中无法被察觉。因为在程序测试过程中，系统打印出来的调用堆栈路径（StackTrace）往往能使你更快找到并修改代码中的错误。很多人建议捕获 runtime exception 并记录在 log 中，但是这样做会有一个坏处：我们必须通过浏览 log 来找出问题，而用来测试程序的测试系统（比如 Unit Test）却无法直接捕获问题并报告出来。

在程序中捕获 runtime exception 还会带来更多的问题，例如要捕获哪些 runtime exception?什么时候捕获?runtime exception 是不需要声明的，你怎样知道有没有 runtime exception 要捕获?你想看到在程序中每一次调用方法时，都使用 try/catch 程序块吗?

13.6　异常处理的陋习

知识点讲解：光盘:视频\PPT 讲解（知识点）\第 13 章\异常处理的陋习.mp4

本小节将通过一段代码讲解，让读者摆脱容易犯的错误，目的是让大家书写的 Java 代码更加规范，更具有健壮性。这段代码如下所示。

```
 1  OutputStreamWriter out = ...
 2  java.sql.Connection conn = ...
 3  try { // (5)
 4    Statement stat = conn.createStatement();
 5    ResultSet rs = stat.executeQuery(
 6      "select uid, name from user");
 7    while (rs.next())
 8    {
 9      out.println("ID:" + rs.getString("uid") // (6)
10", 姓名: " + rs.getString("name"));
11    }
12    conn.close(); // (3)
13    out.close();
14  }
15  catch(Exception ex) // (2)
16  {
17    ex.printStackTrace(); //(1), (4)
18  }
```

作为一个 Java 程序员，应该至少能够找出两个问题。如果不能找出全部的 6 个问题，则说明你在程序的书写上还有许多陋习。下面将详细讲解上述代码中存在的陋习。

13.6.1　丢弃异常

在上面的代码的第 15～18 行，这段代码捕获了异常却不作任何处理，如果你看到了这种丢弃（而不是抛出）异常的情况，可以百分之九十九地肯定代码存在问题（在极少数情况下，这段代码有存在的理由，但最好加上完整的注释，以免引起别人误解）。

这段代码的错误在于异常（几乎）总是意味着某些事情不对劲，或者说至少发生了某些不寻常的事情，我们不应该对程序发出的求救信号保持沉默和无动于衷。调用一下 printStackTrace 算不上"处理异常"。不错，调用 printStackTrace 对调试程序有帮助，但程序调试阶段结束之后，printStackTrace 就不应再在异常处理模块中担负主要责任了。

丢弃异常的情形非常普遍。打开 JDK 的 ThreadDeath 类的文档，可以看到下面这段说明，"特别地，虽然出现 ThreadDeath 是一种'正常的情形'，但 ThreadDeath 类是 Error 而不是 Exception 的子类，因为许多应用会捕获所有的 Exception 然后丢弃它不再理睬"。这段话的意思是，虽然 ThreadDeath 代表的是一种普通的问题，但鉴于许多应用会试图捕获所有异常然后不予以适当的处理，所以 JDK 把 ThreadDeath 定义成了 Error 的子类，因为 Error 类代表的是一般的应用不应该去捕获的严重问题。可见，丢弃异常这一坏习惯是如此常见，它甚至已经影响到了 Java 本身的设计。

那么，应该怎样改正呢？主要有 4 个选择，介绍如下。

- ❏ 处理异常：针对该异常采取一些行动，例如修正问题、提醒某个人或进行其他一些处理，要根据具体的情形确定应该采取的动作。再次说明，调用 printStackTrace 算不上已经"处理好了异常"。
- ❏ 重新抛出异常：处理异常的代码在分析异常之后，认为自己不能处理它，重新抛出异常也不失为一种选择。
- ❏ 把该异常转换成另一种异常：大多数情况下，这是指把一个低级的异常转换成应用级的异常（其含义更容易被用户了解的异常）。
- ❏ 不要捕获异常。

✳ 结论：既然捕获了异常，就要对它进行适当的处理。不要捕获异常之后又把它丢弃，不予理睬，这种处理异常的方法直接影响 Java 程序的健壮性。

13.6.2　不指定具体的异常

代码第 15 行虽然交代了异常，但是指定得不够具体。许多时候人们会被这样一种"美妙的"想法吸引：用一个 catch 语句捕获所有的异常。最常见的情形就是使用 catch (Exception ex)语句。但实际上，在绝大多数情况下，这种做法不值得提倡。这是为什么呢？

要理解其原因，必须回顾一下 catch 语句的用途。catch 语句表示我们预期会出现某种异常，而且希望能够处理该异常。异常类的作用就是告诉 Java 编译器我们想要处理的是哪一种异常。由于绝大多数异常都直接或间接从 java.lang.Exception 派生，catch (Exception ex)就相当于说我们想要处理几乎所有的异常，这是很不实际的一种做法。

再来看看前面的代码，真正想要捕获的异常是什么呢？最明显的一个是 SQLException，这是 JDBC 操作中常见的异常，另一个可能的异常是 IOException，因为它要操作 OutputStreamWriter。显然，在同一个 catch 块中处理这两种截然不同的异常是不合适的。如果用两个 catch 块分别捕获 SQLException 和 IOException 就要好多了。这就是说，catch 语句应当尽量指定具体的异常类型，而不应该指定涵盖范围太广的 Exception 类。

另一方面，除了这两个特定的异常，还有其他许多异常也可能出现。例如，如果由于某种原因，executeQuery 返回了 null，该怎么办？答案是让它们继续抛出，即不必捕获也不必处理。实际上，我们不能也不应该去捕获可能出现的所有异常，程序的其他地方还有捕获异常的机会，直至最后由 JVM 处理。

✳ 结论：在 catch 语句中应尽可能地指定具体的异常类型，必要时使用多个 catch。不要试图处理所有可能出现的异常。

13.6.3　占用资源不释放

读者仔细阅读代码的第 3～14 行，就有这种情况：占用资源不释放的情况。

异常改变了程序正常的执行流程。这个道理虽然简单，却常常被人们忽视。如果程序用到了文件、Socket、JDBC 连接之类的资源，即使遇到了异常，也要正确释放占用的资源。为此，Java 提供了一个简化这类操作的关键词 finally。

finally 是样好东西：不管是否出现了异常，finally 保证在 try/catch/finally 代码块结束之前，执行清理任务的代码总是有机会执行。遗憾的是有些人却不习惯使用 finally。

当然，编写 finally 代码块应当多加小心，特别是要注意在 finally 代码块之内抛出的异常，这是执行清理任务的最后机会，尽量不要再有难以处理的错误。

❀ 结论：保证所有资源都被正确释放。充分运用 finally 关键词。

13.6.4　不说明异常的详细信息

代码第 3～18 行，仔细观察这段代码：如果循环内部出现了异常，会发生什么事情？我们可以得到足够的信息判断循环内部出错的原因吗？不能。我们只能知道当前正在处理的类发生了某种错误，但却不能获得任何信息判断导致当前错误的原因。

printStackTrace 的堆栈跟踪功能显示出程序运行到当前类的执行流程，但只提供了一些最基本的信息，未能说明实际导致错误的原因，同时也不易解读。

因此，在出现异常时，最好能够提供一些文字信息，例如当前正在执行的类、方法和其他状态信息，包括以一种更适合阅读的方式整理和组织 printStackTrace 提供的信息。

❀ 结论：在异常处理模块中提供适量的错误原因信息，组织错误信息使其易于理解和阅读。

13.6.5　过于庞大的 try 块

代码第 3～14 行，经常可以看到有人把大量的代码放入单个 try 块，实际上这不是好习惯。这种现象之所以常见，原因就在于有些人图省事，不愿花时间分析一大块代码中哪几行代码会抛出异常、异常的具体类型是什么。把大量的语句装入单个巨大的 try 代码块类似出门旅游时把所有日常用品塞入一个大箱子，虽然东西是带上了，但要找出来可不容易。一些新手常常把大量的代码放入单个 try 块，然后再在 catch 语句中声明 Exception，而不是分离各个可能出现异常的段落并分别捕获其异常。这种做法为分析程序抛出异常的原因带来了困难，因为一大段代码中有太多的地方可能抛出 Exception。

❀ 结论：在异常的处理中，尽量减小 try 块的体积。

13.6.6　输出数据不完整

代码 7～11 行，不完整的数据是 Java 程序的隐形杀手。仔细观察这段代码，考虑一下如果循环的中间抛出了异常，会发生什么事情。循环的执行当然是要被打断的，其次，catch 代码块会执行。就这些，再也没有其他动作了。已经输出的数据怎么办？使用这些数据的人或设备将收到一份不完整的（因而也是错误的）数据，却得不到任何有关这份数据是否完整的提示。对于有些系统来说，数据不完整可能比系统停止运行带来更大的损失。较为理想的处置办法是向输出设备写一些信息，声明数据的不完整性；另一种可能有效的办法是，先缓冲要输出的数据，准备好全部数据之后再一次性输出。

根据上面的讨论，下面给出改写后的代码，让读者更清楚地认识异常处理的重要性和技巧性，它有了比较完备的异常处理机制，其代码如下。

```
OutputStreamWriter out = ...
java.sql.Connection conn = ...
try {
  Statement stat = conn.createStatement();
```

```
    ResultSet rs = stat.executeQuery(
      "select uid, name from user");
    while (rs.next()) {
      out.println("ID:" + rs.getString("uid") + ", 姓名: " + rs.getString("name"));
    } }
  catch(SQLException sqlex){
    out.println("警告: 数据不完整");
    throw new ApplicationException("读取数据时出现SQL错误", sqlex);
  }
  catch(IOException ioex)
    {
    throw new ApplicationException("写入数据时出现IO错误", ioex);
  }
  finally
  {
   if (conn != null) {
     try {
       conn.close();
     }
     catch(SQLException sqlex2) {
       System.err(this.getClass().getName() + ".mymethod - 不能关闭数据库连接: " + sqlex2.toString());
     }
   }
   if (out != null) {
     try {
       out.close();
     }
     catch(IOException ioex2) {
       System.err(this.getClass().getName() + ".mymethod - 不能关闭输出文件" + ioex2.toString());
     }
   } } }
```

请不要小看这些错误，想想自己是否彻底摆脱了这些坏习惯。即使最有经验的程序员偶尔也会误入歧途，原因很简单，因为它们确确实实带来了"方便"。所有这些反例都可以看作 Java 编程世界的"恶魔"。也许有人会认为这些都属于小事，但请记住：勿以恶小而为之，勿以善小而不为。

13.7　异常处理语句的规则

知识点讲解: 光盘:视频\PPT 讲解（知识点）\第 13 章\异常处理语句的规则.mp4

异常处理语句主要涉及到 try、catch、finally、throw 和 throws 关键字，要正确使用它们，就必须遵守必要的语法规则。

（1）try 代码块不能脱离 catch 代码块或 finally 代码块而单独存在。try 代码块后面至少有一个 catch 代码块或 finally 代码块。以下代码会导致编译错误。

```
public static void main(String args[])throws SpecialException{
  try{
    new Sample().methodA(-1);
    System.out.println("main");
  } //编译错误，不允许出现孤立的try代码块

  System.out.println("Finally");
}
```

（2）try 代码块后面可以有零个或多个 catch 代码块，还可以有零个或至多一个 finally 代码块。

（3）try 代码块后面可以只跟 finally 代码块，例如：

```
public static void main(String args[])throws SpecialException{
  try{
    new Sample().methodA(-1);
    System.out.println("main");
  }finally{
    System.out.println("Finally");
  }
}
```

（4）当 try 代码块后面有多个 catch 代码块，Java 虚拟机会把实际抛出的异常对象依次和各个 catch 代码块声明的异常类型匹配，如果异常对象为某个异常类型或其子类的实例，就执行这个 catch 代码块，不会再执行其他的 catch 代码块。在以下代码中，code1 语句抛出 FileNotFound

Exception 异常，FileNotFoundException 类是 IOException 类的子类，而 IOException 类是 Exception 的子类。Java 虚拟机先把 FileNotFoundException 对象与 IOException 类匹配，因此，当出现 FileNotFoundException 时，程序的打印结果为"IOException"。

```
try{
    code1;    //可能抛出FileNotFoundException
}catch(SQLException e){
    System.out.println("SQLException");
}catch(IOException e){
    System.out.println("IOException");
}catch(Exception e){
    System.out.println("Exception");
}
```

在以下程序中，如果出现 FileNotFoundException，打印结果为"Exception"，因为 FileNotFoundException 对象与 Exception 类匹配。

```
try{
code1;    //可能抛出FileNotFoundException
}catch(SQLException e){
System.out.println("SQLException");
}catch(Exception e){
System.out.println("Exception");
```

（5）如果一个方法可能出现受检查异常，要么用 try-catch 语句捕获，要么用 throws 子句声明将它抛出，否则会导致编译错误。例如下面的方法 method1()声明抛出 IOException，它是受检查异常，其他方法调用 method1()方法。

```
void method1() throws IOException{}    //合法

//编译错误, 必须捕获或声明抛出IOException
void method2(){
    method1();
}

//合法,声明抛出IOException
void method3()throws IOException {
    method1();
}

//合法, 声明抛出Exception, IOException是Exception的子类
void method4()throws Exception {
    method1();
}

//合法, 捕获IOException
void method5(){
 try{
    method1();
 }catch(IOException e){...}
}

//编译错误, 必须捕获或声明抛出Exception
void method6(){
    try{
    method1();
    }catch(IOException e){throw new Exception();}
}

//合法, 声明抛出Exception
void method7()throws Exception{
 try{
    method1();
 }catch(IOException e){throw new Exception();}
}
```

判断一个方法可能会出现异常的依据是方法中是否有 throw 语句。例如，上面的方法 method7()中的 catch 代码块有 throw 语句。如果调用了其他方法，其他方法用 throws 子句声明抛出某种异常。例如，method3()方法调用了 method1()方法，method1()方法声明抛出 IOException，因此，在 method3()方法中可能会出现 IOException。

13.8　技 术 解 惑

13.8.1　用嵌套异常处理是更合理的方法

在 Java 程序中，可以在 finally 块中再次包含一个完整的异常处理流程。这种在 try 块、catch 块或 finally 块中包含完整的异常处理流程的情形被称为异常处理的嵌套。

异常处理流程代码可以放在任何能放可执行代码的地方，因此完整的异常处理流程既可放在 try 块里，也可放在 catch 块里，也可放在 finally 块里。异常处理嵌套的深度没有很明确的限制，但通常没有必要使用超过两层的嵌套异常处理，层次太深的嵌套异常处理没有太大必要，而且降低程序可读性。

13.8.2　区别 throws 关键字和 throw 关键字

在抛出异常处理时，Java 提供了两种方法，通过 throws 关键字和 throw 关键字处理。其中 throw 语句用在方法体内，表示抛出异常，由方法体内的语句处理，不能单独使用，要么和 try…catch 一起使用，要么和 throws 一起使用。throws 语句用在方法声明后面，表示这个方法可能会抛出异常，表示的是一种倾向、可能，但不一定实际发生。

13.8.3　异常类的继承关系

当 Java 运行环境接收到异常对象时，每个 catch 块都是专门用于处理该异常类及其子类的异常实例。当 Java 运行时环境接收到异常对象后，会依次判断该异常对象是否是 catch 块后异常类或其子类的实例，如果是，Java 运行时环境将调用该 catch 块来处理该异常，否则将再次拿该异常对象和下一个 catch 块里的异常类进行比较。

当程序进入负责异常处理的 catch 块时，系统生成的异常对象 ex 将会传给 catch 块后的异常形参，从而允许 catch 块通过该对象来获得异常的详细信息。在一个 try 块后可以有多个 catch 块，在 try 块后可以使用多个 catch 块是为了针对不同异常类提供不同的异常处理方式。当系统发生不同的意外情况时，系统会生成不同的异常对象，Java 运行时就会根据该异常对象所属的异常类来决定使用哪个 catch 块来处理该异常。

通过在 try 块后提供多个 catch 块可以无须在异常处理块中使用 if、switch 判断异常类型，但依然可以针对不同异常类型提供相应的处理逻辑，从而提供更细致，更有条理的异常处理逻辑。通常情况下，如果 try 块被执行一次，则 try 块后只有一个 catch 块会被执行，绝不可能有多个 catch 块被执行。除非在循环中使用了 continue 开始下一次循环，下一次循环又重新运行了 try 块，这才可能导致多个 catch 块被执行。

try 块与 if 语句不一样，try 块后的花括号"{…}"不可以省略，即使 try 块里只有一行代码，也不可以省略这个花括号。同样道理，也不能省略 catch 块后的花括号"{…}"。而且 try 块里声明的变量是代码块内的局部变量，它只在 try 块内有效，catch 块中不能访问该变量。

13.8.4　子类 Error 和 Exception

类 Throwable 有两个直接子类：Error 和 Exception。Error 类对象（如动态连接错误等），由 Java 虚拟机生成并抛弃（通常，Java 程序不对这类例外进行处理）；Exception 类对象是 Java 程序处理或抛弃的对象。其中类 RuntimeException 代表运行时由 Java 虚拟机生成的例外，如算术运算例外 ArithmeticException(由除 0 错等导致)、数组越界例外 ArrayIndexOutOfBoundsException 等；其他则为非运行时例外，如输入输出例外 IOException 等。Java 编译器要求 Java 程序必须捕捉或声明所有的非运行时例外，但对运行时例外可以不做处理。

第 14 章

I/O 与文件处理

通过编写 Java 程序可以处理计算机中的文件，这些功能是通过 Java 为我们提供的 I/O 体系实现的，通过 I/O 可以快速帮助用户提高数据的处理能力，在本章将详细讲解通过 I/O 流对硬盘数据进行读写的方法，实现长期保存数据的要求。

本章内容

- ▶▶ Java I/O 简介
- ▶▶ File 类
- ▶▶ RandomAccessFile 类
- ▶▶ 字节流与字符流
- ▶▶ 字节转换流
- ▶▶ 内存操作流
- ▶▶ 管道流
- ▶▶ 打印流
- ▶▶ System 类
- ▶▶ BufferedReader 类
- ▶▶ Scanner 类
- ▶▶ 数据操作流
- ▶▶ 合并流
- ▶▶ 压缩流
- ▶▶ 回退流
- ▶▶ 字符编码
- ▶▶ 对象序列化
- ▶▶ 新增的 I/O

技术解惑

使用 File.separator 表示分隔符

综合演练创建和删除文件的操作

File 类的复杂用法

字节流和字符流的区别

System.err 和 System.out 选择

使用 I/O 实现一个简单的菜单效果

对象序列化和对象反序列化操作时的版本兼容性问题

不能让所有的类都实现 Serializble 接口

14.1　Java I/O 简介

知识点讲解：光盘:视频\PPT 讲解（知识点）\第 14 章\Java I/O 简介.mp4

不管是什么语言，都离不开对硬盘数据的处理，Java 自然不能例外。什么是 I/O 呢？I/O 就是数据输入输出数据流，也称作数据流。I/O 说简单点就是数据流的输入输出方式，输入模式是由程序创建某个信息后来源的数据流，并打开该数据流获取指定信息的数据，这些数据源都是文件、网络、压缩包或者其他的数据，如图 14-1 所示。

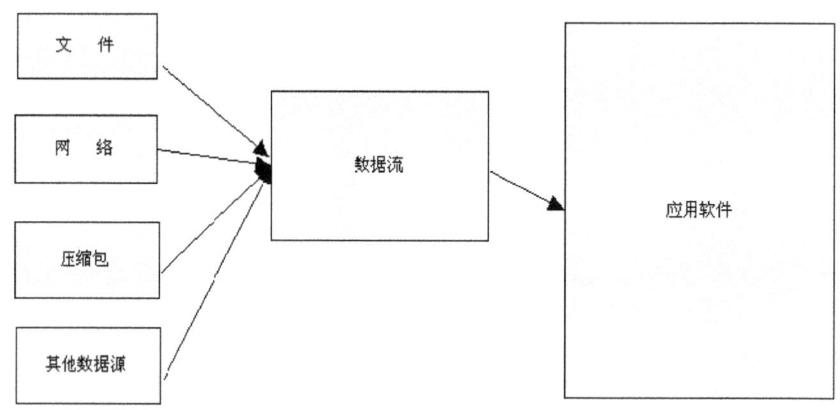

图 14-1　输入模式

输出模式与输入模式恰好相反，输出模式是由程序创建某个输出对象的数据流，并打开数据对象，将数据写入数据流。Java I/O 操作主要指的是使用 Java 进行输入、输出操作，Java 中的所有操作类都存放在 java.io 包中，在使用时需要导入此包。

在整个 java.io 包中最重要的就是 5 个类和 1 个接口，这 5 个类分别是 File、OutputStream、InputStream、Writer 和 Reader，1 个接口是 Serializable。掌握了这些 I/O 操作的核心就可以掌握 Java 操作文件的核心方法。

14.2　File 类

知识点讲解：光盘:视频\PPT 讲解（知识点）\第 14 章\File 类.mp4

在整个 I/O 包中，唯一与文件本身有关的类就是 File。使用 File 类可以实现创建或删除文件等常用的操作。要使用 File 类，需要首先观察 File 类的构造方法，此类的常用构造方法如下所示。

```
public File(String pathname)
```

在实例化 File 类时必须设置好路径。如果要使用一个 File 类，则必须向 File 类的构造方法中传递一个文件路径，假如要操作 E 盘下的文件 test.txt，则路径必须写成“E:\\test.txt”，其中“\\”表示一个“\”。要操作文件，还需要使用 File 类中定义的若干方法。

14.2.1　File 类中的方法

File 类中的主要方法如表 14-1 所示。

表 14-1　　　　　　　　　　　　　　　File 类中的主要方法和常量

方法/常量	类型	描　　述
public static final String pathSeparator	常量	表示路径的分隔符，Windows 是 ";"
public static final String separator	常量	表示路径的分隔符，Windows 是 "\"
public File(String pathname)	构造	创建 File 类对象，传入完整路径
public boolean createNewFile() throws IOException	普通	创建新文件
public boolean delete()	普通	删除文件
public boolean exists()	普通	判断文件是否存在
public boolean isDirectory()	普通	判断给定的路径是否是一个目录
public long length()	普通	返回文件的大小
public String[] list()	普通	列出指定目录的全部内容，只是列出了名称
public File[] listFiles()	普通	列出指定目录的全部内容，会列出路径
public boolean mkdir()	普通	创建一个目录
public boolean renameTo(File dest)	普通	为已有的文件重新命名

14.2.2　使用 File 类操作文件

（1）创建文件。

当 File 类的对象实例化完成之后，可以使用 createNewFile 创建一个新文件，但是此方法使用了 throws 关键字，所以在使用中，必须使用 try…catch 进行异常的处理。例如，现在要在 D 盘上创建一个 test.txt 的文件，可以通过如下代码【光盘\daima\14\FileT1.java】实现。

```java
import java.io.File ;
import java.io.IOException ;
public class FileT1{
    public static void main(String args[]){
        File f = new File("d:\\test.txt") ;   // 实例化File类的对象
        try{
            f.createNewFile() ;                // 创建文件, 根据给定的路径创建
        }catch(IOException e){
            e.printStackTrace() ;              // 输出异常信息
        }
    }
};
```

运行上述代码后可以发现在 D 盘中已经创建了一个名为"test.txt"的文件。如果在不同的操作系统中，则路径的分隔符表示是不一样的，例如 Windows 中使用反斜线表示目录的分隔符 "\"，而在 Linux 中使用正斜线表示目录的分隔符 "/"。

既然 Java 程序本身具有可移植性的特点，则在编写路径时最好可以根据程序所在的操作系统自动使用符合本地操作系统要求的分隔符，这样才能达到可移植的目的。要实现这样的功能，就需要观察 File 类中提供的两个常量。下面的代码【光盘\daima\14\FileT2.java】演示了 File 类中的两个常量。

```java
import java.io.File ;
import java.io.IOException ;
public class FileT2{
    public static void main(String args[]){
        System.out.println("pathSeparator:" + File.pathSeparator) ;   // 调用静态常量
        System.out.println("separator:" + File.separator) ;           // 调用静态常量
    }
};
```

运行上述代码后的效果如图 14-2 所示。

由此可见，对于之前创建文件的操作来说，最好使用上面的常量来表示路径。我们可以对上述代码进行如下修改【光盘\daima\14\FileT3.java】。

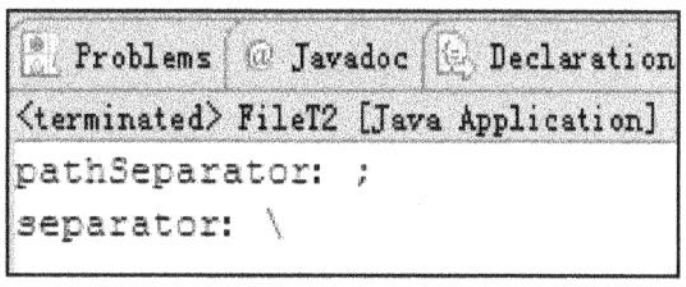

图 14-2　执行效果

```java
import java.io.File ;
import java.io.IOException ;
public class FileT3{
    public static void main(String args[]){
        File f = new File("d:"+File.separator+"test.txt") ;// 实例化File类的对象
        try{
            f.createNewFile() ;        // 创建文件，根据给定的路径创建
        }catch(IOException e){
            e.printStackTrace() ;      // 输出异常信息
        }
    }
};
```

上述代码的运行结果与前面的程序一样，即也会在 D 盘中创建了一个名为"test.txt"的文件，但此时的程序可以在任意操作系统中使用。

（2）删除文件。

Java 的 File 类中也支持删除文件的操作，如果要删除一个文件，可以使用 File 类中的 delete() 方法实现。

实例 101	使用 File 类删除文件

源码路径　\daima\14\FileT4.java　　　　　视频路径　\视频\实例\第 14 章\101

实例文件 FileT4.java 的主要代码如下所示。

```java
import java.io.File ;
import java.io.IOException ;
public class FileT4{
    public static void main(String args[]){
// 实例化File类的对象
        File f = new File("d:"+File.separator+"test.txt") ;
        f.delete() ;   // 删除文件
    }
};
```

范例 201：在删除文件时增加判断

源码路径：光盘\演练范例\201\

视频路径：光盘\演练范例\201\

范例 202：修改文件的属性

源码路径：光盘\演练范例\202\

视频路径：光盘\演练范例\202\

执行后会删除文件"D:\test.txt"。在上面的实例代码中，虽然能够成功删除文件，但是也会存在一个问题——在删除文件前应该保证文件存在，所以以上程序在使用时最好先判断文件是否存在，如果存在，则执行删除操作。判断一个文件是否存在可以直接使用 File 类提供的 exists() 方法，此方法返回 boolean 类型。

（3）创建文件夹。

除了可以创建文件外，在 Java 中也可以使用 File 类创建一个指定文件夹，此功能可以使用方法 mkdir() 完成。例如下面的代码【光盘\daima\14\FileT7.java】。

```java
import java.io.File ;
import java.io.IOException ;
public class FileT7{
    public static void main(String args[]){
        File f = new File("d:"+File.separator+"www") ;        // 实例化File类的对象
        f.mkdir() ;   // 创建文件夹
    }
};
```

上述代码运行后，会在 D 盘创建一个名为"www"的文件夹。

（4）列出目录中的全部文件。

假设给出了一个具体的目录，通过 File 类可以直接列出这个目录中的所有内容。在 File 类中定义了如下两个方法可以列出文件夹中的内容。

- ❑ public String[] list()：列出全部名称，返回一个字符串数组。
- ❑ public File[] listFiles()：列出完整的路径，返回一个 File 对象数组。

实例 102	使用 list()方法列出一个目录中的全部内容

源码路径　\daima\14\FileT8.java　　　　　视频路径　\视频\实例\第 14 章\102

实例文件 FileT8.java 的主要代码如下所示。

```
import java.io.File ;
import java.io.IOException ;
public class FileT8{
    public static void main(String args[]){
// 实例化File类的对象
        File f = new File("d:"+File.separator) ;
// 列出给定目录中的内容
        String str[] = f.list() ;
        for(int i=0;i<str.length;i++){
            System.out.println(str[i]) ;
        }
    }
};
```

> 范例 203：列出目录中全部文件的完整路径
> 源码路径：光盘\演练范例\203\
> 视频路径：光盘\演练范例\203\
> 范例 204：显示指定类型的文件
> 源码路径：光盘\演练范例\204\
> 视频路径：光盘\演练范例\204\

执行后会显示 D 盘目录中的内容，如图 14-3 所示。

（5）判断一个给定的路径是否是目录。

在 Java 编程应用中，可以直接使用 File 类中的方法 isDirectory()判断某指定的路径是否是一个目录。例如下面的演示代码【光盘\daima\14\FileT10.java】。

```
import java.io.File ;
import java.io.IOException ;
public class FileT10{
    public static void main(String args[]){
        File f = new File("d:"+File.separator) ;          // 实例化File类的对象
        if(f.isDirectory()){    // 判断是否是目录
            System.out.println(f.getPath() + "路径是目录。") ;
        }else{
            System.out.println(f.getPath() + "路径不是目录。") ;
        }
    }
};
```

执行后的效果如图 14-4 所示。

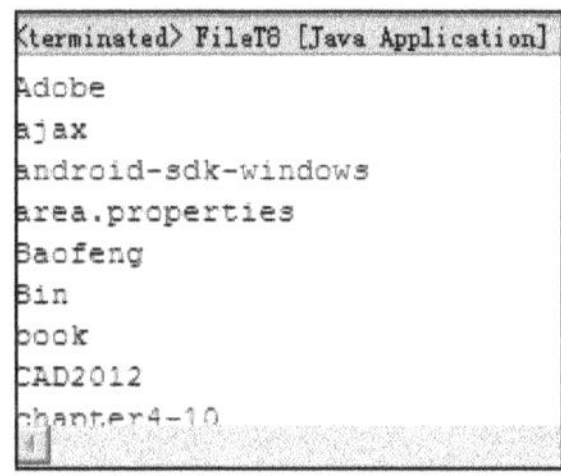

图 14-3　执行效果

图 14-4　执行效果

14.3　RandomAccessFile 类

知识点讲解：光盘:视频\PPT 讲解（知识点）\第 14 章\RandomAccessFile 类.mp4

类 File 只是针对文件本身进行操作的，在 Java 中如果要对文件内容进行操作，可以使用类 RandomAccessFile 实现。类 RandomAccessFile 属于随机读取类，可以随机地读取一个文件中指定位置的数据，假设在文件中保存了以下 3 个数据。

aaaaaaaa，30

bbbb，31

cccccc，32

此时如果使用类 RandomAccessFile 来读取"bbb"信息时，就可以将"aaa"的信息跳过，相当于在文件中设置了一个指针，根据此指针的位置进行读取。但是如果想实现这样的功能，则每个数据的长度应该保持一致，所以在设置姓名时应统一设置为 8 位，数字为 4 位。要实现上述功能，则必须使用 RandomAccessFile 中的几种设置模式，然后在构造方法中传递此模式。

14.3.1　RandomAccessFile 类的常用方法

类 RandomAccessFile 中的常用方法如表 14-2 所示。

表 **14-2**　　　　　　　　**RandomAccessFile** 类的常用操作方法

方　　法	类型	描　　述
public RandomAccessFile (File file,String mode) throws FileNotFoundException	构造	接收 File 类的对象，指定操作路径，但是在设置时需要设置模式，r 为只读；w 为只写；rw 为读写
public RandomAccessFile(String name,String mode) throws FileNotFoundException	构造	不再使用 File 类对象表示文件，而是直接输入了一个固定的文件路径
public void close() throws IOException	普通	关闭操作
public int read(byte[] b) throws IOException	普通	将内容读取到一个 byte 数组中
public final byte readByte() throws IOException	普通	读取一个字节
public final int readInt() throws IOException	普通	从文件中读取整型数据
public void seek(long pos) throws IOException	普通	设置读指针的位置
public final void writeBytes (String s) throws IOException	普通	将一个字符串写入到文件中，按字节的方式处理
public final void writeInt(int v) throws IOException	普通	将一个 int 型数据写入文件，长度为 4 位
public int skipBytes(int n) throws IOException	普通	指针跳过多少个字节

当使用 rw 方式声明 RandomAccessFile 对象时，如果要写入的文件不存在，系统会自动创建。

14.3.2　使用 RandomAccessFile 类

实例 103　使用 RandomAccessFile 类写入数据

源码路径　\daima\14\RandomAccessT1.java　　　　视频路径　\视频\实例\第 14 章\103

实例文件 RandomAccessT1.java 的主要代码如下所示。

```java
import java.io.File ;
import java.io.RandomAccessFile ;
public class RandomAccessT1{
    // 所有的异常直接抛出，程序中不再进行处理
    public static void main(String args[]) throws Exception{
// 指定要操作的文件
        File f = new File("d:" + File.separator + "test.txt") ;
// 声明RandomAccessFile类的对象
        RandomAccessFile rdf = null ;
// 读写模式, 如果文件不存在, 会自动创建
        rdf = new RandomAccessFile(f,"rw") ;
        String name = null ;
        int age = 0 ;
        name = "aaaaaaaa" ;        // 字符串长度为8
        age = 30 ;                 // 数字的长度为4
        rdf.writeBytes(name) ;     // 将姓名写入文件之中
        rdf.writeInt(age) ;        //将年龄写入文件之中
        name = "bbbb    " ;        //字符串长度为8
        age = 31 ;                 //数字的长度为4
        rdf.writeBytes(name) ;     // 将姓名写入文件之中
rdf.writeInt(age) ;                //将年龄写入文件之中
        name = "ccccc   " ;        // 字符串长度为8
age = 32 ;                         // 数字的长度为4
        rdf.writeBytes(name) ;     //将姓名写入文件之中
        rdf.writeInt(age) ;        //将年龄写入文件之中
        rdf.close() ;             // 关闭
    }
};
```

范例 205：使用 RandomAccessFile 读取数据
源码路径：光盘\演练范例\205\
视频路径：光盘\演练范例\205\
范例 206：以树结构显示文件的路径
源码路径：光盘\演练范例\206\
视频路径：光盘\演练范例\206\

执行后会在文件"D\test"中写入数据"aaaaaaaa""bbbb"和"ccccc"，如图 14-5 所示。

在上述实例代码中，为了保证可以进行随机读取，所以写入的名字都是 8 个字节，写入的数字是固定的 4 个字节。

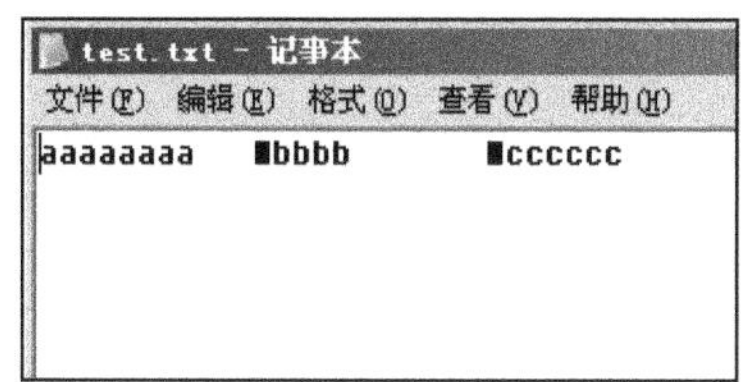

图 14-5　执行效果

14.4　字节流与字符流

知识点讲解：光盘:视频\PPT 讲解（知识点）\第 14 章\字节流与字符流.mp4

在程序中所有的数据都是以流的方式进行传输或保存的，程序需要数据时要使用输入流读取数据，而当程序需要将一些数据保存起来时，就要使用输出流。在本节的内容中，将详细讲解 Java 处理字节流字符流的基本知识。

14.4.1　节流类和字符流类

在 java.io 包中的流操作主要有两大类，分别是字节流类和字符流类，这两个类都有输入和输出操作。

- 字节流：在字节流中输出数据主要使用 OutputStream 类完成，输入使用的是 InputStream 类。字节流主要操作 byte 类型数据，以 byte 数组为准，主要操作类是 OutputStream 类和 InputStream 类。
- 字符流：在字符流中输出主要是使用 Writer 类完成，输入主要是使用 Reader 类完成。在程序中一个字符等于两个字节，那么 Java 提供了 Reader 和 Writer 两个专门操作字符流的类。

在 Java 中 I/O 操作也是有相应步骤的，以文件的操作为例，主要的操作流程如下所示。

（1）使用类 File 打开一个文件。

（2）通过字节流或字符流的子类指定输出的位置。

（3）进行读/写操作。

（4）关闭输入/输出。

14.4.2　使用字节流

（1）字节输出流 OutputStream。

类 OutputStream 是整个 I/O 包中字节输出流的最大父类，定义此类的格式如下所示。

```
public abstract class OutputStream
extends Object
implements Closeable, Flushable
```

从以上定义中可以发现，类 OutputStream 是一个抽象类，如果要使用此类，首先必须通过子类实例化对象。如果现在要操作的是一个文件，则可以使用 FileOutputStream 类，通过向上转型后可以实例化 OutputStream。类 OutputStream 中的主要操作方法如表 14-3 所示。

表 **14-3**　　　　　　　　　　　　**类 OutputStream 的常用方法**

方　　法	类型	描　　述
public void close() throws IOException	普通	关闭输出流
public void flush() throws IOException	普通	刷新缓冲区
public void write(byte[] b) throws IOException	普通	将一个 byte 数组写入数据流
public void write(byte[] b,int off,int len) throws IOException	普通	将一个指定范围的 byte 数组写入数据流
public abstract void write(int b) throws IOException	普通	将一个字节数据写入数据流

FileOutputStream 子类的构造方法如下所示。

```
public FileOutputStream(File file) throws FileNotFoundException
```

它操作时必须接收 File 类的实例，并指明要输出的文件路径。在定义 OutputStream 类中可以发现此类实现了 Closeable 和 Flushable 两个接口，其中定义 Closeable 接口的格式如下所示。

```
public interface Closeable{
    void close() throws IOException
}
```

定义 Flushable 接口的格式如下所示。

```
public interface Flushable{
    void flush() throws IOException
}
```

这两个接口的作用从其定义方法中可以发现，Closeable 表示可关闭，Flushable 表示可刷新，而且在类 OutputStream 中已经有了这两个方法的实现，所以操作时用户一般不会关心这两个接口，直接使用 OutputStream 类即可。

实例 104　向文件中写入字符串

源码路径　\daima\14\OutputStreamT1.java　　　　视频路径　\视频\实例\第 14 章\104

实例文件 OutputStreamT1.java 的主要代码如下所示。

```java
import java.io.File ;
import java.io.OutputStream ;
import java.io.FileOutputStream ;
public class OutputStreamT1{
// 异常抛出, 不处理
    public static void main(String args[])
  throws Exception{
        // 第1步、使用File类找到一个文件, 声明File对象
        File f= new File("d:" + File.separator + "test.txt") ;
        // 第2步、通过子类实例化父类对象
        OutputStream out = null ;    // 准备好一个输出的对象
        out = new FileOutputStream(f) ;
                                // 通过对象多态性, 进行实例化
        // 第3步、进行写操作
        String str = "Hello World!!!";    // 准备一个字符串
        byte b[] = str.getBytes() ;
                        //只能输出byte数组, 所以将字符串变为byte数组
        out.write(b) ;        // 将内容输出, 保存文件
        // 第4步、关闭输出流
        out.close() ;        // 关闭输出流
    }
};
```

> 范例 207：用 write(int t)方式写入文件内容
> 源码路径：光盘\演练范例\207\
> 视频路径：光盘\演练范例\207\
> 范例 208：用 FileOutputStream 向文件追加内容
> 源码路径：光盘\演练范例\208\
> 视频路径：光盘\演练范例\208\

执行后将在文件"D\test"中写入数据"Hello World!!!"，如图 14-6 所示。

在上面的实例代码中，可以将指定的内容成功地写入到文件文件"D\test"中，以上程序在实例化、写、关闭时都有异常发生，为了方便起见，可以直接在主方法上使用 thorws 关键字

图 14-6　执行效果

抛出异常，以减少 try…catch 语句。在使用上述代码操作文件 test.txt 时，在操作之前文件本身是不存在的，但是操作之后程序会为用户自动创建新的文件，并将内容写入到文件之中。整个操作过程是直接将一个字符串变为 byte 数组，然后将 byte 数组直接写入到文件中。

（2）追加新内容。

在本章前面的所有操作中，如果重新执行程序，会覆盖文件中的已有内容，也就是说前面的实例无论执行多少次，都只会在文件"D\test"中显示一个"Hello World!!!"。其实在 Java 中可以通过类 FileOutputStream 向文件中追加内容，此类的另外一个构造方法如下所示。

```
public FileOutputStream(File file,boolean append) throws FileNotFoundException
```

在上述构造方法中，如果将 append 的值设置为 true，则表示在文件的末尾追加内容。

❀ 注意：将写入数据换行

前面的程序可以在文件之后追加内容，但是存在一个美观的问题——内容是紧跟在原有内

容之后的。其实我们可以用换行来区别原有数据和追加数据，在 Java 中可以使用 "\r\n" 在文件中增加换行。如果要换行，则直接在字符串要换行处加入一个 "\r\n"，即下面的代码。

```
String str = "\r\n Hello World!!!"; // 准备一个字符串
```

经过上述处理，新追加的内容是在换行之后追加的。

（3）字节输入流 InputStream。

既然程序可以向文件中写入内容，则可以通过 InputStream 从文件中把内容读取进来。InputStream 类的定义如下所示。

```
public abstract class InputStream
extends Object
implements Closeable
```

与类 OutputStream 一样，类 InputStream 本身也是一个抽象类，必须依靠其子类，如果现在从文件中读取，子类肯定是 FileInputStream。类 InputStream 中的主要方法如表 14-4 所示。

表 14-4　　　　　　　　　　　　**InputStream 类的常用方法**

方　　法	类型	描　　述
public int available() throws IOException	普通	可以取得输入文件的大小
public void close() throws IOException	普通	关闭输入流
public abstract int read() throws IOException	普通	读取内容，以数字的方式读取
public int read(byte[] b) throwsIOException	普通	将内容读到 byte 数组中，同时返回读入的个数

类 FileInputStream 的构造方法如下所示。

```
public FileInputStream(File file) throws FileNotFoundException
```

实例 105　　从文件中读取内容

源码路径　\daima\14\InputStreamT1.java　　　　　　视频路径　\视频\实例\第 14 章\105

实例文件 InputStreamT1.java 的主要代码如下所示。

```java
import java.io.File ;
import java.io.InputStream ;
import java.io.FileInputStream ;
public class InputStreamT1{
// 异常抛出, 不处理
    public static void main(String args[])
  throws Exception{
        // 第1步、使用File类找到一个文件
        File f= new File("d:" + File.separator + "test.txt") ;
        // 第2步、通过子类实例化父类对象，声明File对象
        InputStream input = null ;        // 准备好一个输入的对象
        input = new FileInputStream(f);   // 通过对象多态性, 进行实例化
        // 第3步、进行读操作
        byte b[] = new byte[1024] ;       // 所有的内容都读到此数组之中
        input.read(b) ;                   // 读取内容
        // 第4步、关闭输出流
        input.close() ;                   // 关闭输出流
        System.out.println("内容为:" + new String(b)); // 把byte数组变为字符串输出
    }
};
```

> 范例 209：消除空格
> 源码路径：光盘\演练范例\209\
> 视频路径：光盘\演练范例\209\
> 范例 210：查找替换文本文件的内容
> 源码路径：光盘\演练范例\210\
> 视频路径：光盘\演练范例\210\

执行后可以读取文件 "D\test" 中的数据，如图 14-7 所示。

在上面的实例代码中，文件 "D\test" 中的数据虽然已经被读取进来，但是发现后面有很多个空格。这是因为开辟的 byte 数组大小为 1024，而实际的内容只有 28 个字节，

```
<terminated> InputStreamT1 [Java Application] F:
内容为: Hello World!!!Hello World!!!
```

图 14-7　执行效果

也就是说存在 996 个空白的空间，在将 byte 数组变为字符串时也将这 996 个无用的空间转为字符串，这样的操作肯定是不合理的。如果要想解决以上的问题，则要观察 read 方法，在此方法上有一个返回值，此返回值表示向数组中写入了多少个数据。

（4）开辟指定大小的 byte 数组。

在实例 105 中虽然最后指定了 byte 数组的范围，但是程序依然开辟了很多的无用空间，这

样肯定会造成资源的浪费，那么此时能否根据文件的数据量来选择开辟空间的大小呢？要想完成这样的操作，则要从 File 类着手，因为在 File 类中存在一个 length()方法，此方法可以取得文件的大小。例如下面的代码【光盘\daima\14\InputStreamT3.java】演示了 length()方法的用法。

```java
import java.io.File ;
import java.io.InputStream ;
import java.io.FileInputStream ;
public class InputStreamT3{
    public static void main(String args[]) throws Exception{        //异常抛出，不处理
        // 第1步、使用File类找到一个文件
        File f= new File("d:" + File.separator + "test.txt") ;      //声明File对象
        // 第2步、通过子类实例化父类对象
        InputStream input = null ;                                  // 准备好一个输入的对象
        input = new FileInputStream(f)   ;                          // 通过对象多态性, 进行实例化
        // 第3步、进行读操作
        byte b[] = new byte[(int)f.length()] ;                      // 数组大小由文件决定
        int len = input.read(b) ;                                   // 读取内容
        // 第4步、关闭输出流
        input.close() ;                                             // 关闭输出流
        System.out.println("读入数据的长度:" + len) ;
        System.out.println("内容为:" + new String(b)) ;             // 把byte数组变为字符串输出
    }
};
```

执行后的效果如图 14-8 所示。

除上述方式外，也可以使用方法 read()通过循环从文件中一个个地把内容读取进来。例如下面的代码【光盘\daima\14\InputStreamT4.java】使用 read()进行了循环读取。

```
读入数据的长度: 28
内容为: Hello World!!!Hello World!!!
```

图 14-8　执行效果

```java
import java.io.File ;
import java.io.InputStream ;
import java.io.FileInputStream ;
public class InputStreamT4{
    public static void main(String args[]) throws Exception{        // 异常抛出, 不处理
        // 第1步、使用File类找到一个文件
        File f= new File("d:" + File.separator + "test.txt") ;      // 声明File对象
        // 第2步、通过子类实例化父类对象
        InputStream input = null ;                                  // 准备好一个输入的对象
        input = new FileInputStream(f)   ;                          // 通过对象多态性, 进行实例化
        // 第3步、进行读操作
        byte b[] = new byte[(int)f.length()] ;                      // 数组大小由文件决定
        for(int i=0;i<b.length;i++){
            b[i] = (byte)input.read() ;                             // 读取内容
        }
        // 第4步、关闭输出流
        input.close() ;                                            // 关闭输出流
        System.out.println("内容为:" + new String(b)) ;// 把byte数组变为字符串输出
    }
};
```

执行后的效果如图 14-9 所示。

```
Problems  @ Javadoc  Declaration  Consol
<terminated> InputStreamT4 [Java Application] F:\
内容为: Hello World!!!Hello World!!!
```

图 14-9　执行效果

但是上面的程序 InputStreamT4.java 还是存在一个问题，前面的程序都是在明确知道了具体数组大小的前提下开展的，如果此时不知道要输入的内容有多大，则只能通过判断是否读到文件末尾的方式来读取文件。例如我们可以通过下面的代码【光盘\daima\14\InputStreamT5.java】来实现。

```java
import java.io.File ;
import java.io.InputStream ;
import java.io.FileInputStream ;
public class InputStreamT5{
    public static void main(String args[]) throws Exception{        // 异常抛出, 不处理
        // 第1步、使用File类找到一个文件
        File f= new File("d:" + File.separator + "test.txt") ;      // 声明File对象
```

```
        // 第2步、通过子类实例化父类对象
        InputStream input = null ;           // 准备好一个输入的对象
        input = new FileInputStream(f) ;     // 通过对象多态性, 进行实例化
        // 第3步、进行读操作
        byte b[] = new byte[1024] ;          // 数组大小由文件决定
        int len = 0 ;
        int temp = 0 ;                       // 接收每一个读取进来的数据
        while((temp=input.read())!=-1){
            // 表示还有内容, 文件没有读完
            b[len] = (byte)temp ;
            len++ ;
        }
        // 第4步、关闭输出流
        input.close() ;                      // 关闭输出流
        System.out.println("内容为:" + new String(b,0,len)) ;   // 把byte数组变为字符串输出
    }
};
```

在上述程序代码中要判断 temp 接收到的内容是否是-1，正常情况下是不会返回-1 的，只有当输入流的内容已经读到底，才会返回这个数字，通过此数字可以判断输入流中是否还有其他内容。执行后的效果如图 14-10 所示。

```
Problems  @ Javadoc  Declaration  Console
<terminated> InputStreamT5 [Java Application] F:\Java\
内容为: Hello World!!!Hello World!!!
```

图 14-10　执行效果

14.4.3　使用字符流

（1）字符输出流 Writer。

在 Java 语言中，Writer 本身是一个字符流的输出类，定义此类的格式如下所示。

```
public abstract class Writer
extends Object
implements Appendable, Closeable, Flushable
```

Writer 本身也是一个抽象类，如果要使用此类，则肯定要使用其子类，此时如果是向文件中写入内容，则应该使用 FileWriter 的子类。Wirter 类中的常用方法如表 14-5 所示。

表 **14-5**　　　　　　　　　　　　　　　　**Writer 类的常用方法**

方　　法	类型	描　　述
public abstract void close() hrows IOException	普通	关闭输出流
public void write(String str) throws IOException	普通	将字符串输出
public void write(char[] cbuf) throws IOException	普通	将字符数组输出
public abstract void flush() throws IOException	普通	强制性清空缓存

定义类 FileWriter 构造方法的格式如下所示。

```
public FileWriter(File file) throws IOException
```

在类 Writer 中除了可以实现 Closeable 和 Flushable 接口之外，还实现了 Appendable 接口，定义此接口的格式如下所示。

```
public interface Appendable{
        Appendable append(CharSequence csq)
throws IOException ;
        Appendable append(CharSequence csq,
int start,int end) throws IOException ;
        Appendable append(char c) throws IOException
    }
```

此接口表示的是内容可以被追加，接收的参数是 CharSequence，实际上 String 类就实现了此接口，所以可以直接通过此接口的方法向输出流中追加内容。例如下面的代码【光盘\daima\14\WriterT1.java】可以向文件中写入数据。

```
import java.io.File ;
import java.io.Writer ;
import java.io.FileWriter ;
public class WriterT1{
```

```
    public static void main(String args[]) throws Exception{     // 异常抛出，不处理
        // 第1步、使用File类找到一个文件
        File f= new File("d:" + File.separator + "test.txt") ;   // 声明File对象
        // 第2步、通过子类实例化父类对象
        Writer out = null ;     // 准备好一个输出的对象
        out = new FileWriter(f)  ;                               // 通过对象多态性, 进行实例化
        // 第3步、进行写操作
        String str = "Hello World!!!" ;                          // 准备一个字符串
        out.write(str) ;                                         // 将内容输出, 保存文件
        // 第4步、关闭输出流
        out.close() ;                                            // 关闭输出流
    }
};
```

　　由上述代码可以看出，整个程序与 OutputStream 的操作流程并没有什么太大的区别，唯一的好处是，可以直接输出字符串，而不用将字符串变为 byte 数组之后再输出。执行后可以在文件 "D\test" 中写入数据，效果如图 14-11 所示。

　　（2）使用 FileWriter 追加文件的内容。

　　在 Java 程序中使用字符流操作时也可以实现文件的追加功能，直接使用类 FileWriter 中的如下构造即可实现追加功能。

图 14-11　执行效果

```
        public FileWriter(File file, boolean append) throws IOException
```

　　通过上述代码，可以将 append 的值设置为 true 表示追加。例如下面的代码【光盘\daima\14\WriterT2.java】演示了追加文件内容的功能。

```
import java.io.File ;
import java.io.Writer ;
import java.io.FileWriter ;
public class WriterT2{
    public static void main(String args[]) throws Exception{     // 异常抛出, 不处理
        // 第1步、使用File类找到一个文件
        File f= new File("d:" + File.separator + "test.txt") ;   // 声明File对象
        // 第2步、通过子类实例化父类对象
        Writer out = null ;                                      // 准备好一个输出的对象
        out = new FileWriter(f,true)  ;                          // 通过对象多态性, 进行实例化
        // 第3步、进行写操作
        String str = "\r\nAAAA\r\nHello World!!!" ;              // 准备一个字符串
        out.write(str) ;                                         // 将内容输出, 保存文件
        // 第4步、关闭输出流
        out.close() ;                                            // 关闭输出流
    }
};
```

　　执行后可以在文件 "D\test" 中追加文本内容，效果如图 14-12 所示。

　　（3）字符输入流 Reader。

　　在 Java 语言中，类 Reader 能够使用字符的方式从文件中取出数据，定义此类的格式如下所示。

图 14-12　执行效果

```
public abstract class Reader
extends Object
implements Readable, Closeable
```

　　类 Reader 本身是一个抽象类，如果现在要从文件中读取内容，则可以直接使用 FileReader 子类。类 Reader 中的常用方法如表 14-6 所示。

表 14-6　　　　　　　　　　　　　　**Reader 类的常用方法**

方　　法	类型	描　　述
public abstract void close() throws IOException	普通	关闭输出流
public int read() throws IOException	普通	读取单个字符
public int read(char[] cbuf) throws IOException	普通	将内容读到字符数组中，返回读入的长度

定义 FileReader 的构造方法的格式如下所示。

```
public FileReader(File file) throws FileNotFoundException
```

实例 106	使用循环的方式读取文件的内容

源码路径　\daima\14\ReaderT1.java　　　　　　视频路径　\视频\实例\第 14 章\106

实例文件 ReaderT1.java 的主要代码如下所示。

```
import java.io.File ;
import java.io.Reader ;
import java.io.FileReader ;
public class ReaderT1{
// 异常抛出, 不处理
   public static void main(String args[])
 throws Exception{
        // 第1步、使用File类找到一个文件
        File f= new File("d:" + File.separator + "test.txt") ;
        // 声明File对象
        // 第2步、通过子类实例化父类对象
        Reader input = null ;              // 准备好一个输入的对象
        input = new FileReader(f)  ;       // 通过对象多态性, 进行实例化
        // 第3步、进行读操作
        char c[] = new char[1024] ;        // 所有的内容都读到此数组之中
        int len = input.read(c) ;          // 读取内容
        // 第4步、关闭输出流
        input.close() ;                    // 关闭输出流
        System.out.println("内容为:" + new String(c,0,len)) ;     // 把字符数组变为字符串输出
    }
};
```

> 范例 211：读取指定文件的内容
> 源码路径：光盘\演练范例\211\
> 视频路径：光盘\演练范例\211\
> 范例 212：批量文件重命名
> 源码路径：光盘\演练范例\212\
> 视频路径：光盘\演练范例\212\

执行后的效果如图 14-13 所示。如果此时不知道数据的长度，也可以像之前操作字节流那样，使用循环的方式进行内容的读取。

图 14-13　执行效果

14.5　字节转换流

知识点讲解：光盘:视频\PPT 讲解（知识点）\第 14 章\字节转换流.mp4

在整个 Java 的 I/O 包中，实际上分为字节流和字符流两种，除此之外，还存在一组"字节流—字符流"的转换类。具体说明如下所示。

- ❑ OutputStreamWriter：是 Writer 的子类，将输出的字符流变为字节流，即将一个字符流的输出对象变为字节流输出对象。
- ❑ InputStreamReader：是 Reader 的子类，将输入的字节流变为字符流，即将一个字节流的输入对象变为字符流的输入对象。

以文件操作为例，内存中的字符数据需要用 OutputStreamWriter 转换为字节流才能保存在文件中，在读取时需要将读入的字节流通过 InputStreamReader 转换为字符流。不管如何操作，最终全部是以字节的形式保存在文件中。

类 OutputStreamWriter 的构造方法如下所示。

```
public OutputStreamWriter(OutputStream out)
```

实例 107	将字节输出流变为字符输出流
	源码路径　\daima\14\OutputStreamWriterT.java　　视频路径　\视频\实例\第 14 章\107

实例文件 OutputStreamWriterT.java 的主要代码如下所示。

```java
import java.io.*;
public class OutputStreamWriterT{
// 所有异常抛出
    public static void main(String args[])
  throws Exception     {
      File f = new File("d:" + File.separator + "test.txt") ;
      Writer out = null ;    // 字符输出流
// 字节流变为字符流
      out = new OutputStreamWriter(new FileOutputStream(f)) ;
      out.write("hello world!!") ;    // 使用字符流输出
      out.close() ;
    }
};
```

> 范例 213：将字节输入流变为字符输入流
> 源码路径：光盘\演练范例\213\
> 视频路径：光盘\演练范例\213\
> 范例 214：快速批量移动文件
> 源码路径：光盘\演练范例\214\
> 视频路径：光盘\演练范例\214\

执行后会创建文件"D\test"，并在里面写入了指定的内容，效果如图 14-14 所示。

❄ 注意：复杂的关系

FileOutputStream 是 OutputStream 的直接子类，FileInputStream 也是 InputStream 的直接子类，但是在字符流文件中的两个操作类却有一些特殊，FileWriter 并不直接是 Writer 的子类，而是 OutputStreamWriter 的子类，FileReader 也不直接是 Reader 的子类，而是 InputStreamReader 的子类。从这两个类的继承关系可以清楚地发现，不管是使用字节流还是字符流，实际上最终都是以字节的形式操作输入/输出流的。

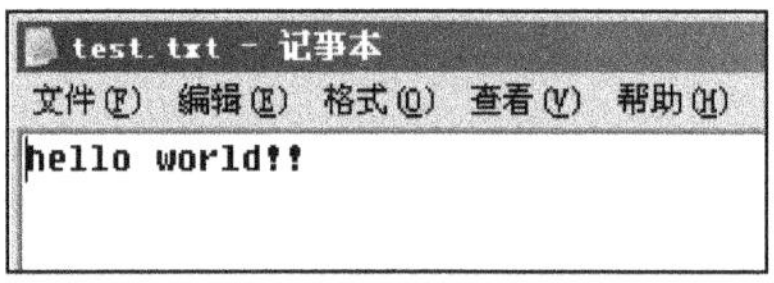

图 14-14　执行效果

14.6　内存操作流

📖 知识点讲解：光盘:视频\PPT 讲解（知识点）\第 14 章\内存操作流.mp4

本书前面所讲解的输出和输入都是基于文件实现的，其实也可以将输出的位置设置在内存上，此时就要使用 ByteArrayInputStream、ByteArrayOutputStream 来完成输入和输出功能。其中 ByteArrayInputStream 功能是将内容写入到内存中，而 ByteArrayOutputStream 的功能是将内存中的数据输出。

ByteArrayInputStream 类中的主要方法如表 14-7 所示。

表 14-7　　　　　　　　　　ByteArrayInputStream 类的主要方法

方　　法	类型	描　　述
public ByteArrayInputStream(byte[] buf)	构造	将全部的内容写入内存中
public ByteArrayInputStream(byte[] buf,int offset, int length)	构造	将指定范围的内容写入到内存中

类 ByteArrayOutputStream 中的主要方法如表 14-8 所示。

表 14-8　　　　　　　　　　ByteArrayOutputStream 类的主要方法

方　　法	类型	描　　述
public ByteArray OutputStream()	构造	创建对象
public void write(int b)	普通	将内容从内存中输出

例如在下面的代码【光盘\daima\14\ByteArrayT.java】中，使用内存操作流将一个大写字母转换为了小写字母。

```java
import java.io.* ;
public class ByteArrayT{
    public static void main(String args[]){
        String str = "HELLOWORLD" ;                    // 定义一个字符串, 全部由大写字母组成
        ByteArrayInputStream bis = null ;              // 内存输入流
        ByteArrayOutputStream bos = null ;             // 内存输出流
        bis = new ByteArrayInputStream(str.getBytes()) ; // 向内存中输出内容
        bos = new ByteArrayOutputStream() ;            // 准备从内存ByteArrayInputStream中读取内容
        int temp = 0 ;
        while((temp=bis.read())!=-1){
            char c = (char) temp ;                     // 读取的数字变为字符
            bos.write(Character.toLowerCase(c)) ;      // 将字符变为小写
        }
        // 所有的数据全部在ByteArrayOutputStream中
        String newStr = bos.toString() ;              // 取出内容
        try{
            bis.close() ;
            bos.close() ;
        }catch(IOException e){
            e.printStackTrace() ;
        }
        System.out.println(newStr) ;
    }
};
```

执行后的效果如图 14-15 所示。

从执行效果可以看出,字符串已经由大写变为了小写,全部的操作都是在内存中完成的。内存操作流一般在生成一些临时信息时才会使用,而这些临时信息如果要保存在文件中,则代码执行完后肯定还要删除这个临时文件,那么此时使用内存操作流是最合适的。

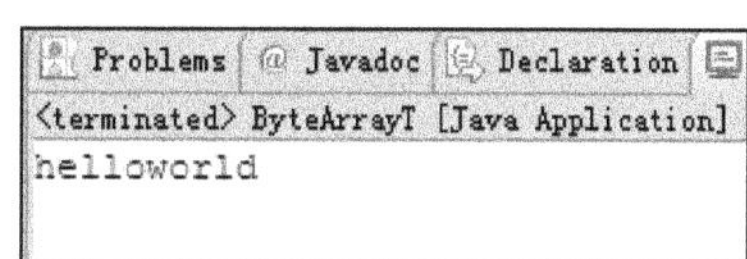

图 14-15　执行效果

14.7　管　道　流

知识点讲解: 光盘:视频\PPT 讲解（知识点）\第 14 章\管道流.mp4

管道流可以实现两个线程间的通信,这两个线程是指管道输出流（PipedOutputStream）和管道输入流（PipedInputStream）。如果要进行管道输出,则必须把输出流连在输入流上。在 Java 语言中,使用类 PipedOutputStream 中的如下方法可以实现连接管道功能。

```java
public void connect (PipedInputStream snk) throws IOException
```

例如在下面的代码【光盘\daima\14\guan.java】中,验证了管道流实现线程连接的过程。

```java
import java.io.* ;
class Send implements Runnable{                        // 线程类
    private PipedOutputStream pos = null ;             // 管道输出流
    public Send(){
        this.pos = new PipedOutputStream() ;          // 实例化输出流
    }
    public void run(){
        String str = "Hello World!!!" ;               // 要输出的内容
        try{
            this.pos.write(str.getBytes()) ;
        }catch(IOException e){
            e.printStackTrace() ;
        }
        try{
            this.pos.close() ;
        }catch(IOException e){
            e.printStackTrace() ;
        }
    }
    public PipedOutputStream getPos(){                 // 得到此线程的管道输出流
        return this.pos ;
    }
};
class Receive implements Runnable{
```

```java
    private PipedInputStream pis = null ;          // 管道输入流
    public Receive(){
        this.pis = new PipedInputStream() ;        // 实例化输入流
    }
    public void run(){
        byte b[] = new byte[1024] ;                // 接收内容
        int len = 0 ;
        try{
            len = this.pis.read(b) ;               // 读取内容
        }catch(IOException e){
            e.printStackTrace() ;
        }
        try{
            this.pis.close() ;                     // 关闭
        }catch(IOException e){
            e.printStackTrace() ;
        }
        System.out.println("接收的内容为:" + new String(b,0,len)) ;
    }
    public PipedInputStream getPis(){
        return this.pis ;
    }
};
public class guan{
    public static void main(String args[]){
        Send s = new Send() ;
        Receive r = new Receive() ;
        try{
            s.getPos().connect(r.getPis()) ;       // 连接管道
        }catch(IOException e){
            e.printStackTrace() ;
        }
        new Thread(s).start() ;                    // 启动线程
        new Thread(r).start() ;                    // 启动线程
    }
};
```

在上述代码中，定义了两个线程对象，在发送的线程类中定义了管道输出流，在接收的线程类中定义了管道的输入流，在操作时只需要使用 PipedOutputStream 类中提供的 connection()方法就可以将两个线程管道连接在一起，线程启动后会自动进行管道的输入、输出操作。执行效果如图 14-16 所示。

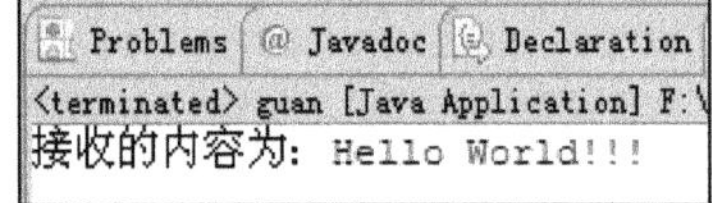

图 14-16　执行效果

14.8　打　印　流

知识点讲解：光盘:视频\PPT 讲解（知识点）\第 14 章\打印流.mp4

在整个 Java 的 I/O 包中，打印流是输出信息最方便的一个类，主要包括字节打印流（PrintStream）和字符打印流（PrintWriter）。打印流提供了非常方便的打印功能，通过打印流可以打印任何的数据类型，例如小数、整数、字符串等。

14.8.1　基础知识

PrintStream 类是 OutputStream 的子类，PrintStream 类中的常用方法如表 14-9 所示。

表 14-9　　　　　　　　　　　　　　　PrintStream 类的常用方法

方　　法	类型	描　　述
public PrintStream(File file) throws FileNotFoundException	构造	通过一个 File 对象实例化 PrintStream 类
public PrintStream(OutputStream out)	构造	接收 OutputStream 对象，实例化 PrintStream 类
public PrintStream printf(Locale l,String format,Object... args)	普通	根据指定的 Locale 进行格式化输出
public PrintStream printf(String format, Object... args)	普通	根据本地环境格式化输出

续表

方　　法	类型	描　　述
public void print(boolean b)	普通	此方法被重载很多次，输出任意数据
public void println(boolean b)	普通	此方法被重载很多次，输出任意数据后换行

从在类 PrintStream 中定义的构造方法可以清楚地发现，有一个构造方法可以直接接收 OutputStream 类的实例，这是因为与 OutputStream 类相比，类 PrintStream 可以更加方便地输出数据，这就好像将类 OutputStream 重新包装了一下，使之输出更加方便。把一个输出流的实例传递到打印流后，可以更加方便地输出内容，也就是说，是打印流把输出流重新装饰了一下，就像送别人礼物，需要把礼物包装一下才会更加好看，这样的设计称为装饰设计模式。

从 JDK 1.5 之后，Java 对类 PrintStream 进行了扩充，在里面增加了格式化的输出方式，此功能可以直接使用 printf()方法完成操作。但是在进行格式化输出时需要指定其输出的数据类型，数据类型的格式化表示如表 14-10 所示。

表 14-10 　　　　　　　　　　　格式化输出

字　　符	描　　述
%s	表示内容为字符串
%d	表示内容为整数
%f	表示内容为小数
%c	表示内容为字符

14.8.2　使用打印流

实例 108　　使用 PrintStream 输出

源码路径　　\daima\14\PrintT1.java　　　　　视频路径　　\视频\实例\第 14 章\108

实例文件 PrintT1.java 的主要代码如下所示。

```java
import java.io.* ;
public class PrintT1{
    public static void main(String arg[]) throws Exception{
        PrintStream ps = null ;          // 声明打印流对象
        // 如果现在是使用FileOuputStream实例化, 意味着所有
        的输出是向文件之中
        ps = new PrintStream(new FileOutputStream(new File("d:" +
        File.separator + "test.txt"))) ;
        ps.print("hello ") ;
        ps.println("world!!!") ;
        ps.print("1 + 1 = " +2) ;
        ps.close() ;
    }
};
```

范例 215：进行格式化输出操作
源码路径：光盘\演练范例\215\
视频路径：光盘\演练范例\215\
范例 216：删除磁盘中的临时文件
源码路径：光盘\演练范例\216\
视频路径：光盘\演练范例\216\

上述代码在输出内容时与使用 OutputStream 直接输出相比，明显方便了许多。执行后的效果如图 14-17 所示。

图 14-17　执行效果

14.9　System 类

知识点讲解：光盘:视频\PPT 讲解（知识点）\第 14 章\System 类.mp4

System 是一个表示系统的类，此类在本书前面的章节中已经详细介绍过。在 Java 应用中，类 System 对 I/O 给予了一定的支持，在 System 类中定义了如表 14-11 所示的 3 个常量，这 3 个常量在 Java 的 I/O 操作中发挥了非常大的作用。

表 14-11　　　　　　　　　　　　System 类的常量

System 的常量	描　　述
public static final PrintStream out	对应系统标准输出，一般是显示器
public static final PrintStream err	错误信息输出
public static final InputStream in	对应着标准输入，一般是键盘

细心的读者应该发现，System 类中的 3 个常量不符合命名规则。System 提供的 in、out、err 三个常量，如果按照 Java 的命名要求，全部字母是应该大写的，但是此处使用的是小写，这些都是 Java 历史发展的产物。

14.9.1　System.out

System.out 是 PrintStream 的对象，在 PrintStream 中定义了一系列的 print()和 println()方法，本书前面使用的 System.out.print()或 System.out.println()语句调用的实际上就是类 PrintStream 中的方法。因为此对象表示的是向显示器上输出，而 PrintStream 又是 OutputStream 的子类，所以可以直接使用此对象向屏幕上输出信息。

例如在下面的代码【光盘\daima\14\ReaderT1.java】中，使用 OutputStream 向屏幕中输出信息。

```java
import java.io.File ;
import java.io.Reader ;
import java.io.FileReader ;
public class ReaderT1{
    public static void main(String args[]) throws Exception{    // 异常抛出，不处理
        // 第1步、使用File类找到一个文件
        File f= new File("d:" + File.separator + "test.txt") ;    // 声明File对象
        // 第2步、通过子类实例化父类对象
        Reader input = null ;    // 准备好一个输入的对象
        input = new FileReader(f)  ;                              // 通过对象多态性, 进行实例化
        // 第3步、进行读操作
        char c[] = new char[1024] ;                              // 所有的内容都读到此数组之中
        int len = input.read(c) ;                                // 读取内容
        // 第4步、关闭输出流
        input.close() ;                                          // 关闭输出流
        System.out.println("内容为:" + new String(c,0,len)) ;    // 把字符数组变为字符串输出
    }
};
```

在上述代码中，直接使用 OutputStream 向屏幕中输出信息，也就是说，OutputStream 的哪个子类为其实例化，就具备了向哪里输出的能力。如果使用了 FileOutputStream 则表示向文件输出，如果使用了 System.out 则表示向显示器输出，这里完全显示出了 Java 的多态性的好处，即根据子类的不同完成的功能也不同。执行效果如图 14-18 所示。

内容为: 姓名: 老管; 年龄: 30; 成绩: 990.356018; 性别: M

图 14-18　执行效果

14.9.2　System.err

在 Java 应用中，System.err 实现错误信息的输出，如果程序出现错误，则可以直接使用

System.err 进行输出，例如下面的代码【光盘\daima\14\ReaderT2.java】演示了错误信息输出。

```
public class SystemT2{
    public static void main(String args[]){
        String str = "hello" ;          // 声明一个非数字的字符串
        try{
            System.out.println(Integer.parseInt(str)) ;    // 转型
        }catch(Exception e){
            System.err.println(e) ;
        }
    }
};
```

在上述代码中，因为要把字符串"hello"变为整型数据，所以会引发 NumberFormatException 异常信息，当捕捉到异常后，直接在 catch 中使用 System.err 进行信息的输出。执行后的效果如图 14-19 所示。

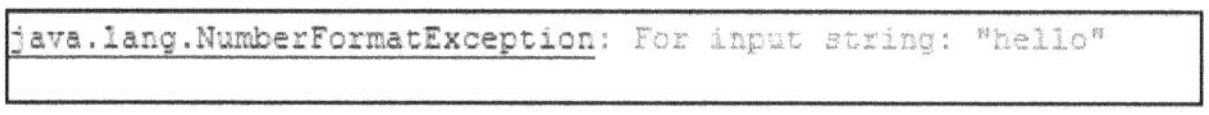

```
java.lang.NumberFormatException: For input string: "hello"
```

图 14-19　执行效果

14.9.3　System.in

在 Java 应用中，System.in 是一个键盘输入流，其本身是 InputStream 类型的对象。在 Java 编程应用中，可以使用 System.in 实现从键盘读取数据的功能。

实例 109	从键盘上读取数据
源码路径　\daima\14\SystemT4.java	视频路径　\视频\实例\第 14 章\109

实例文件 SystemT4.java 的主要代码如下所示。

```
import java.io.InputStream ;
public class SystemT4{
// 所有异常抛出
    public static void main(String args[]) throws Exception {
    // 从键盘接收数据
        InputStream input = System.in ;
// 开辟空间，接收数据
        byte b[] = new byte[5] ;
// 提示信息
        System.out.print("请输入内容:") ;
// 接收数据
        int len = input.read(b) ;
        System.out.println("输入的内容为:" + new String(b,0,len)) ;
        input.close() ;      // 关闭输入流
    }
};
```

> 范例 217：没有指定 byte 数组长度
> 源码路径：光盘\演练范例\217\
> 视频路径：光盘\演练范例\217\
> 范例 218：动态加载磁盘中的文件
> 源码路径：光盘\演练范例\218\
> 视频路径：光盘\演练范例\218\

执行后的效果如图 14-20 所示。

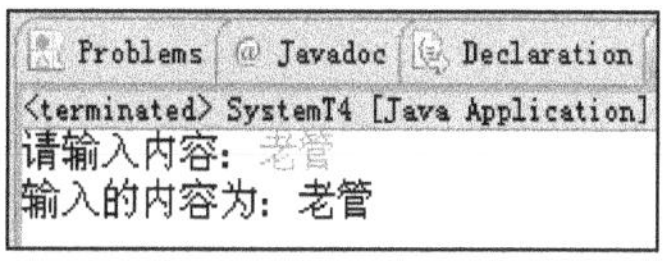

在上面的实例代码中，虽然实现了从键盘中输入数据的功能，但是存在如下两个问题。

图 14-20　执行效果

- ❏　指定了输入数据的长度，如果现在输入的数据超出了其长度范围，则只能输入部分数据。

- ❏　如果指定的 byte 数组长度是奇数，则还有可能出现中文乱码。

为了解决上述问题，需要不指定 byte 数组长度。执行后如果输入的是英文字母，没有任何的问题，而如果输入的是中文，则会产生乱码，这是因为数据是以一个个字节的方式读进来的，一个汉字是分两次读取的，所以造成了乱码。其实最好的输入方式是将全部输入的数据暂时放到一块内存中，然后一次性从内存中读取出数据，这样所有数据只读了一次，则不会造成乱码，而且也不会受长度的限制。如果要完成这样的操作则可以使用第本章后面 14.9.4 节中的 BufferedReader 类来完成。

14.9.4　输入/输出重定向

从前面的操作中读者已经了解了 System.out、System.err、System.in 这 3 个常量的作用，但是通过 System 类也可以改变 System.in 的输入流来源以及 System.out 和 System.err 两个输出流的输出位置。在 System 类中提供的重定向方法信息如表 14-12 所示。

表 14-12	System 类提供的重定向方法		
方　　法	类型	描　　述	
public static void setout(PrintStream out)	普通	重定向"标准"输出流	
public static void setErr(PrintStream err)	普通	重定向"标准"错误输出流	
public static void setIn(InputStream in)	普通	重定向"标准"输入流	

实例 110　　为 System.out 输出重定向

源码路径　\daima\14\SystemT6.java　　　　视频路径　\视频\实例\第 14 章\110

实例文件 SystemT6.java 的主要代码如下所示。

```java
import java.io.File ;
import java.io.FileOutputStream ;
import java.io.PrintStream ;
public class SystemT6{
    public static void main(String args[]) throws Exception {
        System.setOut(
            new PrintStream(
                new FileOutputStream("d:" +
                    File.separator + "red.txt"))) ; // System.out输出重
                                                    // 定向
        System.out.print("www.mldnjava.cn" ; // 输出时，不再向屏幕
                                             // 上输出
        System.out.println("，老管") ;
    }
};
```

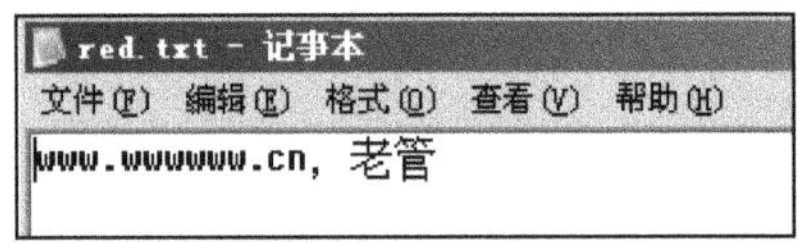

范例 219：为用户保存错误信息

源码路径：光盘\演练范例\219\

视频路径：光盘\演练范例\219\

范例 220：重定向输出位置

源码路径：光盘\演练范例\220\

视频路径：光盘\演练范例\220\

以上程序运行后，所有使用 System.out 输出的信息不会再在屏幕上显示，而是直接将信息保存到 "D:\red.txt" 文件中。执行后的效果如图 14-21 所示。

除了可以为 System.out 重定向输出位置外，我们也可以为 System.err 重定向输出位置。在使用这两种操作时一定要注意，方法 setOut() 只负责 System.out 的输出重定向，而方法 setErr() 只负责 System.err 的输出重定向，两者不可混用。

另外，虽然在 System 类中提供了 setErr() 错误输出的重定向方法，但是在一般情况下，建议不要使用此方法修改 System.err 的重定向，因为从概念上讲 System.err 的错误信息是不希望用户看到的。虽然以上两个操作可以完成对输出的重定向，但是从表 14-12 中可以发现，不只可以对输出进行重定向，而且对输入也可以。假设在 D 盘上有一个名为 "demo.txt" 的文件，将 System.in 的输入设置到从文件中读取，这样当使用 System.in 时就会从文件流中读取信息，而不是从键盘读取。文件 demo.txt 的内容如图 14-22 所示。

<table>
<tr><td>

red.txt - 记事本

文件(F)　编辑(E)　格式(O)　查看(V)　帮助(H)

www.wwwww.cn，老管

图 14-21　执行效果
</td><td>

demo.txt - 记事本

文件(F)　编辑(E)　格式(O)　查看(V)　帮助(H)

www.wwwww.cn，老管

图 14-22　文件 demo.txt 的内容
</td></tr>
</table>

我们可以使用如下代码【光盘\daima\14\SystemT9.java】设置 System.in 的输入重定向。

```java
import java.io.FileInputStream ;
import java.io.InputStream ;
import java.io.File ;
public class SystemT9{
    public static void main(String args[]) throws Exception{    // 所有异常抛出
```

```
        System.setIn(new FileInputStream("d:"
            + File.separator + "demo.txt")) ;      // 设置输入重定向
        InputStream input = System.in ;            // 从文件中接收数据
        byte b[] = new byte[1024] ;                // 开辟空间, 接收数据
        int len = input.read(b) ;                  //接收
        System.out.println("输入的内容为:" + new String(b,0,len)) ;
        input.close() ;                            // 关闭输入流
    }
};
```

在上述代码中修改了 System.in 的输入位置，而将其输入重定向到从文件中读取，所以读取时会将文件中的内容读取进来。执行后的效果如图 14-23 所示。

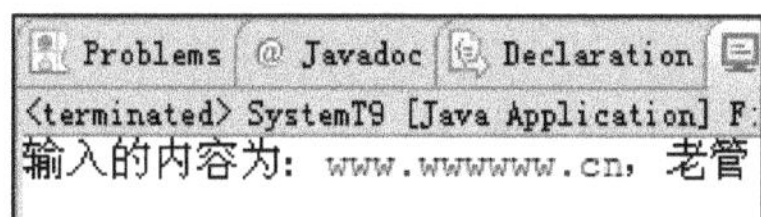

图 14-23　执行效果

14.10　BufferedReader 类

知识点讲解: 光盘:视频\PPT 讲解（知识点）\第 14 章\BufferedReader 类.mp4

在 Java 应用中，类 BufferedReader 能够从缓冲区中读取内容，所有的输入字节数据都将放在缓冲区中。在本节的内容中，将详细介绍使用类 BufferedReader 的基本知识，为读者步入本书后面知识的学习打下基础。

14.10.1　BufferedReader 类基础

BufferedReader 类中的常用方法如表 14-13 所示。

表 14-13　　　　　　　　　　BufferedReader 类的常用方法

方　　法	类型	描　　述
public BufferedReader(Reader in)	构造	接收一个 Reader 类的实例
public String readLine() throws IOException	普通	一次性从缓冲区中将内容全部读取进来

在类 BufferedReader 中定义的构造方法只能接收字符输入流的实例，所以必须使用字符输入流和字节输入流的转换类 InputStreamReader 将字节输入流 System.in 变为字符流。

BufferedReader 只能接收字符流的缓冲区，这是因为每一个中文要占两个字节，所以需要将 System.in 这个字节的输入流变为字符的输入流。

例如将 System.in 变为字符流放入到 BufferedReader 后，可以通过方法 readLine() 等待用户输入信息。具体演示代码【光盘\daima\14\BufferedReaderT.java】如下所示。

```
import java.io.* ;
public class BufferedReaderT{
    public static void main(String args[]){
        BufferedReader buf = null ;        // 声明对象
        buf = new BufferedReader(new InputStreamReader(System.in)) ;    // 将字节流变为字符流
        String str = null ;                // 接收输入内容
        System.out.print("请输入内容:") ;
        try{
            str = buf.readLine() ;         // 读取一行数据
        }catch(IOException e){
            e.printStackTrace() ;          // 输出信息
        }
        System.out.println("输入的内容为:" + str) ;
    }
};
```

执行后的效果如图 14-24 所示。

从上述执行效果可以发现，程序非但没有了长度的限制，而且也可以正确地接收中文了，所以以上代码就是键盘输入数据的标准格式。

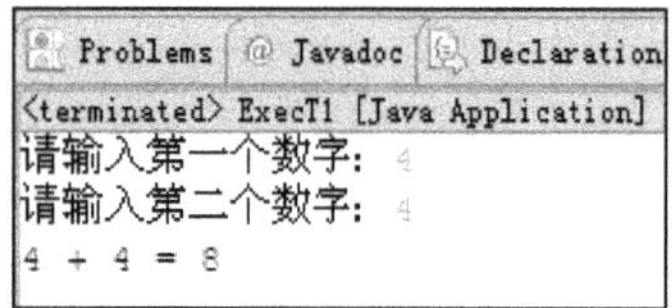

图 14-24　执行效果

14.10.2　使用 BufferedReader 类

假设要求从键盘输入两个数字，然后完成两个整数的加法操作。因为从键盘接收过来的内容全部是采用字符串的形式存放的，所以可以直接通过包装类 Integer 将字符串转换为基本数据类型。

实例 111	输入两个数字，并让两个数字相加
源码路径　\daima\14\ExecT1.java	视频路径　\视频\实例\第 14 章\111

实例文件 ExecT1.java 的主要代码如下所示。

```
import java.io.*;
public class ExecT1{
    public static void main(String args[]) throws Exception{
        int i = 0 ;
        int j = 0 ;
        BufferedReader buf = null ;    // 接收键盘的输入数据
        buf = new BufferedReader(new InputStreamReader(System.in)) ;
        String str = null ;    // 接收数据
        System.out.print("请输入第一个数字:") ;
            // 接收数据
        str = buf.readLine() ;
            // 将字符串变为整数
        i = Integer.parseInt(str) ;
        System.out.print("请输入第二个数字:") ;
        str = buf.readLine() ;    // 接收数据
        j = Integer.parseInt(str) ;    // 将字
        System.out.println(i + " + " + j + " = " + (i + j)) ;
    }
};
```

范例 221：设计一个专门处理输入数据的类

源码路径：光盘\演练范例\221\

视频路径：光盘\演练范例\221\

范例 222：删除文件夹中的所有文件

源码路径：光盘\演练范例\222\

视频路径：光盘\演练范例\222\

执行后的效果如图 14-25 所示。

在上面的实例中，虽然已经实现了题目所要求的内容，但是存在以下几个问题。如果输入的字符串不是数字，则肯定无法转换，会出现数字格式化异常，所以在转换时应该使用正则进行验证，如果验证成功了，则表示可以进行转换；而如果验证失败了，表示无法进行转换，则要等待用户重新输入数字才可以。为了处理最常见的可能是整数、小数、日期、字符串的数据，设计了一个专门的输入数据类，完成输入数据的功能。此类的实现文件是【光盘\daima\14\InputData.java】，具体代码如下所示。

图 14-25　执行效果

```
import java.io.*;
import java.util.*;
import java.text.*;
public class InputData{
    private BufferedReader buf = null ;
    public InputData(){// 只要输入数据就要使用此语句
        this.buf = new BufferedReader(new InputStreamReader(System.in)) ;
    }
    public String getString(String info){        // 得到字符串信息
        String temp = null ;
        System.out.print(info) ;                  // 打印提示信息
        try{
            temp = this.buf.readLine() ;          // 接收数据
        }catch(IOException e){
            e.printStackTrace() ;
        }
        return temp ;
    }
    public int getInt(String info,String err){    // 得到一个整数的输入数据
```

```java
            int temp = 0 ;
            String str = null ;
            boolean flag = true ;              // 定义一个标记位
            while(flag){
                str = this.getString(info) ;          // 接收数据
                if(str.matches("^\\d+$")){            // 判断是否由数字组成
                    temp = Integer.parseInt(str) ;    // 转型
                    flag = false ;                    // 结束循环
                }else{
                    System.out.println(err) ;         // 打印错误信息
                }
            }
            return temp ;
        }
        public float getFloat(String info,String err){// 得到一个小数的输入数据
            float temp = 0 ;
            String str = null ;
            boolean flag = true ;              // 定义一个标记位
            while(flag){
                str = this.getString(info) ;          // 接收数据
                if(str.matches("^\\d+.?\\d+$")){      // 判断是否由数字组成
                    temp = Float.parseFloat(str) ;    // 转型
                    flag = false ;                    // 结束循环
                }else{
                    System.out.println(err) ;         // 打印错误信息
                }
            }
            return temp ;
        }
        public Date getDate(String info,String err){ // 得到一个小数的输入数据
            Date temp = null ;
            String str = null ;
            boolean flag = true ;              // 定义一个标记位
            while(flag){
                str = this.getString(info) ;          // 接收数据
                if(str.matches("^\\d{4}-\\d{2}-\\d{2}$")){    // 判断是否由数字组成
                    SimpleDateFormat sdf = new SimpleDateFormat("yyyy-MM-dd") ;
                    try{
                        temp = sdf.parse(str) ;       // 将字符串变为Date型数据
                    }catch(Exception e){}
                    flag = false ;                    // 结束循环
                }else{
                    System.out.println(err) ;         // 打印错误信息
                }
            }
            return temp ;
        }
};
```

上述代码可以实现整数、小数、字符串、日期类型数据的输入。在得到日期类型时使用了 SimpleDateFormat 类，并指定了日期的转换模板，将一个字符串变为了一个 Date 类型的数据，这一点在开发中较为常用。

14.11　Scanner 类

知识点讲解：光盘:视频\PPT 讲解（知识点）\第 14 章\Scanner 类.mp4

从 JDK 1.5 版本之后，Java 专门提供了输入数据类 Scanner，此类不但可以完成输入数据的操作，而且也能方便地验证输入的数据。在本节将详细讲解类 Scanner 的基本知识，为读者步入本书后面知识的学习打下基础。

14.11.1　Scanner 类基础

Scanner 类被放在 java.util 包中，其常用方法如表 14-14 所示。

Scanner 类可以接收任意的输入流。在 Scanner 类中有一个可以接收 InputStream 类型的构造方法，这就表示只要是字节输入流的子类都可以通过 Scanner 类进行方便的读取。

表 14-14　　　　　　　　　　　　　　Scanner 类的常用方法

方　　法	类型	描　　述
public Scanner(File source) throws FileNotFoundException	构造	从文件中接收内容
public Scanner(InputStream source)	构造	从指定的字节输入流中接收内容
public boolean hasNext(Pattern pattern)	普通	判断输入的数据是否符合指定的正则标准
public boolean hasNextInt()	普通	判断输入的是否是整数
public boolean hasNextFloat()	普通	判断输入的是否是小数
public String next()	普通	接收内容
public String next(Pattern pattern)	普通	接收内容，进行正则验证。
public int nextInt()	普通	接收数字
public float nextFloat()	普通	接收小数
public Scanner useDelimiter(String pattern)	普通	设置读取的分隔符

14.11.2　使用 Scanner 类

在 Java 应用中，可以使用 Scanner 类实现基本的数据输入。最简单的数据输入方法是，直接使用 Scanner 类的 next()方法来实现。

实例 112　　**输入数据**

源码路径　\daima\14\ScannerT1.java　　　　　视频路径　\视频\实例\第 14 章\112

实例文件 ScannerT1.java 的主要代码如下所示。

```java
import java.util.* ;
public class ScannerT1{
    public static void main(String args[]){
        // 从键盘接收数据
        Scanner scan = new Scanner(System.in) ;
        System.out.print("输入数据:") ;
        String str = scan.next() ;    // 接收数据
        System.out.println("输入的数据为:" + str) ;
    }
};
```

范例 223：设计一个分隔符
源码路径：光盘\演练范例\223\
视频路径：光盘\演练范例\223\
范例 224：创建磁盘索引文件
源码路径：光盘\演练范例\224\
视频路径：光盘\演练范例\224\

执行后的效果如图 14-26 所示。

在上面的实例中存在一个问题，如果输入了带有空格的内容，则只能取出空格之前的数据。这是因为 Scanner 将空格当作了一个分隔符。如果要输入 int 或 float 类型的数据，在类 Scanner 中也有支持这些类型的方法。但是在输入之前最好先使用方法 hasNextXxx()进行验证，例如下面的演示代码【光盘\daima\14\ScannerT3.java】。

<terminated> ScannerT1 [Java Application]
输入数据：aaa　　www
输入的数据为：aaa

图 14-26　执行效果

```java
import java.util.* ;
public class ScannerT3{
    public static void main(String args[]){
        Scanner scan = new Scanner(System.in) ;    // 从键盘接收数据
        int i = 0 ;
        float f = 0.0f ;
        System.out.print("输入整数:") ;
        if(scan.hasNextInt()){       // 判断输入的是否是整数
            i = scan.nextInt() ;        // 接收整数
            System.out.println("整数数据:" + i) ;
        }else{
            System.out.println("输入的不是整数!") ;
        }
        System.out.print("输入小数:") ;
        if(scan.hasNextFloat()){     // 判断输入的是否是小数
            f = scan.nextFloat() ;    // 接收小数
            System.out.println("小数数据:" + f) ;
        }else{
            System.out.println("输入的不是小数!") ;
```

```
        }
    }
};
```

执行后的效果如图 14-27 所示。

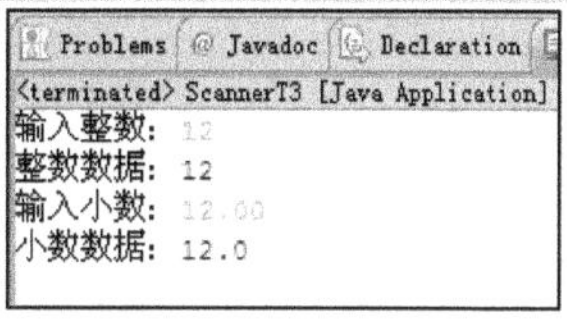

在 Java 应用中，Scanner 类没有提供专门的日期格式输入操作，如果想得到一个日期类型的数据，必须自己编写正则验证，并手工转换。例如下面的代码【光盘\daima\14\ScannerT4.java】演示了得到日期的操作过程。

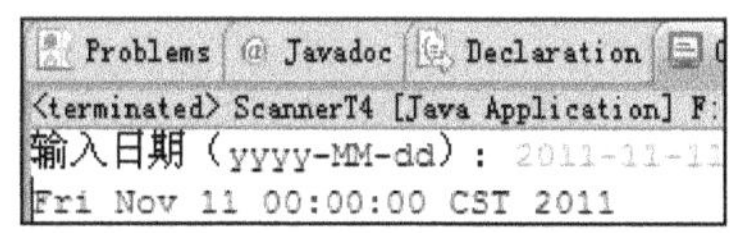

图 14-27   执行效果

```
import java.util.* ;
import java.text.* ;
public class ScannerT4{
    public static void main(String args[]){
        Scanner scan = new Scanner(System.in) ;     // 从键盘接收数据
        String str = null ;
        Date date = null ;
        System.out.print("输入日期 (yyyy-MM-dd):") ;
        if(scan.hasNext("^\\d{4}-\\d{2}-\\d{2}$")){       // 判断
            str = scan.next("^\\d{4}-\\d{2}-\\d{2}$") ;    // 接收
            try{
                date = new SimpleDateFormat("yyyy-MM-dd").parse(str) ;
            }catch(Exception e){}
        }else{
            System.out.println("输入的日期格式错误!") ;
        }
        System.out.println(date) ;
    }
};
```

在上述代码中，使用 hasNext()对输入的数据进行正则验证，如果合法，则转换成 Date 类型。执行后的效果如图 14-28 所示。

如果要从文件中取得数据，则直接将类 File 的实例传入到 Scanner 的构造方法中即可。假如现在要显示"d:\test.txt"中的内容，则可以采用以下的代码，此文件的内容如图 14-29 所示。

图 14-28   执行效果

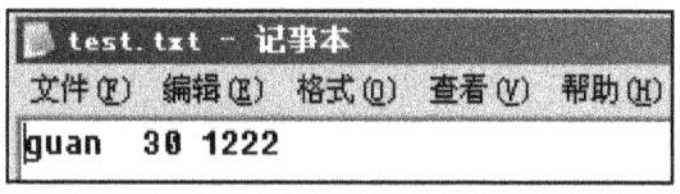

图 14-29   文件 "d:\test.txt" 中的内容

我们可以用如下代码【光盘\daima\14\ScannerT5.java】来读取文件 "d:\test.txt" 中的内容。

```
import java.util.* ;
import java.text.* ;
import java.io.* ;
public class ScannerT5{
    public static void main(String args[]){
        File f = new File("D:" + File.separator + "test.txt") ;     // 指定操作文件
        Scanner scan = null ;
        try{
            scan = new Scanner(f) ;     // 从键盘接收数据
        }catch(Exception e){}
        StringBuffer str = new StringBuffer() ;
        while(scan.hasNext()){
            str.append(scan.next()).append('\n') ;     // 读取数据
        }
        System.out.println("文件内容为:" + str) ;
    }
};
```

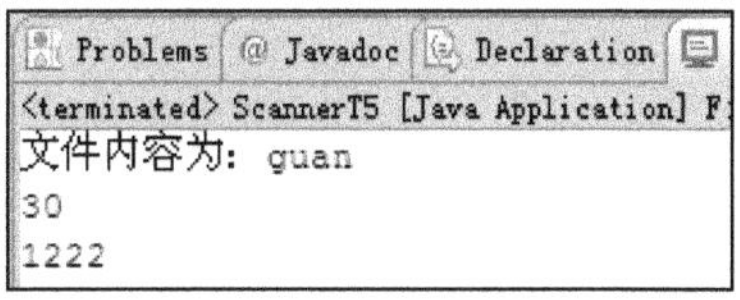

图 14-30   执行效果

执行后的效果如图 14-30 所示。

从类 Scanner 的操作过程可以发现，此类有一个默认的分隔符，这样如果在文件中存在换行，则表示一次输入结束，所以本程序采用循环的方式读取，并在每次读完一行之后加入换行符，因为读取时内容需要反复修改，所以使用类 StringBuffer 可以提升操作性能。

14.12　数据操作流

知识点讲解：光盘:视频\PPT 讲解（知识点）\第 14 章\数据操作流.mp4

在 Java 的 I/O 包中，提供了两个与平台无关的数据操作流，分别为数据输出流（DataOutputStream）和数据输入流（DataInputStream）。数据输出流会按照一定的格式将数据输出，再通过数据输入流按照一定的格式将数据读入，这样可以方便地对数据进行处理。

例如，有一个如表 14-15 所示的一组表示订单的数据。

表 14-15　　　　　　　　　　　　　　　　　　订单数据

商　品　名	价格/元	数量/个
帽子	98.3	3
衬衣	30.3	2
裤子	50.5	1

如果要将以上数据保存到文件中，就可以使用数据输出流将内容保存到文件，然后再使用数据输入流从文件中读取进来。

14.12.1　DataOutputStream 类

DataOutputStream 类是 OutputStream 的子类，定义此类的格式如下所示。

```
public class DataOutputStream extends FilterOutputStream implements DataOutput
```

DataOutputStream 类继承自 FilterOutputStream 类（FilterOutputStream 是 OutputStream 的子类），同时实现了 DataOutput 接口，在 DataOutput 接口定义了一系列的写入各种数据的方法。

DataOutput 是数据的输出接口，其中定义了各种数据的输出操作方法，例如在 DataOutputStream 类中的各种 writeXxx() 方法就是此接口定义的，但是在数据输出时一般会直接使用 DataOutputStream，只有在对象序列化时才有可能直接操作到此接口，这一点将在讲解 Externalizable 接口时为读者介绍。

类 DataOutputStream 中的常用方法如表 14-16 所示。

表 14-16　　　　　　　　　　　　　　**DataOutputStream 类的常用方法**

方　　法	类型	描　　述
public DataOutputStream(OutputStream out)	构造	实例化对象
public final void writeInt(int v) throws IOException	普通	将一个 int 值以 4-byte 值形式写入基础输出流中
public final void writeDouble(double v) throws IOException	普通	写入一个 double 类型，该值以 8-byte 值形式写入基础输出流中
public final void writeChars(String s) throws IOException	普通	将一个字符串写入到输出流中
public final void writeChar(int v) throws IOException	普通	将一个字符写入到输出流中

例如通过下面的代码【光盘\daima\14\DataOutputStreamT.java】可以将订单数据写入到文件 order.txt 中。

```
import java.io.DataOutputStream ;
import java.io.File ;
import java.io.FileOutputStream ;
public class DataOutputStreamT{
    public static void main(String args[]) throws Exception{        // 所有异常抛出
        DataOutputStream dos = null ;                               // 声明数据输出流对象
        File f = new File("d:" + File.separator + "order.txt") ;     // 文件的保存路径
        dos = new DataOutputStream(new FileOutputStream(f)) ;        // 实例化数据输出流对象
        String names[] = {"帽子","衬衣","裤子"} ;                     // 商品名称
```

```
        float prices[] = {98.3f,30.3f,50.5f} ;       // 商品价格
        int nums[] = {3,2,1} ;                        // 商品数量
        for(int i=0;i<names.length;i++){              // 循环输出
            dos.writeChars(names[i]) ;                // 写入字符串
            dos.writeChar('\t') ;                     // 写入分隔符
            dos.writeFloat(prices[i]) ;               // 写入价格
            dos.writeChar('\t') ;                     // 写入分隔符
            dos.writeInt(nums[i]) ;                   // 写入数量
            dos.writeChar('\n') ;                     // 换行
        }
        dos.close() ;      // 关闭输出流
    }
};
```

在上述代码中，设置结果中每条数据之间使用"\n"分隔，每条数据中的每个内容之间使用"\t"分隔，写入后就可以利用 DataInputStream 将内容读取进来。

14.12.2　DataInputStream 类

DataInputStream 类是 InputStream 的子类，能够读取并使用 DataOutputStream 输出的数据。定义 DataInputStream 类的格式如下所示。

```
public class DataInputStream extends FilterInputStream implements DataInput
```

DataInputStream 类继承自 FilterInputStream 类（FilterInputStream 是 InputStream 的子类），同时实现 DataInput 接口，在 DataInput 接口中定义了一系列读入各种数据的方法。

DataInput 接口是读取数据的操作接口，与 DataOutput 接口提供的各种 writerXxx()方法对应，在此接口中定义了一系列的 readXxx()方法，这些方法在 DataInputStream 类中都有实现。一般在操作时不会直接使用到此接口，而主要使用 DataInputStream 类完成读取功能，只有在对象序列化时才有可能直接利用此接口读取数据，这一点在讲解 Externalizable 接口时再为读者介绍。

DataInputStream 类中的常用方法如表 14-17 所示。

表 14-17　　　　　　　　　　　**DataInputStream** 类的常用方法

方　　法	类型	描　　述
public DataInputStream(InputStream in)	构造	实例化对象
public final int readInt() throws IOException	普通	从输入流中读取整数
public final float readFloat() throws IOException	普通	从输入流中读取小数
public final char readChar() throws IOException	普通	从输入流中读取一个字符

例如通过下面的代码【光盘\daima\14\DataInputStreamT.java】可以读取文件 order.txt 中的订单数据。

```
import java.io.DataInputStream ;
import java.io.File ;
import java.io.FileInputStream ;
public class DataInputStreamT{
    public static void main(String args[]) throws Exception{    // 所有异常抛出
        DataInputStream dis = null ;                            // 声明数据输入流对象
        File f = new File("d:" + File.separator + "order.txt") ;  // 文件的保存路径
        dis = new DataInputStream(new FileInputStream(f)) ;     // 实例化数据输入流对象
        String name = null ;                                    // 接收名称
        float price = 0.0f ;                                    // 接收价格
        int num = 0 ;                                           // 接收数量
        char temp[] = null ;                                    // 接收商品名称
        int len = 0 ;                                           // 保存读取数据的个数
        char c = 0 ;                                            // '\u0000'
        try{
            while(true){
                temp = new char[200] ;                          // 开辟空间
                len = 0 ;
                while((c=dis.readChar())!='\t'){                // 接收内容
                    temp[len] = c ;
                    len ++ ;    // 读取长度加1
```

```
            }
            name = new String(temp,0,len) ;          // 将字符数组变为String
            price = dis.readFloat() ;                 // 读取价格
            dis.readChar() ;                          // 读取\t
            num = dis.readInt() ;                     // 读取int
            dis.readChar() ;                          // 读取\n
            System.out.printf("名称: %s; 价格: %5.2f; 数量: %d\n",name,price,num) ;
        }
    }catch(Exception e){}
    dis.close() ;
    }
};
```

在使用数据输入流读取时，因为每条记录之间使用"\t"作为分隔，每行记录之间使用"\n"作为分隔，所以要分别使用 readChar()读取这两个分隔符，才能将数据正确地还原。执行效果如图 14-31 所示。

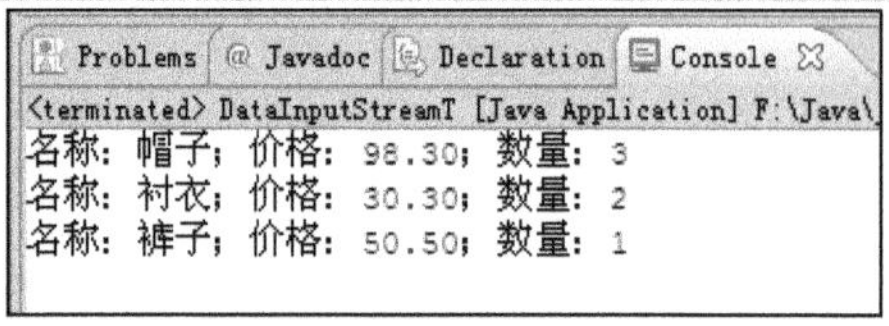

图 14-31　执行效果

14.13　合　并　流

知识点讲解：光盘:视频\PPT 讲解（知识点）\第 14 章\合并流.mp4

合并流的功能是将两个文件的内容合并成一个文件。在 Java 中必须使用 SequenceInput Stream 类来实现合并流功能，此类中的常用方法如表 14-18 所示。

表 14-18　　　　　　　　　SequenceInputStream 类中的常用方法

方　　法	类型	描　　述
public SequenceInputStream(InputStream s1,InputStream s2)	构造	使用两个输入流对象实例化本类对象
public int available() throws IOException	普通	返回文件大小

例如可以通过如下代码【光盘\daima\14\SequenceT.java】来合并两个文件。

```java
import java.io.File ;
import java.io.SequenceInputStream ;
import java.io.FileInputStream ;
import java.io.InputStream ;
import java.io.FileOutputStream ;
import java.io.OutputStream ;
public class SequenceT{
    public static void main(String args[]) throws Exception {   // 所有异常抛出
        InputStream is1 = null ;                    // 输入流1
        InputStream is2 = null ;                    // 输入流1
        OutputStream os = null ;                    // 输出流
        SequenceInputStream sis = null ;            // 合并流
        is1 = new FileInputStream("d:." + File.separator + "a.txt") ;
        is2 = new FileInputStream("d:." + File.separator + "b.txt") ;
        os = new FileOutputStream("d:." + File.separator + "ab.txt") ;
        sis = new SequenceInputStream(is1,is2) ;    // 实例化合并流
        int temp = 0 ;    // 接收内容
        while((temp=sis.read())!=-1){               // 循环输出
            os.write(temp) ;                        // 保存内容
        }
        sis.close() ;                               // 关闭合并流
        is1.close() ;                               // 关闭输入流1
        is2.close() ;                               // 关闭输入流2
        os.close() ;                                // 关闭输出流
    }
};
```

在上述代码中，在实例化 SequenceInputStream 类时指定了两个输入流，所以 Sequence InputStream 类在读取时实际上是从两个输入流中一起读取内容的。一定要确保文件 a.txt、b.txt 和 ab.txt 存在，否则会抛出异常。

14.14 压 缩 流

知识点讲解：光盘:视频\PPT 讲解（知识点）\第 14 章\压缩流.mp4

在 Java 编程应用中，经常会使用到 WinRAR 或 WinZIP 等压缩文件，通过这些软件可以把一个很大的文件进行压缩以便于传输。在 Java 中为了减少传输时的数据量也提供了专门的压缩流，可以将文件或文件夹压缩成 ZIP、JAR、GZIP 等文件形式。

14.14.1 ZIP 压缩输入/输出流简介

在 Java IO 中，不仅可以实现 ZIP 压缩格式的输入、输出，也可以实现 JAR 及 GZIP 文件格式的压缩。ZIP 是一种较为常见的压缩形式，在 Java 中要实现 ZIP 的压缩需要导入 java.util.zip 包，可以使用此包中的 ZipFile、ZipOutputStream、ZipInputStream 和 ZipEntry 几个类完成操作。

在 Java 中，JAR 压缩的支持类保存在 java.util.jar 包中，其中有如下几个最为常用的类。

❏ JAR 压缩输出流：JarOutputStream。

❏ JAR 压缩输入流：JarInputStream。

❏ JAR 文件：JARFile。

❏ JAR 实体：JAREntry。

GZIP 是用于 UNIX 系统的文件压缩，在 Linux 中经常会使用到*.gz 的文件，这就是 GZIP 格式。GZIP 压缩的支持类保存在 java.util.zip 包中，有如下两个常用的类。

❏ GZIP 压缩输出流：GZIPOutputStream。

❏ GZIP 压缩输入流：GZIPInputStream。

在每一个压缩文件中都会存在多个子文件，每一个子文件在 Java 中就使用 ZipEntry 表示。ZipEntry 类中的常用方法如表 14-19 所示。

表 14-19　　　　　　　　　　　　　ZipEntry 类的常用方法

方　　法	类型	描　　述
public ZipEntry(String name)	构造	创建对象并指定要创建的 ZipEntry 名称
public boolean isDirectory()	普通	判断此 ZipEntry 是否是目录

另外需要注意的是，压缩的输入/输出类定义在 java.util.zip 包中。压缩的输入/输出流也属于 InputStream 或 OutputStream 的子类，但是却没有定义在 java.io 包中，而是以一种工具类的形式提供的，在操作时还需要使用 java.io 包的支持。

14.14.2 ZipOutputStream 类

如果要完成一个文件或文件夹的压缩，则要使用 ZipOutputStream 类。ZipOutputStream 类是 OutputStream 的子类，其常用操作方法如表 14-20 所示。

表 14-20　　　　　　　　　　　ZipOutputStream 类的常用方法

方　　法	类型	描　　述
public ZipOutputStream(OutputStream out)	构造	创建新的 ZIP 输出流
public void putNextEntry(ZipEntry e) throws IOException	普通	设置每一个 ZipEntry 对象
public void setComment(String comment)	普通	设置 ZIP 文件的注释

现在假设在 D 盘中存在一个名为 www.txt 的文件，文件中的内容如图 14-32 所示。

图 14-32　www.txt 的内容

如果要将此文件压缩成文件 www.zip，可以通过如下代码【光盘\daima\14\ZipOutputStream T1.java】实现。

```java
import java.io.File ;
import java.io.FileInputStream ;
import java.io.InputStream ;
import java.util.zip.ZipEntry ;
import java.util.zip.ZipOutputStream ;
import java.io.FileOutputStream ;
public class ZipOutputStreamT1{
    public static void main(String args[]) throws Exception{          // 所有异常抛出
        File file = new File("d:" + File.separator + "www.txt") ;      // 定义要压缩的文件
        File zipFile = new File("d:" + File.separator + "www.zip") ;   // 定义压缩文件名称
        InputStream input = new FileInputStream(file) ;               // 定义文件的输入流
        ZipOutputStream zipOut = null ;                              // 声明压缩流对象
        zipOut = new ZipOutputStream(new FileOutputStream(zipFile)) ;
        zipOut.putNextEntry(new ZipEntry(file.getName())) ;          // 设置ZipEntry对象
        zipOut.setComment("www.www.cn") ;                           // 设置注释
        int temp = 0 ;
        while((temp=input.read())!=-1){                             // 读取内容
            zipOut.write(temp) ;                                    // 压缩输出
        }
        input.close() ;                                            // 关闭输入流
        zipOut.close() ;                                           // 关闭输出流
    }
};
```

在上述代码中，将文件 www.txt 作为源文件，然后使用 ZipOutputStream 将所有的压缩数据输出到 www.zip 文件中，程序运行后会在 D 盘上创建一个 www.zip 的压缩文件。执行效果如图 14-33 所示。

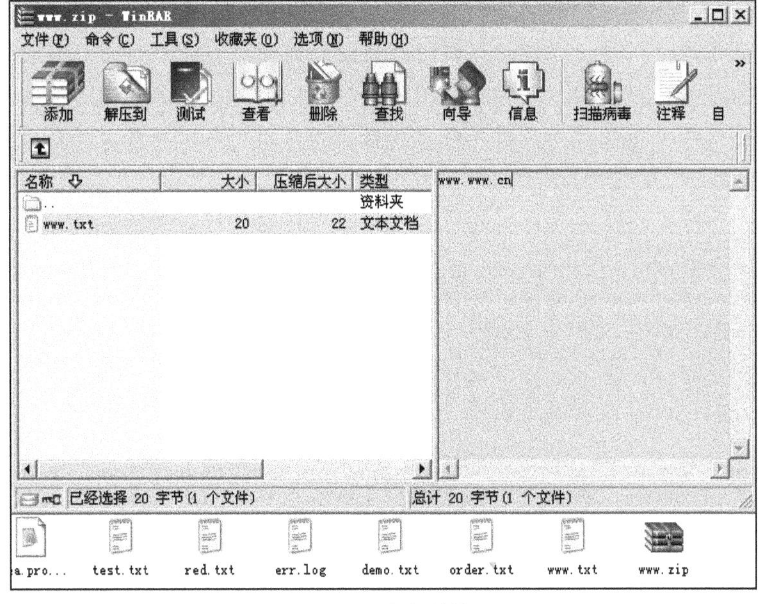

图 14-33　执行效果

上面代码是对一个文件进行压缩，但是在日常的开发中，往往需要对一个文件夹进行压缩，假如在 D 盘中存在一个 www 的文件夹，如图 14-34 所示。

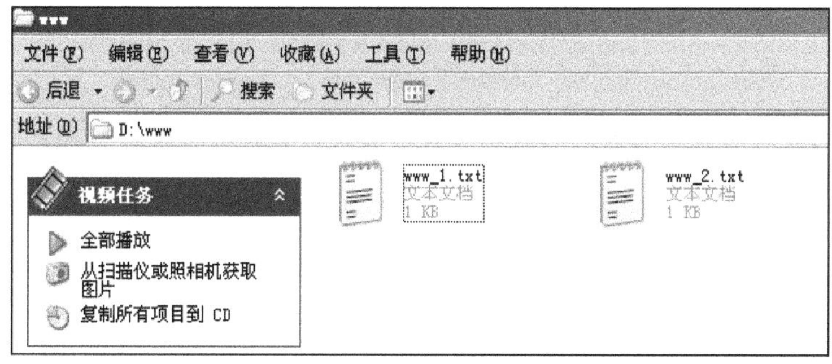

图 14-34 www 的文件夹

从使用各种压缩软件的经验来看，如果现在要进行压缩，则在压缩后的文件中应该存在一个 www 文件夹。在文件夹中应该存放着各个压缩文件。所以，在实现时就应该列出文件夹中的全部内容，并把每一个内容设置成 ZipEntry 对象，保存到压缩文件中。我们可以通过如下代码【光盘\daima\14\ZipOutputStreamT2.java】来压缩 D 盘中的文件夹 www。

```java
import java.io.File ;
import java.io.FileInputStream ;
import java.io.InputStream ;
import java.util.zip.ZipEntry ;
import java.util.zip.ZipOutputStream ;
import java.io.FileOutputStream ;
public class ZipOutputStreamT2{
    public static void main(String args[]) throws Exception{        // 所有异常抛出
        File file = new File("d:" + File.separator + "www") ;        // 定义要压缩的文件夹
        File zipFile = new File("d:" + File.separator + "www.zip") ; // 定义压缩文件名称
        InputStream input = null ;                                  // 定义文件输入流
        ZipOutputStream zipOut = null ;                             // 声明压缩流对象
        zipOut = new ZipOutputStream(new FileOutputStream(zipFile)) ;
        zipOut.setComment("www.www.cn") ;                          // 设置注释
        int temp = 0 ;
        if(file.isDirectory()){                                    // 判断是否是文件夹
            File lists[] = file.listFiles() ;                      // 列出全部文件
            for(int i=0;i<lists.length;i++){
                input = new FileInputStream(lists[i]) ;            // 定义文件的输入流
                zipOut.putNextEntry(new ZipEntry(file.getName()
                    +File.separator+lists[i].getName())) ;         // 设置ZipEntry对象
                while((temp=input.read())!=-1){                    // 读取内容
                    zipOut.write(temp) ;                           // 压缩输出
                }
                input.close() ;                                    // 关闭输入流
            }
        }
        zipOut.close() ;                                           // 关闭输出流
    }
};
```

以上代码将文件夹"www"的内容压缩成 www.zip 文件。程序首先判断给定的路径是否是文件夹，如果是文件夹，则将此文件夹中的内容使用 listFiles()方法全部列出，此方法返回 File 的对象数组，然后将此 File 对象数组中的每个文件进行压缩，每次压缩时都要设置一个新的 ZipEntry 对象。程序执行完毕后，在 D 盘中会生成一个 www.zip 的文件，文件打开后的效果如图 14-35 所示。

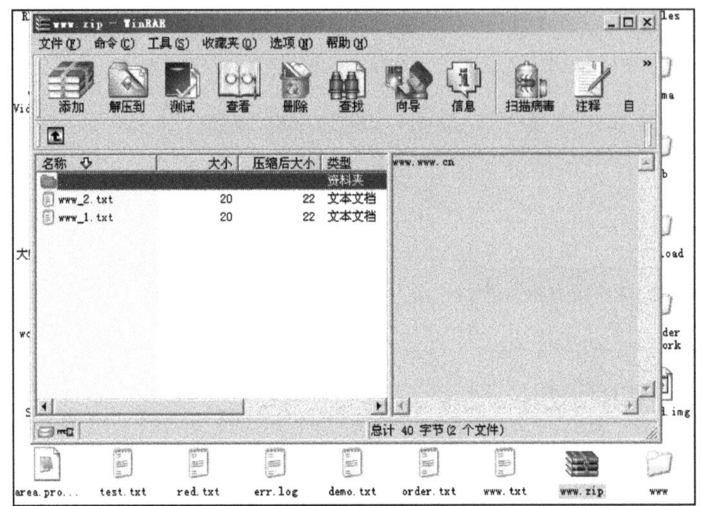

图 14-35　压缩的文件夹

14.14.3　ZipFile 类

在 Java 应用中，每一个压缩文件都可以使用 ZipFile 表示，还可以使用 ZipFile 根据压缩后的文件名称找到每一个压缩文件中的 ZipEntry 并将其进行解压缩操作。ZipFile 类中的常用方法如表 14-21 所示。

表 14-21　　　　　　　　　　ZipFile 类的常用方法

方　　法	类型	描　　述
public ZipFile(File file) throws ZipException, IOException	构造	根据 File 类实例化 ZipFile 对象
public ZipEntry getEntry(String name)	普通	根据名称找到其对应的 ZipEntry
public InputStream getInputStream(ZipEntryentry) throws IOException	普通	根据 ZipEntry 取得 InputStream 实例
public String getName()	普通	得到压缩文件的路径名称

当进行 ZipFile 类实例化时需要用 File 来指定路径。

实例 113	实例化 ZipFile 类对象
	源码路径　\daima\14\ZipFileT1.java　　　　视频路径　\视频\实例\第 14 章\113

实例文件 ZipFileT1.java 的主要代码如下所示。

```java
import java.io.File ;
import java.io.FileInputStream ;
import java.io.InputStream ;
import java.util.zip.ZipEntry ;
import java.util.zip.ZipOutputStream ;
import java.util.zip.ZipFile ;
import java.io.FileOutputStream ;
public class ZipFileT1{
    public static void main(String args[]) throws Exception{  // 所有异常抛出
    File file = new File("d:" + File.separator + "www.zip") ;  // 找到压缩文件
        ZipFile zipFile = new ZipFile(file) ;           // 实例化ZipFile对象
        System.out.println("压缩文件的名称: " + zipFile.getName()) ;
                                                   // 得到压缩文件的名称

    }
};
```

范例 225：实现压缩处理

源码路径：光盘\演练范例\225\

视频路径：光盘\演练范例\225\

范例 226：快速全盘查找文件

源码路径：光盘\演练范例\226\

视频路径：光盘\演练范例\226\

以上程序只是实例化 ZipFile 对象，并通过 getName()方法取得了压缩文件的名称。执行后的效果如图 14-36 所示。

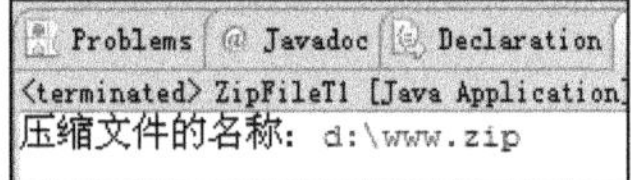

图 14-36　执行效果

14.14.4　ZipInputStream 类

ZipInputStream 类是 InputStream 类的子类，通过此类可以方便地读取 ZIP 格式的压缩文件，此类的常用方法如表 14-22 所示。

表 14-22　　　　　　　　　　　ZipInputStream 类的常用方法

方　　法	类型	描　　述
public ZipInputStream(InputStream in)	构造	实例化 ZipInputStream 对象
public ZipEntry getNextEntry() throws IOException	普通	取得下一个 ZipEntry

使用类 ZipInputStream 可以像使用 ZipFile 的方法一样，也可以取得 ZIP 压缩文件中的每一个 ZipEntry。

实例 114	取得 www.zip 中的一个 ZipEntry
源码路径　\daima\14\ZipInputStreamT1.java	视频路径　\视频\实例\第 14 章\114

实例文件 ZipInputStreamT1.java 的主要代码如下所示。

```java
import java.io.File ;
import java.io.FileInputStream ;
import java.io.InputStream ;
import java.util.zip.ZipEntry ;
import java.util.zip.ZipInputStream ;
import java.io.FileInputStream ;
public class ZipInputStreamT1{
    public static void main(String args[]) throws Exception{ // 所有异常抛出
        File zipFile = new File("d:" + File.separator + "www.zip") ;
                                        //定义压缩文件名称
        ZipInputStream input = null ;              // 定义压缩输入流
        input = new ZipInputStream(new FileInputStream(zipFile)) ; //实例化ZIpInputStream
        ZipEntry entry = input.getNextEntry() ;        // 得到一个压缩实体
        System.out.println("压缩实体名称:" + entry.getName()) ;
        input.close() ;
    }
};
```

范例 227：读取压缩文件实体
源码路径：光盘\演练范例\227\
视频路径：光盘\演练范例\227\
范例 228：获取磁盘中所有文件
源码路径：光盘\演练范例\228\
视频路径：光盘\演练范例\228\

执行后的效果如图 14-37 所示。

在上面的实例中可以发现，通过 ZipInputStream 类中的 getNextEntry()方法可以依次取得每一个 ZipEntry，那么将此类与 ZipFile 结合就可以对压缩的文件夹进行

图 14-37　执行效果

解压缩操作。但是需要注意的是，在 mldndir.zip 文件中本身是包含压缩的文件夹的，所以在进行解压缩前，应该先根据 ZIP 文件中的文件夹的名称在硬盘上创建好一个对应的文件夹，然后才能把文件解压缩进去，而且在操作时对于每一个解压缩的文件都必须先创建（File 类的 createNewFile()方法可以创建新文件）后再将内容输出。

14.15　回　退　流

知识点讲解：光盘:视频\PPT 讲解（知识点）\第 14 章\回退流.mp4

在 Java I/O 中，所有的数据都采用顺序的读取方式，即对于一个输入流来说，都是采用从头到尾的顺序读取的。如果在输入流中某个不需要的内容被读取进来，则只能通过程序将这些不需要的内容处理掉。为了解决这样的读取问题，在 Java 中提供了一种回退输入流（PushbackInputStream、PushbackReader），可以把读取进来的某些数据重新退回到输入流的缓冲区中。

在回退流之中，对于不需要的数据可以使用 unread()方法将内容重新送回到输入流的缓冲区中。下面以 PushbackInputStream 为例进行讲解，PushbackInputStream 类中的常用方法如

表 14-23 所示。

表 14-23　　　　　　　　　　　PushbackInputStream 类的常用方法

方　　法	类型	描　　述
public PushbackInputStream(InputStream in)	构造	将输入流放入到回退流中
public int read() throws IOException	普通	读取数据
public int read(byte[] b,int off,int len) throws IOException	普通	读取指定范围的数据
public void unread(int b) throws IOException	普通	回退一个数据到缓冲区前面
public void unread(byte[] b) throws IOException	普通	回退一组数据到缓冲区前面
public void unread(byte[] b,int off,int len) throws IOException	普通	回退指定范围的一组数据到缓冲区前面

表 14-24 中的 3 个 unread()方法与 InputStream（PushbackInputStream 是 InputStream 的子类）类中的 3 个 read()方法相对应，所以回退完全是针对于输入流进行操作的，如表 14-24 所示。

表 14-24　　　　　　　　　　　回退流与输入流的对应

	InputStream		PushbackInputStream
读取一个	public abstract int read() throws IOException	回退一个	public void unread(int b)throws IOException
读取一组	public int read(byte[] b) throws IOException	回退一组	public void unread(byte[] b) throws IOException
读取部分	public int read(byte[] b,int off,int len) throws IOException	回退部分	public void unread(byte[] b,int off, int len) throws IOException

下面以一个简单的程序为例进行回退流的讲解，现在内存中有一个"www.www.cn"字符串，只要输入的内容是"."则执行回退操作，即不读取"."。具体代码【光盘\daima\14\huitui.java】如下所示。

```java
import java.io.ByteArrayInputStream ;
import java.io.PushbackInputStream ;
public class huitui{
    public static void main(String args[]) throws Exception {  // 所有异常抛出
        String str = "www.www.cn" ;                            // 定义字符串
        PushbackInputStream push = null ;                      // 定义回退流对象
        ByteArrayInputStream bai = null ;                      // 定义内存输入流
        bai = new ByteArrayInputStream(str.getBytes()) ;       // 实例化内存输入流
        push = new PushbackInputStream(bai) ;                  // 从内存中读取数据
        System.out.print("读取之后的数据为:") ;
        int temp = 0 ;
        while((temp=push.read())!=-1){                         // 读取内容
            if(temp=='.'){                                     // 判断是否读取到了"."
                push.unread(temp) ;                            // 放回到缓冲区之中
                temp = push.read() ;                           // 再读一遍
                System.out.print("(退回"+(char)temp+")") ;
            }else{
                System.out.print((char)temp) ;                // 输出内容
            }
        }
    }
};
```

执行后的效果如图 14-38 所示。

读取之后的数据为: www（退回.）www（退回.）cn

图 14-38　执行效果

14.16　字　符　编　码

知识点讲解：光盘:视频\PPT 讲解（知识点）\第 14 章\字符编码.mp4

在计算机世界里，任何的文字都是以指定的编码方式存在的，在 Java 程序的开发中最常见的是 ISO8859-1、GBK/GB2312、unicode、UTF 编码，具体说明如下所示。

- ❑ ISO8859-1：属于单字节编码，最多只能表示 0~255 的字符范围，主要在英文上应用。
- ❑ GBK/GB2312：中文的国标编码，专门用来表示汉字，是双字节编码，如果在此编码中出现中文，则使用 ISO8859-1 编码，GBK 可以表示简体中文和繁体中文，而 GB2312 只能表示简体中文，GBK 兼容 GB2312。
- ❑ unicode：Java 中使用此编码方式，它是最标准的一种编码，使用十六进制表示编码。但此编码不兼容 ISO8859-1 编码。
- ❑ UTF：由于 unicode 不支持 ISO8859-1 编码，而且容易占用更多的空间，而且对于英文字母也需要使用两个字节编码，这样使得 unicode 不便于传输和存储，因此产生了 UTF 编码。UTF 编码兼容了 ISO8859-1 编码，同时也可以用来表示所有的语言字符，不过 UTF 编码是不定长编码，每一个字符的长度为 1~6 个字节不等。一般在中文网页中使用此编码，可以节省空间。

在程序中如果处理不好字符的编码，就有可能出现乱码问题。如果现在本机的默认编码是 GBK，但在程序中使用了 ISO8859-1 编码，则会出现字符的乱码问题。就像两个人交谈，一个人说的是中文，另外一个人说的是其他语言，如果语言不同，则肯定无法沟通。

如果要避免产生乱码，则程序的编码与本地的默认编码保持一致即可，而如果要知道本地的默认编码，在 Java 中可以使用类 System 来实现。

14.16.1 得到本机的编码显示

在前面讲解常用类库时曾经为读者介绍过，使用 System 类可以取得与系统有关的信息，所以直接使用此类即可找到系统的默认编码，使用如下方法实现。

```
public static Properties getProperty()
```

我们使用上述方法得到 JVM 的默认编码,例如下面的代码【光盘\daima\14\CharSetT1.java】。

```java
public class CharSetT1{
    public static void main(String args[]){
        System.out.println("系统默认编码:" +
            System.getProperty("file.encoding")) ;   // 获取当前系统编码
    }
};
```

执行后的效果如图 14-39 所示。现在操作系统的默认编码是 GBK，如果此时使用了 ISO8859-1 编码，则肯定出现乱码。

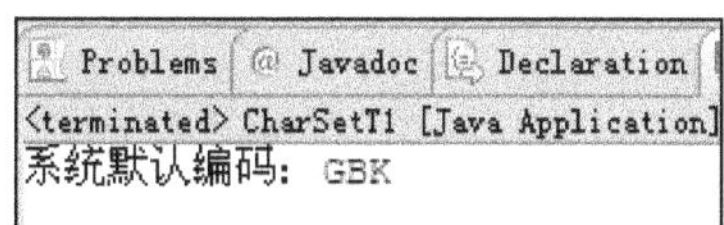

图 14-39　执行效果

14.16.2 产生乱码

假设现在本地的默认编码是 GBK，接下来通过 ISO8859-1 编码对文字进行编码转换。如果要实现编码的转换可以使用 String 类中的 getBytes(String charset)方法实现，此方法可以设置指定的编码，使用该方法的语法格式如下所示。

```
public byte[] getBytes(String charset) ;
```

下面的代码【光盘\daima\14\CharSetT2.java】演示了上述方法的用法。

```java
import java.io.OutputStream ;
import java.io.FileOutputStream ;
import java.io.File ;
public class CharSetT2{
    public static void main(String args[]) throws Exception {
        File f = new File("D:" + File.separator + "test.txt") ;     // 实例化File类
```

```
        OutputStream out = new FileOutputStream(f) ;   // 实例化输出流
        byte b[] = "中国，你好!".getBytes("ISO8859-1") ;   // 转码操作
        out.write(b) ;   // 保存
        out.close() ;    // 关闭
    }
};
```

在上述代码中，因为编码不一致，所以在保存时出现了乱码。在 Java 的开发中，乱码是一个比较常见的问题。乱码的产生只有一个原因，即输出内容的编码（例如：程序指定）与接收内容的编码（如本机环境默认）不一致。执行后发现在文件 D:\test.txt 中出现了乱码，执行效果如图 14-40 所示。

图 14-40　执行效果

14.17　对象序列化

知识点讲解：光盘:视频\PPT 讲解（知识点）\第 14 章\对象序列化.mp4

对象序列化就是把一个对象变为二进制的数据流的一种方法，通过对象序列化可以方便地实现对象的传输或存储。在本节将详细讲解 Java 语言中对象序列化的基本知识，为读者步入本书后面知识的学习打下基础。

14.17.1　Serializable 接口

如果想实现对一个类的对象序列化处理,则对象所在的类必须实现 java.io.Serializable 接口。定义 Serializable 接口的语法格式如下所示。

```
public interface Serializable{}
```

由此可以发现，在此接口中并没有定义任何的方法，所以此接口是一个标识接口，表示一个类具备了被序列化的能力。例如在下面的代码【光盘\daima\14\Person.java】中定义了一个可序列化的类。

```
import java.io.Serializable ;
public class Person implements Serializable{
    private String name ;            // 声明name属性, 但是此属性不被序列化
    private int age ;                // 声明age属性
    public Person(String name,int age){  // 通过构造设置内容
        this.name = name ;
        this.age = age ;
    }
    public String toString(){         // 覆写toString()方法
        return "姓名:" + this.name + "; 年龄:" + this.age ;
    }
};
```

在上述代码中，Person 类已经实现了序列化接口，所以此类的对象是可以经过二进制数据流进行传输的。而如果要完成对象的输入或输出，还必须依靠对象输出流（ObjectOutputStream）和对象输入流（ObjectInputStream）。使用对象输出流输出序列化对象的步骤有时也称为序列化，而使用对象输入流读入对象的过程有时也称为反序列化。

14.17.2　对象输出流 ObjectOutputStream

一个对象如果要进行输出，则必须使用 ObjectOutputStream 类实现，定义此类的语法格式如下所示。

```
public class ObjectOutputStream
extends OutputStream
implements ObjectOutput, ObjectStreamConstants
```

ObjectOutputStream 类属于 OutputStream 的子类，此类中常用的方法如表 14-25 所示。

使用 ObjectOutputStream 类的形式与使用类 PrintStream 的形式非常相似，在实例化时也需要传入一个 OutputStream 的子类对象，然后根据传入的 OutputStream 子类的对象不同输出的位置也不同。例如在下面的代码【光盘\daima\14\SerT1.java】中，将 Person 类的对象保存在了文

件中。

表 14-25　　　　　　　　　　**ObjectOutputStream** 类的常用方法

方　　法	类型	描　　述
public ObjectOutputStream(OutputStream out) throws IOException	构造	传入输出的对象
public final void writeObject(Object obj) throws IOException	普通	输出对象

```java
import java.io.File ;
import java.io.FileOutputStream ;
import java.io.OutputStream ;
import java.io.ObjectOutputStream ;
public class SerT1{
    public static void main(String args[]) throws Exception {
        File f = new File("D:" + File.separator + "test.txt") ;   // 定义保存路径
        ObjectOutputStream oos = null ;                           // 声明对象输出流
        OutputStream out = new FileOutputStream(f) ;              // 文件输出流
        oos = new ObjectOutputStream(out) ;
        oos.writeObject(new Person("张X",30)) ;                   // 保存对象
        oos.close() ;                                            // 关闭
    }
};
```

通过以上代码可将内容保存到文件中，保存的内容全是二进制数据，但是保存的文件本身
不可以直接修改，因为会破坏其保存格式。执行效果如图 14-41 所示。

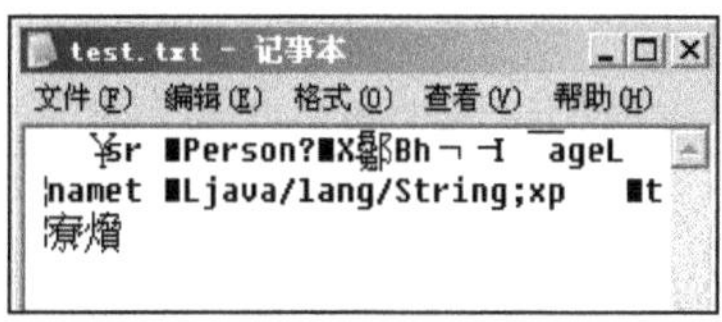

图 14-41　执行效果

14.17.3　对象输入流 ObjectInputStream

使用对象输入流 ObjectInputStream 可以直接把被序列化好的对象反序列化。定义
ObjectInputStream 的格式如下所示。

```java
public class ObjectInputStream
extends InputStream
implements ObjectInput, ObjectStreamConstants
```

ObjectInputStream 类也是 InputStream 的子类，与使用 PrintStream 类的方法类似。
ObjectInputStream 类同样需要接收 InputStream 类的实例才可以实例化，此类中的主要操作方法
如表 14-26 所示。

表 14-26　　　　　　　　　　**ObjectInputStream** 的主要操作方法

方　　法	类型	描　　述
public ObjectInputStream(InputStream in) throws IOException	构造	构造输入对象
public final Object readObject() throws IOException, ClassNotFoundException	普通	从指定位置读取对象

我们使用对象输入流将本章前面 14.17.2 节保存在文件中的对象读取出来，这个过程也称为
反序列化。例如用下面的代码【光盘\daima\14\SerT2.java】可以从文件中将 Person 对象反序列
化（读取）。

```java
import java.io.File ;
import java.io.FileInputStream ;
import java.io.InputStream ;
import java.io.ObjectInputStream ;
public class SerT2{
    public static void main(String args[]) throws Exception {
        File f = new File("D:" + File.separator + "test.txt") ;   // 定义保存路径
```

```
ObjectInputStream ois = null ;              // 声明对象输入流
InputStream input = new FileInputStream(f) ; // 文件输入流
ois = new ObjectInputStream(input) ;        // 实例化对象输入流
Object obj = ois.readObject() ;             // 读取对象
ois.close() ;                               // 关闭
System.out.println(obj) ;
        }
    };
```

执行效果如图 14-42 所示。

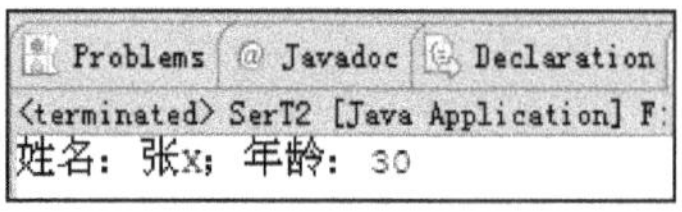

从程序的运行结果中可以清楚地发现，实现了
Serializable 接口类，对象中的所有属性都被序列化，如果用
户想根据自己的需要选择被序列化的属性，则可以使用另外
一种序列化接口——Externalizable。

图 14-42　执行效果

14.17.4　Externalizable 接口

被 Serializable 接口声明的类的对象的内容都将被序列化，如果现在用户希望自己指定序列
化的内容，可以让一个类实现 Externalizable 接口。定义 Externalizable 接口的格式如下所示。

```
public interface Externalizable extends Serializable {
    public void writeExternal(ObjectOutput out) throws IOException ;
    public void readExternal(ObjectInput in) throws IOException,
ClassNot FoundException ;
}
```

接口 Externalizable 是接口 Serializable 的子接口，在此接口中定义了两个方法，这两个方法
的作用如下。

❑　writeExternal (ObjectOutput out)：在此方法中指定要保存的属性信息，对象序列化时
　　调用。

❑　readExternal (ObjectInput in)：在此方法中读取被保存的信息，对象反序列化时调用。

上述两个方法的参数类型分别是 ObjectOutput 和 ObjectInput，定义这两个接口的格式如下
所示。

```
public interface ObjectOutput extends DataOutput
public interface ObjectInput extends DataInput
```

上述两个接口分别继承 DataOutput 和 DataInput，在这两个方法中就可以像 DataOutput
Stream 和 DataInputStream 那样直接输出和读取各种类型的数据。

当一个类要使用 Externalizable 实现序列化时，在此类中必须存在一个无参构造方法，因为
在反序列化时会默认调用无参构造实例化对象，如果没有此无参构造，则运行时将会出现异常，
这一点的实现机制与 Serializable 接口是不同的。

实例 115　　**修改 Person 类并实现 Externalizable 接口**

源码路径　\daima\14\Person1.java　　　　　　视频路径　\视频\实例\第 14 章\115

实例文件 Person1.java 的主要代码如下所示。

```
package org.lxh.demo12.serdemo;
import java.io.Externalizable;
import java.io.IOException;
import java.io.ObjectInput;
import java.io.ObjectOutput;
public class Person implements Externalizable
{// 此类的对象可以被序列化
    private String name;
// 声明name属性
    private int age;
// 声明age属性
    public Person(){}
// 必须定义无参构造
    public Person(String name, int age) {
// 通过构造方法设置属性内容
        this.name = name;
```

范例 229：序列化和反序列化 Person
对象

源码路径：光盘\演练范例\229\

视频路径：光盘\演练范例\229\

范例 230：合并多个 ".txt" 文件

源码路径：光盘\演练范例\230\

视频路径：光盘\演练范例\230\

```
            this.age = age;
        }
        public String toString() {
// 覆写toString()方法
            return "姓名:" + this.name + "; 年龄:" + this.age;
        }
        // 覆写此方法，根据需要读取内容，反序列化时使用
        public void readExternal(ObjectInput in)
        throws IOException, ClassNotFoundException {
            this.name = (String)in.readObject() ;
// 读取姓名属性
            this.age = in.readInt() ;
// 读取年龄
        }
        // 覆写此方法，根据需要可以保存属性或具体内容，序列化时使用
        public void writeExternal(ObjectOutput out)
throws IOException {
            out.writeObject(this.name) ;
// 保存姓名属性
            out.writeInt(this.age) ;
// 保存年龄属性
        }
}
```

在上面的实例代码中，以上程序中的 Person 类实现了 Externalizable 接口，这样用户就可以在类中有选择地保存需要的属性或者其他的具体数据。

使用 Externalizable 接口实现序列化明显要比使用 Serializable 接口实现序列化麻烦得多，除此之外，两者的实现还有不同，如表 14-27 所示。

表 14-27　　　　接口 **Externalizable** 与接口 **Serializable** 实现序列化的区别

区别	Serializable	Externalizable
实现复杂度	实现简单，Java 对其有内建支持	实现复杂，由开发人员自己完成
执行效率	所有对象由 Java 统一保存，性能较低	开发人员决定哪个对象保存，可能提升速度
保存信息	保存时占用空间大	部分存储，可能造成空间减少

在一般的开发中，因为使用 Serializable 接口比较方便，所以其在日常项目中出现较多。

14.17.5　关键字 transient

接口 Serializable 实现的操作实际上是将一个对象中的全部属性进行序列化，当然也可以使用 Externalizable 接口以实现部分属性的序列化，但这样操作比较麻烦。当使用 Serializable 接口实现序列化操作时，如果一个对象中的某个属性不希望被序列化，可以使用关键字 transient 进行声明。例如在下面的代码中，设置 Person 中的 name 属性不希望被序列化。

```
package org.lxh.demo12.serdemo;
import java.io.Serializable;
public class Person implements Serializable {
// 此类的对象可以被序列化
    private transient String name;
// 此属性将不被序列化
    private int age;
// 此属性将被序列化
    public Person(String name, int age) {
        this.name = name;
        this.age = age;
    }
    public String toString() {
// 覆盖toString()，输出信息
        return "姓名:" + this.name + ";
年龄:" + this.age;
    }
}
```

我们可以使用如下代码【光盘\daima\14\SerT4.java】重新保存再读取对象。

```
import java.io.File ;
import java.io.IOException ;
```

```java
import java.io.FileOutputStream ;
import java.io.OutputStream ;
import java.io.ObjectOutputStream ;
import java.io.FileInputStream ;
import java.io.InputStream ;
import java.io.ObjectInputStream ;
public class SerT4{
    public static void main(String args[]) throws Exception{
        ser() ;
        dser() ;
    }
    public static void ser() throws Exception {
        File f = new File("D:" + File.separator + "test.txt") ;    // 定义保存路径
        ObjectOutputStream oos = null ;                            // 声明对象输出流
        OutputStream out = new FileOutputStream(f) ;               // 文件输出流
        oos = new ObjectOutputStream(out) ;
        oos.writeObject(new Person("张三",30)) ;                   // 保存对象
        oos.close() ;                                              // 关闭
    }
    public static void dser() throws Exception {
        File f = new File("D:" + File.separator + "test.txt") ;    // 定义保存路径
        ObjectInputStream ois = null ;                             // 声明对象输入流
        InputStream input = new FileInputStream(f) ;               // 文件输入流
        ois = new ObjectInputStream(input) ;                       // 实例化对象输入流
        Object obj = ois.readObject() ;                            // 读取对象
        ois.close() ;                                              // 关闭
        System.out.println(obj) ;
    }
};
```

上述代码中的姓名为 null，表示内容没有被序列化保存下来。这样在对象反序列化后，输出时姓名就是默认值 null。执行后的效果如图 14-43 所示。

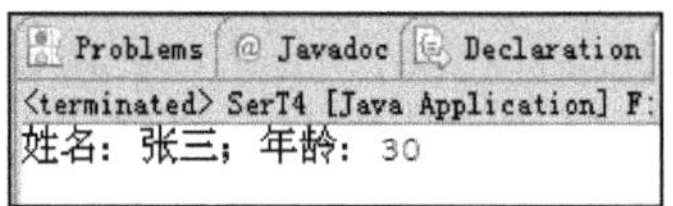

图 14-43　执行效果

14.17.6　序列化一组对象

在 Java 对象输出时只提供了一个对象的输出操作（writeObject（Object obj）），并没有为我们提供多个对象的输出，所以如果现在要同时序列化多个对象，就可以使用对象数组进行操作，因为数组属于引用数据类型，所以可以直接使用 Object 类型进行接收。例如下面的代码【光盘 \daima\14\SerT5.java】序列化了多个 Person 对象。

```java
import java.io.File ;
import java.io.IOException ;
import java.io.FileOutputStream ;
import java.io.OutputStream ;
import java.io.ObjectOutputStream ;
import java.io.FileInputStream ;
import java.io.InputStream ;
import java.io.ObjectInputStream ;
public class SerT5{
    public static void main(String args[]) throws Exception{
        Person per[] = {new Person("张三",30),new Person("李四",31),
            new Person("王五",32)} ;
        ser(per) ;
        Object o[] = (Object[])dser() ;
        for(int i=0;i<o.length;i++){
            Person p = (Person)o[i] ;
            System.out.println(p) ;
        }
    }
    public static void ser(Object obj[]) throws Exception {
        File f = new File("D:" + File.separator + "test.txt") ;    // 定义保存路径
        ObjectOutputStream oos = null ;     // 声明对象输出流
        OutputStream out = new FileOutputStream(f) ;    // 文件输出流
```

```
        oos = new ObjectOutputStream(out) ;
        oos.writeObject(obj) ;                          // 保存对象
        oos.close() ;                                   // 关闭
    }
    public static Object[] dser() throws Exception {
        File f = new File("D:" + File.separator + "test.txt") ;   // 定义保存路径
        ObjectInputStream ois = null ;                  // 声明对象输入流
        InputStream input = new FileInputStream(f) ;     // 文件输入流
        ois = new ObjectInputStream(input) ;            // 实例化对象输入流
        Object obj[] = (Object[])ois.readObject() ;      // 读取对象
        ois.close() ;                                   // 关闭
        return obj ;
    }
};
```

在上述代码中使用对象数组可以保存多个对象，但是数组本身存在长度的限制，为了解决数组中的长度问题，所以使用动态对象数组（类集）完成。执行效果如图 14-44 所示。

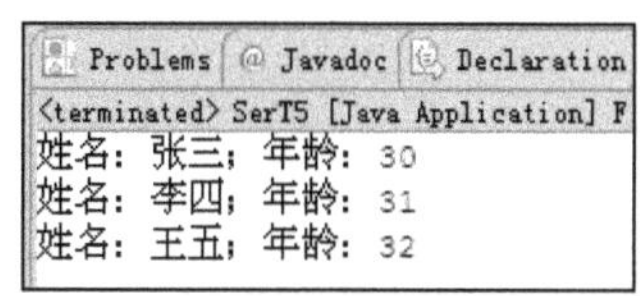

图 14-44　执行效果

14.18　新增的 I/O

知识点讲解：光盘:视频\PPT 讲解（知识点）\第 14 章\新增的 I/O.mp4

从 JDK 1.4 开始，Java 提供了一系列改进的输入/输出处理的新特性，这些功能被统称为新 I/O（New I/O），新增了许多用于处理输入/输出的类，这些类都被放在 java.nio 包以及子包下，并且对原 java.io 包中的很多类以 NIO 为基础进行了改写，新增了满足新 I/O 的功能。

14.18.1　新 I/O 概述

Java 的新 I/O 采用内存映射文件的方式来处理输入/输出，新 I/O 将文件或文件的一段区域映射到内存中，这样就可以像访问内存一样来访问文件了：这种方式模拟了操作系统上的虚拟内存的概念，通过这种方式来进行输入/输出比传统的输入/输出要快得多。

在 Java 中 NIO 的相关包如下所示。

- ❏ java.nio 包：主要提供了一些和 Buffer 相关的类。
- ❏ java.nio.channels 包：主要包括 Channel 和 Selector 相关的类。
- ❏ java.nio.charset 包：主要包含和字符集相关的类。
- ❏ java.nio.channels.spi 包：主要包含提供 Channel 服务的类。
- ❏ java.nio.charset.spi 包：主要包含提供字符集服务的相关类。

其中，Channel（通道）和 Buffer（缓冲）是新 I/O 中的两个核心对象，Channel 是对传统输入/输出系统的模拟，在新 I/O 系统中所有数据都需要通过通道传输；Channel 与传统的 InputStream、OutputStream 的最大的区别在于它提供了一个 map 方法，通过该 map 方法可以直接将"一块数据"映射到内存中。如果说传统的输入/输出系统是面向流的处理，而新 I/O 则是面向块的处理。

我们可以将 Buffer 理解成为一个容器，它的本质是一个数组，发送到 Channel 中的所有对象都必须放到 Buffer 中，而从 Channel 中读取的数据也必须先读到 Buffer 中。

除了 Channel 和 Buffer 之外，新 I/O 还提供了用于将 UNICODE 字符串映射成字节序列以及逆映射操作的 Charset 类，还提供了用于支持非阻塞式输入/输出的 Selector 类。

14.18.2　使用 Buffer

从内部结构上来看，Buffer 就像一个数组，它可以保存多个类型相同的数据。Buffer 是一个抽象类，其最常用的子类是 ByteBuffer，它可以在底层字节数组上进行 get/set 操作，除了 ByteBuffer 之外，对应其他基本数据类型（boolean 除外）都有相应的 Buffer 类：ByteBuffer、CharBuffer、ShortBuffer、IntBuffer、LongBuffer、FloatBuffer 和 DoubleBuffer。在上述 Buffer 类中，除了 ByteBuffer 外都采用相同或相似的方法来管理数据，只是各自管理的数据类型不同而已。这些 Buffer 都没有提供构造器，我们使用如下方法得到一个 Buffer 对象。

❑ static XxxBuffer allocate (int capacity)：创建一个容量为 capacity 的 XxxBuffer 对象。

但实际使用较多的是 ByteBuffer 和 CharBuffer，其他 Buffer 子类则较少用到。其中在 ByteBuffer 类中还有一个名为 MappedByteBuffer 的子类，它用于表示 Channel 将磁盘文件的部分或全部内容映射到内存中后得到的结果，通常 MappedByteBuffer 对象由 Channel 的 map 方法返回。

在 Buffer 中有 3 个非常重要的概念，分别是容量（capacity）、界限（limit）和位置（position）。具体说明如下所示。

❑ 容量（capacity）：缓冲区的容量（capacity）表示该 Buffer 的最大数据容量，即最多可以存储多少数据。缓冲区的容量不可能为负值，在创建后也不能改变。

❑ 界限（limit）：第一个不应该被读出或者写入的缓冲区位置索引。也就是说，位于 limit 后的数据既不可被读，也不可被写。

❑ 位置（position）：用于指明下一个可以被读出的或者写入的缓冲区位置索引（类似于 I/O 流中的记录指针）。当使用 Buffer 从 Channel 中读取数据时，position 的值恰好等于已经读到了多少数据。当刚刚新建一个 Buffer 对象时，其 position 为 0，如果从 Channel 中读取了 2 个数据到该 Buffer 中，则 postion 为 2，指向 Buffer 中第三个（第一个位置的索引为 0）位置。

除此之外，在 Buffer 中还可以支持一个可选的标记（mark，类似传统 I/O 流中 mark），该 mark 允许程序直接将 postion 定位到该 mark 处。这些值满足如下关系：

0 ≤ mark ≤ position ≤ limit ≤ capacity

Buffer 的主要作用就是装入数据，然后输出数据（其作用类似于前面介绍的取水的竹筒），开始时 Buffer 的 position 为 0，limit 为 capacity，程序调用 put 不断地向 Buffer 中放入数据（或者从 Channel 中获取一些数据），每放入一些数据，Buffer 的 position 相应地向后移动一些位置。

当 Buffer 装入数据结束后，调用 Buffer 的 flip 方法，该方法将 limit 设置为 position 所在位置，将 position 设为 0，这样使得从 Buffer 中读数据时总是从 0 开始，读完刚刚装入的所有数据即结束，也就是说 Buffer 调用 flip 方法后，Buffer 为输出数据做好了准备；当 Buffer 输出数据结束后，Buffer 调用 clear 方法，此处使用 clear 方法不是清空 Buffer 的数据，而是仅仅将 position 置为 0，将 limit 置为 capacity，这样做的目的是为再次向 Buffer 中装入数据做好准备。

除此之外，在 Buffer 中还包含了下面常用的方法。

❑ int capacity()：返回 Buffer 的 capacity 大小。

❑ boolean hasRemaining()：判断当前位置（position）和界限（limit）之间是否还有元素可供处理。

❑ int limit()：返回 Buffer 的界限（limit）的位置。

❑ Buffer limit (int newLt)：重新设置界限（limit）的值，并返回一个具有新的 limit 的缓冲区对象。

❑ Buffer mark()：设置 Buffer 的 mark 位置，它只能在 0 和位置（position）之间做 mark。

- int position()：返回 Buffer 中的当前位置（position）。
- Buffer position (int newPs)：设置 Buffer 的新位置，并返回一个具有改变 position 后的 Buffer 对象。
- int remaining()：返回当前位置和界限（limit）之间的元素个数。
- Buffer reset()：将位置（position）转到 mark 所在的位置。
- Buffer rewind()：将位置（position）设置成 0，取消设置的 mark。

除了上述移动 position、limit、mark 的方法之外，在 Buffer 子类中还提供了两类非常重要的方法，例如可以使用 put 和 get 方法向 Buffer 中放入数据和从 Buffer 中取出数据。当使用 put 和 get 方法来放入、取出数据时，Buffer 既支持对单个数据的访问，也支持对批量数据的访问（以数组作为参数）。

当使用 put 和 get 来访问 Buffer 中的数据时，分为如下两种方式。

- 相对（Relative）：从 Buffer 的当前位置读取或写入数据，然后将位置（position）的值按处理元素的个数增加。
- 绝对（Absolute）：直接根据索引来向 Buffer 中读取或写入数据，使用绝对方式来访问 Buffer 里的数据时，并不会影响位置（position）的值。

例如下面的代码【光盘\daima\14\BufferTest.java】演示了 Buffer 类中的一些常规操作方法。

```java
import java.nio.*;
public class BufferTest
{
    public static void main(String[] args)
    {
        //创建Buffer
        CharBuffer buff = CharBuffer.allocate(8);    //1
        System.out.println("capacity: "
            + buff.capacity());
        System.out.println("limit: "
            + buff.limit());
        System.out.println("position: "
            + buff.position());
        //放入元素
        buff.put('a');    //2
        buff.put('b');    //3
        buff.put('c');    //4

        System.out.println("加入三个元素后, position = "
            + buff.position());
        //调用flip()方法
        buff.flip();    //5
        System.out.println("执行flip()后, limit = "
            + buff.limit());
        System.out.println("position = "
            + buff.position());
        //取出第一个元素
        System.out.println("第一个元素(position=0):"
            + buff.get());    //6
        System.out.println("取出一个元素后, position = "
            + buff.position());
        //调用clear方法
        buff.clear();    //7
        System.out.println("执行clear()后, limit = "
            + buff.limit());
        System.out.println("执行clear()后, position = "
            + buff.position());
        System.out.println("执行clear()后, 缓冲区内容并没有被清除:"
            + buff.get(2));    //8
        System.out.println("执行绝对读取后, position = "
            + buff.position());
    }
}
```

在上述代码中，首先通过 CharBuffer 的一个静态方法 allocate()创建了一个 capacity 为 8 的

CharBuffer，此时该 Buffer 的 limit 和 capacity 为 8，position 为 0。然后向 CharBuffer 中放入 3 个数值。接下来调用 Buffer 的 flip()方法，该方法将会把 limit 设为 position 处，把 position 设为 0。当 Buffer 调用了 flip()方法之后，limit 就移到了原来 position 所在位置，这样相当于把 Buffer 中没有数据的存储空间"封印"起来，从而避免读取 Buffer 数据时读到 null 值。接下来程序取出一个元素，取出一个元素后 position 向后移动一位，也就是该 Buffer 的 position 等于 1。然后 Buffer 调用 clear()方法将 position 设为 0，将 limit 设为与 capacity 相等。对 Buffer 执行 clear 方法后，该 Buffer 对象里的数据依然存在，所以程序依然可以取出位置为 2 的值，也就是字符 c。因为末尾代码采用的是根据索引来取值的方式，所以该方法不会影响 Buffer 的 position 位置。

通过 allocate 方法创建的 Buffer 对象是普通 Buffer，ByteBuffer 还提供了一个 allocateDirect 方法来创建直接 Buffer。创建直接 Buffer 的成本比创建普通 Buffer 的成本高，但这可以使运行时环境直接在该 Buffer 上进行较快的本机 I/O 操作。

因为创建直接 Buffer 会增加创建的成本，所以直接 Buffer 只适用于长生存期的 Buffer，而不适用于创建短生存期、一次用完就丢弃的 Buffer。而且只有 ByteBuffer 才提供了 allocateDirect 方法，所以只能在 ByteBuffer 级别上创建直接 Buffer。如果希望使用其他类型，则应该将该 Buffer 转成其他类型的 Buffer。

❀ 注意：直接 Buffer 在编程上的用法与普通 Buffer 并没有太大的区别，所以在此不再赘述。

14.18.3　使用 Channel

Java 中的 Channel 类类似于传统的流对象，但与传统的流相比，主要有如下两点区别。

（1）Channel 可以直接将指定文件的部分或全部直接映射成 Buffer。

（2）程序不能直接访问 Channel 中的数据，包括读取、写入都不行，Channel 只能与 Buffer 进行交互。也就是说，如果要从 Channel 中取得数据，必须先用 Buffer 从 Channel 中取出一些数据，然后让程序从 Buffer 中取出这些数据；如果要将程序中的数据写入 Channel，先让程序将数据放入 Buffer 中，程序再将 Buffer 里的输入写入到 channel 中。

Channel 是一个接口，位于 java.nio.channels 包下，系统为该接口提供了 DatagramChannel、FileChannel、Pipe.SinkChannel、Pipe.SourceChannel、SelectableChannel、ServerSocketChannel 和 SocketChannel 等实现类，本书主要介绍 FileChannel 的用法，根据这些 Channel 的名字我们不难发现新 IO 里的 Channel 是按功能来划分的，例如 Pipe.SinkChannel、Pipe.SourceChannel 用于支持线程之间通信的管道 Channel，而 ServerSocketChannel、SocketChannel 则是用于支持 TCP 网络通信的 Channel。

所有的 Channel 都不应该通过构造器来直接创建，而是应通过传统的节点 InputStream、OutputStream 的 getChannel 方法来返回对应的 Channel，不同的节点流获得的 Channel 不一样，例如 FileInputStream、FileOutputStream 的 getChannel 返回的是 FileChannel，而 PipedInputStream 和 PipedOutputStream 的 getChannel 返回的是 Pipe.SinkChannel 和 Pipe.SourceChannel。

在 Channel 中最常用的三类方法是 map、read 和 write，其中 map()方法用于将 Channel 对应的部分或全部数据映射到 ByteBuffer，而 read()或 write()方法都有一系列重载形式，这些方法用于从 Buffer 中读取数据或向 Buffer 里写入数据。其 map()方法的方法签名为。

```
MappedByteBuffer map(FileChannel.MapMode mode, long position, long size)
```

其中第一个参数执行映射时的模式，分别有只读和读写等模式，而第二个、第三个参数用于控制将 Channel 的哪些数据映射成 ByteBuffer。

例如在下面的代码【光盘\daima\14\FileChannelTest.java】中，演示了直接将 FileChannel 的全部数据映射成 ByteBuffer 的效果。

```
import java.io.*;
import java.nio.*;
```

```java
import java.nio.channels.*;
import java.nio.charset.*;

public class FileChannelTest
{
    public static void main(String[] args)
    {
        FileChannel inChannel = null;
        FileChannel outChannel = null;
        try
        {
            File f = new File("FileChannelTest.java");
            //创建FileInputStream, 以该文件输入流创建FileChannel
            inChannel = new FileInputStream(f)
                .getChannel();
            //将FileChannel里的全部数据映射成ByteBuffer
            MappedByteBuffer buffer = inChannel.map(FileChannel.MapMode.READ_ONLY,
                0 , f.length());
            //使用GBK的字符集来创建解码器
            Charset charset = Charset.forName("GBK");
            //以文件输出流创建FileBuffer, 用以控制输出
            outChannel = new FileOutputStream("a.txt")
                .getChannel();
            //直接将buffer里的数据全部输出
            outChannel.write(buffer);
            //再次调用buffer的clear()方法, 复原limit、position的位置
            buffer.clear();
            //创建解码器(CharsetDecoder)对象
            CharsetDecoder decoder = charset.newDecoder();
            //使用解码器将ByteBuffer转换成CharBuffer
            CharBuffer charBuffer =   decoder.decode(buffer);
            //CharBuffer的toString方法可以获取对应的字符串
            System.out.println(charBuffer);
        }
        catch (IOException ex)
        {
            ex.printStackTrace();
        }
        finally
        {
            try
            {
                if (inChannel != null)
                    inChannel.close();
                if (outChannel != null)
                    outChannel.close();
            }
            catch (IOException ex)
            {
                ex.printStackTrace();
            }
        }
    }
}
```

在上述代码中，分别使用类 FileInputStream、FileOutputStream 来获取 FileChannel，虽然 FileChannel 既可以读取、也可以写入，但 FileInputStream 获取的 FileChannel 只能读，而 FileOutputStream 获取的 FileChannel 只能写。因此先直接将指定 Channel 中全部数据映射成 ByteBuffer，然后直接将整个 ByteBuffer 的全部数据写入一个输出 FileChannel 中，这就完成了文件的复制。在程序后面部分为了能将 FileChannelTest.java 文件里的内容打印出来，程序使用了 Charset 和 CharsetDecoder 类将 ByteBuffer 转换成 CharBuffer。

例如通过下面的代码【光盘\daima\14\fuzhui.java】可以复制文件 a.txt 中的内容，然后将复制的内容追加在该文件后面。

```java
import java.io.*;
import java.nio.*;
import java.nio.channels.*;
import java.nio.charset.*;
```

```java
public class fuzhui
{
    public static void main(String[] args)
    {
        FileChannel randomChannel = null;
        try
        {
            File f = new File("a.txt");
            //创建一个RandomAccessFile对象
            RandomAccessFile raf = new RandomAccessFile(f, "rw");
            //获取RandomAccessFile对应的Channel
            randomChannel = raf.getChannel();
            //将Channel中所有数据映射成ByteBuffer
            ByteBuffer buffer = randomChannel.map(FileChannel.MapMode.READ_ONLY,
                0 , f.length());
            //把Channel的记录指针移动到最后
            randomChannel.position(f.length());
            //将buffer中所有数据输出
            randomChannel.write(buffer);
        }
        catch (IOException ex)
        {
            ex.printStackTrace();
        }
        finally
        {
            try
            {
                if (randomChannel != null)
                    randomChannel.close();
            }
            catch (IOException ex)
            {
                ex.printStackTrace();
            }
        }
    }
}
```

　　通过上述代码可以将 Channel 的记录指针移动到该 Channel 的最后，从而可以让程序将指定 ByteBuffer 的数据追加到该 Channel 的后面。每次运行上面程序，将会复制一份文件 a.txt 中的内容，并将全部内容追加到该文件的后面。

14.19　技　术　解　惑

14.19.1　使用 File.separator 表示分隔符

　　在操作文件时一定要使用 File.separator 表示分隔符。在程序的开发中，往往会使用 Windows 开发环境，这是由于 Windows 操作系统支持的开发工具较多，使用方便；而在程序发布时往往是直接在 Linux 或其他操作系统上部署，所以如果不使用 File.separator，则程序运行就有可能存在问题。这一点读者在日后的开发中一定要有所警惕。

14.19.2　综合演练创建和删除文件的操作

　　假设有如下一个题目：

　　现在给定一个文件的路径，如果此文件存在，则将其删除，如果文件不存在则创建一个新的文件。

　　要想实现上述题目要求的功能，需要联合使用前面学习的 3 个方法。具体代码【光盘\daima\14\FileT6.java】如下所示。

```java
import java.io.File ;
import java.io.IOException ;
public class FileT6{
    public static void main(String args[]){
```

```java
        File f = new File("d:"+File.separator+"test.txt") ; // 实例化File类的对象
        if(f.exists()){     // 如果文件存在则删除
            f.delete() ;   // 删除文件
        }else{
            try{
                f.createNewFile() ;          // 创建文件，根据给定的路径创建
            }catch(IOException e){
                e.printStackTrace() ;        // 输出异常信息
            }
        }
    }
};
```

通过上述代码实现了题目所要求的功能，但是细心的读者可能会发现以上程序的问题，在每次程序执行完毕之后，文件并不会立刻创建或删除，而是会有一些延迟，这是由于所有的操作都需要通过 JVM 完成而造成的。因此读者在进行文件操作时，一定要考虑到延迟的影响。

14.19.3　File 类的复杂用法

假设有如下一个题目：

要求列出此目录下的全部内容，因为给定目录可能存在子文件夹，所以此时要求也可以把所有的子文件夹的子文件列出来。

要想实现上述题目要求的功能，需要先判断给定的路径是否是目录，然后再使用方法 listFiles()列出一个目录中的全部内容，一个文件夹中可能包含其他的文件或子文件夹，子文件夹中也可能会包含其他的子文件夹，所以此处只能采用递归的调用方式完成。具体代码【光盘\daima\14\FileT11.java】如下所示。

```java
import java.io.File ;
import java.io.IOException ;
public class FileT11{
    public static void main(String args[]){
        File my = new File("d:" + File.separator) ;   // 操作路径
        print(my) ;
    }
    public static void print(File file){                 // 递归调用
        if(file!=null){                                  // 判断对象是否为空
            if(file.isDirectory()){                      // 如果是目录
                File f[] = file.listFiles() ;            // 列出全部的文件
                if(f!=null){                             // 判断此目录能否列出
                    for(int i=0;i<f.length;i++){
                        print(f[i]) ;                    // 因为给的路径有可能是目录，所以，继续判断
                    }
                }
            }else{
                System.out.println(file) ;               // 输出路径
            }
        }
    }
};
```

在上述代码中，使用递归的调用形式不断地判断传进来的路径是否是目录，如果是目录则继续列出子文件夹，如果不是则直接打印路径名称。执行效果如图 14-45 所示。

```
d:\android-sdk-windows\add-ons\addon_google_apis_google_inc_8\docs\reference\allclasses-nofi
d:\android-sdk-windows\add-ons\addon_google_apis_google_inc_8\docs\reference\com\google\and
d:\android-sdk-windows\add-ons\addon_google_apis_google_inc_8\docs\reference\com\google\and
d:\android-sdk-windows\add-ons\addon_google_apis_google_inc_8\docs\reference\com\google\and
d:\android-sdk-windows\add-ons\addon_google_apis_google_inc_8\docs\reference\com\google\and
d:\android-sdk-windows\add-ons\addon_google_apis_google_inc_8\docs\reference\com\google\and
d:\android-sdk-windows\add-ons\addon_google_apis_google_inc_8\docs\reference\com\google\and
d:\android-sdk-windows\add-ons\addon_google_apis_google_inc_8\docs\reference\com\google\and
```

图 14-45　执行效果

14.19.4　字节流和字符流的区别

字节流与和字符流的使用非常相似，两者除了操作代码上的不同之外，是否还有其他的不

同呢？实际上字节流在操作时本身不会用到缓冲区（内存），是文件本身直接操作的，而字符流在操作时使用了缓冲区，通过缓冲区再操作文件。为了更加明确地说明两者的区别，下面以两个写文件的操作为主进行比较，但是在操作时字节流和字符流的操作完成之后都不关闭输出流。

使用字节流不关闭执行，具体代码【光盘\daima\14\OutputStreamT5.java】如下所示。

```java
import java.io.File ;
import java.io.OutputStream ;
import java.io.FileOutputStream ;
public class OutputStreamT5{
    public static void main(String args[]) throws Exception{      // 异常抛出, 不处理
        // 第1步、使用File类找到一个文件
        File f= new File("d:" + File.separator + "test.txt") ;     // 声明File对象
        // 第2步、通过子类实例化父类对象
        OutputStream out = null ;                                   // 准备好一个输出的对象
        out = new FileOutputStream(f)   ;                           // 实例化
        // 第3步、进行写操作
        String str = "Hello World!!!" ;                             // 准备一个字符串
        byte b[] = str.getBytes() ;                                 // 只能输出byte数组, 所以将字符串变为byte数组
        out.write(b) ;                                              // 写入数据
        // 第4步、关闭输出流
        // out.close() ;                                            // 关闭输出流
    }
};
```

此时没有关闭字节流操作，但是文件中也依然存在了输出的内容，证明字节流是直接操作文件本身的。执行后会在文件"D:\test"中写入指定的内容，效果如图 14-46 所示。

下面继续使用字符流完成写入工作，具体代码【光盘\daima\14\WriterT3.java】如下所示。

图 14-46　执行效果

```java
import java.io.File ;
import java.io.Writer ;
import java.io.FileWriter ;
public class WriterT3{
    public static void main(String args[]) throws Exception{      // 异常抛出, 不处理
        // 第1步、使用File类找到一个文件
        File f= new File("d:" + File.separator + "test.txt") ;     // 声明File对象
        // 第2步、通过子类实例化父类对象
        Writer out = null ;                                         // 准备好一个输出的对象
        out = new FileWriter(f)   ;                                 // 通过对象多态性, 进行实例化
        // 第3步、进行写操作
        String str = "Hello World!!!" ;                            // 准备一个字符串
        out.write(str) ;                                           // 将内容输出, 保存文件
        // 第4步、关闭输出流
        // out.close() ;                                           // 此时, 没有关闭
    }
};
```

在上述代码中使用字符流不关闭执行，程序运行后会发现文件中没有任何内容，这是因为字符流操作时使用了缓冲区，而在关闭字符流时会强制性地将缓冲区中的内容进行输出，但是如果程序没有关闭，则缓冲区中的内容是无法输出的。执行效果如图 14-47 所示。

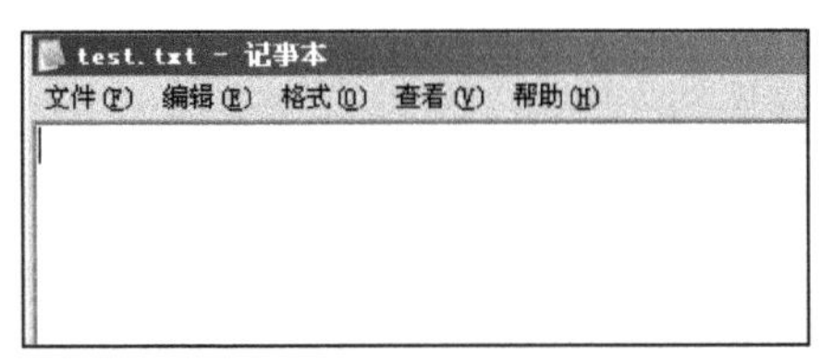

图 14-47　执行效果

在此可以得出一个结论：字符流使用了缓冲区，而字节流没有使用缓冲区。在某些情况下，如果一个程序频繁地操作一个资源（如文件或数据库）会降低性能，此时为了提升性能，可以将一部分数据暂时读入到内存的一块区域之中，以后直接从此区域中读取数据即可，因为读取内存速度会比较快，所以这样可以提升程序的性能。

在字符流的操作中，所有的字符都是在内存中形成的，在输出前会将所有的内容暂时保存在内存之中，所以使用了缓冲区暂存数据。如果想在不关闭时也可以将字符流的内容全部输出，则可以使用 Writer 类中的 flush()方法完成，例如下面的代码【光盘\daima\14\WriterT4.java】强

制性清空了缓冲区中的内容。

```java
import java.io.File ;
import java.io.Writer ;
import java.io.FileWriter ;
public class WriterT4{
    public static void main(String args[]) throws Exception{    // 异常抛出, 不处理
        // 第1步、使用File类找到一个文件
        File f= new File("d:" + File.separator + "test.txt") ;    // 声明File对象
        // 第2步、通过子类实例化父类对象
        Writer out = null ;                                       // 准备好一个输出的对象
        out = new FileWriter(f) ;                                 // 通过对象多态性, 进行实例化
        // 第3步、进行写操作
        String str = "Hello World!!!" ;                           // 准备一个字符串
        out.write(str) ;                                          // 将内容输出, 保存文件
        // 第4步、关闭输出流
        out.flush() ;                                             // 强制性清空缓冲区中的内容
        // out.close() ;                                          // 此时, 没有关闭
    }
};
```

执行后会发现文件中已经存在了内容，效果如图 14-48 所示。

因为所有的文件在硬盘或在传输时都是以字节的方式进行的，包括图片等都是按字节的方式存储的，而字符是只有在内存中才会形成，所以在 Java 开发应用中，字节流使用得较为广泛。

图 14-48　执行效果

14.19.5　System.err 和 System.out 选择

在文件【光盘\daima\14\ReaderT2.java】的代码中，如果将 catch 中的 System.err 换成 System.out，输出结果会完全一致，那么我们应该选择 System.err 还是 System.out 呢？

System.out 和 System.err 都是 PrintStream 的实例化对象，而且通过实例代码可以发现，两者都可以输出错误信息。一般来讲 System.out 将信息显示给用户看，是正常的信息显示，而 System.err 的信息正好相反，是不希望用户看到的，会直接在后台打印，是专门显示错误的。

一般来讲，如果要输出错误信息，最好不要使用 System.out，而应直接使用 System.err，这一点只能从其概念上划分。如果读者现在使用 Eclipse 开发工具开发，则可以发现，使用 System.err 打印的异常信息是红色的，而使用 System.out 打印的异常信息是普通颜色的，当然，这只是在开发工具层次上的支持。

14.19.6　使用 I/O 实现一个简单的菜单效果

在 Java 应用程序中经常遇到菜单显示功能，接下来我们将使用 I/O 实现一个简单的菜单效果的程序。在具体实现上，我们可以使用 switch 这个功能。因为程序本身需要接收输入数据，而且需要显示，在以后还可能在程序中加入具体的操作。为了应对这种情况，我们专门编写了一个操作类，即菜单类调用操作类，而具体的实际操作由操作类完成。本程序的输入数据程序依然使用之前的 InputData 完成。

首先编写一个专门的操作类，具体代码【光盘\daima\14\Operate.java】如下所示。

```java
public class Operate{
    public static void add(){        // 增加操作
        System.out.println("** 选择的是增加操作");
    }
    public static void delete(){     // 删除操作
        System.out.println("** 选择的是删除操作");
    }
    public static void update(){     // 更新操作
        System.out.println("** 选择的是更新操作");
    }
    public static void find(){       // 查看操作
        System.out.println("** 选择的是查看操作");
    }
};
```

　　上述操作类的代码比较简单，因为程序本身的功能要求只是实现菜单，如果要完成具体的操作，直接修改此类即可。

　　接下来开始编写菜单显示类，此类用于接收选择的数据，同时使用 switch 判断是哪个操作。具体代码【光盘\daima\14\Menu.java】如下所示。

```java
public class Menu{
    public Menu(){
        while(true){
            this.show() ;          // 无限制调用菜单的显示
        }
    }
    public void show(){
        System.out.println("===== Xxx系统  =====");
        System.out.println("     [1]、增加数据") ;
        System.out.println("     [2]、删除数据") ;
        System.out.println("     [3]、修改数据") ;
        System.out.println("     [4]、查看数据") ;
        System.out.println("     [0]、系统退出\n") ;
        InputData input = new InputData() ;
        int i = input.getInt("请选择:","请输入正确的选项!") ;
        switch(i){
            case 1:{
                Operate.add() ;            // 调用增加操作
                break ;
            }
            case 2:{
                Operate.delete() ;         // 调用删除操作
                break ;
            }
            case 3:{
                Operate.update() ;         // 调用更新操作
                break ;
            }
            case 4:{
                Operate.find() ;           // 调用查看操作
                break ;
            }
            case 0:{
                System.exit(1) ;           // 系统退出
                break ;
            }
            default:{
                System.out.println("请选择正确的操作!") ;
            }
        }
    }
};
```

　　上述操作类的代码比较简单，因为程序本身的功能要求只是实现菜单，如果要完成具体的操作，直接修改此类即可。

　　最后开始编写测试文件，调用上面的两个类来实现菜单效果。具体代码【光盘\daima\14\ExecT3.java】如下所示。

```java
import java.io.* ;
public class ExecT3{
    public static void main(String args[]) throws Exception{
        new Menu() ;
    }
};
```

　　执行后的效果如图 14-49 所示。

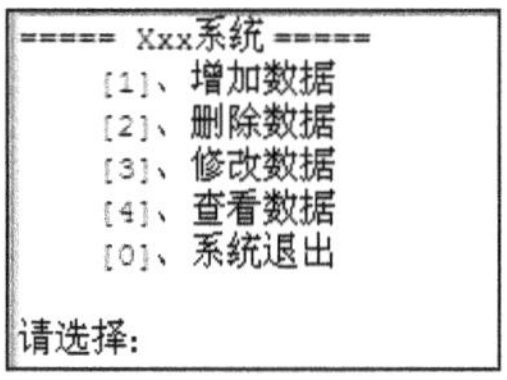

图 14-49　执行效果

14.19.7　对象序列化和对象反序列化操作时的版本兼容性问题

在对象进行序列化或反序列化操作时需要考虑 JDK 版本的问题。如果序列化的 JDK 版本和反序列化的 JDK 版本不统一则有可能造成异常，所以在序列化操作中引入了一个 serialVersionUID 的常量，可以通过此常量来验证版本的一致性。在进行反序列化时，JVM 会把传来的字节流中的 serialVersionUID 与本地相应实体（类）的 serialVersionUID 进行比较，如果相同就认为是一致的，可以进行反序列化，否则就会出现序列化版本不一致的异常。

当实现 java.io.Serializable 接口的实体（类）没有显式地定义一个名为 serialVersionUID、类型为 long 的变量时，Java 序列化机制在编译时会自动生成一个此版本的 serialVersionUID。当然，如果不希望通过编译来自动生成，也可以直接显式地定义一个名为 serialVersionUID、类型为 long 的变量，只要不修改这个变量值的序列化实体，都可以相互进行串行化和反串行化。

例如为了解决兼容性问题，可以在上述代码中直接在 Person 中加入以下的常量。

```
private static final long serialVersionUID = 1L;
```

其中 serialVersionUID 的具体内容由用户指定。

14.19.8　不能让所有的类都实现 Serializble 接口

一个类如果实现了 Serializable 接口后可以直接序列化，而且此接口中没有任何的方法，也不会让实现此接口的类增加不必要的操作，那么所有的类都实现此接口不是更好吗？这样也可以增加类的一个功能，但是事实是不可以的！因为这样在以后的版本升级中会存在问题。在目前已知的 JDK 版本中，java.io.Serializable 接口中都没有定义任何的方法，所以如果所有的类都实现此接口在语法上并没有任何的问题，但是，如果在以后的 JDK 版本中修改了此接口而且又增加了许多方法呢？那么以往系统中的所有类就都被修改，这样肯定会很麻烦，所以最好只在需要被序列化对象的类实现 Serializable 接口。

第 15 章

AWT 的奇幻世界

Java 在开发窗口程序应用方面，虽然没有 Microsoft 公司推出的设计语言那么强势，但它仍然功能强大。Java 为我们提供了一个名为 AWT 的包，通过使用这个包可以进行各种图形编程。AWT 是 Java 软件图形编程的工具之一，任何学习 Java 程序的程序员都必须要精通这个工具。在本章将详细讲解 AWT 的相关知识，为读者步入本书后面知识的学习打下基础。

<table>
<tr><td>

本章内容

- ▶▶ GUI 和 AWT
- ▶▶ 容器
- ▶▶ 布局管理器
- ▶▶ AWT 的常用组件
- ▶▶ 事件处理
- ▶▶ AWT 的菜单
- ▶▶ 绘图
- ▶▶ 位图操作

</td><td>

技术解惑

使用绝对定位

对事件处理模型的简化理解

使用 AWT 开发动画

图片缩放在现实中的意义

AWT 和 Swing 是窗体编程的两个主角

AWT 中的菜单组件不能创建图标菜单

</td></tr>
</table>

15.1 GUI 和 AWT

知识点讲解：光盘:视频\PPT 讲解（知识点）\第 15 章\GUI 和 AWT.mp4

当 Java 在 1995 年的春天第一次发布的时候，它包含了一个叫 AWT（Abstract Windowing Toolkit）的库，通过此库可以构建图形用户界面应用程序。Java 很有雄心的宣言——"Write once, Run anywhere"。许诺：一个具有下拉菜单，命令按钮，滚动条以及其他常见的 GUI 控件的应用程序将能够在各种操作系统上运行而不必重新编译成针对某一平台的二进制代码，包括 Microsoft Windows、Sun's own Solaris、Apple's Mac OS 以及 Linux。

GDI 的发展史

很多围绕着介绍 Java 技术的令人激动的地方都基于 applets，这是一个可以让程序通过 Internet 发布并在浏览器内执行的新技术。用户和开发人员都热衷于此，因为 applets 许诺将简化跨平台应用程序的开发、维护和发布，而这是商业软件开发中几个最富挑战性的话题。

为了方便用 Java 构建图形用户界面，Sun 最初提供了一个在所有平台下具有独特 Java 外观的图形界面库。Sun 在 applet 技术策略方面的首要伙伴 Netscape 提出 applets 应该维持和运行时平台一样的外观。他们希望 applets 在某一平台下在显示和行为上能够像其他应用程序一样。

1. AWT

为了实现 Netscape 的"本地外观"的目标，在 JDK 的第一个发布版中包含了 AWT 这个库。这个 GUI 类库希望可以在所有平台下都能运行，这套基本类库被称为"抽象窗口工具集（Abstract Window Toolkit)"，它为 Java 应用程序提供了基本的图形件。AWT 是窗口框架，它从不同平台的窗口系统中抽取出共同组件，当程序运行时，将这些组件创建和动作委托给程序所在的运行平台。也就是说，当使用 AWT 编写图形界面应用时，应用程序仅仅指定了界面组件的位置和行为，并没有提供真正的实现，JVM 调用操作系统本地的图形界面来创建与平台一致的对等体。

使用 AWT 创建的图形界面应用和所在运行平台有相同的界面风格，比如在 Windows 操作系统上会表现出 Windows 风格，在 UNIX 操作系统上会表现出 UNIX 风格。但是 AWT 也不是全能的，在现实中出现了如下几个问题。

❑ 使用 AWT 作出的图形用户界面在所有平台上都显得很丑陋，功能也非常有限。

❑ 为了迎合所有主流操作系统的界面设计，AWT 组件只能使用这些操作系统上图形界面组件的交集，所以不能使用特定操作系统上复杂的图形界面组件，最多只能使用四种字体。

❑ AWT 使用了笨拙的、非面向对象的编程模式。

为了解决 AWT 的上述问题，Netscape 公司开发了一套工作方式完全不同的 GUI 库，简称为 IFC（Intemet Foundation Classes），这套 GUI 库的所有图形界面组件（例如文本框、按钮等）都是绘制在空白窗口上的，只有窗口本身需要借助于操作系统的窗口实现。

2. Swing

Swing 是于 1997 年 JavaOne 大会上提出并在 1998 年 5 月发布的 JFC（Java Foundation Classes），包含了一个新的使用 Java 窗口开发包，这个新的 GUI 组件叫做 Swing。Swing 是对 AWT 的升级，并且看起来对 Java 占据计算机世界很有帮助。对 Java 来说已经万事具备了，因为可以下载的 applets 将是未来的软件，人们将从其他操作系统转向 JavaOS，从传统的计算机转向叫做 JavaStation 的瘦客户端网络计算机，Microsoft 将最终因为不能在桌面程序领域与之相抗衡而被废黜。虽然这些景象从来没有实现，但 Swing 作为 Java applets 和 applications 的 GUI 库倒确实十分繁荣。

3．Swing 架构

尽管 Swing 仅仅是这个新组件的指代名称，但它一直持续使用到今天。可能是因为这个名称太贴切了，Swing 尝试着以以下几种方式改变公认的观点。

- AWT 依赖对等架构，用 Java 代码包装本地窗口部件，Swing 却根本不使用本地代码和本地窗口部件。
- AWT 把绘制屏幕交给本地窗口部件，Swing 自己的组件绘制自己。
- 因为 Swing 不依赖本地窗口部件，它可以抛弃 AWT 的最小公分母的方法并在每个平台下实现每个窗口部件，从而创建一个比 AWT 更强大的开发工具包。
- Swring 缺省情况下采用本地平台的显示外观。然而它并不仅限于此，而是还可以采用插件式的显示外观。因此 Swing 应用程序可以看起来像 Windows 应用程序、Motif 应用程序、Mac 应用程序甚至它自己的显示外观。所以，Swing 应用程序可以完全忽略它运行时所在的操作系统环境并且仅仅看起来像自己。这是对单调一致的桌面应用程序外观的一大挑衅。

尽管如此，Swing 组件超越了简单的窗口部件，它体现了正不断出现的设计模式以及一些最佳实践。采用 Swing，你不仅仅得到 GUI 窗口部件的句柄和它所包含的数据，而是定义一个模型去保存数据，定义一个视图去显示数据，定义一个控制器去响应用户输入。事实上，大部分 Swing 组件的构建是基于 MVC（model-view-controller）模式的。MVC 使应用程序开发变得更清晰，更易维护和管理。

Swing 也不是万能的，接下来看一看它的缺点。尽管 Swing 在 AWT 的基础上做出了巨大的改进，但它仍然没能使 Java 作为构建桌面应用程序的工具。也许 Swing 的拥护者会立即举出 Swing 的成功应用案例，例如开源文本编辑器 jEdit（http://www.jedit.org/）或者 Borland 的 UML（Unified Modeling Language）建模工具 Together（http://www.borland.com/），但是 Swing 应用程序仍然在桌面应用方面显得很少。Sun 提出了一个记录可得到的 Swing 应用程序的列表"Swing Sightings"（http://java.sun.com/products/jfc/tsc/sightings/）来证明 Swing 应用是值得注目的。然而我们也看到了"C++ Sightings"和"Visual Basic Sightings"的网页。

究竟为什么 Swing 没有履行它的诺言？原因可能归结为下面两点。

- 缺乏速度。
- 界面外观。

Swing 的狂热者可能会对 Swing 速度慢这一点感到忿忿不平。不可否认，JIT（just-in-time）编译器、Java 虚拟机以及 Java 语言本身就使得 Swing 应用程序和本地程序拉开了一定差距。尽管如此，Swing 仍显得比本地应用程序行动缓慢和响应不积极。由于桌面计算变得越来越快，用户的速度期望值也随之增加，任何可感知的迟缓都将是无法忍受的。

对 Swing 的显示外观的问题的抱怨也引起了 Swing 开发者的愤怒，毕竟他们宣称 Swing 拥有各种可插入式的外观，并且事实上可以显示成任何样子。J2SE 1.4.2 甚至添加了对 Windows XP 和 GTK+的支持，以致于在这些平台下运行的 Swing 应用程序会自动采用该平台的外观。

尽管如此，问题依旧存在。Swing 将一直处于最新的图形用户界面的后面，因为必需在 Java 库里明确地添加对最新 GUI 的支持。当使用 J2SE 1.4.2 或更早的版本时，在 Windows XP 上运行的 Swing 应用程序将显现为 Windows 98 的外观。而且，当使用 Windows XP themes 或 WindowBlinds（http://www.stardock.net/）等软件来改变皮肤或图形外观时，用户日益铭记他们自己的特征和个性。而 Swing 不仅不理会操作系统，甚至连用户参数选择也不理会。

由此可见，Swing 应用程序不像本地应用程序一样执行，外观也不一样。Java 要想摆脱常年以来处于不断学习中的地位并掌握桌面应用程序开发中的众多角色，其 GUI 仍需改进。

4. SWT

当 Eclipse.org 社区人员开始构建 Eclipse 时，他们意识到 Swing 和 AWT 都不足以用来构建真实世界的商业程序。结果他们决定构建一套新的 GUI 开发工具包用来显示 Eclipse 界面。这个工具包借用了 VisualAge SmallTalk 中的大量的库。他们把这个新的工具包命名为 SWT（Standard Widget Toolkit）。意识到本地行为需要本地窗口部件，SWT 的设计者们采用了 AWT 的对等架构，而仅仅当本地组件不存在时（例如 Motif 下的树形组件）才求助 Java 实现。这样 SWT 吸收了 AWT 和 Swing 实现的最好的部分：当可以得到本地组件时使用本地实现，当不能得到本地组件时使用 Java 实现。这就同时保证了与本地窗口部件相当的外观和响应度。

SWT 于 2001 年与 Eclipse IDE（Integrated Development Environment）一起集成发布。在这个最初发布版之后，SWT 发展和演化为一个独立的版本。SWT 可以使用与众多操作系统，包括 Microsoft Windows、Mac OS X 以及几种不同风格的 UNIX 等。

SWT 的另一个重要的优势是 SWT 的源代码是在一个开源许可下免费可得并无病毒的。这就意味着我们可以在自己的应用程序中使用 SWT 并且在任何许可认证下发布它。源代码对理解 SWT 库的低级别功能性和调试应用程序都是很有帮助的。开源软件也意味着比商业发布软件更新得更加频繁。

5. JFace

JFace 的构建基于 SWT，它提供了 SWT 的功能和更简易的 MVC 模式。SWT 使用直接的 API 提供了原生的窗口部件，例如，你创建一个 table 部件并且插入你想显示的行和列的数据。JFace 则提供了在 SWT 基础之上的抽象层，所以你可以对抽象层编程然后抽象层与 SWT API 交互来替代直接对 SWT API 编程。考虑一下对本地 C 窗口部件接口编程与使用 C++GUI 类库的区别或是使用 AWT 与 Swing 的区别。这些类比将有助于阐述 SWT 与 JFace 的区别。例如，为了使用 JFace 中的 table，你仍旧创建 table 窗口部件，但是你不向里面插入数据。反而，你将你的 content（或 model）provider 类和你的 display（或 view）provider 类提供给它。接着，table 调用你提供的类来决定数据内容和怎样显示数据内容。JFace 没有彻底地抽象 SWT。即使在用 JFace 写的程序中也会常常出现 SWT 及它的低级 API。

在 Java 语言中，所有和 AWT 编程相关的类都放在 java.awt 包以及它的子包中，和 AWT 相关的包如下所示。

- ❑ java.awt。
- ❑ java.awt.accessibility。
- ❑ java.awt.color。
- ❑ java.awt.datatransfer。
- ❑ java.awt.dnd。
- ❑ java.awt.event。
- ❑ java.awt.im。
- ❑ java.awt.image。
- ❑ java.awt.peer。
- ❑ java.awt.print。
- ❑ java.awt.font。
- ❑ java.awt.geom。

AWT 编程中有 Component 和 MenuComponent 两个基类，AWT 包主要类的层次关系如图 15-1 所示。

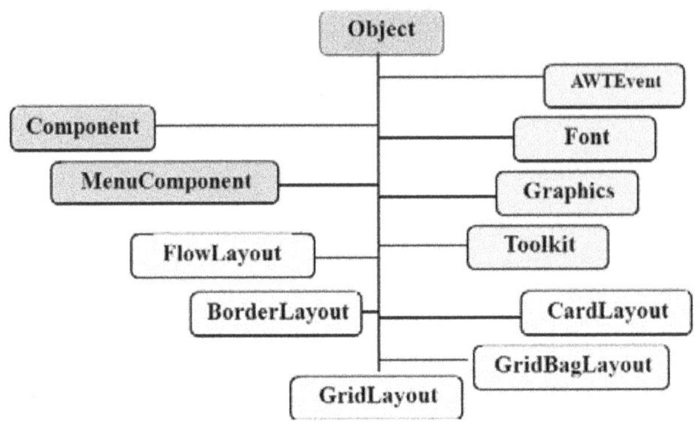

图 15-1　AWT 包主要类的层次关系

在 java.awt 包中提供了 Component 和 Button omponent 两种基类来表示图形界面元素。

- ❑ Component：代表一个能以图形化方式显示出来，并可与用户交互的对象，例如 Button 代表一个按钮，TextField 代表一个文本框等。
- ❑ MenuComponent：代表了图形界面的菜单组件，包括 MenuBar（菜单条）、MenuItem （菜单项）等子类。

AWT 包中类的详细包含关系如图 15-2 所示。

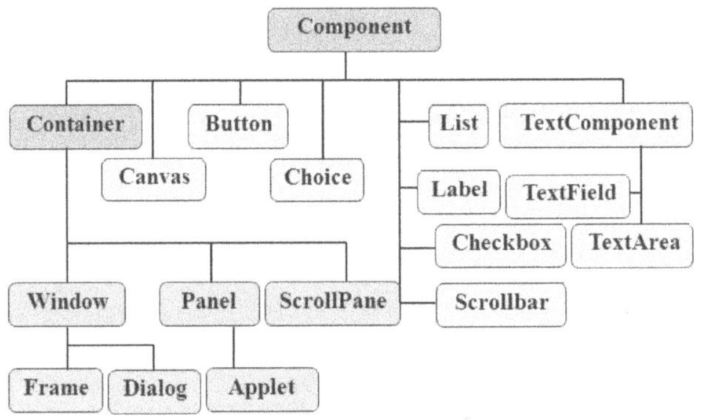

图 15-2　AWT 包中类的详细包含关系

除此之外，AWT 图形用户界面编程里还有 Container 和 LayoutManager 这两个重要的概念。其中 Container 是一种特殊的 Component，它代表一种容器，可以盛装普通的 Component，而 LayoutManager 是容器管理其他组件布局的方式。

15.2　容　　器

知识点讲解：光盘:视频\PPT 讲解（知识点）\第 15 章\容器.mp4

Java 的图形用户界面的最基本组成部分是组件（Component），组件是一个可以以图形化的方式显示在屏幕上并能与用户进行交互的对象，例如一个按钮，一个标签等。组件不能独立地显示出来，必须将组件放在一定的容器中才可以显示出来。

15.2.1　容器基础

容器 java.awt.Container 是 Component 的子类，在一个容器中可以容纳多个组件，并使它们成为一个整体。容器可以简化图形化界面的设计，以整体结构来布置界面。所有的容器都可以通过方法 add()向容器中添加组件。

由此可见，AWT 中的容器（Container）也是一个类，实际上是 Component 的子类，因此容器本身也是一个组件，具有组件的所有性质，但是它的主要功能是容纳其他组件和容器。在 AWT 容器中，可以调用 Component 的所有方法。在类 Component 可以通过如下 4 个常用方法来设置组件的大小、位置和可见性。

- ❑ setLocation (int x, int y)：设置组件位置。
- ❑ setSize (int width, int height)：设置组件的大小。
- ❑ setBounds (int x,. nt y, int width,int height)：同时设置组件的位置、大小。
- ❑ setVisible (Boolean b)：设置该组件的可见性。

另外，在 AWT 容器中还可以盛装其他的组件，在 Java 的容器类（Container）中主要提供了如下常用方法来访问容器里的组件。

- ❑ Component add (Component comp)：向容器中添加其他组件（该组件既可以是普通组件，也可以是容器），并返回被添加的组件。
- ❑ Component getComponentAt (int x, int y)：返回指定点的组件。
- ❑ int getComponentCount()：返回该容器内组件的数量。
- ❑ Componento getComponents()：返回该容器内的所有组件。

在 AWT 中主要提供了如下两种主要的容器类型。

- ❑ Window：可独立存在的顶级窗口。
- ❑ Panel：可作为容器容纳其他组件，但不能独立存在，必须被添加到其他容器中（如 Window、Panel 或者 Applet 等 。

15.2.2 容器中的常用组件

AWT 容器中常用的组件有 Frame、Panel 和 ScrollPane，在接下来的内容中将详细介绍这 3 种容器组件的基本知识。

1. Frame

Frame 是最常见的窗口，是 Window 类的子类，具有如下 3 个特征。

- ❑ Frame 对象有标题，允许通过拖拉来改变窗口的位置、大小。
- ❑ 初始化时为不可见，可用 setVisible (true)使其显示出来。
- ❑ 默认使用 BorderLayout 作为其布局管理器。

例如在下面的实例代码中用 Frame 创建了一个窗口。

实例 116	用 Frame 创建了一个窗口
源码路径　\dima\15\yongFrame.java	视频路径　\视频\实例\第 15 章\116

实例文件 yongFrame.java 的具体实现代码如下所示。

```java
import java.awt.*;
public class yongFrame
{
  public static void main(String[] args)
  {
      Frame f = new Frame("测试窗口");
      //设置窗口的大小、位置
      f.setBounds(30, 30 , 250, 200);
      //将窗口显示出来 (Frame对象默认处于隐藏状态)
      f.setVisible(true);
  }
}
```

> 范例 231：控制窗体加载时的位置
> 源码路径：光盘\演练范例\231\
> 视频路径：光盘\演练范例\231\
> 范例 232：设置窗体在屏幕中的位置
> 源码路径：光盘\演练范例\232\
> 视频路径：光盘\演练范例\232\

执行后的效果如图 15-3 所示。

从如图 15-3 所示的窗口中可以看出，该窗口是 Windows XP 窗口风格，这也证明了 AWT 确实是调用程序运行平台的本地 API 创建了该窗口。如果单击如图 15-3 所示的窗口右上角的

"×"按钮，该窗口不会关闭，这是因为我们还未为该窗口编写任何事件响应。如果想关闭该窗口，可以通过关闭运行该程序的命令行窗口来关闭该窗口。

2．Panel

Panel 是 AWT 中的一个典型的容器，它代表不能独立存在、必须放在其他容器中的容器。Panel 展现给我们一个矩形区域，该区域中可以继续盛装其他组件。Panel 容器存在的意义在于为其他组件提供空间，Panel 容器具有如下 3 个特点。

图 15-3　执行效果

❑　可作为容器来盛装其他组件，为放置组件提供空间。

❑　不能单独存在，必须放到其他容器中。

❑　默认使用 FlowLayout 作为其布局管理器。

例如在下面的实例代码中，使用 Panel 作为容器盛装了一个文本框和一个按钮，并将该 Panel 对象添加 Frame 对象中。

实例 117	使用 Panel 作为容器盛装了一个文本框和一个按钮
	源码路径　\dima\15\yongPanel.java　　　视频路径　\视频\实例\第 15 章\116

实例文件 yongPanel.java 的具体实现代码如下所示。

```java
import java.awt.*;
public class yongPanel
{
  public static void main(String[] args)
  {
      Frame f = new Frame("测试窗口");
      //创建一个Panel对象
      Panel p = new Panel();
      //相Panel对象中添加两个组件
      p.add(new TextField(20));
      p.add(new Button("单击我"));
      f.add(p);
      //设置窗口的大小、位置
      f.setBounds(30, 30 , 250, 120);
      //将窗口显示出来 (Frame对象默认处于隐藏状态)
      f.setVisible(true);
  }
}
```

范例 233：从上次关闭位置启动窗体

源码路径：光盘\演练范例\233\

视频路径：光盘\演练范例\233\

范例 234：始终在桌面最顶层显示窗体

源码路径：光盘\演练范例\234\

视频路径：光盘\演练范例\234\

执行后的效果如图 15-4 所示。

从图 15-4 中可以看出，使用 AWT 创建窗口的方法十分简单，只需要通过 Frame 创建一些 AWT 组件，并把这些组件添加到 Frame 创建的窗口中即可。

图 15-4　执行效果

3．ScrollPane

ScrollPane 是一个带滚动条的容器，它也不能独立存在，必须被添加到其他容器中。ScrollPane 容器具有如下 3 个特点。

❑　可作为容器来盛装其他组件，当组件占用空间过大时 ScrollPane 会自动产生滚动条。当然也可以通过指定特定的构造器参数来指定默认具有滚动条。

❑　不能单独存在，必须放置到其他容器中。

❑　默认使用 BorderLayout 作为其布局管理器。ScrollPane 通常用于盛装其他容器，所以通常不允许改变 ScrollPane 的布局管理器。

例如在下面的实例代码中，使用 ScrollPane 容器代替了本节前面代码中的 Panel 容器。

实例 118	使用 ScrollPane 容器代替了本节前面的 Panel 容器
	源码路径　\dima\15\yongPanel.java　　　视频路径　\视频\实例\第 15 章\117

实例文件 yongPanel.java 的具体实现代码如下所示。

```
import java.awt.*;
public class yongScrollPane
{
  public static void main(String[] args)
  {
      Frame f = new Frame("测试窗口");
      //创建一个ScrollPane容器，指定总是具有滚动条
      ScrollPane sp = new ScrollPane(ScrollPane.SCROLLBARS_
      ALWAYS);
      //向ScrollPane容器中添加两个组件
      sp.add(new TextField(20));
      sp.add(new Button("单击我"));
      //将ScrollPane容器添加到Frame对象中
      f.add(sp);
      //设置窗口的大小、位置
      f.setBounds(30, 30 , 250, 120);
      //将窗口显示出来（Frame对象默认处于隐藏状态）
      f.setVisible(true);
  }
}
```

范例 235：设置窗体的大小

源码路径：光盘\演练范例\235\

视频路径：光盘\演练范例\235\

范例 236：根据桌面大小调整窗体大小

源码路径：光盘\演练范例\236\

视频路径：光盘\演练范例\236\

执行后的效果如图 15-5 所示。

在图 15-5 所示的执行效果中的窗口中具有水平、垂直滚动条，我们通过上述代码向 ScrollPane 容器中添加了一个文本按钮，但是在图 15-5 中只能看到一个按钮，却看不到文本框，这是为什么呢？这是因为 SrollPane 使用 BorderLayout 布局管理器的缘故，BorderLayout 导致了该容器中只有一个组件被显示出来。有关 BorderLayout 的基本知识将在本章后面的章节中进行详细介绍。

图 15-5　执行效果

15.3　布局管理器

知识点讲解：光盘:视频\PPT 讲解（知识点）\第 15 章\布局管理器.mp4

在本章上面一节中，虽然向窗口中添加了组件，但是摆放得毫无规则，甚至于一个组件铺面了整个窗口，这种效果肯定不是用户想要的。Java 为我们提供了 FlowLayout、BorderLayout 和 GridLayout 等布局方式，在本节里将介绍把各个组件按照不同的方式进行摆放的知识。

15.3.1　布局利器 FlowLayout

在默认的情况下，AWT 的布局管理器是 FlowLayout，这个管理器将组件从上到下顺序摆放，它将所有的组件摆放在居中位置。在 FlowLayout 中有如下 3 个构造器。

❑ FlowLayout()：使用默认对齐方式、默认垂直、水平间距创建 FlowLayout 布局管理器。

❑ FlowLayout (int align)：使用指定对齐方式、默认垂直、水平间距创建 FlowLayout 布局管理器。

❑ FlowLayout (int align, int hgap, int vgap)：使用指定对齐方式、指定垂直、水平间距创建 FlowLayout 布局管理器。

上述构造器中的参数 hgap、vgap 分别代表水平间距、垂直间距，我们只需为这两个参数传入整数值即可，其中用 align 表示 FlowLayout 中组件的排列方向（从左向右、从右向左、从中间向两边等）。该参数应该使用类 FlowLayout 的静态常量，例如 FlowLayout.LEFT、FlowLayout.CENTER 和 FlowLayout.RIGHT。

在 AWT 中，Panel 和 Applet 默认使用 FlowLayout 布局管理器。

| 实例 119 | 使用 FlowLayout 布局 |

源码路径　\daima\15\Wintwo1.java　　　　视频路径　\视频\实例\第 15 章\119

实例文件 Wintwo1.java 的主要代码如下所示。

```java
//引入AWT包
import java.awt.*;
import java.awt.event.*;
public class Wintwo1 extends Frame
{
    //定义3个按钮组件
    Button b1=new Button("提交");
    Button b2=new Button("取消");
    Button b3=new Button("重置");
Wintwo1()
    {
        //设置窗口名称
        this.setTitle("使用FlowLayout布局");
        //设置布局管理器为FlowLayout
        this.setLayout(new FlowLayout());
        //将按钮组件放入窗口中
        this.add(b1);
        this.add(b2);
        this.add(b3);
        //设置窗口的位置和大小
this.setBounds(100,100,450,350);
        //设置窗口的可见性
        this.setVisible(true);
    }
    public static void main(String args[])
    {
        new Wintwo1();
    }
}
```

<table>
<tr><td>

范例 237：向窗口中分别添加文本框和 3 个按钮

源码路径：光盘\演练范例\237\

视频路径：光盘\演练范例\237\

范例 238：禁止改变窗体的大小

源码路径：光盘\演练范例\238\

视频路径：光盘\演练范例\238\

</td></tr>
</table>

执行后的效果如图 15-6 所示。

图 15-6　执行效果

15.3.2　布局利器 BorderLayout

在 Java 程序设计中，通过 BorderLayout 布局方式可以将窗口划成上、下、左、右、中 5个区域，普通组件可以被放置在这 5 个区域中的任意一个。当改变使用 BorderLayout 的容器大小时，上、下和中区域可以水平调整，而左、右和中间区域可以垂直调整。在使用 BorderLayout时需要注意如下两点。

❏ 当向使用 BorderLayout 布局管理器的容器中添加组件时，需要指定要添加到哪个区域里。如果没有指定添加到哪个区域里，则默认添加到中间区域里。

❏ 如果向同一个区域中添加多个组件，后放入的组件会覆盖前面的组件。

在 AWT 开发应用中，Frame、Dialog 和 ScrollPane 默认使用 BorderLayout 布局管理器。在BorderLayout 中有如下两个构造器。

❏ BorderLayout()：使用默认水平间距、垂直间距创建 BorderLayout 布局管理器。

❏ BorderLayout（int hgap,int vgap）：使用指定的水平间距、垂直间距创建 BorderLayout布局管理器。

当向使用 BorderLayout 布局管理器的容器中添加组件时，应该使用类 BorderLayout 中的几个静态属性来指定添加到哪个区域。在 BorderLayout 中的静态常量有：EAST（东）、NORTH（北）、WEST（西）、SOUTH（南）和 CENTER（中）。

实例 120　使用 BorderLayout 布局

源码路径　\daima\15\WinThree.java　　　　视频路径　\视频\实例\第 15 章\120

实例文件 WinThree.java 的主要代码如下所示。

```java
import java.awt.*;
import java.awt.event.*;
public class WinThree extends Frame{
    //定义5个按钮组件
            Button b1=new Button("中间");
        Button b2=new Button("上边");
        Button b3=new Button("下边");
        Button b4=new Button("左边");
        Button b5=new Button("右边");
        WinThree(){
        //设置窗口名称
        //设置窗口名称
        this.setTitle("5个按钮随意摆");
    //设置布局管理器为BorderLayout
    this.setLayout(new BorderLayout());
    //将按钮组件放入窗口规定位置中
    this.add(b1,BorderLayout.CENTER);
    this.add(b2,BorderLayout.NORTH);
    this.add(b3,BorderLayout.SOUTH);
    this.add(b4,BorderLayout.WEST);
    this.add(b5,BorderLayout.EAST);
    //设置窗口的位置和大小
    this.setBounds(300,200,450,450);
        //设置窗口的可见性
        this.setVisible(true);
        //设置窗口的背景色
    this.setBackground(Color.blue);
            }
    public static void main(String args[]){
            new WinThree();
    }
}
```

范例 239：向 5 个区域中继续添加组件
源码路径：光盘\演练范例\239\
视频路径：光盘\演练范例\239\
范例 240：设置窗体标题栏的图标
源码路径：光盘\演练范例\240\
视频路径：光盘\演练范例\240\

执行后的效果如图 15-7 所示。

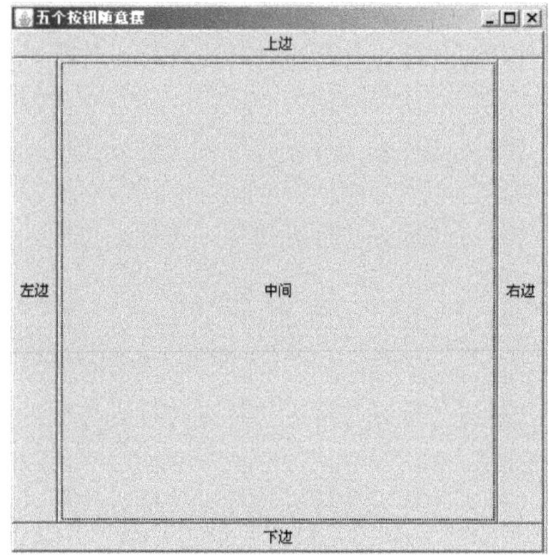

图 15-7　执行效果

注意：数量是 5 个

　　BorderLayout 最多只能放 5 个组件，要想放多个组件，需要先将部分组件放在 Panel 中，然后再把 Panel 添加到 BorderLayout 中。如果组件小于 5 个，没有放置组件的地方，将被相邻的组件占用。

15.3.3　布局利器 GridLayout

　　GridLayout 布局也是 AWT 中常用的一种布局方式，它实际上就是矩形网格，在网格中放置各个组件，每个网格的高度相等，组件随着网格的大小而在水平方向和垂直方向拉伸，网格的大小是由容器和创建网格的多少来确定的。当向 GridLayout 的容器中添加组件时，默认从左向右、从上向下依次添加到每个网格中。与 FlowLayout 不同的是，放在 GridLayout 布局管理器中的各组件的大小由组件所处的区域来决定（每个组件将自动涨大到占满整个区域）。

　　在 GridLayout 有如下两个构造器。

- ❑ GridLayout (int rows, int cols)：采用指定行数、列数、默认横向间距、纵向间距将容器分割成多个网格。
- ❑ GridLayout (int rows, int cols, int hgap, int vgap)：采用指定行数、列数、指定横向间距、纵向间距将容器分割成多个网格。

实例 121	使用 GridLayout 布局
	源码路径　\daima\15\Winfour1.java　　　　视频路径　\视频\实例\第 15 章\121

　　实例文件 Winfour1.java 的主要代码如下所示。

```
class Winfour1 extends Frame implements ActionListener{
    int i=5;
    //定义9个按钮组件
    Button b1=new Button("按钮A");
    Button b2=new Button("按钮B");
    Button b3=new Button("按钮C");
    Button b4=new Button("按钮D");
    Button b5=new Button("按钮E");
    Button b6=new Button("按钮F");
    Button b7=new Button("按钮G");
    Button b8=new Button("按钮H");
    Button b9=new Button("按钮I");
    Winfour1(){
    //设置窗口名称
    this.setTitle("布局利器Gridlayout");
    //设置布局管理器为3行3列的Gridlayout    this.setLayout(new GridLayout(3,3));
        //将按钮组件放入窗口
        this.add(b1);
        this.add(b2);
        this.add(b3);
        this.add(b4);
        this.add(b5);
        this.add(b6);
        this.add(b7);
        this.add(b8);
        this.add(b9);
        //为每个按钮组件添加监听
        b1.addActionListener(this);
        b2.addActionListener(this);
        b3.addActionListener(this);
        b4.addActionListener(this);
        b5.addActionListener(this);
        b6.addActionListener(this);
        b7.addActionListener(this);
        b8.addActionListener(this);
        b9.addActionListener(this);
        //设置窗口的位置和大小
    this.setBounds(100,100,450,450);
        //设置窗口的可见性
        this.setVisible(true);
    }
    //实现ActionListener接口中的actionPerformed方法
public void actionPerformed(ActionEvent e){
        i++;
        Button bi=new Button("按钮"+i);
        this.add(bi);
        bi.addActionListener(this);
```

> 范例 241：向 GridLayout 布局区域添加文本框
> 源码路径：光盘\演练范例\241\
> 视频路径：光盘\演练范例\241\
> 范例 242：拖动没有标题栏的窗体
> 源码路径：光盘\演练范例\242\
> 视频路径：光盘\演练范例\242\

```
        this.show(true);
    }
    public static void main(String args[]){
        new Winfour1();
    }}
```

执行后的效果如图 15-8 所示。

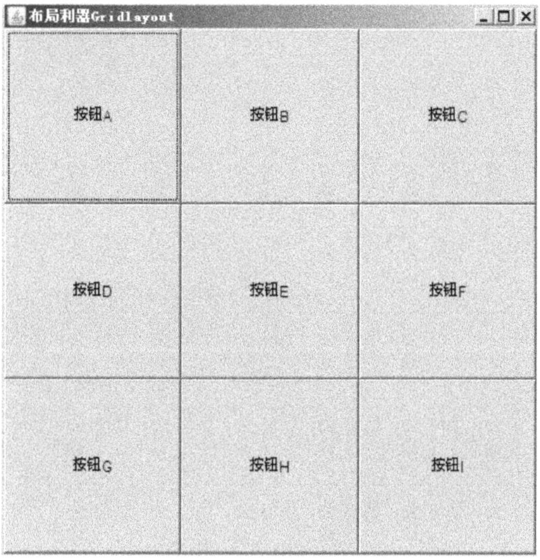

图 15-8　执行效果

15.3.4　GridBagLayout 布局管理器

GridBagLayout 是 Java 中最有弹性但也是最复杂的一种版面管理器，它只有一种构造函数，但必须配合 GridBagConstraints 才能达到设置的效果。GridBagLayout 的类层次结构如下所示。

```
java.lang.Object
  --java.awt.GridBagLayout
```

在 GridBagLayout 有如下 3 个非常重要的构造函数。

❑　GirdBagLayout()：建立一个新的 GridBagLayout 管理器。

❑　GridBagConstraints()：建立一个新的 GridBagConstraints 对象。

❑　GridBagConstraints (int gridx,int gridy,int gridwidth,int gridheight,double weightx,double weighty, int anchor, int fill, Insets insets, int ipadx, int ipady)：建立一个新的 GridBag Constraints 对象，并指定其参数的值。

各个参数的具体说明如下所示。

❑　gridx/gridy：设置组件的位置，gridx 设置为 GridBagConstraints.RELATIVE 代表此组件位于之前所加入组件的右边。若将 gridy 设置为 GridBagConstraints.RELATIVE 代表此组件位于以前所加入组件的下面。建议定义出 gridx/gridy 的位置，以便以后维护程序。表示放在几行几列，当 gridx=0，gridy=0 时表示放在 0 行 0 列。

❑　gridwidth/gridheight：用来设置组件所占的单位长度与高度，默认值皆为 1。我们可以使用 GridBagConstraints.REMAINDER 常量，代表此组件为此行或此列的最后一个组件，而且会占据所有剩余的空间。

❑　weightx/weighty：用来设置窗口变大时，各组件跟着变大的比例，当数字越大，表示组件能得到更多的空间，默认值皆为 0。

❑　anchor：当组件空间大于组件本身时，要将组件置于何处，有 CENTER（默认值）、NORTH、NORTHEAST、EAST、SOUTHEAST、WEST、NORTHWEST 可供选择。

❑　insets：设置组件之间彼此的间距，它有 4 个参数，分别是上、左、下、右，默认为(0,0,0,0)。

❑　ipadx/ipady：设置组件内的间距，默认值为 0。

因为 GridBagLayout 里的各种设置都必须通过 GridBagConstraints，因此当设置好 GridBag Constraints 的参数后，必须 new（新建）一个 GridBagConstraints 的对象以便 GridBagLayout 使用。

例如在下面的代码【光盘\daima\15\yongGridBag.java】中使用了 GridBagLayout 布局方式。

```java
import java.awt.*;
public class yongGridBag
{
    private Frame f = new Frame("测试窗口");
    private GridBagLayout gb = new GridBagLayout();
    private GridBagConstraints gbc = new GridBagConstraints();
    private Button[] bs = new Button[10];
    public void init()
    {
        f.setLayout(gb);
        for (int i = 0; i < bs.length ; i++ )
        {
            bs[i] = new Button("按钮" + i);
        }
        //所有组件都可以横向、纵向上扩大
        gbc.fill = GridBagConstraints.BOTH;
        gbc.weightx = 1;
        addButton(bs[0]);
        addButton(bs[1]);
        addButton(bs[2]);
        //该GridBagConstraints控制的GUI组件将会成为横向最后一个元素
        gbc.gridwidth = GridBagConstraints.REMAINDER;
        addButton(bs[3]);
        //该GridBagConstraints控制的GUI组件将横向上不会扩大
        gbc.weightx = 0;
        addButton(bs[4]);
        //该GridBagConstraints控制的GUI组件将横跨2个网格
        gbc.gridwidth = 2;
        addButton(bs[5]);
        //该GridBagConstraints控制的GUI组件将横跨1个网格
        gbc.gridwidth = 1;
        //该GridBagConstraints控制的GUI组件将纵向跨2个网格
        gbc.gridheight = 2;
        //该GridBagConstraints控制的GUI组件将会成为横向最后一个元素
        gbc.gridwidth = GridBagConstraints.REMAINDER;
        addButton(bs[6]);
        //该GridBagConstraints控制的GUI组件将横向跨越一个网格，纵向跨越2个网格
        gbc.gridwidth = 1;
        gbc.gridheight = 2;
        //该GridBagConstraints控制的GUI组件纵向扩大的权重是1
        gbc.weighty = 1;
        addButton(bs[7]);
        //设置下面的按钮在纵向上不会扩大
        gbc.weighty = 0;
        //该GridBagConstraints控制的GUI组件将会成为横向最后一个元素
        gbc.gridwidth = GridBagConstraints.REMAINDER;
        //该GridBagConstraints控制的GUI组件将纵向上横跨1个网格
        gbc.gridheight = 1;
        addButton(bs[8]);
        addButton(bs[9]);
        f.pack();
        f.setVisible(true);
    }
    private void addButton(Button button)
    {
        gb.setConstraints(button, gbc);
        f.add(button);
    }
    public static void main(String[] args)
    {
        new yongGridBag().init();
    }
}
```

执行后的效果如图 15-9 所示。

从上述执行效果可以看出，虽然我们设置按钮
4 和按钮 5 横向上不会扩大，但因为按钮 4 和按钮 5
的宽度会受上一行 4 个按钮的影响，所以它们实际
上依然会变大；同理虽然我们设置了按钮 8 和按钮
9 在纵向上不会扩大，但因为受按钮 7 的影响，所
以按钮 9 纵向上依然会变大，但按钮 8 不会变高。
再看下面的一段代码【光盘 \daima\15\MyFrame.
java】。

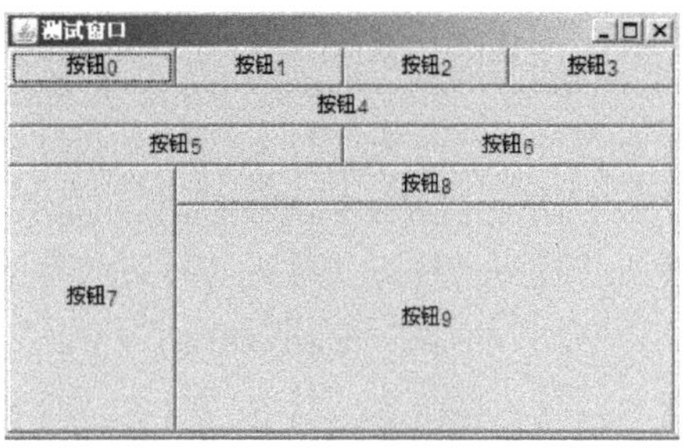

图 15-9　执行效果

```java
import java.awt.Dimension;
import java.awt.GridBagConstraints;
import java.awt.GridBagLayout;
import java.awt.event.ActionEvent;
import java.awt.event.ActionListener;

import javax.swing.BorderFactory;
import javax.swing.DefaultListModel;
import javax.swing.JButton;
import javax.swing.JFrame;
import javax.swing.JLabel;
import javax.swing.JList;
import javax.swing.JPanel;
import javax.swing.JTextField;
import javax.swing.UIManager;
import javax.swing.UnsupportedLookAndFeelException;

public class MyFrame extends JFrame {

    JPanel mainPanel = new JPanel();
    JButton add = new JButton();
    JButton left = new JButton();
    JButton right = new JButton();
    JLabel label = new JLabel();
    JTextField field = new JTextField();
    DefaultListModel leftModel = new DefaultListModel();
    DefaultListModel rightMOdel = new DefaultListModel();
    JList leftList = new JList(leftModel);
    JList rightList = new JList(rightMOdel);

    JPanel left_Right_Panel = new JPanel();

    public MyFrame() {
        this.setTitle("test");
        this.setPreferredSize(new Dimension(600, 400));
        this.initComponent();
        this.addData();
        this.setVisible(true);
        this.pack();
    }

    /**
     * 初始化组件
     */
    private void initComponent() {

        label.setText("添加选项:");
        add.setText("添加");
        leftList.setPreferredSize(new Dimension(150, 150));
        rightList.setPreferredSize(leftList.getPreferredSize());
        left.setText("左");
        right.setText("右");
        mainPanel.setBorder(BorderFactory.createTitledBorder("左右选择框"));
        mainPanel.setLayout(new GridBagLayout());

        GridBagConstraints c = new GridBagConstraints();

        c.gridx = 0; // 0行0列
        c.gridy = 0;
```

```java
        c.gridwidth = 1;
        c.gridheight = 1;
        c.fill = GridBagConstraints.HORIZONTAL;
        c.weightx = 0;
        c.weighty = 0;
        mainPanel.add(label, c);

        c.gridx++;
        c.weightx = 1;
        mainPanel.add(field, c);

        c.gridx++;
        c.weightx = 0;
        c.gridwidth = 1;
        c.gridheight = 1;
        // c.fill = GridBagConstraints.HORIZONTAL;
        mainPanel.add(add, c);

        c.gridx = 0;
        c.gridy = 1;
        c.weightx = 1;
        c.weighty = 1;
        c.gridwidth = 2;
        c.gridheight = 2;
        c.fill = GridBagConstraints.BOTH;
        mainPanel.add(leftList, c);

        c.gridx = 2;
        c.gridy = 1;
        c.gridwidth = 1;
        c.gridheight = 1;
        c.weightx = 0;
        c.weighty = 0.5;
        c.anchor = GridBagConstraints.SOUTH;
        c.fill = GridBagConstraints.HORIZONTAL;
        mainPanel.add(left, c);

        c.gridx = 2;
        c.gridy = 2;
        c.anchor = GridBagConstraints.NORTH;
        c.fill = GridBagConstraints.HORIZONTAL;
        mainPanel.add(right, c);

        c.gridx = 3;
        c.gridy = 1;
        c.gridwidth = 1;
        c.gridheight = 2;
        c.weightx = 1;
        c.weighty = 1;
        c.fill = GridBagConstraints.BOTH;
        mainPanel.add(rightList, c);

        this.getContentPane().add(mainPanel);
    }

    private void addData() {
        add.addActionListener(new ActionListener() {
            @Override
            public void actionPerformed(ActionEvent e) {
                // TODO Auto-generated method stub
                addItem();
            }

        });

        left.addActionListener(new ActionListener() {
            @Override
            public void actionPerformed(ActionEvent e) {
                // TODO Auto-generated method stub
                leftItem();
            }
```

```java
            });

            right.addActionListener(new ActionListener() {
                @Override
                public void actionPerformed(ActionEvent e) {
                    // TODO Auto-generated method stub
                    rightItem();
                }

            });
        }

        /**
         * 增加项
         */
        private void addItem() {
            if (field.getText() != null && !field.getText().equals("")) {
                ((DefaultListModel) leftList.getModel())
                            .addElement(field.getText());
                field.setText("");
            }
        }

        /**
         * 左移项
         */
        private void leftItem() {
            if (rightList.getSelectedIndex() != -1) {
                Object o = rightList.getSelectedValue();
                ((DefaultListModel) rightList.getModel()).remove(rightList
                        .getSelectedIndex());
                ((DefaultListModel) leftList.getModel()).addElement(o);
            }
        }

        /**
         * 右移项
         */
        private void rightItem() {
            if (leftList.getSelectedIndex() != -1) {
                Object o = leftList.getSelectedValue();
                ((DefaultListModel) leftList.getModel()).remove(leftList
                        .getSelectedIndex());
                ((DefaultListModel) rightList.getModel()).addElement(o);
            }

        }

        public static void main(String args[]) {
            try {
                UIManager.setLookAndFeel(UIManager.getSystemLookAndFeelClassName());
            } catch (ClassNotFoundException e) {
                // TODO Auto-generated catch block
                e.printStackTrace();
            } catch (InstantiationException e) {
                // TODO Auto-generated catch block
                e.printStackTrace();
            } catch (IllegalAccessException e) {
                // TODO Auto-generated catch block
                e.printStackTrace();
            } catch (UnsupportedLookAndFeelException e) {
                // TODO Auto-generated catch block
                e.printStackTrace();
            }
            MyFrame frame = new MyFrame();
        }
}
```

上述代码实现了左右选择框的效果，执行效果如图 15-10 所示。

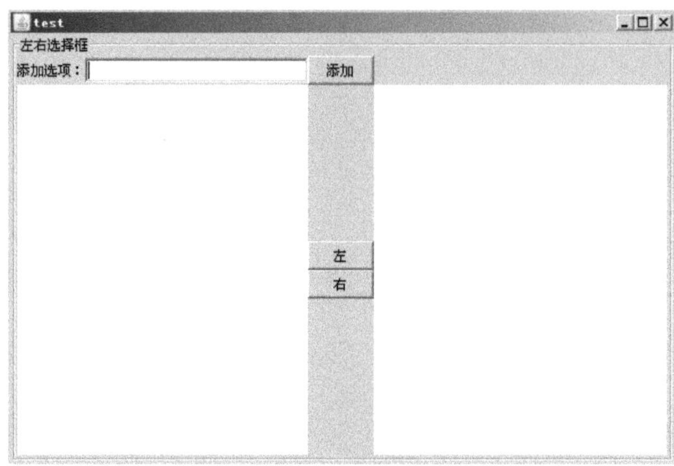

图 15-10　执行效果

15.3.5　布局利器 CardLayout

Cardlayout 布局管理器可以设置在一组组件中只显示某一个组件，用户可以根据需要选择需要显示的某一个组件。就像一副扑克牌一样，扑克叠在一起，每次只有最上面的一张扑克牌才可见。在 CardLayout 中提供了如下两个构造器。

❑ CardLayout()：创建默认的 CardLayout 布局管理器。

❑ CardLayout (int hgap, int vgap)：通过指定卡片与容器左右边界的间距（hgap）、上下边界的间距（vgap）来创建 CardLayout 布局管理器。

在 CardLayout 中可以通过如下 5 个方法来设置组件的可见性。

❑ first (Container target)：显示 target 容器中第一个卡片。

❑ last (Container target)：显示 target 容器中最后一个卡片。

❑ previous (Container target)：显示 target 容器中前一个卡片。

❑ next (Container target)：显示 target 容器中后一个卡片。

❑ show (Container target,String name)：显示 target 容器中指定名字的卡片。

实例 122	使用 CardLayout 布局
	源码路径　\daima\15\Winfive1.java　　　　视频路径　\视频\实例\第 15 章\122

实例文件 Winfive1.java 的主要代码如下所示。

```java
//引入AWT包
import java.awt.*;
import java.awt.event.*;
class Winfive1 extends Frame implements ActionListener
{
    //定义一个面板
    Panel p=new Panel();
    //定义5个按钮
    Button bf=new Button("第一个");
    Button bl=new Button("最后一个");
    Button bn=new Button("下一个");
    Button bp=new Button("上一个");
    Button bg=new Button("搜索");
    //定义一个单行文本框
    TextField tf=new TextField();
    //设置CardLayout布局管理器
    CardLayout cl=new CardLayout();
    Winfive1()
    {
        //设置窗口名称
        this.setTitle("利用CardLayout布局组件");
```

<table>
<tr><td>范例 243：在窗体中布局各种组件
源码路径：光盘\演练范例\243\
视频路径：光盘\演练范例\243\
范例 244：设置窗体的背景颜色
源码路径：光盘\演练范例\244\
视频路径：光盘\演练范例\244\</td></tr>
</table>

```java
        this.setLayout(null);
        this.add(p);
        //定义p面板为CardLayout布局管理器
        p.setLayout(cl);
        //为CardLayout布局管理器添加按钮
        for(int i=1;i<=3;i++)
        {
            Button btemp=new Button("布局按钮"+i);
            p.add(btemp,""+i);
        }
        //为每个组件设置大小位置并添加到容器中
        p.setBounds(10,40,100,100);
        this.add(bf);
        bf.addActionListener(this);
        bf.setBounds(120,40,60,20);
        this.add(bl);
        bl.addActionListener(this);
        bl.setBounds(120,70,60,20);
        this.add(bn);
        bn.addActionListener(this);
        bn.setBounds(120,100,60,20);
        this.add(bp);
        bp.addActionListener(this);
        bp.setBounds(120,130,60,20);
        this.add(bg);
        bg.addActionListener(this);
        bg.setBounds(60,160,40,20);
        this.add(tf);
        tf.setBounds(20,160,40,20);
        //设置窗口的位置和大小
        this.setBounds(200,200,400,380);
        //设置窗口的可见性
        this.setVisible(true);
    }
    //实现ActionListener接口中的actionPerformed方法
    public void actionPerformed(java.awt.event.ActionEvent e)
    {
        //next方法
        if(e.getSource()==bn)
        {
            cl.next(p);
        }
        //previous方法
        if(e.getSource()==bp)
        {
            cl.previous(p);
        }
        //first方法
        if(e.getSource()==bf)
        {
            cl.first(p);
        }
        //last方法
        if(e.getSource()==bl)
        {
            cl.last(p);
        }
        //show方法
        if(e.getSource()==bg)
        {
            cl.show(p,tf.getText().trim());
            tf.setText("");
        }
    }
    public static void main(String args[])
    {
        new Winfive1();
    }
}
```

执行效果如图 15-11 所示。

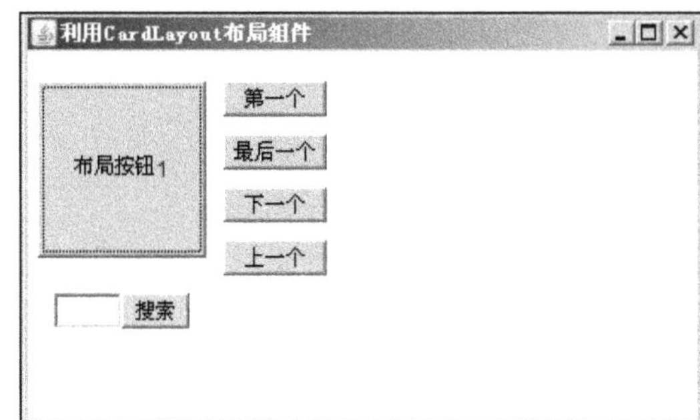

图 15-11　执行效果

15.3.6　BoxLayout 布局管理器

虽然 GridBagLayout 布局管理器的功能很强大，但是使用方法比较复杂，为此 Swing 引入了一个新的布局管理器——BoxLayout。BoxLayout 保留了 GridBagLayout 的很多优点，并且使用简单。BoxLayout 可以在垂直和水平两个方向上摆放 GUI 组件，BoxLayout 为我们提供了一个如下简单的构造器。

- ❑ BoxLayout (Container target, int axis)：指定创建基于 target 容器的 BoxLayout 布局管理器，在该布局管理器中的组件按 axis 方向排列。其中 axis 分为 BoxLayout.X_AXIS（横向）和 BoxLayout.Y_AXIS（纵向）两个方向。

实例 123	使用 BoxLayout 布局
源码路径　　\daima\15\yongBoxLayout.java	视频路径　　\视频\实例\第 15 章\123

实例文件 yongBoxLayout.java 的主要代码如下所示。

```
import java.awt.*;
import javax.swing.*;
public class yongBoxLayout
{
    private Frame f = new Frame("测试");
    public void init()
    {
        f.setLayout(new BoxLayout(f, BoxLayout.Y_AXIS));
        f.add(new Button("第一个按钮"));
        f.add(new Button("按钮二"));
        f.pack();
        f.setVisible(true);
    }
    public static void main(String[] args)
    {
        new yongBoxLayout().init();
    }
}
```

> 范例 245：将 Box 作为容器
> 源码路径：光盘\演练范例\245\
> 视频路径：光盘\演练范例\245\
> 范例 246：应用流式布局
> 源码路径：光盘\演练范例\246\
> 视频路径：光盘\演练范例\246\

执行后的效果如图 15-12 所示。

在 Java 应用中，BoxLayout 通常和 Box 容器结合使用，Box 是一个和 Panel 容器类似的特殊容器。BoxLayout 器默认使用 BoxLayout 布局管理器，在 Box 中提供了如下两个静态方法来创建 Box 对象。

- ❑ createHorizontalBox()：创建一个水平排列组件的 Box 容器。
- ❑ createVerticalBox()：创建垂直排列组件的 Box 容器。

在获得 Box 容器之后，就可以使用 Box 来盛装普

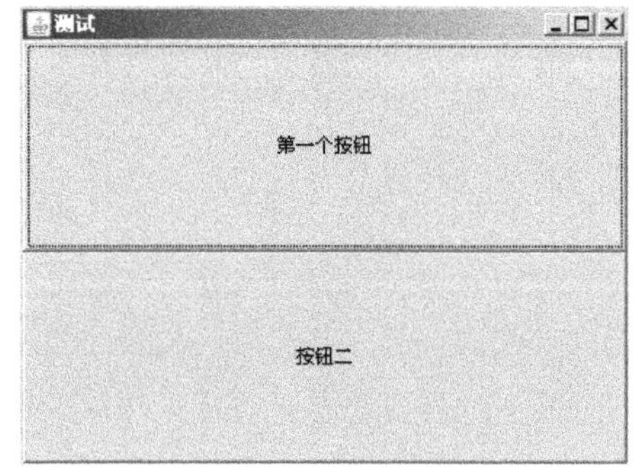

图 15-12　执行效果

通 GUI 组件，然后再将这些 Box 组件添加到其他容器中，从而形成整体的窗口布局。例如上面的"举一反三"演示了将 Box 作为容器的用法。

其实 Box 的功能不止前面介绍的，它还为我们提供了如下 5 个静态方法来创建 Glue、Strut 和 RigidArea。

- ❑ createHorizontalGlue()：创建一条水平 Glue，可以在两个方向同时拉伸的间距。
- ❑ createVerticalGlue()：创建一条垂直 Glue，可以在两个方向同时拉伸的间距。
- ❑ createHorizontalStrut (int width)：创建一条指定宽度水平 Strut，可以在垂直方向上拉伸的间距。
- ❑ createVerticalStrut (int height)：创建一条指定高度垂直 Strut，可以在水平方向上拉伸的间距。
- ❑ createRigidArea (Dimension d)：创建指定宽度、高度的 RigidArea，不可以拉伸的间距。

上述 5 个方法都返回代表间距的 Component 对象，在程序中可以将这些分隔 Component 添加到两个普通 GUI 组件之间以控制组件的间距。例如在下面的代码【光盘\daima\15\jianju.java】中使用了上面 3 种间距来分隔 Box 中的按钮。

```java
import java.awt.*;
import javax.swing.*;

public class jianju
{
    private Frame f = new Frame("测试");
    //定义水平摆放组件的Box对象
    private Box horizontal = Box.createHorizontalBox();
    //定义垂直摆放组件的Box对象
    private Box vertical = Box.createVerticalBox();
    public void init()
    {
        horizontal.add(new Button("水平按钮一"));
        horizontal.add(Box.createHorizontalGlue());
        horizontal.add(new Button("水平按钮二"));
        //水平方向不可拉伸的间距, 其宽度为10px
        horizontal.add(Box.createHorizontalStrut(10));
        horizontal.add(new Button("水平按钮三"));
        vertical.add(new Button("垂直按钮一"));
        vertical.add(Box.createVerticalGlue());
        vertical.add(new Button("垂直按钮二"));
        //垂直方向不可拉伸的间距, 其高度为10px
        vertical.add(Box.createVerticalStrut(10));
        vertical.add(new Button("垂直按钮三"));
        f.add(horizontal , BorderLayout.NORTH);
        f.add(vertical);
        f.pack();
        f.setVisible(true);
    }
    public static void main(String[] args)
    {
        new jianju().init();
    }
}
```

执行后的效果如图 15-13 所示。

从上述执行效果可以看出，Glue 可以在两个方向上同时拉伸，但是 Strut 只能在一个方向上拉伸，而 RigidArea 则不可以拉伸。

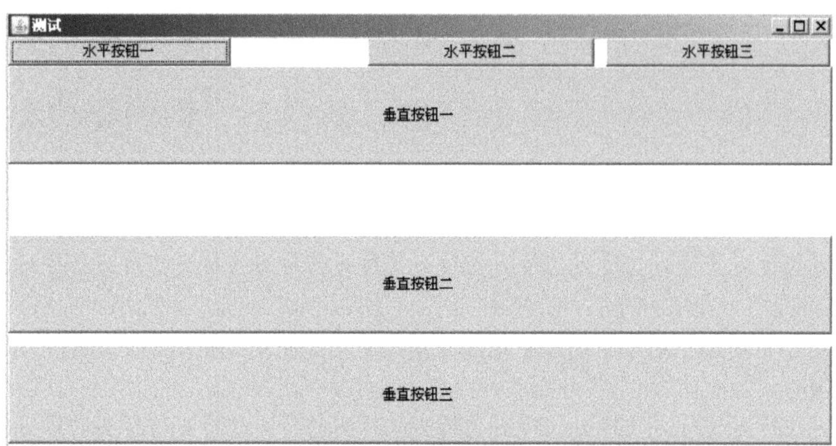

图 15-13   执行效果

15.3.7   布局利器 Null

虽然在本章前面学习了多种布局方式，但在日常编程应用中还是不够用，请读者看下面的一段代码【光盘\daima\15\jianju.java】。

```java
//引入AWT包
import java.awt.*;
import java.awt.event.*;
class Winnull1 extends Frame
{
    //定义三个按钮
    Button b1=new Button("甲按钮");
    Button b2=new Button("乙按钮");
    Button b3=new Button("丙按钮");
    Winnull1()
    {
        //设置窗口名称
        this.setTitle("Null布局利器");
        //将组件添加到容器
        this.add(b1);
        this.add(b2);
        this.add(b3);
        //设置组件的大小和位置
        b1.setBounds(50,50,100,50);
        b2.setBounds(50,120,100,50);
        b3.setBounds(50,190,100,50);
        //设置窗口的位置和大小
        this.setBounds(100,100,450,400);
        //设置窗口的可见性
        this.setVisible(true);
    }
    public static void main(String args[])
    {
        new Winnull1();
    }
}
```

执行后的效果如图 15-14 所示。

上述执行效果肯定不是我们所想要的结果，因为太乱了！我们可以对上述代码进行修改，修改后的代码【光盘\daima\15\Winnull2.java】如下所示。

```java
//引入AWT包
import java.awt.*;
import java.awt.event.*;
class Winnull2 extends Frame{
    //定义3个按钮
    Button b1=new Button("甲按钮");
    Button b2=new Button("乙按钮");
    Button b3=new Button("丙按钮");
    Winnull2(){
```

```
        //设置窗口名称
        this.setTitle("Null布局");
        //设置Null布局管理器
        this.setLayout(null);
        //将组件添加到容器
        this.add(b1);
        this.add(b2);
        this.add(b3);
        //设置组件的大小和位置
        b1.setBounds(50,50,100,50);
        b2.setBounds(50,120,100,50);
        b3.setBounds(50,190,100,50);
        //设置窗口的位置和大小
        this.setBounds(100,100,450,400);
        //设置窗口的可见性
        this.setVisible(true);}
    public static void main(String args[]){
        new Winnull2();
    }
}
```

在上述代码中使用了 null 布局，修改后的效果变得规整了，执行效果如图 15-15 所示。

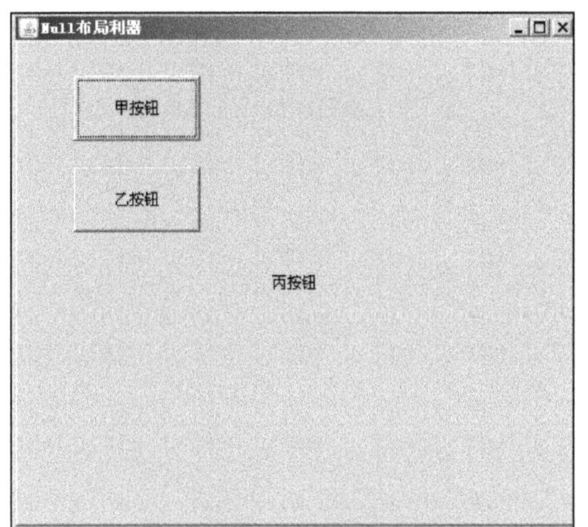

图 15-14　执行效果

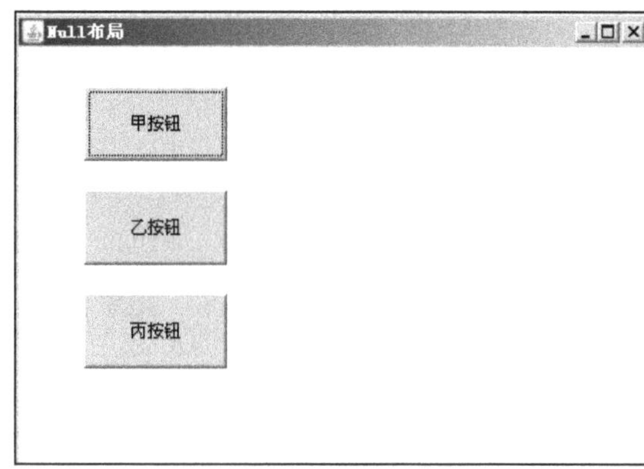

图 15-15　执行效果

15.4　AWT 的常用组件

知识点讲解：光盘:视频\PPT 讲解（知识点）\第 15 章\AWT 的常用组件.mp4

本节从应用的角度进一步介绍 AWT 的一些组件，目的是使大家加深对 AWT 的理解，掌握如何运用各种组件构造图形化用户界面，学会控制组件的颜色和字体。希望大家认真学习，为步入本书后面的章节打好基础。

15.4.1　AWT 中的组件

在 AWT 中提供了下面的基本组件。

- ❑ Button：按钮，可接受单击操作。
- ❑ Canvas：用于绘图的画布。
- ❑ Checkbox：复选框组件（也可变成单选框组件）。
- ❑ CheckboxGroup：用于将多个 Checkbox 组件组合成一组，一组 Checkbox 组件将只有一个可以被选中，即全部变成单选框组件。
- ❑ Choice：下拉式选择框组件。

❑　Frame：窗口，在 GUI 程序里通过该类创建窗口。

❑　Label：标签类，用于放置提示性文本。

❑　List：列表框组件，可以添加多项条目。

❑　Panel：不能单独存在基本容器类，必须放到其他容器中。

❑　Scrollbar：滑动条组件。如果需要用户输入位于某个范围的值，就可以使用滑动条组件。如调色板中设置 RGB 的 3 个值所用的滑动条。当创建一个滑动条时，必须指定它的方向、初始值、滑块大小、最小值和最大值。

❑　ScrollPane：带水平及垂直滚动条的容器组件。

❑　TextArea：多行文本域。

❑　TextField：单行文本框。

这些基本组件的效果图如图 15-16 所示。

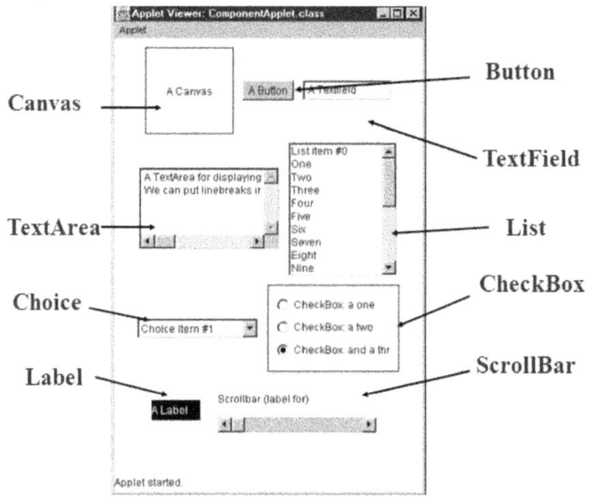

图 15-16　AWT 基本组件效果图

上述 AWT 组件的用法比较简单，在本章前面已经多次用到了 Button，读者可以查阅 API 文档来获取它们各自的构造器、方法等详细信息。

例如下面的代码演示了使用 AWT 基本组件的方法，具体代码【光盘\daima\15\yongzu.java】如下所示。

```java
import java.awt.*;
import javax.swing.*;

public class yongzu
{
    Frame f = new Frame("测试");
    //定义一个按钮
    Button ok = new Button("确认");

    CheckboxGroup cbg = new CheckboxGroup();
    //定义一个单选框 (处于cbg一组), 初始处于被选中状态
    Checkbox male = new Checkbox("男" , cbg , true);
    //定义一个单选框 (处于cbg一组), 初始处于没有选中状态
    Checkbox female = new Checkbox("女" , cbg , false);
    //定义一个复选框, 初始处于没有选中状态
    Checkbox married = new Checkbox("是否已婚?" , false);
    //定义一个下拉选择框
    Choice colorChooser = new Choice();
    //定义一个列表选择框
    List colorList = new List(6, true);
    //定义一个5行、20列的多行文本域
    TextArea ta = new TextArea(5, 20);
    //定义一个50列的单行文本域
```

```
    TextField name = new TextField(50);

    public void init()
    {
        colorChooser.add("红色");
        colorChooser.add("绿色");
        colorChooser.add("蓝色");
        colorList.add("红色");
        colorList.add("绿色");
        colorList.add("蓝色");
        //创建一个装载了文本框、按钮的Panel
        Panel bottom = new Panel();
        bottom.add(name);
        bottom.add(ok);
        f.add(bottom , BorderLayout.SOUTH);
        //创建一个装载了下拉选择框、3个Checkbox的Panel
        Panel checkPanel = new Panel();
        checkPanel.add(colorChooser);
        checkPanel.add(male);
        checkPanel.add(female);
        checkPanel.add(married);
        //创建一个垂直排列组件的Box, 盛装多行文本域、Panel
        Box topLeft = Box.createVerticalBox();
        topLeft.add(ta);
        topLeft.add(checkPanel);
        //创建一个垂直排列组件的Box, 盛装topLeft、colorList
        Box top = Box.createHorizontalBox();
        top.add(topLeft);
        top.add(colorList);
        //将top Box容器添加到窗口的中间
        f.add(top);
        f.pack();
        f.setVisible(true);
    }

    public static void main(String[] args)
    {
        new yongzu().init();
    }
}
```

执行效果如图 15-17 所示。

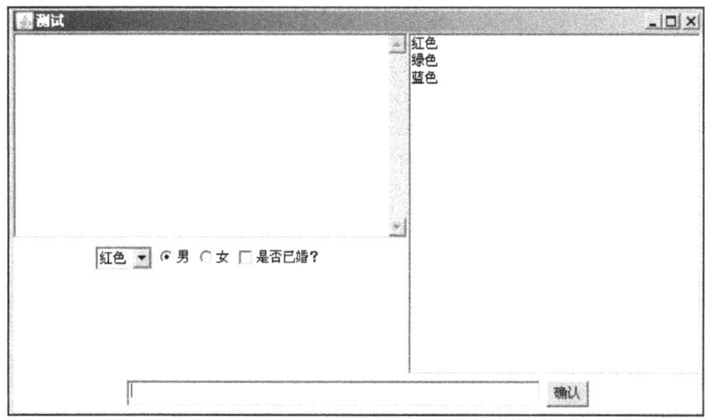

图 15-17　执行效果

15.4.2　AWT 中的对话框

对话框是 Window 类中的一个子类，也是一个容器类。对话框是可以独立存在的顶级窗口，所以其用法与普通窗口的用法几乎完全一样。在 AWT 中使用对话框时要注意如下两点。

❑　对话框通常依赖于其他窗口，也就是通常有一个 parent 窗口。

❑　对话框有非模式（non-modal）和模式（modal）两种，当某个模式对话框被打开之后，该模式对话框总是位于它依赖的窗口之上；在模式对话框被关闭之前，它依赖的窗口无法获得焦点。

在对话框中有多个重载的构造器，在其构造器中可能包含如下 3 个参数。

❑ owner：指定该对话框所依赖的窗口，既可以是窗口，也可以是对话框。

❑ title：指定该对话框的窗口标题。

❑ modal：指定该对话框是否是模式的，可以是 true 或 false。

另外，在类 Dialog 还有一个名为 FileDialog 的子类，此类代表了一个文件对话框，用于打开或者保存文件，在 FileDialog 中提供了几个构造器，分别可支持 parent、title 和 mode 三个构造参数，其中 parent、title 指定文件对话框的所属父窗口和标题，而 mode 用于指定该窗口打开文件或保存文件，该参数支持 FileDialog.LOAD 和 FileDialog.SAVE 两个参数值。

FileDialog 为我们提供了如下两个方法来获取被打开/保存文件的路径。

❑ getDirectory()：获取 FileDialog 被打开/保存文件的绝对路径。

❑ getFile()：获取 FileDialog 被打开/保存文件的文件名。

实例 124	演示模式对话框和非模式对话框的用法
源码路径　\daima\15\yongDialog.java	视频路径　\视频\实例\第 15 章\124

实例文件 yongDialog.java 的主要代码如下所示。

```java
import java.awt.*;
import java.awt.event.*;
public class yongDialog{
    Frame f = new Frame("测试");
    Dialog d1 = new Dialog(f, "模式对话框" , true);
    Dialog d2 = new Dialog(f, "非模式对话框" , false);
    Button b1 = new Button("打开模式对话框");
    Button b2 = new Button("打开非模式对话框");
    public void init()    {
        d1.setBounds(20 , 30 , 300, 400);
        d2.setBounds(20 , 30 , 300, 400);
        b1.addActionListener(new ActionListener()
        {
            public void actionPerformed(ActionEvent e)
            {
                d1.setVisible(true);
            }
        });
        b2.addActionListener(new ActionListener()
        {
            public void actionPerformed(ActionEvent e)
            {
                d2.setVisible(true);
            }
        });
        f.add(b1);
        f.add(b2 , BorderLayout.SOUTH);
        f.pack();
        f.setVisible(true);
    }
    public static void main(String[] args)
    {
        new yongDialog().init();
    }
}
```

> 范例 247：创建打开、保存文件的对话框
> 源码路径：光盘\演练范例\247\
> 视频路径：光盘\演练范例\247\
> 范例 248：实现一个预览图片复选框
> 源码路径：光盘\演练范例\248\
> 视频路径：光盘\演练范例\248\

执行后的效果如图 15-18 所示。

在上面的实例中创建了 d1 和 d2 两个对话框，其中 d1 是一个模式对话框，而 d2 是非模式对话框（两个对话框都是空的，里面什么都没有），在该窗口中还提供了两个按钮，两个按钮分别用于打开模式对话框和非模式对话框。打开模式对话框后鼠标无法激活原来的"测试窗口"；但打开非模式对话框后还可以激活原来的"测试窗口"。

图 15-18　执行效果

15.5　事件处理

知识点讲解：光盘:视频\PPT 讲解（知识点）\第 15 章\事件处理.mp4

在本章前面讲解的窗口以及窗口组件只是摆设，触发后并没有任何的效果，这是因为没有编写监听程序和事件处理程序。在本节将详细讲解 AWT 中事件处理的基本知识，为读者步入本书后面知识的学习打下坚实的基础。

15.5.1　Java 的事件模型

为了使图形界面能够接收用户的操作，必须给各个组件加上事件处理机制。在 Java 的事件处理过程中主要涉及了如下 3 类对象。

- Event Source（事件源）：事件发生的场所，通常就是各个组件，例如按钮、窗口、菜单等。
- Event（事件）：事件封装了 GUI 组件上发生的特定事情（通常就是一次用户操作）。如果程序需要获得 GUI 组件上所发生事件的相关信息，都通过 Event 对象来取得。
- Event Listener（事件监听器）：负责监听事件源所发生的事件，并对各种事件做出响应处理。

当用户按下一个按钮、单击某个菜单项或单击窗口右上角的状态按钮时，这些动作就会激发一个相应的事件，该事件会由 AWT 封装成一个相应的 Event 对象，并触发事件源上注册的事件监听器（特殊的 Java 对象），事件监听器调用对应的事件处理器（事件监听器里的实例方法）来做出相应的响应。

AWT 的事件处理机制是一种委派式（Delegation）事件处理方式，其中普通组件（事件源）负责将整个事件处理委托给特定的对象（事件监听器），当该事件源发生指定的事件时就通知所委托的事件监听器，由事件监听器来处理这个事件。

每个组件均可以针对特定的事件指定一个或多个事件监听对象，每个事件监听器也可监听一个或多个事件源。因为同一个事件源上可能发生多种事件，所以委派式事件处理方式可以把事件源上所有可能发生的事件分别授权给不同的事件监听器来处理，同时也可以让一类事件都使用同一个事件监听器来处理。

AWT 事件类的基本结构如图 15-19 所示。

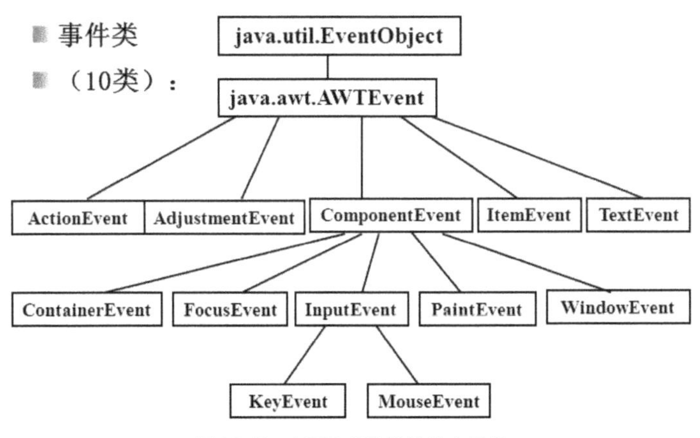

图 15-19　AWT 事件类的基本结构

实现 AWT 事件处理机制的基本步骤如下所示。

（1）实现事件监听器类，该监听器类是一个特殊的 Java 类，必须实现一个 XxxListener 接口。

（2）创建普通组件（事件源），创建事件监听器对象。

（3）调用方法 addXxxListener()将事件监听器对象注册给普通组件（事件源）。这样当事件源上发生指定事件时，AWT 会触发事件监听器，由事件监听器调用相应的方法（事件处理器）来处理事件，事件源上所发生的事件会作为参数传入事件处理器。

例如下面的代码很好地演示了上述步骤，具体代码【光盘\daima\15\Eventyong.java】如下所示。

```java
import java.awt.*;
import java.awt.event.*;
public class Eventyong{
    private Frame f = new Frame("测试事件");
    private Button ok = new Button("确定");
    private TextField tf = new TextField(30);
    public void init()
    {
        //注册事件监听器
        ok.addActionListener(new OkListener());
        f.add(tf);
        f.add(ok , BorderLayout.SOUTH);
        f.pack();
        f.setVisible(true);
    }
    //定义事件监听器类
    class OkListener implements ActionListener
    {
        //下面定义的方法就是事件处理器, 用于响应特定的事件
        public void actionPerformed(ActionEvent e)
        {
            System.out.println("用户单击了ok按钮");
            tf.setText("Hello World");
        }
    }
    public static void main(String[] args)
    {
        new Eventyong().init();
    }
}
```

在上述代码中，当单击"确定"按钮被单击时会触发处理器，会看到程序中 tf 文本框内变为"Hello World"，并且在控制台中输出"用户单击了 OK 按钮"字符串。执行效果如图 15-20 所示。

图 15-20　执行效果

15.5.2　事件和事件监听器

在 AWT 中，当外部动作在 AWT 组件上进行操作时，系统会自动生成事件对象，这个事件对象是 EventObject 子类的实例，该事件对象会自动触发注册到事件源上的事件监听器。AWT 的事件机制涉及了事件源、事件和事件监听器共 3 个成员，其中事件源最容易创建，只要通过关键字 new 即可创建一个 AWT 组件，该组件就是事件源；事件的产生无须程序员关心，它是

由系统自动产生的；所以实现事件监听器是整个事件处理的核心。

事件监听器必须实现事件监听器接口，AWT 提供了大量的事件监听器接口用于实现不同类型的事件监听器，用于监听不同类型的事件。在 AWT 中为我们提供丰富的事件类来封装不同组件上所发生的特定操作，其中 AWT 的事件类都是 AWTEvent 类的子类，它是 EventObject 类的子类。

1．事件种类

为了便于学习和掌握，通常将 AWT 中的事件分为低级事件和高级事件两大类。

（1）低级事件。

低级事件是指基于特定动作的事件，例如如鼠标的进入、点击、拖放等动作的鼠标事件，当组件得到焦点、失去焦点时触发焦点事件。

- ❑ ComponentEvent：组件事件，当组件尺寸发生变化、位置发生移动、显示/隐藏状态发生改变时触发该事件。
- ❑ ContainerEvent：容器事件，当容器里发生成添加组件、删除组件时触发该事件。
- ❑ WindowEvent：窗口事件，当窗口状态发生改变（如打开、关闭、最大化、最小化）时触发。
- ❑ FocusEvent：焦点事件，当组件得到焦点或失去焦点时触发该事件。
- ❑ KeyEvent：键盘事件，当键进行按下、松开、单击时触发该事件。
- ❑ MouseEvent：鼠标事件，当鼠标进行单击、按下、松开、移动等动作时触发该事件。
- ❑ PaintEvent：组件绘制事件，该事件是一个特殊事件类型，当 GUI 组件调用 update 或 paint 方法来呈现自身时将触发该事件，该事件并非专用于事件处理模型。

（2）高级事件。

高级事件也被称为语义事件，是基于语义的事件，它可以不和特定的动作相关联，而依赖于触发此事件的类。例如在 TextField 中按 Enter 键会触发 ActionEvent 事件，滑动滚动条会触发 AdjustmentEvent 事件，选中项目列表的某一条就会触发 ItemEvent 事件。

- ❑ ActionEvent：动作事件，当按钮、菜单项被单击，TextField 中按 Enter 键时触发。
- ❑ AdjustmentEvent：调节事件，在滑动条上移动滑块以调节数值时触发。
- ❑ ItemEvent：选项事件，当用户选中某项，或取消选中某项时触发。
- ❑ TextEvent：文本事件，当文本框、文本域里的文本发生改变时触发。

2．事件、监听器和处理器

不同的事件需要使用不同的监听器监听，不同的监听器需要实现不同的监听器接口，当指定事件发生后，事件监听器就会调用所包含的事件处理器（实例方法）来处理事件。在表 15-1 中显示了常用事件、监听器接口和处理器之间的对应关系。

表 15-1　　　　　　　　　　　　　　事件、监听器和处理器

事　　件	监听器接口	处理器及触发时机
ActionEvent	ActionListener	actionPerformed：按钮、文本框、菜单项被单击时触发
AdjustmentEvent	AdjustmentListener	adjustmentValueChanged：滑块位置发生改变时触发
		componentAdded：向容器中添加组件时触发
ContainerEvent	ContainerListener	componentRemoved：从容器中删除组件时触发
		focusGained：组件得到焦点时触发
FocusEvent	FocusListener	focusLost：组件失去焦点时触发
		componentHidden：组件被隐藏时触发
		componentMoved：组件位置发生改变时触发

续表

事　　件	监听器接口	处理器及触发时机
ComponentEvent	ComponentListener	componentResized：组件大小发生改变时触发
		componentShown：组件被显示时触发
		keyPressed：按下某个键时触发
KeyEvent	KeyListener	keyReleased：松开某个键时触发
		keyTyped：单击某个键时触发
		mouseClicked：在某个组件上单击鼠标键时触发
		mouseEntered：鼠标进入某个组件时触发
MouseEvent	MouseListener	mouseExited：鼠标离开某个组件时触发
		mousePressed：在某个组件上按下鼠标键时触发
		mouseReleased：在某个组件上松开鼠标键时触发
		mouseDragged：在某个组件上移动鼠标，且按下鼠标键时触发
MouseEvent	MouseMotionListener	mouseMoved：在某个组件上移动鼠标，且没有按下鼠标键时触发
TextEvent	TextListener	textValueChanged：文本组件里的文本发生改变时触发
ItemEvent	ItemListener	itemStateChanged：某项被选中或取消选中时触发
		windowActivated：窗口被激活时触发
		windowClosed：窗口调用 dispose 即将关闭时触发
		windowClosing：用户单击窗口右上角的"×"按钮时触发
WindowEvent	WindowListener	windowDeactivated：窗口失去激活时触发
		windowDeiconified：窗口被恢复时触发
		windowIconified：窗口最小化时触发
		windowOpened：窗口首次被打开时触发

　　通过表 15-1 的内容可以大致知道常用组件可能发生哪些事件，以及该事件对应的监听器接口，通过实现该监听器接口就可以实现对应的事件处理器。然后通过 addXxxListener 将事件监听器注册给指定的组件（事件源）。当事件源组件上发生特定事件时，被注册到该组件的事件监听器里的对应方法（事件处理器）将被触发。

　　3. 监听应用

　　（1）窗口监听的接口。

　　在 AWT 中对于窗口处理，主要是打开、关闭和最小化等事件，监听它的接口是 WindowsListener，用户可以这个接口的方法去监听它们，该接口中的常用方法如下所示。

```
public void WindowsActivated (WindowsEvent e)
public void WindowsClosed (WindowsEvent e)
public void WindowsClosing (WindowsEvent e)
public void WindowsDeactivated (WindowsEvent e)
public void Windowsfied (WindowsEvent e)
public void WindowsIconified (WindowsEvent e)
public void WindowsOpened (WindowsEvent e)
```

　　在下面的代码中编写了一个窗口，然后让窗口组件响应。具体代码【光盘\daima\15\达式 WindJone1.java】如下所示。

```
//引入相关
import java.awt.*;
import java.awt.event.*;
class WindJone1 extends Frame implements WindowListener
{
    WindJone1()
    {
        //设置窗口名称
```

```
            this.setTitle("窗口监听");
            //为窗口添加监听
             this.addWindowListener(this);
             //设置窗口大小和位置
            this.setBounds(100,100,300,300);
            //设置窗口可见性
            this.setVisible(true);
        }
        //实现接口中的方法
        public void windowActivated(WindowEvent e)
        {
            System.out.println("激活");
        }
        public void windowClosed(WindowEvent e)
        {
            System.out.println("释放");
        }
        public void windowClosing(WindowEvent e)
        {
            System.out.println("菜单关闭");
            this.dispose();
        }
        public void windowDeactivated(WindowEvent e)
        {
            System.out.println("失去焦点");
        }
        public void windowDeiconified(WindowEvent e)
        {
            System.out.println("到最大化");
        }
        public void windowIconified(WindowEvent e)
        {
            System.out.println("到最小化");
        }
        public void windowOpened(WindowEvent e)
        {
            System.out.println("打开");
        }

        public static void main(String args[])
        {
            new WindJone1();
        }
}
```

执行后的效果如图 15-21 所示。

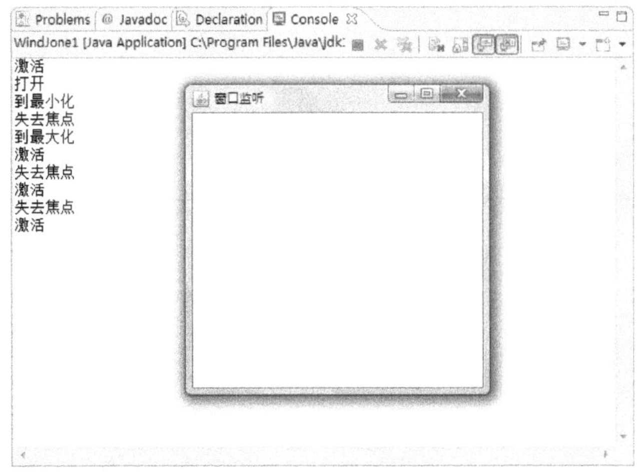

图 15-21　执行效果

（2）按钮监听的接口。

几乎每一个窗口组件都离不开按钮组件，在本书前面的章节中已经多次用到过按钮。在 Java

应用程序中，用户可以使用 ActionEvent 事件的监听器对象实现单击按钮响应。该接口中的常用方法如下所示。

```java
public void actionPerformed(ActionEvent e);
```

下面通过一段代码进行讲解，其代码【光盘\daima\15\WindJone2.java】如下所示。

```java
//引入相关
import java.awt.*;
import java.awt.event.*;
class WindJone2 extends Frame implements ActionListener
{
    //定义两个按钮
    Button b1=new Button("确定");
    Button b2=new Button("退出");
WindJone2()
    {
        //设置窗口名称
        this.setTitle("进入系统");
        //将按钮添加到窗口中
        this.add(b1);
        this.add(b2,BorderLayout.SOUTH);
        //为按钮添加监听
        b1.addActionListener(this);
        b2.addActionListener(this);
        //设置窗口位置和大小
        this.setBounds(100,100,300,300);
        //设置窗口可见性
        this.setVisible(true);
    }
    //实现ActionListener接口中的方法
    public void actionPerformed(ActionEvent e)
    {
        if(e.getSource()==b1)
        {
            System.out.println("进入系统");
        }
        else
        {
            System.out.println("退出");
        }
    }
    public static void main(String args[])
    {
        new WindJone2();
    }
}
```

执行后的效果读者运行程序演示。

（3）文本框监听的接口。

文本框是用来让客户输入信息的地方，在很多网站中会提供此功能。在 Java 中使用 TextListener 来监听文本框接口，这样可以确定文本值在何时发生了改变。使用接口 TextListener 的语法格式如下所示。

```java
public void textValueChangged (TextEvent e);
```

实例 125　为文本框编写处理事件

源码路径　\daima\15\Wintext.java　　　　　视频路径　\视频\实例\第 15 章\125

实例文件 Wintext.java 的主要代码如下所示。

```java
//引入相关
import java.awt.*;
import java.awt.event.*;
class wintext extends Frame implements TextListener{
    //定义一个文本组件
    TextArea ta=new TextArea("请输入心中想说的话");
    wintext()
    {
        //设置窗口名称
        this.setTitle("监听文本框");
        //将文本组件添加到窗口中
        this.add(ta);
        //设置文字样式
```

> 范例 249：文本框事件的进一步应用
> 源码路径：光盘\演练范例\249\
> 视频路径：光盘\演练范例\249\
> 范例 250：实现一个投票计数器软件
> 源码路径：光盘\演练范例\250\
> 视频路径：光盘\演练范例\250\

```
            Font f=new Font("楷体",Font.ITALIC+Font.BOLD,18);
            //将文字添加到文本组件中
            ta.setFont(f);
            //为文本组件添加监听
            ta.addTextListener(this);
            //设置文本组件内内容颜色
            ta.setForeground(Color.blue);
            //设置窗口大小和位置
            this.setBounds(100,100,450,400);
            //设置窗口可见性
            this.setVisible(true);
        }
    //实现接口中的方法
public void textValueChanged(TextEvent e)
        {
        System.out.println(ta.getText());
        }
        public static void main(String args[])
        {
            new wintext();
        }
}
```

执行后的效果读者自行演示。

15.5.3 事件适配器

事件适配器是监听器接口的空实现，它不但实现了监听器接口，并为该接口里每个方法都提供了实现，这种实现是一种空实现（方法体内没有任何代码的实现）。当需要创建监听器时，可以继承事件适配器，而不是实现监听器接口。因为事件适配器已经为监听器接口的每个方法提供了空实现，所以程序自己的监听器无须实现监听器接口里的每个方法，只需要重写自己感兴趣的方法即可，这可以简化事件监听器的实现类代码。

如果某个监听器接口只有一个方法，则该监听器接口就无须提供适配器，因为该接口对应的监听器别无选择，只能重写该方法。如果不重写该方法，就没有必要实现该监听器。

AWT 中，监听器接口对应的事件适配器信息如表 15-2 所示。

表 15-2　　　　　　　　　　　监听器接口对应的事件适配器

监听器接口	事件适配器
ContainerListener	ContainerAdapter
FocusListener	FocusAdapter
ComponentListener	ComponentAdapter
KeyListener	KeyAdapter
MouseListener	MouseAdapter
MouseMotionListener	MouseMotionAdapter
WindowListener	WindowAdapter

所有包含多个方法的监听器接口都有一个对应的适配器，只包含一个方法的监听器接口则没有对应的适配器。虽然在表 15-2 中只列出了常用的监听器接口对应的事件适配器，但实际上所有包含多个方法的监听器接口都有对应的事件适配器，Swing 中的监听器接口也是如此。

例如下面代码通过事件适配器来创建事件监听器，具体代码【光盘\daima\15\shipei.java】如下所示。

```
import java.awt.*;
import java.awt.event.*;
public class shipei
{
    private Frame f = new Frame("测试");
    private TextArea ta = new TextArea(6 , 40);
    public void init()
    {
```

```java
        f.addWindowListener(new MyListener());
        f.add(ta);
        f.pack();
        f.setVisible(true);
    }
    class MyListener extends WindowAdapter
    {
        public void windowClosing(WindowEvent e)
        {
            ta.append("用户试图关闭窗口!\n");
            System.exit(0);
        }
    }
    public static void main(String[] args)
    {
        new shipei().init();
    }
}
```

执行程序后可看到效果，单击"×"可以退出窗体。

从上述代码可以看出，窗口监听器继承 WindowAdapter 事件适配器，就可以只需要重写 windowClosing 方法。

15.6　AWT 的菜单

📷 知识点讲解：光盘:视频\PPT 讲解（知识点）\第 15 章\AWT 的菜单.mp4

我们都知道在很多日常软件中都有菜单功能，例如 Office 等。很多软件都离不开菜单，菜单能够用直观好用的效果实现我们软件的功能。在开发 AWT 项目时，也可以为窗体设计一个个菜单。在本节将讲解 AWT 中菜单的基本知识，为读者步入本书后面知识的学习打下基础。

15.6.1　菜单条、菜单和菜单项

在 AWT 中，菜单由如下几个类组合而成。

- ❑ MenuBar：菜单条，菜单的容器。
- ❑ Menu：菜单组件，菜单项的容器。它也是 MenuItem 的子类，所以可作为菜单项使用。
- ❑ PopupMenu：上下文菜单组件（右键菜单组件）。
- ❑ MenuItem：菜单项组件。
- ❑ CheckboxMenuItem：复选框菜单项组件。
- ❑ MenuShortcut：菜单快捷键组件。

其中 MenuBar 和 Menu 都实现了菜单容器接口，所以 MenuBar 可用于盛装 Menu，而 Menu 可用于盛装 MenuItem（包括 Menu 和 CheckMenuItem 两个子类对象）。在 Menu 中还有一个名为 PopupMenu 的子类，此子类代表上下文菜单，上下文菜单无须使用 MenuBar 盛装。

Menu 和 MenuItem 的构造器都可接受一个字符串参数，该字符串作为其对应菜单、菜单项上的标签文本。另外，MenuItem 还可以接受一个 MenuShortcut 对象，该对象用于指定该菜单的快捷键。类 MenuShortcut 使用虚拟键代码（而不是字符）来创建快捷键。例如可以通过以下的代码创建 Ctrl+A 快捷键。

```java
MenuShortcut ms = new MenuShortcut(KeyEvent.VK_A, false);
```

如果该快捷键还需要 Shift 键的辅助，则可以使用如下代码实现。

```java
MenuShortcut ms = new MenuShortcut(KeyEvent.VK_A, true);
```

有时候我们希望将某个菜单进行分组，将功能相似的菜单分成一组，此时需要使用菜单分隔符实现。在 AWT 中有如下两种添加菜单分隔符的方法。

- ❑ 调用 Menu 对象的 addSeparator()方法来添加菜单分隔线。
- ❑ 添加 new MenuItem("-")菜单项来添加菜单分隔线。

创建了MenuItem、Menu和MenuBar对象之后，调用Menu的add()方法可以将多个MenuItem组合成菜单，再调用 MenuBar 的 add()方法可以将多个 Menu 组合成菜单条，最后调用 Frame对象的 setMenuBar 为该窗口添加菜单条。

例如下面的代码演示了为窗口添加菜单的流程，具体代码【光盘\daima\15\caidan.java】如下所示。

```java
public class caidan{
    private Frame f = new Frame("菜单窗体");
    private MenuBar mb = new MenuBar();
    Menu file = new Menu("文件");
    Menu edit = new Menu("编辑");
    MenuItem newItem = new MenuItem("新建");
    MenuItem saveItem = new MenuItem("保存");
    //创建exitItem菜单项，指定使用 Ctrl+X 快捷键
    MenuItem exitItem = new MenuItem("退出" , new MenuShortcut(KeyEvent.VK_X));
    CheckboxMenuItem autoWrap = new CheckboxMenuItem("换行");
    MenuItem copyItem = new MenuItem("复制");
    MenuItem pasteItem = new MenuItem("粘贴");
    Menu format = new Menu("格式");
    //创建commentItem菜单项，指定使用 Ctrl+Shift+/ 快捷键
    MenuItem commentItem = new MenuItem("解释" ,
        new MenuShortcut(KeyEvent.VK_SLASH , true));
    MenuItem cancelItem = new MenuItem("删除注释");
    private TextArea ta = new TextArea(6 , 40);
    public void init()
    {
        //以匿名内部类的形式创建菜单监听器
        ActionListener menuListener = new ActionListener()
        {
            public void actionPerformed(ActionEvent e)
            {
                String cmd = e.getActionCommand();
                ta.append("单击"" + cmd + ""菜单" + "\n");
                if (cmd.equals("退出"))
                {
                    System.exit(0);
                }
            }
        };
        //为commentItem、exitItem两个菜单项添加了事件监听器
        commentItem.addActionListener(menuListener);
        exitItem.addActionListener(menuListener);
        //为file菜单添加菜单项
        file.add(newItem);
        file.add(saveItem);
        file.add(exitItem);
        //为edit菜单添加菜单项
        edit.add(autoWrap);
        //使用addSeparator方法来添加菜单分隔线
        edit.addSeparator();
        edit.add(copyItem);
        edit.add(pasteItem);
        //为format菜单添加菜单项
        format.add(commentItem);
        format.add(cancelItem);
        //使用添加new MenuItem("-")的方式添加菜单分隔线
        edit.add(new MenuItem("-"));
        //将format菜单组合到edit菜单中，从而形成二级菜单
        edit.add(format);
        //将file、edit菜单添加到mb菜单条中
        mb.add(file);
        mb.add(edit);
        //为f窗口设置菜单条
        f.setMenuBar(mb);
        //以匿名内部类的形式来创建事件监听器对象
        f.addWindowListener(new WindowAdapter()
        {
            public void windowClosing(WindowEvent e)
            {
                ta.append("试图关闭窗口!\n");
                System.exit(0);
```

```
            }
        });
        f.add(ta);
        f.pack();
        f.setVisible(true);
    }
    public static void main(String[] args)
    {
        new caidan().init();
    }
}
```

执行后的效果如图 15-22 所示。

图 15-22　执行效果

在上述代码中既有复选框菜单项和菜单分隔符，也有二级菜单，并为两个菜单项添加了快捷键，为 commentItem、exitItem 两个菜单项添加了事件监听器。

15.6.2　右键菜单

在 AWT 应用中，使用 PopupMenu 对象来表示右键菜单，创建右键菜单的基本步骤如下所示。

（1）创建 PopupMenu 的实例。

（2）创建多个 MenuItem 的多个实例，依次将这些实例加入 PopupMenu 中。

（3）将 PopupMenu 加入到目标组件之中。

（4）为需要出现上下文菜单的组件编写鼠标监听器，当用户释放鼠标右键时弹出右键菜单。

例如在下面的代码中创建了一个右键菜单，该右键菜单"借用"了本章前面 15.6.1 节中 edit 菜单中的菜单项，具体代码【光盘\daima\15\youjian.java】如下所示。

```java
public class youjian{
    private TextArea ta = new TextArea(4 , 30);
    private Frame f = new Frame("右键菜单");
    PopupMenu pop = new PopupMenu();
    CheckboxMenuItem autoWrap = new CheckboxMenuItem("换行");
    MenuItem copyItem = new MenuItem("复制");
    MenuItem pasteItem = new MenuItem("粘贴");
    Menu format = new Menu("格式");
    //创建commentItem菜单项, 指定使用 Ctrl+Shift+/ 快捷键
    MenuItem commentItem = new MenuItem("说明" ,
        new MenuShortcut(KeyEvent.VK_SLASH , true));
    MenuItem cancelItem = new MenuItem("取消");
    public void init(){
        //以匿名内部类的形式创建菜单监听器
        ActionListener menuListener = new ActionListener()
        {
            public void actionPerformed(ActionEvent e)
            {
                String cmd = e.getActionCommand();
                ta.append("单击"" + cmd + ""菜单" + "\n");
                if (cmd.equals("退出"))
                {
```

```java
                    System.exit(0);
                }
            }
        };
        //为commentItem、exitItem两个菜单项添加了事件监听器
        commentItem.addActionListener(menuListener);
        //为pop菜单添加菜单项
        pop.add(autoWrap);
        //使用addSeparator方法来添加菜单分隔线
        pop.addSeparator();
        pop.add(copyItem);
        pop.add(pasteItem);
        //为format菜单添加菜单项
        format.add(commentItem);
        format.add(cancelItem);
        //使用添加new MenuItem("-")的方式添加菜单分隔线
        pop.add(new MenuItem("-"));
        //将format菜单组合到pop菜单中，从而形成二级菜单
        pop.add(format);
        final Panel p = new Panel();
        p.setPreferredSize(new Dimension(300, 160));
        //向p窗口中添加PopupMenu对象
        p.add(pop);
        p.addMouseListener(new MouseAdapter()
        {
            public void mouseReleased(MouseEvent e)
            {
                if (e.isPopupTrigger())
                {
                    pop.show(p , e.getX() , e.getY());
                }
            }
        });
        f.add(p);
        f.add(ta , BorderLayout.NORTH);
        //以匿名内部类的形式来创建事件监听器对象
        f.addWindowListener(new WindowAdapter()
        {
            public void windowClosing(WindowEvent e)
            {
                ta.append("试图关闭窗口!\n");
                System.exit(0);
            }
        });
        f.pack();
        f.setVisible(true);
    }
    public static void main(String[] args)
    {
        new youjian().init();
    }
}
```

执行后的效果如图 15-23 所示。

图 15-23　执行效果

15.7　绘　　　图

知识点讲解：光盘:视频\PPT 讲解（知识点）\第 15 章\绘图.mp4

在平常的工作和生活中，我们经常利用绘图板来绘制精美的图形。其实在 AWT 中也可以实现绘制图形功能，在本节将为大家讲解用 AWT 绘制图形的基本知识，为读者步入本书后面知识的学习打下基础。

15.7.1　类 Component 中的绘图方法

在类 Component 中提供了 3 个和绘图有关的方法。

- paint (Graphics g)：绘制组件的外观。
- update (Graphics g)：调用 paint()方法，刷新组件外观。
- repaint()：调用 update()方法，刷新组件外观。

在上述方法中，方法 repaint()调用方法 update()；方法 update()调用方法 paint()。类 Container 中的 update()方法先以组件的背景色填充整个组件区域，然后调用方法 paint 重绘组件。

在 Java 应用程序中，不应该主动调用组件的 paint()和 update()方法，这两个方法都由 AWT 系统负责调用。如果程序希望 AWT 系统重新绘制该组件，只需调用该组件的 repaint()方法即可。而方法 paint()和方法 update()通常用于被重写。在通常情况下，程序通过重写方法 paint()实现 AWT 组件上的绘图功能。

在重写方法 update()或方法 paint()时，在该方法中包含了一个 Graphics 类型的参数，通过该 Graphics 参数就可以实现绘图功能。

15.7.2　Graphics 类

Graphics 类是一个抽象的画笔对象，Graphics 可以在组件上绘制丰富多彩的几何图形和位图，Graphics 类提供了如下几个方法用于绘制几何图形和位图。

- drawLine：绘制直线。
- drawString：绘制字符串。
- drawRect：绘制矩形。
- drawRoundRect：绘制圆角矩形。
- drawOval：绘制椭圆形状。
- drawPolygon：绘制多边形边框。
- drawArc：绘制一段圆弧（可能是椭圆的圆弧）。
- drawPolyline：绘制折线。
- Rect：填充一个矩形区域。
- RoundRect：填充一个圆角矩形区域。
- fillOval：填充椭圆区域。
- Polygon：填充一个多边形区域。
- fillArc：填充圆弧和圆弧两个端点到中心连线所包围的区域。
- drawImage：绘制位图。

除此之外,类 Graphics 还提供了方法 setColor()和方法 setFont()来设置画笔的颜色和字体(仅当绘制字符串时有效),其中方法 setColor()需要传入一个 Color 参数,它可以使用 RGB、CMYK 等方式设置一个颜色,而方法 setFont 需要传入一个 Font 参数,Font 参数需要指定字体名、字体样式、字体大小 3 个属性。另外,在 AWT 中使用类 Canvas 作为绘图时的画布,在程序中可以通过创建 Canva 子类并重写其 paint 方法的方式来实现绘图功能。

例如下面的代码演示了 AWT 实现绘图功能的流程，具体代码【光盘\daima\15\Drawtu.java】如下所示。

```java
public class Drawtu{
    private final String RECT_SHAPE = "rect";
    private final String OVAL_SHAPE = "oval";
    private Frame f = new Frame("绘图系统");
    private Button rect = new Button("矩形");
    private Button oval = new Button("圆形");
    private MyCanvas drawArea = new MyCanvas();
    //用于保存需要绘制什么图形的字符串属性
    private String shape = "";
    public void init()
    {
        Panel p = new Panel();
        rect.addActionListener(new ActionListener()
        {
            public void actionPerformed(ActionEvent e)
            {
                //设置shape属性为RECT_SHAPE
                shape = RECT_SHAPE;
                //重画MyCanvas对象，即调用它的update方法
                drawArea.repaint();
            }
        });
        oval.addActionListener(new ActionListener()
        {
            public void actionPerformed(ActionEvent e)
            {
                //设置shape属性为OVAL_SHAPE
                shape = OVAL_SHAPE;
                //重画MyCanvas对象，即调用它的update方法
                drawArea.repaint();
            }
        });
        p.add(rect);
        p.add(oval);
        drawArea.setPreferredSize(new Dimension(250 , 180));
        f.add(drawArea);
        f.add(p , BorderLayout.SOUTH);
        f.pack();
        f.setVisible(true);
    }

    public static void main(String[] args)
    {
        new Drawtu().init();
    }
    class MyCanvas extends Canvas
    {
        //重写Canvas的paint方法，实现绘画
        public void paint(Graphics g)
        {
            Random rand = new Random();
            if (shape.equals(RECT_SHAPE))
            {
                //设置画笔颜色
                g.setColor(new Color(220, 100, 80));
                //随机地绘制一个矩形框
                g.drawRect( rand.nextInt(200) , rand.nextInt(120) , 40 , 60);
            }
            if (shape.equals(OVAL_SHAPE))
            {
                //设置画笔颜色
                g.setColor(new Color(80, 100, 200));
                //随机地绘制一个矩形框
                g.fillOval( rand.nextInt(200) , rand.nextInt(120) , 50 , 40);
            }
        }
    }
}
```

　　在上述代码中定义了一个继承于 Canvas 的子类 MyCanvas，并重写了 Canvas 类的 paint() 方法，该方法根据 shape 属性值随机地绘制矩形或填充椭圆区域。在窗口中还定义了两个按钮，当单击任意一个按钮时程序会调用 drawArea 对象的 repaint() 方法，该方法导致画布重绘，也就是说调用 drawArea 对象的 update() 方法，该方法将再调用 paint() 方法。执行后如果改变窗口大小，或者让该窗口隐藏后重新显示都会导致 drawArea 重新绘制形状（因为这些动作都会触发组件的 update 方法）。执行效果如图 15-24 所示。

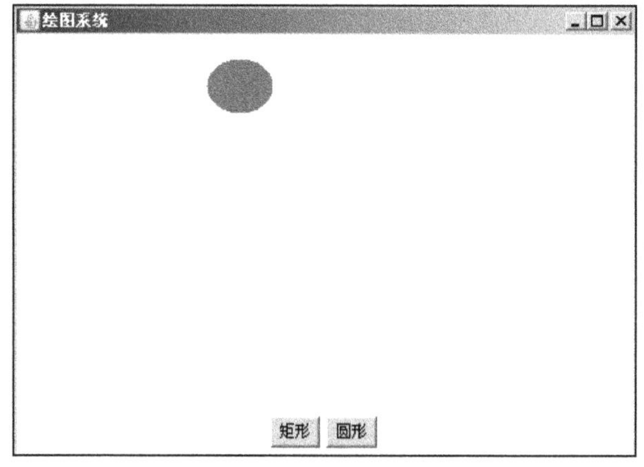

图 15-24　执行效果

15.8　位图操作

知识点讲解：光盘:视频\PPT 讲解（知识点）\第 15 章\位图操作.mp4

　　在 AWT 应用中，可以使用 Graphics 提供的 drawImage() 方法来绘制位图，在此方法中需要设置参数 Image 来实现绘制位图的功能。在本节将详细讲解 AWT 绘制位图的基本知识，为读者步入本书后面知识的学习打下基础。

15.8.1　Image 类和 BufferedImage 类

　　在计算机中，类 Image 代表了位图。因为类 Image 是一个抽象类，无法直接创建 Image 对象，所以 Java 为它提供了实现类 BufferedImage，这是一个可访问图像数据缓冲区的 Image 实现类。该类提供了一个可以创建 BufferedImage 对象的构造器，具体格式如下所示。

```
BufferedImage(int width, int height, int imageType)
```

　　通过 BufferedImage 可以创建指定大小、指定图像类型的 BufferedImage 对象，其中 imageType 可以是 BufferedImage.TYPE_INT_RGB、BufferedImage.TYPE_BYTE_GRAY 等值。另外，BufferedImage 还提供了一个 getGraphics() 方法，通过此方法可以返回该对象的 Graphics 对象，从而允许通过该 Graphics 对象向 Image 中添加图形。

　　在 AWT 应用中，可以使用 BufferedImage 实现缓冲技术。当需要向 GUI 组件上绘制图形时，并不是直接绘制到该 GUI 组件上，而是先将图形绘制到 BufferedImage 对象中，然后再调用组件的 drawImage 一次性地将 BufferedImage 对象绘制到特定组件上。

　　例如下面代码演示了用 AWT 实现位图功能的流程，具体代码【光盘\daima\15\huizhi.java】如下所示。

```
public class huizhi{
    //画图区的宽度
    private final int AREA_WIDTH = 600;
    //画图区的高度
```

```
private final int AREA_HEIGHT = 400;
//下面的preX、preY保存了上一次鼠标拖动事件的鼠标坐标
private int preX = -1;
private int preY = -1;
//定义一个右键菜单用于设置画笔颜色
PopupMenu huabi = new PopupMenu();
MenuItem hongItem = new MenuItem("红色");
MenuItem lvItem = new MenuItem("绿色");
MenuItem lanItem = new MenuItem("蓝色");
//定义一个BufferedImage对象
BufferedImage image = new BufferedImage(AREA_WIDTH , AREA_HEIGHT ,
    BufferedImage.TYPE_INT_RGB);
//获取image对象的Graphics
Graphics g = image.getGraphics();
private Frame f = new Frame("绘图程序");
private DrawCanvas drawArea = new DrawCanvas();
//用于保存需要绘制什么图形的字符串属性
private String shape = "";
//用于保存画笔颜色
private Color foreColor = new Color(255, 0 ,0);
public void init()
{
    //定义右键菜单的事件监听器
    ActionListener menuListener = new ActionListener()
    {
        public void actionPerformed(ActionEvent e)
        {
            if (e.getActionCommand().equals("绿色"))
            {
                foreColor = new Color(0 , 255 , 0);
            }
            if (e.getActionCommand().equals("红色"))
            {
                foreColor = new Color(255 , 0 , 0);
            }
            if (e.getActionCommand().equals("蓝色"))
            {
                foreColor = new Color(0 , 0 , 255);
            }
        }
    };
    //为3个菜单添加事件监听器
    hongItem.addActionListener(menuListener);
    lvItem.addActionListener(menuListener);
    lanItem.addActionListener(menuListener);
    //将菜单项组合成右键菜单
    huabi.add(hongItem);
    huabi.add(lvItem);
    huabi.add(lanItem);
    //将右键菜单添加到drawArea对象中
    drawArea.add(huabi);
    //将image对象的背景色填充成白色
    g.fillRect(0 , 0 ,AREA_WIDTH , AREA_HEIGHT);
    drawArea.setPreferredSize(new Dimension(AREA_WIDTH , AREA_HEIGHT));
    //监听鼠标移动动作
    drawArea.addMouseMotionListener(new MouseMotionAdapter()
    {
        //实现按下鼠标键并拖动的事件处理器
        public void mouseDragged(MouseEvent e)
        {
            //如果preX和preY大于0
            if (preX > 0 && preY > 0)
            {
                //设置当前颜色
                g.setColor(foreColor);
                //绘制从上一次鼠标拖动事件点到本次鼠标拖动事件点的线段
                g.drawLine(preX , preY , e.getX() , e.getY());
            }
            //将当前鼠标事件点的x、y坐标保存起来
            preX = e.getX();
            preY = e.getY();
            //重绘drawArea对象
            drawArea.repaint();
```

```
            }
        });
        //监听鼠标事件
        drawArea.addMouseListener(new MouseAdapter()
        {
            //实现鼠标松开的事件处理器
            public void mouseReleased(MouseEvent e)
            {
                //弹出右键菜单
                if (e.isPopupTrigger())
                {
                    huabi.show(drawArea, e.getX(), e.getY());
                }
                //松开鼠标键时, 把上一次鼠标拖动事件的X、Y坐标设为-1
                preX = -1;
                preY = -1;
            }
        });
        f.add(drawArea);
        f.pack();
        f.setVisible(true);
    }
    public static void main(String[] args)
    {
        new huizhi().init();
    }
    class DrawCanvas extends Canvas
    {
        //重写Canvas的paint方法, 实现绘画
        public void paint(Graphics g)
        {
            //将image绘制到该组件上
            g.drawImage(image , 0 , 0 , null);
        }
    }
}
```

执行后的效果如图 15-25 所示。

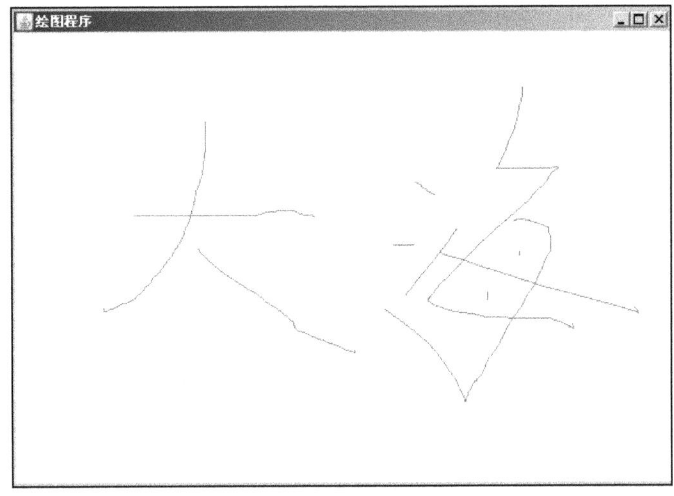

图 15-25　执行效果

15.8.2　输入/输出位图

在 AWT 应用中，利用 ImageIO 工具可以访问磁盘上的位图文件，例如 GIF、JPG 等格式的位图。ImageIO 利用 ImageReader 和 ImageWriter 进行读写图形文件，程序无需关心该类底层的细节，只需利用该工具类来读写图形文件即可。

类 ImageIO 并不能支持读写全部格式的图形文件，我们可以通过类 ImageIO 中的如下静态方法访问该类所支持读写的图形文件格式。

- getReaderFileSuffixes()：返回一个 String 数组，该数组列出 ImageIO 所有能读的图形文件的文件后缀。
- getReaderFormatNames()：返回一个 String 数组，该数组列出 ImageIO 所有能读的图形文件的非正式格式名称。
- static Stringo getWriterFileSuffixes()：返回一个 String 数组，该数组列出 ImageIO 所有能写的图形文件的文件后缀。
- static Stringo getWriterFormatNames()：返回一个 String 数组，该数组列出 ImageIO 所有能写的图形文件的非正式格式名称。

在类 ImageIO 中包含了 read()和 write()这两个静态方法，通过这两个方法即可完成对位图文件的读写功能。在调用 write()方法输出图形文件时，需要指定输出的图形格式，例如.gif 和.jpeg 等。

实例 126	测试了 ImageIO 所支持读写的全部文件格式	
	源码路径　\daima\15\yongImageIO.java	视频路径　\视频\实例\第 15 章\126

实例文件 yongImageIO.java 的主要代码如下所示。

```java
public class yongImageIO{
    public static void main(String[] args) {
        String[] readFormat = ImageIO.getReaderFormatNames();
        System.out.println("-----Image可以读的所有图形文件格式-----");
        for (String tmp : readFormat){
            System.out.println(tmp);
        }
        String[] writeFormat = ImageIO.getWriterFormatNames();
        System.out.println("-----Image可以写的所有图形文件格式-----");
        for (String tmp : writeFormat){
            System.out.println(tmp);
        }
    }
}
```

> 范例 251：将图缩小成另一个位图后输出
> 源码路径：光盘\演练范例\251\
> 视频路径：光盘\演练范例\251\
> 范例 252：实现一个包含图片的弹出菜单
> 源码路径：光盘\演练范例\252\
> 视频路径：光盘\演练范例\252\

执行后的效果如图 15-26 所示。

```
-----Image可以读的所有图形文件格式-----
BMP
bmp
jpg
JPG
wbmp
jpeg
png
PNG
JPEG
WBMP
GIF
gif
-----Image可以写的所有图形文件格式-----
BMP
bmp
jpg
JPG
jpeg
wbmp
png
JPEG
PNG
WBMP
GIF
gif
```

图 15-26　执行效果

15.9　技 术 解 惑

15.9.1　使用绝对定位

相信曾经学习过 Visual Basic 的读者可能比较怀念那种随意拖动控件的感觉，对 Java 的布局管理器非常不习惯。实际上 Java 也提供了那种拖控件的方式，即 Java 也可以对 GUI 组件进行绝对定位。

在 Java 容器中采用绝对定位的步骤如下所示。

（1）将 Container 的布局管理器设成 null：setLayout（null）。

（2）往容器上加组件的时候，先调用 setBounds()或 setSize()方法来先设置组件的大小、位置。或者直接创建 GUI 组件时通过构造参数指定该组件的大小、位置，然后将该组件添加到容器中。

例如下面的代码演示了如何使用绝对定位来控制窗口中的 GUI 组件的方法，具体代码【光盘\daima\15\yongNullLayout.java】如下所示。

```java
import java.awt.*;
public class yongNullLayout
{
    Frame f = new Frame("测试窗口");
    Button b1 = new Button("第一个按钮");
    Button b2 = new Button("第二个按钮");
    public void init()
    {
        f.setLayout(null);
        b1.setBounds(20, 30, 90, 28);
        f.add(b1);
        b2.setBounds(50, 45, 120, 35);
        f.add(b2);
        f.setBounds(50, 50, 200, 100);
        f.setVisible(true);
    }
    public static void main(String[] args)
    {
        new yongNullLayout().init();
    }
}
```

执行后的效果如图 15-27 所示。

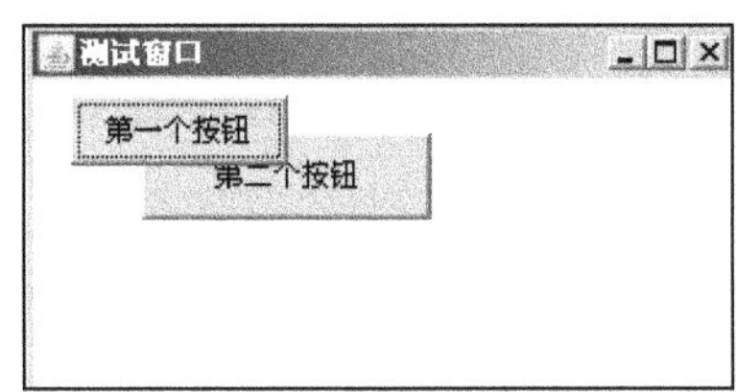

图 15-27　执行效果

从上述执行效果可以看出，使用绝对定位时甚至可以将两个按钮重叠起来，可见使用绝对定位确实非常灵活，而且很简捷，但这种方式是以丧失跨平台特性作为代价的。

15.9.2　对事件处理模型的简化理解

我们可以把事件处理模型简化成如下理解：当事件源组件上发生事件时，系统将执行该事件源组件的所有监听器里的对应方法。这与前面普通 Java 编程的方式不同，普通 Java 程序里的方法由程序主动调用，事件处理中的事件处理器方法由系统负责调用。

15.9.3　使用 AWT 开发动画

使用 Java 也可用于开发一些动画。为了实现每隔一定的时间间隔就重新调用组件的 repaint()
方法，可以借助于 Swing 提供的 Timer 类，类 Timer 是一个定时器，在此类中提供了如下构
造器。

- ❑ Timer (int delay, ActionListener listener)：每隔 delay 毫秒，系统自动触发 ActionListener
  监听器里的事件处理器（actionPerformed 方法）。本书光盘中提供了可以实现一个简单
  的弹球游戏的动画，具体路径是【光盘\daima\15\xiaoqiu.java】，读者 可以参阅光盘中的
  具体代码，笔者在源文件中标明了详细的注释。

15.9.4　图片缩放在现实中的意义

其实我们可以使用图片文件作为原始文件，然后将其设置为总是缩放到 80×60 的尺寸，并
且总是以当前时间作为文件名来输出该文件。如果为该程序增加图形界面，允许用户选择需要
缩放的源图片文件和缩放后的目标文件名，并可以设置缩放后的尺寸，该程序将具有更好的实
用性。

对位图文件进行缩放是非常实用的功能，例如很多 Web 站点的应用都允许会员用户上传图
片，而 Web 应用则需要对用户上传位图生成相应的缩略图，这就需要对位图进行缩放。使用缩
略图的好处是可以节约 Web 站点的空间，提高上传效率。

15.9.5　AWT 和 Swing 是窗体编程的两个主角

从最开始 Java 就提供了构建跨平台的窗口 GUI 应用程序库，从 AWT、Swing 到现在的 SWT
和 JFace。最初的工具包能力微弱，但是后来提供的工具包认识到之前工具包的缺点并取得了
巨大的进步。SWT 和 JFace 不仅使 Java 成为一个构建桌面应用程序的可行的选择，也使之成
为一个具有优势的开发平台。尽管过去对得到轻便和强大的 Java 系统的尝试必然意味着接受它
在 GUI 方面的缺点，但如今这个不足已经不存在了。其中 Java 最引以为傲的是 AWT 和 Swing，
这两个内容将是本章和下一章的主角。

Swing 并没有完全替代 AWT，而是建立在 AWT 基础之上，Swing 为我们提供了功能更加
强大的用户界面组件，即使是完全采用 Swing 编写的 GUI 程序中，依然需要使用 AWT 的事件
处理机制。本章主要介绍了 AWT 组件，这些 AWT 组件在 Swing 里将有对应的实现，二者用法
基本相似，下一章会有更详细的介绍。

15.9.6　AWT 中的菜单组件不能创建图标菜单

AWT 中的菜单组件不能创建图标菜单，如果希望创建带图标的菜单，则应该使用 Swing
菜单中的 JMenuBar、JMenu、Jmenu、JMenuItem 和 JPopupMenu 组件。使用 Swing 菜单组件的
方法和使用 AWT 菜单组件的方法基本相似。

第 16 章

Swing 详解

随着时代的发展和开发技术的不断进步，AWT 不能满足程序设计者的需求，这时候一个华丽的编程工具——Swing 出现了，它建立在 AWT 基础之上，能够在不同平台保持组件的界面样式。在本章将向读者详细讲解 Swing 的使用知识。

<table>
<tr><td>

本章内容

▶▶ Swing 基础
▶▶ Swing 的组件
▶▶ 拖放处理
▶▶ 实现进度条效果——JProgressBar、
　　ProgressMonitor 和 Bounded RangeModel
▶▶ JSlider 和 BoundedRangeModel
▶▶ JList 和 JComboBox
▶▶ JTree 和 TreeModel

</td><td>

技术解惑

贯穿 Java 开发的 MVC 模式
Swing 胜过 AWT 的优势

</td></tr>
</table>

16.1 Swing 基础

知识点讲解：光盘:视频\PPT 讲解（知识点）\第 16 章\Swing 基础.mp4

Swing 是一个用于 Java 程序界面的开发工具包，它以 AWT 为基础，可以使用任何插件的外观风格，Swing 开发人员只用很少的代码就可以利用 Swing 丰富、灵活的功能和模块化组件来创建优秀的用户界面，开发 Swing 界面的主要步骤是导入 Swing 包、选择界面风格、设置顶层容器、设置按钮和标签、将组件添加到容器上、为组件设置步骤、处理事件等，如图 16-1 所示。

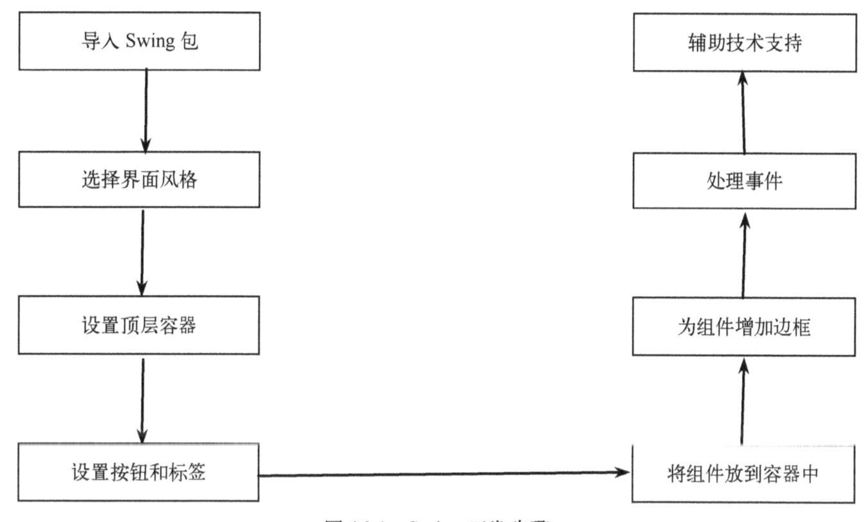

图 16-1　Swing 开发步骤

Swing 是 Java 平台的 UI，它充当处理用户和计算机之间全部交互的软件。它实际上充当用户和计算机内部之间的中间人。Swing 是由 100%纯 Java 实现的，Swing 组件是用 Java 实现的轻量级（light-weight）组件，没有本地代码，不依赖操作系统的支持，这是它与 AWT 组件的最大区别。由于 AWT 组件通过与具体平台相关的对等类（Peer）实现，因此 Swing 比 AWT 组件具有更强的实用性。Swing 在不同的平台上表现一致，并且有能力提供本地窗口系统不支持的其他特性。

在 AWT 组件中，由于控制组件外观的对等类与具体平台相关，使得 AWT 组件总是只有与本机相关的外观。Swing 使得程序在一个平台上运行时能够有不同的外观，用户可以选择自己习惯的外观。

Swing 组件遵守一种被称为 MVC（Model-View-Controller，即模型-视图-控制器）的设计模式，其中模型（Model）用于维护组件的各种状态，视图（View）是组件的可视化表现，控制器（Controller）用于控制对于各种事件、组件做出怎样的响应。当模型发生改变时，它会通知所有依赖它的视图，视图使用控件指定其响应机制。Swing 使用 UI 代理来包装视图和控制器，还有另一个模型对象来维护该组件的状态。例如按钮 JButton 有一个维护其状态信息的模型 ButtonModel 对象。Swing 组件的模型是自动设置的，因此一般都使用 JButton，而无需关心 ButtonModel 对象。所以 Swing 的 MVC 实现也被称为 Model-Delegate（模型-代理）。对于一些简单的 Swing 组件通常无需关心它对应的 Model 对象，但对于一些高级 Swing 组件，如 JTree、JTable 等需要维护复杂的数据，这些数据就是由该组件对应的 Model 来维护的。另外，通过创建 Model 类的子类或通过实现适当的接口，可以为组件建立自己的模型，然后用 setModel()方法把模型与组件联系起来。

16.2　Swing **的组件**

知识点讲解：光盘:视频\PPT 讲解（知识点）\第 16 章\Swing 的组件.mp4

Swing 是 AWT 的扩展，它提供了许多新的图形界面组件。Swing 组件以"J"开头，除了拥有与 AWT 类似的按钮（JButton）、标签（JLabel）、复选框（JCheckBox）、菜单（JMenu）等基本组件外，还增加了一个丰富的高层组件集合，如表格（JTable）、树 （JTree）。在本节将详细讲解 Swing 组件的基本知识，为读者步入本书后面知识的学习打下基础。

16.2.1　Swing 组件的层次结构

在 javax.swing 包中定义了两种类型的组件，分别是顶层容器（Jframe、Japplet、JDialog 和 JWindow）和轻量级组件。Swing 组件都是 AWT 的 Container 类的直接子类和间接子类，具体层次结构如下所示。

```
Java.awt.Component
 -Java.awt.Container
   -Java.awt.Window
        -java.awt.Frame-Javax.swing.JFrame
        -javax.Dialog-Javax.swing.JDialog
        -Javax.swing.JWindow
   -java.awt.Applet-Javax.swing.JApplet
   -Javax.swing.Box
   -Javax.swing.Jcomponet
```

Swing 包是 JFC（Java Foundation Classes）的一部分，它由许多包组成，各个包的具体说明如表 16-1 所示。

表 16-1　　　　　　　　　　　　　　　　　　　Swing 包

包	描　　述
com.sum.swing.plaf.motif	用户界面代表类，实现 Motif 界面样式
com.sum.java.swing.plaf.windows	用户界面代表类，实现 Windows 界面样式
javax.swing	Swing 组件和使用工具
javax.swing.border	Swing 轻量级组件的边框
javax.swing.colorchooser	JColorChooser 的支持类/接口
javax.swing.event	事件和监听器类
javax.swing.filechooser	JFileChooser 的支持类/接口
javax.swing.pending	未完全实现的 Swing 组件
javax.swing.plaf	抽象类，定义 UI 代表的行为
javax.swing.plaf.basic	实现所有标准界面样式公共功能的基类
javax.swing.plaf.metal	用户界面代表类，实现 Metal 界面样式
javax.swing.table	JTable 组件
javax.swing.text	支持文档的显示和编辑
javax.swing.text.html	支持显示和编辑 HTML 文档
javax.swing.text.html.parser	HTML 文档的分析器
javax.swing.text.rtf	支持显示和编辑 RTF 文件
javax.swing.tree	JTree 组件的支持类
javax.swing.undo	支持取消操作

有关上述包的几点说明如下所示。

- 包 swing 是 Swing 中提供的最大包，它包含了将近 100 个类和 25 个接口，几乎所有的 Swing 组件都在 swing 包中，只有 JTableHeader 和 JTextComponent 是例外，它们分别在 swing.table 和 swing.text 中。
- 在 swing.border 包中定义了事件和事件监听器类，与 AWT 的 event 包类似，它们都包括事件类和监听器接口。
- 在 swing.pending 包中包含了没有完全实现的 Swing 组件。
- 在 swing.table 包中主要包括表格组建（JTable）的支持类。
- 在 swing.tree 包中包含了 JTree 的支持类。
- 包 swing.text、swing.text.html、swing.text.html.parser 和 swing.text.rtf 都是用于显示和编辑文档的包。

如果将 Swing 组件按照功能来划分，又可分为如下几类。

- 顶层容器：JFrame、JApplet、JDialog 和 JWindow（几乎不会使用）。
- 中间容器：JPanel、JScrollPane、JSplitPane、JTooeBar 等。
- 特殊容器：在用户界面上具有特殊作用的中间容器，如 JlnternaeFrame、JRootPane、JLayeredPane 和 JDestopPane 等。
- 基本组件：实现人机交互的组件，如 JButton、JComboBox、JList、JMenu、JSlider 等。
- 不可编辑信息的显示组件：向用户显示不可编辑信息的组件，如 JLabel、JProgressBar 和 JToolTip 等。
- 可编辑信息的显示组件：向用户显示能被编辑的格式化信息的组件，如 JTable、JTextArea 和 JTextField 等。
- 特殊对话框组件：可以直接产生特殊对话框的组件，如 JColorChoosor 和 JFileChooser 等。

16.2.2　Swing 实现 AWT 组件

在 Swing 中，除了 Canvas 之外为所有 AWT 组件提供了相应的实现。和 AWT 组件相比，Swing 组件有如下 4 个额外的功能。

- 可以为 Swing 组件设置提示信息，使用 setToolTipText()方法，为组件设置对用户有帮助的提示信息。
- 很多 Swing 组件如按钮、标签、菜单项等，除了使用文字外，还可以使用图标修饰自己。为了允许在 Swing 组件中使用图标，Swing 为 Icon 接口提供了一个实现类：ImageIcon，该实现类代表一个图像图标。
- 支持插拔式的外观风格，每个 JComponent 对象都有一个相应的 ComponentUI 对象，为它完成所有的绘画、事件处理、决定尺寸大小等工作。ComponentUI 对象依赖当前使用的 PLAF，使用 UIManager.setLookAndFeel()方法可以改变图形界面的外观风格。
- 支持设置边框：Swing 组件可以设置一个或多个边框。Swing 中提供了各式各样的边框供用户选用，也能建立组合边框或自己设计边框。一种空白边框可以用于增大组件，同时协助布局管理器对容器中的组件进行合理的布局。

每个 Swing 组件都有一个对应的 UI 类 例如 JButton 组件就有一个对应的 ButtonUI 类来作为 UI。每个 Swing 组件的 UI 代理的类名总是将该 Swing 组件类名的 J 去掉，然后在后面增加 UI 后缀。UI 代理类通常是一个抽象基类，不同 PLAF 会有不同的 UI 代理实现类。Swing 类库中包含了几套 UI，每套 UI 代理都几乎包含了所有 Swing 组件的 ComponentUI 的实现，每套这样的实现，都被称为一种 PLAF 的实现。

例如下面实例演示了使用 Swing 组件创建窗口的过程，在窗口中分别设置了菜单、右键菜单以及基本组件的 Swing 实现。

实例 127　使用 Swing 组件创建窗口

源码路径　\daima\16\SwingAWT.java　　　　　视频路径　\视频\实例\第 16 章\127

实例文件 SwingAWT.java 的具体实现代码如下所示。

```java
public class SwingAWT{
    JFrame f = new JFrame("测试");
    //定义按钮指定图标
    Icon okIcon = new ImageIcon("tu/ok.png");
    JButton ok = new JButton("确认" , okIcon);
    //定义单选按钮使之处于选中状态
    JRadioButton nan = new JRadioButton("男" , true);
    //定义单选按钮使之处于没有选中状态
    JRadioButton fenan = new JRadioButton("女" , false);
    //定义ButtonGroup将上面两个JRadioButton组合在一起
    ButtonGroup bg = new ButtonGroup();
    //定义复选框使之处于没有选中状态。
    JCheckBox married = new JCheckBox("婚否?" , false);
    String[] colors = new String[]{"红色" , "绿色" , "蓝色"};
    //下拉选择框
    JComboBox colorChooser = new JComboBox(colors);
    //列表选择框
    JList colorList = new JList(colors);
    // 8行、20列的多行文本域
    JTextArea ta = new JTextArea(8, 20);
    // 40列的单行文本域
    JTextField name = new JTextField(40);
    JMenuBar mb = new JMenuBar();
    JMenu file = new JMenu("文件");
    JMenu edit = new JMenu("编辑");
    //创建"新建"菜单项
    Icon newIcon = new ImageIcon("tu/new.png");
    JMenuItem newItem = new JMenuItem("新建" , newIcon);
    //创建"保存"菜单项
    Icon saveIcon = new ImageIcon("tu/save.png");
    JMenuItem saveItem = new JMenuItem("保存" , saveIcon);
    //创建"退出"菜单项
    Icon exitIcon = new ImageIcon("tu/exit.png");
    JMenuItem exitItem = new JMenuItem("退出" , exitIcon);
    JCheckBoxMenuItem autoWrap = new JCheckBoxMenuItem("换行");
    //创建"复制"菜单项
    JMenuItem copyItem = new JMenuItem("复制" , new ImageIcon("tu/copy.png"));
    //创建"粘贴"菜单项
    JMenuItem pasteItem = new JMenuItem("粘贴" , new ImageIcon("tu/paste.png"));
    JMenu format = new JMenu("格式");
    JMenuItem commentItem = new JMenuItem("注释");
    JMenuItem cancelItem = new JMenuItem("取消注释");

    //定义右键菜单用于设置程序风格
    JPopupMenu pop = new JPopupMenu();
    //用于组合3个风格菜单项的ButtonGroup
    ButtonGroup flavorGroup = new ButtonGroup();
    //创建3个单选框按钮设定程序的外观风格
    JRadioButtonMenuItem metalItem = new JRadioButtonMenuItem("Metal风格" , true);
    JRadioButtonMenuItem windowsItem = new JRadioButtonMenuItem("Windows风格");
    JRadioButtonMenuItem motifItem = new JRadioButtonMenuItem("Motif风格");

    public void init()
    {
        //创建一个装载了文本框、按钮的JPanel
        JPanel bottom = new JPanel();
        bottom.add(name);
        bottom.add(ok);
        f.add(bottom , BorderLayout.SOUTH);
        //创建一个装载了下拉选择框、3个JCheckBox的JPanel
        JPanel checkPanel = new JPanel();
        checkPanel.add(colorChooser);
        bg.add(nan);
        bg.add(fenan);
        checkPanel.add(nan);
        checkPanel.add(fenan);
        checkPanel.add(married);
```

<table>
<tr><td>

范例 253：右下角弹出信息窗体

源码路径：光盘\演练范例\253\

视频路径：光盘\演练范例\253\

范例 254：实现一个淡入淡出窗体

源码路径：光盘\演练范例\254\

视频路径：光盘\演练范例\254\

</td></tr>
</table>

```
//创建一个垂直排列组件的Box，盛装多行文本域JPanel
Box topLeft = Box.createVerticalBox();
//使用JScrollPane作为普通组件的JViewPort
JScrollPane taJsp = new JScrollPane(ta);
topLeft.add(taJsp);
topLeft.add(checkPanel);
//创建一个垂直排列组件的Box，盛装topLeft、colorList
Box top = Box.createHorizontalBox();
top.add(topLeft);
top.add(colorList);
//将top Box容器添加到窗口的中间
f.add(top);
//-----------下面开始组合菜单、并为菜单添加事件监听器----------
//为newItem设置快捷键，设置快捷键时要使用大写字母
newItem.setAccelerator(KeyStroke.getKeyStroke('N' , InputEvent.CTRL_MASK));
newItem.addActionListener(new ActionListener()
{
    public void actionPerformed(ActionEvent e)
    {
        ta.append("单击了"+"新建"+"菜单\n");
    }
});
//为file菜单添加菜单项
file.add(newItem);
file.add(saveItem);
file.add(exitItem);
//为edit菜单添加菜单项
edit.add(autoWrap);
//使用addSeparator方法来添加菜单分隔线
edit.addSeparator();
edit.add(copyItem);
edit.add(pasteItem);
commentItem.setToolTipText("使用注释起来!");
//为format菜单添加菜单项
format.add(commentItem);
format.add(cancelItem);
//使用添加new JMenuItem("-")的方式不能添加菜单分隔符
edit.add(new JMenuItem("-"));
//将format菜单组合到edit菜单中，从而形成二级菜单
edit.add(format);
//将file、edit菜单添加到mb菜单条中
mb.add(file);
mb.add(edit);
//为f窗口设置菜单条
f.setJMenuBar(mb);
//-----------下面开始组合右键菜单、并安装右键菜单----------
flavorGroup.add(metalItem);
flavorGroup.add(windowsItem);
flavorGroup.add(motifItem);
pop.add(metalItem);
pop.add(windowsItem);
pop.add(motifItem);
//为3个菜单创建事件监听器
ActionListener flavorListener = new ActionListener()
{
    public void actionPerformed(ActionEvent e)
    {
        try
        {
            if (e.getActionCommand().equals("Metal风格"))
            {
                changeFlavor(1);
            }
            else if (e.getActionCommand().equals("Windows风格"))
            {
                changeFlavor(2);
            }
            else if (e.getActionCommand().equals("Motif风格"))
            {
                changeFlavor(3);
            }
        }
        catch (Exception ee)
```

```
                    {
                        ee.printStackTrace();
                    }
                }
            };
            //为3个菜单添加事件监听器
            metalItem.addActionListener(flavorListener);
            windowsItem.addActionListener(flavorListener);
            motifItem.addActionListener(flavorListener);
            //调用该方法即可设置右键菜单，无需使用事件机制
            ta.setComponentPopupMenu(pop);
            //设置关闭窗口时，退出程序
            f.setDefaultCloseOperation(JFrame.EXIT_ON_CLOSE);
            f.pack();
            f.setVisible(true);
    }

    //定义一个方法，用于改变界面风格
    private void changeFlavor(int flavor)throws Exception
    {
        switch (flavor)
        {
            //设置Metal风格
            case 1:
                UIManager.setLookAndFeel("javax.swing.plaf.metal.MetalLookAndFeel");
                break;
            //设置Windows风格
            case 2:
UIManager.setLookAndFeel("com.sun.java.swing.plaf.windows.WindowsLookAndFeel");
                break;
            //设置Motif风格
            case 3:
                UIManager.setLookAndFeel("com.sun.java.swing.plaf.motif.MotifLookAndFeel");
                break;
        }
        //更新f窗口内顶级容器以及内部所有组件的UI
        SwingUtilities.updateComponentTreeUI(f.getContentPane());
        //更新mb菜单条以及内部所有组件的UI
        SwingUtilities.updateComponentTreeUI(mb);
        //更新pop右键菜单以及内部所有组件的UI
        SwingUtilities.updateComponentTreeUI(pop);

    }
    public static void main(String[] args)
    {
        //设置Swing窗口使用Java风格
        JFrame.setDefaultLookAndFeelDecorated(true);
        new SwingAWT().init();
    }
}
```

在上述代码中，在创建按钮、菜单项时传入了一个 ImageIcon 对象，通过此方式可以创建带图标的菜单项。执行效果如图 16-2 所示。

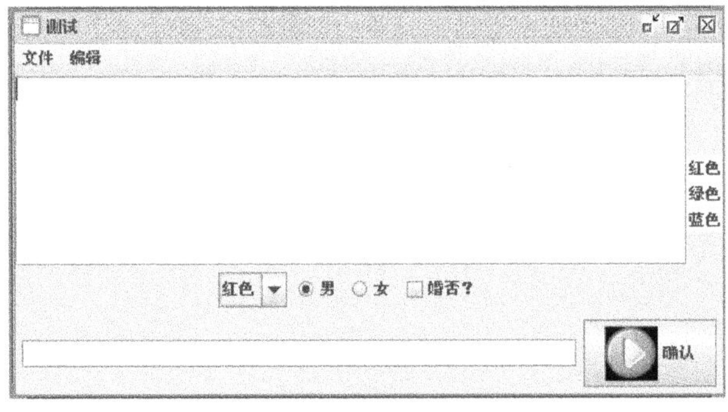

图 16-2　执行效果

16.2.3 Jframe、JscrollPane 和边框

1. Jframe

Jframe 起了一个容器的作用，允许我们把其他组件添加到它里面，把它们组织起来，并把它们呈现给用户。JFrame 实际上不仅仅让你把组件放入其中并呈现给用户。比起表面上的简单性，它实际上是 Swing 包中最复杂的组件。为了最大程度地简化组件，在独立于操作系统的 Swing 组件与实际运行这些组件的操作系统之间，JFrame 起了一个桥梁的作用。JFrame 在本机操作系统中是以窗口的形式注册的，这么做后就可以得到许多熟悉的操作系统窗口的特性，例如最小化/最大化、改变大小和移动特性。但是对于本教程的目标来说，把 JFrame 当作放置组件的调色板就足够了。可以在 JFrame 上调用如下修改属性的方法。

- ❑ get/setTitle()：获取/设置帧的标题。
- ❑ get/setState()：获取/设置帧的最小化、最大化等状态。
- ❑ is/setVisible()：获取/设置帧的可视状态，换句话说，是否在屏幕上显示。
- ❑ get/setLocation()：获取/设置帧在屏幕上应当出现的位置。
- ❑ get/setSize()：获取/设置帧的大小。
- ❑ add()：将组件添加到帧中。

另外，Jframe 为我们提供了一个方法 getContentPane()，此方法用于返回该 JFrame 的顶级容器（即 JRootPane 对象），这个顶级容器会包含 JFrame 所显示的所有非菜单组件。我们可以这样理解：所有看似放在 JFrame 中的 Swing 组件，除菜单之外，其实都是放在 JFrame 对应的顶级容器中，而 JFrame 容器里提供了 getContentPane()方法返回的顶级容器。在 JDK 1.5 以前，Java 甚至不允许直接向 JFrame 中添加组件，必须先调用 JFrame 的 getContentPane()方法获得该窗口的顶级容器，然后将所有组件添加到该顶级容器中。从 JDK 1.5 以后，Java 改写了 JFrame 的 add()和 setLayout()等方法，当程序调用 JFrame 的 add()和 setLayout()等方法时，实际上是对 JFrame 的顶级容器进行操作，而不是操作 JFrame。

2. JScrollPane

JScrollPane 组件是一个特殊的组件，它不同于 JFrame、JPanel 等普通容器，它甚至不能指定自己的布局管理器，它主要用于为其他 Swing 组件提供滚动条支持，JScrollPane 通常由普通 Swing 组件，可选的垂直、水平滚动条以及可选的行、列标题组成。也就是说，如果我们希望让 JTextArea、JTable 等组件能有滚动条支持，只要将该组件放入 JScrollPane 中即可，再将该 JScrollPane 容器添加到窗口中。JScrollPane 对于 JTable 组件尤其重要，通常需要把 JTable 放在 JScrollPane 容器中才可以显示出 JTable 组件的标题栏。关于 JScrollPane 的详细说明，读者可以参考 JScrollPane 的 API 文档。

3. 边框

在 Java 开发应用中，可以调用 JComponent 提供的 setBorder (Borderb)方法为 Swing 组件设置边框。Border 是 Swing 提供的一个接口，用于表示组件的边框。在接口 Border 中有很多实现类，例如 LineBorder、MatteBorder 和 BevelBorder 等。这些 Border 实现类都提供了相应的构造器用于创建 Border 对象，一旦获取了 Border 对象之后，就可以调用 JComponent 的 setBorder (Borderb)方法为指定组件设置边框。其中 TitledBorder 和 CompoundBorder 比较独特，具体说明如下所示。

- ❑ TitledBorder：其作用并不是为其他组件添加边框，而是为其他边框设置标题，当需要创建 TitleBorder 对象时，需要传入一个已经存在的 Border 对象，而新创建的 TitledBorder 对象就是将原有的 Border 对象添加标题。
- ❑ CompoundBorder：用于组合两个边框，因此创建 CompoundBorder 对象时需要传入两

个 Border 对象，一个用作组件的内边框，另一个用作组件的外边框。

除此之外，Swing 还为我们提供了一个 BorderFactory 静态工厂类，该类提供了大量静态工厂方法用于返回 Border 实例，这些静态方法的参数与各 Border 实现类的构造器参数基本一致。

Border 除了为我们提供 Border 实现类外，还提供了 MetalBorders、ToolBarBorder、MetalBorders.TextFieldBorder 等 Border 实现类，这些实现类是 Swing 组件的默认边框，在程序中通常无须使用这些系统边框。

在程序中为组件添加边框的步骤如下所示。

❑　使用 BorderFactory 或者 XxxBorder 创建 XxxBorder 实例。

❑　调用 Swing 组件的 setBorder(Borderb)方法为该组件设置边框。

例如在下面的实例代码中，为 Panel 容器分别添加了几种边框。

实例 128	为 Panel 容器分别添加几种边框
源码路径　\daima\16\yongBorder.java	视频路径　\视频\实例\第 16 章\128

实例文件 yongBorder.java 的具体实现代码如下所示。

```
public class yongBorder{
    private JFrame jf = new JFrame("边框");

    public void init()
    {
        jf.setLayout(new GridLayout(2, 4));
        //使用静态工厂方法创建BevelBorder
        Border bb = BorderFactory.createBevelBorder(BevelBorder.RAISED ,
            Color.RED, Color.GREEN, Color.BLUE, Color.GRAY);
        jf.add(getPanelWithBorder(bb , "BevelBorder"));
        //使用静态工厂方法创建LineBorder
        Border lb = BorderFactory.createLineBorder(Color.ORANGE, 10);
        jf.add(getPanelWithBorder(lb , "LineBorder"));
        //用静态工厂方法创建EmptyBorder, 目的是在组件四周留空
        Border eb = BorderFactory.createEmptyBorder(20, 5, 10, 30);
        jf.add(getPanelWithBorder(eb , "EmptyBorder"));
        //使用静态工厂方法创建EtchedBorder
        Border etb = BorderFactory.createEtchedBorder(EtchedBorder.RAISED,
            Color.RED, Color.GREEN);
        jf.add(getPanelWithBorder(etb , "EtchedBorder"));
        //创建TitledBorder, TitledBorder边框为原有的边框增加标题
        TitledBorder tb = new TitledBorder(lb, "测试标题" , TitledBorder.LEFT ,
            TitledBorder.BOTTOM, new Font("StSong" , Font.BOLD , 18), Color.BLUE);
        jf.add(getPanelWithBorder(tb , "TitledBorder"));
        //创建MatteBorder, 这是EmptyBorder的子类,
        //它可以指定留空区域的颜色或背景, 此处是指定颜色
        MatteBorder mb = new MatteBorder(20, 5, 10, 30, Color.GREEN);
        jf.add(getPanelWithBorder(mb , "MatteBorder"));
        //创建CompoundBorder将两个边框组合成新边框
        CompoundBorder cb = new CompoundBorder(new LineBorder(Color.RED, 8) , tb);
        jf.add(getPanelWithBorder(cb , "CompoundBorder"));

        jf.pack();
        jf.setVisible(true);
    }
    public static void main(String[] args)
    {
        new yongBorder().init();
    }

    public JPanel getPanelWithBorder(Border b , String BorderName)
    {
        JPanel p = new JPanel();
        p.add(new JLabel(BorderName));
        //为Panel组件设置边框
        p.setBorder(b);
        return p;
    }
}
```

范例 255：实现窗体顶层进度条效果

源码路径：光盘\演练范例\255\

视频路径：光盘\演练范例\255\

范例 256：设置窗体的鼠标光标效果

源码路径：光盘\演练范例\256\

视频路径：光盘\演练范例\256\

执行后的效果如图 16-3 所示。

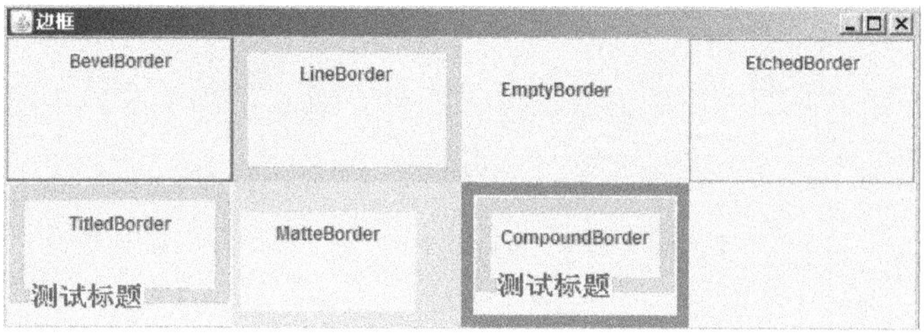

图 16-3　执行效果

16.2.4　JToolBar

在 Swing 中，为我们提供了 JToolBar 类来创建工具条，在创建 JToolBar 对象时可以指定如下两个参数。

- ❑　name：该参数指定该工具条的名称。
- ❑　orientation：该参数指定该工具条的方向。

一旦创建了 JToolBar 对象之后，在 JToolBar 对象中可以使用如下几个常用方法。

- ❑　JButton add (Action a)：通过 Action 对象为 JToolBar 添加对应的工具按钮。
- ❑　void addSeparator (Dimension size)：向工具栏的末尾添加指定大小的分隔符，Java 允许不指定 size 参数，则添加一个默认大小的分隔符。
- ❑　void setFloatable (boolean b)：设置该工具条是浮动的，即该工具条是否可以拖动。
- ❑　void setMargin (Insets m)：设置工具条边框和工具按钮之间的页边距。
- ❑　void setOrientation (int o)：设置工具条的方向。
- ❑　void setRollover (boolean rollover)：设置此工具栏的 rollover 状态。

Action 接口是 ActionListener 接口的子接口，它除了包含 ActionListener 接口的 actionPerformed()方法之外，还包含了 name 和 Icon 这两个属性，其中 name 字符串用作按钮或菜单项中的文本，而 Icon 则用作按钮的图标或菜单项中的图标。也就是说，Action 不仅可作为事件监听器使用，还可被转换成按钮或菜单项。但是 Action 本身既不是按钮，也不是菜单项，只是当把 Action 对象添加到某些容器（也可直接使用 Action 来创建按钮），如菜单和工具栏中时，这些容器会为该 Action 对象创建对应的组件（菜单项和按钮）。也就是说，这些容器需要完成下面的 4 个工作。

- ❑　创建一个适用于该容器的组件（例如，工具栏创建一个工具按钮）。
- ❑　从 Action 对象中获得适当的属性来自定义该组件（例如通过 name 来设置文本，通过 icon 设置图标）。
- ❑　检查 Action 对象的初始状态，确定它是否处于激活状态，并根据该 Action 的状态来决定该 Action 对应所有组件的行为。只有处于激活状态的 Action 所对应的 Swing 组件才可以响应用户动作。
- ❑　通过 Action 对象为对应组件注册事件监听器，系统将为该 Action 所创建的所有组件注册同一个事件监听器(事件处理器就是 Action 对象里的 actionPerformed()方法)。

例如下面的实例中创建了一个窗体，在窗体中设置了"复制"和"粘贴"按钮，单击后能够实现"复制"和"粘贴"功能。

实例 129	实现"复制"和"粘贴"功能
	源码路径　\daima\16\yongJToolBar.java　　　视频路径　\视频\实例\第 16 章\129

实例文件 yongJToolBar.java 的具体实现代码如下所示。

```
public class yongJToolBar {
    JFrame jf = new JFrame("工具条");
    JTextArea aaa = new JTextArea(6, 35);
    JToolBar bbb = new JToolBar();
    JMenuBar ccc = new JMenuBar();
    JMenu edit = new JMenu("编辑");
    Clipboard clipboard = Toolkit.getDefaultToolkit().getSystem
    Clipboard();
    //创建"粘贴"Action, 该Action用于创建菜单项、工具按钮和
    普通按钮
    Action pasteAction = new AbstractAction("粘贴", new Image
    Icon("tu/paste.png"))
    {
        public void actionPerformed(ActionEvent e)
        {
            //如果剪贴板中包含stringFlavor内容
            if (clipboard.isDataFlavorAvailable(DataFlavor.stringFlavor))
            {
                try
                {
                    //取出剪贴板中stringFlavor内容
                    String content = (String)clipboard.getData(DataFlavor.stringFlavor);
                    //将选中内容替换成剪贴板中的内容
                    aaa.replaceRange(content,aaa.getSelectionStart(),aaa.getSelectionEnd());
                }
                catch (Exception ee)
                {
                    ee.printStackTrace();
                }
            }
        }
    };
    //创建"复制"Action
    Action copyAction = new AbstractAction("复制", new ImageIcon("tu/copy.png"))
    {
        public void actionPerformed(ActionEvent e)
        {
            StringSelection contents = new StringSelection(aaa.getSelectedText());
            //将StringSelection对象放入剪贴板
            clipboard.setContents(contents, null);
            //如果剪贴板中包含stringFlavor内容
            if (clipboard.isDataFlavorAvailable(DataFlavor.stringFlavor))
            {
                //将pasteAction激活
                pasteAction.setEnabled(true);
            }
        }
    };
    public void init()
    {
        //pasteAction默认处于不激活状态
        pasteAction.setEnabled(false);
        jf.add(new JScrollPane(aaa));
        //以Action创建按钮, 并将该按钮添加到Panel中
        JButton copyBn = new JButton(copyAction);
        JButton pasteBn = new JButton(pasteAction);
        JPanel jp = new JPanel();
        jp.add(copyBn);
        jp.add(pasteBn);
        jf.add(jp , BorderLayout.SOUTH);
        //向工具条中添加Action对象, 该对象将会转换成工具按钮
        bbb.add(copyAction);
        bbb.addSeparator();
        bbb.add(pasteAction);
        //向菜单中添加Action对象, 该对象将会转换成菜单项
        edit.add(copyAction);
        edit.add(pasteAction);
        //将edit菜单添加到菜单条中
        bbb.add(edit);
        jf.setJMenuBar(ccc);
        //设置工具条和工具按钮之间的距离
        bbb.setMargin(new Insets(20 ,10 , 5 , 30));
        //向窗口中添加工具条
```

<table>
<tr><td>范例 257：在窗体标题显示计时器</td></tr>
<tr><td>源码路径：光盘\演练范例\257\</td></tr>
<tr><td>视频路径：光盘\演练范例\257\</td></tr>
<tr><td>范例 258：动态地展开窗体</td></tr>
<tr><td>源码路径：光盘\演练范例\258\</td></tr>
<tr><td>视频路径：光盘\演练范例\258\</td></tr>
</table>

```
        jf.add(bbb , BorderLayout.NORTH);
        jf.setDefaultCloseOperation(JFrame.EXIT_ON_CLOSE);
        jf.pack();
        jf.setVisible(true);
    }
    public static void main(String[] args)
    {
        new yongJToolBar().init();
    }
}
```

在上述代码中创建了 pasteAction 和 copyAction 两个 Action，然后根据这两个 Action 分别创建了按钮、工具按钮、菜单项组件（程序中粗体字代码部分），一开始 pasteAction 处于非激活状态，对应着该 Action 的按钮、工具按钮、菜单项都处于不可用状态。执行后能够实现"复制"和"粘贴"功能，执行效果如图 16-4 所示。

图 16-4　执行效果

16.2.5　JColorChooser 和 JFileChooser

1. JcolorChooser

JcolorChooser 可以创建一个颜色选择器对话框，在此类中提供了如下两个静态方法。

- ❑ showDialog(Component component，String title，Color initialColor)：显示一个模式的颜色选择器对话框，该方法返回用户所选颜色。其中 component 指定该对话框的 parent 组件，而 title 指定该对话框的标题，大部分时候都使用该方法来让用户选择颜色。

- ❑ createDialog (Component c, String title, boolean modal, JColorChooser chooserPane, ActionListener okListener, ActionListener cancelListener)：该方法返回一个对话框，该对话框内包含指定的颜色选择器，该方法可以指定该对话框是模式的，还是非模式的（通过 modal 参数指定），还可以指定该窗口内"确定"按钮的事件监听器（通过 okListener 参数指定）和"取消"按钮的事件监听器（通过 cancelListener 参数指定）。

2. JFileChooser

JFileChooser 的功能与 AWT 中的 FileDialog 类似，能够生成"打开文件""保存文件"之类的对话框。与 FileDialog 不同的是，JFileChooser 无须依赖于本地平台的 GUI，它纯粹由 Java 实现，在所有平台上具有完全相同的行为，并可以在所有平台上具有相同的外观风格。

为了调用 JFileChooser 来打开一个文件对话框，必须先创建该对话框的实例，JFileChooser 提供了多个构造器来创建 JFileChooser 对象，在构造器中包含如下两个参数。

- ❑ currentDirectory：指定所创建文件对话框的当前路径，该参数既可以是一个 String 类型的路径，也可以是一个 File 对象所代表的路径。

- ❑ FileSystemView：用于指定基于该文件系统外观来创建文件对话框，如果没有指定该参数，默认以当前文件系统外观创建文件对话框。

　　JFileChooser 并不是 JDialog 的子类，所以不能使用 setVisible(true)来显示该文件对话框，而应调用 showXxxDialog 方法来显示文件对话框。

实例 130	实现一个颜色选择对话框效果
源码路径　\daima\16\yans.java	视频路径　\视频\实例\第 16 章\130

实例文件 yans.java 的具体代码如下所示。

```
public class yans
{
    //画图区的宽度
    private final int AREA_WIDTH = 500;
    //画图区的高度
    private final int AREA_HEIGHT = 400;
    //下面的preX、preY保存了上一次鼠标拖动事件的鼠标坐标
    private int preX = -1;
    private int preY = -1;
    //定义一个右键菜单用于设置画笔颜色
    JPopupMenu pop = new JPopupMenu();
    JMenuItem chooseColor = new JMenuItem("选择颜色");
    //定义一个BufferedImage对象
    BufferedImage image = new BufferedImage(AREA_WIDTH , AREA_HEIGHT ,
        BufferedImage.TYPE_INT_RGB);
    //获取image对象的Graphics
    Graphics g = image.getGraphics();
    private JFrame f = new JFrame("简单手绘程序");
    private DrawCanvas drawArea = new DrawCanvas();
    //用于保存需要绘制什么图形的字符串属性
    private String shape = "";
    //用于保存画笔颜色
    private Color foreColor = new Color(255, 0 ,0);
    public void init()
    {
        chooseColor.addActionListener(new ActionListener()
        {
            public void actionPerformed(ActionEvent ae)
            {
                //下面代码直接弹出一个模式的颜色选择器对话框, 并返回用户选择的颜色
                //foreColor = JColorChooser.showDialog(f , "选择画笔颜色" , foreColor);
                //下面代码则可以弹出一个非模式的颜色选择对话框,
                //并可以分别为"确定"按钮、"取消"按钮指定事件监听器
                final JColorChooser colorPane = new JColorChooser(foreColor);
                JDialog jd = JColorChooser.createDialog(f ,"选择画笔颜色",false,
                    colorPane, new ActionListener()
                    {
                        public void actionPerformed(ActionEvent ae)
                        {
                            foreColor = colorPane.getColor();
                        }
                    }, null);
                jd.setVisible(true);
            }
        });
        //将菜单项组合成右键菜单
        pop.add(chooseColor);
        //将右键菜单添加到drawArea对象中
        drawArea.setComponentPopupMenu(pop);
        //将image对象的背景色填充成白色
        g.fillRect(0 , 0 ,AREA_WIDTH , AREA_HEIGHT);
        drawArea.setPreferredSize(new Dimension(AREA_WIDTH , AREA_HEIGHT));
        //监听鼠标移动动作
        drawArea.addMouseMotionListener(new MouseMotionAdapter()
        {
            //实现按下鼠标键并拖动的事件处理器
            public void mouseDragged(MouseEvent e)
            {
                //如果preX和preY大于0
                if (preX > 0 && preY > 0)
                {
                    //设置当前颜色
                    g.setColor(foreColor);
                    //绘制从上一次鼠标拖动事件点到本次鼠标拖动事件点的线段
```

<table>
<tr><td>

范例 259：实现一个图片查看器
源码路径：光盘\演练范例\259\
视频路径：光盘\演练范例\259\
范例 260：实现仿 QQ 隐藏窗体效果
源码路径：光盘\演练范例\260\
视频路径：光盘\演练范例\260\

</td></tr>
</table>

```
                    g.drawLine(preX , preY , e.getX() , e.getY());
                }
                //将当前鼠标事件点的x、y坐标保存起来
                preX = e.getX();
                preY = e.getY();
                //重绘drawArea对象
                drawArea.repaint();
            }
        });
        //监听鼠标事件
        drawArea.addMouseListener(new MouseAdapter()
        {
            //实现鼠标松开的事件处理器
            public void mouseReleased(MouseEvent e)
            {
                //松开鼠标键时，把上一次鼠标拖动事件的x、y坐标设为-1。
                preX = -1;
                preY = -1;
            }
        });
        f.add(drawArea);
        f.setDefaultCloseOperation(JFrame.EXIT_ON_CLOSE);
        f.pack();
        f.setVisible(true);
    }
    public static void main(String[] args)
    {
        new yans().init();
    }
//让画图区域继承JPanel类
class DrawCanvas extends JPanel
{
    //重写JPanel的paint方法，实现绘画
    public void paint(Graphics g)
    {
        //将image绘制到该组件上
        g.drawImage(image , 0 , 0 , null);
    }
}
}
```

在上述代码中分别使用了两种方式来弹出颜色选择对话框，设计了可以弹出模式颜色选择对话框的效果，并直接返回用户选择的颜色。执行效果如图 16-5 所示。

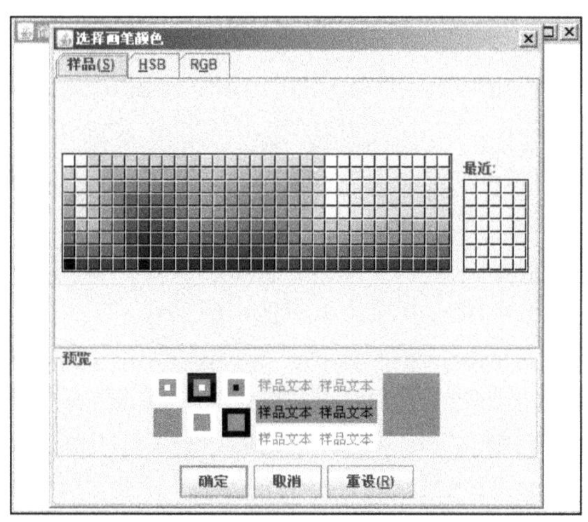

图 16-5 执行效果

16.2.6 JOptionPane

通过 JOptionPane 可以非常方便地创建一些简单的对话框，Swing 已经为这些对话框添加了相应的组件，无须程序手动添加组件。JOptionPane 为我们提供了如下 4 个方法来创建对话框。

- ❑ showMessageDialog/showInternalMessageDialog：消息对话框，告知用户某事已发生，用户只能单击"确定"按钮，类似于 JavaScript 中的 alert 函数。
- ❑ showConfirmDialog/showInternalMessageDialog：确认对话框，向用户确认某个问题，用户可以选择 yes、no、cancel 等选项。类似于 JavaScript 的 comfirm 函数。
- ❑ showInputDialog/showInternalenputDialog：输入对话框，提示要求某些输入，类似于 JavaScript 中的 prompt 函数。
- ❑ showOptionDialog/showInternalOptionDialog：自定义选项对话框，允许使用自定义选项的对话框，可以取代 showConfirmDialog 所产生的对话框，只是用起来更复杂。

JOptionPane 生成的所有对话框都是模式的，在用户完成与对话框的交互之前，showXxx Dialog 方法将一直阻塞当前线程。

可以将 JOptionPane 所产生的对话框分为 4 个区域，分别是输入区、图标区、按钮区和消息区。这 4 个区域的具体说明如下所示。

（1）输入区。

如果创建的对话框无须接受用户输入，则输入区不存在，输入区组件可以是普通文本框组件，也可以是下拉列表框组件。如果调用该方法时指定了一个数组类型的 selectionValues 参数，则输入区包含一个下拉列表组件。

（2）图标区。

左上角的图标会随创建的对话框所包含消息类型的不同而不同，在 JOptionPane 中提供了如下 5 种消息类型。

- ❑ ERROR_MESSAGE：错误消息，其图标是一个红色的 × 图标。
- ❑ INFORMATION_MESSAGE：普通消息，其默认图标是蓝色的感叹号。
- ❑ WARNING_MESSAGE：警告消息，其默认图标是黄色感叹号。
- ❑ QUESTION_MESSAGE：问题消息，其默认图标是绿色问号。
- ❑ PLAIN_MESSAGE：普通消息，没有默认图标。

在 JOptionPane 中所有 showXxxDialog 的方法都可以提供一个可选的 icon 参数，用于指定该对框的图标。在调用 showXxxDialog 方法时可以指定一个可选的 title 参数，该参数指定所创建对话框的标题。

（3）消息区。

不管是哪种对话框，其消息区总是存在的，消息区的内容通过 message 参数来指定，根据参数 message 类型的不同，消息区显示的内容也是不同的，该 message 参数可以是下面的五种类型之一。

- ❑ tring 类型：系统将该字符串对象包装成 JLabel 对象，然后显示在对话框中。
- ❑ Icon：该 lcon 被包装在 JLabel 后作为对话框的消息。
- ❑ Component：将该 Component 在对话框的消息区中显示出来。
- ❑ Object[]：对象数组被解释为在纵向排列的一系列 message 对象，每个 message 对象根据其实际类型又可以是字符串、图标、组件、对象数组等。
- ❑ 其他类型：系统调用该对象的 toString 方法返回一个字符串，并将该字符串对象包装成对象，然后显示在对话框中。

如果希望消息区的普通字符串能换行，可以使用"\n"字符来实现换行。

（4）按钮区。

对话框底部的按钮区也是一定存在的，但所包含的按钮则会随对话框的类型、选项类型而改变。当使用 showInputDialog 和 showMessageDialog 方法得到对话框时，底部总是包含"确定"

和"取消"两个标准按钮。

对于 showConfirmDialog 所打开的确认对话框来说，可以指定一个整数类型的 optionType 参数，该参数可以是如下值之一。

- ❑ DEFAULT_OPTION：按钮区只包含一个"确定"按钮。
- ❑ YES_NO_OPTION：按钮区包含"是""否"两个按钮。
- ❑ YES_NO_CANCEL_OPTION：按钮区包含"是""否""取消"3 个按钮。
- ❑ OK_ CANCEL_OPTION：按钮区包含"确定""取消"两个按钮。

如果使用 showOptionsDialog 来创建选项对话框，则可以通过指定一个 Object[]类型的 options 参数来设置按钮区能使用的选项按钮。与前面介绍的 message 参数类似，数组 options 的数组元素可以是如下类型之一。

- ❑ String 类型：使用该字符串来创建一个 JButton，并将其显示在按钮区。
- ❑ Icon：使用该 lcon 来创建一个 JButton，并将其显示在按钮区。
- ❑ Component：直接将该组件显示在按钮区。
- ❑ 其他类型：系统调用该对象的 toString()方法返回一个字符串，并使用该字符串来创建一个 JButton，并将其显示在按钮区。

当用户与对话框交互结束后，不同类型对话框的返回值如下所示。

- ❑ showMessageDialog：无返回值。
- ❑ showInputDialog：返回用户输入或选择的字符串。
- ❑ showConfirmDialog：返回一个整数代表用户选择的选项。
- ❑ showOptionDialog：返回一个整数代表用户选择的选项，如果用户选择第一项，则返回 0，如果选择第二项，则返回 1……依此类推。

在 showConfirmDialog 生成的对话框中有如下几个返回值。

- ❑ YES_OPTION：单击了"是"按钮后返回。
- ❑ NO_OPTION：单击了"否"按钮后返回。
- ❑ CANCEL_OPTION：单击了"取消"按钮后返回。
- ❑ OK-OPTION：：单击了"确定"按钮后返回。
- ❑ CLOSED_OPTION：单击了对话框右上角的"×"按钮后返回。

用 showOptionDialog 方法所产生的对话框也可能返回一个 CLOSED_OPTION 值，当用户单击了对话框右上角的叉号"×"按钮后将返回该值。

例如在下面的实例代码中，允许使用 JOptionPane 弹出各种对话框。

实例 131	使用 JOptionPane 弹出各种对话框
源码路径　\daima\16\gedui.java	视频路径　\视频\实例\第 16 章\131

实例文件 gedui.java 的具体实现代码如下所示。

```java
public class gedui
{
    JFrame jf = new JFrame("测试JOptionPane");
    //分别定义6个面板用于定义对话框的几种选项
    private ButtonPanel mmPanel;
    private ButtonPanel mmTypePanel;
    private ButtonPanel msgPanel;
    private ButtonPanel nnPanel;
    private ButtonPanel xxPanel;
    private ButtonPanel inputPanel;
    private String mmString = "消息区内容";
    private Icon mmIcon = new ImageIcon("tu/heart.png");
    private Object mmObject = new Date();
    private Component mmComponent = new JButton("组件消息");
    private JButton msgBn = new JButton("消息对话框");
```

范例 261：窗体百叶窗登场特效

源码路径：光盘\演练范例\261\

视频路径：光盘\演练范例\261\

范例 262：关闭窗体打开网址

源码路径：光盘\演练范例\262\

视频路径：光盘\演练范例\262\

```java
private JButton confrimBn = new JButton("确认对话框");
private JButton inputBn = new JButton("输入对话框");
private JButton optionBn = new JButton("选项对话框");

public void init()
{
    JPanel top = new JPanel();
    top.setBorder(new TitledBorder(new EtchedBorder(), "对话框的通用选项" ,
        TitledBorder.CENTER ,TitledBorder.TOP ));
    top.setLayout(new GridLayout(1 , 2));
    //消息类型Panel，该Panel中的选项决定对话框的图标
    mmTypePanel = new ButtonPanel("选择消息的类型",
        new String[]{"ERROR_MESSAGE", "INFORMATION_MESSAGE", "WARNING_MESSAGE",
        "QUESTION_MESSAGE",    "PLAIN_MESSAGE" });
    //消息内容类型的Panel，该Panel中的选项决定对话框的消息区的内容
    mmPanel = new ButtonPanel("选择消息内容的类型",
        new String[]{"字符串消息", "图标消息", "组件消息", "普通对象消息" , "Object[]消息"});
    top.add(mmTypePanel);
    top.add(mmPanel);
    JPanel bottom = new JPanel();
    bottom.setBorder(new TitledBorder(new EtchedBorder(), "弹出不同的对话框" ,
        TitledBorder.CENTER ,TitledBorder.TOP));
    bottom.setLayout(new GridLayout(1 , 4));
    //创建用于弹出消息对话框的Panel
    msgPanel = new ButtonPanel("消息对话框", null);
    msgBn.addActionListener(new ShowAction());
    msgPanel.add(msgBn);
    //创建用于弹出确认对话框的Panel
    nnPanel = new ButtonPanel("确认对话框",
        new String[]{"DEFAULT_OPTION", "YES_NO_OPTION", "YES_NO_CANCEL_OPTION",
        "OK_CANCEL_OPTION"});
    confrimBn.addActionListener(new ShowAction());
    nnPanel.add(confrimBn);
    //创建用于弹出输入对话框的Panel
    inputPanel = new ButtonPanel("输入对话框",
        new String[]{"单行文本框","下拉列表选择框"});
    inputBn.addActionListener(new ShowAction());
    inputPanel.add(inputBn);
    //创建用于弹出选项对话框的Panel
    xxPanel = new ButtonPanel("选项对话框",
        new String[]{"字符串选项", "图标选项", "对象选项"});
    optionBn.addActionListener(new ShowAction());
    xxPanel.add(optionBn);
    bottom.add(msgPanel);
    bottom.add(nnPanel);
    bottom.add(inputPanel);
    bottom.add(xxPanel);
    Box box = new Box(BoxLayout.Y_AXIS);
    box.add(top);
    box.add(bottom);
    jf.add(box);
    jf.setDefaultCloseOperation(JFrame.EXIT_ON_CLOSE);
    jf.pack();
    jf.setVisible(true);
}
//根据用户选择返回选项类型
private int getOptionType()
{
    if (nnPanel.getSelection().equals("DEFAULT_OPTION"))
        return JOptionPane.DEFAULT_OPTION;
    else if (nnPanel.getSelection().equals("YES_NO_OPTION"))
        return JOptionPane.YES_NO_OPTION;
    else if (nnPanel.getSelection().equals("YES_NO_CANCEL_OPTION"))
        return JOptionPane.YES_NO_CANCEL_OPTION;
    else
        return JOptionPane.OK_CANCEL_OPTION;
}
//根据用户选择返回消息
private Object getMessage()
{
    if (mmPanel.getSelection().equals("字符串消息"))
        return mmString;
    else if (mmPanel.getSelection().equals("图标消息"))
```

```java
            return mmIcon;
        else if (mmPanel.getSelection().equals("组件消息"))
            return mmComponent;
        else if(mmPanel.getSelection().equals("普通对象消息"))
            return mmObject;
        else
            return   new Object[]{mmString , mmIcon ,
                mmObject , mmComponent};
}
//根据用户选择返回消息类型 (决定图标区的图标)
private int getDialogType()
{
    if (mmTypePanel.getSelection().equals("ERROR_MESSAGE"))
        return JOptionPane.ERROR_MESSAGE;
    else if (mmTypePanel.getSelection().equals("INFORMATION_MESSAGE"))
        return JOptionPane.INFORMATION_MESSAGE;
    else if (mmTypePanel.getSelection().equals("WARNING_MESSAGE"))
        return JOptionPane.WARNING_MESSAGE;
    else if(mmTypePanel.getSelection().equals("QUESTION_MESSAGE"))
        return JOptionPane.QUESTION_MESSAGE;
    else
        return JOptionPane.PLAIN_MESSAGE;
}
private Object[] getOptions()
{
    if (xxPanel.getSelection().equals("字符串选项"))
        return new String[]{"a" , "b" , "c" , "d"};
    else if (xxPanel.getSelection().equals("图标选项"))
        return new Icon[]{new ImageIcon("ico/1.gif") , new ImageIcon("ico/2.gif"),
        new ImageIcon("ico/3.gif"),new ImageIcon("ico/4.gif")};
    else
        return new Object[]{new Date() ,new Date() , new Date()};
}

//为各按钮定义事件监听器
private class ShowAction implements ActionListener
{
    public void actionPerformed(ActionEvent event)
    {
        if (event.getActionCommand().equals("确认对话框"))
        {
            JOptionPane.showConfirmDialog(jf , getMessage(),"确认对话框",
                getOptionType(), getDialogType());
        }
        else if (event.getActionCommand().equals("输入对话框"))
        {
            if (inputPanel.getSelection().equals("单行文本框"))
            {
                JOptionPane.showInputDialog(jf,    getMessage(), "输入对话框", getDialogType());
            }
            else
            {
                JOptionPane.showInputDialog(jf,    getMessage(), "输入对话框", getDialogType(),
                null,    new String[] {"AAAA", "BBBB"},
                "CCCC");
            }
        }
        else if (event.getActionCommand().equals("消息对话框"))
        {
            JOptionPane.showMessageDialog(jf,getMessage(),"消息对话框",getDialogType());
        }
        else if (event.getActionCommand().equals("选项对话框"))
        {
            JOptionPane.showOptionDialog(jf , getMessage() , "选项对话框", getOptionType(),
                getDialogType(), null,    getOptions(), "a");
        }
    }
}
```

```java
    public static void main(String[] args)
    {
        new gedui().init();
    }
}

//定义一个JPanel类扩展类, 该类的对象包含多个纵向排列的JRadioButton控件
//且Panel扩展类可以指定一个字符串作为TitledBorder
class ButtonPanel extends JPanel
{
    private ButtonGroup group;
    public ButtonPanel(String title, String[] options)
    {
        setBorder(BorderFactory.createTitledBorder(BorderFactory.createEtchedBorder(), title));
        setLayout(new BoxLayout(this, BoxLayout.Y_AXIS));
        group = new ButtonGroup();
        for (int i = 0; options!= null && i < options.length; i++)
        {
            JRadioButton b = new JRadioButton(options[i]);
            b.setActionCommand(options[i]);
            add(b);
            group.add(b);
            b.setSelected(i == 0);
        }
    }
    //定义一个方法, 用于返回用户选择的选项
    public String getSelection()
    {
        return group.getSelection().getActionCommand();
    }
}
```

通过上述代码展示了 JOptionPane 所支持的四种对话框的用法，以及所有对话框的通用选项、每个对话框的特定选项。执行效果如图 16-6 所示。

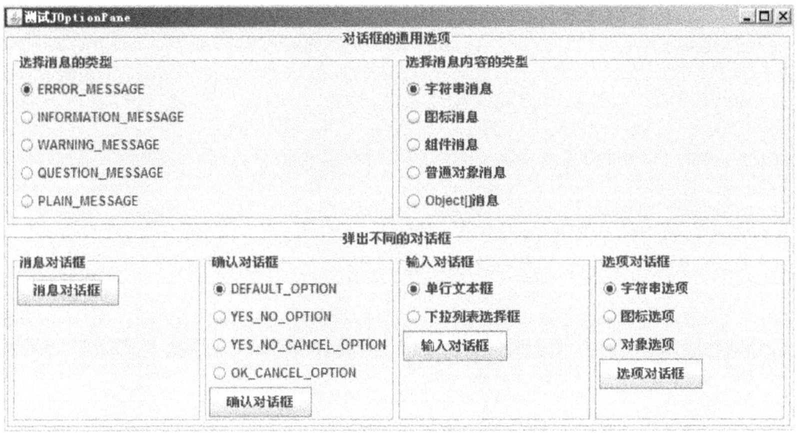

图 16-6　执行效果

16.2.7　JSplitPane

Split Pane（分割面板）一次可将两个组件同时显示在两个显示区中，如果想要同时在多个显示区显示组件，必须同时使用多个 Split Pane。JSplitPane 提供两个常数让我们设置到底是水平分割还是垂直分割，这两个常数分别是：HORIZONTAL_SPIT 和 VERTICAL_SPLIT。

JSplitPane 中常用的构造函数如下所示。

❑ JSplitPane()：建立一个新的 JSplitPane，里面含有两个默认按钮，并以水平方向排列，但没有 Continuous Layout 功能。

❑ JSplitPane (int newOrientation)：建立一个指定水平或垂直方向切割 JSplitPane，但没有

Continuous Layout 功能。

❑ JSplitPane (int newOrientation,boolean newContinuousLayout)：建立一个指定水平或垂直方向切割的 JSplitPane，并且指定是否具有 Continuous Layout 功能。

❑ JSplitPane (int newOrientation,boolean newContinuousLayout, Component newLeftComponent, Component newRightComponent)：建立一个指定水平或垂直方向切割的 JSplitPane,且指定显示区所要显示的组件，并设置是否具有 Continuous Layout 功能。

❑ JSplitPane (int newOrientation, Component newLeftComponent, Component newRight Component)：建立一个指定水平或垂直方向切割的 JSplitPane，并且指定显示区所要显示的组件，但没有 Continuous Layout 功能。

实例 132	使用 JOptionPane 弹出各种对话框
	源码路径　　\daima\16\yongSplitPane.java　　　　视频路径　　\视频\实例\第 16 章\132

实例文件 yongSplitPane.java 的具体实现代码如下所示。

```
public class yongSplitPane
{
    Book[] books = new Book[]{
        new Book("aaa" , new ImageIcon("tu/aaa.jpg") ,
            "全面介绍aaa的各方\n面知识"),
        new Book("bbb" , new ImageIcon("tu/bbb.jpg") ,
            "介绍bbb的知识"),
        new Book("ccc" , new ImageIcon("tu/ccc.jpg") ,
            "全面介绍ccc知识")
    };
    JFrame jf = new JFrame("测试JSplitPane");
    JList bookList = new JList(books);
    JLabel bookCover = new JLabel();
    JTextArea bookDesc = new JTextArea();

    public void init()
    {
        //为三个组件设置最佳大小
        bookList.setPreferredSize(new Dimension(150, 300));
        bookCover.setPreferredSize(new Dimension(300, 150));
        bookDesc.setPreferredSize(new Dimension(300, 150));
        //为下拉列表添加事件监听器
        bookList.addListSelectionListener(new ListSelectionListener()
        {
            public void valueChanged(ListSelectionEvent event)
            {
                Book book = (Book)bookList.getSelectedValue();
                bookCover.setIcon(book.getIco());
                bookDesc.setText(book.getDesc());
            }
        });
        //创建一个垂直的分割面板
        //将bookCover放在上面, 将bookDesc放在下面 , 支持连续布局
        JSplitPane left = new JSplitPane(JSplitPane.VERTICAL_SPLIT, true ,
            bookCover, new JScrollPane(bookDesc));
        //打开"一触即展"的特性
        left.setOneTouchExpandable(true);
        //下面代码设置分割条的大小
        //left.setDividerSize(50);
        //设置该分割面板根据所包含组件的最佳大小来调整布局
        left.resetToPreferredSizes();
        //创建一个水平的分割面板
        //将left组件放在左边, 将bookList组件放在右边
        JSplitPane content = new JSplitPane(JSplitPane.HORIZONTAL_SPLIT,
            left, bookList);
        jf.add(content);
        jf.setDefaultCloseOperation(JFrame.EXIT_ON_CLOSE);
        jf.pack();
        jf.setVisible(true);
    }
    public static void main(String[] args)
    {
```

> 范例 263：实现 nimbus 外观
> 源码路径：光盘\演练范例\263\
> 视频路径：光盘\演练范例\263\
> 范例 264：实现本地系统外观
> 源码路径：光盘\演练范例\264\
> 视频路径：光盘\演练范例\264\

```
                new yongSplitPane().init();
        }
}
class Book
{
    private String name;
    private Icon ico;
    private String desc;

    public Book(){}

    public Book(String name , Icon ico , String desc)
    {
        this.name = name;
        this.ico = ico;
        this.desc = desc;
    }

    public void setName(String name)
    {
        this.name = name;
    }
    public String getName()
    {
        return this.name;
    }

    public void setIco(Icon ico)
    {
        this.ico = ico;
    }
    public Icon getIco()
    {
        return this.ico;
    }

    public void setDesc(String desc)
    {
        this.desc = desc;
    }
    public String getDesc()
    {
        return this.desc;
    }
    public String toString()
    {
        return name;
    }
}
```

在上述代码中创建了 2 个 SplitPane，其中一个支持连续布局，另一个不支持连续布局。执行效果如图 16-7 所示。

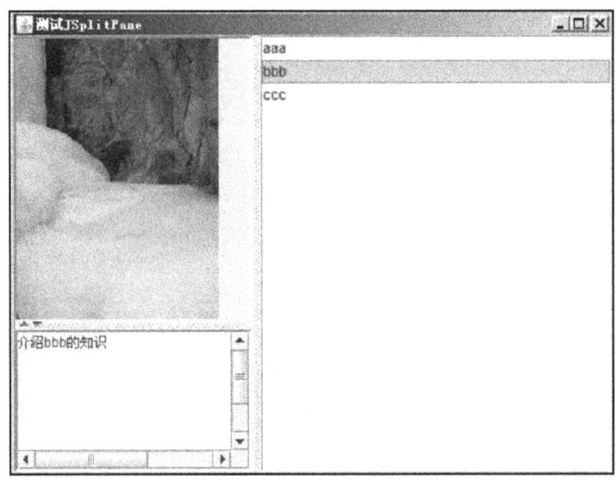

图 16-7　执行效果

16.2.8　JTabbedPane

通过使用 JTabbedPane，可以很方便地在窗口上放置多个标签页，每个标签页相当于获得了一个与外部容器大小相等的组件摆放区域。通过这种方式，就可以在一个容器里放置更多组件，例如我们右击桌面上"我的电脑"图标，然后在弹出菜单里单击"属性"菜单项，就可以看到一个"系统属性"对话框，这个对话框里包含了 7 个标签页。

<table><tr><td>实例 133</td><td colspan="2">实现一个用户可以选择标签布局策略、标签位置的面板</td></tr><tr><td></td><td>源码路径　\daima\16\yongTabbedPane.java</td><td>视频路径　\视频\实例\第 16 章\133</td></tr></table>

实例文件 yongTabbedPane.java 的具体实现代码如下所示。

```
public class yongJTabbedPane {
    JFrame jf = new JFrame("测试Tab页面");
    //创建一个Tab页面的标签放在左边，采用换行布局策略的JTabbedPane
    JTabbedPane tabbedPane = new JTabbedPane(JTabbedPane.LEFT , JTabbedPane.WRAP_TAB_LAYOUT);
    ImageIcon icon = new ImageIcon("tu/close.gif");
    String[] layouts = {"换行布局" , "滚动条布局"};
    String[] positions = {"左边" , "顶部" , "右边" , "底部"};
    Map<String , String> books = new LinkedHashMap<String , String>();
    public void init(){
        books.put("aaa" , "aaa.jpg");
        books.put("bbb" , "bbb.jpg");
        books.put("ccc" , "ccc.jpg");
        books.put("ddd" , "ddd.jpg");
        books.put("eee" , "eee.jpg");
        String tip = "可看到照片";
        //向JTabbedPane中添加5个Tab页面
        //指定了标题、图标和提示，但该Tab页面的组件为null
        for (String bookName : books.keySet())
        {
            tabbedPane.addTab(bookName, icon, null , tip);
        }
        jf.add(tabbedPane, BorderLayout.CENTER);
        //为JTabbedPane添加事件监听器
        tabbedPane.addChangeListener(new ChangeListener()
        {
            public void stateChanged(ChangeEvent event)
            {
                //如果被选择的组件依然是空
                if (tabbedPane.getSelectedComponent() == null)
                {
                    //获取所选Tab页
                    int n = tabbedPane.getSelectedIndex();
                    //为指定标签页加载内容
                    loadTab(n);
                }
            }
        });
        //系统默认选择第一页，加载第一页内容
        loadTab(0);
        tabbedPane.setPreferredSize(new Dimension(500 , 300));
        //增加控制标签布局、标签位置的单选按钮
        JPanel buttonPanel = new JPanel();
        ChangeAction action = new ChangeAction();
        buttonPanel.add(new yongButtonPanel(action , "选择标签布局策略" ,layouts));
        buttonPanel.add (new yongButtonPanel(action , "选择标签位置" ,positions));
        jf.add(buttonPanel, BorderLayout.SOUTH);
        jf.setDefaultCloseOperation(JFrame.EXIT_ON_CLOSE);
        jf.pack();
        jf.setVisible(true);

    }
    //为指定标签页加载内容
    private void loadTab(int n)
    {
        String title = tabbedPane.getTitleAt(n);
        //根据标签页的标题获取对应图书封面
```

<table><tr><td>范例 265：分割的窗体界面
源码路径：光盘\演练范例\265\
视频路径：光盘\演练范例\265\
范例 266：圆周运动的窗体
源码路径：光盘\演练范例\266\
视频路径：光盘\演练范例\266\</td></tr></table>

```java
            ImageIcon bookImage = new ImageIcon("tu/" + books.get(title));
            tabbedPane.setComponentAt(n, new JLabel(bookImage));
            //改变标签页的图标
            tabbedPane.setIconAt(n, new ImageIcon("tu/open.gif"));
        }
        //定义改变标签页的布局策略, 放置位置的监听器
        class ChangeAction implements ActionListener
        {
            public void actionPerformed(ActionEvent event)
            {
                JRadioButton source = (JRadioButton)event.getSource();
                String selection = source.getActionCommand();
                if (selection.equals(layouts[0]))
                {
                    tabbedPane.setTabLayoutPolicy(JTabbedPane.WRAP_TAB_LAYOUT);
                }
                else if (selection.equals(layouts[1]))
                {
                    tabbedPane.setTabLayoutPolicy(JTabbedPane.SCROLL_TAB_LAYOUT);
                }
                else if (selection.equals(positions[0]))
                {
                    tabbedPane.setTabPlacement(JTabbedPane.LEFT);
                }
                else if (selection.equals(positions[1]))
                {
                    tabbedPane.setTabPlacement(JTabbedPane.TOP);
                }
                else if (selection.equals(positions[2]))
                {
                    tabbedPane.setTabPlacement(JTabbedPane.RIGHT);
                }
                else if (selection.equals(positions[3]))
                {
                    tabbedPane.setTabPlacement(JTabbedPane.BOTTOM);
                }
            }
        }

    public static void main(String[] args)
    {
        new yongJTabbedPane().init();
    }
}

//定义一个JPanel类扩展类, 该类的对象包含多个纵向排列的JRadioButton控件
//且Panel扩展类可以指定一个字符串作为TitledBorder
class yongButtonPanel extends JPanel
{
    private ButtonGroup group;
    public yongButtonPanel(yongJTabbedPane.ChangeAction action , String title, String[] labels)
    {
        setBorder(BorderFactory.createTitledBorder(BorderFactory.createEtchedBorder(), title));
        setLayout(new BoxLayout(this, BoxLayout.X_AXIS));
        group = new ButtonGroup();
        for (int i = 0; labels!= null && i < labels.length; i++)
        {
            JRadioButton b = new JRadioButton(labels[i]);
            b.setActionCommand(labels[i]);
            add(b);
            //添加事件监听器
            b.addActionListener(action);
            group.add(b);
            b.setSelected(i == 0);
        }
    }
}
```

　　在上述代码中，演示了操作 JTabbedPane 各种属性的代码，这些代码完成了向 JTabbedPane 中添加标签页和改变标签页图标等操作。执行效果如图 16-8 所示。

图 16-8　执行效果

16.3　拖放处理

知识点讲解：光盘:视频\PPT 讲解（知识点）\第 16 章\拖放处理.mp4

拖放操作是非常常见的操作，我们经常会通过拖放操作来完成复制、剪切的功能，但这种复制、粘贴操作无须剪贴板支持，程序将数据从拖放源直接传给拖放目标。这种通过拖放实现的复制、粘贴效果也被称为复制、移动。

16.3.1　拖放处理基础

当我们在拖放源中选中一项或多项元素后，可以用鼠标将这些元素拖离它们的初始位置，当我们拖着这些元素在拖放目标上松开鼠标按键时，拖放目标将会查询拖放源，进而访问到这些元素的相关信息，并会相应地启动一些动作。例如从 Windows 资源管理器里把一个文件图标拖放到 WinPad 图标上，那么 WinPad 将会打开该文件。如果在 Eclipse 选中一段代码，然后将这段代码拖放到另一个位置，系统将会把这段代码从初始位置删除，并将这段代码放到拖放的目标位置。

除此之外，拖放操作还可以与如下 3 种组合键组合使用以完成特殊功能。

❑ 与 Ctrl 组合键组合使用:表示该拖放操作完成复制功能。例如前面介绍的可以在 Eclipse 中通过拖放将一段代码剪切到另一个地方，如果在拖放过程中按住 Ctrl 键，系统将完成代码复制，而不是剪切。

❑ 与 Shift 组合键组合使用：表示该拖放操作完成移动功能。有些时候直接拖放默认就是进行复制，例如从 Windows 资源管理器的一个路径将文件图标拖放到另一个路径，默认就是进行文件复制。此时可以结合 Shift 组合键来进行拖放操作，用以完成移动功能。

❑ 与 Ctrl、Shift 组合键组合使用：表示为目标对象建立快捷方式（在 UNIX 等平台上称为链接）。

在拖放操作中，数据从拖放源直接传给拖放目标，因此拖放操作主要涉及两个对象：拖放源和拖放目标。AWT 已经提供了拖放源和拖放目标的支持，分别由 DragSource 和 DropTarget 两个类来表示。

16.3.2　Swing 中的拖放处理

从 JDK l.4 版本开始，Swing 的部分组件已经提供了默认的拖放支持，从而能以更简单的方式进行拖放操作。在 Swing 中可以支持的拖放操作组件如表 16-2 所示。

表 16-2   **Swing 中支持拖放操作的组件**

Swing 组件	作为拖放源导出	作为拖放目标接受
JColorChooser	导出颜色对象的本地引用	可接受任何颜色
JFileChooser	导出文件列表	无
JList	导出所选择节点的 HTML 描述	无
JTable	导出所选中的行	无
II ‰	导出所选择节点的 HTML 描述	无
JTextComponent	导出所选文本	接收文本，其子类 JTextArea 还接受文件列表，负责将文件打开

表 16-2 中的 Swing 组件都没有启动拖放支持，我们可以调用这些组件的方法 setDragEnabled 来启动拖放支持。下面程序示范了 Swing 提供的拖放支持。

除此之外，Swing 还提供了一种非常特殊的类 TransferHandler，通过此类可以直接将某个组件的指定属性设置成拖放目标，前提是该组件具有该属性的 setter 方法。例如类 JTextArea 提供了一个 setForeground(Color) 方法，我们可以利用 TransferHandler 将 foreround 定义成拖放目标。

实例 134	演示 Swing 提供的拖放功能
	源码路径　\daima\16\tuo.java　　　　　视频路径　\视频\实例\第 16 章\134

实例文件 tuo.java 的代码如下所示。

```java
import java.awt.*;
import java.awt.datatransfer.*;
import java.awt.event.*;
import java.awt.dnd.*;
import javax.swing.*;
public class tuo
{
    JFrame jf = new JFrame("拖放支持");
    JTextArea srcTxt = new JTextArea(8 , 30);
    JTextField jtf = new JTextField(34);
    public void init()
    {
        srcTxt.append("拖放支持.\n");
        srcTxt.append("可以将这段文本域的内容拖入其他程序.\n");
        //启动文本域和单行文本框的拖放支持
        srcTxt.setDragEnabled(true);
        jtf.setDragEnabled(true);
        jf.add(new JScrollPane(srcTxt));
        jf.add(jtf , BorderLayout.SOUTH);
        jf.setDefaultCloseOperation(JFrame.EXIT_ON_CLOSE);
        jf.pack();
        jf.setVisible(true);
    }
    public static void main(String[] args)
    {
        new tuo().init();
    }
}
```

范例 267：框架容器的背景图片
源码路径：光盘\演练范例\267\
视频路径：光盘\演练范例\267\
范例 268：更多选项的框架容器
源码路径：光盘\演练范例\268\
视频路径：光盘\演练范例\268\

在上述代码中，通过加粗代码开始实现多行文本域和单行文本框的拖放支持功能，执行后的效果如图 16-9 所示。

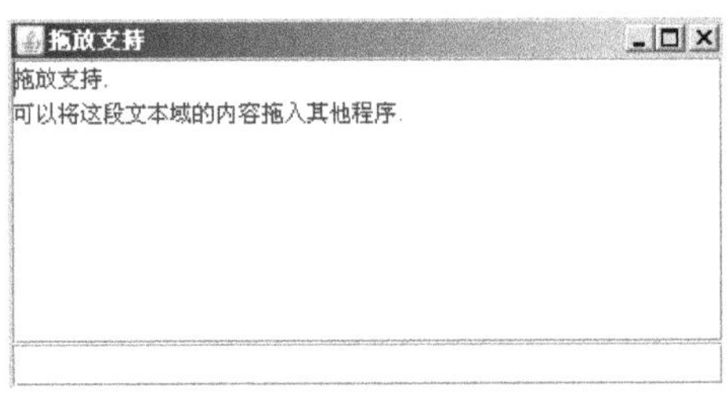

图 16-9　执行效果

16.4 实现进度条效果——JProgressBar、ProgressMonitor 和 BoundedRangeModel

知识点讲解：光盘:视频\PPT 讲解（知识点）\第 16 章\JProgressBar、ProgressMonitor 和 BoundedRange Model.mp4

在 Java 应用中，本节标题所示的 3 个组件可以实现进度条效果。进度条是图形界面中广泛使用的 GUI 组件，当我们复制一个较大的文件时，操作系统将会显示一个进度表，用于标识复制操作完成的比例。例如当我们启动 Eclipse 等程序时，因为需要加载较多的资源，所以启动速度较慢，程序也会在启动过程中显示一个进度条，用以表示该软件启动完成的比例。如图 16-10 所示。

图 16-10　Eclipse 启动进度条

16.4.1　创建一个进度条

使用 JProgressBar 可以非常方便地创建 Eclipse 样式的进度条指示器，使用 JProgressBar 创建进度条的基本步骤如下所示。

（1）创建一个 JProgressBar 对象，创建该对象的时候可以指定 3 个参数：进度条的排列方向、进度条的最大值和最小值。也可以在创建该对象时不传入任何参数，而是在编码时修改这 3 个属性。

（2）调用该对象的常用方法设置进度条的普通属性，JProgressBar 除了提供排列方向、最大值、最小值的 setter 和 getter 方法之外，还提供了如下 3 个方法。

❑ setBorderPainted (boolean b)：设置该进度条是否使用边框。

❑ setIndeterminate (boolean newValue)：设置该进度条是否是进度不确定的进度条，如果指定一个进度条的进度不确定，将看到一个滑块在进度条中左右移动。

❑ setStringPainted (boolean newValue)：设置是否在进度条中显示完成百分比。

另外，JProgressBar 也为上面两个属性提供了 getter()方法，但是这两个 getter()方法通常没有太大作用。

（3）当程序中工作进度改变时调用 JProgressBar 对象的 setValue()方法来改变其进度即可。当进度条的完成进度发生改变时，还可以调用进度条对象的如下两个方法。

❑ double getPercentComplete()：返回进度条的完成百分比。

❑ String getString()：返回进度字符串的当前值。

实例 135	演示实现进度条效果的方法
	源码路径　\daima\16\yongJProgressBar.java　　视频路径　\视频\实例\第 16 章\135

实例文件 yongJProgressBar.java 的主要代码如下所示。

```java
public class yongJProgressBar
{
    JFrame frame = new JFrame("进度条");
    //创建一条垂直进度条
    JProgressBar bar = new JProgressBar(JProgressBar.VERTICAL );
```

```java
JCheckBox indeterminate = new JCheckBox("不确定进度");
JCheckBox noBorder = new JCheckBox("不绘制边框");
public void init()
{
    Box box = new Box(BoxLayout.Y_AXIS);
    box.add(indeterminate);
    box.add(noBorder);
    frame.setLayout(new FlowLayout());
    frame.add(box);
    //把进度条添加到JFrame窗口中
    frame.add(bar);
    //设置进度条的最大值和最小值
    bar.setMinimum(0);
    bar.setMaximum(100);
    //设置在进度条中绘制完成百分比
    bar.setStringPainted(true);
    noBorder.addActionListener(new ActionListener()
    {
        public void actionPerformed(ActionEvent event)
        {
            //根据该选择框决定是否绘制进度条的边框
            bar.setBorderPainted(!noBorder.isSelected());
        }
    });
    indeterminate.addActionListener(new ActionListener()
    {
        public void actionPerformed(ActionEvent event)
        {
            //设置该进度条的进度是否确定
            bar.setIndeterminate(indeterminate.isSelected());
            bar.setStringPainted(!indeterminate.isSelected());
        }
    });
    frame.setDefaultCloseOperation(JFrame.EXIT_ON_CLOSE);
    frame.pack();
    frame.setVisible(true);
    //采用循环方式来不断改变进度条的完成进度
    for (int i = 0 ; i <= 100 ; i++)
    {
        //改变进度条的完成进度
        bar.setValue(i);
        try
        {
            Thread.sleep(100);
        }
        catch (Exception e)
        {
            e.printStackTrace();
        }
    }
}
public static void main(String[] args)
{
    new yongJProgressBar().init();
}
```

> 范例 269：用 SimulatedTarget 模拟耗时任务
> 源码路径：光盘\演练范例\269\
> 视频路径：光盘\演练范例\269\
> 范例 270：拖放的形式改变颜色
> 源码路径：光盘\演练范例\270\
> 视频路径：光盘\演练范例\270\

在上面程序中创建了一个竖直的进度条，并通过方法设置了进度条的外观形式（是否包含边框，是否显示百分比），然后通过一个循环来不断改变进度条的 value 属性，该 value 将会自动换成进度条的完成百分比。执行效果如图 16-11 所示。

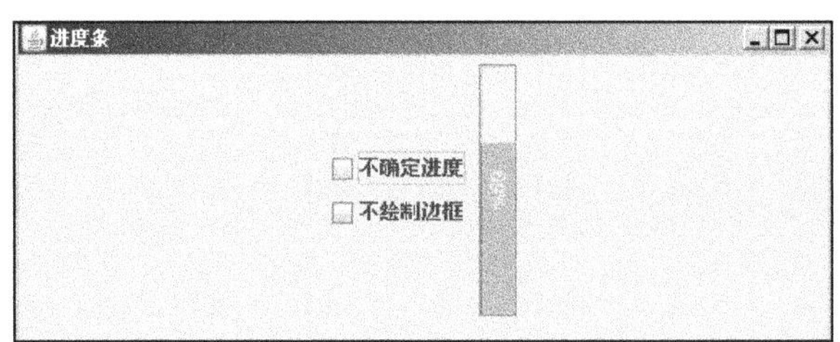

图 16-11　执行效果

16.4.2　使用 ProgressMonitor 创建进度条对话框

使用 ProgressMonitor 的方法和使用 JProgressessBar 的方法非常相似，区别只是 Progress Monitor 可以直接创建一个进度对话框。ProgressMonitor 为我们提供了如下构造器。

```
ProgressMonitor(Component parentComponent, Object message, String note, int min, int max)
```

其中参数 parentComponent 用于设置该进度对话框的父组件，参数 message 设置该进度对话框的描述信息，note 设置该进度对话框的提示文本，min 和 max 设置该对话框所包含进度条的最小值和最大值。

在使用 ProgressMonitor 创建的对话框中包含了一个非常固定的进度条，在程序甚至不能设置该进度条是否包含边框（总是包含边框），不能设置进度不确定，不能改变进度条的方向（总是水平方向）。

与普通进度条类似的是，进度对话框也不能自动监视目标任务的完成进度，程序通过调用进度条对话框的 setProgress 来改变进度条的完成比例（该方法类似于 JProgressBar 的 setValue() 方法）。

例如在下面的实例代码中，使用 SimulatedTarget 模拟了一个耗时任务，并创建了一个进度对话框来检测该任务的完成百分比。

<table>
<tr><td>实例 136</td><td colspan="2">使用 SimulatedTarget 模拟了一个耗时任务</td></tr>
<tr><td></td><td>源码路径　\daima\16\yongProgressMonitor.java</td><td>视频路径　\视频\实例\第 16 章\135</td></tr>
</table>

实例文件 yongProgressMonitor.java 的具体实现代码如下所示。

```java
public class yongProgressMonitor
{
    Timer timer;
    public void init()
    {
        final SimulatedTarget target = new SimulatedTarget(1000);
        //以启动一条线程的方式来执行一个耗时的任务
        final Thread targetThread = new Thread(target);
        targetThread.start();
        //创建进度对话框
        final ProgressMonitor dialog = new ProgressMonitor(null ,"等待完成" , "已完成:" , 0 , target.getAmount());
        //创建一个计时器
        timer = new Timer(300 , new ActionListener()
        {
            public void actionPerformed(ActionEvent e)
            {
                //以任务的当前完成量设置进度对话框的完成比例
                dialog.setProgress(target.getCurrent());
                //如果用户单击了进度对话框的"取消"按钮
                if (dialog.isCanceled())
                {
                    //停止计时器
                    timer.stop();
                    //中断任务的执行线程
                    targetThread.interrupt();
                    //系统退出
                    System.exit(0);
                }
            }
        });
        timer.start();
    }
    public static void main(String[] args)
    {
        new yongProgressMonitor().init();
    }
}
```

在上述代码中创建了一个进度对话框,并创建了一个 Timer 计时器不断询问 SimulatedTarget

完成任务的比重，根据这个比重可以进一步设置进度对话框里进度条的完成比例。而且该计时器还负责检测用户是否单击了进度对话框的"撤销"按钮，如果用户单击了该按钮，则终止执行 SimulatedTarget 任务的线程，并停止计时器，同时退出该程序。执行效果如图 16-12 所示。

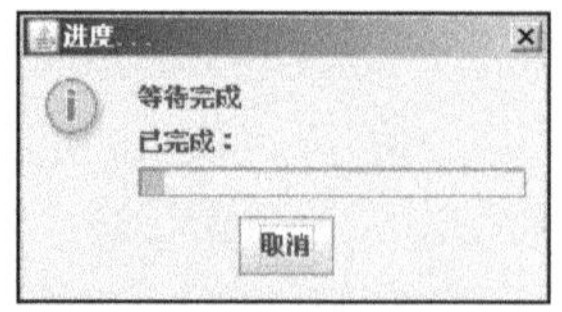

图 16-12　执行效果

16.5　JSlider 和 BoundedRangeModel

知识点讲解：光盘:视频\PPT 讲解（知识点）\第 16 章\JSlider 和 BoundedRangeModel.mp4

在 Java 应用中，可以使用 JSlider 和 BoundedRangeModel 测试滑动条效果。使用 JSlider 可以创建一个滑动条，这个滑动条有最小值、最大值和当前值等属性。JSlider 与 JProgressBar 相比主要有如下 3 点区别。

- ❑ JSlider 不采用填充颜色的方式来表示该组件的当前值，而是采用滑块的位置来表示该组件的当前值。
- ❑ JSlider 允许用户手动改变滑动条的当前值。
- ❑ JSlider 允许为滑动条指定刻度值，这些刻度值既可以是连续的数字，也可以是自定义的刻度值，甚至可以是图标。

使用 JSlider 创建滑动条的基本操作步骤如下所示。

（1）使用 JSlider 构造器创建一个 JSlider 对象，JSlider 有多个重载的构造器，但这些构造器里一共可以接受如下 4 个参数。

- ❑ orientation：用于指定该滑动条的摆放方向，默认是水平摆放。可以接受 JSlider.VERTICAL 和 JSlider.HORIZONTAL 两个值。
- ❑ min：指定该滑动条的默认值，该属性默认是 0。
- ❑ max：指定该滑动条的最大值，该属性默认是 100。
- ❑ value：指定该滑动条的当前值，该属性默认是 50。

（2）调用 JSlider 的如下方法来设置滑动条的外观样式。

- ❑ setExtent (int extent)：设置滑动条上的保留区，用户拖动滑块时不能超过保留区。例如最大值为 100 的滑动条，如果设置保留区为 20，则滑块最大只能拖动到 80。
- ❑ setInverted (boolean b)：设置是否需要反转滑动条，滑动条的滑轨上刻度值默认从小到大采用从左到右、从下到上排列。如果该方法设置为 true，则排列方向会反转过来。
- ❑ setLabelTable (Dictionary labels)：为该滑动条指定刻度标签。该方法的参数是 Dictionary 类型，它是一个古老的、抽象集合类，其子类是 Hashtable。传入的 Hashtable 集合对象的 key-value 对为{Integer value, java.swing.JComponent label）格式，刻度标签可以是任何组件。
- ❑ setMajorTickSpacing (int n)：设置主刻度标记的间隔。
- ❑ setMinorTickSpacing (int n)：设置次刻度标记的间隔。
- ❑ setPaintLabels (boolean b)：设置是否在滑块上绘制刻度标签，如果没有为该滑动条指定刻度标签，则默认将刻度值的数值作为标签。
- ❑ setPaintTicks (boolean b)：设置是否需要在滑块上绘制刻度标记。
- ❑ setPaintTrack (boolean b)：设置是否为滑块上绘制滑轨。
- ❑ setSnapToTicks (boolean b)：设置滑块是否必须停在滑道的有刻度处。如果指定为 true，则滑块只能停在有刻度处；如果用户没有将滑块拖到有刻度处，则系统自动将滑块定位到最近的刻度处。

（3）如果程序需要根据用户拖动滑块时做出相应处理，则需要为该 JSlider 对象添加事件处理器，在 JSlider 中提供了 addChangeListener 方法来添加事件监听器，该监听器负责监听滑动条值的改变。

（4）将 JSlider 对象添加到其他容器中。

例如在下面的实例代码中，演示了使用 JSlider 创建滑动条的方法。

实例 137	使用 JSlider 创建滑动条	
	源码路径　\daima\16\yongProgressMonitor.java	视频路径　\视频\实例\第 16 章\136

实例文件 yongProgressMonitor.java 的具体实现代码如下所示。

```java
public class yongJSlider
{
    JFrame mainWin = new JFrame("滑动条示范");
    Box sliderBox = new Box(BoxLayout.Y_AXIS);
    JTextField showVal = new JTextField();
    ChangeListener listener;
    public void init()
    {
        //定义一个监听器, 用于监听所有滑动条
        listener = new ChangeListener()
        {
            public void stateChanged(ChangeEvent event)
            {
                //取出滑动条的值, 并在文本中显示出来
                JSlider source = (JSlider) event.getSource();
                showVal.setText("当前滑动条的值为:" + source.getValue());
            }
        };
        //-----------添加一个普通滑动条-----------
        JSlider slider = new JSlider();
        addSlider(slider, "普通滑动条");

        //-----------添加保留区为30的滑动条-----------
        slider = new JSlider();
        slider.setExtent(30);
        addSlider(slider, "保留区为30");

        //-----------添加带主、次刻度的滑动条,并设置其最大值, 最小值-----------
        slider = new JSlider(30 , 200);
        //设置绘制刻度
        slider.setPaintTicks(true);
        //设置主、次刻度的间距
        slider.setMajorTickSpacing(20);
        slider.setMinorTickSpacing(5);
        addSlider(slider, "有刻度");

        //-----------添加滑块必须停在刻度处滑动条-----------
        slider = new JSlider();
        //设置滑块必须停在刻度处
        slider.setSnapToTicks(true);
        //设置绘制刻度
        slider.setPaintTicks(true);
        //设置主、次刻度的间距
        slider.setMajorTickSpacing(20);
        slider.setMinorTickSpacing(5);
        addSlider(slider, "滑块停在刻度处");

        //-----------添加没有滑轨的滑动条-----------
        slider = new JSlider();
        //设置绘制刻度
        slider.setPaintTicks(true);
        //设置主、次刻度的间距
        slider.setMajorTickSpacing(20);
        slider.setMinorTickSpacing(5);
        //设置不绘制滑轨
        slider.setPaintTrack(false);
        addSlider(slider, "无滑轨");
```

> 范例 271：拦截事件的玻璃窗格
> 源码路径：光盘\演练范例\271\
> 视频路径：光盘\演练范例\271\
> 范例 272：简单的每日提示信息
> 源码路径：光盘\演练范例\272\
> 视频路径：光盘\演练范例\272\

```java
        //----------添加方向反转的滑动条----------
        slider = new JSlider();
        //设置绘制刻度
        slider.setPaintTicks(true);
        //设置主、次刻度的间距
        slider.setMajorTickSpacing(20);
        slider.setMinorTickSpacing(5);
        //设置方向反转
        slider.setInverted(true);
        addSlider(slider, "方向反转");

        //----------添加绘制默认刻度标签的滑动条----------
        slider = new JSlider();
        //设置绘制刻度
        slider.setPaintTicks(true);
        //设置主、次刻度的间距
        slider.setMajorTickSpacing(20);
        slider.setMinorTickSpacing(5);
        //设置绘制刻度标签, 默认绘制数值刻度标签
        slider.setPaintLabels(true);
        addSlider(slider, "数值刻度标签");

        //----------添加绘制Label类型的刻度标签的滑动条----------
        slider = new JSlider();
        //设置绘制刻度
        slider.setPaintTicks(true);
        //设置主、次刻度的间距
        slider.setMajorTickSpacing(20);
        slider.setMinorTickSpacing(5);
        //设置绘制刻度标签
        slider.setPaintLabels(true);
        Dictionary<Integer, Component> labelTable = new Hashtable<Integer, Component>();
        labelTable.put(0, new JLabel("A"));
        labelTable.put(20, new JLabel("B"));
        labelTable.put(40, new JLabel("C"));
        labelTable.put(60, new JLabel("D"));
        labelTable.put(80, new JLabel("E"));
        labelTable.put(100, new JLabel("F"));
        //指定刻度标签, 标签是JLabel
        slider.setLabelTable(labelTable);
        addSlider(slider, "JLable标签");

        //----------添加绘制Label类型的刻度标签的滑动条----------
        slider = new JSlider();
        //设置绘制刻度
        slider.setPaintTicks(true);
        //设置主、次刻度的间距
        slider.setMajorTickSpacing(20);
        slider.setMinorTickSpacing(5);
        //设置绘制刻度标签
        slider.setPaintLabels(true);
        labelTable = new Hashtable<Integer, Component>();
        labelTable.put(0, new JLabel(new ImageIcon("ico/0.GIF")));
        labelTable.put(20, new JLabel(new ImageIcon("ico/2.GIF")));
        labelTable.put(40, new JLabel(new ImageIcon("ico/4.GIF")));
        labelTable.put(60, new JLabel(new ImageIcon("ico/6.GIF")));
        labelTable.put(80, new JLabel(new ImageIcon("ico/8.GIF")));
        //指定刻度标签, 标签是ImageIcon
        slider.setLabelTable(labelTable);
        addSlider(slider, "Icon标签");

        mainWin.add(sliderBox, BorderLayout.CENTER);
        mainWin.add(showVal, BorderLayout.SOUTH);
        mainWin.pack();
        mainWin.setVisible(true);

    }
    //定义一个方法, 用于将滑动条添加到容器中
    public void addSlider(JSlider slider, String description)
    {
        slider.addChangeListener(listener);
        Box box = new Box(BoxLayout.X_AXIS);
```

```
        box.add(new JLabel(description + ":"));
        box.add(slider);
        sliderBox.add(box);
    }

    public static void main(String[] args)
    {
        new yongJSlider().init();
    }
}
```

通过上述代码向窗口中添加了多个滑动条，程序通过编码来控制不同滑动条的不同外观。执行后的效果如图 16-13 所示。

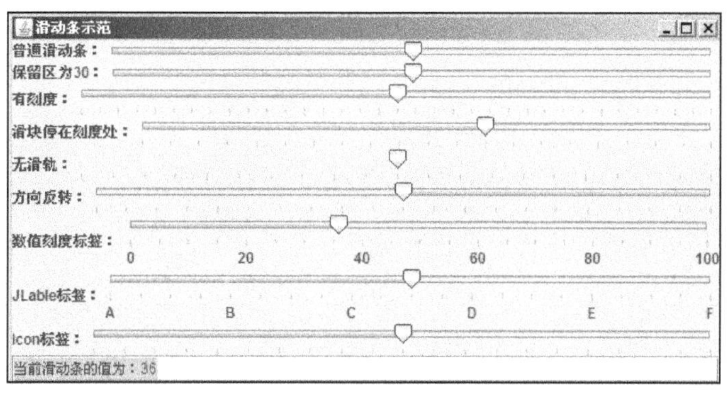

图 16-13　执行效果

16.6　JList 和 JComboBox

知识点讲解：光盘:视频\PPT 讲解（知识点）\第 16 章\JList 和 JComboBox.mp4

在 Java 应用中，可以使用组件 JList 组件和 JComboBox 组件实现列表框效果。在本节将详细讲解这两个组件的用法，为读者步入本书后面知识的学习打下基础。

16.6.1　使用 JList 和 JComboBox 的构造器创建列表框

在 Java 应用中，最简单的实现列表框效果的方法是使用 JList 组件和 JComboBox 组件的构造器。这两者的构造器都可接受一个对象数组或元素类型任意的 Vector 作为参数，这个对象数组或元素类型任意的 Vector 里的所有元素将转换为列表框的列表项。

例如在下面的实例代码中，演示了使用 Jlist 和 JcomboBox 的构造器创建列表框的方法。

实例 138	使用 JList 和 JComboBox 的构造器创建列表框
	源码路径　\daima\16\yongList.java　　　视频路径　\视频\实例\第 16 章\137

实例文件 yongList.java 的具体实现代码如下所示。

```
public class yongList
{
    private JFrame mainWin = new JFrame("测试列表框");
    String[] books = new String[]
    {
        "aaa",
        "bbb",
        "ccc",
        "ddd",
        "eee"
    };
    JList bookList = new JList(books);
    JComboBox bookSelector;
    //定义布局选择按钮所在的面板
```

范例 273：振动效果的提示信息
源码路径：光盘\演练范例\273\
视频路径：光盘\演练范例\273\
范例 274：网格布局的简单应用
源码路径：光盘\演练范例\274\
视频路径：光盘\演练范例\274\

```java
JPanel layoutPanel = new JPanel();
ButtonGroup layoutGroup = new ButtonGroup();
//定义选择模式按钮所在的面板
JPanel selectModePanel = new JPanel();
ButtonGroup selectModeGroup = new ButtonGroup();
JTextArea favoriate = new JTextArea(4 , 40);
public void init()
{
    //JList的可视高度可同时显示3个列表项
    bookList.setVisibleRowCount(3);
    //默认选中第三项到第五项 (第一项的索引是0)
    bookList.setSelectionInterval(2, 4);
    addLayoutButton("纵向滚动", JList.VERTICAL);
    addLayoutButton("纵向换行", JList.VERTICAL_WRAP);
    addLayoutButton("横向换行", JList.HORIZONTAL_WRAP);
    addSelectModelButton("无限制", ListSelectionModel.MULTIPLE_INTERVAL_SELECTION);
    addSelectModelButton("单选", ListSelectionModel.SINGLE_SELECTION);
    addSelectModelButton("单范围", ListSelectionModel.SINGLE_INTERVAL_SELECTION);
    Box listBox = new Box(BoxLayout.Y_AXIS);
    //将JList组件放在JScrollPane中，再将该JScrollPane添加到listBox容器中
    listBox.add(new JScrollPane(bookList));
    //添加布局选择按钮面板、选择模式按钮面板
    listBox.add(layoutPanel);
    listBox.add(selectModePanel);
    //为JList添加事件监听器
    bookList.addListSelectionListener(new ListSelectionListener()
    {
        public void    valueChanged(ListSelectionEvent e)
        {
            //获取用户所选择的所有图书
            Object[] books = bookList.getSelectedValues();
            favoriate.setText("");
            for (Object book : books )
            {
                favoriate.append(book.toString() + "\n");
            }
        }
    });
    Vector<String> bookCollection = new Vector<String>();
    bookCollection.add("aaa");
    bookCollection.add("bbb");
    bookCollection.add("ccc");
    bookCollection.add("ddd");
    bookCollection.add("eee");
    //用一个Vector对象来创建一个JComboBox对象
    bookSelector = new JComboBox(bookCollection);
    //为JComboBox添加事件监听器
    bookSelector.addItemListener(new ItemListener()
    {
        public void itemStateChanged(ItemEvent e)
        {
            //获取JComboBox所选中的项
            Object book = bookSelector.getSelectedItem();
            favoriate.setText(book.toString());
        }
    });

    //设置可以直接编辑
    bookSelector.setEditable(true);
    //设置下拉列表框的可视高度可同时显示4个列表项
    bookSelector.setMaximumRowCount(4);
    JPanel p = new JPanel();
    p.add(bookSelector);
    Box box = new Box(BoxLayout.X_AXIS);
    box.add(listBox);
    box.add(p);
    mainWin.add(box);
    JPanel favoriatePanel = new JPanel();
    favoriatePanel.setLayout(new BorderLayout());
    favoriatePanel.add(new JScrollPane(favoriate));
    favoriatePanel.add(new JLabel("您喜欢的是:") , BorderLayout.NORTH);
    mainWin.add(favoriatePanel , BorderLayout.SOUTH);
```

```java
        mainWin.setDefaultCloseOperation(JFrame.EXIT_ON_CLOSE);
        mainWin.pack();
        mainWin.setVisible(true);
    }
    private void addLayoutButton(String label, final int orientation)
    {
        layoutPanel.setBorder(new TitledBorder(new EtchedBorder(), "确定布局"));
        JRadioButton button = new JRadioButton(label);
        //把该单选按钮添加到layoutPanel面板中
        layoutPanel.add(button);
        //默认选中第一个按钮
        if (layoutGroup.getButtonCount() == 0)
            button.setSelected(true);
        layoutGroup.add(button);
        button.addActionListener(new ActionListener()
        {
            public void actionPerformed(ActionEvent event)
            {
                //改变列表框里列表项的布局方向
                bookList.setLayoutOrientation(orientation);
            }
        });
    }
    private void addSelectModelButton(String label, final int selectModel)
    {
        selectModePanel.setBorder(new TitledBorder(new EtchedBorder(), "确定模式"));
        JRadioButton button = new JRadioButton(label);
        //把该单选按钮添加到selectModePanel面板中
        selectModePanel.add(button);
        //默认选中第一个按钮
        if (selectModeGroup.getButtonCount() == 0)
            button.setSelected(true);
        selectModeGroup.add(button);
        button.addActionListener(new ActionListener()
        {
            public void actionPerformed(ActionEvent event)
            {
                //改变列表框里的选择模式
                bookList.setSelectionMode(selectModel);
            }
        });
    }
    public static void main(String[] args)
    {
        new yongList().init();
    }
}
```

　　在上述代码中使用字符串数组创建一个 JList 对象，并通过调用一些方法来改变该 JList 的表现外观；然后使用 Vector 创建了一个 JComboBox 对象，并通过调用一些方法来改变此 JComboBox 的表现外观。并且为 JList 对象和 JComboBox 对象添加了事件监听器，当用户改变两个列表框里的选择时，程序将会把用户选择的图书显示在下面的文本域内。执行后的效果如图 16-14 所示。

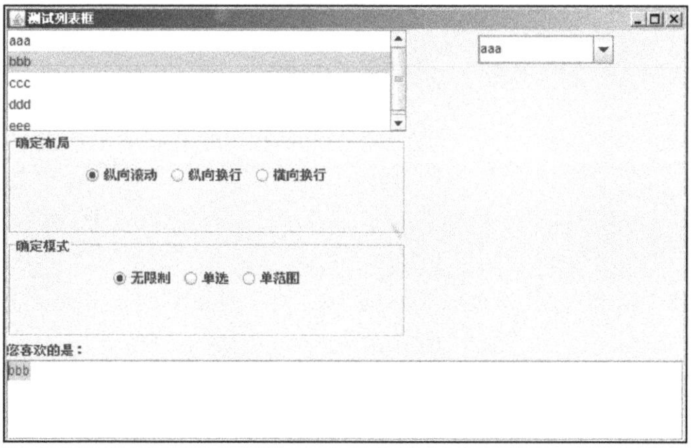

图 16-14　执行效果

16.6.2　使用 ListCellRenderer

在 Java 应用中，可以使用 ListCellRenderer 改变窗体中的列表项外观。例如希望像 QQ 程序那样每个列表项既有图标也有字符串，那么可以通过调用 JList 或 JComboBox 的 setCellRenderer (ListCellRenderer cr)方法来实现，此方法需要接受一个 ListCellRenderer 对象，该对象代表一个列表项绘制器。

ListCellRenderer 只是一个接口，它并未强制指定该列表项绘制器属于哪种组件，因此我们可以采用扩展任何组件的方式来实现 ListCellRenderer 接口。通常采用扩展其他容器（如 JPanel）的方式来实现列表项绘制器，实现列表项绘制器时可以通过重写 paintComponent 的方法来改变单元格的外观行为。

例如在下面的实例代码中，在重写 paintComponent 方法时先绘制好友图像，然后再绘制好友的名字。

实例 139	先绘制好友图像，然后再绘制好友的名字
	源码路径　\daima\16\yongListRendering.java　　　视频路径　\视频\实例\第 16 章\138

实例文件 yongListRendering.java 的具体实现代码如下所示。

```java
public class yongListRendering{
    private JFrame mainWin = new JFrame("好友列表");
    private String[] friends = new String[]
    {
        "aa",
        "bb",
        "cc",
        "dd",
        "ee"
    };
    //定义一个JList对象
    private JList friendsList = new JList(friends);
    public void init()
    {
        //设置该JList使用ImageCellRenderer作为单元格绘制器
        friendsList.setCellRenderer(new ImageCellRenderer());
        mainWin.add(new JScrollPane(friendsList));
        mainWin.setDefaultCloseOperation(JFrame.EXIT_ON_CLOSE);
        mainWin.pack();
        mainWin.setVisible(true);
    }

    public static void main(String[] args)
    {
        new yongListRendering().init();
    }
}
class ImageCellRenderer extends JPanel implements ListCellRenderer
{
    private ImageIcon icon;
    private String name;
    //定义绘制单元格时的背景色
    private Color background;
    //定义绘制单元格时的前景色
    private Color foreground;
    public Component getListCellRendererComponent(JList list, Object value, int index,
        boolean isSelected, boolean cellHasFocus)
    {
        icon = new ImageIcon("ico/" + value + ".gif");
        name = value.toString();
        background = isSelected ? list.getSelectionBackground() : list.getBackground();
        foreground = isSelected ? list.getSelectionForeground() : list.getForeground();
        //返回该JPanel对象作为单元格绘制器
        return this;
```

> 范例 275：可以打开网页的标签
> 源码路径：光盘\演练范例\275\
> 视频路径：光盘\演练范例\275\
> 范例 276：密码域控件的简单应用
> 源码路径：光盘\演练范例\276\
> 视频路径：光盘\演练范例\276\

```
    }
    //重写paintComponent方法，改变JPanel的外观
    public void paintComponent(Graphics g)
    {
        int imageWidth = icon.getImage().getWidth(null);
        int imageHeight = icon.getImage().getHeight(null);
        g.setColor(background);
        g.fillRect(0, 0, getWidth(), getHeight());
        g.setColor(foreground);
        //绘制好友图标
        g.drawImage(icon.getImage() , getWidth() / 2 - imageWidth / 2 , 10 , null);
        g.setFont(new Font("SansSerif" , Font.BOLD , 18));
        //绘制好友用户名
        g.drawString(name, getWidth() / 2 - name.length() * 10 , imageHeight + 30 );
    }
    //通过该方法来设置该ImageCellRenderer的最佳大小
    public Dimension getPreferredSize()
    {
        return new Dimension(60, 80);
    }
}
```

在上述代码中显式指定了该JList对象使用ImageCellRenderer作为列表项绘制器，ImageCell Renderer 重写了 paintComponent()方法来绘制单元格内容。除此之外，程序 ImageCellRenderer 还重写了 getPreferredSize()方法，该方法返回一个 Dimension 对象，用于描述该列表项绘制器的最佳大小。执行效果如图 16-15 所示。

图 16-15　执行效果

16.7　JTree 和 TreeModel

知识点讲解：光盘:视频\PPT 讲解（知识点）\第 16 章\JTree 和 TreeModel.mp4

树是图形用户界面中使用非常频繁的 GUI 组件，例如平常使用的 Windows 的资源管理器就是一种树结构，如图 16-16 所示。

Swing 中可以使用 JTree、TreeModel 及其相关的辅助类实现树功能，在本节将详细讲解上述类的基本知识，为读者步入本书后面知识的学习打下基础。

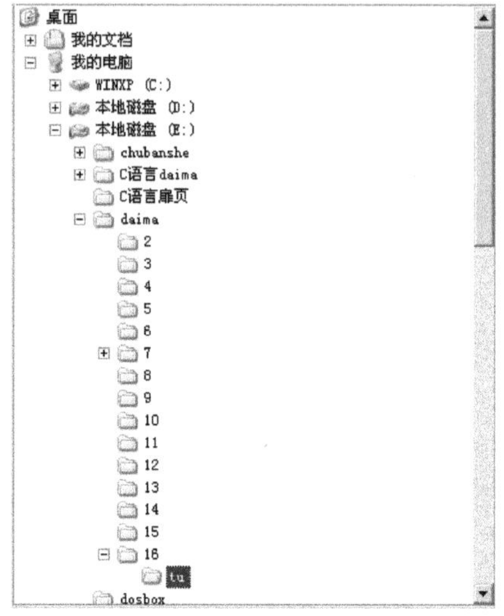

图 16-16　Windows 资源管理器

16.7.1　创建树

如果希望创建一棵树，则直接使用 JTree 的构造器创建 JTree 对象即可，在 JTree 中提供了如下几个用构造器。

❑ JTree (TreeModel newModel)：使用指定的数据模型创建 JTree 对象，它默认显示根节点。

❑ JTree (TreeNode root)：使用 root 作为根节点创建 JTree 对象，它默认显示根节点。

❑ JTree (TreeNode root, boolean asksAllowsChildren)：使用 root 作为根节点创建 JTree 对象，它默认显示根节点。asksAllowsChildren 参数控制怎样的节点才算叶子节点，如果该参数为 true，则只有当程序使用 setAllowsChildren (false)显式设置某个节点不允许添加子节点时（以后也不会拥有子节点），该节点才会被 JTree 当成叶子节点；如果该参数为 false，则只要某个节点当时没有子节点（不管以后是否拥有子节点），该节点都会被 JTree 当成叶子节点。

例如通过下面的实例可以创建一棵最简单的 Swing 树。

实例 140	创建一棵最简单的 Swing 树
源码路径　\daima\16\yongJTree.java	视频路径　\视频\实例\第 16 章\139

实例文件 yongJTree.java 的具体实现代码如下所示。

```
public class yongJTree    {
    JFrame mm = new JFrame("简单树");
    JTree tree;
    //定义几个初始节点
    DefaultMutableTreeNode root = new DefaultMutableTreeNode("AA");
    DefaultMutableTreeNode guangdong = new DefaultMutableTreeNode("BB");
    DefaultMutableTreeNode guangxi = new DefaultMutableTreeNode("CC");
    DefaultMutableTreeNode foshan = new DefaultMutableTreeNode("DD");
    DefaultMutableTreeNode shantou = new DefaultMutableTreeNode("EE");
    DefaultMutableTreeNode guilin = new DefaultMutableTreeNode("FF");
    DefaultMutableTreeNode nanning = new DefaultMutableTreeNode("GG");
    public void init()
    {
        //通过add方法建立树节点之间的父子关系
        guangdong.add(foshan);
        guangdong.add(shantou);
        guangxi.add(guilin);
        guangxi.add(nanning);
        root.add(guangdong);
        root.add(guangxi);
```

范例 277：给文本域设置背景图片

源码路径：光盘\演练范例\277\

视频路径：光盘\演练范例\277\

范例 278：给文本区设置背景图片

源码路径：光盘\演练范例\278\

视频路径：光盘\演练范例\278\

```
            //以根节点创建树
            tree = new JTree(root);
            //默认连线
            //tree.putClientProperty("JTree.lineStyle" , "Angeled");
            //没有连线
            tree.putClientProperty("JTree.lineStyle" , "None");
            //水平分隔线
            //tree.putClientProperty("JTree.lineStyle" , "Horizontal");
            //设置是否显示根节点的"展开/折叠"图标，默认是false
            tree.setShowsRootHandles(true);
            //设置节点是否可见,默认是true
            tree.setRootVisible(true);
            mm.add(new JScrollPane(tree));
            mm.pack();
            mm.setDefaultCloseOperation(JFrame.EXIT_ON_CLOSE);
            mm.setVisible(true);
    }
    public static void main(String[] args)
    {
        new yongJTree().init();
    }
}
```

上述代码创建了系列的 DefaultMutableTreeNode 对象，并通过方法 add() 为这些节点对象建立相应的父子关系。在程序中用一个根节点创建了一个 JTree 对象。执行效果如图 16-17 所示。

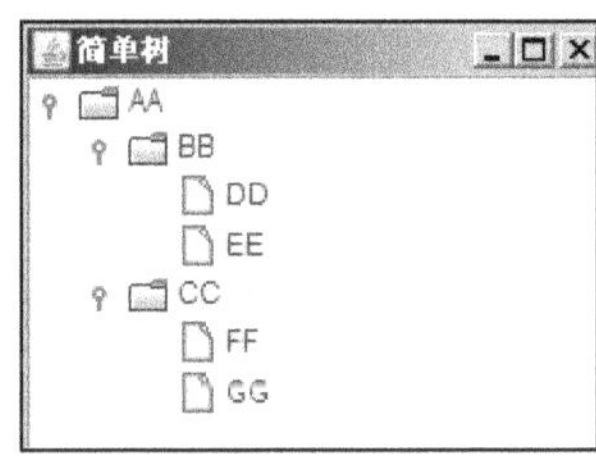

图 16-17　执行效果

16.7.2　拖动、编辑节点

JTree 生成的树默认是不可编辑的，我们不能添加、删除节点，不能改变节点数据。如果想让某个 JTree 对象变成可编辑状态，可以调用 JTree 的 setEditable 方法。该方法接受一个 true 参数可以把这棵树变成可编辑的树（可以添加、删除节点，可以改变节点数据）。

一旦将 JTree 对象设置成可编辑状态后，程序就可以为指定节点添加子节点、添加兄弟结点，也可以修改、删除指定节点。

TreePath 保持着从根节点到指定节点的所有节点，TreePath 由一系列节点所组成，而不是单独的一个节点。JTree 的很多方法都用于返回一个 TreePath 对象，当我们拥有一个 TreePath 时，可能只需要获取最后一个节点，这时可以调用 TreePath 的 getLastPathComponent()方法。因为 JTree 经常需要查询被选中的节点，所以 JTree 提供了一个 getLastSelectedPathComponent 方法获取选中节点。一旦获取选中节点后，就可以通过 DefaultTreeModel（它是 Swing 为 TreeModel 提供的唯一一个实现类）提供的系列方法来插入、删除节点。在 DefaultTreeModel 类中一个非常优秀的设计，是当使用 DefaultTreeModel 插入、删除节点后，该 DefaultTreeModel 会自动通知对应 JTree 重绘所有节点，我们可以立即看到程序所作的修改。

除此之外，也可以直接通过 TreeNode 提供的方法来添加、删除和修改节点，但是通过 TreeNode 改变结点时，程序必须显式调用 JTree 的 updateUI 通知 JTree 重绘所有节点，让用户看到程序所做的修改。

例如在下面的实例中，实现了增加、修改和删除节点的功能，并允许用户通过拖动将一个节点变成另一个节点。

实例 141　**在树中实现了增加、修改和删除节点功能**

源码路径　\daima\16\xiuJTree.java　　　　　　　视频路径　\视频\实例\第 16 章\140

实例文件 xiuJTree.java 的具体实现代码如下所示。

```java
public class xiuJTree
{
    JFrame mmm;

    JTree nnn;
    //上面JTree对象对应的model
    DefaultTreeModel model;

    //定义几个初始节点
    DefaultMutableTreeNode root = new DefaultMutableTreeNode("AAAAA");
    DefaultMutableTreeNode guangdong = new DefaultMutableTreeNode("BBBBB");
    DefaultMutableTreeNode guangxi = new DefaultMutableTreeNode("CCCCC");
    DefaultMutableTreeNode foshan = new DefaultMutableTreeNode("DDDDD");
    DefaultMutableTreeNode shantou = new DefaultMutableTreeNode("EEEEE");
    DefaultMutableTreeNode guilin = new DefaultMutableTreeNode("FFFFF");
    DefaultMutableTreeNode nanning = new DefaultMutableTreeNode("GGGGG");

    //定义需要被拖动的TreePath
    TreePath movePath;

    JButton addSiblingButton = new JButton("添加兄弟节点");
    JButton addChildButton = new JButton("添加子节点");
    JButton deleteButton = new JButton("删除节点");
    JButton editButton = new JButton("编辑当前节点");

    public void init()
    {
        guangdong.add(foshan);
        guangdong.add(shantou);
        guangxi.add(guilin);
        guangxi.add(nanning);
        root.add(guangdong);
        root.add(guangxi);

        mmm = new JFrame("树");
        nnn = new JTree(root);
        //获取JTree对应的TreeModel对象
        model = (DefaultTreeModel)nnn.getModel();
        //设置JTree可编辑
        nnn.setEditable(true);
        MouseListener ml = new MouseAdapter()
        {
            //按下鼠标键时候获得被拖动的节点
            public void mousePressed(MouseEvent e)
            {
                //如果需要唯一确定某个节点, 必须通过TreePath来获取
                TreePath tp = nnn.getPathForLocation(e.getX(), e.getY());
                if (tp != null)
                {
                    movePath = tp;
                }
            }
            //鼠标键松开时获得需要拖到哪个父节点
            public void mouseReleased(MouseEvent e)
            {
                //根据鼠标键松开时的TreePath来获取TreePath
                TreePath tp = nnn.getPathForLocation(e.getX(), e.getY());

                if (tp != null && movePath != null)
                {
                    //阻止向子节点拖动
                    if (movePath.isDescendant(tp) && movePath != tp)
                    {
                        JOptionPane.showMessageDialog(mmm, "目标节点是被移动节点的子节点, 无法移动!",
                            "非法操作", JOptionPane.ERROR_MESSAGE );
                        return;
                    }
                    //既不是向子节点移动, 而且鼠标键按下、松开的也不是同一个节点
```

范例 279：自定义软件安装向导

源码路径：光盘\演练范例\279\

视频路径：光盘\演练范例\279\

范例 280：查看系统支持的外观

源码路径：光盘\演练范例\280\

视频路径：光盘\演练范例\280\

```java
                else if (movePath != tp)
                {
                    System.out.println(tp.getLastPathComponent());
                    //add方法可以先将原节点从原父节点删除，再添加到新父节点中
                    ((DefaultMutableTreeNode)tp.getLastPathComponent()).add(
                        (DefaultMutableTreeNode)movePath.getLastPathComponent());
                    movePath = null;
                    nnn.updateUI();
                }
            }
        }
    };
    nnn.addMouseListener(ml);

    JPanel panel = new JPanel();

    addSiblingButton.addActionListener(new ActionListener()
    {
        public void actionPerformed(ActionEvent event)
        {
            //获取选中节点
            DefaultMutableTreeNode selectedNode
                = (DefaultMutableTreeNode) nnn.getLastSelectedPathComponent();
            //如果节点为空，直接返回
            if (selectedNode == null) return;
            //获取该选中节点的父节点
            DefaultMutableTreeNode parent
                = (DefaultMutableTreeNode)selectedNode.getParent();
            //如果父节点为空，直接返回
            if (parent == null) return;
            //创建一个新节点
            DefaultMutableTreeNode newNode = new DefaultMutableTreeNode("新节点");
            //获取选中节点的选中索引
            int selectedIndex = parent.getIndex(selectedNode);
            //在选中位置插入新节点
            model.insertNodeInto(newNode, parent, selectedIndex + 1);
            //--------下面代码实现显示新节点（自动展开父节点)-------
            //获取从根节点到新节点的所有节点
            TreeNode[] nodes = model.getPathToRoot(newNode);
            //使用指定的节点数组来创建TreePath
            TreePath path = new TreePath(nodes);
            //显示指定TreePath
            nnn.scrollPathToVisible(path);
        }
    });
    panel.add(addSiblingButton);

    addChildButton.addActionListener(new ActionListener()
    {
        public void actionPerformed(ActionEvent event)
        {
            //获取选中节点
            DefaultMutableTreeNode selectedNode
                = (DefaultMutableTreeNode) nnn.getLastSelectedPathComponent();
            //如果节点为空，直接返回
            if (selectedNode == null) return;
            //创建一个新节点
            DefaultMutableTreeNode newNode = new DefaultMutableTreeNode("新节点");
            //直接通过model来添加新节点，则无需通过调用JTree的updateUI方法
            //model.insertNodeInto(newNode, selectedNode, selectedNode.getChildCount());
            //直接通过节点添加新节点，则需要调用tree的updateUI方法
            selectedNode.add(newNode);
            //--------下面代码实现显示新节点（自动展开父节点)-------
            TreeNode[] nodes = model.getPathToRoot(newNode);
            TreePath path = new TreePath(nodes);
            nnn.scrollPathToVisible(path);
            nnn.updateUI();
        }
    });
    panel.add(addChildButton);

    deleteButton.addActionListener(new ActionListener()
    {
```

```java
                public void actionPerformed(ActionEvent event)
                {
                    DefaultMutableTreeNode selectedNode
                        = (DefaultMutableTreeNode) nnn.getLastSelectedPathComponent();
                    if (selectedNode != null && selectedNode.getParent() != null)
                    {
                        //删除指定节点
                        model.removeNodeFromParent(selectedNode);
                    }
                }
            });
            panel.add(deleteButton);

            editButton.addActionListener(new ActionListener()
            {
                public void actionPerformed(ActionEvent event)
                {
                    TreePath selectedPath = nnn.getSelectionPath();
                    if (selectedPath != null)
                    {
                        //编辑选中节点
                        nnn.startEditingAtPath(selectedPath);
                    }
                }
            });
            panel.add(editButton);

            mmm.add(new JScrollPane(nnn));
            mmm.add(panel , BorderLayout.SOUTH);
            mmm.pack();
            mmm.setDefaultCloseOperation(JFrame.EXIT_ON_CLOSE);
            mmm.setVisible(true);
    }

    public static void main(String[] args)
    {
        new xiuJTree().init();
    }
}
```

　　在上述代码中，当用户按下鼠标键时获取鼠标事件发生位置的树节点，该节点赋给 movePath 变量，当用户松开鼠标键时获取鼠标事件发生位置的树节点，作为目标节点需拖到的父节点，把 movePath 从原来的节点中删除，添加到新的父节点中即可（TreeNode 的 add 方法可以同时完成这两个操作）。执行后的效果如图 16-18 所示。

图 16-18　执行效果

16.8 技 术 解 惑

16.8.1 贯穿 Java 开发的 MVC 模式

MVC 是一种开发模式，是 Java 平台中最受欢迎的一种开发模式。MVC 试图"把角色分开"，让负责显示的代码、处理数据的代码、对交互进行响应并驱动变化的代码彼此分离。有点迷惑？如果我为这个设计模式提供一个现实世界的非技术性示例，它就比较容易了。请想象一次时装秀。把秀场当成 UI，假设服装就是数据，是展示给用户的计算机信息。假设这次时装秀中只有一个人，这个人设计服装、修改服装、同时还在 T 台上展示这些服装。这看起来可不是一个构造良好的或有效率的设计。

现在，假设同样的时装秀采用 MVC 设计模式。这次不是一个人做每件事，而是将角色分开。时装模特（不要与 MVC 缩写中的模型混淆）展示服装，他们扮演的角色是视图。他们知道展示服装（数据）的适当方法，但是根本不知道如何创建或设计服装。另一方面，时装设计师充当控制器。时装设计师对于如何在 T 台上走秀没有概念，但他能创建和操纵服装。时装模特和设计师都能独立地处理服装，但都有自己的专业领域。

16.8.2 Swing 胜过 AWT 的优势

Swing 胜过 AWT 的主要优势在于 MVC 体系结构的普遍使用。在一个 MVC 用户界面中，存在 3 个通信对象：模型、视图和控件。模型是指定的逻辑表示法，视图是模型的可视化表示法，而控件则指定了如何处理用户输入。当模型发生改变时，它会通知所有依赖它的视图，视图使用控件指定其响应机制。

为了简化组件的设计工作，在 Swing 组件中视图和控件两部分合为一体。每个组件有一个相关的分离模型和它使用的界面（包括视图和控件）。比如，按钮 JButton 有一个存储其状态的分离模型 ButtonModel 对象。组件的模型是自动设置的，例如一般都使用 JButton 而不是使用 ButtonModel 对象。另外，通过 Model 类的子类或通过实现适当的接口，可以为组件建立自己的模型。把数据模型与组件联系起来用 setModel() 方法。

MVC 是现有的编程语言中制作图形用户界面的一种通用的思想，其思路是把数据的内容本身和显示方式分离开，这样就使得数据的显示更加灵活多样。比如，某年级各个班级的学生人数是数据，则显示方式是多种多样的，可以采用柱状图显示，也可以采用饼图显示，还可以采用直接的数据输出。因此在设计的时候，就要考虑把数据和显示方式分开，这对于实现多种多样的显示是非常有帮助的。

第 17 章

数据库编程

数据库技术是实现动态软件技术的必须手段，在软件项目中通过数据库可以存储海量的数据。人们通过修改数据库内容而实现动态交互功能，因为软件显示的内容是从数据库中读取的。可以说，数据库在软件实现过程中起了一个中间媒介的作用。在本章将向读者介绍数据库方面的基本知识，为读者步入本书后面知识的学习打下基础。

<table>
<tr><td>本章内容</td><td>技术解惑</td></tr>
<tr><td>▸ SQL 基础</td><td>池子的功效</td></tr>
<tr><td>▸ 初识 JDBC</td><td>服务器自带连接池的问题</td></tr>
<tr><td>▸ 常用的几种数据库</td><td>连接池模型</td></tr>
<tr><td>▸ 执行 SQL 语句的方式</td><td>数据模型、概念模型和关系数据模型</td></tr>
<tr><td>▸ 事务处理</td><td>数据库系统的结构</td></tr>
<tr><td>▸ 存储过程</td><td></td></tr>
</table>

17.1 SQL 基础

知识点讲解：光盘:视频\PPT 讲解（知识点）\第 17 章\SQL 基础.mp4

SQL 又称为结构化查询语言，1986 年 10 月美国国家标准局确立了 SQL 标准，1987 年，国际标准化组织也通过了这一标准。自此，SQL 成为了国际标准语言。因此，各个数据库厂家纷纷推出各自支持的 SQL 软件或接口软件。

SQL 成为国际标准，对数据库以外的领域也产生了很大的影响，有不少软件产品将 SQL 语言的数据查询功能与图形功能、软件工程工具、软件开发工具、人工智能程序结合起来。SQL 已经成为了关系数据库领域中的一个主流语言。

SQL 语言主要具有如下 3 个功能。

❑ 数据定义。

❑ 数据操纵。

❑ 视图。

在下面的内容中，将对 SQL 的上述基本功能的具体实现进行简要介绍。

17.1.1 数据定义

关系数据库是由模式、外模式和内模式构成的，所以关系数据库的基本对象是表、视图和索引。因此 SQL 的数据定义功能包括定义表、定义视图和定义索引。

1. 数据库操作

数据库是一个包括了多个基本表的数据集，使用 SQL 创建数据库的语句格式如下所示。

```
CREATE DATABASE <数据库名> 〔其他参数〕;
```

其中，<数据库名>在系统中必须是唯一的，不能重复，不然将导致数据存取失误。〔其他参数〕因具体数据库实现系统不同而异。

例如，可以使用下面的语句建立一个名为"manage"的数据库。

```
CREATE DATABASE manage;          ← 数据库名
```

将数据库及其全部内容从系统中删除的语法格式如下。

```
DROP DATABASE <数据库名>
```

例如，可以通过如下语句删除上面创建的数据库"manage"。

```
DROP DATABASE manage;
```

2. 表操作

表是数据库中的最重要构成部分，通过数据库表可以存储大量的网站数据。数据库表的操作主要涉及如下 3 个方面。

❑ 创建表。

SQL 语言使用 CREATE TABLE 语句定义基本表，其具体的语法格式如下所示。

```
CREATE TABLE   <表名>;
```

例如，创建一个职工表 ZHIGONG，它由职工编号 id、姓名 name、性别 sex、年龄 age 和部门 dept 5 个属性组成。具体实现代码如下所示。

```
CREATE TABLE ZHIGONG
(id CHAR(5),
Name   CHAR(20),
Sex   CHAR(1),
Age   INT,
Dept   CHAR(15));
```

上述代码中的 CHAR() 和 INT 是这些属性的数据类型。

❑ 修改表。

随着应用环境和应用需求的变化，有时需要修改已经建立好的表。其具体的语法格式如下所示。

```
ALTER TABLE<表名>
[ADD<新列名><数据类型>[完整性约束]]
[DROP<完整性约束名>]
[MODIFY<列名><数据类型>];
```

其中，<表名>是指要修改的表，"ADD"子句实现向表内添加新列和新的完整性约束条件，"DROP"子句用于删除指定的完整性约束条件，"MODIFY"子句用于修改原有的列定义。

例如，通过下面的语句向 ZHIGONG 表增加了"工作时间"列，并设置数据类型为日期型。

```
ALTER TABLE ZHIGONG ADD shijian DATE;
```

❑　删除表。

当删除某个不再需要的表时，可以使用 SQL 语句中的 DROP TABLE 进行删除。其具体的语法格式如下所示。

```
DROP TABLE<表名>;
```

例如，通过如下语句可以删除表 ZHIGONG

```
DROP TABLE ZHIGONG;
```

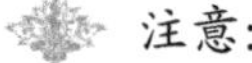　注意：

在使用 DROP TABLE 命令时一定要小心，一旦一个表被删除之后，你将无法恢复它。

在建设一个站点时，很可能需要向数据库中输入测试数据。而当将这个站点推出时，需要清空表中的这些测试信息。如果你想清除表中的所有数据但不删除这个表，你可以使用 TRUNCATE TABLE 语句。例如，如下代码从表 ZHIGONG 中删除所有数据。

```
TRUNCATE TABLE mytable
```

3.　索引操作

建立索引是加快表的查询速度的有效手段。读者可以根据个人需要在基本表上建立一个或多个索引，从而提高系统的查询效率。建立和删除索引是由数据库管理员或表的属主负责完成的。

❑　建立索引。

在数据库中建立索引的语法格式如下所示。

```
CREATE [UNIQUE|FULLTEXT|SPATIAL] INDEX index_name
    [USING index_type]
    ON tbl_name (index_col_name,...)
index_col_name:
    col_name [(length)] [ASC | DESC]
```

CREATE INDEX 被映射到一个 ALTER TABLE 语句上，用于创建索引。通常，当使用 CREATE TABLE 创建表时，也同时在表中创建了所有的索引，CREATE INDEX 允许向已有的表中添加索引。

例如，通过如下语句为表 ZHIGONG 建立索引，按照职工号升序和姓名降序建立唯一索引。

```
CREATE UNIQUE index    NO-Index ON ZHIGONG(ID ASC, NAME DESC);
```

❑　删除索引。

通过 DROP 子句可以删除已经创建的索引，具体语法格式如下所示。

```
DROP INDEX<索引名>
```

17.1.2　数据操纵

SQL 的数据操纵功能包括 SELECT、INSERT、DELETE 和 UPDATE 共 4 个语句，即检索查询和更新两部分功能。在下面内容中，将分别介绍上述功能的实现。

1.　SQL 查询语句

SQL 的意思是结构化查询语言，其主要功能是同各种数据库建立联系沟通。查询指的是对存储于 SQL 的数据的请求。查询要完成的任务是：将 SELECT 语句的结果集提供给用户。SELECT 语句从 SQL 中检索出数据，然后以一个或多个结果集的形式将其返回给用户。

SELECT 查询的基本语法结构如下所示：

```
SELECT[predicate]{*|table.*|[table.]]field [,[table.]field2[,...]}
[AS alias1 [,alias2[,...]]]
[INTO new_table_name]
FROM tableexpression [, ...]
[WHERE...]
[GROUP BY...]
[ORDER BY...][ASC | DESC] ]
```

上述格式的具体说明如下所示。

- ❑　Predicate：指定返回记录（行）的数量，可选值有 ALL 和 TOP。
- ❑　*：指定表中所有字段（列）。
- ❑　Table：指定表的名称。
- ❑　field：指定表中字段（列）的名称。
- ❑　[AS alias]：替代表中实际字段（列）名称的化名。
- ❑　[INTO new_table_name]：创建新表及名称。
- ❑　Tableexpression：表的名称。
- ❑　[GROUP BY...]：表示以该字段的值分组。
- ❑　[ORDER BY...]：表示按升序排列，降序选 DESC。

例如，使用下面的代码可以获取表 ZHIGONG 内的所有职工信息。

```
SELECT *
FROM ZHIGONG;
```

通过如下代码选择获取表 ZHIGONG 内的部分职工信息。

```
SELECT id,name
FROM ZHIGONG;
```

上述代码只是获取了职工表中的职工编号和姓名的职工信息。

使用下面的代码可以获取表 ZHIGONG 内的指定信息。

```
SELECT *
FROM ZHIGONG
WHERE name="红红";
```

上述代码获取职工表中姓名为"红红"的职工信息。

使用下面的代码可以获取表 ZHIGONG 内年龄大于 30 岁的职工信息。

```
SELECT *
FROM users
WHERE age>30
```

2. SQL 更新语句

SQL 的更新语句包括修改、删除和插入 3 类，接下来将分别介绍。

- ❑　修改。

SQL 语句的修改语法格式如下所示。

```
UPDATE<表名> SET <列名> = <新列名>
WHERE <表达式>
```

例如，如下代码将表 ZHIGONG 内名为"红红"的职工年龄修改为 50 岁。

```
UPDATE ZHIGONG SET AGE = '50'
WHERE Name = '红红'
```

同样，用 UPDATE 语句也可以同时更新多个字段，例如，如下代码将表 ZHIGONG 内名为"红红"的职工年龄修改为 50，所属部门修改为"化学"。

```
UPDATE ZHIGONG SET AGE = '50',DPT='化学'
WHERE Name = '红红'
```

- ❑　删除。

SQL 语句的删除语法格式如下所示。

```
DELETE
FROM <表名>
WHERE <表达式>
```

例如，如下代码将表 ZHIGONG 内名为"红红"的职工信息删除。

```
DELETE ZHIGONG WHERE Name = '红红'
```

❑　插入。

SQL 语句的插入新表语法格式如下所示。

```
INSERT INTO <表名>
VALUES (value1, value2,....)
```

插入一行数据在指定的字段上的语法格式如下所示。

```
INSERT INTO <表名> (column1, column2,...)
VALUES (value1, value2,....)
```

例如，通过如下代码向表 ZHIGONG 插入名为"红红"、年龄为"20"的职工信息。

```
INSERT INTO ZHIGONG (tName, AGE)
VALUES ('红红', '20')
```

17.1.3　视图

视图是关系数据库系统提供给用户以多种角度观察数据库中数据的重要机制。视图是从一个或几个表导出的表，它与基本表不同，是一个虚表。数据库中只存放视图的定义，而不存放视图对应的数据。

视图一经定义后，就可以和基本表一样被查询、删除，也可以在一个视图之上再定义新的视图。在下面的内容中，将对视图的操作知识进行简要介绍。

1.　建立视图

使用 SQL 语句建立视图的语法格式如下所示。

```
CREATE VIEW <视图名> [(列名)]
AS <子查询>
[WHERE CHECK OPTION];
```

例如，通过如下代码建立不及格学生的视图。

```
CREATE VIEW v_101不及格(学号, 姓名, 课程号, 成绩)
AS SELECT top 1000
XS_KC.课程号, XS_KC.成绩, XSQK.学号, 姓名
from XS_KC,XSQK
where  课程号='101'and  成绩<60
order by  学号
```

  注意：上面的子查询可以是任意复杂的 SELECT 语句，但是通常不允许含有 ORDER BY 的子句和 DISTING 短句。

2.　删除视图

使用 SQL 语句删除视图的语法格式如下所示。

```
DROP VIEW <视图名>;
```

例如，通过如下代码删除不及格学生视图 v_101。

```
DROP VIEW v_101;
```

也可以一次删除多个视图，例如：

```
DROP VIEW view1,view_2
```

3.　修改视图

使用 SQL 语句修改视图的语法格式如下所示。

```
ALTER VIEW [ < database_name > .] [ < owner > .] view_name [ ( column [ ,...n ] ) ]
[ WITH < view_attribute > [ ,...n ] ]
AS
select_statement
[ WITH CHECK OPTION ]
```

17.1.4　SQL 高级操作

经过前面内容的学习，初步掌握了 SQL 语言的基本语法格式。在下面的内容里，向读者介绍 SQL 语言高级操作方面的知识。

1.　查询运算符

通过查询运算符，不但可以将库中的数据以更加精确的格式显示出来，而且可以指定操作的数据。

❑　UNION 运算符。

UNION 运算符通过组合其他两个结果表（例如 TABLE1 和 TABLE2）并消去表中任何重复行而派生出一个结果表。当 ALL 随 UNION 一起使用时（即 UNION ALL），不消除重复行。两种情况下，派生表的每一行不是来自 TABLE1 就是来自 TABLE2。

❑ EXCEPT 运算符。

EXCEPT 运算符通过包括所有在 TABLE1 中但不在 TABLE2 中的行并消除所有重复行而派生出一个结果表。当 ALL 随 EXCEPT 一起使用时（EXCEPT ALL），不消除重复行。

❑ INTERSECT 运算符。

INTERSECT 运算符通过只包括 TABLE1 和 TABLE2 中都有的行并消除所有重复行而派生出一个结果表。当 ALL 随 INTERSECT 一起使用时（INTERSECT ALL）不消除重复行。

❄ 注意：使用运算词的几个查询结果行必须是一致的。

2. 连接查询

❑ 左外连接。

左外连接（左连接）：结果集既包括连接表的匹配行，也包括左连接表的所有行。例如：
```
SQL: select a.a, a.b, a.c, b.c, b.d, b.f from a LEFT OUT JOIN b ON a.a = b.c
```

❑ 右外连接。

右外连接（右连接）：结果集既包括连接表的匹配连接行，也包括右连接表的所有行。

❑ 全外连接。

全外连接：不仅包括符号连接表的匹配行，还包括两个连接表中的所有记录。

3. 跨数据库操作

例如，用如下语句可以实现跨数据库的表的拷贝功能。
```
insert into b(a, b, c) select d, e, f from b in 'data.mdb' where 条件
```
此处的数据库必须使用其绝对路径。

4. between 的用法

between 限制查询数据范围时包括了边界值，not between 表示不包括。例如下面的代码。
```
select * from table1 where time between time1 and time2
select a,b,c, from table1 where a not between  数值1 and  数值2
```

5. 关联表操作

例如，下面的代码会删除在主表中已经在副表中没有的信息。
```
delete from table1 where not exists ( select * from table2 where table1.field1=table2.field1 )
```
如下代码实现了四表联查：
```
select * from a left inner join b on a.a=b.b right inner join c on a.a=c.c inner join d on a.a=d.d where .....
```

❄ 注意：课外学习

SQL 语言是数据库技术的核心内容之一，几乎所有的数据库操作都是基于 SQL 基础之上的。例如数据的添加、删除和修改等操作，都需要使用 SQL 来实现。由于本书篇幅所限，只是对 SQL 的基础知识进行了介绍。如果想要了解更深入的应用知识，可以在百度里进行搜索，例如查找关键字"SQL 语法"或"SQL 用法"，即可获得详细的信息。另外也可以参考相关辅助图书，了解 SQL 更加高级的用法。

17.2　初识 JDBC

🎥 知识点讲解：光盘:视频\PPT 讲解（知识点）\第 17 章\初识 JDBC.mp4

JDBC 是 Java 连接数据库的一个工具，没有这个工具，Java 将没有办法连接数据库，这个知识点，用户只需要对它进行了解即可，不用知道 JDBC 里面的结构。在本节将简要介绍 JDBC 的基本知识，为读者步入本书后面知识的学习打下基础。

17.2.1　JDBC API

JDBC 是个"低级"接口，也就是说，它用于直接调用 SQL 命令。在这方面它的功能极佳，数据库连接 API 易于使用，但它同时也被设计为一种基础接口，在它之上可以建立高级接口和工具。高级接口是"对用户友好的"接口，它使用的是一种更易理解和更为方便的 API，这种 API 在幕后被转换为诸如 JDBC 这样的低级接口。

在关系数据库的"对象/关系"映射中，表中的每行对应于类的一个实例，而每列的值对应于该实例的一个属性。于是，程序员可直接对 Java 对象进行操作；存取数据所需的 SQL 调用将在"掩盖下"自动生成。此外还可提供更复杂的映射，例如将多个表中的行结合进一个 Java 类中。

随着人们对 JDBC 的兴趣提高，越来越多的开发人员使用基于 JDBC 的工具，以使程序的编写更加容易。程序员也一直在编写力图使最终用户对数据库的访问变得更为简单的应用程序。例如应用程序可提供一个选择数据库任务的菜单。任务被选定后，应用程序将给出提示及空白填写执行选定任务所需的信息。所需信息输入应用程序将自动调用所需的 SQL 命令。在这样一种程序的协助下，即使用户根本不懂 SQL 的语法，也可以执行数据库任务。

17.2.2　JDBC 驱动类型

JDBC 是应用程序编程接口，描述了一套访问关系数据库的标准 Java 类库，并且还为数据库厂商提供了一个标准的体系结构，让厂商可以为自己的数据库产品提供 JDBC 驱动程序，这些驱动程序可以直接访问厂商的数据产品，从而提高了 Java 程序访问数据库的效率，在 Java 程序设计中，JDBC 可以分为以下 4 种驱动。

（1）JDBC-ODBC 桥。

ODBC 是微软公司开放服务结构（WOSA，Windows Open Services Architecture）中有关数据库的一个组成部分，它建立了一组规范，并提供了一组对数据库访问的标准 API（应用程序编程接口）。这些 API 利用 SQL 来完成大部分任务。ODBC 本身也提供了对 SQL 语言的支持，用户可以直接将 SQL 语句送给 ODBC，因为 ODBC 推出的时间要比 ODBC 早，所以大部分数据库都支持通过 ODBC 来访问。SUN 公司提供了 JDBC-ODBC 这个驱动来支持像 Microsoft Access 之类的数据库，JDBC API 通过调用 JDBC-ODBC，JDBC-ODBC 调用了 ODBC API 从而达到访问数据库的 ODBC 层，这种方式经过了多层，调用效率比较低，用这种方式访问数据库，需要客户的机器上具有 JDBC-ODBC 驱动、ODBC 驱动和相应的数据库的本地 API。

（2）本地 API 驱动。

本地 API 驱动直接把 JDBC 调用转变为数据库的标准调用再去访问数据库，这种方法需要本地数据库驱动代码。本地 API 驱动比起 JDBC-ODBC 执行效率高，但是它仍然需要在客户端加载数据库厂商提供的代码库，这样就不适合基于 Internet 的应用。并且，其执行效率比起三代和四代的 JDBC 驱动还是不够高。

（3）网络协议驱动。

这种驱动实际上是根据我们熟悉的 3 层结构建立的。JDBC 先把对数据库的访问请求传递给网络上的中间件服务器，中间件服务器再把请求翻译为符合数据库规范的调用，再把这种调用传给数据库服务器。如果中间件服务器也是用 Java 开发的，那么在中间层也可以使用一代、二代 JDBC 驱动程序作为访问数据库的方法，由此构成了一个"网络协议驱动—中间件服务器—数据库 Server"的 3 层模型，由于这种驱动是基于 Server 的，所以它不需要在客户端加载数据库厂商提供的代码库。而且它在执行效率和可升级性方面是比较好的，因为大部分功能实现都在 Server 端，所以这种驱动可以设计得很小，可以非常快速地加载到内存中。但是这种驱动在中间件中仍然需要有配置数据库的驱动程序，并且由于多了一个中间层传递数据，它的执行效率还不是最好。

（4）本地协议驱动。

这种驱动直接把 JDBC 调用转换为符合相关数据库系统规范的请求，由于四代驱动写的应用可以直接和数据库服务器通信，因此这种类型的驱动完全由 Java 实现。对于本地协议驱动的数据库 Server 来说，因为这种驱动不需要先把 JDBC 的调用传给 ODBC 或本地数据库接口或者是中间层服务器，所以它的执行效率是非常高的。而且它根本不需要在客户端或服务器端装载任何的软件或驱动，这种驱动程序可以动态地被下载，但是对于不同的数据库需要下载不同的驱动程序。

17.2.3　JDBC 的常用接口和类

JDBC 为我们提供了独立于数据库的统一 API 来执行 SQL 命令，JDBC API 由以下常用的接口和类组成。

（1）DriverManager。

用于管理 JDBC 驱动的服务类。程序中使用该类的主要功能是获取 Connection 对象，在该类中包含如下方法。

- ❑ public static synchronized Connection getConnection (String urI,String user,String pass) throws SQLException：该方法获得 url 对应数据库的连接。

（2）Connection。

它代表数据库连接对象，每个 Connection 代表一个物理连接会话。要想访问数据库，必须先获得数据库的连接。Conncction 接口中的常用方法如下所示。

- ❑ Statement createStatement() throws SQLExcetpion：该方法返回一个 Statement 对象。
- ❑ PreparedStatement prepareStatement (String sql) throws SQLExcetpion：该方法返回预编译的 Statement 对象，即将 SQL 语句提交到数据库进行预编译。
- ❑ CallableStatement prepareCall (String sql) throws SQLExcetpion：该方法返回 Callable Statement 对象，该对象用于调用存储过程。

上述 3 个方法都返回用于执行 SQL 语句的 Statement 对象，PreparedStatement、Callable Statement 是 Statement 的子类，只有获得了 Statement 之后才可执行 SQL 语句。除此之外，在 Connection 中还有如下几个用于控制事务的方法。

- ❑ SavepointsetSavepoint()：创建一个保存点。
- ❑ Savepoint setSavepoint (String name)：以指定名字来创建一个保存点。
- ❑ voidsetTransactionIsolation (intlevel)：设置事务的隔离级别。
- ❑ void rollback()：回滚事务。
- ❑ void rollback (Savepoint savepoint)：将事务回滚到指定的保存点。
- ❑ void setAutoCommit (boolean autoCommit)：关闭自动提交，打开事务。
- ❑ voidcommit()：提交事务。

（3）Statement。

这是用于执行 SQL 语句的工具接口。该对象既可以用于执行 DDL、DCL 语句，也可用于执行 DML 语句，还可用于执行 SQL 查询。当执行 SQL 查询时，返回查询到的结果集。在 Statement 中的常用方法如下所示。

- ❑ ResultSet executeQuery (String sql) throws SQLException：该方法用于执行查询语句，并返回查询结果对应的 ResultSet 对象。该方法只能用于执行查询语句。
- ❑ int executeUpdate (String sql) throws SQLExcetion：该方法用于执行 DML 语句，并返回

受影响的行数；该方法也可用于执行 DDL，执行 DDL 将返回 0。

- ❑ boolean execute (String sql) throws SQLException：该方法可执行任何 SQL 语句。如果执行后第一个结果为 ResultSet 对象，则返回 true。如果执行后第一个结果为受影响的行数或没有任何结果，则返回 false。

（4）PreparedStatement。

这是一个预编译的 Statement 对象。PreparedStatement 是 Statement 的子接口，它允许数据库预编译 SQL（这些 SQL 语句通常带有参数）语句，以后每次只改变 SQL 命令的参数，避免数据库每次都需要编译 SQL 语句，因此性能更好。和 Statement 相比，使用 PreparedStatement 执行 SQL 语句时，无须重新传入 SQL 语句，因为它已经预编译了 SQL 语句 。但 PreparedStatement 需要为预编译的 SQL 语句传入参数值，所以 PreparedStatement 比 Statement 多了如下方法。

- ❑ void setXxx (int parameterIndex, Xxx value)：该方法根据传入参数值的类型不同，需要使用不同的方法。传入的值根据索引传给 SQL 语句中指定位置的参数。

（5）ResultSet。

这是一个结果对象，该对象包含查询结果的方法，ResultSet 可以通过索引或列名来获得列中的数据。在 ResultSet 中的常用方法如下所示。

- ❑ void close()throws SQLExce ption：释放 ResultSet 对象。
- ❑ boolean absolute (int row)：将结果集的记录指针移动到第 row 行，如果 row 是负数，则移动到倒数第几行。如果移动后的记录指针指向一条有效记录，则该方法返回 true。
- ❑ void beforeFirst()：将 ResultSet 的记录指针定位到首行之前，这是 ResultSet 结果集记录指针的初始状态——记录指针的起始位置位于第一行之前。
- ❑ boolean first()：将 ResultSet 的记录指针定位到首行。如果移动后的记录指针指向一条有效记录，则该方法返回 true。
- ❑ boolean previous()：将 ResultSet 的记录指针定位到上一行。如果移动后的记录指针指向一条有效记录，则该方法返回 true。
- ❑ boolean next()：将 ResultSet 的记录指针定位到下一行，如果移动后的记录指针指向一条有效记录，则该方法返回 true。
- ❑ boolean last()：将 ResultSet 的记录指针定位到最后一行，如果移动后的记录指针指向一条有效记录，则该方法返回 true。
- ❑ void afterLast()：将 ResultSet 的记录指针定位到最后一行之后。

注意：和以前版本的区别。

在 JDK 1.4 以前采用默认方法创建的 Statement 所查询到的 ResultSet 不支持 absolute、previous 等移动记录指针的方法，它只支持 next 这个移动记录指针的方法，即 ResultSet 的记录指针只能向下移动，而且每次只能移动一格。从 JDK 1.5 以后就避免了这个问题，程序采用默认方法创建的 Statement 所查询得到的 ResultSet 也支持 absolute、previous 等方法。

17.2.4　JDBC 编程步骤

JDBC 编程的基本步骤如下所示。

（1）注册一个数据库驱动 driver，有如下 3 种注册数据库驱动程序的方式。

方式一：

```
Class.forName("oracle.jdbc.driver.OracleDriver");
```

在 Java 规范中明确规定：所有的驱动程序必须在静态初始化代码块中将驱动注册到驱动程序管理器中。

方式二：

```
Driver drv = new oracle.jdbc.driver.OracleDriver();
    DriverManager.registerDriver(drv);
```

方式三，编译时在虚拟机中加载驱动：

```
javac –Djdbc.drivers = oracle.jdbc.driver.OracleDriver xxx.java
java  - D jdbc.drivers=驱动全名类名
```

上述代码表示使用系统属性名加载驱动，-D 表示为系统属性赋值。

MySQL 数据库 Driver 的全名是 com.mysql.jdbc.Driver。

SQLServer 数据库 Driver 的全名是 com.microsoft.jdbc.sqlserver.SQLServerDriver。

（2）建立连接。

```
conn=DriverManager.getConnection("jdbc:oracle:thin:@192.168.0.20:1521:tarena", "User", "Pasword");
```

上述建立过程使用了 Connection 接口，说明这是通过 DriverManager 的静态方法 getConnection(...)来得到的，这个方法的实质是把参数传到实际的 Driver 中的 connect()方法来获得数据库连接的。

（3）获得一个 Statement 对象。

```
sta = conn.createStatement();
```

（4）通过 Statement 执行 SQL 语句，例如下面的代码。

```
sta.executeQuery(String sql);        //返回一个查询结果集
sta.executeUpdate(String sql);       //返回值为int型，表示影响记录的条数
```

将 SQL 语句通过连接发送到数据库中执行，以实现对数据库的操作。

（5）处理结果集。

使用 Connection 对象可以获得一个 Statement，Statement 中的 executeQuery(String sql)方法可以使用 select 语句查询，并且返回一个结果集，ResultSet 通过遍历这个结果集可以获得 select 语句的查寻结果。ResultSet 的 next()方法会操作一个游标从第一条记录的前面开始读取，直到最后一条记录。

方法 executeUpdate (String sql)用于执行 DDL 和 DML 语句，比如可以实现 update、delete 操作。只有执行 select 语句才有结果集返回，例如下面的代码。

```
Statement str=con.createStatement();             //创建Statement
String sql="insert into test(id,name) values(1, "+""+"test"+""+")";
str. executeUpdate(sql);                         //执行Sql语句
String sql="select * from test";
ResultSet rs=str. executeQuery(String sql);      //执行Sql语句，执行select语句后有结果集
while(rs.next()){                                //遍历处理结果集信息
        System.out.println(rs.getInt("id"));
        System.out.println(rs.getString("name"))
                                 //next()如果有下一条记录返回true, 否则为false; 有, 则游标向下一条记录
}
```

（6）调用.close()方法关闭数据库连接并释放资源，例如下面的代码。

```
rs.close();
sta.close();
con.close();
```

上述编程过程如图 17-1 所示。

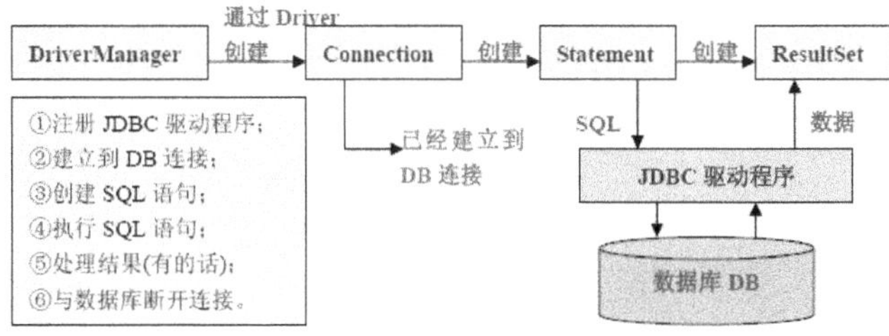

图 17-1　JDBC 编程过程

在上述编程过程中用到了多个方法，例如有如下 3 个用 Connection 创建 Statement 的方法。

❑　createStatement()：创建基本的 Statement 对象。

❑ prepareStatement (String sql)：根据传入的 SQL 语句创建预编译的 Statement 对象。

❑ prepareCall (String sql)：根据传入的 SQL 语句创建 CallableStatement 对象。

在使用 Statement 执行 SQL 语句时，所有 Statement 可以用如下 3 个方法来执行 SQL 语句。

❑ execute：可以执行任何 SQL 语句，但比较麻烦。

❑ executeUpdate：主要用于执行 DML 和 DDL 语句。执行 DML 返回受 SQL 语句影响的行数，执行 DDL 返回 0。

❑ executeQuery：只能执行查询语句，执行后返回代表查询结果的 ResultSet 对象。

在使用 ResultSet 对象取出查询结果时，可以通过如下两类方法实现。

❑ next、previous、first、last、beforeFirst、afterLast、absolute 等移动记录指针的方法。

❑ getXxx 获取记录指针指向行，特定列的值。该方法既可使用列索引作为参数，也可使用列名作为参数。使用列索引作为参数性能更好，使用列名作为参数可读性更好。

例如下面的代码演示了上述具体执行步骤。

```java
package com.mmm;
import java.sql.DriverManager;
import java.sql.SQLException;

public class Jdbctest {
    public static void main(String[] args){
        query();
    }
    public static void query(){
        java.sql.Connection conn = null;
        try{
            //1加载数据库驱动
            Class.forName("com.mysql.jdbc.Driver");
            //2获得数据库连接
            conn= DriverManager.getConnection("jdbc:mysql://127.0.0.1:3306/jdbc_db","root","1234");
            //3创建语句
            String sql = "select * from UserTbl";
            //返回一个执行sql的句柄
            java.sql.Statement stmt = conn.createStatement();
            //4执行查询
            java.sql.ResultSet rs = stmt.executeQuery(sql);
            //5遍历结果集
            while(rs.next()){
                int id = rs.getInt(1);
                String username = rs.getString(2);
                String password = rs.getString(3);
                int age = rs.getInt(4);
                System.out.println(id+username+password+age);
            }
        }catch(Exception e){
            e.printStackTrace();
        }finally{
            //6关闭数据库连接
            if(conn!=null){
                try{
                    conn.close();
                }catch(SQLException e){
                    conn = null;
                    e.printStackTrace();
                }
            }
        }
    }
}
```

需要说明的是，要想正确执行上述代码，需要在该工程里面加载连接数据库的 jar 包。根据不同的数据库选取不同的 jar 包，本例用的是 MySQL 数据库。当加载 MySQL 数据库的 jar 包后，Class.forName ("com.mysql.jdbc.Driver"); 语句执行，使程序确定使用的是 MySQL 数据库。

DriverManager 驱动程序管理器能够在数据库和相应驱动程序之间建立连接，通过"conn=DriverManager.getConnection ("jdbc:mysql://127.0.0.1/jdbc_db","root","1234");"语句使程序连接到

数据库上。

Connection 对象代表与数据库的连接，也就是在已经加载的 Driver 和数据库之间建立连接语句，在 getConnection 函数中有 3 个参数，分别是 url、user 和 password。

Statement 提供在基层连接上运行 SQL 语句，并且访问结果。

ResultSet 在 Statement 执行 SQL 语句时，有时会返回 ResultSet 结果集，包含的是查询的结果集。

当我们创建 SQL 语句后，通过 Statement 来执行，并将结果通过 ResultSet 类型的 rs 连接上。然后遍历结果集，执行相应的操作。最后，执行完成对数据库的操作后，要关闭数据库连接。

17.3 常用的几种数据库

知识点讲解：光盘:视频\PPT 讲解（知识点）\第 17 章\常用的几种数据库.mp4

在 Java 开发应用中，最为常用的数据库工具是 Access、SQL Server 和 MySQL，在本节将简要讲解这三种数据库的基本知识，为读者步入本书后面知识的学习打下基础。

17.3.1 Access 数据库

Access 是微软 Office 工具中的一种数据库管理程序，可赋予更佳的用户体验，并且新增了导入、导出和处理 XML 数据文件等功能。

Microsoft Access 是一种关系式数据库，由一系列表组成。表又由一系列行和列组成，每一行是一个记录，每一列是一个字段，每个字段有一个字段名，字段名在一个表中不能重复。

Access 数据库由如下 6 种对象组成。

- ❏ 表（Table）：是数据库的基本对象，是创建其他 5 种对象的基础。表由记录组成，记录由字段组成，表用来存贮数据库的数据，故又称数据表。
- ❏ 查询（Query）：可以按索引快速查找到需要的记录，按要求筛选记录并能连接若干个表的字段组成新表。
- ❏ 窗体（Form）：也称之为表单，它提供了一种方便的浏览、输入及更改数据的窗口。还可以创建子窗体显示相关联的表的内容。
- ❏ 报表（Report）：功能是将数据库中的数据分类汇总，然后打印出来，以便分析。
- ❏ 宏（Macro）：它相当于 DOS 中的批处理，用来自动执行一系列操作。Access 列出了一些常用的操作供用户选择，使用起来十分方便。
- ❏ 模块（Module）：其功能与宏类似，但它定义的操作比宏更精细和复杂，用户可以根据自己的需要编写程序。

Access 适用于小型商务活动，用以存贮和管理商务活动所需要的数据。Access 不仅是一个数据库，而且具有强大的数据管理功能，可以方便地利用各种数据源，生成窗体（表单）、查询、报表和应用程序等。利用 ASP 开发小型项目时，Access 往往是首先被考虑的数据库工具。它以操作简单、易学易用的特点而受到大多数用户的青睐。

17.3.2 SQL Server 数据库

SQL Server 是微软公司提出的普及型关系数据库系统。它是建立在 WindowsNT/2000/2003 操作系统基础之上的，为用户提供了一个功能强大的客户/服务器端平台，同时能够支持多个并发用户的大型关系数据库，一经推出，迅速成为使用最广的数据库系统。SQL Server 的常用版本有 SQL Server 2000、SQL Server 2005，其中 SQL Server 2000 最稳定，所以本书下面的内容将以 SQL Server 2000 为基础。

1．安装 SQL Sever 2000 驱动

用户可以通过搜索引擎搜索 SQL Server 2000 Driver for JDBC SP3 驱动程序，下载后将其安装，安装过程十分简单，具作流程如下所示。

（1）双击下载的 SQL Server 2000 Driver for JDBC SP3.exe，经过短暂的等待将会打开如图 17-2 所示的对话框。

（2）单击"Next"按钮来到协议对话框，用户选择第一个单选按钮，即同意协议内容，然后单击"Next"按钮，如图 17-3 所示。

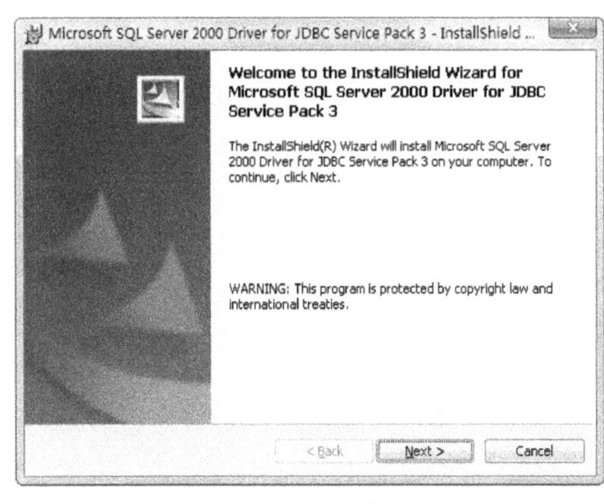

图 17-2　第一个安装向导　　　　　　　　　图 17-3　协议对话框

（3）在打开的对话框中按照默认设置即可，然后单击"Next"按钮，如图 17-4 所示。

（4）在打开的对话框中单击"Install"按钮进行安装，安装完成后将会打开一个完成安装的对话框，此时单击"Finish"按钮完成安装，如图 17-5 所示。

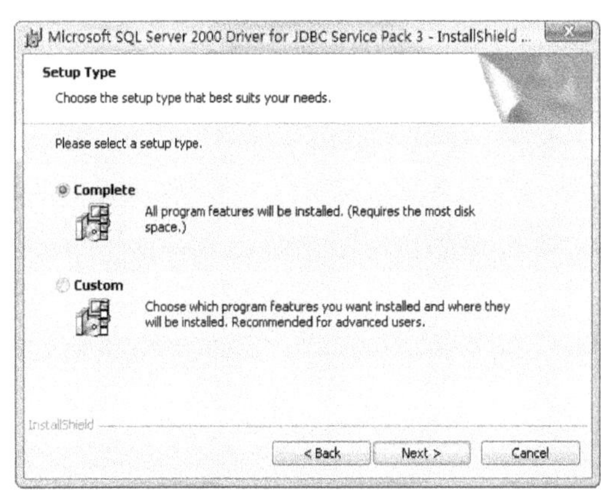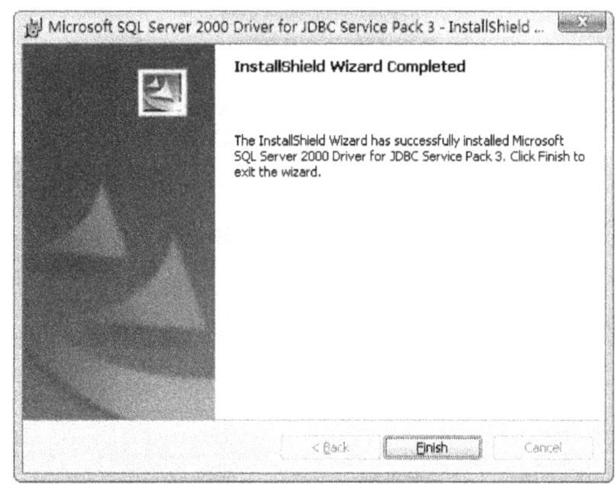

图 17-4　按照默认设置　　　　　　　　　　图 17-5　完成安装

2．将 SQL Sever 2000 驱动加载到 Eclipse 里

在安装的文件夹的 lib 文件夹下，将 3 个 JAR 文件进行复制，然后对它进行配置，其具体操作过程如下所示。

（1）启动 Eclipse，选择下载的驱动文件，单击鼠标右键选择复制命令，然后在 Eclipse 里，选择需要的项目，如图 17-6 所示。

（2）选择加载的驱动，然后单击鼠标右键，在弹出的快捷菜单中选择"构建路径/添加至构建路径"命令，如图 17-7 所示。

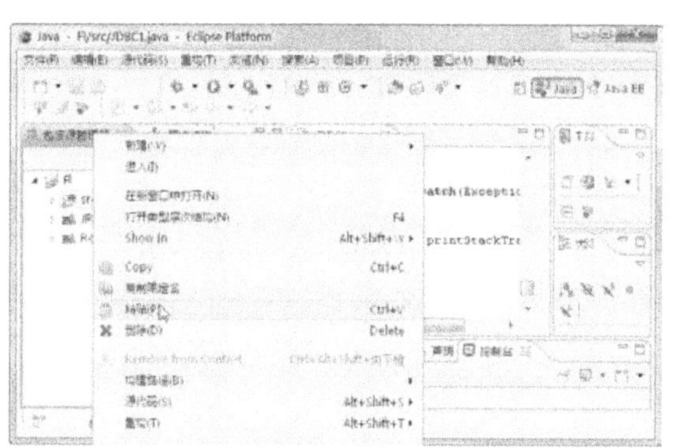

图 17-6　粘贴 JAR 文件

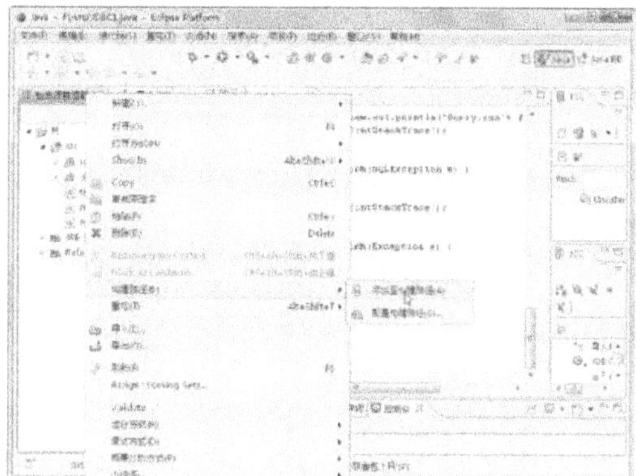

图 17-7　添加到构建路径

（3）用相同的方法将 3 个 JAR 文件添加，最后得到如图 17-8 所示的结果。

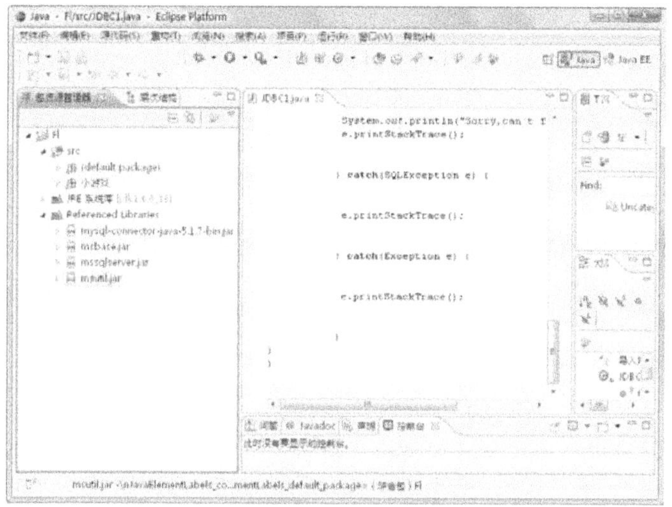

图 17-8　添加 3 个 JAR 文件

3．测试连接

加载好驱动后就可以编写一个程序来测试是否成功，例如用下面的代码可以连接数据库服务器上的 pubs，具体代码如下所示。

```java
import java.sql.*;
public class TestDB
{
public static void main(String[] args)
{

String driverName = "com.microsoft.jdbc.sqlserver.SQLServerDriver"; //加载驱动
String dbURL = "jdbc:microsoft:sqlserver://localhost:1433; DatabaseName=pubs";
//连接数据库
String userName = "sa"; //服务器用户名
String userPwd = ""; //用户名密码
Connection dbConn;
try {
Class.forName(driverName);
dbConn = DriverManager.getConnection(dbURL, userName, userPwd);
System.out.println("连接成功");
}
catch (Exception e) {
e.printStackTrace();
}
}
}
```

执行上述程序会得到如图 17-9 所示的结果。

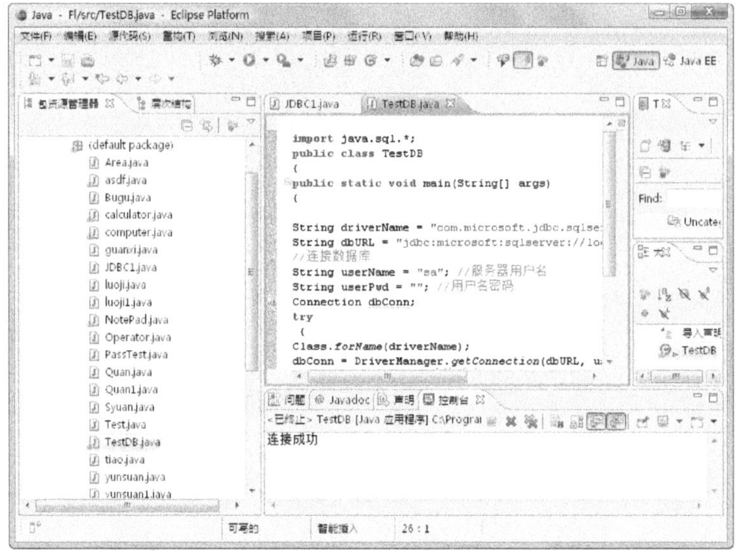

图 17-9　连接成功

17.3.3　MySQL 数据库

MySQL 是一个小型关系型数据库管理系统，开发者为瑞典 MySQL AB 公司，它在 2008 年 1 月 16 号被 Sun 公司收购，而 2009 年，SUN 又被 Oracle 收购。MySQL 是一种关联数据库管理系统，关联数据库将数据保存在不同的表中，而不是将所有数据放在一个大仓库内。这样就增加了速度并提高了灵活性。MySQL 的 SQL 是"结构化查询语言"，它是用于访问数据库的最常用的标准化语言。

1．下载 MySQL 驱动

MySQL 的 JDBC 驱动是很好下载的，用户可以通过搜索引擎去下载，如果用户对英文比较熟悉，可以去官方网站下载 JDBC 驱动，如图 17-10 所示。

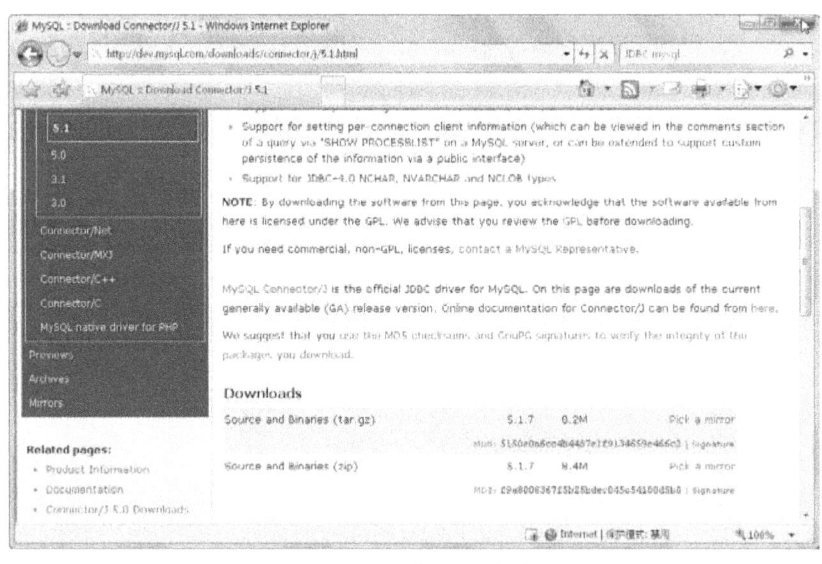

图 17-10　下载 JDBC 驱动

2. 配置 MySQL 驱动

下载驱动后将其解压，寻找到一个 mysql-connector-java-5.1.7-bin.jar 的文件，如果是使用 dos 命令执行 Java 程序，就必须要对环境进行配置，其具体操作过程如下所示。

（1）在桌面上单击计算机图标，单击鼠标右键，在弹出的快捷菜单中选择"属性"命令，单击左边的"高级系统设置"连接，然后单击 环境变量(N)... 按钮，如图 17-11 所示。

（2）在前面的章节中曾经讲解过如何配置 JDK，建立了一个 CLASSPATH 环境，现在要找到这个环境变量，单击 编辑(I) 按钮重新对它进行编辑，如图 17-12 所示。

（3）然后在它的变量值后面加入";"，然后再加入 mysql-connector-java.jar 路径,因为这里是放置在 D 盘，所以为"; D:\mysql-connector-java-5.1.7-bin.jar"，然后单击 确定 按钮，然后再次单击 确定 按钮，如图 17-13 所示。

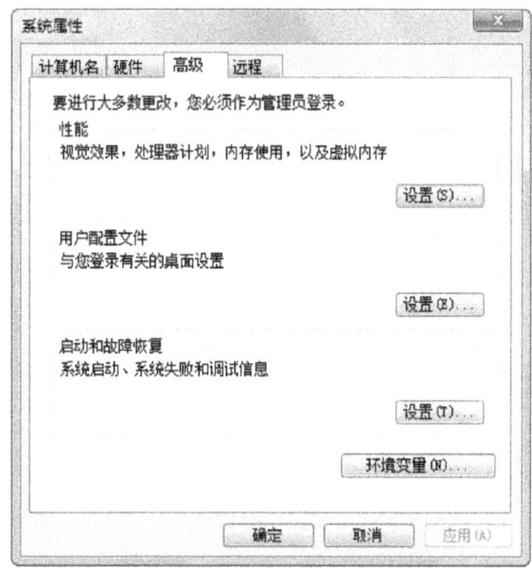

图 17-11　"系统属性"窗口

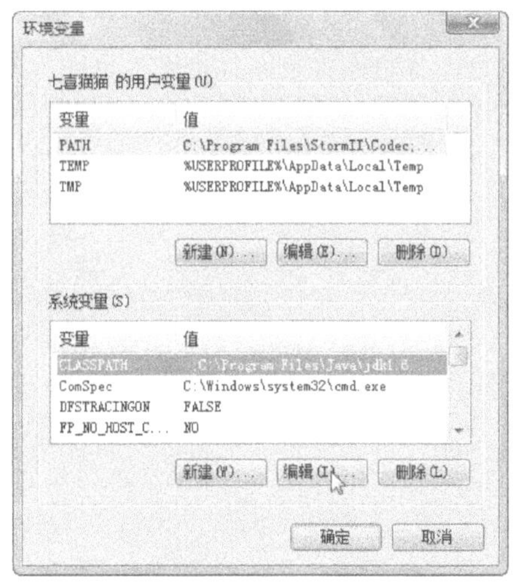

图 17-12　编辑 classpath

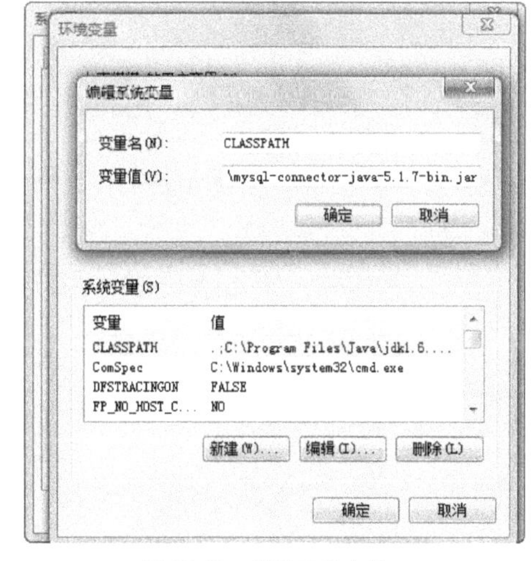

图 17-13　编辑系统变量

提示：上面讲解的只是 Java 连接 MySQL 的一个原理，在实际中并不适用，因为现在都使用 IDE 开发 Java 项目，用户可以将 JDBC 驱动直接加载到 IDE 里即可。

3. 将 MySQL 驱动加载到 Eclipse

在真正开发的过程中，很少人会使用这种方式开发，用户一般使用 Eclipse 或 MyEclipse 开发 Java 程序，Eclipse 和 MyEclipse 的驱动配置是一样的，下面以 Eclipse 为例进行配置，其具体操作方法如下所示。

（1）启动 Eclipse，然后选择下载的驱动文件，单击鼠标右键，在弹出的菜单项中选择复制命令，然后在 Eclipse 里选择需要的项目，如图 17-14 所示。

（2）选择加载的驱动，然后单击鼠标右键，在弹出的快捷菜单中选择"构建路径/添加至构建路径"命令，如图 17-15 所示。

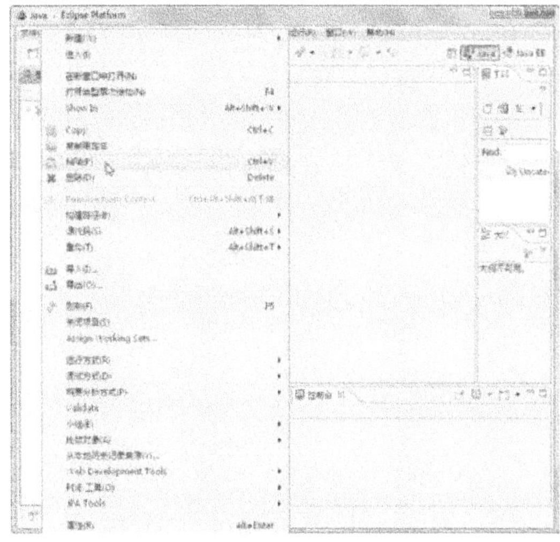

图 17-14　复制与粘贴 mysql-connector.jar　　　　　图 17-15　选择命令

4. 测试连接

接下来用一段程序来测试是否成功，具体代码如下所示。

```java
import java.sql.*;
public class Lian
{
public static void main(String[] args){

    // 驱动程序名
            String driver = "com.mysql.jdbc.Driver";
            // URL指向要访问的数据库名scutcs
            String url = "jdbc:mysql://127.0.0.1:3306/student";
            // MySQL配置时的用户名
            String user = "root";
              // MySQL配置时的密码
            String password = "1234";
            try {
            // 加载驱动程序
              Class.forName(driver);
    // 连续数据库
Connection conn = DriverManager.getConnection(url, user, password);
            if(!conn.isClosed())
System.out.println("Succeeded connecting to the Database!");
            // statement用来执行SQL语句
            Statement statement = conn.createStatement();
            // 要执行的SQL语句
            String sql = "select * from student";
            // 结果集
            ResultSet rs = statement.executeQuery(sql);
            System.out.println("----------------");
            System.out.println("执行结果如下所示:");
            System.out.println("----------------");
            System.out.println(" 学号" + "\t" + " 姓名"+"\t"+"出生日期");
            System.out.println("----------------");
            String name = null;
            while(rs.next())
    {
            // 选择sname这列数据
            name = rs.getString("sname");
    // 首先使用ISO-8859-1字符集name解码为字节序列并将结果存储在新的字节数组中
            // 然后使用GB2312字符集解码指定的字节数组
            name = new String(name.getBytes("ISO-8859-1"),"GB2312");
            // 输出结果
            System.out.println(rs.getString("sno") + "\t" + name);
```

```
                }
            rs.close();
            conn.close();
                }
    catch(ClassNotFoundException e)
    {

            System.out.println("Sorry,can`t find the Driver!");
            e.printStackTrace();
            } catch(SQLException e)
    {

            e.printStackTrace();
                }
    catch(Exception e)
    {

            e.printStackTrace();
                }

        }
        }
```

运行上述程序后得到如图 17-16 所示的结果。

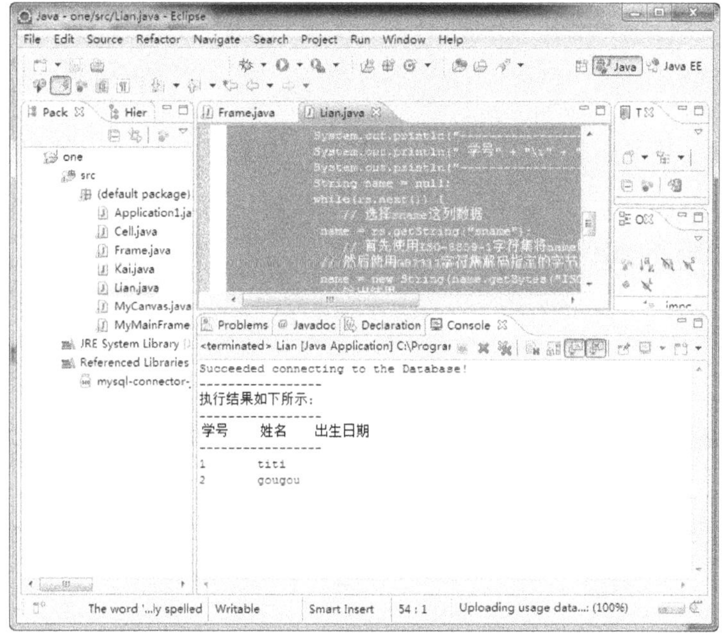

图 17-16　连接 MySQL 成功

17.4　执行 SQL 语句的方式

知识点讲解：光盘:视频\PPT 讲解（知识点）\第 17 章\执行 SQL 语句的方式.mp4

除了可以执行查询程序外，JDBC 还可以执行 DDL、DML 等 SQL 语句，从而允许使用 JDBC 最大限度地控制数据库。在本节将详细讲解常用的执行 SQL 语句的方式，为读者步入本书后面知识的学习打下基础。

17.4.1　使用 executeUpdate

在 Statement 中提供了 3 个方法来执行 SQL 语句，接下来将介绍使用 executeUpdate 执行 DDL 和 DML 的方法。使用 Statement 执行 DDL 和 DML 的方法与执行普通查询语句的方法基本相似，区别在于执行了 DDL 后返回值为 0，执行了 DML 后返回受影响的记录条数。

<table>
<tr><td>实例 141</td><td>使用 executeUpdate 方法创建数据表</td></tr>
<tr><td></td><td>源码路径　\daima\17\ExecuteDDL.java　　　　视频路径　\视频\实例\第 17 章\141</td></tr>
</table>

在实例文件 ExecuteDDL.java 中，使用方法 executeUpdate()创建了一个数据表，主要代码如下所示。

```java
public class ExecuteDDL
{
    private String qu;
    private String di;
    private String yong;
    private String mi;
    Connection conn;
    Statement stmt;
    public void initParam(String paramFile)throws Exception
    {
        //使用Properties类来加载属性文件
        Properties props = new Properties();
        props.load(new FileInputStream(paramFile));
        qu = props.getProperty("qu");
        di = props.getProperty("di");
        yong = props.getProperty("yong");
        mi = props.getProperty("mi");
    }

    public void createTable(String sql)throws Exception
    {
        try
        {
            //加载驱动
            Class.forName(qu);
            //获取数据库连接
            conn = DriverManager.getConnection(di , yong ,mi);
            //使用Connection来创建一个Statment对象
            stmt = conn.createStatement();
            //执行DDL,创建数据表
            stmt.executeUpdate(sql);
        }
        //使用finally块来关闭数据库资源
        finally
        {
            if (stmt != null)
            {
                stmt.close();
            }
            if (conn != null)
            {
                conn.close();
            }
        }
    }

    public static void main(String[] args) throws Exception
    {
        ExecuteDDL ed = new ExecuteDDL();
        ed.initParam("mysql.ini");
        ed.createTable("create table mmtest "
            + "( jdbc_id int auto_increment primary key, "
            + "jdbc_name varchar(255), "
            + "jdbc_desc text);");
        System.out.println("---------建表成功--------");
    }
}
```

> 范例 281：使用 insert 语句插入记录
> 源码路径：光盘\演练范例\281\
> 视频路径：光盘\演练范例\281\
> 范例 282：对数据进行降序查询
> 源码路径：光盘\演练范例\282\
> 视频路径：光盘\演练范例\282\

在上述代码中并没有直接把数据库连接信息写在程序里，而是使用一个 mysql.ini 文件来保存数据库连接信息，这样做好处明显，例如当我们需要把应用程序从开发环境移植到生产环境时，无须修改源代码，只需要修改配置文件 mysql.ini 即可。

17.4.2　使用 execute 方法

在 Java 应用程序中，可以使用 execute 方法执行几乎所有的 SQL 语句，但是它执行 SQL

语句时比较麻烦，所以通常没有必要使用 execute 方法来执行 SQL 语句，而应使用 executeQuery
或 executeUpdate。当不清楚 SQL 语句的类型时，只能使用 execute 方法来执行该 SQL 语句。
使用 execute 执行 SQL 语句后，返回值是一个 boolean 类型的值，表明执行该 SQL 语句返回了
一个 ResultSet 对象。在执行 SQL 语句后通过如下两个方法来获取执行结果。

- ❏ getResultSet()：获取该 Statement 执行查询语句返回的 ResultSet 对象。
- ❏ getUpdateCount()：获取该 Statement 执行 DML 语句所影响的记录行数。

例如在下面的实例代码中，使用 execute 方法执行了不同的 SQL 语句，实现了不同的输出。

实例 142	使用 execute 方法执行不同的 SQL 语句
源码路径　\daima\17\Executezhixing.java	视频路径　\视频\实例\第 17 章\142

实例文件 Executezhixing.java 的具体实现代码如下所示。

```java
public class Executezhixing{
    private String qu;
    private String di;
    private String yong;
    private String mi;
    Connection conn;
    Statement stmt;
    ResultSet rs;
    public void initParam(String paramFile)throws Exception
    {
        //使用Properties类来加载属性文件
        Properties props = new Properties();
        props.load(new FileInputStream(paramFile));
        qu = props.getProperty("qu");
        di = props.getProperty("di");
        yong = props.getProperty("yong");
        mi = props.getProperty("pass");
    }
    public void executeSql(String sql)throws Exception
    {
        try
        {
            //加载驱动
            Class.forName(qu);
            //获取数据库连接
            conn = DriverManager.getConnection(di , yong , mi);
            //使用Connection来创建一个Statment对象
            stmt = conn.createStatement();
            //执行SQL,返回boolean值表示是否包含ResultSet
            boolean hasResultSet = stmt.execute(sql);
            //如果执行后有ResultSet结果集
            if (hasResultSet)
            {
                //获取结果集
                rs = stmt.getResultSet();
                //ResultSetMetaData是用于分析结果集的元数据接口
                ResultSetMetaData rsmd = rs.getMetaData();
                int columnCount = rsmd.getColumnCount();
                //迭代输出ResultSet对象
                while (rs.next())
                {
                    //依次输出每列的值
                    for (int i = 0 ; i < columnCount ; i++ )
                    {
                        System.out.print(rs.getString(i + 1) + "\t");
                    }
                    System.out.print("\n");
                }
            }
            else
            {
                System.out.println("影响了" + stmt.getUpdateCount() + "条记录");
            }
        }
        //使用finally块来关闭数据库资源
```

范例 283：对数据进行多条件排序查询

源码路径：光盘\演练范例\283\

视频路径：光盘\演练范例\283\

范例 284：对统计结果进行排序

源码路径：光盘\演练范例\284\

视频路径：光盘\演练范例\284\

```
        finally
        {
            if (rs != null)
            {
                rs.close();
            }
            if (stmt != null)
            {
                stmt.close();
            }
            if (conn != null)
            {
                conn.close();
            }
        }
    }

    public static void main(String[] args) throws Exception
    {
        Executezhixing es = new Executezhixing();
        es.initParam("mysql.ini");
        System.out.println("------执行删除表的DDL语句-----");
        es.executeSql("drop table if mmmtest");
        System.out.println("------执行建表的DDL语句-----");
        es.executeSql("create table my_test"
            + "(test_id int auto_increment primary key, "
            + "test_name varchar(255))");
        System.out.println("------执行插入数据的DML语句-----");
        es.executeSql("insert into my_test(test_name) "
            + "select student_name from student_table");
        System.out.println("------执行查询数据的查询语句-----");
        es.executeSql("select * from my_test");

    }
}
```

17.5　事 务 处 理

知识点讲解：光盘:视频\PPT 讲解（知识点）\第 17 章\事务处理.mp4

　　事务处理是针对数据库操作时的一个重要环节，它可以保证执行多条记录的一致性，实现数据库中表与表之间的关联，同时提高了对数据操作的准确性、安全性。本节将简要介绍在 Java 程序中使用 JDBC 来实现数据间的事务处理的方法，为读者步入本书后面知识的学习打下基础。

17.5.1　JDBC 中的事务控制

　　事务处理就是当执行多个 SQL 指令时，如果因为某个原因使其中一条指令执行有错误，则取消先前执行过的所有指令，它的作用是保证各项操作的一致性和完整性。

　　在 JDBC 的数据库操作中，一项事务是由一条或是多条表达式所组成的一个不可分割的工作单元。我们通过提交 commit()或是回退 rollback()来结束事务的操作。关于事务操作的方法都位于接口 java.sql.Connection 中。

　　在 JDBC 中的事务操作默认是自动提交。也就是说，一条对数据库的更新表达式代表一项事务操作。操作成功后，系统将自动调用 commit()来提交，否则将调用 rollback()来回退。

　　并且在 JDBC 中，可以通过调用 setAutoCommit（false）来禁止自动提交。之后就可以把多个数据库操作的表达式作为一个事务，在操作完成后调用 commit()来进行整体提交。倘若其中一个表达式操作失败，则不会执行 commit()，并且将产生响应的异常。此时可以在异常捕获时调用 rollback()进行回退，这样做可以保持多次更新操作后，相关数据的一致性，例如下面的代码。

```
    try {
    conn =
```

```
DriverManager.getConnection("jdbc:microsoft:sqlserver://localhost:1433;User=JavaDB;Password=javadb;DatabaseName=northwind);
    //点禁止自动提交, 设置回退
    conn.setAutoCommit(false);
    stmt = conn.createStatement();
    //数据库更新操作1
    stmt.executeUpdate("update firsttable Set Name='testTransaction' Where ID = 1");
    //数据库更新操作2
    stmt.executeUpdate("insert into firsttable ID = 12, Name = 'testTransaction2'");
    //事务提交
    conn.commit();
    }
    catch(Exception ex) {
    ex.printStackTrace();
    try {
    //操作不成功则回退
    conn.rollback();
    }
    catch(Exception e){
    e.printStackTrace();
    }
    }
```

这样上面这段程序的执行，或者两个操作都成功，或者两个都不成功，读者可以自己修改第二个操作，使其失败，以此来检查事务处理的效果。

JDBC API 中的 JDBC 事务是通过 Connection 对象进行控制的。Connection 对象提供了两种事务模式，分别是自动提交模式和手工提交模式。系统默认为自动提交模式，即对数据库进行操作的每一条记录，都被看作是一项事务。操作成功后，系统会自动提交，否则自动取消事务。如果想对多个 SQL 进行统一的事务处理，就必须先取消自动提交模式，通过使用方法 Connection 的 setAutoCommit (false)取消自动提交事务。在类 Connection 中提供了如下其他控制事务的方法。

- ❏ public boolean getAutoCommit()：判断当前事务模式是否为自动提交，如果是则返回 ture，否则返回 false。
- ❏ public void commit()：提交事务。
- ❏ public void rollback()：回滚事务。

❉ 注意：Java 中使用 JDBC 事务处理，一个 JDBC 不能跨越多个数据库而且需要判断当前使用的数据库是否支持事务。这时可以使用 DatabaseMedaData 的 supportTranslations()方法检查数据库是否支持事务处理，若返回 true 则说明支持事务处理，否则返回 false。如使用 MySQL 的事务功能，就要求 MySQL 里的表的类型为 Innodb 才支持事务控制处理，否则，在 Java 程序中做了 commit 或 rollback，但数据库中是不生效的。

17.5.2　JDBC 事务控制的流程

JDBC 实现事务处理的基本流程如下所示。

（1）判断当前使用的 JDBC 驱动程序和数据库是否支持事务处理。

（2）在支持事务处理的前提下，取消系统自动提交模式。

（3）添加需要进行的事务信息。

（4）将事务处理提交到数据库。

（5）在处理事务时，若某条信息发生错误，则执行事务回滚操作，并回滚到事务提交前的状态。

例如下面的代码演示了上述事物处理的具体流程。

```
public class Java_Transa {
    // 数据库连接
    public static Connection getConnection() {
        Connection con = null;
        try {
            Class.forName("com.mysql.jdbc.Driver"); // 加载MySQL数据驱动
```

```java
            con = DriverManager.getConnection(
                    "jdbc:mysql://localhost:3306/myuser", "root", "root"); // 创建数据连接
        } catch (Exception e) {
            System.out.println("数据库连接失败");
        }
        return con;
    }
    // 判断数据库是否支持事务
    public static boolean JudgeTransaction(Connection con) {
        try {
            // 获取数据库的元数据
            DatabaseMetaData md = con.getMetaData();
            // 获取事务处理支持情况
            return md.supportsTransactions();
        } catch (SQLException e) {
            e.printStackTrace();
        }
        return false;
    }
    // 将一组SQL语句放在一个事务里执行, 要么全部执行通过, 要么全部不执行
    public static void StartTransaction(Connection con, String[] sqls) throws Exception {

        if (sqls == null) {
            return;
        }
        Statement sm = null;
        try {
            // 事务开始
            System.out.println("事务处理开始!");
            con.setAutoCommit(false);          // 设置连接不自动提交, 即用该连接进行的操作都不更新到数据库
            sm = con.createStatement();        // 创建Statement对象

            //依次执行传入的SQL语句
            for (int i = 0; i < sqls.length; i++) {
                sm.execute(sqls[i]);           // 执行添加事物的语句
            }
            System.out.println("提交事务处理!");

            con.commit();                      // 提交给数据库处理

            System.out.println("事务处理结束!");
            // 事务结束
        //捕获执行SQL语句组中的异常
        } catch (SQLException e) {
            try {
                System.out.println("事务执行失败, 进行回滚!\n");
                con.rollback();                // 若前面某条语句出现异常时, 进行回滚, 取消前面执行的所有操作
            } catch (SQLException e1) {
                e1.printStackTrace();
            }
        } finally {
            sm.close();
        }
    }
    // 查询表  staff
    public static void query_student() throws Exception {
        Connection conect = getConnection();  // 获取连接
        System.out.println("执行事物处理后, 表staff的全部记录为:\n");
        try {
            String sql = "select * from staff";  // 查询数据的sql语句
            Statement st = (Statement) conect.createStatement();      // 创建Statement对象
            ResultSet rs = st.executeQuery(sql); // 执行SQL语句并返回查询数据的结果集

            //打印输出查询结果
            while (rs.next()) { // 判断是否还有下一个数据
                // 根据字段名获取相应的值
                String name = charset(rs.getString("name"));
                int age = rs.getInt("age");
                String sex = charset(rs.getString("sex"));
                String depart = charset(rs.getString("depart"));
                String address = charset(rs.getString("address"));
                int worklen = rs.getInt("worklen");
                int wage = rs.getInt("wage");
                System.out.println(name + " " + age + " " + sex + " "
```

```java
                                + address + " " + depart + " " + worklen + " " + wage);
            }
            System.out.println();

        } catch (SQLException e) {
            System.out.println("查询数据失败");
        }
    }

    // 字符集的设定, 解决中文乱码
    public static String charset(String str) throws Exception {
        String newStr = new String(str.getBytes("ISO8859-1"), "UTF-8");
        return newStr;
    }

    public static void main(String[] args) throws Exception {

        String[] arry = new String[4];      // 定义一组事物处理语句
        arry[0] = "delete from staff where name='Serein'";
        //删除staff表格中 name 字段值为 "Serein" 的员工记录
        arry[1] = "UPDATE staff SET address='Shenzhen' where name=lili";
        // 执行这条语句会引起错误, 因为表 staff 中name='lili'不存在
        arry[2] = "INSERT INTO student (name,age,sex,address,depart,worklen,wage)"
        //SQL插入记录语句
                + "values ('Allen',19,'M','Beijing','Engine',4,4800)";
        arry[3] = "select * from staff";                //SQL查询表 staff 语句
        Connection con = null;
        try {

            con = getConnection();                   // 获得数据库连接
            boolean judge = JudgeTransaction(con);   // 判断是否支持批处理
            System.out.print("支持事务处理吗? ");
            System.out.println(judge ? "支持" : "不支持");
            if (judge) {
                StartTransaction(con, arry);         // 如果支持则开始执行事务
            }
        } catch (Exception e) {
            e.printStackTrace();
        } finally {
            con.close();                             // 关闭数据库连接
        }
        query_student();
    }
}
```

在上述代码中，将 4 条 SQL 语句加在同一个事务里，当其中一条语句发生错误时，则执行事务回滚，取消所有的操作。因此在最后的运行结果中，并没有发现有数据更新。程序运行前的表"staff"中的数据如图 17-17 所示，其中字段"name"的值为"Serein"的记录。即将运行的 Java 程序的第 113 行代码中的 SQL 语句表示要删除该条记录，但是由于后面的事务出错，所以全部的事务不执行，并回滚，所以最后的结果是 name 为"Serein"这条记录依旧存在于数据表中。

	ID	name	age	sex	address	depart	worklen	wage
编辑 快速编辑 复制 删除	1	lucy	27	w	China	Personnel	3	2200
编辑 快速编辑 复制 删除	7	Tom1	32	M	china	Personnel	3	3000
编辑 快速编辑 复制 删除	8	Serein	25	M	Guangzhou	Engine	1	4000
编辑 快速编辑 复制 删除	9	SereinChan	25	M	Guangzhou	Engine	3	5000
编辑 快速编辑 复制 删除	10	Allen	30	M	Beijing	Personnel	2	3500
编辑 快速编辑 复制 删除	11	Marry	30	W	Shanghai	Personnel	1	3000
编辑 快速编辑 复制 删除	12	Tina	23	W	Shanghai	Accountant	1	3000
编辑 快速编辑 复制 删除	13	Ccgang	23	M	Haikou	Engine	2	5000

图 17-17　运行前的数据

程序运行后的效果如图 17-18 所示。

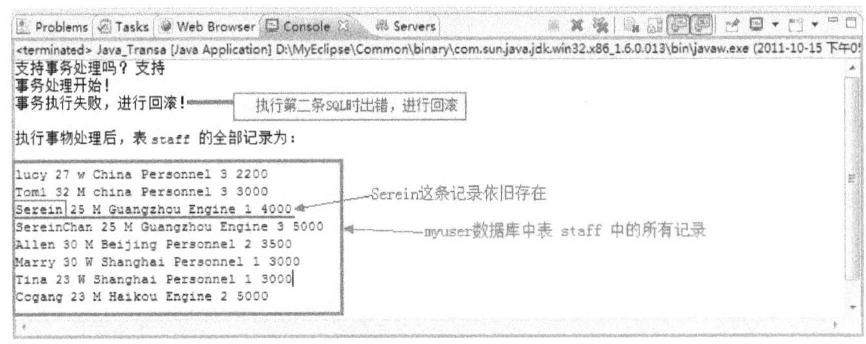

图 17-18　执行效果

17.6　存 储 过 程

知识点讲解：光盘:视频\PPT 讲解（知识点）\第 17 章\存储过程.mp4

数据库存储程序有时也被称为存储模块，这是一种被数据库服务器所存储和执行的计算机程序（有一系列不同的称呼），存储程序的源代码（有时）可能是二进制编译版本，几乎总是占据着数据库服务器系统的表空间，程序总是位于其数据库服务器的进程或线程的内存地址中被执行。

17.6.1　存储过程基础

在计算机中主要有 3 种类型的数据库存储程序，本书所要讲的存储过程就是其中的一种类型，另外两种分别是存储函数和触发器。存储过程是最常见的存储程序，存储过程是能够接受数个输入和输出参数并且能够在请求时被执行的程序单元。存储过程预先用 SQL 语句写好，用一个指定的名称存储起来，经过编译后存储在数据库中。当需要使用时，用户只需要传入指定存储过程的名字，并给出参数（如果存储过程是带参数的话）来执行它。

存储过程的优点如下所示。

（1）可以提高数据库的执行速度：存储过程中可以包含多个执行指令，且只需要编译一次即可使用。如果将存储过程中的指令分成一条条的 SQL 语句，在执行时，需要一条条编译，一条条执行，这占用很多时间，也会使得程序的运行速度很慢，使得程序的性能降低。

（2）方便开发者使用：由于存储过程中只需编写一次，因此可以重复使用，这大大减少了开发人员的工作量。

（3）安全性高：存储过程在调用的时候可以传入参数，所以可以根据传入的参数来限制此人是否可以调用此过程，从而提高了数据的安全性。

17.6.2　创建存储过程

存储过程可分为四类，分别是无参数存储过程、带输入值过程、带输出值过程和既有输入参数又有输出值的存储过程。在创建存储过程时，可以使用 CREATE PROCEDURE、CREATE FUNCTION 或者 CREATE TRIGGER 语句来实现。也可以直接把这些语句输入 MySQL 命令行，但是对于一般的存储程序大小而言，这有些不太实际，所以建议使用文本编辑器创建一个文本文件来容纳我们的存储程序，然后就可以使用命令行客户端和其他工具来递交这个文件。笔者使用的是 MySQL Query Browser 做为文本编辑器，读者可以从网络中获得这个工具。

在 MySQL Query Browser 中创建存储过程的步骤非常简单，下载 MySQL Query Browser 后安装并运行它，在 Schemata 视图中找到"myuser"数据库，在"staff"表格上右键单击"Create

New Procedure"，在弹出的对话框中输入存储过程的名称，例如 addStaff，然后单击"Create Procedure"按钮创建存储过程，如图 17-19 所示。

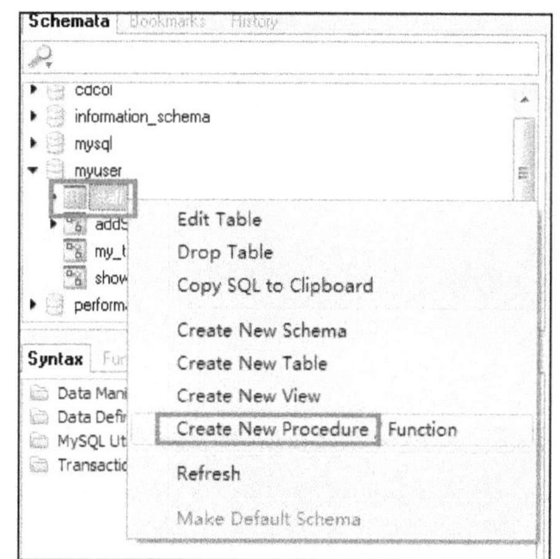
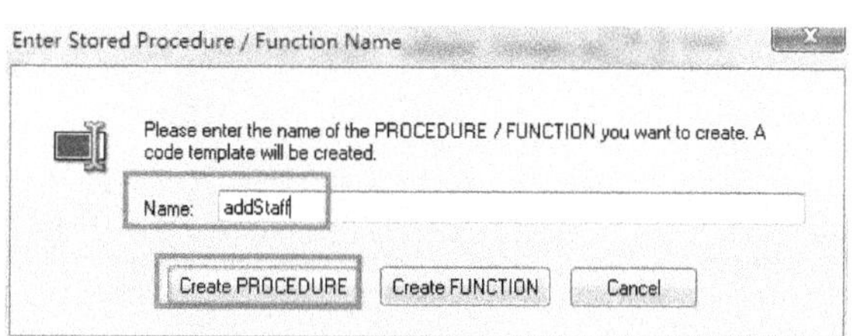

图 17-19　在 MySQL Query Browser 中创建存储过程

创建上述存储过程后会显示一个存储过程的模板，我们进行如下修改。

```
DELIMITER $
DROP PROCEDURE IF EXISTS `myuser`.`addStaff` $
CREATE PROCEDURE `myuser`.`addStaff` (in sname varchar(50), in age int, in sex varchar(5), in address varchar(50), in depart varchar(50), in worklen int, in wage int,out sid int)
BEGIN
    insert into staff(name,age,sex,address,depart,worklen,wage) values (sname,age,sex,address,depart,worklen,wage);
    select last_insert_id() into sid;
END $
DELIMITER ;
```

关于上述代码的具体说明如下所示。

❑ DELIMITER $$：将定界符定义为"$$"，这样，即在这个过程中"；"不再是语句的结束符，而是"$$"。

❑ DROP PROCEDURE IF EXISTS `myuser`.`addStaff` $$：判断，如果已经存在 addStaff 这个存储过程，则将其删除。

❑ CREATE PROCEDURE `myuser`.`addStaff` (in sname varchar(50), in age int, in sex varchar(5), in address varchar(50), in depart varchar(50), in worklen int, in wage int,out sid int) ：这是即带有输入参数也带有输出参数的过程。

❑ myuse：数据库名。

❑ addStaff：存储过程名。

❑ in sname varchar(50)：in 表示"sname"参数是输入型参数， varchar(50) 表示值的类型，类似还有 int ；前面 7 个都是输入参数。

❑ out sid int：out 表示 "sid "参数是输出型参数，int 表示值的类型。

❑ BEGIN 和 END 之间的是 SQL 语句集合。

❑ insert into staff(name,age,sex,address,depart,worklen,wage) values (sname,age,sex,address, depart,worklen,wage);：插入一条记录，记录各个字段的值由传入的参数进行输入，即第一个括号里的是字段名，第二个括号里的是输入参数的值。

然后按下 Execute 按钮执行存储过程，如果发生了错误，将在 Query Browser 底部显示错误并用高亮标识发生错误的行，否则将在左侧的"Schemata"选项卡中发现存储过程已被成功创建，如图 17-20 所示。

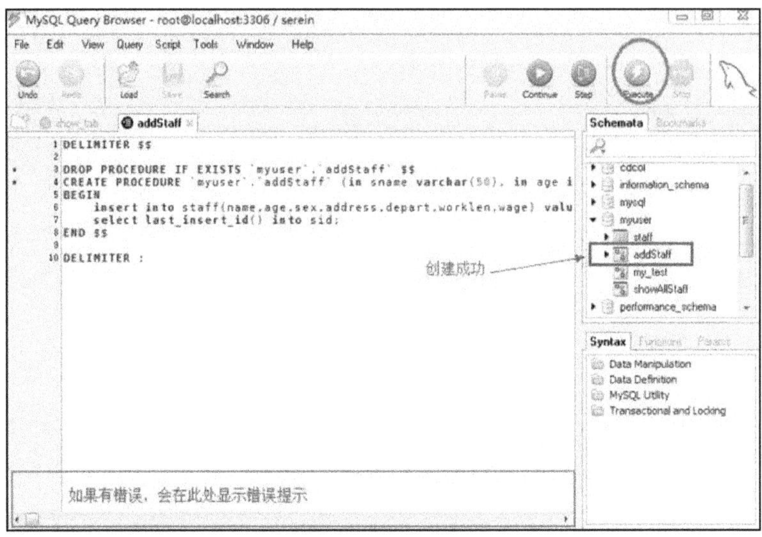

图 17-20　成功创建

17.6.3　调用创建存储过程

接下来开始调用在本章 17.6.2 节中创建的存储过程。首先新建一个类，例如 procedureTest，具体实现代码如下所示。

```java
package com.serein.jdbc;
import java.sql.*;
import com.sun.org.apache.xalan.internal.xsltc.compiler.util.Type;
public class procedureTest {
    // 数据库连接
    public static Connection getConnection() {
        Connection conn = null;
        try {
            Class.forName("com.mysql.jdbc.Driver"); // 加载MySQL数据驱动
            conn = DriverManager.getConnection(
                "jdbc:mysql://localhost:3306/myuser", "root", "root"); // 创建数据连接
        } catch (Exception e) {
            System.out.println("数据库连接失败");
        }
        return conn;
    }

    // 列出数据库中所有的存储过程名
    public static void GET_AllProName(Connection con) {
        try {
            DatabaseMetaData md = con.getMetaData(); // 获得数据库的元数据
            ResultSet resultSet = md.getProcedures(null, null, "%"); // 获得所有的存储过程的描述
            System.out.println("数据库现有的存储过程名为:"); // 显示存储过程名, 位于结果集的第三个字段

            while (resultSet.next()) {
                String procName = resultSet.getString(3);
                System.out.print(procName + "\n");
            }

            System.out.println();
        } catch (SQLException e) {
            e.printStackTrace();
        }
    }
    // 调用存储过程
    public static void CALL_Procedure(Connection con) throws Exception {
        CallableStatement cst = null;        // CallableStatement是Statement的子类
        System.out.println("开始执行存储过程");
        try {
            // 调用无参数的存储过程
            cst = con.prepareCall("{call addStaff(?,?,?,?,?,?,?,?)}");        //8个?号作占位符
```

```java
            //设置输入的参数值
            cst.setString(1, "Tina");
            cst.setInt(2, 23);
            cst.setString(3, "W");
            cst.setString(4, "Shanghai");
            cst.setString(5, "Personnel");
            cst.setInt(6, 1);
            cst.setInt(7, 3000);
            cst.registerOutParameter(8, Type.INTERNAL);     //注册输出参数类型
            cst.execute();   //执行

            int insertID = cst.getInt(8);     //获取输出的参数值
            System.out.println("The last staff ID is :" + insertID);     //将输入的参数打印出来
        } catch (SQLException e) {
            e.printStackTrace();
        } finally {
            cst.close();
        }
        System.out.println("存储过程执行结束");
    }
    public static void main(String[] args) throws Exception{
        Connection conn = null;
        try {
            conn = getConnection(); // 获得数据库连接
            GET_AllProName(conn); // 列出数据库的所有存储过程名
            CALL_Procedure(conn); // 调用存储过程
        } catch (Exception e1) {
            throw e1;
        } finally {
            conn.close(); // 关闭数据库连接
        }
    }
}
```

在上述代码中，CallableStatement 用于执行 SQL 的 Statement，这是专门用于执行 SQL 存储过程的接口。在"控制台"中的运行效果如图 17-21 所示。

图 17-21　"控制台"中的运行效果

17.7　技 术 解 惑

17.7.1　池子的功效

长期以来，对于数据库连接应用问题的根源就在于对数据库连接资源的低效管理。我们知道，对于共享资源，有一个很著名的设计模式：资源池（Resource Pool）。该模式正是为了解决资源的频繁分配释放所造成的问题。为解决上述问题，可以采用数据库连接池技术。数据库连接池的基本思想就是为数据库连接建立一个"缓冲池"。预先在缓冲池中放入一定数量的连接，当需要建立数据库连接时，只需从"缓冲池"中取出一个，使用完毕之后再放回去。我们可以通过设定连接池最大连接数来防止系统无尽的与数据库连接。更为重要的是，可以通过连接池的管理机制监视数据库的连接的数量使用情况，为系统开发测试及性能调整提供依据。

17.7.2　服务器自带连接池的问题

JDBC 的 API 中没有提供连接池的方法。一些大型的 Web 应用服务器如 BEA 的 WebLogic 和 IBM 的 WebSphere 等提供了连接池的机制，但是必须有其第三方的专用类方法支持连接池的用法。对于连接池来说，主要面临着如下 5 个关键问题。

（1）并发问题。

为了使连接管理服务具有最大的通用性，必须考虑多线程环境，即并发问题。这个问题相对比较好解决，因为 Java 语言自身提供了对并发管理的支持，使用 synchronized 关键字即可确保线程是同步的。使用方法为直接在类方法前面加上 synchronized 关键字，例如：

```
public synchronized Connection getConnection()
```

（2）多数据库服务器和多用户。

对于大型的企业级应用，常常需要同时连接不同的数据库（如连接 Oracle 和 Sybase）。如何连接不同的数据库呢?我们采用的策略是：设计一个符合单例模式的连接池管理类，在连接池管理类的唯一实例被创建时读取一个资源文件,其中资源文件中存放着多个数据库的url地址()?用户名()?密码()等信息。如 tx.url=172.21.15.123：5000/tx_it, tx.user=yang, tx.password=yang321。根据资源文件提供的信息，创建多个连接池类的实例，每一个实例都是一个特定数据库的连接池。连接池管理类实例为每个连接池实例取一个名字，通过不同的名字来管理不同的连接池。

对于同一个数据库有多个用户使用不同的名称和密码访问的情况，也可以通过资源文件处理，即在资源文件中设置多个具有相同 url 地址，但具有不同用户名和密码的数据库连接信息。

（3）事务处理。

众所周知，事务具有原子性，此时要求对数据库的操作符合 "ALL-ALL-NOTHING" 原则，即对于一组 SQL 语句要么全做，要么全不做。在 Java 语言中，Connection 类本身提供了对事务的支持，可以通过设置 Connection 的 AutoCommit 属性为 false，然后显式地调用 commit 或 rollback 方法来实现。但要高效地进行 Connection 复用，就必须提供相应的事务支持机制。可采用每一个事务独占一 个连接来实现，这种方法可以大大降低事务管理的复杂性。

（4）连接池的分配与释放。

连接池的分配与释放，对系统的性能有很大的影响。合理的分配与释放，可以提高连接的复用度，从而降低建立新连接的开销，同时还可以加快用户的访问速度。

对于连接的管理可使用空闲池。即把已经创建但尚未分配出去的连接按创建时间存放到一个空闲池中。每当用户请求一个连接时，系统首先检查空闲池内有没有空闲连接。如果有就把建立时间最长（通过容器的顺序存放实现）的那个连接分配给他（实际是先做连接是否有效的判断，如果可用就分配给用户，如不可用就把这个连接从空闲池删掉，重新检测空闲池是否还有连接）；如果没有则检查当前所开连接池是否达到连接池所允许的最大连接数（maxConn），如果没有达到，就新建一个连接。如果已经达到，就等待一定的时间（timeout）。如果在等待的时间内有连接被释放出来就可以把这个连接分配给等待的用户，如果等待时间超过了预定时间 timeout，则返回空值（null）。系统对已经分配出去正在使用的连接只做计数，当使用完后再返还给空闲池。对于空闲连接的状态，可以开辟专门的线程定时检测，这样会花费一定的系统开销，但可以保证较快的响应速度。也可采取不开辟专门线程，只是在分配前检测的方法。

（5）连接池的配置与维护。

连接池中到底应该放置多少连接，才能使系统的性能最佳?系统可采取设置最小连接数（minConn）和最大连接数（maxConn）来控制连接池中的连接。最小连接数是系统启动时连接池所创建的连接数。如果创建过多，则系统启动就慢，但创建后系统的响应速度会很快。如果创建过少，则系统启动很快，响 应起来却慢。这样，可以在开发时，设置较小的最小连接数，开发起来会快，而在系统实际使用时设置较大的，这样对访问客户来说速度会快些。最大连接数是连接池中允许连接的最大数目，具体设置多少，要看系统的访问量，可通过反复测试，找到最佳点。

如何确保连接池中的最小连接数呢？有动态和静态两种策略。动态即每隔一定时间就对连接池进行检测，如果发现连接数量小于最小连接数，则补充相应数量的新连接，以保证连接池的正常运转。静态是发现空闲连接不够时再去检查。

17.7.3　连接池模型

下面讨论的连接池包括一个连接池类（DBConnectionPool）和一个连接池管理类（DBConnetionPoolManager）。连接池类是对某一数据库所有连接的"缓冲池"，主要实现如下所示的功能。

- ❑　从连接池获取或创建可用连接。
- ❑　使用完毕之后，把连接返还给连接池。
- ❑　在系统关闭前，断开所有连接并释放连接占用的系统资源。
- ❑　还能够处理无效连接（原来登记为可用的连接，由于某种原因不再可用，如超时，通讯问题），并能够限制连接池中的连接总数不低于某个预定值和不超过某个预定值。

连接池管理类是连接池类的外覆类（wrapper），符合单例模式，即系统中只能有一个连接池管理类的实例。其主要用于对多个连接池对象的管理，具有如下所示的功能。

- ❑　装载并注册特定数据库的 JDBC 驱动程序。
- ❑　根据属性文件给定的信息，创建连接池对象。
- ❑　为方便管理多个连接池对象，为每一个连接池对象取　个名字，实现连接池名字与其实例之间的映射。
- ❑　跟踪客户使用连接情况，以便需要时关闭连接释放资源。连接池管理类的引入主要是为了方便对多个连接池的使用和管理，如系统需要连接不同的数据库，或连接相同的数据库但由于安全性问题，需要不同的用户使用不同的名称和密码。

17.7.4　数据模型、概念模型和关系数据模型

数据模型是现实世界数据特征的抽象，是数据技术的核心和基础。数据模型是数据库系统的数学形式框架，是用来描述数据的一组概念和定义，主要包括如下 3 方面的内容。

- ❑　静态特征：对数据结构和关系的描述。
- ❑　动态特征：在数据库上的操作，例如添加、删除和修改。
- ❑　完整性约束：数据库中的数据必须满足的规则。

不同的数据模型具有不同的数据结构。目前最为常用的数据模型有层次模型、网状模型、关系模型和面向对象数据模型。其中层次模型和网状模型统称为非关系模型。

概念模型是按照用户的观点对数据和信息进行建模，而数据模型是按照计算机系统的观点对数据进行建模。概念模型用于信息世界的建模，人们常常先将现实世界抽象为信息世界，然后将信息世界转换为机器世界。而概念模型是现实世界到机器世界的一个中间层次。

概念模型是对信息世界的建模，它可以用 E-R 图来描述世界的概念模型。E-R 图提供了表示实体型、属性和联系的方法。

- ❑　实体型：用矩形表示，框内写实体名称。
- ❑　属性：用椭圆表示，框内写属性名称。
- ❑　联系：用菱形表示，框内写联系名称。

例如，图 17-22 描述了实体—属性图。

图 17-23 描述了实体—联系图。

关系模型是当前应用最为广泛的一种模型。关系数据库都采用关系模型作为数据的组织方式。自从 20 世纪 80 年代以来，计算机厂商推出的数据库管理系统几乎都支持关系模型。

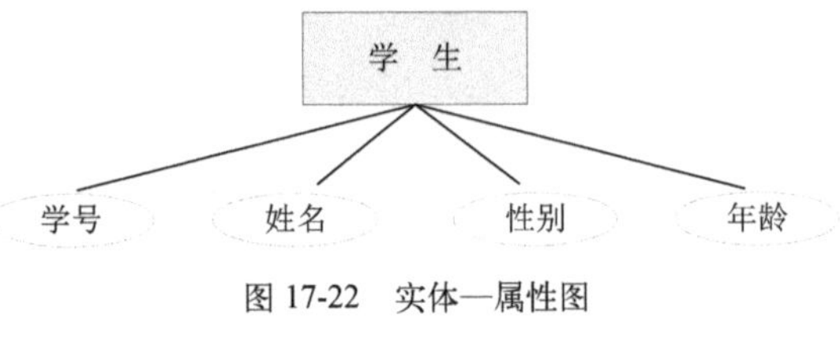

图 17-22　实体—属性图

关系模型的基本要求是关系必须要规范，即要求关系模式必须满足一定的规范条件，关系的分量必须是一个不可再分的数据项。

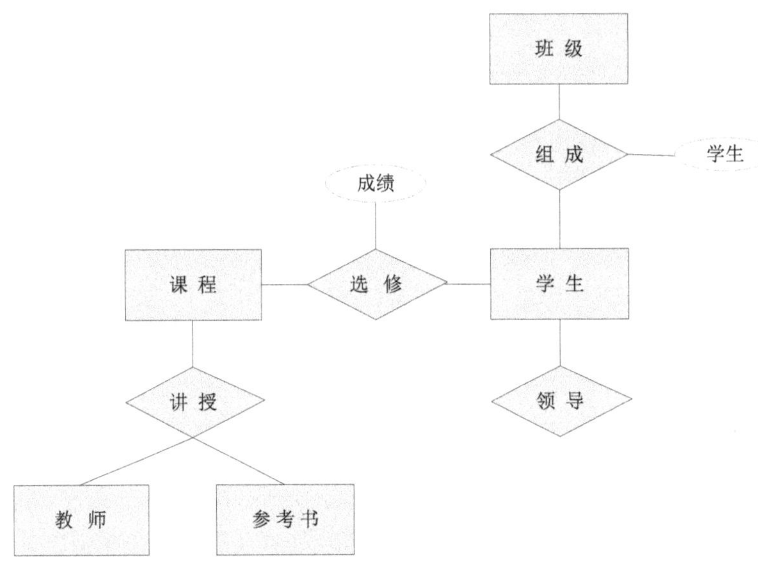

图 17-23　实体—联系图

17.7.5　数据库系统的结构

设计数据库时，强调的是数据库结构；使用数据库时，关心的是数据库中的数据。从数据库系统角度看，数据库系统通常采用三级模式结构，这是数据库管理系统的内部系统结构。

数据库系统的三级模式结构是指数据库系统由外模式（物理模式）、模式（逻辑模式）和内模式三级抽象模式构成，这是数据库系统的体系结构或总结构。上述具体结构如图 17-24 所示。

数据库管理系统即 DBMS，是数据库系统的核心，是为数据库的建立、使用和维护而配置的软件。它建立在操作系统的基础之上，是位于操作系统与用户之间的一层数据管理软件，负责对数据库进行统一的管理和控制。数据库管理系统的功能主要包括 7 个方面：数据定义、数据操纵、数据库运行管理、数据组织、存储和管理、数据库的建立和维护、数据通信接口。

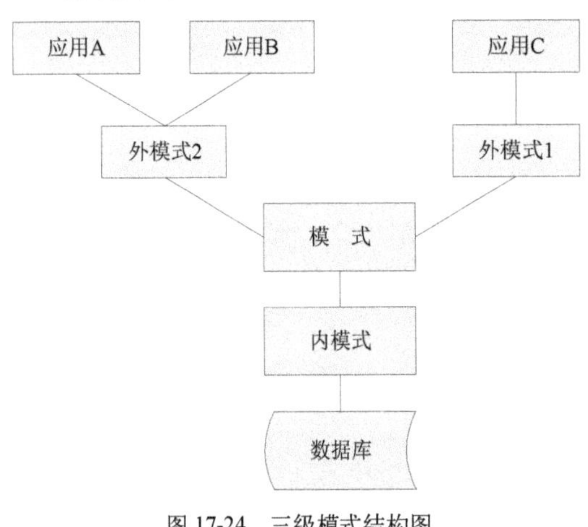

图 17-24　三级模式结构图

第 18 章

网络与通信编程

    Java 语言在网络通信方面的优点特别突出，要远远领先其他语言。本章将详细讲解使用 Java 语言开发网络项目的基本知识，为读者步入本书后面知识的学习打下基础。

本章内容

▶▶ Java 中的网络包
▶▶ TCP 编程
▶▶ UDP 编程
▶▶ 代理服务器

技术解惑

使用异常处理完善程序
使用 ServerSocketChannel 的麻烦之处
体会烦琐的 DatagramPacket
MulticastSocket 类的重要意义
继承 ProxySelector 时需要做的工作
代理服务无止境

18.1　Java 中的网络包

知识点讲解：光盘:视频\PPT 讲解（知识点）\第 18 章\Java 中的网络包.mp4

Java 作为一门面向对象的高级语言，提供了专门的包来支持网络应用。在包 java.net 中通过类 URL 和类 URLConnection 提供了以编程方式访问 Web 服务的功能，通过类 URLDecoder 和 URLEncoder 提供了普通字符串和 application/x-www-form-urlencoded MIME 字符串相互转换的静态方法。

18.1.1　InetAddress 类详解

在 Java 中使用类 InetAddress 来表示 IP 地址，在类 InetAddress 下还有如下两个子类。

- □ Inet4Address：代表 Internet Protocol version 4 (IPv4)地址。
- □ Inet6Address：Internet Protocol version 6 (IPv6)地址。

在类 InetAddress 中没有提供构造器，而是提供了如下两个静态方法来获取 InetAddress 实例。

- □ getByName (String host)：根据主机获取对应的 InetAddress 对象。
- □ getByAddress (byte[] addr)：根据原始 IP 地址来获取对应的 InetAddress 对象。

在 InetAddress 中可以通过如下 3 个方法来获取 InetAddress 实例对应的 IP 地址和主机名。

- □ String getCanonicalHostName()：获取此 IP 地址的全限定域名。
- □ String getHostAddress()：返回该 InetAddress 实例对应的 IP 地址字符串(以字符串形式)。
- □ String getHostName()：获取此 IP 地址的主机名。

另外，在类 InetAddress 中还包含了如下重要方法。

- □ getLocalHost()：获取本机 IP 地址对应的 InetAddress 实例。
- □ isReachable()：测试是否可以到达该地址，该方法的实现将尽最大努力试图到达主机，但防火墙和服务器配置可能阻塞请求，使其在某些特定的端口可以访问时处于不可达的状态。如果可以获得权限，则典型实现将使用 ICMP ECHO REQUEST；否则它将试图在目标主机的端口 7 Echo）上建立 TCP 连接。

18.1.2　URLDecoder 类和 URLEncoder 类详解

URLDecoder 类和 URLEncoder 类的功能是，完成普通字符串和 application/x-www-form-urlencoded MIME 字符串之间的相互转换。application/x-www-form-urlencoded MIME 虽然不是普通的字符串，但是在现实应用中经常见到，例如搜索引擎网址中看似是乱码的内容，如图 18-1 所示。

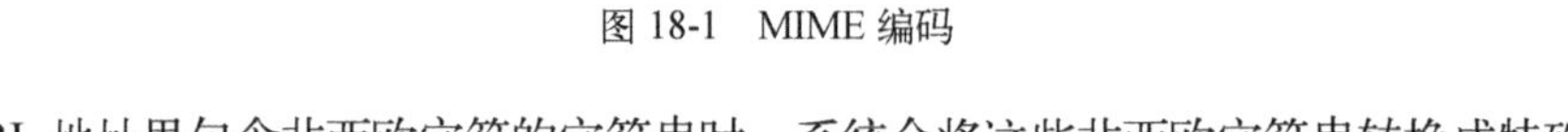

图 18-1　MIME 编码

当 URL 地址里包含非西欧字符的字符串时，系统会将这些非西欧字符串转换成特殊字符串。在编程过程中可以将普通字符串和这种特殊字符串相关转换，此功能是通过使用 URLDecoder 和 URLEncoder 类实现的。

- □ URLDecoder 类：包含一个 decode (String s, String enc)静态方法，它可以将看上去是乱码的特殊字符串转换成普通字符串。
- □ URLEncoder 类：包含一个 encode (String s, String enc)静态方法，它可以将普通字符串转换成 application/x-www-form-urlencoded MIME 字符串。

在现实应用中，我们无须转换仅包含西欧字符的普通字符串和 application/x-www-form-urlencoded MIME 字符串。但是需要转换包含中文字符的普通字符串，转换的方法是每个中文字符占 2 个字节，每个字节可以转换成 2 个十六进制的数字，所以每个中文字符将转换成"%XX%XX"的形式。当采用不同的字符集时，每个中文字符对应的字节数并不完全相同，所以使用 URLEncoder 和 URLDecoder 进行转换时也需要指定字符集。

18.1.3　URL 和 URLConnection

URL 是 Uniform Resource Locator 的缩写，意为统一资源定位器，它是指向互联网"资源"的指针。资源可以是简单的文件或目录，也可以是对更为复杂的对象引用，例如对数据库或搜索引擎的查询。通常情况而言，URL 可以由协议名、主机、端口和资源组成。URL 需要满足如下格式。

```
protocol://host:port/resourceName
```

例如下面就是一个 URL 地址。

```
http://www.163.com
```

在 JDK 中为我们提供了一个 URI (Uniform Resource Identifiers)类，其实例代表一个统一资源标识符。Java 的 URI 不能用于定位任何资源，它的唯一作用就是解析。在 URL 中包含了一个可打开到达该资源的输入流，因此我们可以将 URL 理解成 URI 的特例。

在类 URL 中提供了多个构造器用于创建 URL 对象，一旦获得了 URL 对象之后，可以调用如下方法来访问该 URL 对应的资源。

- ❑ String getFile()：获取此 URL 的资源名。
- ❑ String getHost()：获取此 URL 的主机名。
- ❑ String getPath()：获取此 URL 的路径部分。
- ❑ int getPort()：获取此 URL 的端口号。
- ❑ String getProtocol()：获取此 URL 的协议名称。
- ❑ String getQuery()：获取此 URL 的查询字符串部分。
- ❑ URLConnection openConnection()：返回一个 URLConnection 对象，它表示到 URL 所引用的远程对象的连接。
- ❑ InputStream openStream()：打开与此 URL 的连接，并返回一个用于读取该 URL 资源的 InputStream。

在 URL 中，可以使用 openConnection()方法返回一个 URLConnection 对象，该对象表示应用程序和 URL 之间的通信链接。应用程序可以通过 URLConnection 实例向此 URL 发送请求，并读取 URL 引用的资源。

创建一个与 URL 连接的、并发送请求、读取此 URL 引用的资源的步骤如下所示。

（1）通过调用 URL 对象 openConnection()方法来创建 URLConnection 对象。

（2）设置 URLConnection 的参数和普通请求属性。

（3）如果只是发送 GET 方式的请求，使用方法 connect 建立与远程资源之间的实际连接即可；如果需要发送 POST 方式的请求，需要获取 URLConnection 实例对应的输出流来发送请求参数。

（4）远程资源变为可用，程序可以访问远程资源的头字段或通过输入流读取远程资源的数据。

在建立与远程资源的实际连接之前，我们可以通过如下方法来设置请求头字段。

- ❑ setAllowUserInteraction：设置该 URLConnection 的 allowUserInteraction 请求头字段的值。
- ❑ setDoInput：设置该 URLConnection 的 doInput 请求头字段的值。
- ❑ setDoOutput：设置该 URLConnection 的 doOutput 请求头字段的值。
- ❑ setIfModifiedSince：设置该 URLConnection 的 ifModifiedSince 请求头字段的值。
- ❑ setUseCaches：设置该 URLConnection 的 useCaches 请求头字段的值。

除此之外，还可以使用如下方法来设置或增加通用头字段。

- ❑ setRequestProperty (String key, String value)：设置该 URLConnection 的 key 请求头字段的值为 value。
- ❑ addRequestProperty (String key, String value)：为该 URLConnection 的 key 请求头字段的增加 value 值，该方法并不会覆盖原请求头字段的值，而是将新值追加到原请求头字段中。

当发现远程资源可以使用后，我们使用如下方法访问头字段和内容。

- ❑ Object getContent()：获取该 URLConnection 的内容。
- ❑ String getHeaderField (String name)：获取指定响应头字段的值。
- ❑ getInputStream()：返回该 URLConnection 对应的输入流，用于获取 URLConnection 响应的内容。
- ❑ getOutputStream()：返回该 URLConnection 对应的输出流，用于向 URLConnection 发送请求参数。
- ❑ getHeaderField：根据响应头字段来返回对应的值。

因为在程序中需要经常访问某些头字段，所以 Java 为我们提供了如下方法来访问特定响应头字段的值。

- ❑ getContentEncoding：获取 content-encoding 响应头字段的值。
- ❑ getContentLength：获取 content-length 响应头字段的值。
- ❑ getContentType：获取 content-type 响应头字段的值。
- ❑ getDate()：获取 date 响应头字段的值。
- ❑ getExpiration()：获取 expires 响应头字段的值。
- ❑ getLastModified()：获取 last-modified 响应头字段的值。

❈ 注意：如果既要使用输入流读取 URLConnection 响应的内容，也要使用输出流发送请求参数，一定要先使用输出流，再使用输入流。另外，无论是发送 GET 请求，还是发送 POST 请求，程序获取 URLConnection 响应的方式完全一样：如果程序可以确定远程响应是字符流，则可以使用字符流来读取；如果程序无法确定远程响应是字符流，则使用字节流读取即可。

18.1.4　实践演练

经过本章前面内容的学习，了解了 Java 网络包中各个类的基本知识，接下来将通过具体实例来实践演练各个类的具体用法。

实例 143	演示 InetAddress 的简单用法
	源码路径　\daima\18\InetAddressyong.java　　　视频路径　\视频\实例\第 18 章\143

实例文件 InetAddressyong.java 的主要代码如下所示。

```java
import java.net.*;
public class InetAddressyong{
    public static void main(String[] args)
        throws Exception{
        //根据主机名来获取对应的InetAddress实例
        InetAddress ip = InetAddress.getByName("www.sohu.cn");
        //判断是否可达
        System.out.println("sohu是否可达:" + ip.isReachable(2000));
        //获取该InetAddress实例的IP字符串
        System.out.println(ip.getHostAddress());
    //根据原始IP地址来获取对应的InetAddress实例
        InetAddress local = InetAddress.getByAddress(new byte[]
        {127,0,0,1});
        System.out.println("本机是否可达: " + local.isReachable(5000));
        //获取该InetAddress实例对应的全限定域名        System.out.println(local.getCanonicalHostName());
    }
}
```

范例 285：普通字符和 MIME 字符的转换
源码路径：光盘\演练范例\285\
视频路径：光盘\演练范例\285\
范例 286：获取计算机名和 IP 地址
源码路径：光盘\演练范例\286\
视频路径：光盘\演练范例\286\

执行后的效果如图 18-2 所示。

上述实例演示了 InetAddress 类几个方法的用法，此类本身并没有提供太多功能，它代表一个 IP 地址对象，是网络通信的基础。

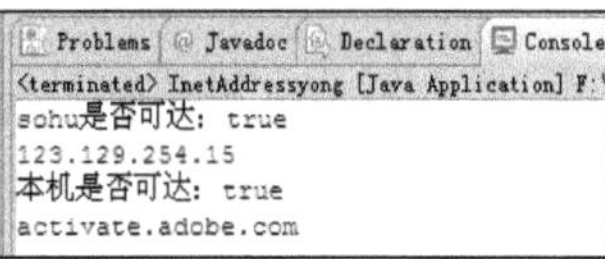

图 18-2　执行效果

<table>
<tr><td>实例 144</td><td>演示 InputStream 实现多线程下载</td></tr>
</table>

源码路径　\daima\18\xiazai.java	视频路径　\视频\实例\第 18 章\144

实例文件 xiazai.java 的主要代码如下所示。

```java
import java.io.*;
import java.net.*;

//定义下载从start到end的内容的线程
class DownThread extends Thread
{
    //定义字节数组的长度
    private final int BUFF_LEN = 32;
    //定义下载的起始点
    private long kaishi;
    //定义下载的结束点
    private long jieshu;
    //下载资源对应的输入流
    private InputStream is;
    //将下载到的字节输出到mm中
    private RandomAccessFile mm ;

    //构造器，传入输入流，输出流和下载起始点、结束点
    public DownThread(long start , long end
        , InputStream is , RandomAccessFile raf)
    {
        //输出该线程负责下载的字节位置
        System.out.println(start + "---->"   + end);
        this.kaishi = start;
        this.jieshu = end;
        this.is = is;
        this.mm = raf;
    }
    public void run()
    {
        try
        {
            is.skip(kaishi);
            mm.seek(kaishi);
            //定义读取输入流内容的缓存数组
            byte[] buff = new byte[BUFF_LEN];
            //本线程负责下载资源的大小
            long contentLen = jieshu - kaishi;
            //定义最多需要读取几次就可以完成本线程的下载
            long times = contentLen / BUFF_LEN + 4;
            //实际读取的字节数
            int hasRead = 0;
            for (int i = 0; i < times ; i++)
            {
                hasRead = is.read(buff);
                //如果读取的字节数小于0，则退出循环!
                if (hasRead < 0)
                {
                    break;
                }
                mm.write(buff, 0 , hasRead);
            }
        }
        catch (Exception ex)
        {
            ex.printStackTrace();
        }
        //使用finally块来关闭当前线程的输入流、输出流
        finally
        {
```

范例 287：向 Web 站点发送请求

源码路径：光盘\演练范例\287\

视频路径：光盘\演练范例\287\

范例 288：获取网址的 IP 地址

源码路径：光盘\演练范例\288\

视频路径：光盘\演练范例\288\

```java
                    try
                    {
                        if (is != null)
                        {
                            is.close();
                        }
                        if (mm != null)
                        {
                            mm.close();
                        }
                    }
                    catch (Exception ex)
                    {
                        ex.printStackTrace();
                    }
                }
            }
        }
    }
}
public class xiazai
{
    public static void main(String[] args)
    {
        final int DOWN_THREAD_NUM = 4;
        final String OUT_FILE_NAME = "down.jpg";
        InputStream[] isArr = new InputStream[DOWN_THREAD_NUM];
        RandomAccessFile[] outArr = new RandomAccessFile[DOWN_THREAD_NUM];
        try
        {
            //创建一个URL对象
            URL url = new URL("http://images.china-pub.com/"
                + "ebook35001-40000/35850/shupi.jpg");
            //以此URL对象打开第一个输入流
            isArr[0] = url.openStream();
            long fileLen = getFileLength(url);
            System.out.println("网络资源的大小" + fileLen);
            //以输出文件名创建第一个RandomAccessFile输出流
            outArr[0] = new RandomAccessFile(OUT_FILE_NAME , "rw");
            //创建一个与下载资源相同大小的空文件
            for (int i = 0 ; i < fileLen ; i++ )
            {
                outArr[0].write(0);
            }
            //每线程应该下载的字节数
            long numPerThred = fileLen / DOWN_THREAD_NUM;
            //整个下载资源整除后剩下的余数
            long left = fileLen % DOWN_THREAD_NUM;
            for (int i = 0 ; i < DOWN_THREAD_NUM; i++)
            {
                //为每个线程打开一个输入流、一个RandomAccessFile对象
                //让每个线程分别负责下载资源的不同部分
                if (i != 0)
                {
                    //以URL打开多个输入流
                    isArr[i] = url.openStream();
                    //以指定输出文件创建多个RandomAccessFile对象
                    outArr[i] = new RandomAccessFile(OUT_FILE_NAME , "rw");
                }
                //分别启动多个线程来下载网络资源
                if (i == DOWN_THREAD_NUM - 1 )
                {
                    //最后一个线程下载指定numPerThred+left个字节
                    new DownThread(i * numPerThred , (i + 1) * numPerThred + left
                        , isArr[i] , outArr[i]).start();
                }
                else
                {
                    //每个线程负责下载一定的numPerThred个字节
                    new DownThread(i * numPerThred , (i + 1) * numPerThred
                        , isArr[i] , outArr[i]).start();
                }
            }
        }
        catch (Exception ex)
        {
            ex.printStackTrace();
```

```
        }
    }
    //定义获取指定网络资源的长度的方法
    public static long getFileLength(URL url) throws Exception
    {
        long length = 0;
        //打开该URL对应的URLConnection。
        URLConnection con = url.openConnection();
        //获取连接URL资源的长度
        long size = con.getContentLength();
        length = size;
        return length;
    }
}
```

在上述实例中定义了 DownThread 线程类，该线程从 InputStream 中读取从 kaishi 开始，到 jieshu 结束的所有字节数据，并写入 RandomAccessFile 对象。这个 DownThread 线程类的 run() 就是一个简单的输入、输出实现。在上述代码中，在类 MutilDown 类中的方法 main 负责按如下步骤来实现多线程下载。

（1）创建 URL 对象，获取指定 URL 对象所指向资源的大小（由 getFileLength 方法实现），此处用到了 URLConnection 类，该类代表 Java 应用程序和 URL 之间的通信链接。下面还有关于 URLConnection 更详细的介绍。

（2）在本地磁盘上创建一个与网络资源相同大小的空文件。

（3）计算每条线程应该下载网络资源的哪个部分（从哪个字节开始，到哪个字节结束）。

（4）依次创建、启动多条线程来下载网络资源的指定部分。

18.2　TCP 编程

知识点讲解：光盘:视频\PPT 讲解（知识点）\第 18 章\TCP 编程.mp4

TCP/IP 通信协议是一种可靠的网络协议，能够在通信的两端各建立一个 Sockct，从而在通信的两端之间形成网络虚拟链路。一旦建立了虚拟的网络链路，两端的程序就可以通过虚拟链路进行通信。Java 对 TCP 网络通信提供了良好的封装，为我们提供了 Socket 对象来代表两端的通信端口，并通过 Socket 产生 IO 流来进行网络通信。

18.2.1　使用 ServletSocket

在 Java 中可以使用类 ServerSocket 来接受其他通信实体的连接请求，对象 ServerSocket 用于监听来自客户端的 Socket 连接，如果没有连接则会一直处于等待状态。在类 ServerSocket 中包含了如下监听客户端连接请求的方法。

❑ Socket accept()：如果接收到一个客户端 Socket 的连接请求，该方法将返回一个与客户端 Socket 对应的 Socket，否则该方法将一直处于等待状态，线程也被阻塞。

为了创建 ServerSocket 对象，ServerSocket 类为我们提供了如下构造器。

❑ ServerSocket (int port)：用指定的端口 port 来创建一个 ServerSocket。该端口应该有一个有效的端口整数值：0～65535。

❑ ServerSocket (int port, int backlog)：增加一个用来改变连接队列长度的参数 backlog。

❑ ServerSocket (int port, int backlog, InetAddress localAddr)：在机器存在多个 IP 地址的情况下，允许通过 localAddr 这个参数来指定将 ServerSocket 绑定到指定的 IP 地址。

当使用 ServerSocket 完毕后，需要用 ServerSocket 中的方法 close()来关闭该 ServerSocket。在通常情况下，服务器不会只接受一个客户端请求，而是不断地接受来自客户端的所有请求，所以在 Java 程序中可以通过循环来不断地调用 ServerSocket 的 accept()方法。例如下面的代码。

```
//创建一个ServerSocket, 用于监听客户端Socket的连接请求
ServerSocket ss = new ServerSocket(30000);
```

```
//采用循环不断接受来自客户端的请求
while (true)
{
//每当接受到客户端Socket的请求，服务器端也对应产生一个Socket
Socket s = ss.accept();
//下面就可以使用Socket进行通信了
...
}
```

在上述代码中创建的 ServerSocket 没有指定 IP 地址，该 ServerSocket 会绑定到本机默认的 IP 地址。在代码中使用 40000 作为该 ServerSocket 的端口号，通常推荐使用 10000 以上的端口，这主要是为了避免与其他应用程序的通用端口冲突。

18.2.2　使用 Socket

在客户端可以使用 Socket 的构造器来连接到指定服务器，在 Socket 中可以使用如下两个构造器。

- ❑ Socket (InetAddress/String remoteAddress, int port)：创建连接到指定远程主机、远程端口的 Socket，该构造器没有指定本地地址、本地端口，默认使用本地主机的默认 IP 地址，默认使用系统动态指定的 IP 地址。

- ❑ Socket (InetAddress/String remoteAddress, int port, InetAddress localAddr, int localPort)：创建连接到指定远程主机、远程端口的 Socket，并指定本地 IP 地址和本地端口号，适用于本地主机有多个 IP 地址的情形。

在使用构造器指定远程主机时，既可使用 InetAddress 来指定，也可直接使用 String 对象来指定，在 Java 中通常使用 String 对象（如 192.168.2.23）来指定远程 IP。当本地主机只有一个 IP 地址时，使用第一个方法更为简单。例如下面的代码。

```
//创建连接到本机、30000端口的Socket
Socket s = new Socket("127.0.0.1", 30000);
```

当程序执行上述代码后会连接到指定服务器，让服务器端的 ServerSocket 的 accept()方法向下执行，于是服务器端和客户端就产生一对互相连接的 Socket。上述代码连接到"远程主机"的 IP 地址是 127.0.0.1，此 IP 地址总是代表本级的 IP 地址。因为笔者示例程序的服务器端、客户端都是在本机运行，所以 Socket 连接到远程主机的 IP 地址使用 127.0.0.1。

当客户端、服务器端产生了对应的 Socket 之后，程序无须再区分服务器、客户端，而是通过各自的 Socket 进行通信。在 Socket 中提供如下两个方法来获取输入流和输出流。

- ❑ InputStream getInputStream()：返回该 Socket 对象对应的输入流，让程序通过该输入流从 Socket 中取出数据。

- ❑ OutputStream getOutputStream()：返回该 Socket 对象对应的输出流，让程序通过该输出流向 Socket 中输出数据。

实例 145　创建 TCP 协议的服务器端

源码路径　\daima\18\Server.java　　　　　视频路径　\视频\实例\第 18 章\145

实例文件 Server.java 的主要代码如下所示。

```
public class Server
{
    public static void main(String[] args)
        throws IOException
    {
        //创建一个ServerSocket，用于监听客户端Socket的连接请求
        ServerSocket ss = new ServerSocket(30000);
        //采用循环不断接受来自客户端的请求
        while (true)
        {
            //每当接到客户端Socket的请求，服务器端也对应产生
            一个Socket
            Socket s = ss.accept();
            //将Socket对应的输出流包装成PrintStream
```

范例 289：实现 TCP 协议的客户端

源码路径：光盘\演练范例\289\

视频路径：光盘\演练范例\289\

范例 290：判断两网址的主机名是否一致

源码路径：光盘\演练范例\290\

视频路径：光盘\演练范例\290\

```
                PrintStream ps = new PrintStream(s.getOutputStream());
                //进行普通IO操作
                ps.println("圣诞快乐!");
                //关闭输出流，关闭Socket
                ps.close();
                s.close();
            }
        }
}
```

在上述代码中，仅仅建立了 ServerSocket 监听，并使用 Socket 获取输出流输出，所以执行后不会显示任何信息。

经过上述实例可以得出一个结论：一旦使用 ServerSocket、Socket 建立网络连接之后，程序通过网络通信与普通 IO 并没有太大的区别。如果先运行上面程序中的 Server 类，将看到服务器一直处于等待状态，因为服务器使用了死循环来接受来自客户端的请求；再运行 Client 类，将可看到程序输出："来自服务器的数据：圣诞快乐!"这表明客户端和服务器端通信成功。上述代码为了突出通过 ServerSocket 和 Socket 建立连接、并通过底层 IO 流进行通信的主题，程序没有进行异常处理，也没有使用 finally 块来关闭资源。

18.2.3　TCP 中的多线程

Server 和 Client 只是进行了简单的通信操作，当服务器接收到客户端连接之后，服务器向客户端输出一个字符串，而客户端也只是读取服务器的字符串后就退出了。在实际应用中，客户端可能需要和服务器端保持长时间通信，即服务器需要不断地读取客户端数据，并向客户端写入数据，客户端也需要不断地读取服务器数据，并向服务器写入数据。

当使用 readLine()方法读取数据时，如果在该方法成功返回之前线程被阻塞，则程序无法继续执行。所以此服务器很有必要为每个 Socket 单独启动一条线程，每条线程负责与一个客户端进行通信。另外，因为客户端读取服务器数据的线程同样会被阻塞，所以系统应该单独启动一条线程，该线程专门负责读取服务器数据。

假设要开发一个聊天室程序，在服务器端应该包含多条线程，其中每个 Socket 对应一条线程，该线程负责读取 Socket 对应输入流的数据（从客户端发送过来的数据），并将读到的数据向每个 Socket 输出流发送一遍（将一个客户端发送的数据"广播"给其他客户端），因此需要在服务器端使用 List 来保存所有的 Socket。在具体实现时，为服务器提供了如下两个类。

- ❏　创建 ServerSocket 监听的主类。
- ❏　处理每个 Socket 通信的线程类。

实例 146	开发一个聊天室程序	
	源码路径　\daima\18\liao\server\IServer.java	视频路径　\视频\实例\第 18 章\146
	\daima\18\liao\server\Serverxian.java	
	\daima\18\liao\server\Iclient.java	
	\daima\18\liao\server\Clientxian.java	

首先看实例文件【光盘\daima\18\liao\server\IServer.java】的主要代码。

```
package liao.server;
import java.net.*;
import java.io.*;
import java.util.*;


public class IServer
{
    //定义保存所有Socket的ArrayList
    public static ArrayList<Socket> socketList = new ArrayList<Socket>();
     public static void main(String[] args)
        throws IOException
```

> 范例 291：测试 IP 判断类型
> 源码路径：光盘\演练范例\291\
> 视频路径：光盘\演练范例\291\
> 范例 292：查找目标主机
> 源码路径：光盘\演练范例\292\
> 视频路径：光盘\演练范例\292\

```
        {
            ServerSocket ss = new ServerSocket(30000);
            while(true)
            {
                //此行代码会阻塞，将一直等待别人的连接
                Socket s = ss.accept();
                socketList.add(s);
                //每当客户端连接后启动一条ServerThread线程为该客户端服务
                new Thread(new Serverxian(s)).start();
            }
        }
    }
```

在上述代码中，服务器端只负责接受客户端 Socket 的连接请求，每当客户端 Socket 连接到该 ServerSocket 之后，程序将对应 Socket 加入 socketList 集合中保存，并为该 Socket 启动一条线程，该线程负责处理该 Socket 所有的通信任务。

然后看服务器端线程类文件【光盘\daima\18\liao\server\Serverxian.java】的主要代码。

```
//负责处理每个线程通信的线程类
public class Serverxian implements Runnable
{
    //定义当前线程所处理的Socket
    Socket s = null;
    //该线程所处理的Socket所对应的输入流
    BufferedReader br = null;
    public Serverxian(Socket s)
        throws IOException
    {
        this.s = s;
        //初始化该Socket对应的输入流
        br = new BufferedReader(new InputStreamReader(s.getInputStream()));
    }
    public void run()
    {
        try
        {
            String content = null;
            //采用循环不断从Socket中读取客户端发送过来的数据
            while ((content = readFromClient()) != null)
            {
                //遍历socketList中的每个Socket
                //将读到的内容向每个Socket发送一次
                for (Socket s : IServer.socketList)
                {
                    PrintStream ps = new PrintStream(s.getOutputStream());
                    ps.println(content);
                }
            }
        }
        catch (IOException e)
        {
            //e.printStackTrace();
        }
    }
    //定义读取客户端数据的方法
    private String readFromClient()
    {
        try
        {
            return br.readLine();
        }
        //如果捕捉到异常，表明该Socket对应的客户端已经关闭
        catch (IOException e)
        {
            //删除该Socket
            IServer.socketList.remove(s);
        }
        return null;
    }
}
```

在上述代码中，服务器端线程类会不断读取客户端数据，在获取时使用方法 readFromClient()

来读取客户端数据。如果读取数据过程中捕获到 IOException 异常，则说明此 Socket 对应的客户端 Socket 出现了问题，程序就会将此 Socket 从 socketList 中删除。当服务器线程读到客户端数据之后会遍历整个 socketList 集合，并将该数据向 socketList 集合中的每个 Socket 发送一次，该服务器线程将把从 Socket 中读到的数据向 socketList 中的每个 Socket 转发一次。

接下来开始客户端的编码工作，在本应用的每个客户端应该包含如下 2 条线程。

❑　一条负责读取用户的键盘输入，并将用户输入的数据写入 Socket 对应的输出流中。

❑　一条负责读取 Socket 对应输入流中的数据（从服务器发送过来的数据），并将这些数据打印输出。其中负责读取用户键盘输入的线程由 Myclient 负责，也就是由程序的主线程负责。

客户端主程序文件【光盘\daima\18\liao\server\Iclient.java】的主要代码如下所示。

```java
public class IClient
{
    public static void main(String[] args)
        throws IOException
    {
        Socket s = s = new Socket("127.0.0.1" , 30000);
        //客户端启动ClientThread线程不断读取来自服务器的数据
        new Thread(new ClientThread(s)).start();
        //获取该Socket对应的输出流
        PrintStream ps = new PrintStream(s.getOutputStream());
        String line = null;
        //不断读取键盘输入
        BufferedReader br = new BufferedReader(new InputStreamReader(System.in));
        while ((line = br.readLine()) != null)
        {
            //将用户的键盘输入内容写入Socket对应的输出流
            ps.println(line);
        }
    }
}
```

在上述代码中，当线程读到用户键盘输入的内容后，会将用户键盘输入的内容写入该 Socket 对应的输出流。当主线程使用 Socket 连接到服务器之后，会启动 ClientThread 来处理该线程的 Socket 通信。

最后编写客户端的线程处理文件，此线程负责读取 Socket 输入流中的内容，并将这些内容在控制台打印出来。具体代码【光盘\daima\liao\server\Clientxian.java】如下所示。

```java
public class Clientxian implements Runnable
{
    //该线程负责处理的Socket
    private Socket s;
    //该线程所处理的Socket所对应的输入流
    BufferedReader br = null;
    public Clientxian(Socket s)
        throws IOException
    {
        this.s = s;
        br = new BufferedReader(
            new InputStreamReader(s.getInputStream()));
    }
    public void run()
    {
        try
        {
            String content = null;
            //不断读取Socket输入流中的内容，并将这些内容打印输出
            while ((content = br.readLine()) != null)
            {
                System.out.println(content);
            }
        }
        catch (Exception e)
        {
            e.printStackTrace();
```

```
        }
    }
}
```

上述代码能够不断获取 Socket 输入流中的内容，当获取 Socket 输入流中的内容后，直接将这些内容打印在控制台。先运行上面程序中的类 IServer，该类运行后作为本应用的服务器，不会看到任何输出。接着可以运行多个 IClient——相当于启动多个聊天室客户端登录该服务器，此时在任何一个客户端通过键盘输入一些内容后按回车键，将可看到所有客户端（包括自己）都会在控制台收到他刚刚输入的内容，这就简单实现了一个聊天室的功能。

18.2.4　实现非阻塞 Socket 通信

在 Java 应用程序中，可以使用 NIO API 来开发高性能网络服务器，本章前面介绍的网络通信程序有如下特点。

当程序执行输入、输出操作后，在这些操作返回之前会一直阻塞该线程，服务器必须为每个客户端都提供一条独立线程进行处理。

上述特点说明前面的程序是基于阻塞式 API 的，当服务器需要同时处理大量客户端时，这种做法会降低性能。在 Java 应用程序中可以用 NIO API 让服务器使用一个或有限几个线程来同时处理连接到服务器上的所有客户端。

在 Java 的 NIO 中，为非阻塞式的 Socket 通信提供了如下特殊类。

❑ Selector：它是 SelectableChannel 对象的多路复用器，所有希望采用非阻塞方式进行通信的 Channel 都应该注册到 Selector 对象。可通过调用此类的静态 open()方法来创建 Selector 实例，该方法将使用系统默认的 Selector 来返回新的 Selector。Selector 可以同时监控多个 SelectableChannel 的 I/O 状况，是非阻塞 I/O 的核心。一个 Selector 实例有如下 3 个 SelectionKey 的集合。

❑ 所有 SelectionKey 集合：代表了注册在该 Selector 上的 Channel，这个集合可以通过 keys() 方法返回。

❑ 被选择的 SelectionKey 集合：代表了所有可通过 select()方法监测到、需要进行 I/O 处理的 Channel，这个集合可以通过 selectedKeys()返回。

❑ 被取消的 SelectionKey 集合：代表了所有被取消注册关系的 Channel，在下一次执行 select()方法时，这些 Channel 对应的 SelectionKey 会被彻底删除，程序通常无须直接访问该集合。

除此之外，Selector 还提供了如下和 select()相关的方法。

❑ int select()：监控所有注册的 Channel，当它们中间有需要处理的 I/O 操作时，该方法返回，并将对应的 SelectionKey 加入被选择的 SelectionKey 集合中，该方法返回这些 Channel 的数量。

❑ int select (long timeout)：可以设置超时时长的 select()操作。

❑ int selectNow()：执行一个立即返回的 select()操作，相对于无参数的 select()方法而言，该方法不会阻塞线程。

❑ Selector wakeup()：使一个还未返回的 select()方法立刻返回。

❑ SelectableChannel：它代表可以支持非阻塞 I/O 操作的 Channel 对象，可以将其注册到 Selector 上，这种注册的关系由 SelectionKey 实例表示。在 Selector 对象中，可以使用 select()方法设置允许应用程序同时监控多个 I/O Channel。Java 程序可调用 Selectable Channel 中的 register()方法将其注册到指定 Selector 上，当该 Selector 的某些 Selectable Channel 上有需要处理的 I/O 操作时，程序可以调用 Selector 实例的 select()方法获取它们的数量，并通过 selectedKeys()方法返回它们对应的 SelectKey 集合。这个集合的作用巨大，因为通过该集合就可以获取所有需要处理 I/O 操作的 Selectable Channel 集。

对象 SelectableChannel 支持阻塞和非阻塞两种模式，其中所有 channel 默认都是阻塞模式，我们必须使用非阻塞式模式才可以利用非阻塞 I/O 操作。

在 SelectableChannel 中提供了如下两个方法来设置和返回该 Channel 的模式状态。

❑　SelectableChannel configureBlocking (boolean block)：设置是否采用阻塞模式。

❑　boolean isBlocking()：返回该 Channel 是否是阻塞模式。

不同的 SelectableChannel 所支持的操作不一样，例如 ServerSocketChannel 代表一个 ServerSocket，它就只支持 OP_ACCEPT 操作。在 SelectableChannel 中提供了如下方法来返回它支持的所有操作。

❑　int validOps()：返回一个 bit mask，表示这个 channel 上支持的 I/O 操作。

除此之外，SelectableChannel 还提供了如下方法获取它的注册状态。

❑　boolean isRegistered()：返回该 Channel 是否已注册在一个或多个 Selector 上。

❑　SelectionKey keyFor (Selector sel)：返回该 Channel 和 sel Selector 之间的注册关系，如果不存在注册关系，则返回 null。

❑　SelectionKey：该对象代表 SelectableChannel 和 Selector 之间的注册关系。

❑　ServerSocketChannel：支持非阻塞操作，对应于 java.net.ServerSocket 这个类，提供了 TCP 协议 I/O 接口，只支持 OP_ACCEPT 操作。该类也提供了 accept()方法，功能相当于 ServerSocket 提供的 accept()方法。

❑　SocketChannel：支持非阻塞操作，对应于 java.net.Socket 这个类，提供了 TCP 协议 I/O 接口，支持 OP_CONNECT, OP_READ 和 OP_WRITE 操作。这个类还实现了 ByteChannel 接口、ScatteringByteChannel 接口和 GatheringByteChannel 接口，所以可以直接通过 SocketChannel 来读写 ByteBuffer 对象。

服务器上所有 Channel 都需要向 Selector 注册，包括 ServerSocketChannel 和 SocketChannel。该 Selector 则负责监视这些 Socket 的 I/O 状态，当其中任意一个或多个 Channel 具有可用的 I/O 操作时，该 Selector 的 select()方法将会返回大于 0 的整数，该整数值就表示该 Selector 上有多少个 Channel 具有可用的 I/O 操作，并提供了 selectedKeys()方法来返回这些 Channel 对应的 SelectionKey 集合。正是通过 Selector 才使得服务器端只需要不断地调用 Selector 实例的 select()方法，就可以知道当前所有 Channel 是否有需要处理的 I/O 操作。当 Selector 上注册的所有 Channel 都没有需要处理的 I/O 操作时，将会阻塞 select()方法，此时调用该方法的线程被阻塞。

我们继续以聊天室为例，讲解非阻塞 Socket 通信在 Java 应用项目中的实现过程。我们的目标是，在服务器端使用循环不断获取 Selector 的 select()方法返回值，当该返回值大于 0 时就处理该 Selector 上被选择 SelectionKey 所对应的 Channel。在具体实现时，服务器端使用 ServerSocketChannel 来监听客户端的连接请求，程序先调用它的 socket()方法获得关联 ServerSocket 对象，再用该 ServerSocket 对象绑定到指定监听 IP 和端口上。最后在服务器端调用 Selector 的 select()方法来监听所有 Channel 上的 I/O 操作。

开始具体编码，其中服务器端的主要代码【光盘\daima\liao\server\feizuServer.java】如下所示。

```java
public class feizuServer
{
    //用于检测所有Channel状态的Selector
    private Selector selector = null;
    //定义实现编码、解码的字符集对象
    private Charset charset = Charset.forName("UTF-8");
    public void init()throws IOException
    {
        selector = Selector.open();
```

```java
//通过open方法来打开一个未绑定的ServerSocketChannel实例
ServerSocketChannel server = ServerSocketChannel.open();
InetSocketAddress isa = new InetSocketAddress(
    "127.0.0.1", 30000);
//将该ServerSocketChannel绑定到指定IP地址
server.socket().bind(isa);
//设置ServerSocket以非阻塞方式工作
server.configureBlocking(false);
//将server注册到指定Selector对象
server.register(selector, SelectionKey.OP_ACCEPT);
while (selector.select() > 0)
{
    //依次处理selector上的每个已选择的SelectionKey
    for (SelectionKey sk : selector.selectedKeys())
    {
        //从selector上的已选择Key集中删除正在处理的SelectionKey
        selector.selectedKeys().remove(sk);
        //如果sk对应的通道包含客户端的连接请求
        if (sk.isAcceptable())
        {
            //调用accept方法接受连接，产生服务器端对应的SocketChannel
            SocketChannel sc = server.accept();
            //设置采用非阻塞模式
            sc.configureBlocking(false);
            //将该SocketChannel也注册到selector
            sc.register(selector, SelectionKey.OP_READ);
            //将sk对应的Channel设置成准备接受其他请求
            sk.interestOps(SelectionKey.OP_ACCEPT);
        }
        //如果sk对应的通道有数据需要读取
        if (sk.isReadable())
        {
            //获取该SelectionKey对应的Channel，该Channel中有可读的数据
            SocketChannel sc = (SocketChannel)sk.channel();
            //定义准备执行读取数据的ByteBuffer
            ByteBuffer buff = ByteBuffer.allocate(1024);
            String content = "";
            //开始读取数据
            try
            {
                while(sc.read(buff) > 0)
                {
                    buff.flip();
                    content += charset.decode(buff);
                }
                //打印从该sk对应的Channel里读取到的数据
                System.out.println("=====" + content);
                //将sk对应的Channel设置成准备下一次读取
                sk.interestOps(SelectionKey.OP_READ);
            }
            //如果捕捉到该sk对应的Channel出现了异常，即表明该Channel
            //对应的Client出现了问题，所以从Selector中取消sk的注册
            catch (IOException ex)
            {
                //从Selector中删除指定的SelectionKey
                sk.cancel();
                if (sk.channel() != null)
                {
                    sk.channel().close();
                }
            }
            //如果content的长度大于0，即聊天信息不为空
            if (content.length() > 0)
            {
                //遍历该selector里注册的所有SelectKey
                for (SelectionKey key : selector.keys())
                {
                    //获取该key对应的Channel
                    Channel targetChannel = key.channel();
                    //如果该channel是SocketChannel对象
                    if (targetChannel instanceof SocketChannel)
                    {
                        //将读到的内容写入该Channel中
```

```
                                        SocketChannel dest = (SocketChannel)targetChannel;
                                        dest.write(charset.encode(content));
                                    }
                                }
                            }
                        }
                    }
                }
            }

            public static void main(String[] args)
                throws IOException
            {
                new feizuServer().init();
            }
        }
```

在上述代码中，在启动时马上建立一个可监听连接请求的 ServerSocketChannel，并将该
Channel 注册到指定 Selector，接着程序直接采用循环不断监控 Selector 对象的 select()方法返回
值，当该返回值大于 0 时处理该 Selector 上所有被选择的 SelectionKey。在处理指定 SelectionKey
之后立即从该 Selector 中的被选择的 SelectionKey 集合中删除该 SelectionKey。服务器端的
Selector 仅需要监听连接和读数据这两种操作，在处理连接操作时只需将接受连接后产生的
SocketChannel 注册到指定 Selector 对象即可。当处理读数据操作后，系统先从该 Socket 中读取
数据，再将数据写入 Selector 上注册的所有 Channel。

接下来开始编写客户端的代码，本应用的客户端程序需要如下两个线程。

❑ 负责读取用户的键盘输入，并将输入的内容写入 SocketChannel 中。

❑ 不断查询 Selector 对象的 select()方法的返回值。

客户端的主要代码【光盘\daima\18\liao\server\feizuClient.java】如下所示。

```
public class feizuClient{
    //定义检测SocketChannel的Selector对象
    private Selector selector = null;
    //定义处理编码和解码的字符集
    private Charset charset = Charset.forName("UTF-8");
    //客户端SocketChannel
    private SocketChannel sc = null;
    public void init()throws IOException
    {
        selector = Selector.open();
        InetSocketAddress isa = new InetSocketAddress("127.0.0.1", 30000);
        //调用open静态方法创建连接到指定主机的SocketChannel
        sc = SocketChannel.open(isa);
        //设置该sc以非阻塞方式工作
        sc.configureBlocking(false);
        //将SocketChannel对象注册到指定Selector
        sc.register(selector, SelectionKey.OP_READ);
        //启动读取服务器端数据的线程
        new ClientThread().start();
        //创建键盘输入流
        Scanner scan = new Scanner(System.in);
        while (scan.hasNextLine())
        {
            //读取键盘输入
            String line = scan.nextLine();
            //将键盘输入的内容输出到SocketChannel中
            sc.write(charset.encode(line));
        }
    }
    //定义读取服务器数据的线程
    private class ClientThread extends Thread
    {
        public void run()
        {
            try
            {
                while (selector.select() > 0)
                {
```

```
                    //遍历每个有可用I/O操作Channel对应的SelectionKey
                    for (SelectionKey sk : selector.selectedKeys())
                    {
                        //删除正在处理的SelectionKey
                        selector.selectedKeys().remove(sk);
                        //如果该SelectionKey对应的Channel中有可读的数据
                        if (sk.isReadable())
                        {
                            //使用NIO读取Channel中的数据
                            SocketChannel sc = (SocketChannel)sk.channel();
                            ByteBuffer buff = ByteBuffer.allocate(1024);
                            String content = "";
                            while(sc.read(buff) > 0)
                            {
                                sc.read(buff);
                                buff.flip();
                                content += charset.decode(buff);
                            }
                            //打印输出读取的内容
                            System.out.println("聊天信息:" + content);
                            //为下一次读取做准备
                            sk.interestOps(SelectionKey.OP_READ);
                        }
                    }
                }
            }
            catch (IOException ex)
            {
                ex.printStackTrace();
            }
        }
    }
    public static void main(String[] args)
        throws IOException
    {
        new feizuClient().init();
    }
}
```

在上述客户端代码中只有一条 SocketChannel，此 SocketChannel 注册到指定 Selector 后，程序会启动另一条线程来监测该 Selector。

注意：在使用 NIO 来实现服务器时，甚至无须使用 ArrayList 来保存服务器中所有的 SocketChannel，因为所有的 SocketChannel 都需要注册到指定的 Selector 对象。除此之外，当客户端关闭时会导致服务器对应的 Channel 也抛出异常，而且本程序只有一条线程，如果该异常得不到处理将会导致整个服务器退出，所以程序捕捉了这种异常，并在处理异常时从 Selector 删除异常 Channel 的注册。

18.3　UDP 编程

知识点讲解：光盘:视频\PPT 讲解（知识点）\第 18 章\UDP 编程.mp4

Java 为我们提供了 DatagramSocket 对象作为基于 UDP 协议的 Socket，可以使用 DatagramPacket 代表 DatagramSocket 发送或接收数据报。在本节将详细讲解 Java 技术实现 UDP 编程的基本知识，为读者步入本书后面知识的学习打下基础。

18.3.1　使用 DatagramSocket

DatagramSocket 本身只是码头，不维护状态，不能产生 I/O 流，它的唯一作用就是接收和发送数据报，Java 使用 DatagramPacket 来代表数据报，DatagramSocket 接收和发送的数据都是通过 DatagramPacket 对象完成的。

DatagramSocket 中的构造器如下所示。

❑　DatagramSocket()：创建一个 DatagramSocket 实例，并将该对象绑定到本机默认 IP 地

址、本机所有可用端口中随机选择的某个端口。

- ❏ DatagramSocket (int prot)：创建一个 DatagramSocket 实例，并将该对象绑定到本机默认 IP 地址、指定端口。
- ❏ DatagramSocket (int port, InetAddress laddr)：创建一个 DatagramSocket 实例，并将该对象绑定到指定 IP 地址、指定端口。

在 Java 编程应用中，通过上述 3 个构造器中任意一个构造器即可创建一个 DatagramSocket 实例。在创建服务器时，需要创建指定端口的 DatagramSocket 实例，这样做的好处是保证其他客户端可以将数据发送到该服务器。一旦得到了 DatagramSocket 实例之后，就可以通过如下两个方法来接收和发送数据。

- ❏ receive (DatagramPacket p)：从该 DatagramSocket 中接收数据报。
- ❏ send (DatagramPacket p)：以该 DatagramSocket 对象向外发送数据报。

从上面两个方法可以看出，在使用 DatagramSocket 发送数据报时，DatagramSocket 并不知道将该数据报发送到哪里，而是由 DatagramPacket 自身决定数据报的目的。就像码头并不知道每个集装箱的目的地，码头只是将这些集装箱发送出去，而集装箱本身包含了该集装箱的目的地。

当 Client/Server 程序使用 UDP 协议时，实际上并没有明显的服务器和客户端，因为两方都需要先建立一个 DatagramSocket 对象，用来接收或发送数据报，然后使用 DatagramPacket 对象作为传输数据的载体。通常固定 IP、固定端口的 DatagramSocket 对象所在的程序被称为服务器，因为该 DatagramSocket 可以主动接收客户端数据。

在 DatagramPacket 中的构造器如下所示。

- ❏ DatagramPacket (byte buf[],int length)：以一个空数组来创建 DatagramPacket 对象，该对象的作用是接收 DatagramSocket 中的数据。
- ❏ DatagramPacket (byte buf[], int length, InetAddress addr, int port)：以一个包含数据的数组来创建 DatagramPacket 对象，创建该 DatagramPacket 时还指定了 IP 地址和端口——这就决定了该数据报的目的。
- ❏ DatagramPacket (byte[] buf, int offset, int length)：以一个空数组来创建 DatagramPacket 对象，并指定接收到的数据放入 buf 数组中时从 offset 开始，最多放 length 个字节。
- ❏ DatagramPacket (byte[] buf, int offset, int length, InetAddress address, int port)：创建一个用于发送的 DatagramPacket 对象，也多指定了一个 offset 参数。

在接收数据前，应该采用上面的第一个或第三个构造器生成一个 DatagramPacket 对象，给出接收数据的字节数组及其长度。然后调用 DatagramSocket 中的 receive()方法等待数据报的到来，此方法将一直等待（也就是说会阻塞调用该方法的线程），直到收到一个数据报为止。例如下面的代码。

```
//创建接收数据的DatagramPacket对象
DatagramPacket packet=new DatagramPacket(buf, 256);
//接收数据
socket.receive(packet);
```

在发送数据之前，调用第二个或第四个构造器创建 DatagramPacket 对象，此时的字节数组里存放了想发送的数据。除此之外，还要给出完整的目的地址，包括 IP 地址和端口号。发送数据是通过 DatagramSocket 的方法 send()实现的，方法 send()根据数据报的目的地址来寻径以传递数据报。例如下面的代码。

```
//创建一个发送数据的DatagramPacket对象
DatagramPacket packet = new DatagramPacket(buf, length, address, port);
//发送数据报
socket.send(packet);
```

接着 DatagramPacket 为我们提供了 getData()方法，此方法可以返回 DatagramPacket 对象里封装的字节数组。

有时，当服务器（也可以客户端）接收到一个 DatagramPacket 对象后，想向该数据报的发送者"反馈"一些信息。但 UDP 是面向非连接的，接收者并不知道每个数据报由谁发送过来，此时程序可以调用 DatagramPacket 的如下 3 个方法来获取发送者的 IP 和端口信息。

- ❑ InetAddress getAddress()：返回某台机器的 IP 地址，当程序准备发送数据报时，该方法返回此数据报的目标机器的 IP 地址；当程序刚刚接收到一个数据报时，该方法返回该数据报的发送主机的 IP 地址。

- ❑ int getPort()：返回某台机器的端口，当程序准备发送此数据报时，该方法返回此数据报的目标机器的端口；当程序刚刚接收到一个数据报时，该方法返回该数据报的发送主机的端口。

- ❑ SocketAddress getSocketAddress()：返回完整 SocketAddress，通常由 IP 地址和端口组成。当程序准备发送此数据报时，该方法返回此数据报的目标 SocketAddress；当程序刚刚接收到一个数据报时，该方法返回该数据报的源 SocketAddress。

上述 getSocketAddress 方法的返回值是一个 SocketAddress 对象，该对象实际上就是一个 IP 地址和一个端口号，也就是说 SocketAddress 对象封装了一个 InetAddress 对象和一个代表端口的整数，所以使用 SocketAddress 对象可以同时代表 IP 地址和端口。

实例 147　实现 UDP 协议的服务器端

源码路径　\daima\18\UdpServer.java　　　　视频路径　\视频\实例\第 18 章\147

服务器端实现文件 UdpServer.java 的主要代码如下所示。

```java
public class UdpServer
{
    public static final int PORT = 30000;
    //定义每个数据报的最大大小为4K
    private static final int DATA_LEN = 4096;
    //定义该服务器使用的DatagramSocket
    private DatagramSocket socket = null;
    //定义接收网络数据的字节数组
    byte[] inBuff = new byte[DATA_LEN];
    //以指定字节数组创建准备接收数据的DatagramPacket对象
    private DatagramPacket inPacket =
        new DatagramPacket(inBuff , inBuff.length);
    //定义一个用于发送的DatagramPacket对象
    private DatagramPacket outPacket;
    //定义一个字符串数组, 服务器发送该数组的元素
    String[] books = new String[]
    {
        "AAA",
        "BBB",
        "CCC",
        "DDD"
    };
    public void init()throws IOException
    {
        try
        {
            //创建DatagramSocket对象
            socket = new DatagramSocket(PORT);
            //采用循环接收数据
            for (int i = 0; i < 1000 ; i++ )
            {
                //读取Socket中的数据, 读到的数据放在inPacket所封装的字节数组里
                socket.receive(inPacket);
                //判断inPacket.getData()和inBuff是否是同一个数组
                System.out.println(inBuff == inPacket.getData());
                //将接收到的内容转成字符串后输出
                System.out.println(new String(inBuff,
```

> 范例 293：实现 UDP 协议的客户端
> 源码路径：光盘\演练范例\293\
> 视频路径：光盘\演练范例\293\
> 范例 294：使用 URL 访问网页
> 源码路径：光盘\演练范例\294\
> 视频路径：光盘\演练范例\294\

```
                0 , inPacket.getLength()));
            //从字符串数组中取出一个元素作为发送的数据
            byte[] sendData = books[i % 4].getBytes();
            //以指定字节数组作为发送数据、以刚接收到的DatagramPacket的
            //源SocketAddress作为目标SocketAddress创建DatagramPacket
            outPacket = new DatagramPacket(sendData ,
                sendData.length , inPacket.getSocketAddress());
            //发送数据
            socket.send(outPacket);
        }
    }
    //使用finally块保证关闭资源
    finally
    {
        if (socket != null)
        {
            socket.close();
        }
    }
}
public static void main(String[] args)
    throws IOException
{
    new UdpServer().init();
}
}
```

在上述整个应用程序中，使用 DatagramSocket 实现了 Server/Client 结构的网络通信程序，其中服务器端使用循环 1000 次来读取 DatagramSocket 中的数据报，每当读到内容之后便向该数据报的发送者送回一条信息。

18.3.2 使用 MulticastSocket

DatagramSockct 只允许数据报发送给指定的日标地址，而 MulticastSocket 可以将数据报以广播方式发送到数量不等的多个客户端。如果要使用多点广播，则需要让一个数据报标有一组目标主机地址，当数据报发出后，整个组的所有主机都能收到该数据报。IP 多点广播（或多点发送）实现了将单一信息发送到多个接收者的广播，其思想是设置一组特殊网络地址作为多点广播地址，每一个多点广播地址都被看作一个组，当客户端需要发送、接收广播信息时，加入到该组即可。

IP 协议为多点广播提供了这批特殊的 IP 地址，这些 IP 地址的范围是 224.0.0.0～239.255.255.255。

类 MulticastSocket 既可以将数据报发送到多点广播地址，也可以接收其他主机的广播信息。类 MulticastSocket 是 DatagramSocket 的一个子类，当要发送一个数据报时，可使用随机端口创建 MulticastSocket，也可以在指定端口来创建 MulticastSocket。

在类 MulticastSocket 中提供了如下 3 个构造器。

- public MulticastSocket()：使用本机默认地址、随机端口来创建一个 MulticastSocket 对象。
- public MulticastSocket (int portNumber)：使用本机默认地址、指定端口来创建一个 MulticastSocket 对象。
- public MulticastSocket (SocketAddress bindaddr)：使用本机指定 IP 地址、指定端口来创建一个 MulticastSocket 对象。

在创建一个 MulticastSocket 对象后，需要将该 MulticastSocket 加入到指定的多点广播地址。在 MulticastSocket 中使用方法 jionGroup()加入到一个指定的组，使用方法 leaveGroup()从一个组中脱离出去。这两个方法的具体说明如下所示。

- joinGroup (InetAddress multicastAddr)：将该 MulticastSocket 加入指定的多点广播地址。
- leaveGroup (InetAddress multicastAddr)：让该 MulticastSocket 离开指定的多点广播地址。

在某些系统中，可能有多个网络接口。这可能会给多点广播带来问题，这时候程序需要在一个指定的网络接口上监听，通过调用 setInterface 可选择 MulticastSocket 所使用的网络接口；也可以使用 getInterface 方法查询 MulticastSocket 监听的网络接口。

如果创建仅用于发送数据报的 MulticastSocket 对象，只需用默认地址、随机端口即可。但如果创建接收用的 MulticastSocket 对象，则该 MulticastSocket 对象必须具有指定端口，否则发送方无法确定发送数据报的目标端口。

虽然 MulticastSocket 实现发送、接收数据报的方法与 DatagramSocket 的完全一样，但是 MulticastSocket 比 DatagramSocket 多了如下方法。

```
setTimeToLive(int ttl)
```

参数"ttl"设置数据报最多可以跨过多少个网络，当 ttl 为 0 时，指定数据报应停留在本地主机；当 ttl 的值为 1 时，指定数据报发送到本地局域网；当 ttl 的值为 32 时，意味着只能发送到本站点的网络上；当 ttl 为 64 时，意味着数据报应保留在本地区；当 ttl 的值为 128 时，意味着数据报应保留在本大洲；当 ttl 为 255 时，意味着数据报可发送到所有地方；默认情况下，该 ttl 的值为 1。

在使用 MulticastSocket 进行多点广播时，所有通信实体都是平等的，都将自己的数据报发送到多点广播 IP 地址，并使用 MulticastSocket 接收其他人发送的广播数据报。例如在下面的实例代码中，使用 MulticastSocket 实现了一个基于广播的多人聊天室，程序只需要一个 MulticastSocket，两条线程，其中 MulticastSocket 既用于发送，也用于接收，其中一条线程分别负责接收用户键盘输入，并向 MulticastSocket 发送数据，另一条线程则负责从 MulticastSocket 中读取数据。

实例 148　用 MulticastSocket 实现了一个基于广播的多人聊天室

源码路径　\daima\18\duoSocketTest.java　　　　视频路径　\视频\实例\第 18 章\148

实例文件 duoSocketTest.java 的具体实现代码如下所示。

```java
//让该类实现Runnable接口，该类的实例可作为线程的target
public class duoSocketTest implements Runnable
{
    //使用常量作为本程序的多点广播IP地址
    private static final String IP
        = "230.0.0.1";
    //使用常量作为本程序的多点广播目的的端口
    public static final int PORT = 30000;
    //定义每个数据报的最大大小为4K
    private static final int LEN = 4096;
    //定义本程序的MulticastSocket实例
    private MulticastSocket socket = null;
    private InetAddress bAddress = null;
    private Scanner scan = null;
    //定义接收网络数据的字节数组
    byte[] inBuff = new byte[LEN];
    //以指定字节数组创建准备接收数据的DatagramPacket对象
    private DatagramPacket inPacket =
        new DatagramPacket(inBuff, inBuff.length);
    //定义一个用于发送的DatagramPacket对象
    private DatagramPacket oPacket = null;
    public void init()throws IOException
    {
        try
        {
            //创建用于发送、接收数据的MulticastSocket对象
            //因为该MulticastSocket对象需要接收，所以有指定端口
            socket = new MulticastSocket(PORT);
            bAddress = InetAddress.getByName(IP);
            //将该socket加入指定的多点广播地址
            socket.joinGroup(bAddress);
            //设置本MulticastSocket发送的数据报被回送到自身
            socket.setLoopbackMode(false);
```

范例 295：URL 的组成部分

源码路径：光盘\演练范例\295\

视频路径：光盘\演练范例\295\

范例 296：通过 URL 获取网页的源码

源码路径：光盘\演练范例\296\

视频路径：光盘\演练范例\296\

```java
            //初始化发送用的DatagramSocket, 它包含一个长度为0的字节数组
            oPacket = new DatagramPacket(new byte[0] , 0 ,
                bAddress , PORT);
            //启动以本实例的run()方法作为线程体的线程
            new Thread(this).start();
            //创建键盘输入流
            scan = new Scanner(System.in);
            //不断读取键盘输入
            while(scan.hasNextLine())
            {
                //将键盘输入的一行字符串转换字节数组
                byte[] buff = scan.nextLine().getBytes();
                //设置发送用的DatagramPacket里的字节数据
                oPacket.setData(buff);
                //发送数据报
                socket.send(oPacket);
            }
        }
        finally
        {
            socket.close();
        }
    }

    public void run()
    {
        try
        {
            while(true)
            {
                //读取Socket中的数据, 读到的数据放在inPacket所封装的字节数组里
                socket.receive(inPacket);
                //打印输出从Socket中读取的内容
                System.out.println("聊天信息:" + new String(inBuff , 0 ,
                    inPacket.getLength())));
            }
        }
        //捕捉异常
        catch (IOException ex)
        {
            ex.printStackTrace();
            try
            {
                if (socket != null)
                {
                    //让该Socket离开该多点IP广播地址
                    socket.leaveGroup(bAddress);
                    //关闭该Socket对象
                    socket.close();
                }
                System.exit(1);
            }
            catch (IOException e)
            {
                e.printStackTrace();
            }
        }
    }

    public static void main(String[] args)
        throws IOException
    {
        new duoSocketTest().init();
    }
}
```

在上述代码中, 在方法 init()中首先创建了一个 MulticastSocket 对象, 由于需要使用该对象接收数据报, 所以为该 Socket 对象设置使用固定端口, 然后将该 Socket 对象添加到指定的多点广播 IP 地址。接下来设置该 Socket 发送的数据报会被回送到自身(即该 Socket 可以接收到自己发送的数据报)。在代码中使用 MulticastSocket 发送并接收数据报的代码, 与使用 DatagramSocket 实现的方法并没有区别, 所以在此不再介绍。

18.4　代理服务器

知识点讲解：光盘:视频\PPT 讲解（知识点）\第 18 章\代理服务器.mp4

代理服务器（Proxy Server）是一种重要的安全功能，它的工作主要在开放系统互联(OSI)模型的对话层，从而起到防火墙的作用。代理服务器大多被用来连接 Internet（国际互联网）和 INTRANET（局域网）。强大的 Java 技术为我们提供了开发代理服务器应用的知识，在本节将一一为大家讲解相关知识。

18.4.1　什么是代理服务器

代理服务器的功能就是代理网络用户去取得网络信息。我们使用网络浏览器直接连接其他 Internet 站点取得网络信息时，通常需要发送 Request 请求来等待响应。代理服务器是介于浏览器和 Web 服务器之间的一台服务器，有了它之后，浏览器不是直接到 Web 服务器去取得网页数据而是向代理服务器发出请求，Request 请求会先送到代理服务器，由代理服务器来取回浏览器所需要的信息并送回给网络浏览器。而且，大部分代理服务器都具有缓冲的功能，就好像一个大的 Cache，它有很大的存储空间，它不断将新取得的数据储存到它本机的存储器上，如果浏览器所请求的数据在它本机的存储器上已经存在而且是最新的，那么它就不重新从 Web 服务器取数据，而是直接将存储器上的数据传送给用户的浏览器，这样就能显著提高浏览速度和效率。代理服务器主要为我们提供如下两个功能。

- ❑ 突破自身 IP 限制，对外隐藏自身 IP 地址。突破 IP 限制包括访问国外受限站点，访问国内特定单位、团体的内部资源。
- ❑ 提高访问速度，代理服务器提供的缓冲功能可以避免每个用户都直接访问远程主机，从而提高客户端访问速度。

1. Java 对代理的支持

从 JDK 1.5 开始，在 java.net 包中提供了 Proxy 和 ProxySelector 两个类，其中 Proxy 代表一个代理服务器，可以在打开 URLConnection 连接时指定所用的 Proxy 实例，也可以在创建 Socket 连接时指定 Proxy 实例。而 ProxySelector 代表一个代理选择器，它提供了对代理服务器更加灵活的控制，它可以对 HTTP、HTTPS、FTP、SOCKS 等分别设置，而且还可以设置不需要通过代理服务器的主机和地址。通过使用 ProxySelector 可以达到像在 Internet Explorer、FireFox 等软件中设置代理服务器类似的效果。

2. 监控 HTTP 传输的过程

不管以哪种方式应用代理服务器，其监控 HTTP 传输的过程总是如下所示。

（1）内部的浏览器发送请求给代理服务器，请求的第一行包含了目标 URL。

（2）代理服务器读取该 URL，并把请求转发给合适的目标服务器。

（3）代理服务器接收来自 Internet 目标机器的应答，把应答转发给合适的内部浏览器。

假设有一个企业的雇员试图访问 www.sohu.com 网站。如果没有代理服务器，雇员的浏览器打开的 Socket 通向运行这个网站的 Web 服务器，从 Web 服务器返回的数据也直接传递给雇员的浏览器。如果浏览器被配置成使用代理服务器，则请求首先到达代理服务器；随后，代理服务器从请求的第一行提取目标 URL，打开一个通向 www.sohu.com 的 Socket。当 www.sohu.com 返回应答时，代理服务器把应答转发给雇员的浏览器。

当然，代理服务器并非只适用于企业环境。作为一个开发者，拥有一个自己的代理服务器是一件很不错的事情。例如，我们可以用代理服务器来分析浏览器和 Web 服务器的交互过程。测试和解决 Web 应用中存在的问题时，这种功能是很有用的。我们甚至还可以同时使用多个代理服务器（大多数代理服务器允许多个服务器链接在一起使用）。例如，我们可以有一个企业的代理服务器，再加上一个用 Java 编写的代理服务器，用来调试应用程序。但应该注意的是，代理服务器链上的每一个服务器都会对性能产生一定的影响。

3．设计规划代理项目

代理服务器只不过是一种特殊的服务器。和大多数服务器一样，如果要处理多个请求，代理服务器应该使用线程。例如下面是一个典型的代理服务器的基本规划。

（1）等待来自客户（Web 浏览器）的请求。

（2）启动一个新的线程，以处理客户连接请求。

（3）读取浏览器请求的第一行（该行内容包含了请求的目标 URL）。

（4）分析请求的第一行内容，得到目标服务器的名字和端口。

（5）打开一个通向目标服务器（或下一个代理服务器，如合适的话）的 Socket。

（6）把请求的第一行发送到输出 Socket。

（7）把请求的剩余部分发送到输出 Socket。

（8）把目标 Web 服务器返回的数据发送给发出请求的浏览器。

在上述规划中我们主要考虑如下两个问题。

❑　从 Socket 按行读取数据最适合进一步处理，但这会产生性能瓶颈。

❑　两个 Socket 之间的连接必需高效。有几种方法可以实现这两个目标，但每一种方法都有各自的代价。

假如想在数据进入的时候进行过滤，这些数据最好按行读取；然而在大多数时候，当数据到达代理服务器时，立即把它转发出去更适合高效这一要求。另外，数据的发送和接收也可以使用多个独立的线程，但大量地创建和拆除线程也会带来性能问题。因此，对于每一个请求，我们将用一个线程处理数据的接收和发送，同时在数据到达代理服务器时，尽可能快速地把它转发出去。

18.4.2　使用 Proxy 创建连接

在类 Proxy 中只有如下一个构造器。

Proxy (Proxy.Type type, SocketAddress sa)：创建表示代理服务器的 Proxy 对象。而 sa 参数指定代理服务器的地址，其中 type 是该代理服务器的类型，该服务器类型有如下 3 种。

❑　Proxy.Type.DIRECT：表示直接连接或缺少代理。

❑　Proxy.Type.HTTP：表示高级协议的代理，如 HTTP 或 FTP。

❑　Proxy.Type.SOCKS：表示 SOCKS (V4 或 V5)代理。

一旦创建了 Proxy 对象，在 Java 程序中就可以在使用 URLConnection 打开连接时、或创建 Socket 连接时传入一个 Proxy 对象，作为本次连接所使用的代理服务器。

在 URL 中提供了 URLConnection openConnection (Proxy proxy)方法，此方法使用指定的代理服务器来打开连接。

在 Socket 中提供了 Socket (Proxy proxy)构造器，此构造器使用指定的代理服务器创建一个没有连接的 Socket 对象。

例如在下面的实例代码中，演示了在 URLConnection 中使用代理服务器的过程。

实例 149	在 URLConnection 中使用代理服务器
源码路径　\daima\18\Proxydai.java	视频路径　\视频\实例\第 18 章\149

实例文件 Proxydai.java 的具体实现代码如下所示。

```
public class Proxydai
{
```

```java
        Proxy proxy;
        URL url;
        URLConnection conn;
        //从网络通过代理读数据
        Scanner scan;
        PrintStream ps ;
        //下面是代理服务器的地址和端口
        //换成实际有效的代理服务器的地址和端口
        String proxyAddress = "78.39.195.11";
        int proxyPort;
        //下面是你试图打开的网站地址
        String urlStr = "http://www.xxx.cn";

        public void init()
        {
            try
            {
                url = new URL(urlStr);
                //创建一个代理服务器对象
                proxy = new Proxy(Proxy.Type.HTTP,
                    new InetSocketAddress(proxyAddress , proxyPort));
                //使用指定的代理服务器打开连接
                conn = url.openConnection(proxy);
                //设置超时时长
                conn.setConnectTimeout(5000);
                scan = new Scanner(conn.getInputStream());
                //初始化输出流
                ps = new PrintStream("Index.htm");
                while (scan.hasNextLine())
                {
                    String line = scan.nextLine();
                    //在控制台输出网页资源内容
                    System.out.println(line);
                    //将网页资源内容输出到指定输出流
                    ps.println(line);
                }
            }
            catch(MalformedURLException ex)
            {
                System.out.println(urlStr + "不是有效的网站地址!");
            }
            catch(IOException ex)
            {
                ex.printStackTrace();
            }
            //关闭资源
            finally
            {
                if (ps != null)
                {
                    ps.close();
                }
            }
        }
        public static void main(String[] args)
        {
            new Proxydai().init();
        }
}
```

> 范例 297：实现一对多通信模式
> 源码路径：光盘\演练范例\297\
> 视频路径：光盘\演练范例\297\
> 范例 298：自制一个浏览器
> 源码路径：光盘\演练范例\298\
> 视频路径：光盘\演练范例\298\

　　在上述代码中首先创建了一个 Proxy 对象，然后用 Proxy 对象来打开 URLConnection 连接。除此之外，该程序的其他地方就是对 URLConnection 的使用了。

18.4.3　使用 ProxySelector 选择代理服务器

　　在本章后面 18.5.2 节的内容中，讲解了直接使用 Proxy 对象在打开 URLConnection 或 Socket 时指定代理服务器的方法，并且得出一个结论：使用这种方式需要每次打开连接都显式设置代理服务器。如果想让系统打开连接时总是具有默认的代理服务器，则可以使用 java.net.ProxySelector，它可以它根据不同的连接使用不同的代理服务器。

　　系统默认的 ProxySelector 会检测各种系统属性和 URL 协议，然后决定怎样连接不同的主机。当然，程序也可以调用 ProxySelector 类的 setDefault()静态方法来设置默认代理服务器，也可以调用 getDefault()方法获得系统当前默认的代理服务器。

在 Java 应用程序中，可以使用类 System 来设置系统的代理服务器属性。在 ProxySelector
中有如下 3 个代理服务器常用的属性。

- ❑ http.proxyHost：设置 HTTP 访问所使用的代理服务器地址。该属性名的前缀可以改为 https、
  ftp 等，分别用于设置 HTTP 访问、安全 HTTP 访问和 FTP 访问所用的代理服务器地址。

- ❑ http.proxyPort：设置 HTTP 访问所使用的代理服务器端口。该属性名的前缀可以改为 https、
  ftp 等，分别用于设置 HTTP 访问、安全 HTTP 访问和 FTP 访问所用的代理服务器端口。

- ❑ http.nonProxyHosts：设置 HTTP 访问中不需要使用代理服务器的远程主机，可以使用*
  通配符，如果有多个地址，多个地址用竖线"|"来分隔。

例如在下面的实例代码中，演示了通过改变系统属性来改变默认代理服务器的过程。

实例 150	通过改变系统属性来改变默认代理服务器	
	源码路径　　\daima\18\ProxySelectoryong.java	视频路径　\视频\实例\第 18 章\150

实例文件 ProxySelectoryong.java 的具体实现代码如下所示。

```java
public class ProxySelectoryong{
    // 测试本地JVM的网络缺省配置
    public void setLocalProxy()
    {
        Properties prop = System.getProperties();
        //设置HTTP访问要使用的代理服务器的地址
        prop.setProperty("http.proxyHost", "192.168.0.96");
        //设置HTTP访问要使用的代理服务器的端口
        prop.setProperty("http.proxyPort", "8080");
        //设置HTTP访问不需要通过代理服务器访问的主机
        //可以使用*通配符, 多个地址用|分隔
        prop.setProperty("http.nonProxyHosts", "localhost|10.20.*");
        //设置安全HTTP访问使用的代理服务器地址与端口
        //它没有https.nonProxyHosts属性, 它按照http.nonProxyHosts 中设置的规则访问
        prop.setProperty("https.proxyHost", "10.10.0.96");
        prop.setProperty("https.proxyPort", "443");
        //设置FTP访问的代理服务器的主机、端口以及不需要使用代理服务器的主机
        prop.setProperty("ftp.proxyHost", "10.10.0.96");
        prop.setProperty("ftp.proxyPort", "2121");
        prop.setProperty("ftp.nonProxyHosts", "localhost|10.10.*");
        //设置socks代理服务器的地址与端口
        prop.setProperty("socks.ProxyHost", "10.10.0.96");
        prop.setProperty("socks.ProxyPort", "1080");
    }
    // 清除proxy设置
    public void removeLocalProxy()
    {
        Properties prop = System.getProperties();
        //清除HTTP访问的代理服务器设置
        prop.remove("http.proxyHost");
        prop.remove("http.proxyPort");
        prop.remove("http.nonProxyHosts");
        //清除HTTPS访问的代理服务器设置
        prop.remove("https.proxyHost");
        prop.remove("https.proxyPort");
        //清除FTP访问的代理服务器设置
        prop.remove("ftp.proxyHost");
        prop.remove("ftp.proxyPort");
        prop.remove("ftp.nonProxyHosts");
        //清除socks的代理服务器设置
        prop.remove("socksProxyHost");
        prop.remove("socksProxyPort");
    }
    //测试HTTP访问
    public void showHttpProxy()
        throws MalformedURLException , IOException
    {
        URL url = new URL("http://www.163.cn");
        //直接打开连接, 但系统会调用刚设置的HTTP代理服务器
        URLConnection conn = url.openConnection();
        Scanner scan = new Scanner(conn.getInputStream());
        //读取远程主机的内容
        while(scan.hasNextLine())
        {
            System.out.println(scan.nextLine());
```

范例 299：扫描 TCP 端口
源码路径：光盘\演练范例\299\
视频路径：光盘\演练范例\299\
范例 300：TCP 服务器
源码路径：光盘\演练范例\300\
视频路径：光盘\演练范例\300\

```
            }
        }
        public static void main(String[] args)throws IOException
        {
            ProxySelectoryong test = new ProxySelectoryong();
            test.setLocalProxy();
            test.showHttpProxy();
            test.removeLocalProxy();
        }
    }
```

　　在上述代码中，首先设置了打开 HTTP 访问时的代理服务器属性，其中前两行代码设置代理服务器的地址和端口。然后设置该代理 HTTP 访问哪些主机时不需要使用代理服务器，在上述代码中虽然直接打开一个 URLConnection，但是系统会为打开该 URLConnection 使用代理服务器。运行上面程序，将会看到程序长时间等待，因为 192.168.0.96 通常并不是有效的代理服务器，执行后的效果如图 18-3 所示。

```
<script type="text/javascript">
    document.location.href = "http://car.163.cn/";
</script>
```

图 18-3　执行效果

18.4.4　服务器代理实例

　　本节将通过一个完整的实例演示使用 Java 编写代理服务器应用的流程。

　　（1）为了构造代理服务器，从 Thread 基类派生出了 Httpdaili 类，在此类中包含了一些用来定制代理服务器行为的属性。实现文件是 Httpdaili.java，主要代码如下所示。

```java
public class Httpdaili extends Thread {
    static public int CONNECT_RETRIES=5;
    static public int CONNECT_PAUSE=5;
    static public int TIMEOUT=50;
    static public int BUFSIZ=1024;
    static public boolean logging = false;
    static public OutputStream log=null;
    // 传入数据用的Socket
    protected Socket socket;
    // 上级代理服务器, 可选
    static private String parent=null;
    static private int parentPort=-1;
    static public void setParentProxy(String name, int pport) {
parent=name;
parentPort=pport;
    }
    // 在给定Socket上创建一个代理线程
    public Httpdaili(Socket s) { socket=s; start(); }
    public void writeLog(int c, boolean browser) throws IOException {
log.write(c);
    }
    public void writeLog(byte[] bytes,int offset, int len, boolean browser) throws IOException {
for (int i=0;i<len;i++) writeLog((int)bytes[offset+i],browser);
    }
    // 默认情况下, 日志信息输出到
    // 标准输出设备
    // 派生类可以覆盖它
    public String processHostName(String url, String host, int port, Socket sock) {
java.text.DateFormat cal=java.text.DateFormat.getDateTimeInstance();
System.out.println(cal.format(new java.util.Date()) + " - " + url + " "
            + sock.getInetAddress()+"\n");
return host;
    }
```

　　有关上述代码的具体说明如表 18-1 所示。

表 18-1　　　　　　　　　　　　　　　　　　　　代码说明

变量/方法	说　　明
CONNECT_RETRIES	在放弃之前尝试连接远程主机的次数
CONNECT_PAUSE	在两次连接尝试之间的暂停时间
TIME-OUT	等待 Socket 输入的等待时间
BUFSIZ	Socket 输入的缓冲大小
logging	是否要求代理服务器在日志中记录所有已传输的数据（true 表示"是"）

续表

变量/方法	说　　明
log	一个 OutputStream 对象，默认日志例程将向该 OutputStream 对象输出日志信息
setParentProxy	用来把一个代理服务器链接到另一个代理服务器（需要指定另一个服务器的名称和端口）

（2）当代理服务器连接到 Web 服务器之后，用一个简单的循环在两个 Socket 之间传递数据。这里可能出现一个问题：如果没有可操作的数据，调用 read 方法可能导致程序阻塞，从而挂起程序。为防止出现这个问题，使用 setSoTimeout 方法设置了 Socket 的超时时间。这样，如果某个 Socket 不可用，另一个仍旧有机会进行处理，而不必创建一个新的线程。具体代码如下所示。

```java
// 执行操作的线程
public void run() {
String line;
String host;
int port=80;
        Socket outbound=null;
try {
        socket.setSoTimeout(TIMEOUT);
        InputStream is=socket.getInputStream();
        OutputStream os=null;
        try {
        // 获取请求行的内容
        line="";
        host="";
        int state=0;
        boolean space;
        while (true) {
            int c=is.read();
            if (c==-1) break;
            if (logging) writeLog(c,true);
            space=Character.isWhitespace((char)c);
            switch (state) {
            case 0:
            if (space) continue;
                state=1;
            case 1:
            if (space) {
                state=2;
                continue;
            }
            line=line+(char)c;
            break;
            case 2:
            if (space) continue; // 跳过多个空白字符
                state=3;
            case 3:
            if (space) {
                state=4;
                            // 只取出主机名称部分
                String host0=host;
                int n;
                n=host.indexOf("//");
                if (n!=-1) host=host.substring(n+2);
                n=host.indexOf('/');
                if (n!=-1) host=host.substring(0,n);
                            // 分析可能存在的端口号
                n=host.indexOf(":");
                if (n!=-1) {
                port=Integer.parseInt(host.substring(n+1));
                host=host.substring(0,n);
                }
                host=processHostName(host0,host,port,socket);
                if (parent!=null) {
                host=parent;
                port=parentPort;
                }
                int retry=CONNECT_RETRIES;
                while (retry--!=0) {
                try {
```

```java
                    outbound=new Socket(host,port);
                break;
            } catch (Exception e) { }
                                    // 等待
            Thread.sleep(CONNECT_PAUSE);
            }
            if (outbound==null) break;
            outbound.setSoTimeout(TIMEOUT);
            os=outbound.getOutputStream();
            os.write(line.getBytes());
            os.write(' ');
            os.write(host0.getBytes());
            os.write(' ');
            pipe(is,outbound.getInputStream(),os,socket.getOutputStream());
            break;
        }
        host=host+(char)c;
        break;
        }
    }
    }
    catch (IOException e) { }
} catch (Exception e) { }
finally {
        try { socket.close();} catch (Exception e1) {}
        try { outbound.close();} catch (Exception e2) {}
    }
    }
```

　　和所有线程对象一样，类 Httpdaili 的主要工作在上述 run()方法内完成。方法 run()实现了一个简单的状态机，从 Web 浏览器每次读取一个字符，持续这个过程直至有足够的信息找出目标 Web 服务器。然后，run 打开一个通向该 Web 服务器的 Socket（如果有多个代理服务器被链接在一起，则 run 方法打开一个通向链里面下一个代理服务器的 Socket）。打开 Socket 之后，run()先把部分的请求写入 Socket，然后调用 pipe()方法。pipe()方法直接在两个 Socket 之间以最快的速度执行读写操作。如果数据规模很大，需要另外创建一个线程可能具有更高的效率；然而当数据规模较小时，创建新线程所需要的开销会抵消它带来的好处。

　　（3）开始编写测试文件 SubHttpdaili.java，在里面设置了一个很简单的 main()方法，可以用来测试 Httpdaili 类。大部分的工作由一个静态的 startProxy()方法完成。这个方法用到了一种特殊的技术，允许一个静态成员创建 Httpdaili 类（或 Httpdaili 类的子类）的实例。它的基本思想是：把一个 Class 对象传递给 startProxy 类；然后，startProxy()方法利用映像 API (Reflection API) 和 getDeclaredConstructor 方法确定该 Class 对象的哪一个构造函数接受一个 Socket 参数；最后，startProxy()方法调用 newInstance()方法创建该 Class 对象。主要代码如下所示。

```java
public class SubHttpdaili extends Httpdaili {
    static private boolean first=true;
    public SubHttpdaili(Socket s) {
super(s);
    }
    public void writeLog(int c, boolean browser) throws IOException {
if (first) log.write('*');
first=false;
log.write(c);
if (c=='\n') log.write('*');
    }
    public String processHostName(String url, String host, int port, Socket sock) {
// 直接返回
return host;
    }
    // 测试用的简单main方法
    static public void main(String args[]) {
System.out.println("在端口808启动代理服务器\n");
Httpdaili.log=System.out;
Httpdaili.logging=true;
Httpdaili.startProxy(808,SubHttpdaili.class);
    }
}
```

　　这样可以在不创建 startProxy()方法定制版本的情况下扩展 Httpdaili 类。要得到给定类的 Class 对象，只需在正常的名字后面加上.class 即可。如果有某个对象的一个实例，则代之以调用 getClass()方法。由于我们把 Class 对象传递给了 startProxy()方法，所以在创建 HttpProxy 的派生类时，不必特意去修改 startProxy()。

18.5　技　术　解　惑

18.5.1　使用异常处理完善程序

　　在实际应用中，程序可能不想让执行网络连接、读取服务器数据的进程一直阻塞，而是希望当网络连接、读取操作超过合理时间之后，系统自动认为该操作失败，这个合理时间就是超时时长。Socket 对象提供了一个 setSoTimeout (int timeout)来设置超时时长。例如下面的代码。

```
Socket s = new Socket("127.0.0.1" , 30000);
//设置10秒之后即认为超时
s.setSoTimeout(10000);
```

　　当我们为 Socket 对象指定了超时时长之后，如果在使用 Socket 进行读、写操作完成之前已经超出了该时间限制，那么这些方法就会抛出 SocketTimeoutException 异常，程序可以对该异常进行捕捉，并进行适当处理。例如下面的代码。

```
try
{
//使用Scanner来读取网络输入流中的数据
Scanner scan = new Scanner(s.getInputStream())
//读取一行字符
String line = scan.nextLine()
...
}
//捕捉SocketTimeoutException异常
catch(SocketTimeoutException ex)
{
//对异常进行处理
...
}
```

　　假设程序需要为 Socket 连接服务器时指定超时时长，当经过指定时间后，如果该 Socket 还未连接到远程服务器，则系统认为该 Socket 连接超时。但 Socket 的所有构造器里都没有提供指定超时时长的参数，所以程序应该先创建一个无连接的 Socket，再调用 Socket 的 connect()方法来连接远程服务器，而 connect 方法就可以接受一个超时时长参数。例如下面的代码。

```
//创建一个无连接的Socket
Socket s = new Socket();
//让该Socket连接到远程服务器, 如果经过10秒还没有连接到, 则认为连接超时
s.connconnect(new InetAddress(host, port) ,10000);
```

18.5.2　使用 ServerSocketChannel 的麻烦之处

　　在上述服务器端使用 ServerSocketChannel 监听客户端的连接请求过程中，需要先调用它的 socket()方法获得关联 ServerSocket 对象,再将该 ServerSocket 对象绑定到指定监听 IP 和端口。整个过程非常烦琐，这是为什么呢？这是因为在 Java 中的类 ServerSocketChannel 不是 ServerSocket 的完整抽象，所以不能直接让该 Channel 监听某个端口；而且不允许使用 Server Socekt 的 getChannel()方法来获取 ServerSocketChannel 实例。在 Java 中创建一个可用的 ServerSocketChannel 的格式如下所示。

```
//通过open方法来打开一个未绑定的ServerSocketChannel实例
ServerSocketChannel server = ServerSocketChannel.open();
InetSocketAddress isa = new InetSocketAddress("127.0.0.1", 30000);
//将该ServerSocketChannel绑定到指定IP地址
server.socket().bind(isa);
```

　　如果需要使用非阻塞方式来处理该 ServerSocketChannel，还应该设置它的非阻塞模式，并将其注册到指定的 Selector。可以用如下代码实现。

```
//设置ServerSocket以非阻塞方式工作
server.configureBlocking(false);
//将server注册到指定Selector对象
server.register(selector, SelectionKey.OP_ACCEPT);
```

18.5.3　体会烦琐的 DatagramPacket

当我们使用 DatagramPacket 来接收数据时，会感觉 DatagramPacket 设计得过于烦琐。对于开发者而言，只关心该 DatagramPacket 能放多少数据，而无需关心 DatagramPacket 是否采用字节数组来存储数据。但是 Java 要求创建接收数据用的 DatagramPacket 时，必须传入一个空的字节数组，该数组的长度决定了该 DatagramPacket 能放多少数据，这实际上暴露了 DatagramPacket 的实现细节。

另外，DatagramPacket 为我们提供了 getData()方法显得有些多余，如果程序需要获取 DatagramPacket 里封装的字节数组，直接访问传给 DatagramPacket 构造器的字节数组实参即可，无须调用该方法。

18.5.4　MulticastSocket 类的重要意义

当使用 UDP 协议时，如果想让一个客户端发送的聊天信息可被转发到其他所有客户端则比较困难，可以考虑在服务器使用 Set 来保存所有客户端信息，每当接收到一个客户端的数据报之后，程序检查该数据报的源 SocketAddress 是否在 Set 集合中，如果不在就将该 SocketAddress 添加到该 Set 集合中，但这样一来又涉及一个问题：可能有些客户端发送一个数据报之后永久性地退出了程序，但服务器端还将该客户端的 SocketAddress 保存在 Set 集合中……总之，这种方式需要处理的问题比较多，编程比较烦琐。幸好 Java 为 UDP 协议提供了 MulticastSocket 类，通过该类可以轻松实现多点广播。

18.5.5　继承 ProxySelector 时需要做的工作

在 Java 中提供了默认的 ProxySelector 子类作为代理选择器，开发人员可以实现自己的代理选择器，在程序中可以通过继承 ProxySelector 来实现自己的代理选择器。在继承 ProxySelector 时需要重写如下两个方法。

- ❑ List<Proxy> select (URI uri)：实现该方法让代理选择器根据不同的 URI 来使用不同的代理服务器，该方法就是代理选择器管理网络连接使用代理服务器的关键。
- ❑ connectFailed (URI uri, SocketAddress sa, IOException ioe)：当系统通过默认的代理服务器建立连接失败后，代理选择器将会自动调用该方法。通过重写该方法可以对连接代理服务器失败的情形进行处理。

系统默认的代理服务器选择器也重写了 connectFailed 方法，它重写该方法的处理策略是：当系统设置的代理服务器失败时，默认代理选择器将会采用直连的方式连接远程资源，所以当运行上面程序等待了足够长时间时，程序依然可以打印出该远程资源的所有内容。

18.5.6　代理服务无止境

利用派生类定制或调整代理服务器的行为有两种途径，一种是修改主机的名字，另一种是捕获所有通过代理服务器的数据。方法 processHostName()允许代理服务器分析和修改主机名字，如果启用了日志记录，代理服务器为每一个通过服务器的字符调用 writeLog()方法。如何处理这些信息完全由我们自己决定——可以把它写入日志文件，可以把它输出到控制台，或进行任何其他满足我们要求的处理。writeLog 输出中的一个 Boolean 标记指示出数据是来自浏览器还是 Web 主机。

和许多工具一样，代理服务器本身并不存在好或者坏的问题，关键在于如何使用它们。代理服务器可能被用于侵犯隐私，但也可以阻隔偷窥者和保护网络。即使代理服务器和浏览器不在同一台机器上，我也乐意把代理服务器看成是一种扩展浏览器功能的途径。例如，在把数据发送给浏览器之前，可以用代理服务器压缩数据。

第 19 章

多线程

在本书前面讲解的程序都是单线程程序，那么究竟什么是多线程呢？当一个程序需要同时处理多项任务的时候，就需要多线程开发。如果一个程序在同一时间只能做一件事情时，功能会显得过于简单，肯定无法满足现实的需求。能够同时处理多个任务的程序功能会更加强大，更加满足现实生活中需求多变的情况。Java 作为一门面向对象的语言，支持多线程开发功能。在本章中将详细讲解多线程的基本知识。

本章内容	技术解惑
▶▶ 线程基础	线程和函数的关系
▶▶ 创建线程	在 run 方法中使用线程名时带来的问题
▶▶ 线程的生命周期	继承 Thread 类或实现 Runnable 接口方式的比较
▶▶ 控制线程	start 和 run 的区别
▶▶ 　线程传递数据	使用 sleep()方法的注意事项
▶▶ 数据同步	线程的优先级
▶▶ 总结多线程编程的常见缺陷及其产生的原因	如何确定发生死锁
	关键字 synchronized 和 volatile 的区别
	sleep()方法和 yield()方法的区别
	分析 Swing 的多线程死锁问题

19.1　线 程 基 础

知识点讲解：光盘:视频\PPT 讲解（知识点）\第 19 章\线程基础.mp4

　　线程是程序运行的基本执行单元。当操作系统（不包括单线程的操作系统，如微软早期的 DOS）在执行一个程序时，会在系统中建立一个进程，而在这个进程中，必须至少建立一个线程（这个线程被称为主线程）作为这个程序运行的入口点。因此，在操作系统中运行的任何程序都至少有一个主线程。在本节将简要讲解线程的基本知识，为读者步入本书后面知识的学习打下基础。

19.1.1　线程概述

　　线程是程序运行的基本执行单元。当操作系统（不包括单线程的操作系统，如微软早期的 DOS）在执行一个程序时，会在系统中建立一个进程，而在这个进程中，必须至少建立一个线程（这个线程被称为主线程）来作为这个程序运行的入口点。因此，在操作系统中运行的任何程序都至少有一个主线程。

　　进程和线程是现代操作系统中两个必不可少的运行模型。在操作系统中可以有多个进程，这些进程包括系统进程（由操作系统内部建立的进程）和用户进程（由用户程序建立的进程）；一个进程中可以有一个或多个线程。进程和进程之间不共享内存，也就是说系统中的进程是在各自独立的内存空间中运行的。而一个进程中的线程可以共享系统分派给这个进程的内存空间。

　　线程不仅可以共享进程的内存，而且还拥有一个属于自己的内存空间，这段内存空间也叫做线程栈，是在建立线程时由系统分配的，主要用来保存线程内部所使用的数据，如线程执行函数中所定义的变量。

　　在操作系统将进程分成多个线程后，这些线程可以在操作系统的管理下并发执行，从而大大提高了程序的运行效率。虽然线程的执行从宏观上看是多个线程同时执行，但实际上这只是操作系统的障眼法。由于一块 CPU 同时只能执行一条指令，因此，在拥有一块 CPU 的计算机上不可能同时执行两个任务。而操作系统为了能提高程序的运行效率，在一个线程空闲时会撤下这个线程，并且会让其他的线程来执行，这种方式叫做线程调度。我们之所以从表面上看是多个线程同时执行，是因为不同线程之间切换的时间非常短，而且在一般情况下切换非常频繁。假设我们有线程 A 和 B 在运行，可能是 A 执行了 1 毫秒后，切换到 B 后，B 又执行了 1 毫秒，然后又切换到了 A，A 又执行 1 毫秒。由于 1 毫秒的时间对于普通人来说是很难感知的，因此，从表面看上去就像 A 和 B 同时执行一样，但实际上 A 和 B 是交替执行的。

19.1.2　线程带来的意义

　　如果能合理地使用线程，将会减少开发和维护成本，甚至可以改善复杂应用程序的性能。如在 GUI 应用程序中，还以通过线程的异步特性来更好地处理事件；在应用服务器程序中可以通过建立多个线程来处理客户端的请求。线程甚至还可以简化虚拟机的实现，如 Java 虚拟机（JVM）的垃圾回收器（garbage collector）通常运行在一个或多个线程中。通过使用线程，将会从以下五个方面来改善我们的应用程序。

　　（1）充分利用 CPU 资源。

　　现在世界上大多数计算机只有一块 CPU，所以充分利用 CPU 资源显得尤为重要。当执行单线程程序时,在程序发生阻塞时 CPU 可能会处于空闲状态,这将造成大量的计算资源的浪费。而在程序中使用多线程可以在某一个线程处于休眠或阻塞时，而 CPU 又恰好处于空闲状态时来运行其他的线程。这样 CPU 就很难有空闲的时候。因此，CPU 资源就得到了充分地利用。

（2）简化编程模型。

如果程序只完成一项任务，那只要写一个单线程的程序，并且按照执行这个任务的步骤编写代码即可。但要完成多项任务，如果还使用单线程的话，那就得在程序中判断每项任务是否应该执行以及什么时候执行。如显示一个时钟的时、分、秒 3 个指针。使用单线程就得在循环中逐一判断这 3 个指针的转动时间和角度。如果使用 3 个线程分别来处理这 3 个指针的显示，那么对于每个线程来说就是执行一个单独的任务。这样有助于开发人员对程序的理解和维护。

（3）简化异步事件的处理。

当一个服务器应用程序在接收不同的客户端连接时最简单的处理方法就是为每一个客户端连接建立一个线程。然后监听线程仍然负责监听来自客户端的请求。如果这种应用程序采用单线程来处理，当监听线程接收到一个客户端请求后，开始读取客户端发来的数据，在读完数据后，read()方法处于阻塞状态，也就是说，这个线程将无法再监听客户端请求了。而要想在单线程中处理多个客户端请求，就必须使用非阻塞的 Socket 连接和异步 I/O。但使用异步 I/O 方式比使用同步 I/O 更难以控制，也更容易出错。因此使用多线程和同步 I/O 可以更容易地处理类似于多请求的异步事件。

（4）使 GUI 更有效率。

使用单线程来处理 GUI 事件时，必须使用循环来对随时可能发生的 GUI 事件进行扫描，在循环内部除了扫描 GUI 事件外，还得执行其他的程序代码。如果这些代码太长，那么 GUI 事件就会被"冻结"，直到这些代码被执行完为止。

在当前 GUI 框架（如 SWING、AWT 和 SWT）中都使用了一个单独的事件分派线程（Event Dispatch Thread，EDT）来对 GUI 事件进行扫描。当我们按下一个按钮时，按钮的单击事件函数会在这个事件分派线程中被调用。由于 EDT 的任务只是对 GUI 事件进行扫描，因此，这种方式对事件的反应是非常快的。

（5）提高程序的执行效率。

在计算机领域中，一般有如下 3 种方法来提高程序的执行效率。

❏　增加计算机的 CPU 个数。

❏　为一个程序启动多个进程。

❏　在程序中使用多进程。

在上述方法中，第一种方法是最容易做到的，但同时也是最昂贵的。这种方法不需要修改程序，从理论上说，任何程序都可以使用这种方法来提高执行效率。第二种方法虽然不用购买新的硬件，但这种方式不容易共享数据，如果这个程序要完成的任务需要必须要共享数据的话，这种方式就不太方便，而且启动多个线程会消耗大量的系统资源。第三种方法恰好弥补了第一种方法的缺点，而又继承了它们的优点。也就是说，既不需要购买 CPU，也不会因为启太多的线程而占用大量的系统资源（在默认情况下，一个线程所占的内存空间要远比一个进程所占的内存空间小得多），并且多线程可以模拟多块 CPU 的运行方式，因此，使用多线程是提高程序执行效率的最廉价的方式。

19.1.3　Java 的线程模型

由于 Java 是纯面向对象语言，所以 Java 的线程模型也是面向对象的。Java 通过 Thread 类将线程所必须的功能都封装了起来。要想建立一个线程，必须要有一个线程执行函数，这个线程执行函数对应 Thread 类的 run()方法。Thread 类还有一个 start()方法，这个方法负责建立线程，相当于调用 Windows 的建立线程函数 CreateThread()。当调用 start()方法后，如果线程建立成功，则自动调用 Thread 类的 run()方法。因此，任何继承 Thread 的 Java 类都可以通过 Thread 类的 start()方法来建立线程。如果想运行自己的线程执行函数，那就要覆盖 Thread 类的 run()方法。

在 Java 的线程模型中，除了 Thread 类之外，还有一个标识某个 Java 类是否可作为线程类的接口 Runnable，此接口只有一个抽象方法 run()，也就是 Java 线程模型的线程执行函数。因此，一个线程类的唯一标准就是这个类是否实现了 Runnable 接口的 run()方法，也就是说，拥有线程执行函数的类就是线程类。

从上面可以看出，在 Java 中建立线程有两种方法，一种是继承 Thread 类，另一种是实现 Runnable 接口，并通过 Thread 和实现 Runnable 的类来建立线程，其实这两种方法从本质上说是一种方法，即都是通过 Thread 类来建立线程，并运行 run 方法的。但它们的大区别是通过继承 Thread 类来建立线程，虽然在实现起来更容易，但由于 Java 不支持多继承，这个线程类如果继承了 Thread，就不能再继承其他的类了，因此，Java 线程模型提供了通过实现 Runnable 接口的方法来建立线程，这样线程类可以在必要的时候继承和业务有关的类，而不是 Thread 类。

19.2　创 建 线 程

知识点讲解：光盘:视频\PPT 讲解（知识点）\第 19 章\创建线程.mp4

Java 语言使用类 Thread 代表线程，所有的线程对象都必须是 Thread 类或其子类的实例。每条线程的作用是完成一定的任务，实际上就是执行一段程序流（一段顺序执行的代码）。Java 使用方法 run()来封装这样一段程序流。

19.2.1　使用 Thread 类创建线程

因为在使用 Runnable 接口创建线程时需要先建立一个 Thread 实例,所以无论是通过 Thread 类还是 Runnable 接口建立线程，都必须建立 Thread 类或它的子类的实例。类 Thread 的构造方法被重载了 8 次，构造方法如下所示。

```
public Thread( );
public Thread(Runnable target);
public Thread(String name);
public Thread(Runnable target, String name);
public Thread(ThreadGroup group, Runnable target);
public Thread(ThreadGroup group, String name);
public Thread(ThreadGroup group, Runnable target, String name);
public Thread(ThreadGroup group, Runnable target, String name, long stackSize);
```

上述构造方法中各个参数的具体说明如下所示。

❑ Runnable target：实现了 Runnable 接口的类的实例。要注意的是 Thread 类也实现了 Runnable 接口，因此，从 Thread 类继承的类的实例也可以作为 target 传入这个构造方法。

❑ String name：线程的名字，此名字可以在建立 Thread 实例后通过 Thread 类的 setName 方法设置。如果不设置线程的名字，线程就使用默认的线程名：Thread-N，N 是线程建立的顺序，是一个不重复的正整数。

❑ ThreadGroup group：当前建立的线程所属的线程组。如果不指定线程组，所有的线程都被加到一个默认的线程组中。关于线程组的细节将在后面的章节详细讨论。

❑ long stackSize：线程栈的大小，这个值一般是 CPU 页面的整数倍。如 x86 的页面大小是 4KB。在 x86 平台下，默认的线程栈大小是 12KB。

一个普通的 Java 类只要从 Thread 类继承，就可以成为一个线程类，并可通过 Thread 类的 start()方法来执行线程代码。虽然 Thread 类的子类可以直接实例化，但在子类中必须要覆盖 Thread 类的 run()方法才能真正运行线程的代码。例如下面是一段使用 Thread 类建立线程的代码。

```
001 package mythread;
002
003 public class Thread1 extends Thread
004   {
005 public void run()
```

```
006         {
007             System.out.println(this.getName());
008         }
009 public static void main(String[] args)
010         {
011             System.out.println(Thread.currentThread().getName());
012             Thread1 thread1 = new Thread1();
013             Thread1 thread2 = new Thread1 ();
014             thread1.start();
015             thread2.start();
016         }
017 }
```

在上述代码中建立了 thread1 和 thread2 两个线程，第 005 行至第 008 行是 Thread1 类的 run 方法，当在第 014 行和第 015 行调用 start 方法时，系统会自动调用 run 方法。在第 007 行使用 this.getName()输出了当前线程的名字，由于在建立线程时并未指定线程名，因此，所输出的线程名是系统的默认值，也就是 Thread-n 的形式。在第 011 行输出了主线程的线程名。上述代码执行后输出：

main

Thread-0

Thread-1

从上述执行结果可以看出，第一行输出的 main 是主线程的名字。后面的 Thread-1 和 Thread-2 分别是 thread1 和 thread2 的输出结果。

注意：任何一个 Java 程序都必须有一个主线程。一般这个主线程的名字为 main。只有在程序中建立另外的线程，才能算是真正的多线程程序。也就是说，多线程程序必须拥有一个以上的线程。

类 Thread 有一个重载构造方法可以设置线程名。除了使用构造方法在建立线程时设置线程名，还可以使用 Thread 类的 setName 方法修改线程名。要想通过 Thread 类的构造方法来设置线程名，必须在 Thread 的子类中使用 Thread 类的构造方法 public Thread(String name)，因此，必须在 Thread 的子类中也添加一个用于传入线程名的构造方法。例如下面的代码设置了线程名。

```
001 package mythread;
002
003
public class Thread2 extends Thread
004 {
005 private String who;
006
007 public void run()
008     {
009         System.out.println(who + ":" + this.getName());
010     }
011 public Thread2(String who)
012     {
013 super();
014 this.who = who;
015     }
016 public Thread2(String who, String name)
017     {
018 super(name);
019 this.who = who;
020     }
021 public static void main(String[] args)
022     {
023         Thread2 thread1 = new Thread2 ("thread1", "MyThread1");
024         Thread2 thread2 = new Thread2 ("thread2");
025         Thread2 thread3 = new Thread2 ("thread3");
026         thread2.setName("MyThread2");
027         thread1.start();
028         thread2.start();
029         thread3.start();
030     }
```

在上述代码中有如下两个构造方法。

❑　第 011 行 public sample2_2(String who)：此构造方法有一个参数：who。这个参数用来

标识当前建立的线程。在这个构造方法中仍然调用 Thread 的默认构造方法 public Thread( )。

- 第 016 行 public sample2_2(String who, String name)：此构造方法中的 who 和第一个构造方法的 who 的含义一样，而 name 参数就是线程名。在这个构造方法中调用了 Thread 类的 public Thread(String name)构造方法，也就是第 018 行的 super(name)。

在方法 main()中建立了 thread1、thread2 和 thread3 三个线程，其中 thread1 通过构造方法来设置线程名，thread2 通过 setName 方法来修改线程名，thread3 未设置线程名。执行后输出如下结果。

```
thread1:MyThread1
thread2:MyThread2
thread3:Thread-2
```

从上述执行效果可以看出，thread1 和 thread2 的线程名都已经修改了，而 thread3 的线程名仍然为默认值：Thread-2。 thread3 的线程名之所以不是 Thread-1，而是 Thread-2，这是因为在 024 行建立 thread2 时已经将 Thread-1 占用了，因此，在第 025 行建立 thread3 时就将 thread3 的线程名设为 Thread-2。然后在第 026 行又将 thread2 的线程名修改为 MyThread2。因此就会得到上面的输出结果。

19.2.2　使用 Runnable 接口创建线程

在实现 Runnable 接口的类时，必须使用类 Thread 的实例才能创建线程。使用接口 Runnable 创建线程的过程分为如下两个步骤。

（1）将实现 Runnable 接口的类实例化。

（2）建立一个 Thread 对象，并将第一步实例化后的对象作为参数传入 Thread 类的构造方法，最后通过 Thread 类的 start()方法建立线程。

下面的代码演示了如何使用 Runnable 接口来创建线程。

```java
package mythread;

public class MyRunnable implements Runnable
{
    public void run()
    {
        System.out.println(Thread.currentThread().getName());
    }
    public static void main(String[] args)
    {
        MyRunnable t1 = new MyRunnable();
        MyRunnable t2 = new MyRunnable();
        Thread thread1 = new Thread(t1, "MyThread1");
        Thread thread2 = new Thread(t2);
        thread2.setName("MyThread2");
        thread1.start();
        thread2.start();
    }
}
```

执行后输出如下结果。

```
MyThread1
MyThread2
```

实例 151	使用 Thread 创建线程
	源码路径　\daima\19\yongThread.java　　　视频路径　\视频\实例\第 19 章\151

实例文件 yongThread.java 的主要代码如下所示。

```java
//通过继承Thread类来创建线程类
public class yongThread extends Thread
{
    private int i ;
    //重写run方法,run方法的方法体就是线程执行体
```

```
public void run()
{
    for ( ; i < 100 ; i++ )
    {
    //当线程类继承Thread类时，可以直接调用getName()
        方法来返回当前线程的名
    //如果想获取当前线程，直接使用this即可
    //Thread对象的getName返回当前该线程的名字
System.out.println(getName() +   " " + i);
    }
}
public static void main(String[] args)
{
    for (int i = 0; i < 100;   i++)
    {
        //调用Thread的currentThread方法获取当前线程
System.out.println(Thread.currentThread().getName() +   " " + i);
        if (i == 20)
        {
        //创建、并启动第一条线程
            new yongThread().start();
            //创建、并启动第二条线程
            new yongThread().start();
        }
    }
}
}
```

范例 301：使用 Runnable 接口创建线程
源码路径：光盘\演练范例\301\
视频路径：光盘\演练范例\301\
范例 302：新建无返回值的线程
源码路径：光盘\演练范例\302\
视频路径：光盘\演练范例\302\

执行后的效果如图 19-1 所示。

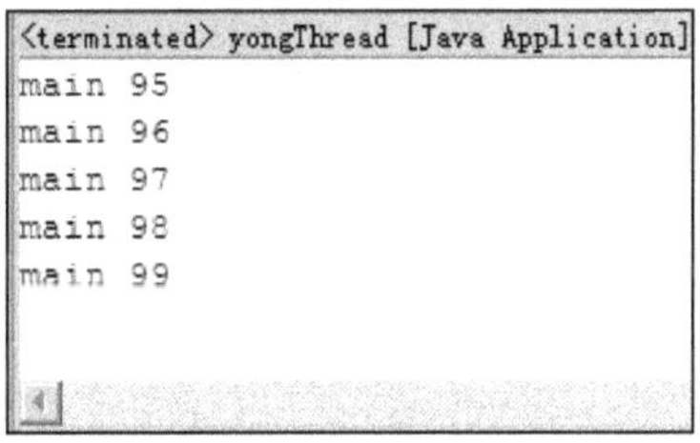

在上述实例代码中，类 FirstThread 继承了 Thread 类，并实现了 run()方法。在该 run()方法里的代码执行流是该线程所需要完成的任务。程序的主方法也包含了一个循环，当循环变量 i 等于 20 时创建并启动两条新线程。虽然代码中只是显式地创建并启动了两条线程，但实际上程序至少有 3 条线程：程序显式创建的 2 个子线程和主线程。当 Java

图 19-1　执行效果

程序开始运行后，程序至少会创建一条主线程，主线程的线程执行体不是由 run()方法来确定的，而是由 main()方法来确定，main()方法的方法体代表主线程的线程执行体。另外在上述代码中还用到了线程中的如下两个方法。

❑ Thread.currentThread()：currentThread 是 Thread 类的静态方法，该方法总是返回当前正在执行的线程对象。

❑ getName()：该方法是 Thread 的实例方法，该方法返回调用该方法的线程的名字。

接下来分析"举一反三"，在代码中实现了 run()方法，也就是定义了该线程的线程执行体。对比实例中的 run 方法体不难发现：使用继承 Thread 时获得当前线程对象比较简单，只需直接使用 this 即可。但使用实现 Runnable 接口获得当前线程对象时，必须使用 Thread.currentThread()方法实现。除此之外，在代码中还创建了 2 个 Thread 对象，并调用 start 方法来启动这两个线程。和上述实例的实现方式有所区别，在实例中是直接创建的 Thread 子类即可代表线程对象，而在"举一反三"中创建的 Runnable 对象只能作为线程对象的 target。

19.3　线程的生命周期

知识点讲解：光盘:视频\PPT 讲解（知识点）\第 19 章\线程的生命周期.mp4

线程要经历开始（等待）、运行、挂起和停止 4 种不同的状态。这四种状态都可以通过 Thread 类中的方法进行控制。例如下面代码给出了 Thread 类中和上述 4 种状态相关的方法。

```
// 开始线程
public void start( );
```

```
public void run( );
// 挂起和唤醒线程
public void resume( );          // 不建议使用
public void suspend( );         // 不建议使用
public static void sleep(long millis);
public static void sleep(long millis, int nanos);
// 终止线程
public void stop( );            // 不建议使用
public void interrupt( );
// 得到线程状态
public boolean isAlive( );
public boolean isInterrupted( );
public static boolean interrupted( );
// join方法
public void join( ) throws InterruptedException;
```

19.3.1　创建并运行线程

　　线程在建立后并不马上执行 run 方法中的代码，而是处于等待状态。线程处于等待状态时，可以通过 Thread 类的方法来设置线程的各种属性，如线程的优先级（setPriority）、线程名（setName）和线程的类型（setDaemon）等。

　　当调用 start()方法后，线程开始执行 run()方法中的代码。线程进入运行状态。可以通过 Thread 类的 isAlive()方法来判断线程是否处于运行状态。当线程处于运行状态时，isAlive 返回 true，当 isAlive 返回 false 时，可能线程处于等待状态，也可能处于停止状态。下面的代码演示了线程的创建、运行和停止 3 个状态之间的切换，并输出了相应的 isAlive 返回值。

```java
package chapter2;
public class LifeCycle extends Thread
{
    public void run()
    {
        int n = 0;
        while ((++n) < 1000);
    }
    public static void main(String[] args) throws Exception
    {
        LifeCycle thread1 = new LifeCycle();
        System.out.println("isAlive: " + thread1.isAlive());
        thread1.start();
        System.out.println("isAlive: " + thread1.isAlive());
        thread1.join();    // 等线程thread1结束后再继续执行
        System.out.println("thread1 已经结束!");
        System.out.println("isAlive: " + thread1.isAlive());
    }
}
```

　　在上述代码中使用了 join 方法，此方法的主要功能是保证线程的 run 方法完成后程序才继续运行，这个方法将在后面的文章中介绍，上面代码执行后输出。

isAlive: false

isAlive: true

thread1 已经结束!

isAlive: false

19.3.2　挂起和唤醒线程

　　一旦线程开始执行 run()方法，就会一直到这个 run()方法执行完成线程才退出。但在线程执行的过程中，可以通过两个方法使线程暂时停止执行。这两个方法是 suspend()和 sleep()。在使用 suspend 挂起线程后，可以通过 resume()方法唤醒线程。而使用 sleep 使线程休眠后，只能在设定的时间后使线程处于就绪状态（在线程休眠结束后，线程不一定会马上执行，只是进入了就绪状态，等待着系统进行调度）。

　　虽然 suspend 和 resume 可以很方便地使线程挂起和唤醒，但由于使用这两个方法可能会造成一些不可预料的事情发生，因此，这两个方法被标识为 deprecated(抗议)标记，这表明在以后的 JDK 版本中这两个方法可能被删除，所以尽量不要使用这两个方法来操作线程。下面的代码演示了 sleep()、suspend()和 resume()这 3 个方法的使用过程。

```java
package chapter2;

public class MyThread extends Thread
{
    class SleepThread extends Thread
    {
        public void run()
        {
            try
            {
                sleep(2000);
            }
            catch (Exception e)
            {
            }
        }
    }
    public void run()
    {
        while (true)
            System.out.println(new java.util.Date().getTime());
    }
    public static void main(String[] args) throws Exception
    {
        MyThread thread = new MyThread();
        SleepThread sleepThread = thread.new SleepThread();
        sleepThread.start();    // 开始运行线程sleepThread
        sleepThread.join();     // 使线程sleepThread延迟2秒
        thread.start();
        boolean flag = false;
        while (true)
        {
            sleep(5000);        // 使主线程延迟5秒
            flag = !flag;
            if (flag)
                thread.suspend();
            else
                thread.resume();
        }
    }
}
```

从表面上看，使用 sleep()和 suspend()所产生的效果类似，但 sleep()方法并不等同于 suspend()。它们之间最大的一个区别是可以在一个线程中通过 suspend()方法来挂起另外一个线程，如上面代码中在主线程中挂起了 thread 线程。而 sleep()只对当前正在执行的线程起作用。在上面代码中分别使 sleepThread 和主线程休眠了 2 秒和 5 秒。在使用 sleep 时要注意，不能在一个线程中来休眠另一个线程。如 main()方法中使用 thread.sleep(2000)方法是无法使 thread 线程休眠 2 秒的，而只能使主线程休眠 2 秒。

19.3.3　终止线程的 3 种方法

在 Java 中可以通过如下 3 种方法终止线程。

❑　使用退出标志，使线程正常退出，也就是当 run()方法完成后线程终止。

❑　使用 stop()方法强行终止线程（这个方法不推荐使用，因为 stop()和 suspend()、resume()一样，也可能发生不可预料的结果）。

❑　使用 interrupt 方法中断线程。

接下来将详细讲解上述 3 种方法的基本知识。

（1）使用退出标志终止线程。

当执行 run()方法完毕后，线程就会退出。但有时 run()方法是永远不会结束的。如在服务端程序中使用线程进行监听客户端请求，或是其他的需要循环处理的任务。在这种情况下，一般是将这些任务放在一个循环中，如 while 循环。如果想让循环永远运行下去，可以使用 while (true){...}来处理。但要想使 while 循环在某一特定条件下退出，最直接的方法就是设一个 boolean 类型的标志，并通过设置这个标志为 true 或 false 来控制 while 循环是否退出。例如下面的代码使用退出标志终止了线程。

```java
package chapter2;
public class ThreadFlag extends Thread
{
    public volatile boolean exit = false;
    public void run()
    {
        while (!exit);
    }
    public static void main(String[] args) throws Exception
    {
        ThreadFlag thread = new ThreadFlag();
        thread.start();
        sleep(5000);              // 主线程延迟5秒
        thread.exit = true;       // 终止线程thread
        thread.join();
        System.out.println("线程退出!");
    }
}
```

在上述代码中定义了一个退出标志 exit，当 exit 为 true 时，while 循环退出，exit 的默认值为 false。在定义 exit 时，使用了一个 Java 关键字 volatile，这个关键字的目的是使 exit 同步，也就是说在同一时刻只能由一个线程来修改 exit 的值。

（2）使用 stop()方法终止线程。

使用 stop()方法可以强行终止正在运行或挂起的线程，例如可以使用如下的代码来终止线程。

```java
thread.stop();
```

虽然使用上面的代码可以终止线程，但使用 stop()方法是很危险的，就像突然关闭计算机电源，而不是按正常程序关机一样，可能会产生不可预料的结果，因此，并不推荐使用 stop 方法来终止线程。

（3）使用 interrupt()方法终止线程。

在使用 interrupt()方法终止线程时可以分为如下两种情况。

❑　线程处于阻塞状态，如使用了 sleep()方法。

❑　使用 while(!isInterrupted()){...}来判断线程是否被中断。

在上述第一种情况下使用 interrupt 方法，sleep 方法将抛出一个 InterruptedException 例外，而在上述第二种情况下线程将直接退出。下面的代码演示了在第一种情况下使用 interrupt() 方法的过程。

```java
package chapter2;
public class ThreadInterrupt extends Thread
{
    public void run()
    {
        try
        {
            sleep(50000);  // 延迟50秒
        }
        catch (InterruptedException e)
        {
            System.out.println(e.getMessage());
        }
    }
    public static void main(String[] args) throws Exception
    {
        Thread thread = new ThreadInterrupt();
        thread.start();
        System.out.println("在50秒之内按任意键中断线程!");
```

```
        System.in.read();
        thread.interrupt();
        thread.join();
        System.out.println("线程已经退出!");
    }
}
```

执行上述代码后输出：

```
在50秒之内按任意键中断线程!
sleep interrupted
线程已经退出!
```

在调用方法 interrupt() 后，方法 sleep() 将抛出异常，然后输出错误信息 "sleep interrupted"。

注意：在类 Thread 中有两个方法可以判断线程是否通过 interrupt() 方法被终止。一个是静态的方法 interrupted()，一个是非静态的方法 isInterrupted()。这两个方法的区别是 interrupted 用来判断当前线是否被中断，而 isInterrupted 可以用来判断其他线程是否被中断。因此，while (!isInterrupted()) 也可以换成 while (!Thread.interrupted())。

19.3.4　线程阻塞

当一条线程开始运行后，它不可能一直处于运行状态（除非它的线程执行体足够短，瞬间就执行结束了），线程在运行过程中需要被中断，目的是使其他线程获得执行的机会，线程调度的细节取决于底层平台所采用的策略。对于采用抢占式策略的系统而言，系统会给每个可执行的线程一个小时间段来处理任务；当该时间段用完，系统就会剥夺该线程所占据的资源，让其他线程获得执行的机会。在选择下一个线程时，系统会考虑线程的优先级。

所有现代的桌面和服务器操作系统都是采用抢占式调度策略的，但一些小型设备如手机则可能采用协作式调度，在这样的系统中，只有当一个线程调用了自身的 sleep() 或 yield() 方法后才会放弃所占用的资源（就是必须由该线程主动放弃所占用的资源）。

在计算机中，当发生如下情况下时线程将会进入阻塞状态。

❑　线程调用 sleep() 方法主动放弃所占用的处理器资源。

❑　线程调用了一个阻塞式 I/O 方法，在该方法返回之前，该线程被阻塞。

❑　线程试图获得一个同步监视器，但该同步监视器正被其他线程所持有。

❑　线程在等待某个通知（notify）。

❑　程序调用了线程的 suspend() 方法将该线程挂起。不过这个方法容易导致死锁，所以程序应该尽量避免使用该方法。

❑　当前正在执行的线程被阻塞之后，其他线程就可以获得执行的机会了。被阻塞的线程会在合适时候重新进入就绪状态，注意是就绪状态而不是运行状态。也就是说被阻塞线程的阻塞解除后，必须重新等待线程调度器再次调度它。

针对上面的几种情况，当发生如下特定的情况将可以解除上面的阻塞，让该线程重新进入就绪状态。

❑　调用 sleep() 方法的线程经过了指定时间。

❑　线程调用的阻塞式 I/O 方法已经返回。

❑　线程成功地获得了试图取得的同步监视器。

❑　线程正在等待某个通知时，其他线程发出了一个通知。

❑　处于挂起状态的线程被调用了恢复方法 resume()。

线程从阻塞状态只能进入就绪状态，而无法进入运行状态。而就绪和运行状态之间的转换通常不受程序控制，而是由系统线程调度所导致的：当就绪状态的线程获得处理器资源时，该线程进入运行状态；当运行状态的线程失去处理器资源时，该线程进入就绪状态。但有一个方法例外调用 yield() 可以让当前处于运行状态的线程转入就绪状态。

19.3.5 线程死亡

线程可以用如下 3 种方式之一来结束，结束后的线程处于死亡状态。

- ❑ run()方法执行完成，线程正常结束。
- ❑ 线程抛出一个未捕获的 Exception 或 Error。
- ❑ 直接调用该线程的 stop()方法来结束该线程，因为该方法容易导致死锁，所以不推荐使用。

为了测试某条线程是否已经死亡，可以调用线程对象中的方法 isAlive()，当线程处于就绪、运行或阻塞 3 种状态时，该方法将返回 true；当线程处于新建、死亡状态时，该方法将返回 false。不要试图对一个已经死亡的线程调用 start()方法使它重新启动，死亡就是死亡，该线程将不可再次作为线程执行。例如在下面的实例代码中，【光盘\dima\19\yongFrame.java】演示了上述描述。

实例 152	演示线程的死亡	
	源码路径　\daima\19\yongFrame.java	视频路径　\视频\实例\第 19 章\152

实例文件 yongFrame.java 的主要代码如下所示。

```java
public class si extends Thread
{
private int i ;
//重写run方法,run方法的方法体就是线程执行体
public void run()
{
    for ( ; i < 100 ; i++ )
    {
        //当线程类继承Threa类时, 可以直接调用getName方法来
          返回当前线程的名
        //如果想获取当前线程, 直接使用this即可
        //Thread对象的getName返回当前该线程的名字
        System.out.println(getName() +   " " + i);
    }
}
public static void main(String[] args)
    {
        //创建线程对象
        si sd = new si();
        for (int i = 0; i < 300;   i++)
        {
            //调用Thread的currentThread方法获取当前线程
            System.out.println(Thread.currentThread().getName() +   " " + i);
            if (i == 20)
            {
                //启动线程
                sd.start();
                //判断启动后线程的isAlive()值, 输出true
                System.out.println(sd.isAlive());
            }
            //只有当线程处于新建、死亡两种状态时isAlive方法返回false
            //因为i > 20, 则该线程肯定已经启动了, 所以只可能是死亡状态了
            if (i > 20 && !sd.isAlive())
            {
                //试图再次启动该线程
                sd.start();
            }
        }
    }
}
```

> 范例 303：查看线程的运行状态
> 源码路径：光盘\演练范例\303\
> 视频路径：光盘\演练范例\303\
> 范例 304：查看 jvm 中的线程名
> 源码路径：光盘\演练范例\304\
> 视频路径：光盘\演练范例\304\

在上述代码中，试图在线程已死亡的情况下再次调用 start()方法来启动该线程，运行上述代码将会引发 IllegalThreadStateException 异常，这表明死亡状态的线程无法再次运行。执行效果如图 19-2 所示。

```
Thread-0 99
main 104
Exception in thread "main" java.lang.IllegalThreadStateE
        at java.lang.Thread.start(Thread.java:638)
        at si.main(si.java:37)
```

图 19-2　执行效果

19.4　控 制 线 程

知识点讲解：光盘:视频\PPT 讲解（知识点）\第 19 章\控制线程.mp4

　　Java 的线程提供了一些便捷的工具方法，通过这些便捷的工具方法可以很好地控制线程的执行。在本节将详细讲解在 Java 中控制线程的基本知识，为读者步入本书后面知识的学习打下基础。

19.4.1　使用 join 方法

　　在本章前面的演示代码中曾经多次使用到了 Thread 类的 join()方法，此方法的功能是使异步执行的线程变成同步执行。也就是说，当调用线程实例的 start 方法后，这个方法会立即返回，如果在调用 start()方法后需要使用一个由这个线程计算得到的值，就必须使用 join()方法。如果不使用 join 方法，就不能保证当执行到 start 方法后面的某条语句时，这个线程一定会执行完。而使用 join()方法后，直到这个线程退出，程序才会往下执行。下面的代码演示了方法 join 的基本用法。

```java
public class JoinThread extends Thread
{
    public static volatile int n = 0;
    public void run()
    {
        for (int i = 0; i < 10; i++, n++)
            try
            {
                sleep(3);   // 为了使运行结果更随机, 延迟3毫秒
            }
            catch (Exception e)
            {
            }
    }
    public static void main(String[] args) throws Exception
    {
        Thread threads[] = new Thread[100];
        for (int i = 0; i < threads.length; i++)   // 建立100个线程
            threads[i] = new JoinThread();
        for (int i = 0; i < threads.length; i++)    // 运行刚才建立的100个线程
            threads[i].start();
        if (args.length > 0)
            for (int i = 0; i < threads.length; i++)    // 100个线程都执行完后继续
                threads[i].join();
        System.out.println("n=" + JoinThread.n);
    }
}
```

　　在上述代码中建立了 100 个线程，每个线程使静态变量 n 增加 10。如果在这 100 个线程都执行完后输出 n，这个 n 值应该是 1000。我们可以使用如下的命令运行上面程序。

```
java mythread.JoinThread
```

　　程序的运行结果如下：

```
n=442
```

　　这个运行结果可能在不同的运行环境下有一些差异，但一般 n 不会等于 1000。从上面的结果可以肯定，这 100 个线程并未都执行完就将 n 输出了。

19.4.2　慎重使用 volatile 关键字

关键字 volatile 用于声明简单类型变量，例如 int、float、boolean 等数据类型。如果这些简单数据类型声明为 volatile，对它们的操作就会变成原子级别的。但这有一定的限制。例如在下面代码中的 n 就不是原子级别的。

```java
package mythread;
public class JoinThread extends Thread
{
    public static volatile int n = 0;
    public void run()
    {
        for (int i = 0; i < 10; i++)
            try
            {
                n = n + 1;
                sleep(3); // 为了使运行结果更随机, 延迟3毫秒
            }
            catch (Exception e)
            {
            }
    }
    public static void main(String[] args) throws Exception
    {
        Thread threads[] = new Thread[100];
        for (int i = 0; i < threads.length; i++)
            // 建立100个线程
            threads = new JoinThread();
        for (int i = 0; i < threads.length; i++)
            // 运行刚才建立的100个线程
            threads.start();
        for (int i = 0; i < threads.length; i++)
            // 100个线程都执行完后继续
            threads.join();
        System.out.println("n=" + JoinThread.n);
    }
}
```

如果对 n 的操作是原子级别的，最后输出的结果应该为 n=1000，而在执行上述代码时，很多时侯输出的 n 都小于 1000，这说明 n=n+1 不是原子级别的操作。原因是声明为 volatile 的简单变量如果当前值与该变量以前的值相关，那么 volatile 关键字不起作用，也就是说如下的表达式都不是原子操作。

```java
n = n + 1;
n++;
```

如果想使上述情况变成原子操作，需要使用 synchronized 关键字，可以将上面的代码改成如下形式。

```java
public class JoinThread extends Thread
{
    public static int n = 0;
    public static synchronized void inc()
    {
        n++;
    }
    public void run()
    {
        for (int i = 0; i < 10; i++)
            try
            {
                inc(); // n = n + 1 改成了 inc();
                sleep(3); // 为了使运行结果更随机, 延迟3毫秒
            }
            catch (Exception e)
            {
            }
    }
    public static void main(String[] args) throws Exception
    {
        Thread threads[] = new Thread[100];
```

```
        for (int i = 0; i < threads.length; i++)
            // 建立100个线程
            threads = new JoinThread();
        for (int i = 0; i < threads.length; i++)
            // 运行刚才建立的100个线程
            threads.start();
        for (int i = 0; i < threads.length; i++)
            // 100个线程都执行完后继续
            threads.join();
        System.out.println("n=" + JoinThread.n);
    }
}
```

在上述代码中，将 n=n+1 改成了 inc()，其中方法 inc()使用了 synchronized 关键字进行方法同步。因此，在使用 volatile 关键字时要慎重，并不是只要简单类型变量使用 volatile 修饰，对这个变量的所有操作都是原来操作，当变量的值由自身的上一个值决定时，如 n=n+1、n++等，volatile 关键字将失效，只有当变量的值和自身上一个值无关时对该变量的操作才是原子级别的，如 n = m + 1，这个就是原级别的。所以在使用 volatile 关键时一定要谨慎，如果自己没有把握，可以使用 synchronized 来代替 volatile。

19.4.3　后台、让步和睡眠

在计算机线程中有 3 种非常重要的线程，在接下来的内容中将一一为大家讲解。

1. 后台线程

有一种线程是在后台运行的，其任务是为其他的线程提供服务，这种线程被称为"后台线程（Daemon Thread）"，又称为"守护线程"或"精灵线程"。JVM 的垃圾回收线程就是典型的后台线程，后台线程有一个非常明显的特征——如果所有的前台线程都死亡，后台线程会自动死亡。

2. 睡眠线程

如果我们需要让当前正在执行的线程暂停一段时间，并进入阻塞状态，则可以通过调用 Thread 类的静态 sleep 方法实现，方法 sleep 有如下两种重载的形式。

- ❑ static void sleep(long millis)：让当前正在执行的线程暂停 millis 毫秒，并进入阻塞状态，该方法受到系统计时器和线程调度器的精度和准确度的影响。
- ❑ static void sleep(long millis，int nanos)：让当前正在执行的线程暂停 millis 毫秒加 nanos 毫微秒，并进入阻塞状态，该方法受到系统计时器和线程调度器的精度和准确度的影响。

与前面类似的是，程序很少调用第二种形式的 sleep 方法。

如果当前线程调用 sleep()方法进入阻塞状态，在其 sleep 时间段内该线程不会获得执行的机会，即使系统中没有其他可运行的线程，处于 sleep 中的线程也不会运行，因此 sleep()方法常用来暂停程序的执行。

3. 线程让步

线程让步需要用到方法 yield()，此方法是一个和 sleep()方法有点相似的方法，它也是一个 Thread 类提供的一个静态方法，它也可以让当前正在执行的线程暂停，但它不会阻塞该线程，它只是将该线程转入就绪状态。yield 只是让当前线程暂停一下，让系统的线程调度器重新调度一次，完全可能的情况是：当某个线程调用了 yield()方法暂停之后，线程调度器又将其调度出来重新执行。

实际上当某个线程调用了 yield()方法暂停之后，只有优先级与当前线程相同，或者优先级比当前线程更高的就绪状态的线程才会获得执行的机会。

<table>
<tr><td>实例 153</td><td colspan="2">演示 Java 的自动转换</td></tr>
<tr><td></td><td>源码路径　\daima\19\houtai.java</td><td>视频路径　\视频\实例\第 19 章\153</td></tr>
</table>

实例文件 houtai.java 的主要代码如下所示。

```java
public class houtai extends Thread
{
//定义后台线程的线程执行体与普通线程没有任何区别
    public void run()
    {
        for (int i = 0 ; i < 1000 ; i++ )
        {
        System.out.println(getName() + "   " + i);
        }
    }
    public static void main(String[] args)
    {
        houtai t = new houtai();
        //将此线程设置成后台线程
        t.setDaemon(true);
        //启动后台线程
        t.start();
        for (int i = 0 ; i < 10 ; i++ )
        {                    System.out.println(Thread.currentThread().getName()
            + "   " + i);
        }
        //-----一程序执行到此处, 前台线程 (main线程) 结束-----
        //后台线程也应该随之结束
    }
}
```

范例305：把基本类型转换为字符串
源码路径：光盘\演练范例\305\
视频路径：光盘\演练范例\305\
范例306：查看和修改线程名称
源码路径：光盘\演练范例\306\
视频路径：光盘\演练范例\306\

执行后的效果如图 19-3 所示。

在上述实例代码中，通过调用 Thread 对象 setDaemon (true) 方法将指定线程设置成后台线程。当所有前台线程死亡时，后台线程随之死亡。当整个虚拟机中只剩下后台线程时，程序就没有继续运行的必要了，所以虚拟机也就退出了。另外，在类 Thread 中还提供了一个 isDaemon()方法，用于判断指定线程是否为后台线程。主线程默认是前台线程，线程 t 默认也是前台线程。并不是所有的线程默认都是前台线程，有些线程默认是后台线程：前台线程创建的子线程默认是前台线程，后台线程创建的子线程默认是后台线程。

```
<terminated> houtai [Java Application]
Thread-0   36
Thread-0   37
Thread-0   38
Thread-0   39
Thread-0   40
Thread-0   41
```

图 19-3　执行效果

19.5　线程传递数据

知识点讲解：光盘:视频\PPT 讲解（知识点）\第 19 章\线程传递数据.mp4

在传统的同步开发模式下，当我们调用一个函数时，通过这个函数的参数将数据传入，并通过这个函数的返回值来返回最终的计算结果。但在多线程的异步开发模式下，数据的传递和返回与同步开发模式有很大的区别。由于线程的运行和结束是不可预料的，所以在传递和返回数据时就无法像函数一样通过函数参数和 return 语句来返回数据。在本节将详细讲解在 Java 中向线程传递数据的方法，并介绍从线程中返回数据的方法。

19.5.1　向线程传递数据的 3 种方法

一般在使用线程时都需要有一些初始化数据，然后线程利用这些数据进行加工处理，并返回结果。在这个过程中最先要做的就是向线程中传递数据。在 Java 中有如下 3 种向线程传递数据的方法。

（1）通过构造方法传递数据。

在创建线程时，必须要建立一个 Thread 类的或其子类的实例。因此，我们不难想到在调用 start() 方法之前通过线程类的构造方法将数据传入线程。并将传入的数据使用类变量保存起来，以便线程使用（其实就是在 run 方法中使用）。例如下面的代码演示了如何通过构造方法来传递数据。

```java
public class MyThread1 extends Thread
{
```

```java
    private String name;
    public MyThread1(String name)
    {
        this.name = name;
    }
    public void run()
    {
        System.out.println("hello " + name);
    }
    public static void main(String[] args)
    {
        Thread thread = new MyThread1("world");
        thread.start();
    }
}
```

　　由于这种方法是在创建线程对象的同时传递数据的，因此，在线程运行之前这些数据就就已经到位了，这样就不会造成数据在线程运行后才传入的现象。如果要传递更复杂的数据，可以使用集合、类等数据结构。使用构造方法来传递数据虽然比较安全，但如果要传递的数据比较多时，就会造成很多不便。由于 Java 没有默认参数，要想实现类似默认参数的效果，就得使用重载，这样不但使构造方法本身过于复杂，又会使构造方法在数量上大增。因此，要想避免这种情况，就得通过类方法或类变量来传递数据。

　　（2）通过变量和方法传递数据。

　　向对象中传入数据一般有两次机会，第一次机会是在建立对象时通过构造方法将数据传入，另外一次机会就是在类中定义一系列 public 的方法或变量（也可称之为字段）。然后在建立完对象后，通过对象实例逐个赋值。例如下面的代码对上面的类 MyThread1 进行了改版，使用方法 setName()来设置 name 变量。

```java
public class MyThread2 implements Runnable
{
    private String name;

    public void setName(String name)
    {
        this.name = name;
    }
    public void run()
    {
        System.out.println("hello " + name);
    }
    public static void main(String[] args)
    {
        MyThread2 myThread = new MyThread2();
        myThread.setName("world");
        Thread thread = new Thread(myThread);
        thread.start();
    }
}
```

　　（3）通过回调函数传递数据。

　　虽然前面讨论的两种向线程中传递数据的方法是最常用的，但这两种方法都是 main()方法主动将数据传入线程类的。这对于线程来说，是被动接收这些数据的。然而，在有些应用中需要在线程运行的过程中动态地获取数据，例如在下面代码的 run()方法中产生了 3 个随机数，然后通过 Work 类的 process 方法求这 3 个随机数的和，并通过 Data 类的 value 将结果返回。从这个例子可以看出，在返回 value 之前，必须要得到 3 个随机数。也就是说，这个 value 是无法事先就传入线程类的。

```java
class Data
{
    public int value = 0;
}
class Work
{
    public void process(Data data, Integer numbers)
```

```
        {
            for (int n : numbers)
            {
                data.value += n;
            }
        }
    }
public class MyThread3 extends Thread
{
    private Work work;
    public MyThread3(Work work)
    {
        this.work = work;
    }
    public void run()
    {
        java.util.Random random = new java.util.Random();
        Data data = new Data();
        int n1 = random.nextInt(1000);
        int n2 = random.nextInt(2000);
        int n3 = random.nextInt(3000);
        work.process(data, n1, n2, n3);     // 使用回调函数
        System.out.println(String.valueOf(n1) + "+" + String.valueOf(n2) + "+"
                + String.valueOf(n3) + "=" + data.value);
    }
    public static void main(String[] args)
    {
        Thread thread = new MyThread3(new Work());
        thread.start();
    }
}
```

在上述代码中，方法 process()被称为回调函数。从本质上说，回调函数就是事件函数。在 Windows API 中，经常使用回调函数和调用 API 的程序之间进行数据交互。因此，调用回调函数的过程就是最原始的引发事件的过程。在这个例子中调用了 process()方法来获得数据也就相当于在 run()方法中引发了一个事件。

19.5.2　从线程返回数据的两种方法

从线程中返回数据与向线程传递数据类似。也可以通过类成员以及回调函数来返回数据。但类成员在返回数据和传递数据时有一些区别，下面让我们来看看它们的区别。

（1）通过类变量和方法返回数据。

使用这种方法返回数据需要在调用 start()方法后才能通过类变量或方法得到数据，先看下面的代码会得到什么结果。

```
public class MyThread extends Thread
{
    private String value1;
    private String value2;

    public void run()
    {
        value1 = "通过成员变量返回数据";
        value2 = "通过成员方法返回数据";
    }
    public static void main(String[] args) throws Exception
    {
        MyThread thread = new MyThread();
        thread.start();
        System.out.println("value1:" + thread.value1);
        System.out.println("value2:" + thread.value2);
    }
}
```

上述代码执行后输出。

```
value1:null
value2:null
```

上面的运行结果很不正常。在 run 方法中已经对 value1 和 value2 赋了值，但是返回的却是

null。发生这种情况的原因是：在调用 start()方法后就立刻输出了 value1 和 value2 的值，而这里 run 方法还没有执行到为 value1 和 value2 赋值的语句。要避免这种情况的发生，就需要等 run()方法执行完后才执行输出 value1 和 value2 的代码。可以考虑使用方法 sleep 将主线程进行延迟，例如可以在 thread.start()后加一行如下的语句。

```
sleep(1000);
```

这样可以使主线程延迟 1 秒后再往下执行，但这样做有一个问题，就是无法知道要延迟多长时间。在上述代码中的 run 方法中只有两条赋值语句，而且只创建了一个线程，因此，延迟 1 秒已经足够，但如果 run 方法中的语句很复杂，这个时间就很难预测，因此这种方法并不稳定。

我们的目的非常简单，就是得到 value1 和 value2 的值，因此只要判断 value1 和 value2 是否为 null 即可。如果它们都不为 null 时就可以输出 value1 和 value2 的值。我们可以使用下面的代码来达到这个目的。

```
while (thread.value1 == null || thread.value2 == null);
```

使用上面的语句可以很稳定地避免这种情况发生，但这种方法太耗费系统资源。大家可以设想，如果 run 方法中的代码很复杂，value1 和 value2 需要很长时间才能被赋值，这样 while 循环就必须一直执行下去，直到 value1 和 value2 都不为空为止。因此，我们可以对上面的语句进行如下的改进。

```
while (thread.value1 == null || thread.value2 == null)
    sleep(100);
```

在 while 循环中每判断一次 value1 和 value2 的值后休眠 100 毫秒，然后再判断这两个值。这样所占用的系统资源会小一些。

上面的方法虽然可以很好地解决我们的问题，但是 Java 的线程模型为我们提供了更好的解决方案，就是使用 join()方法，join()的功能就是使用线程从异步执行变成同步执行。当线程变成同步执行后，就与从普通方法中得到返回数据没有什么区别了，所以可以使用如下的代码更有效地解决这个问题。

```
thread.start();
thread.join();
```

当执行 thread.join()完毕后，线程 thread 的 run()方法已经退出了，也就是说线程 thread 已经结束了。因此，在 thread.join()后面可以放心大胆地使用 MyThread 类的任何资源来得到返回数据。

（2）通过回调函数返回数据。

其实这种方法已经在 19.5.1 节中介绍了，通过 Work 类的 process 方法向线程中传递了计算结果，但同时也通过 process 方法从线程中得到了 3 个随机数。因此，这种方法既可以向线程中传递数据，也可以从线程中获得数据。

19.6　数 据 同 步

知识点讲解：光盘:视频\PPT 讲解（知识点）\第 19 章\数据同步.mp4

要想解决"脏数据"的问题，最简单的方法就是使用 synchronized 关键字使 run()方法同步，使用关键字 synchronized 的语法格式如下所示。

```
public synchronized void run(){

}
```

从上面的代码可以看出,只要在 void 和 public 之间加上 synchronized 关键字,就可以使 run()方法同步，也就是说，对于同一个 Java 类的对象实例，run()方法同时只能被一个线程调用，当前的 run()执行完后,才能被其他的线程调用。即使当前线程执行到了 run()方法中的 yield()方法，也只是暂停一下。由于其他线程无法执行 run()方法，因此，最终还是会由当前的线程来继续执行。先看看下面的代码：

```
        class Test
        {
            public synchronized void method()
            {

            }
        }
        public class Sync implements Runnable
        {
            private Test test;
            public void run()
            {
                test.method();
            }
            public Sync(Test test)
            {
                this.test = test;
            }
            public static void main(String[] args) throws Exception
            {
                Test test1 =    new Test();
                Test test2 =    new Test();
                Sync sync1 = new Sync(test1);
                Sync sync2 = new Sync(test2);
                new Thread(sync1).start();
                new Thread(sync2).start();
            }
        }
```

在上述代码中，在 Test 类中的 method()方法是同步的。但上面的代码建立了两个 Test 类的实例，所以 test1 和 test2 的 method()方法是分别执行的。要想让 method 同步，必须在建立 Sync 类的实例时向它的构造方法中传入同一个 Test 类的实例，如下面的代码所示。

```
Sync sync1 = new Sync(test1);
```

这样不仅可以使用 synchronized 来同步非静态方法，也可以使用 synchronized 来同步静态方法。例如可以按如下方式来定义 method()方法。

```
class Test
{
    public static synchronized void method() {    }
}
```

建立类 Test 对象的实例如下所示。

```
Test test = new Test();
```

对于静态方法来说，只要加上了 synchronized 关键字，这个方法就是同步的，无论是使用 test.method()，还是使用 Test.method()来调用 method()方法，method 都是同步的，并不存在非静态方法的多个实例的问题。

在 23 种设计模式中，单件（Singleton）模式如果按传统的方法设计，也是线程不安全的，下面的代码是一个线程不安全的单件模式。

```
package test;
// 线程安全的Singleton模式
class Singleton
{
    private static Singleton sample;
    private Singleton()
    {
    }
    public static Singleton getInstance()
    {
        if (sample == null)
        {
            Thread.yield(); //  为了放大Singleton模式的线程不安全性
            sample = new Singleton();
        }
        return sample;
    }
}
public class MyThread extends Thread
{
```

```
    public void run()
    {
        Singleton singleton = Singleton.getInstance();
        System.out.println(singleton.hashCode());
    }
    public static void main(String[] args)
    {
        Thread threads[] = new Thread[5];
        for (int i = 0; i < threads.length; i++)
            threads = new MyThread();
        for (int i = 0; i < threads.length; i++)
            threads.start();
    }
}
```

在上述代码中，调用方法 yield 是为了使单件模式的线程不安全性表现出来，如果去掉这行代码，上面的实现仍然是线程不安全的，只是出现的可能性小得多。执行后输出：

```
25358555
26399554
7051261
29855319
5383406
```

上面的运行结果可能在不同的运行环境中有所不同，但一般这 5 行输出不会完全相同。从这个输出结果可以看出，通过 getInstance()方法得到的对象实例是 5 个，而不是我们期望的一个。这是因为当一个线程执行了 Thread.yield()后，就将 CPU 资源交给了另外一个线程。由于在线程之间切换时并未执行创建 Singleton 对象实例的语句，因此，这几个线程都通过了 if 判断，所以产生了建立 5 个对象实例的情况（可能创建的是 4 个或 3 个对象实例，这取决于有多少个线程在创建 Singleton 对象之前通过了 if 判断，每次运行时可能结果会不一样）。

要想使上面的单件模式变成线程安全的，只需为 getInstance 加上关键字 synchronized 即可。具体代码如下。

```
public static synchronized Singleton getInstance() {   }
```

当然还有更简单的方法，就是在定义 Singleton 变量时就建立 Singleton 对象，具体代码如下。

```
private static final Singleton sample = new Singleton();
```

然后在方法 getInstance()中直接返回 sample，这种方式虽然简单，但不如在 getInstance()方法中创建 Singleton 对象灵活。读者可以根据具体的需求选择使用不同的方法来实现单件模式。

在使用 synchronized 关键字时需要注意如下 4 点。

（1）synchronized 关键字不能继承。

虽然可以使用 synchronized 来定义方法，但 synchronized 并不属于方法定义的一部分，因此，synchronized 关键字不能被继承。如果在父类中的某个方法使用了关键字 synchronized，而在子类中覆盖了这个方法，则在子类中的这个方法默认情况下并不是同步的，而必须显式地在子类的这个方法中加上 synchronized 关键字才可以。当然，还可以在子类方法中调用父类中相应的方法，这样虽然子类中的方法不是同步的，但子类调用了父类的同步方法，因此，子类的方法也就相当于同步了。在子类方法中加上 synchronized 关键字的演示代码如下。

```
class Parent
{
    public synchronized void method() {    }
}
class Child extends Parent
{
    public synchronized void method() {    }
}
```

在子类方法中调用父类同步方法的演示代码如下所示。

```
class Parent
{
    public synchronized void method() {    }
}
class Child extends Parent
{
    public void method() { super.method();    }
}
```

（2）在定义接口方法时不能使用 synchronized 关键字。

（3）构造方法不能使用 synchronized 关键字，但可以使用下节要讨论的 synchronized 块来进行同步。

（4）可以自由放置 synchronized。

在前面的例子中使用都是将关键字 synchronized 放在方法的返回类型前面，但是这并不是 synchronized 可放置的唯一位置。在非静态方法中，还可以将 synchronized 放在方法定义的最前面，在静态方法中，可以将 synchronized 放在 static 的前面，例如下面的代码。

```
public synchronized void method();
synchronized public void method();
public static synchronized void method();
public synchronized static void method();
synchronized public static void method();
```

但是一定要注意，synchronized 不能放在方法返回类型的后面，例如下面的代码是错误的。

```
public void synchronized method();
public static void synchronized method();
```

关键字 synchronized 只能用来同步方法，不能用来同步类变量，如下面的代码也是错误的。

```
public synchronized int n = 0;
public static synchronized int n = 0;
```

虽然使用 synchronized 关键字同步方法是最安全的同步方式，但大量使用 synchronized 关键字会造成不必要的资源消耗以及性能损失。虽然从表面上看 synchronized 锁定的是一个方法，但实际上 synchronized 锁定的是一个类。也就是说，如果在非静态方法 method1 和 method2 定义时都使用了 synchronized，在 method1 未执行完之前，method2 是不能执行的。静态方法和非静态方法的情况类似。但静态和非静态方法不会互相影响。请看下面的演示代码。

```
public class MyThread1 extends Thread
{
    public String methodName;

    public static void method(String s)
    {
        System.out.println(s);
        while (true)
                ;
    }
    public synchronized void method1()
    {
        method("非静态的method1方法");
    }
    public synchronized void method2()
    {
        method("非静态的method2方法");
    }
    public static synchronized void method3()
    {
        method("静态的method3方法");
    }
    public static synchronized void method4()
    {
        method("静态的method4方法");
    }
    public void run()
    {
        try
        {
            getClass().getMethod(methodName).invoke(this);
        }
        catch (Exception e)
        {
        }
    }
    public static void main(String[] args) throws Exception
    {
        MyThread1 myThread1 = new MyThread1();
        for (int i = 1; i <= 4; i++)
        {
```

```
            myThread1.methodName = "method" + String.valueOf(i);
            new Thread(myThread1).start();
            sleep(100);
        }
    }
}
```

执行上述代码后将输出：

```
非静态的method1方法
静态的method3方法
```

从上述执行结果可以看出，method2 和 method4 在 method1 和 method3 未结束之前不能运行。因此，我们可以得出一个结论，如果在类中使用 synchronized 关键字来定义非静态方法，那么将影响这个类中的所有使用 synchronized 关键字定义的非静态方法。如果定义的是静态方法，那么将影响类中所有使用 synchronized 关键字定义的静态方法。这有点像数据表中的表锁，当修改一条记录时，系统就将整个表都锁住了，因此，大量使用这种同步方式会使程序的性能大幅度下降。

19.6.1　使用 Synchronized 关键字同步类方法

关键字 synchronized 有两种用法，一种是直接用在方法的定义中，另一种是 synchronized 块。我们不仅可以通过 synchronized 块来同步一个对象变量，也可以使用 synchronized 块来同步类中的静态方法和非静态方法。

synchronized 块的语法格式如下所示。

```
public void method()
{
    … …
    synchronized(表达式)
    {
        … …
    }
}
```

（1）非静态类方法的同步。

使用 synchronized 关键字来定义方法就会锁定类中所有使用 synchronzied 关键字定义的静态方法或非静态方法，如果想使用 synchronized 块来锁定类中所有的同步非静态方法，需要使用 this 作为 synchronized 块的参数传入 synchronized 块，例如下面的代码通过 synchronized 块同步非静态方法。

```
001    public class SyncBlock
002    {
003        public void method1()
004        {
005            synchronized(this)   // 相当于对method1方法使用synchronized关键字
006            {
007                … …
008            }
009        }
010        public void method2()
011        {
012            synchronized(this)   // 相当于对method2方法使用synchronized关键字
013            {
014                … …
015            }
016        }
017        public synchronized void method3()
018        {
019            … …
020        }
021    }
```

在上述代码中的 method1()和 method2()方法中使用了 synchronized 块。而第 017 行的 method3()方法仍然使用 synchronized 关键字来定义方法。在使用同一个 SyncBlock 类实例时，这 3 个方法只要有一个正在执行，其他两个方法就会因未获得同步锁而被阻塞。在使用

synchronized 块时要想达到和 synchronized 关键字同样的效果，必须将所有的代码都写在 synchronized 块中，否则将无法使当前方法中的所有代码和其他的方法同步。

　　除了使用 this 作为 synchronized 块的参数外，还可以使用 SyncBlock.this 作为 synchronized 块的参数来达到同样的效果。在内类（InnerClass）的方法中使用 synchronized 块时，this 只表示内类，和外类(OuterClass)没有关系。但内类的非静态方法可以和外类的非静态方法同步。如在内类 InnerClass 中加一个 method4 方法，并使 method4()方法和 SyncBlock 的 3 个方法同步，例如下面的代码演示了使内类的非静态方法和外类的非静态方法同步。

```
public class SyncBlock
{
    … …
    class InnerClass
    {
        public void method4()
        {
            synchronized(SyncBlock.this)
            {
                … …
            }
        }
    }
    … …
}
```

　　在上面 SyncBlock 类的新版本中，InnerClass 类的 method4 方法和 SyncBlock 类的其他 3 个方法同步，因此，method1()、method2()、method3()和 method4()四个方法在同一时间只能有一个方法执行。

　　Synchronized 块不管是正常执行完，还是因为程序出错而异常退出 synchronized 块，当前的 synchronized 块所持有的同步锁都会自动释放。因此，在使用 synchronized 块时不必担心同步锁的释放问题。

　　（2）静态类方法的同步。

　　由于在调用静态方法时对象实例不一定被创建，所以不能使用 this 来同步静态方法，而必须使用 Class 对象来同步静态方法。例如下面的代码演示了通过 synchronized 块同步静态方法的过程。

```
public class StaticSyncBlock
{
    public static void method1()
    {
        synchronized(StaticSyncBlock.class)
        {
            … …
        }
    }
    public static synchronized void method2()
    {
        … …
    }
}
```

　　在同步静态方法时可以使用类的静态字段 class 来得到 Class 对象。在上例中 method1()和 method2()方法同时只能有一个方法执行。除了使用 class 字段得到 Class 对象外，还可以使用实例的 getClass 方法来得到 Class 对象。可以将上述代码进行如下修改。

```
public class StaticSyncBlock
{
    public static StaticSyncBlock instance;
    public StaticSyncBlock()
    {
        instance = this;
    }
    public static void method1()
    {
        synchronized(instance.getClass())
```

```
            {

            }
        }
    }
```

在上述代码中通过一个 public 的静态 instance 得到一个 StaticSyncBlock 类的实例，并通过这个实例的 getClass 方法得到了 Class 对象（一个类的所有实例通过 getClass 方法得到的都是同一个 Class 对象，因此，调用任何一个实例的 getClass 方法都可以）。我们还可以通过 Class 对象使不同类的静态方法同步，如 Test 类的静态方法 method() 和 StaticSyncBlock 类的两个静态方法同步，例如下面的代码。

```
public class Test
{
    public static void method()
    {
        synchronized(StaticSyncBlock.class)
        {

        }
    }
}
```

在使用 synchronized 块同步类方法时，非静态方法可以使用 this 来同步，而静态方法必须使用 Class 对象来同步。它们互不影响。当然，也可以在非静态方法中使用 Class 对象来同步静态方法。但在静态方法中不能使用 this 来同步非静态方法。

19.6.2　使用 Synchronized 块同步变量

我们可以通过 synchronized 块来同步特定的静态或非静态方法，要想实现此功能，必须为这些特性的方法定义一个类变量，然后将这些方法的代码用 synchronized 块括起来，并将这个类变量作为参数传入 synchronized 块。例如下面的代码演示了如何同步特定类方法的过程。

```
001    package mythread;
002
003    public class SyncThread extends Thread
004    {
005        private static String sync = "";
006        private String methodType = "";
007
008        private static void method(String s)
009        {
010            synchronized (sync)
011            {
012                sync = s;
013                System.out.println(s);
014                while (true);
015            }
016        }
017        public void method1()
018        {
019            method("method1");
020        }
021        public static void staticMethod1()
022        {
023            method("staticMethod1");
024        }
025        public void run()
026        {
027            if (methodType.equals("static"))
028                staticMethod1();
029            else if (methodType.equals("nonstatic"))
030                method1();
031        }
032        public SyncThread(String methodType)
033        {
034            this.methodType = methodType;
035        }
036        public static void main(String[] args) throws Exception
```

```
037        {
038            SyncThread sample1 = new SyncThread("nonstatic");
039            SyncThread sample2 = new SyncThread("static");
040            sample1.start();
041            sample2.start();
042        }
043    }
```

执行上述代码后输出：

```
method1
staticMethod1
```

在上面的代码中，方法 method1 和 staticMethod1 使用了静态字符串变量 sync 进行同步。这两个方法同时只能有一个执行，而这两个方法都会执行 014 行的无限循环语句。因此，输出结果只能是 method1 和 staticMethod1 其中之一，但这个程序将这两个字符串都输出了。

出现这种结果的原因很简单，因为在 012 行将 sync 的值改变了。在这里要说一下 Java 中的 String 类型。String 类型和 Java 中其他的复杂类型不同。在使用 String 型变量时，只要给这个变量赋一次值，Java 就会创建一个新的 String 类型的实例。例如下面的代码。

```
String s = "hello";
System.out.println(s.hashCode());
s = "world";
System.out.println(s.hashCode());
```

在上面的代码中。第一个 s 和再次赋值后的 s 的 hashCode 的值是不一样的。由于创建 String 类的实例并不需要使用 new，因此在同步 String 类型的变量时一定不要给这个变量赋值，否则会使变量无法同步。

在 013 行已经为 sync 创建了一个新的实例，假设 method1 先执行，当 method1 方法执行了 013 行的代码后，sync 的值就已经不是最初那个值了，而 method1 方法锁定的仍然是 sync 变量最初的那个值。在这时，staticMethod1 正好执行到 synchronized(sync)，在 staticMethod1 方法中要锁定的这个 sync 和 method1 方法锁定的 sync 已经不是一个了，因此，这两个方法的同步性已经被破坏了。

解决以上问题的方法是删除 013 行代码。在上述代码中加上这一行的目的是为了说明在使用类变量来同步方法时，如果在 synchronized 块中将同步变量的值改变会破坏方法之间的同步。为了彻底避免这种情况发生，建议在定义同步变量时可以使用 final 关键字。如将上面程序中的 005 行可改成如下格式。

```
private final static String sync = "";
```

使用关键字 final 后，sync 只能在定义时为其赋值，并且以后不能再修改。如果在程序的其他地方给 sync 赋了值，程序就无法编译通过。在 Eclipse 等开发工具中，会直接在错误的地方给出提示。

我们可以从两个角度来理解 synchronized 块。如果从类方法的角度来理解，可以通过类变量来同步相应的方法。如果从类变量的角度来理解，可以使用 synchronized 块来保证某个类变量同时只能被一个方法访问。不管从哪个角度来理解，它们的实质都是一样的，就是利用类变量来获得同步锁，通过同步锁的互斥性来实现同步。

注意：在使用 synchronized 块时应注意，synchronized 块只能使用对象作为它的参数。如果是简单类型的变量（如 int、char、boolean 等），不能使用 synchronized 来同步。

19.6.3　同步锁

从 JDK 1.5 版本开始，Java 提供了一种新的线程同步的机制，即通过显式定义同步锁对象来实现同步。在这种机制下，同步锁应该使用 Lock 对象充当。通常认为 Lock 提供了比 synchronized() 方法和 synchronized 代码块更广泛的锁定操作，Lock 实现允许更灵活的结构，可以具有差别很大的属性，并且可以支持多个相关的 Condition 对象。

Lock 是控制多个线程对共享资源进行访问的工具。通常，锁提供了对共享资源的独占访问，每次只能有一个线程对 Lock 对象加锁，线程开始访问共享资源之前应先获得 Lock 对象。不过，某些锁可能允许对共享资源并发访问，如 ReadWriteLock（读写锁）。当然，在实现线程安全的控制中，通常喜欢使用 ReentrantLock（可重入锁）。使用该 Lock 对象可以显式地加锁、释放锁。当使用 Lock 对象来进行同步时，锁定和释放锁出现在不同作用范围中时，通常建议使用 finally 块来确保在必要时释放锁。

为了更好的说明同步锁，我们接下来举一个典型的例子来讲解。假设有一个消费者在不停地从 queue 里取消息，当没有消息时阻塞等待，直到有消息来时消费它。乍一看，完全可以写个循环不断地去读它(queue)，直到该 queue 不再 empty（为空），则消费一条消息。可是无限的循环不仅有可能浪费资源，而且如果额外想设个 timeout（超时）的话，还要多写好多代码，如需要取当前时间，进行比对等等。这时，如果我们使用 wait()或 wait(int timeout)让其阻塞等待，直到有其他线程执行了 notify()，则可以使问题迎刃而解。

首先编写类 Consumer，具体代码如下所示。

```java
import java.util.LinkedList;

public class Consumer {
/** A lock object */
private final Object lock;
/**queue of message */
private LinkedList<Object> msgQueue = new LinkedList<Object>();
/** CLOSED message */
public static final Object CLOSED = new Object();

/**
 * 构造函数. <BR>
 * lock指向this指针
 */
public Consumer() {
    this.lock = this,
}
/**
 * 开始消费, 如果queue中没有消息, 则阻塞 <BR>
 */
public Consumer startConsume() {
    synchronized (lock) {
        try {
            if (!msgQueue.isEmpty()) {
                return this;
            }

            // 将timeout设置为10秒
            lock.wait(10000);
        } catch (InterruptedException e) {
            e.printStackTrace();
        }
    }

    return this;
}
/**
 * 从queue中读消息 <BR>
 */
public Object getMessage() throws Exception{
    synchronized (lock) {
        // 从queue中取一条消息
        Object message = msgQueue.poll();

        // 若该消息为Error, 抛出
        if (message instanceof Exception) {
            throw (Exception) message;
        }

        // 返回null如果接到CLOSED消息, 或message本身为空
        if (message == null
                || message == CLOSED) {
            return null;
        }
```

```
            return message;
        }
    }

    /**
     * 向Queue里添加消息, notify等待中的线程 <BR>
     */
    public void setMessage(Object message) {
        synchronized (lock) {
            // 向Queue中添加消息
            msgQueue.add(message);

            // notify等待中的线程
            lock.notify();
        }
    }

    /**
     * 关闭消息 <BR>
     */
    public void setClosed() {
        setMessage(CLOSED);
    }
}
```

然后编写测试文件，具体代码如下所示。

```
public class ConsumerTest extends Thread {
  Consumer c = null;

  public ConsumerTest(Consumer c) {
      this.c = c;
  }

  public static void main(String[] args) throws Exception {
      Consumer c = new Consumer();
      // 开一个线程, 去往queue里添加消息
      ConsumerTest test = new ConsumerTest(c);
      test.start();
      Object msg;
      while ((msg = c.startConsume().getMessage()) != null) {
          System.out.println(msg);
      }
  }

  public void run() {
      try {
          sleep(3000);
          c.setMessage(new String("abc"));
          sleep(2000);
          c.setMessage(new String("def"));
          c.setMessage(Consumer.CLOSED);
      } catch (InterruptedException e) {
          e.printStackTrace();
      }
  }
}
```

　　在上述代码中需要注意 synchronized 的对象，此对象和 wait、notify 的对象是不是相同的，否则会发生 IllegalMonitorStateException 异常。各不同线程操作的对象是不是一个，如果通知该类的其他对象是没用的，如果该类被设计为单体类，就没有此后顾之忧了。NotifyAll 可以唤醒在该对象上所有在等待中的线程，在适当场合时可以应用。例如一个公告牌，很多线程都在等最新的消息，当公告消息来时唤醒所有读它的线程。

19.7　总结多线程编程的常见缺陷及其产生的原因

　　经过本章前面内容的学习，Java 多线程的基本知识讲解完毕。在本节将简要介绍多线程开

发中容易遇到的问题，笔者给出了简要的解决方案，希望对大家有所帮助。

19.7.1　死锁问题

由多线程带来的性能改善是以可靠性为代价的，主要是因为有可能产生线程死锁。死锁是这样一种情形：多个线程同时被阻塞，它们中的一个或者全部都在等待某个资源被释放。由于线程被无限期地阻塞，因此程序不能正常运行。简单的说就是：线程死锁时，第一个线程等待第二个线程释放资源，而同时第二个线程又在等待第一个线程释放资源。这里举一个通俗的例子：如在人行道上两个人迎面相遇，为了给对方让道，两人同时向一侧迈出一步，双方无法通过，又同时向另一侧迈出一步，这样还是无法通过。假设这种情况一直持续下去，就会发生死锁现象。

1．死锁的根源

导致死锁的根源在于不适当地运用"synchronized"关键词来管理线程对特定对象的访问。"synchronized"关键词的作用是，确保在某个时刻只有一个线程被允许执行特定的代码块，因此，被允许执行的线程首先必须拥有对变量或对象的排他性访问权。当线程访问对象时，线程会给对象加锁，而这个锁导致其他也想访问同一对象的线程被阻塞，直至第一个线程释放它加在对象上的锁。

Java 中每个对象都有一把锁与之对应。但 Java 不提供单独的 lock 和 unlock 操作。下面笔者分析死锁的两个过程"上锁"和"锁死"。

（1）上锁。

许多线程在执行中必须考虑与其他线程之间共享数据或协调执行状态，这就需要同步机制。因此大多数应用程序要求线程互相通信来同步它们的动作，在 Java 程序中最简单的实现同步的方法就是上锁。在 Java 编程中，所有的对象都有锁。线程可以使用关键字 synchronized 来获得锁。在任一时刻对于给定的类的实例、方法或同步的代码块只能被一个线程执行。这是因为代码在执行之前要求获得对象的锁。

为了防止同时访问共享资源，线程在使用资源的前后可以给该资源上锁和开锁。给共享变量上锁就使得 Java 线程能够快速方便地通信和同步。某个线程若给一个对象上了锁，就可以知道没有其他线程能够访问该对象。即使在抢占式模型中，其他线程也不能够访问此对象，直到上锁的线程被唤醒、完成工作并开锁。那些试图访问一个上锁对象的线程通常会进入睡眠状态，直到上锁的线程开锁。一旦锁被打开，这些睡眠进程就会被唤醒并移到准备就绪队列中。

（2）锁死。

如果程序中有几个竞争资源的并发线程，那么保证均衡是很重要的。系统均衡是指每个线程在执行过程中都能充分访问有限的资源，系统中没有饿死和死锁的线程。当多个并发的线程分别试图同时占有两个锁时，会出现加锁冲突的情形。如果一个线程占有了另一个线程必需的锁，互相等待时被阻塞就有可能出现死锁。

在编写多线程代码时，笔者认为死锁是最难处理的问题之一。死锁可能在最意想不到的地方发生，而查找和修正它既费时又费力。例如，常见的例子如下面这段代码。

```java
public int sumArrays(int[] a1, int[] a2){
    int value = 0;
    int size = a1.length;
    if (size == a2.length) {
      synchronized(a1) { //1
        synchronized(a2) { //2
          for (int i=0; i<size; i++)
              value += a1[i] + a2[i];
        }
      }
    }
    return value;
}
```

　　上述代码在求和操作中访问两个数组对象之前锁定了这两个数组对象。它形式简短，编写也适合所要执行的任务；但不幸的是，它有一个潜在的问题。这个问题就是它埋下了死锁的种子。

　　2．分析常见的死锁及解决方法

　　解决死锁没有简单的方法，这是因为线程产生死锁各有各的原因，而且往往具有很高的负载。大多数软件测试产生不了足够多的负载，所以不可能暴露所有的线程错误。接下来将讨论开发过程中常见的 4 类典型的死锁和解决对策。

　　（1）数据库死锁。

　　在数据库中，如果一个连接占用了另一个连接所需的数据库锁，则它可以阻塞另一个连接。如果两个或两个以上的连接相互阻塞，则它们都不能继续执行，这种情况称为数据库死锁。

　　数据库死锁问题不易处理，通常数据行进行更新时，需要锁定该数据行，执行更新，然后在提交或回滚封闭事务时释放锁。由于数据库平台、配置的隔离级以及查询提示的不同，获取的锁可能是细粒度或粗粒度的，它会阻塞（或不阻塞）其他对同一数据行、表或数据库的查询。基于数据库模式，读写操作会要求遍历或更新多个索引、验证约束、执行触发器等。每个要求都会引入更多锁。此外，其他应用程序还可能正在访问同一数据库模式中的某些对象，并获取不同应用程序所具有的锁。

　　所有这些因素综合在一起，数据库死锁几乎不可能被消除了。值得庆幸的是，数据库死锁通常是可恢复的：当数据库发现死锁时，它会强制销毁一个连接（通常是使用最少的连接），并回滚其事务。这将释放所有与已经结束的事务相关联的锁，至少允许其他连接中有一个可以获取它们正在被阻塞的锁。

　　由于数据库具有这种典型的死锁处理行为，所以当出现数据库死锁问题时，数据库常常只能重试整个事务。当数据库连接被销毁时，会抛出可被应用程序捕获的异常，并标识为数据库死锁。如果允许死锁异常传播到初始化该事务的代码层之外，则该代码层可以启动一个新事务并重做先前的所有工作。

　　当出现问题就重试，由于数据库可以自由地获取锁，因此几乎不可能保证两个或两个以上的线程不发生数据库死锁。此方法至少能保证在出现某些数据库死锁情况时，应用程序能正常运行。

　　（2）资源池耗尽死锁。

　　客户端的增加导致资源池耗尽死锁是由于负载而造成的，即资源池太小，而每个线程需要的资源超过了池中的可用资源。假设连接池最多有 10 个连接，同时有 10 个对外部并发调用。这些线程中每一个都需要一个数据库连接用来清空池。现在，每个线程都执行嵌套的调用，则所有线程都不能继续，但又都不放弃自己的第一个数据库连接。这样，10 个线程都将被死锁。

　　研究此类死锁，会发现线程存储中有大量等待获取资源的线程，以及同等数量的空闲且未阻塞的活动数据库连接。当应用程序死锁时，如果可以在运行时检测连接池，就能确认连接池实际上已空。

　　修复此类死锁的方法包括：增加连接池的大小或者重构代码，以便单个线程不需要同时使用很多数据库连接。或者可以设置内部调用使用不同的连接池，即使外部调用的连接池为空，内部调用也能使用自己的连接池继续。

　　（3）单线程、多冲突数据库连接死锁。

　　对同一线程执行嵌套的调用有时出现死锁，此情形即使在非高负载系统中通常也会发生。当第一个（外部）连接已获取第二个（内部）连接所需要的数据库锁，则第二个连接将永久阻塞第一个连接，并等待第一个连接被提交或回滚，这就出现了死锁情形。因为数据库没有注意到两个连接之间的关系，所以数据库不会将此情形检测为死锁。这样即使不存在并发，此代码也将导致死锁。此情形有多种具体的变种，可以涉及多个线程和两个以上的数据库连接。

（4）Java 虚拟机锁与数据库锁冲突。

这种情形发生在数据库锁与 Java 虚拟机锁并存的时候。在这种情况下，一个线程占有一个数据库锁并尝试获取 Java 虚拟机锁。同时，另一个线程占有 Java 虚拟机锁并尝试获取数据库锁。此时，数据库发现一个连接阻塞了另一个连接，但由于无法阻止连接继续，所以不会检测到死锁。Java 虚拟机发现同步的锁中有一个线程，并有另一个尝试进入的线程，所以即使 Java 虚拟机能检测到死锁并对它们进行处理，它还是不会检测到这种情况。

总而言之，Java 应用程序中的死锁是一个大问题——它能导致整个应用程序慢慢终止，还很难被分离和修复，尤其是当开发人员不熟悉如何分析死锁环境的时候。

3．开发中如何避免死锁

（1）对大多数的 Java 程序员来说，最简单的防止死锁的方法是对竞争的资源引入序号，如果一个线程需要几个资源，那么它必须先得到小序号的资源，再申请大序号的资源。可以在 Java 代码中增加同步关键字的使用，这样可以减少死锁，但这样做也会影响性能。如果负载过重，数据库内部也有可能发生死锁。

（2）了解数据库锁的发生行为。例如了解如何从应用服务器获取完整的线程转储以及从数据库获取数据库连接列表（包括互相阻塞的连接），知道每个数据库连接与哪个 Java 线程相关联。了解 Java 线程和数据库连接之间映射的最简单方法是向连接池访问模式添加日志记录功能。

（3）当进行嵌套的调用时，了解哪些调用使用了与其他调用同样的数据库连接。即使嵌套调用运行在同一个全局事务中，它仍将使用不同的数据库连接，而不会导致嵌套死锁。

（4）确保在峰值并发时有足够大的资源池。

（5）避免执行数据库调用或在占有 Java 虚拟机锁时，执行其他与 Java 虚拟机无关的操作。

最重要的是，多线程设计虽然是困难的，但在开始编程之前详细设计系统能够帮助你避免难以发现的死锁问题。死锁在语言层面上不能解决，就需要一个良好设计来避免死锁。

19.7.2　多线程编程的常见陷阱

（1）在构造函数中启动线程。

笔者在很多代码中看到在构造函数中启动一个线程的情形，例如下面的代码。

```java
public class A{
    public A(){
        this.x=1;
        this.y=2;
        this.thread=new MyThread();
        this.thread.start();
    }

}
```

这个会引起什么问题呢？如果有个类 B 继承了类 A，依据 Java 类初始化的顺序，A 的构造函数一定会在 B 的构造函数调用前被调用，那么 thread 线程也将在 B 被完全初始化之前启动，当 thread 运行时使用到了类 A 中的某些变量，那么就可能使用的不是你预期中的值，因为在 B 的构造函数中你可能赋给这些变量新的值。也就是说此时将有两个线程在使用这些变量，而这些变量却没有同步。

解决这个问题有两个办法，一种是将 A 设置为 final，不可继承；另一种是提供单独的 start() 方法用来启动线程，而不是放在构造函数中。

（2）不完全的同步。

我们都知道对一个变量同步的有效方式是用 synchronized 保护起来，synchronized 可能是对象锁，也可能是类锁，这要看是类方法还是实例方法。但是，当你将某个变量在 A 方法中同步时，则在变量出现的其他地方，也需要同步，除非允许弱可见性甚至产生错误值。例如下面的代码。

```
class A{
    int x;
    public int getX(){
        return x;
    }
    public synchronized void setX(int x)
    {
        this.x=x;
    }
}
```

在上述代码中，x 的 setter()方法有同步，然而 getter()方法却没有，那么就无法保证其他线程通过 getX 得到的 x 是最新的值。事实上，这里的 setX()的同步是没有必要的，因为对 int 的写入是原子的，这一点 JVM 规范已经保证，多个同步没有任何意义；当然，如果这里不是 int，而是 double 或者 long，那么 getX()和 setX()都将需要同步，因为 double 和 long 都是 64 位，写入和读取都是分成两个 32 位来进行（这一点取决于 JVM 的实现，有的 JVM 实现可能保证对 long 和 double 的 read()、write()是原子的），没有保证原子性。类似上面这样的代码，其实都可以通过声明变量为 volatile 来解决。

（3）在使用某个对象当锁时，改变了对象的引用，导致同步失效。这是一种很常见的错误，例如下面的代码。

```
synchronized(array[0])
{
    ......
    array[0]=new A();
    ......
}
```

在上述代码中，同步块使用 array[0]作为锁，然而在同步块中却改变了 array[0]指向的引用。分析下这个场景，第一个线程获取了 array[0]的锁，　第二个线程因为无法获取 array[0]而等待，在改变了 array[0]的引用后，第三个线程获取了新的 array[0]的锁，第一和第三两个线程持有的锁是不一样的，同步互斥的目的就完全没有达到了。这样代码的修改，通常是将锁声明为 final 变量或者引入业务无关的锁对象，保证在同步块内不会被修改引用。

（4）没有在循环中调用 wait()。

wait()和 notify()用于实现条件变量，你可能知道需要在同步块中调用 wait()和 notify()，为了保证条件的改变能做到原子性和可见性。常常看见很多代码做到了同步，却没有在循环中调用 wait()，而是使用 if 甚至没有条件判断。例如下面的代码。

```
synchronized(lock)
{
    if(isEmpty()
        lock.wait();

}
```

使用 if 对条件进行判断会造成什么问题呢？在判断条件之前可能调用 notify()或者 notifyAll()，那么条件已经满足，不会等待，这没什么问题。在条件没有满足时，调用了 wait()方法，释放 lock 锁并进入等待休眠状态，如果线程是在正常情况下，也就是条件被改变之后被唤醒，那么没有任何问题，条件满足继续执行下面的逻辑操作。问题在于线程可能被意外甚至恶意唤醒，由于没有再次进行条件判断，在条件没有被满足的情况下，线程执行了后续的操作。意外唤醒的情况，可能是调用了 notifyAll()，可能是有人恶意唤醒，也可能是很少情况下的自动苏醒（称为"伪唤醒"）。因此为了防止这种条件没有满足就执行后续操作的情况，需要在被唤醒后再次判断条件，如果条件不满足，继续进入等待状态，条件满足后才进行后续操作。例如：

```
synchronized(lock)
{
    while(isEmpty()
```

```
    lock.wait();
}
```

没有进行条件判断就调用 wait() 的情况更严重，因为在等待之前可能 notify() 已经被调用，那么在调用了 wait() 之后进入等待休眠状态后就无法保证线程苏醒过来。

（5）同步的范围过小或者过大。

同步的范围过小，可能完全没有达到同步的目的；同步的范围过大，可能会影响性能。同步范围过小的一个常见例子是误认为两个同步的方法一起调用也是将同步的，需要记住的是 Atomic+Atomic!=Atomic。例如下面的代码。

```
Map map=Collections.synchronizedMap(new HashMap());
if(!map.containsKey("a")){
    map.put("a", value);
}
```

上述做法是一个很典型的错误，map 是线程安全的，containskey() 和 put() 方法也是线程安全的，然而两个线程安全的方法被组合调用就不一定是线程安全的了。因为在 containsKey 和 put 之间，可能有其他线程抢先 put 进了 a，那么就可能覆盖了其他线程设置的值，导致值的丢失。解决这一问题的方法就是扩大同步范围，因为对象锁是可重入的，因此在线程安全方法之上再同步相同的锁对象不会有问题。

```
Map map = Collections.synchronizedMap(new HashMap());
synchronized (map) {
    if (!map.containsKey("a")) {
        map.put("a", value);
    }
}
```

我们要加大锁的范围，也要保证使用的是同一个锁，不然很可能造成死锁。 Collections.synchronizedMap(new HashMap())使用的锁是 map 本身，因此没有问题。当然，上面的情况现在更推荐使用 ConcurrentHashMap，它有 putIfAbsent 方法来达到同样的目的并且满足线程安全性。

同步范围过大的例子也很多，比如在同步块中 new 大对象或者调用费时的 IO 操作，不得不调用费时操作的时候一定要指定超时时间，例如通过 URLConnection 去 invoke 某个 URL 时就要设置 connect timeout 和 read timeout，防止锁被独占不释放。同步范围过大时，要在保证线程安全的前提下，将不必要同步的操作从同步块中移出。

（6）正确使用 volatile。

在 jdk5 修正了 volatile 的语义后, volatile 作为一种轻量级的同步策略就得到了大量的使用。volatile 的严格定义参考 jvm spec，这里只从 volatile 能做什么和不能用来做什么出发做个探讨。

volatile 可以用来做什么？

❑ 状态标志，模拟控制机制。常见用途如控制线程是否停止，例如下面的代码。

```
private volatile boolean stopped;
public void close(){
    stopped=true;
}

public void run(){

    while(!stopped){
        //do something
    }

}
```

前提是 do something 中不会有阻塞调用之类。volatile 保证 stopped 变量的可见性，run 方法中读取的 stopped 变量总是 main memory 中的最新值。

❑ 安全发布，例如修复 DLC 问题。

```java
private volatile IoBufferAllocator instance;
public IoBufferAllocator getInsntace(){
    if(instance==null){
        synchronized (IoBufferAllocator.class) {
            if(instance==null)
                instance=new IoBufferAllocator();
        }
    }
    return instance;
}
```

❑　开销较低的读写锁，例如下面的代码。

```java
public class CheesyCounter {
    private volatile int value;
    public int getValue() { return value; }
    public synchronized int increment() {
        return value++;
    }
}
```

synchronized 保证更新的原子性，volatile 保证线程间的可见性。

接下来开始分析 volatile 不能用于做什么。

❑　不能用于做计数器，例如下面的代码。

```java
public class CheesyCounter {
    private volatile int value;
    public int getValue() { return value; }
    public int increment() {
        return value++;
    }
}
```

因为 value++其实是由 3 个操作组成的：读取、修改、写入，volatile 不能保证这个序列是原子的。对 value 的修改操作依赖于 value 的最新值。解决这个问题的方法是可以将 increment 方法同步，或者使用 AtomicInteger 原子类。

❑　与其他变量构成不变式，一个典型的例子是定义一个数据范围，需要保证约束 lower< upper，例如下面的代码。

```java
public class NumberRange {
    private volatile int lower, upper;
    public int getLower() { return lower; }
    public int getUpper() { return upper; }
    public void setLower(int value) {
        if (value > upper)
            throw new IllegalArgumentException();
        lower = value;
    }
    public void setUpper(int value) {
        if (value < lower)
            throw new IllegalArgumentException();
        upper = value;
    }
}
```

尽管将 lower 和 upper 声明为 volatile，但是 setLower 和 setUpper 并不是线程安全方法。假设初始状态为(0, 5)，同时调用 setLower(4)和 setUpper(3)，两个线程交叉进行，最后结果可能是(4, 3)，违反了约束条件。修改这个问题的办法就是将 setLower 和 setUpper 同步，例如下面的代码。

```java
public class NumberRange {
    private volatile int lower, upper;
    public int getLower() { return lower; }
    public int getUpper() { return upper; }
    public synchronized void setLower(int value) {
        if (value > upper)
            throw new IllegalArgumentException();
        lower = value;
    }
    public synchronized void setUpper(int value) {
        if (value < lower)
            throw new IllegalArgumentException();
        upper = value;
    }
}
```

19.8　技　术　解　惑

19.8.1　线程和函数的关系

任何一个线程在建立时都会执行一个函数，这个函数叫做线程执行函数。也可以将这个函数看做线程的入口点（类似于程序中的 main 函数）。无论使用什么语言或技术来建立线程，都必须执行这个函数（这个函数的表现形式可能不一样，但都会有一个这样的函数）。如在 Windows 中用于建立线程的 API 函数 CreateThread 的第三个参数就是这个执行函数的指针。

19.8.2　在 run 方法中使用线程名时带来的问题

在调用start()方法前后都可以使用setName 设置线程名,但在调用 start()方法后使用setName 修改线程名，会产生不确定性，也就是说可能在 run()方法执行完后才会执行 setName。如果在 run()方法中要使用线程名，就会出现虽然调用了 setName()方法，但线程名却未修改的现象。类 Thread 的 start()方法不能多次调用，如不能调用两次 thread1.start()方法。否则会抛出一个 IllegalThreadStateException 异常。

19.8.3　继承 Thread 类或实现 Runnable 接口方式的比较

通过继承 Thread 类或实现 Runnable 接口都可以实现多线程，但两种方式存在一定的差别，在此简单总结两者之间的差别。

当采用 Runnable 接口方式实现多线程时，线程类只是实现了 Runnable 接口，还可以继承其他类。在这种方式下，可以多个线程共享同一个 target 对象，所以非常适合多个相同线程来处理同一份资源的情况，从而可以将 CPU、代码和数据分开，形成清晰的模型，较好地体现了面向对象的思想。此方式的劣势是：编程稍稍复杂，如果需要访问当前线程，必须使用 Thread.currentThread()方法。

当采用继承 Thread 类方式的多线程时，劣势是因为线程类已经继承了 Thread 类，所以不能再继承其他父类；优势是编写简单，如果需要访问当前线程，无须使用 Thread.currentThread() 方法，直接使用 this 即可获得当前线程。

实际上几乎所有的多线程应用都可采用第一种方式，也就是实现 Runnable 接口的方式。

19.8.4　start 和 run 的区别

（1）start。

用方法 start()来启动线程，真正实现了多线程运行，这时无需等待 run()方法体代码执行完毕即可直接继续执行下面的代码。通过调用 Thread 类的 start()方法来启动一个线程，这时此线程处于就绪（可运行）状态，并没有运行，一旦得到时间片，就开始执行 run()方法，这里方法 run()称为线程体，它包含了要执行的这个线程的内容，run()方法运行结束，此线程随即终止。

（2）run。

方法 run()只是类的一个普通方法而已，如果直接调用 run()方法，程序中依然只有主线程这一个线程，其程序执行路径还是只有一条，还是要顺序执行，还是要等待 run()方法体执行完毕后才可继续执行下面的代码，这样就没有达到写线程的目的。

由此可见，调用方法 start()可以启动线程，而方法 run 只是 thread 的一个普通方法调用，还是在主线程里执行。

19.8.5　使用 sleep()方法的注意事项

在使用 sleep()方法时需要注意如下两点。

（1）方法 sleep 有两个重载形式，其中一个重载形式不仅可以设毫秒，而且还可以设纳秒（1,000,000 纳秒等于 1 毫秒）。但大多数操作系统平台上的 Java 虚拟机都无法精确到纳秒，因此，如果对 sleep 设置了纳秒，Java 虚拟机将取最接近这个值的毫秒。

（2）在使用方法 sleep 时必须使用 throws 或 try{...}catch{...}。因为 run 方法无法使用 throws，所以只能使用。

```
try{
...
}
catch{
...
}
```

当在线程休眠的过程中，使用 interrupt()方法中断线程时，sleep()会抛出一个 InterruptedException 异常。定义 sleep()方法的格式如下所示。

```
public static void sleep(long millis)    throws InterruptedException
public static void sleep(long millis,    int nanos)    throws InterruptedException
```

另外，启动线程使用的是 start()方法，而不是 run()方法！永远不要调用线程对象的 run()方法！调用 start()方法来启动线程，系统会把该 run()方法当成线程执行体来处理。但如果直接调用线程对象的 run()方法，则 run()方法立即就会被执行，而且在 run()方法返回之前其他线程不能并发执行，也就是说系统把线程对象当成一个普通对象，而 run()方法也是一个普通方法，而不是线程执行体。

19.8.6　线程的优先级

线程的优先级用数字表示，范围从 1 到 10，高的会优先执行，一个线程的缺省优先级为 5。

```
Thread.MAX_PRIORITY=1
Thread.MIN_PRIORITY=10
Thread.NORM_PRIORITY=5
```

例如：

```
t.setPriority(Thread.NORM_PRIORITY+3);
```

19.8.7　如何确定发生死锁

Java 虚拟机死锁发生时，从操作系统上观察，虚拟机的 CPU 占用率为零，很快会从 top 或 prstat 的输出中消失。这时可以收集 thread dump，查找"waiting for monitor entry"的 thread，如果大量 thread 都在等待给同一个地址上锁（因为对于 Java，一个对象只有一把锁），这说明很可能发生了死锁。

为了确定问题，建议在隔几分钟后再次收集一次 thread dump，如果得到的输出相同，仍然是大量 thread 都在等待给同一个地址上锁，那么肯定是死锁了。如何找到当前持有锁的线程是解决问题的关键。一般方法是搜索 thread dump，查找"locked"，找到持有锁的线程。如果持有锁的线程还在等待给另一个对象上锁，那么还是按上面的办法顺藤摸瓜，直到找到死锁的根源为止。

另外，在 thread dump 里还会经常看到这样的线程，它们是等待一个条件而主动放弃锁的线程。有时也需要分析这类线程，尤其是线程等待的条件。

19.8.8　关键字 synchronized 和 volatile 的区别

❑ volatile 本质是在告诉 JVM 当前变量在寄存器（工作内存）中的值是不确定的，需要从主存中读取；synchronized 则是锁定当前变量，只有当前线程可以访问该变量，其他线程被阻塞住。

❑ volatile 仅能使用在变量级别；synchronized 则可以使用在变量、方法和类级别。

❑ volatile 仅能实现变量的修改可见性，并能保证原子性；而 synchronized 则可以保证变量的修改可见性和原子性。

❑ volatile 不会造成线程的阻塞；synchronized 可能会造成线程的阻塞。

❑ volatile 标记的变量不会被编译器优化；synchronized 标记的变量可以被编译器优化。

因此 volatile 只是在线程内存和"主"内存间同步某个变量的值，而 synchronized 通过锁定和解锁某个监视器同步所有变量的值。显然 synchronized 要比 volatile 消耗更多资源。

19.8.9　sleep()方法和 yield()方法的区别

- □ sleep()方法暂停当前线程后，会给其他线程执行机会，不会理会其他线程的优先级。但 yield()方法只会给优先级相同，或优先级更高的线程执行机会。
- □ sleep()方法会将线程转入阻塞状态，直到经过阻塞时间才会转入就绪状态。而 yield() 不会将线程转入阻塞状态，它只是强制当前线程进入就绪状态。因此完全有可能某个线程调用 yield()方法暂停之后，立即再次获得处理器资源被执行。
- □ sleep()方法声明抛出了 InterruptedException 异常，所以调用 sleep()方法时要么捕捉该异常，要么显式声明抛出该异常。而 yield()方法则没有声明抛出任何异常。
- □ sleep()方法比 yield()方法有更好的可移植性，通常不要依靠 yield()来控制并发线程的执行。

19.8.10　分析 Swing 的多线程死锁问题

在基于 Java Swing 进行图形界面开发的时候，经常遇到的就是 Swing 多线程问题。我们可以想像一下，如果需要在一个图形界面上显示很多数据，这些数据是经过长时间、复杂的查询和运算得到的，如果在图形界面的同一个线程中进行查询和运算工作则会导致一段时间界面处于死机状态，这会给用户带来不良的互动感受。为了解决这个问题，一般会单独启动一个线程进行运算和查询工作，并随时更新图形界面。这时候，另一个问题就出现了，可能不仅没有解决原来偶尔死机的问题，还导致了程序彻底死掉。幸运的是在 JDK 中暗藏了一个中断程序的快捷键 Ctrl+Break，这个快捷键 Sun 并没有在文档中公布。如果在命令行模式下启动 Java 程序，然后按 Ctrl+Break 组合键，会得到堆栈的跟踪信息，从这些跟踪信息中就可以知道具体引发死机的位置了。

当一个程序产生死锁的时候，我们都会希望尽快找到原因并且解决它。这时我们会将精力用在查找引发死锁的位置，另一半的精力会用于对堆栈进行跟踪以确定引发死锁的原因。但是在 Java Swing 程序中，我们所有的努力可能都是没有价值的，这是因为 Java 对 Swing 的多线程编程有一个特殊要求，就是在 Swing 里，只能在与 Swing 相同的线程里对 GUI 元件进行修改。

也就是说，如果要执行类似于"jLabel1.setText("blabla")"代码，就必须在 Swing 线程中，而不允许在其他线程当中。如果必须在其他线程中修改元件，可以使用类似如下方式解决。

```
SwingUtilities.invokeLater(new Runnable() {
  public void run() {
  jLabel1.setText("blabla");

  }
}
```

方法 invokeLater 虽然表面有时间延迟执行含义，但是实际上几乎没有任何影响，可能在几毫秒之内就会被执行。另外还有一个 invokeAndWait 方法，除非特殊需要，否则几乎是不用的。

在不使用 invokeLater 的情况下，导致刷新问题是可以理解的，但是导致死锁就有点令人匪夷所思了。幸运的是，不是任何时候都需要调用改方法，这是因为大多数情况下，我们都是在与 Swing 同一个线程里进行界面更新。例如监听按钮单击事件的 ActionListener.actionPerformed 方法就是运行在与 Swing 相同的线程中的。但是如果在回调类中引用了另一个类，并且是不属于 AWT/Swing 的，那么结果就很难确定了。所以说使用 invokeLater 应该是最安全的。

需要注意的是，在 invokeLater 做的任何事情都会导致 Swing 线程窗口绘制工作暂停下来，等候 invokeLater 工作结束。所以建议不要在 invokeLater 进行耗时操作，尽量只执行那些界面绘制相关的工作。可以通过代码重构，将那些与界面更新相关的代码集中起来统一处理。

另外还有一个建议是合理设计在 Swing 中使用的类。代码执行前判断其是否处于 Swing 线程当中（使用 SwingUtilities.isEventDispatchThread()方法），如果不是，则需要通过 SwingUtilities. invokeLater (Runnable)执行，如果是则直接执行代码。这说起来简单，但是实际操作会遇到很多困难。

第 20 章

整合开发企业快信系统

为了提高企业的形象，完善客户服务，建立一个企业快信系统非常必要。在本章的内容中，将向读者介绍现实应用中企业快信系统的构建方法。

20.1　一 个 项 目

本章要讲的项目是为一家电信服务公司开发一个在线企业快信系统。在接下来的内容中，将首先讲解对这个项目的整体分析。

20.1.1　背景分析

在企业信息化的今天，效率决定成败，企业内、外部沟通的及时性直接影响企业的运作效率，如何在节约成本的同时提高沟通效率是摆在很多企业老总面前的一大难题。当前很多企业的 OA 办公自动化系统仅仅限于企业计算机的内部网络。一旦用户不在线，就无法及时获知是否有重要任务或通知。为了确保知道是否有需要处理的工作，用户不得不经常访问 OA 系统，这样就造成了办事效率的低下。为了解决上述问题，企业快信便被提上了议程。

20.1.2　需求分析

本系统的功能是提高企业内部、企业内部和外部之间的沟通难，信息不能及时传播而开发的，因此企业快信系统要提供邮件群发和短信接收功能。通过对大多数企业的考察和分析，并结合短信和邮件的特点，得出了本快信系统的功能如下。

（1）管理客户和员工的信息名片夹。

（2）管理常用短语及其类别。

（3）实现短信群发和短信接收。

（4）实现邮件发送功能。

20.1.3　核心技术分析

本系统和传统站点项目没有太大区别，只是涉及了短信猫和 Java Mail 组件来实现收发短信和邮件发送。通过信息搜集和分析，决定采用金仓信息技术有限公司开发的短信猫，并且该产品提供了相应的程序开发包，为开发人员带来了极大的方便。Java Mail 是 Sun 公司发布的一种用于读取、编写和发送电子邮件的包，使用此包可以很方便地实现短信功能的开发设计。

20.2　系 统 设 计

有了前面的系统分析，整个项目的目的就很明确了。接下来开始根据系统分析设计系统设计的规划书，为后面的编码工作打下坚实的基础。

20.2.1　系统目标

根据需求分析，本项目的系统目标如下。

❑　界面友好、美观。

❑　提供信息库管理，方便用户进行短信的编写。

❑　操作灵活、方便。

❑　提供邮件发送功能，提高工作效率。

❑　在发送短信时，可以直接从现有信息库中获取信息内容。

❑　对用户输入的数据，进行严格的数据检验，尽量避免人为错误。

20.2.2　系统功能结构

根据系统需求，可以将系统分为名片夹管理、信息库管理、收发短信、邮件群发、系统参数设定、系统设置和退出系统，各个部分及其包括的具体功能模块如图 20-1 所示。

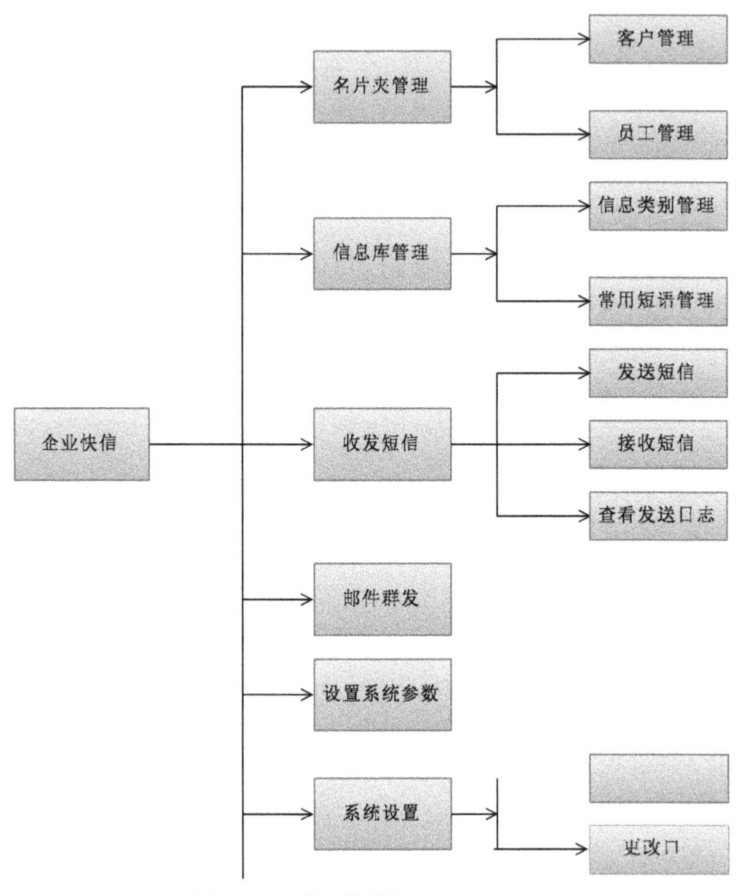

图 20-1　系统功能结构

20.3　搭建开发环境

有了前面的系统分析，整个项目的目的就很明确了。接下来开始根据系统分析制作系统设计的规划书，并很仔细地分析相关技术，为后面的工作打好基础。

20.3.1　建立短信猫开发环境

1. 建立短信猫开发环境

在使用短信猫时，首先将短信猫安装到使用的机器上，然后将短信猫提供的通信动态库 BestMail.dll 复制到 JDK 安装路径下的"jre\bin"文件夹下，并将封装的 Java 类库 BestMail.jar 复制到 Tomcat 安装路径下的 lib 文件夹下。

2. 建立 Java Mail 开发环境

在使用 Java Mail 前必须先下载 Java Mail API 和 Sun 公司的 JAF，因为 Java Mail 的运行必须依赖于 JAF 的支持。当下载 Java Mail 后，先解压到硬盘上，并在系统环境变量 CLASSPATH 中指定 mail.jar 文件的放置路径。例如将 mail.jar 文件复制到"C:\Java Mail"文件夹中，可以在环境变量 CLASSPATH 中添加如下代码。

```
C:\JavaMail\mail.jar
```

如果不想改变环境变量，也可以把 mail.jar 放到实例程序的 WEB-INF/LIB 目录下。

接下来需要下载 JAF，其功能是实现对任意数据的支持，并实现响应的处理操作。下载后将其保存到硬盘上，并在系统环境变量中 CLASSPATH 中指定 activation.jar 文件的存放路径。假设将 activation.jar 文件复制到 C:\JavaMail 文件夹，就可以在环境变量 CLASSPATH 中添加下面的代码。

```
C:\JavaMail\activation.jar
```

如果不想更改环境变量，也可以把 activation.jar 放到实例中的 WEB-INF/LIB 目录下。

20.3.2　设计数据库

本系统使用 SQL Server 2005 数据库。一个成功的管理系统，是由 50%的业务+50%的软件所组成的，而 50%的成功软件又是由 25%的数据库+25%的程序所组成的，因此数据库设计的好坏是一个关键。如果把企业的数据比作生命所必需的血液，那么数据库的设计就是应用中最重要的一部分。

本网站采用 SQL Server 2005 数据库，名称为"db_ExpressLetter"。

1．数据库需求分析

本系统既要被企业用户所选择，又可以被一些企业作为日常的通信软件所使用，所以在具体设计时，要充分考虑不同类型企业的需求。例如中小企业会选择操作简单、界面友好的系统，而大型企业会更加喜欢安全和容量大的系统，比如微软的 SQL Server 就是一个很好的选择。

2．概念设计

根据前面的需求分析和系统设计，总结出系统所需要的实体有：客户档案实体、员工档案实体、常用短语实体、系统参数实体、短信实体和管理员实体。

客户档案实体的 E-R 图如图 20-2 所示。

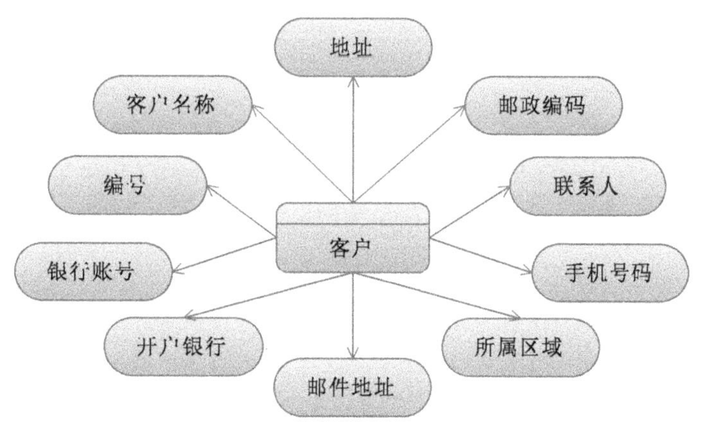

图 20-2　客户档案实体 E-R 图

系统参数实体的 E-R 图如图 20-3 所示。

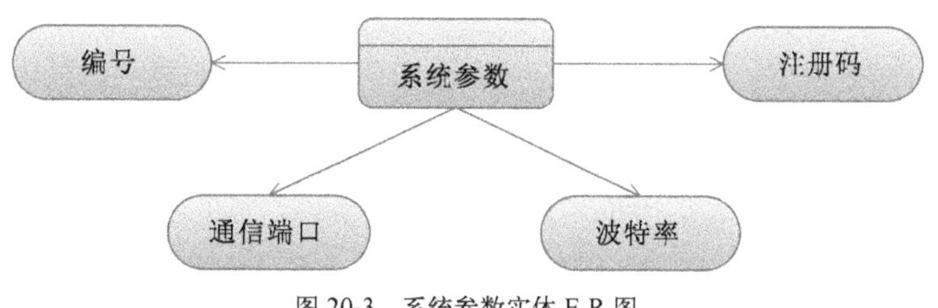

图 20-3　系统参数实体 E-R 图

短信实体的 E-R 图如图 20-4 所示。

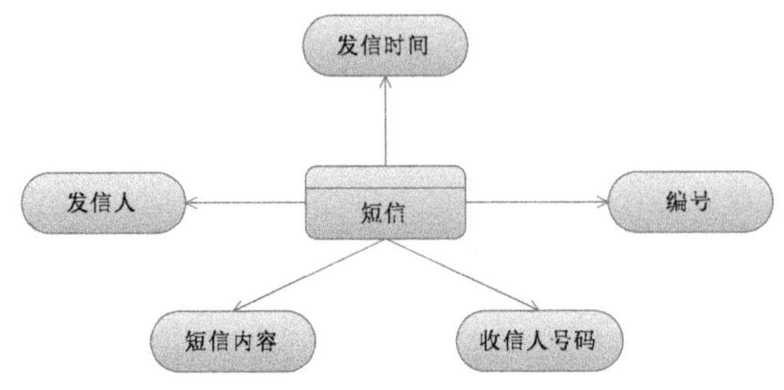

图 20-4　短信实体 E-R 图

管理员实体的 E-R 图如图 20-5 所示。

短语类别实体的 E-R 图如图 20-6 所示。

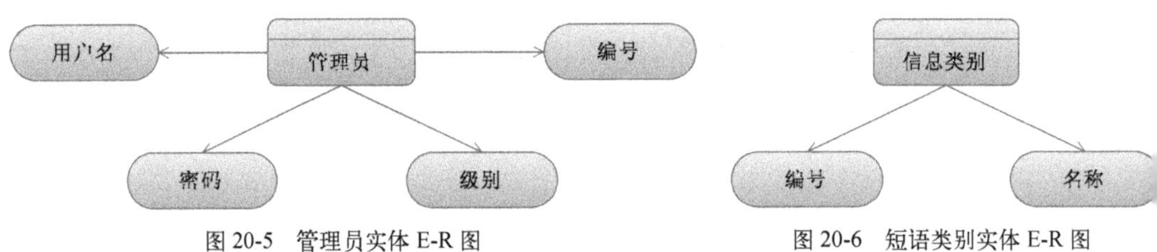

图 20-5　管理员实体 E-R 图　　　　　　　　图 20-6　短语类别实体 E-R 图

员工档案实体的 E-R 图如图 20-7 所示。

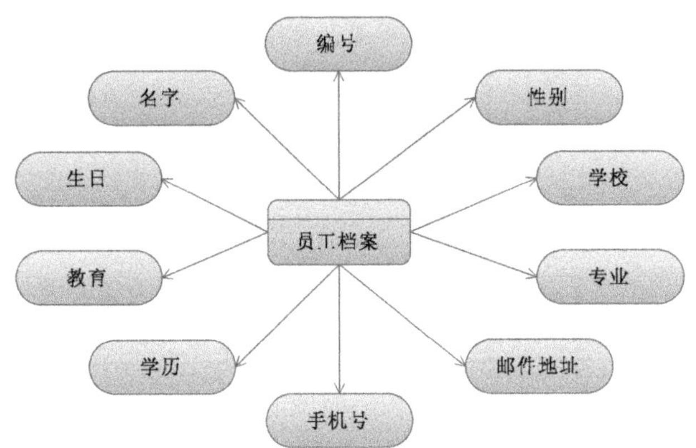

图 20-7　员工档案实体 E-R 图

常用短语实体的 E-R 图如图 20-8 所示。

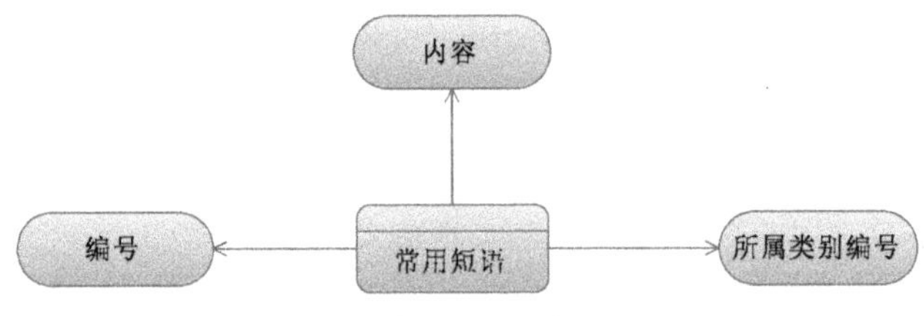

图 20-8　常用短语实体 E-R 图

20.3.3　设计表

客户信息表 tb_customer 如表 20-1 所示。

表 20-1　　　　　　　　　　　　　　**tb_customer**（客户信息表）

列　名	数 据 类 型	字 段 说 明
ID	int	定义用户唯一 ID 号
name	varchar(50)	名称
address	varchar(100)	地址
postcode	varchar(6)	邮编
area	varchar(20)	所属区域
mobileTel	varchar(15)	手机号
email	varchar(100)	邮件地址
bankNo	varchar(30)	银行账号
bankName	varchar(20)	开户行
linkName	varchar(10)	联系人

短信信息表 tb_shortLetter 如表 20-2 所示。

表 20-2　　　　　　　　　　　　　　**tb_shortLetter**（短信信息表）

列　名	数 据 类 型	字 段 说 明
ID	int	定义用户唯一 ID 号
toMan	varchar(200)	收信人手机号
[content]	varchar(500)	短信内容
fromMan	varchar(30)	发信人
sendTime	datetime	发送时间

系统参数信息表 tb_parameter 如表 20-3 所示。

表 20-3　　　　　　　　　　　　　　**tb_parameter**（系统参数信息表）

列　名	数 据 类 型	字 段 说 明
ID	int	定义用户唯一 ID 号
device	varchar(10)	通信端口
baud	varchar(10)	波特率
sn	varchar(30)	注册码

员工档案信息表 tb_personnel 如表 20-4 所示。

表 20-4　　　　　　　　　　　　　　**tb_personnel**（员工档案信息表）

列　名	数 据 类 型	字 段 说 明
ID	int	定义用户唯一 ID 号
name	varchar(100)	名字
sex	char(2)	性别
birthday	smalldatetime	生日
school	varchar(20)	毕业学校
education	varchar(10)	学历
specialty	varchar(30)	专业
place	varchar(10)	职位
mobileTel	varchar(15)	手机号
email	varchar(100)	邮箱

管理员信息表 tb_parameter 如表 20-5 所示。

表 20-5　　　　　　　　　　　tb_manager（管理员信息表）

列　　名	数据类型	字段说明
ID	int	定义用户唯一 ID 号
name	varchar(30)	用户名
pwd	varchar(30)	密码
state	bit	级别

短语类别信息表 tb_parameter 如表 20-6 所示。

表 20-6　　　　　　　　　　　tb_infoType（短语类别信息表）

列　　名	数据类型	字段说明
ID	int	定义用户唯一 ID 号
name	varchar(50)	用户名

常用短语信息表 tb_shortInfo 如表 20-7 所示。

表 20-7　　　　　　　　　　　tb_shortInfo（常用短语信息表）

列　　名	数据类型	字段说明
ID	int	定义用户唯一 ID 号
typeId	int	所属类别编号
[content]	varchar(200)	短语内容

20.4　规划系统文件

接下来需要根据功能分析，查阅了相关资料，并根据《GB8567－88 计算机软件产品开发文件编制指南》中的项目开发计划要求，结合单位实际情况编写了项目计划书。

1. 引言

（1）编写目的。

随着计算机网络和电子商务的飞速发展，各企业单位建立自己的快信站点势在必行。这样不但可以实现和客户、员工的快速交流，而且可以提高企业的形象，为客户提供更为完善的客户服务。

（2）背景。

本项目是由×××公司委托我公司开发一个 Web 项目，主要功能是实现短信和邮件的快速发送交流。项目周期为 40 天。

2. 功能分析

（1）发送短信模块。

利用互联网平台，快速发送短信，并且实现短信群发。

（2）发送邮件模块。

直接对用户发送邮件，并且实现邮件群发。

3. 应交付成果

在项目开发完后，交付内容有编译运行后的软件，系统数据库文件和系统使用说明书。进行无偿维护服务 6 个月，超过 6 个月进行有偿维护与服务。

4. 项目开发环境

操作系统为 Windows XP、Windows 2003、Windows 7 均可，使用金仓信息公司生产的串口

　　短信猫，并下载 Java Mail 组件，服务器使用 Tomcat 6.0 以上，需要 JDK 1.5 以上的开发包。

　　5．项目验收方式与依据

　　项目验收分为内部验收和外部验收两种方式。在项目开发完成后，首先进行内部验收，由测试人员根据用户需求和项目目标进行验收。项目在通过内部验收后，交给客户进行验收，验收的主要依据为需求规格说明书。

　　6．项目团队

　　整个团队职能如表 20-8 所示。

表 20-8　　　　　　　　　　　　　　　　团队职能

负　责　人	任　　务
项目经理 DM	项目规划，协调团队
程序员 A	界面设计
程序员 B	具体编码
产品部 C	与客户沟通
D	程序调试

20.5　具　体　编　码

　　到此为止，前面所有的准备工作都已经结束了，接下来开始具体编码工作。因为前期工作十分充分，所以后面的工作将十分顺利。

20.5.1　编写公用模块代码

　　为方便应用程序移植，为版本控制提供更好的支持，可以将经常用到的代码进行整合，组成公共模块，这样在需要时只需直接调用即可。在下面的内容中，将演示我在本项目中用到的公用模块。

　　1．数据库连接和操作

　　本系统基于数据库，所以很多页面都需要调用数据库工具。要使用数据库中的数据，必须预先实现与数据库的连接，然后实现对数据库数据的操作。下面将详细介绍项目中实现数据库连接和操作这个公共模块的实现过程。

　　（1）定义 ConnDB 类，用于建立与数据库的连接，并将其保存到 com.wgh.core 包中。同时定义该类中所需要的全局变量和构造方法。文件 ConnDB.java 中实现上述功能的主要代码如下所示。

```java
package com.wgh.core; //将该类保存到com.wgh.core包中

import java.io.InputStream; //导入java.io.InputStream类
import java.sql.*; //导入java.sql包中的所有类
import java.util.Properties; //导入java.util.Properties类

public class ConnDB {
    public Connection conn = null; // 声明Connection对象的实例
    public Statement stmt = null; // 声明Statement对象的实例
    public ResultSet rs = null; // 声明ResultSet对象的实例
    // 指定资源文件保存的位置
    private static String propFileName = "/com/connDB.properties";
    // 创建并实例化Properties对象的实例
    private static Properties prop = new Properties();
    private static String dbClassName = "com.microsoft.jdbc.sqlserver.SQLServerDriver";//定义保存数据库驱动的变量
    private static String dbUrl = "jdbc:microsoft:sqlserver://localhost:1433;DatabaseName=db_expressLetter";
    private static String dbUser = "sa";
    private static String dbPwd = "";
    public ConnDB() {        //定义构造方法
        try {                //捕捉异常
            //将Properties文件读取到InputStream对象中
            InputStream in = getClass().getResourceAsStream(propFileName);
            prop.load(in); // 通过输入流对象加载Properties文件
            dbClassName = prop.getProperty("DB_CLASS_NAME"); // 获取数据库驱动
```

```
            dbUrl = prop.getProperty("DB_URL", dbUrl);              //获取URL
            dbUser = prop.getProperty("DB_USER", dbUser);           //获取登录用户
            dbPwd = prop.getProperty("DB_PWD", dbPwd);              //获取密码
        } catch (Exception e) {
            e.printStackTrace(); // 输出异常信息
        }
    }
```

（2）同时在文件 ConnDB.java 中定义方法 getConnection()，其功能是返回 Connection 对象的一个实例。对应实现代码如下所示。

```
public static Connection getConnection() {
    Connection conn = null;
    try {
        Class.forName(dbClassName).newInstance();
        conn = DriverManager.getConnection(dbUrl, dbUser, dbPwd);
    } catch (Exception ee) {
        ee.printStackTrace();
    }
    if (conn == null) {
        System.err.println("警告: DbConnectionManager.getConnection()  获得数据库链接失败.\r\n\r\n链接类型:"
                    + dbClassName
                    + "\r\n链接位置:"
                    + dbUrl
                    + "\r\n用户/密码"
                    + dbUser + "/" + dbPwd);
    }
    return conn;
}
```

（3）在文件 ConnDB.java 中定义方法 executeQuery()，这是一个查询操作语句，返回值是 ResultSet 的结果集。对应的实现代码如下所示。

```
/*
 * 功能: 执行查询语句
 */
public ResultSet executeQuery(String sql) {
    try { // 捕捉异常
        conn = getConnection(); // 调用getConnection()方法构造Connection对象的一个实例conn
        stmt = conn.createStatement(ResultSet.TYPE_SCROLL_INSENSITIVE,
                ResultSet.CONCUR_READ_ONLY);
        rs = stmt.executeQuery(sql);
    } catch (SQLException ex) {
        System.err.println(ex.getMessage()); // 输出异常信息
    }
    return rs; // 返回结果集对象
}
```

（4）在文件 ConnDB.java 中定义方法 executeUpdate()，这是一个更新操作语句，返回值是一个 int 类型，表示更新的行数。对应的实现代码如下所示。

```
/*
 * 功能:执行更新操作
 */
public int executeUpdate(String sql) {
    int result = 0; // 定义保存返回值的变量
    try { // 捕捉异常
        conn = getConnection(); // 调用getConnection()方法构造Connection对象的一个实例conn
        stmt = conn.createStatement(ResultSet.TYPE_SCROLL_INSENSITIVE,
                ResultSet.CONCUR_READ_ONLY);
        result = stmt.executeUpdate(sql); // 执行更新操作
    } catch (SQLException ex) {
        result = 0; // 将保存返回值的变量赋值为0
    }
    return result; // 返回保存返回值的变量
}
```

（5）在文件 ConnDB.java 中定义方法 close()，用于关闭数据库的连接。对应的实现代码如下。

```
/*
 * 功能:关闭数据库的连接
 */
public void close() {
    try { // 捕捉异常
        if (rs != null) {                    // 当ResultSet对象的实例rs不为空时
            rs.close();                      // 关闭ResultSet对象
        }
```

```java
            if (stmt != null) {                    // 当Statement对象的实例stmt不为空时
                stmt.close();                      // 关闭Statement对象
            }
            if (conn != null) {                    // 当Connection对象的实例conn不为空时
                conn.close();                      // 关闭Connection对象
            }
        } catch (Exception e) {
            e.printStackTrace(System.err);         // 输出异常信息
        }
    }
}
```

（6）为了方便对程序的移植，我特意将数据库连接所需要的信息保存到 properties 文件中，并将该文件保存在 com 包中。文件 connDB.properties 的实现代码如下所示。

```properties
#DB_CLASS_NAME (驱动的类的类名) =com.microsoft.jdbc.sqlserver.SQLServerDriver
DB_CLASS_NAME=com.microsoft.jdbc.sqlserver.SQLServerDriver
#DB_URL (要连接数据库的地址) =jdbc (JDBC模式) :Microsoft (谁提供的) :sqlserver (产品) ://localhost:1433 (SQL
SERVER默认端口) ;DatabaseName=db_database
DB_URL=jdbc:microsoft:sqlserver://localhost:1433;DatabaseName=db_expressLetter
#DB_USER=用户名
DB_USER=sa
#DB_PWD (用户密码) =
DB_PWD=
```

2．Struts 配置

Struts 框架需要一个专门配置文件来控制，即 struts-config.xml，当然也可以是别的名字。具体要在文件 web.xml 中配置。具体代码如下所示。

```xml
<?xml version="1.0" encoding="UTF-8"?>
<web-app xmlns="http://java.sun.com/xml/ns/j2ee" xmlns:xsi="http://www.w3.org/2001/XMLSchema-instance" version="2.4"
xsi:schemaLocation="http://java.sun.com/xml/ns/j2ee    http://java.sun.com/xml/ns/j2ee/web-app_2_4.xsd">
  <servlet>
    <servlet-name>action</servlet-name>
    <servlet-class>org.apache.struts.action.ActionServlet</servlet-class>
    <init-param>
      <param-name>config</param-name>
      <param-value>/WEB-INF/struts-config.xml</param-value>
    </init-param>
    <init-param>
      <param-name>debug</param-name>
      <param-value>3</param-value>
    </init-param>
    <init-param>
      <param-name>detail</param-name>
      <param-value>3</param-value>
    </init-param>
    <load-on-startup>0</load-on-startup>
  </servlet>
  <servlet-mapping>
    <servlet-name>action</servlet-name>
    <url-pattern>*.do</url-pattern>
  </servlet-mapping>
  <!-- 设置默认文件名称 -->
  <welcome-file-list>
      <welcome-file>login.jsp</welcome-file>
      <welcome-file>index.jsp</welcome-file>
  </welcome-file-list>
</web-app>
```

接下来需要配置文件 struts-config.xml，主要代码如下所示。

```xml
<?xml version="1.0" encoding="UTF-8"?>
<!DOCTYPE struts-config PUBLIC "-//Apache Software Foundation//DTD Struts Configuration 1.2//EN"
"http://struts.apache.org/dtds/struts-config_1_2.dtd">

<struts-config>
  <data-sources />

  <form-beans >
    <form-bean name="managerForm" type="com.wgh.actionForm.ManagerForm" />
    <form-bean name="customerForm" type="com.wgh.actionForm.CustomerForm" />
    <form-bean name="personnelForm" type="com.wgh.actionForm.PersonnelForm" />
    <form-bean name="infoTypeForm" type="com.wgh.actionForm.InfoTypeForm" />
    <form-bean name="shortInfoForm" type="com.wgh.actionForm.ShortInfoForm" />
    <form-bean name="parameterForm" type="com.wgh.actionForm.ParameterForm" />
    <form-bean name="sendMailForm" type="com.wgh.actionForm.SendMailForm" />
    <form-bean name="sendLetterForm" type="com.wgh.actionForm.SendLetterForm" />
```

```
    </form-beans>
    <action-mappings >
    <!-- 管理员 -->
      <action name="managerForm" path="/manager" scope="request" type="com.wgh.action.Manager" validate="true">
        <forward name="managerLoginok" path="/main.jsp" />
      <forward name="managerQuery" path="/manager.jsp" />
      <forward name="managerAdd" path="/manager_ok.jsp?para=1" />
      <forward name="pwdQueryModify" path="/pwd_Modify.jsp" />
      <forward name="pwdModify" path="/pwd_ok.jsp" />
...................................................
    </action-mappings>
</struts-config>
```

20.5.2　设计主页

管理员通过登录验证后即可进入系统主页，系统主页有导航栏、信息显示区和版权信息 3 部分。

❑　导航栏：根据管理员的权限显示管理菜单。

❑　信息显示区：管理员单击某个导航链接后显示 iduiying 的内容。

❑　版权信息：显示系统的版权信息。

1．导航栏页面

导航栏文件 navigation.jsp 实现首页导航栏的显示，下面开始讲解其具体实现流程。

（1）验证用户是否登录，登录则存储登录信息，没登陆则跳转到登录表单界面。具体代码如下所示。

```
<%@ page contentType="text/html; charset=gb2312"%>
<%@ page import="com.wgh.core.ChStr" %>
<%
//验证用户是否登录
String manager=(String)session.getAttribute("manager");
String purview=(String)session.getAttribute("purview");
if (manager==null || "".equals(manager)){
  response.sendRedirect("login.jsp");
  return;
}
ChStr chStr=new ChStr();
%>
```

（2）通过 div 标记，在其 onmouseover 和 onmouseout 事件中调用对应的 javascript 函数来控制下拉菜单的显示和隐藏。对应代码如下所示。

```
<div class=menuskin id=popmenu onmouseover="clearhidemenu();highlightmenu(event,'on')"
     onmouseout="highlightmenu(event,'off');dynamichide(event)" style="Z-index:100;position:absolute;"></div>
```

（3）在要显示导航菜单的位置添加相应的主菜单项，对应代码如下所示。

```
    <tr>
      <td width="28%"> </td>
      <td width="70%" align="center" valign="middle" class="word_grey"><a href="main.jsp">首页</a>|
        <a  onmouseover=showmenu(event,cardClip) onmouseout=delayhidemenu() class='navlink' style="CURSOR:hand" >
        名片夹管理</a>|
        <a  onmouseover=showmenu(event,infoLibrary) onmouseout=delayhidemenu() class='navlink' style="CURSOR:hand" >
        信息库管理</a>|
        <a  onmouseover=showmenu(event,shortLetter) onmouseout=delayhidemenu() class='navlink' style="CURSOR:hand" >
        收发短信</a>|
        <a  href="sendMail.do?action=addMail">邮件群发</a>|
      <%if(purview.equals("1")){%>
        <a  href="sysParameterSet.do?action=parameterQuery" >系统参数设定</a>|
        <%}%>
        <a onmouseover=showmenu(event,sysSet) onmouseout=delayhidemenu() class='navlink' style="CURSOR:hand">系
        统设置</a>
        |<a href="#" onClick="quit()">退出系统</a></td>
        <td width="2%"> </td>
    </tr>
```

（4）在 Javascript 中指定各个子菜单的内容，并根据管理员的权限显示对应的菜单项。对应代码如下所示。

```
    <script language="javascript">
      var cardClip='<table width=56><tr><td id=customer onMouseOver=overbg(customer) onMouseOut=outbg(customer)><a href=
customer.do?action=customerQuery>客户管理</a></td></tr>\
      <tr><td id=personnel onMouseOver=overbg(personnel) onMouseOut=outbg(personnel)><a href=personnel.do?action=personnel
Query>员工管理</a></td></tr>\
```

```
</table>'
var infoLibrary='<table width=86><tr><td id=infoType onMouseOver=overbg(infoType) onMouseOut=outbg(infoType)><a
href=infoType.do?action=infoTypeQuery>信息类别管理</a></td></tr>\
<tr><td id=shortInfo onMouseOver=overbg(shortInfo) onMouseOut=outbg(shortInfo)><a href=shortInfo.do?action=shortInfo
Query>常用短语管理</a></td></tr>\
</table>'
<%if(purview.equals("1")){%>
    var shortLetter='<table width=86><tr><td id=sendLetter onMouseOver=overbg(sendLetter) onMouseOut=outbg(sendLetter)>
    <a href=sendLetter.do?action=addLetter>发送短信</a></td></tr>\
<tr><td id=getLetter onMouseOver=overbg(getLetter) onMouseOut=outbg(getLetter)><a href=sendLetter.do?action=getLetter
Query>接收短信</a></td></tr>\
<tr><td id=historyQ onMouseOver=overbg(historyQ) onMouseOut=outbg(historyQ)><a href=sendLetter.do?action=historyQuery>
查看发送日志</a></td></tr>\
</table>'
<%}else{%>
    var shortLetter='<table width=56><tr><td id=sendLetter onMouseOver=overbg(sendLetter) onMouseOut=outbg(sendLetter)>
    <a href=sendLetter.do?action=addLetter>发送短信</a></td></tr>\
<tr><td id=getLetter onMouseOver=overbg(getLetter) onMouseOut=outbg(getLetter)><a href=sendLetter.do?action=getLetter
Query>接收短信</a></td></tr>\
</table>'
<%}
if(purview.equals("1")){%>
    var sysSet='<table width=70><tr><td id=manager onMouseOver=overbg(manager) onMouseOut=outbg(manager)><a href=
    manager.do?action=managerQuery>操作员管理</a></td></tr>\
<tr><td id=changePWD onMouseOver=overbg(changePWD) onMouseOut=outbg(changePWD)><a  href="manager.do?action=
queryPWD">更改口令</a></td></tr>\
</table>'
<%}else{%>
    var sysSet='<table width=70><tr><td id=changePWD onMouseOver=overbg(changePWD) onMouseOut=outbg(changePWD)><a
    href="manager.do?action=queryPWD">更改口令</a></td></tr></table>'
<%}%>
</script>
```

2. 信息显示文件

信息显示文件 main.jsp 用于显示对应链接的具体信息，主要代码如下所示。

```
<meta http-equiv="Content-Type" content="text/html; charset=gb2312">
<head>
<title>企业快信——短信+邮件</title>
<link href="CSS/style.css" rel="stylesheet">
</head>
<body>
<%@include file="navigation.jsp"%>
<table width="778"    border="0" cellspacing="0" cellpadding="0" align="center">
  <tr>
    <td valign="top" bgcolor="#FFFFFF"><table width="99%" height="510"    border="0" align="center" cellpadding="0"
    cellspacing="0" bgcolor="#FFFFFF" class="tableBorder_gray">
    <tr>
    <td align="center" valign="top" background="Images/main.jpg" style="padding:5px;"><table width="100%"    border="0"
    cellpadding="0" cellspacing="0">
      <tr>
        <td width="100%" height="20" valign="middle" class="word_orange">  当前位置: 首页
        &gt;&gt;&gt; </td>
      </tr>
    </table>
        </td>
    </tr>
</table></td>
    </tr>
</table>
<%@ include file="copyright.jsp"%>
</body>
</html>
```

20.5.3　名片夹管理模块

此模块的功能是管理系统内的客户信息和员工信息。其中客户信息管理包括如下 4 种功能。

- ❏ 查看客户列表。
- ❏ 添加客户信息。
- ❏ 修改客户信息。
- ❏ 删除客户信息。

员工信息管理包括如下 4 种功能。

❑　查看员工列表。

❑　添加员工信息。

❑　修改员工信息。

❑　删除员工信息。

1．客户管理的 ActionForm 类

在客户管理模块中使用了数据表 tb_customer，客户管理的 ActionForm 类是 CustomerForm，对应的主要代码如下所示。

```java
public class CustomerForm extends ActionForm {
    private String bankNo;              //银行账号
    private String area;                //所属区域
    private String email;               //邮箱
    private String address;             //地址
    private String mobileTel;           //手机号码
    private String name;                //客户全称
    private int ID;                     //编号
    private String bankName;            //开户银行
    private String postcode;            //邮政编码
    private String linkName;            //联系人
    public String getBankNo() {
        return bankNo;
    }
    public void setBankNo(String bankNo) {
        this.bankNo = bankNo;
    }
    public String getArea() {
        return area;
    }
    public void setArea(String area) {
        this.area = area;
    }
    public String getEmail() {
        return email;
    }
    ┉┉┉┉┉┉┉┉┉┉┉┉┉┉┉┉┉┉┉┉┉┉┉┉
    省略一些处理方法
    ┉┉┉┉┉┉┉┉┉┉┉┉┉┉┉┉┉┉┉┉┉┉┉┉
    }
}
```

2．实现客户管理的 Action

客户管理的 Action 实现类 Customer 继承了 Action 类。在此类中，首先要在该类的构造方法中实例化客户管理的 CustomerDAO 类。Action 实现类的主要方法是 executer()方法，此方法会自动执行。客户管理的 Action 实现类的主要代码如下所示。

```java
package com.wgh.action;

import javax.servlet.http.HttpServletRequest;
import javax.servlet.http.HttpServletResponse;
import org.apache.struts.action.*;

import com.wgh.actionForm.CustomerForm;
import com.wgh.core.ChStr;
import com.wgh.dao.CustomerDAO;

public class Customer extends Action{
    private CustomerDAO customerDAO = null;
    private ChStr chStr=new ChStr();
    public Customer() {
        this.customerDAO = new CustomerDAO();
    }
    public ActionForward execute(ActionMapping mapping,ActionForm form,HttpServletRequest request,HttpServletResponse response){
        String action = request.getParameter("action");
        System.out.println("获取的查询字符串:" + action);
        if (action == null || "".equals(action)) {
            request.setAttribute("error","您的操作有误!");
            return mapping.findForward("error");
        }else if ("customerQuery".equals(action)) {
            return customerQuery(mapping, form, request,response);
        }else if("customerAdd".equals(action)){
```

```java
            return customerAdd(mapping, form, request,response);
        }else if("customerDel".equals(action)){
            return customerDel(mapping, form, request,response);
        } else if("customerModifyQ".equals(action)){
            return customerQueryModify(mapping, form, request,response);
        }else if("customerModify".equals(action)){
            return customerModify(mapping, form, request,response);
        }
            request.setAttribute("error", "操作失败!");
            return mapping.findForward("error");
    }

    //添加客户信息
    private ActionForward customerAdd(ActionMapping mapping, ActionForm form,
                        HttpServletRequest request,
                        HttpServletResponse response) {
        CustomerForm customerForm = (CustomerForm) form;
        //此处需要进行中文转码
        customerForm.setName(chStr.toChinese(customerForm.getName()));
        customerForm.setAddress(chStr.toChinese(customerForm.getAddress()));
        customerForm.setArea(chStr.toChinese(customerForm.getArea()));
        customerForm.setBankName(chStr.toChinese(customerForm.getBankName()));
        customerForm.setLinkName(chStr.toChinese(customerForm.getLinkName()));
        int ret = customerDAO.insert(customerForm);
        System.out.println("返回值ret:"+ret);
        if (ret == 1) {
            return mapping.findForward("customerAdd");
        } else if(ret==2){
            request.setAttribute("error","该客户信息已经添加!");
            return mapping.findForward("error");
        }else {
            request.setAttribute("error","添加客户信息失败!");
            return mapping.findForward("error");
        }
    }
    //修改客户信息的查询
    private ActionForward customerQueryModify(ActionMapping mapping, ActionForm form,
                        HttpServletRequest request,
                        HttpServletResponse response) {
        request.setAttribute("customerQuery",customerDAO.query(Integer.parseInt(request.getParameter("id"))));
        return mapping.findForward("customerQueryModify");
    }
    //修改客户信息
    private ActionForward customerModify(ActionMapping mapping, ActionForm form,
                        HttpServletRequest request,
                        HttpServletResponse response){
        CustomerForm customerForm=(CustomerForm) form;
        //此处需要进行中文转码
        customerForm.setName(chStr.toChinese(customerForm.getName()));
        customerForm.setAddress(chStr.toChinese(customerForm.getAddress()));
        customerForm.setArea(chStr.toChinese(customerForm.getArea()));
        customerForm.setBankName(chStr.toChinese(customerForm.getBankName()));
        customerForm.setLinkName(chStr.toChinese(customerForm.getLinkName()));
        int ret=customerDAO.update(customerForm);
        if(ret==0){
            request.setAttribute("error","修改客户信息失败!");
            return mapping.findForward("error");
        }else{
            return mapping.findForward("customerModify");
        }
    }
    //删除客户信息
    private ActionForward customerDel(ActionMapping mapping, ActionForm form,
                        HttpServletRequest request,
                        HttpServletResponse response) {
        CustomerForm customerForm = (CustomerForm) form;
        customerForm.setID(Integer.parseInt(request.getParameter("id")));
        int ret = customerDAO.delete(customerForm);
        if (ret == 0) {
            request.setAttribute("error","删除客户信息失败!");
            return mapping.findForward("error");
        } else {
            return mapping.findForward("customerDel");
        }
    }
}
```

3．查看客户信息列表

当用户登录系统后，选择"名片夹管理/客户管理"链接后，将进入查看客户列表界面，此页面中客户信息将以列表的样式显示，并在对应信息后显示添加、删除和修改的链接。

查看客户信息列表所涉及的 action 的参数值是 customerQuery，当 action=customerQuery 时，会调用查看客户信息列表的方法 customerQuery()，具体代码如下所示。

```
    }else if ("customerQuery".equals(action)) {
        return customerQuery(mapping, form, request,response);
```

在查看客户信息列表的方法 customerQuery()中，首先调用了 CustomerDAO 类中的 query()方法查询全部客户信息，再将返回的查询结果保存到 HttpServletRequest 对象的 CustomerQuery 的参数中，方法 customerQuery()的具体代码如下所示。

```
//查询客户信息
private ActionForward customerQuery(ActionMapping mapping, ActionForm form,
                HttpServletRequest request,
                HttpServletResponse response) {
    request.setAttribute("customerQuery", customerDAO.query(0));
    return mapping.findForward("customerQuery");
}
```

查看客户信息列表使用的 CustomerDAO 类的方法是 query()，此方法的具体实现代码如下所示。

```
//查询方法
public List query(int id) {
    List customerList = new ArrayList();
    CustomerForm cF = null;
    String sql="";
    if(id==0){
        sql = "SELECT * FROM tb_customer";
    }else{
        sql = "SELECT * FROM tb_customer WHERE ID=" +id+ "";
    }
    ResultSet rs = conn.executeQuery(sql);
    try {
        while (rs.next()) {
            cF = new CustomerForm();
            cF.setID(rs.getInt(1));
            cF.setName(rs.getString(2));
            cF.setAddress(rs.getString(3));
            cF.setPostcode(rs.getString(4));
            cF.setArea(rs.getString(5));
            cF.setMobileTel(rs.getString(6));
            cF.setEmail(rs.getString(7));
            cF.setBankNo(rs.getString(8));
            cF.setBankName(rs.getString(9));
            cF.setLinkName(rs.getString(10));
            customerList.add(cF);
        }
    } catch (SQLException ex) {}
    finally{
        conn.close();                        //关闭数据库连接
    }
    return customerList;
}
```

4．添加客户信息

当选择"名片夹管理/客户管理"链接后，将进入查看客户列表界面，此页面中可以单击"添加客户信息"链接，进入到添加客户信息页面。

添加客户信息的方法 customerAdd()的具体代码如下所示。

```
//添加客户信息
private ActionForward customerAdd(ActionMapping mapping, ActionForm form,
                HttpServletRequest request,
                HttpServletResponse response) {
    CustomerForm customerForm = (CustomerForm) form;
    //此处需要进行中文转码
    customerForm.setName(chStr.toChinese(customerForm.getName()));
    customerForm.setAddress(chStr.toChinese(customerForm.getAddress()));
    customerForm.setArea(chStr.toChinese(customerForm.getArea()));
    customerForm.setBankName(chStr.toChinese(customerForm.getBankName()));
```

```
            customerForm.setLinkName(chStr.toChinese(customerForm.getLinkName()));
            int ret = customerDAO.insert(customerForm);
            System.out.println("返回值ret:"+ret);
            if (ret == 1) {
              return mapping.findForward("customerAdd");
            } else if(ret==2){
              request.setAttribute("error","该客户信息已经添加!");
              return mapping.findForward("error");
            }else {
              request.setAttribute("error","添加客户信息失败!");
              return mapping.findForward("error");
            }
        }
```

客户添加信息 CustomerDAO 类的方法是 insert()，具体实现代码如下所示。

```
        //添加数据
        public int insert(CustomerForm cF) {
            String sql1="SELECT * FROM tb_customer WHERE name='"+cF.getName()+"'";
            ResultSet rs = conn.executeQuery(sql1);
            String sql = "";
            int falg = 0;
                try {
                    if (rs.next()) {
                        falg=2;
                    } else {
                        sql = "INSERT INTO tb_customer (name,address,area,postcode,mobileTel,email,bankName,bankNo,link
Name) values('" + cF.getName() + "','" +cF.getAddress() +"','"+cF.getArea()+"','"+cF.getPostcode()+"','"+cF.getMobileTel() +"','"+
                        cF.getEmail()+"','"+cF.getBankName()+"','"+cF.getBankNo()+"','"+cF.getLinkName()+"')";
                        falg = conn.executeUpdate(sql);
                        System.out.println("添加客户信息的SQL:" + sql);
                        conn.close();
                    }
                } catch (SQLException ex) {
                    falg=0;
                }
            return falg;
        }
```

5.　删除客户信息

当选择"名片夹管理/客户管理"链接后，将进入查看客户列表界面，此页面中单击"删除"链接后可以删除此条客户信息。

删除客户信息的方法 customerDel()的具体代码如下所示。

```
        //删除客户信息
        private ActionForward customerDel(ActionMapping mapping, ActionForm form,
                          HttpServletRequest request,
                          HttpServletResponse response) {
            CustomerForm customerForm = (CustomerForm) form;
            customerForm.setID(Integer.parseInt(request.getParameter("id")));
            int ret = customerDAO.delete(customerForm);
            if (ret == 0) {
                request.setAttribute("error","删除客户信息失败!");
                return mapping.findForward("error");
            } else {
                return mapping.findForward("customerDel");
            }
        }
```

删除客户信息 CustomerDAO 类的方法是 delete()，具体实现代码如下所示。

```
        // 删除数据
        public int delete(CustomerForm customerForm) {
            int flag=0;
            try{
            String sql = "DELETE FROM tb_customer where id=" + customerForm.getID() +"";
            flag = conn.executeUpdate(sql);
            }catch(Exception e){
                System.out.println("删除客户信息时产生的错误:"+e.getMessage());
            }finally{
                conn.close();        //关闭数据库连接
            }
                return flag;
        }
```

20.5.4　收发短信模块

此模块的功能是实现短信发送、短信接收和查看发送日志功能。

1．收发短信的 Action 实现类

此模块的 Action 实现类 SendLetter 继承了 Action 类，但该 类中首先需要在该类的构造方法中分别实例化收发短信模块的 SendLetterDAO 类。Action 实现类的方法是 execute()，此方法会自动执行。收发短信模块 Action 实现类的主要代码如下所示。

```java
package com.wgh.action;
……………………………………………………
public class SendLetter extends Action{
    private SendLetterDAO sendLetterDAO = null;
    private PersonnelDAO personnelDAO=null;
    private CustomerDAO customerDAO=null;
    private InfoTypeDAO infoTypeDAO=null;
    private ChStr chStr=new ChStr();
    public SendLetter() {
        this.sendLetterDAO = new SendLetterDAO();
        this.personnelDAO=new PersonnelDAO();
        this.customerDAO=new CustomerDAO();
        this.infoTypeDAO=new InfoTypeDAO();
    }
    public ActionForward execute(ActionMapping mapping,ActionForm form,HttpServletRequest request,HttpServletResponse
response){
        String action = request.getParameter("action");
        System.out.println("获取的查询字符串:" + action);
        if (action == null || "".equals(action)) {
            request.setAttribute("error","您的操作有误!");
            return mapping.findForward("error");
        }else if ("addLetter".equals(action)) {
            return addLetter(mapping, form, request,response);
        }else if("sendLetter".equals(action)){
            return sendLetter(mapping, form, request,response);
        }else if("historyQuery".equals(action)){
            return queryHistory(mapping, form, request,response);
        }else if("getLetterQuery".equals(action)){
            return getLetterQuery(mapping,form,request,response);
        }
            request.setAttribute("error", "操作失败!");
            return mapping.findForward("error");
    }

    //编写短信页面应用的查询方法, 用于查询收信人列表信息类别
    private ActionForward addLetter(ActionMapping mapping, ActionForm form,
                    HttpServletRequest request,
                    HttpServletResponse response) {
        request.setAttribute("personnelQuery",personnelDAO.query(0));
        request.setAttribute("customerQuery",customerDAO.query(0));
        request.setAttribute("shortInfo",infoTypeDAO.query(0));
        return mapping.findForward("addLetter");
    }
    //群发短信
    private ActionForward sendLetter(ActionMapping mapping, ActionForm form,
                    HttpServletRequest request,
                    HttpServletResponse response){
        SendLetterForm sendLetterForm=(SendLetterForm) form;
        sendLetterForm.setContent(chStr.toChinese(sendLetterForm.getContent()));
        sendLetterForm.setFromMan(chStr.toChinese(sendLetterForm.getFromMan()));
        String ret=sendLetterDAO.sendLetter(sendLetterForm);
        if(ret.equals("ok")){
            return mapping.findForward("sendLetter");
        }else{
            request.setAttribute("error",ret);
            return mapping.findForward("error");
        }
    }
    //查看历史记录
    private ActionForward queryHistory(ActionMapping mapping, ActionForm form,
                    HttpServletRequest request,
                    HttpServletResponse response) {
        request.setAttribute("history",sendLetterDAO.query());
        return mapping.findForward("queryHistory");
    }
```

```
//接收短信息
private ActionForward getLetterQuery(ActionMapping mapping, ActionForm form,
                    HttpServletRequest request,
                    HttpServletResponse response) {
    request.setAttribute("shortLetter",sendLetterDAO.getLetter());
    return mapping.findForward("getLetterQuery");
    }
}
```

在上述代码中涉及了如下方法。

❑　方法 sendLetter()：实现群发短信功能。

❑　方法 getLetterQuery：实现接收短信功能。

2．发送短信的 SendLetterDAO 类的方法

发送短信的 SendLetterDAO 类的方法是 sendLetter()，在文件 SendLetterDAO.java 中的对应
实现代码如下所示。

```
// 发送短信
public String sendLetter(SendLetterForm s) {
    String ret = "";
    String device="";
    String baud="";
    String sn="";
    String info="";
    String sendnum="";
    String flag="";
    try {
        String sql_p="SELECT top 1 * FROM tb_parameter";
        ResultSet rs=conn.executeQuery(sql_p);
        if(rs.next()){
            device=rs.getString(2);
            baud=rs.getString(3);
            sn=rs.getString(4);
            info=s getContent();
            sendnum=s.getToMan();
            System.out.println("SN:"+sn+"***********"+info);
            flag=mySend(device,baud,sn,info,sendnum);//发送短信
            if(flag.equals("ok")){
              String sql = "INSERT INTO tb_shortLetter (toMan,content,fromMan) values('" +s.getToMan() +"','"+s.get
             Content()+"','"+s.getFromMan()+"')";
              int r= conn.executeUpdate(sql);
              System.out.println("添加短信发送历史记录的SQL:" + sql);
              if(r==0){
                ret="添加短信发送历史记录失败!";
              }else{
                ret="ok";
              }
            }else{
                ret=flag;
            }
        }else{
            ret="发送短信失败!";
        }
    } catch (Exception e) {
        System.out.println("发送短信产生的错误:" + e.getMessage());
        ret = "发送短信失败!";
    }finally{
        conn.close();
    }
    return ret;
}
```

3．通过短信猫发送短信

在文件 SendLetterDAO.java 中编写短信猫发送短信的方法，在此需要编写两个方法，第一
个是 getConnectionModem()方法，功能是初始化 GSM Modem 设备。对应代码如下所示。

```
// 初始化GSM Modem设备
public boolean getConnectionModem(String device,String baud,String sn) {
    smssendinformation = new smssend();
    boolean connection = true;
    if (!smssendinformation.GSMModemInitNew(device, baud, null, "GSM",
      false, sn)) {
        System.out.println("初始化GSM Modem  设备失败:"
```

```
            + smssendinformation.GSMModemGetErrorMsg());
        connection = false;
    }
    return connection;
}
```

第二个方法是 mySend()，功能是实现手机短信发送。具体实现代码如下所示。

```
// 发送手机短信的方法
public String mySend(String device,String baud,String sn,String info, String sendnum) {
    boolean flag = false;
    String rtn="";
    flag=this.getConnectionModem(device,baud,sn);

    if(flag){
        byte[] sendtest = smssendinformation.getUNIByteArray(info);
        // 转化为UNICOCE
        //实现群发
        String[] arrSendnum=sendnum.split(",");
        for(int i=0;i<arrSendnum.length;i++){
            if (!smssendinformation.GSMModemSMSsend(null, 8, sendtest,
arrSendnum[i],false)) {
                System.out.println("发送短信失败:"
                        + smssendinformation.GSMModemGetErrorMsg());
                rtn =rtn+"向"+arrSendnum[i]+"发送短信失败!<br>原因
                是:"+smssendinformation.GSMModemGetErrorMsg()+"<br>";
            }
        }
    }else{
        rtn="初始化GSM Modem设备失败!";
    }
    if(rtn.equals("")){
        rtn="ok";
    }
    closeConnection();              //关闭连接
    return rtn;
}
// 关闭连接的方法
public void closeConnection() {
    if (smssendinformation != null) {
        smssendinformation.GSMModemRelease();
        System.out.println("关闭成功!!!");
    }
}
```

4．接收短信

接收短信 SendLetterDAO 类的方法是 getLetter()，此方法没有参数，返回值是接收到的短信息，然后将查询结果保存到 List 集合中并返回该集合的实例。方法 getLetter()的具体实现代码如下所示。

```
//接收短信
public List getLetter(){
    List list=new ArrayList();
    String device="";
    String baud="";
    String sn="";
    try {
        String sql_p="SELECT top 1 * FROM tb_parameter";
        ResultSet rs=conn.executeQuery(sql_p);
        if(rs.next()){
            device=rs.getString(2);
            baud=rs.getString(3);
            sn=rs.getString(4);
            list=myGet(device,baud,sn);//接收短信
        }else{
            System.out.println("接收短信失败");
        }
    } catch (Exception e) {
        System.out.println("接收短信产生的错误:" + e.getMessage());
    }finally{
        conn.close();
    }
    return list;
}
```

　　在接收短信时，还需要调用方法 myGet()，它有 3 个参数，分别用于指定通信端口、波特率和注册码等连接短信猫所需要的参数信息，并返回 List 集合。方法 myGet() 的具体实现代码如下所示。

```
//接收短信的方法
public List myGet(String device,String baud,String sn) {
    boolean flag = false;
    flag=this.getConnectionModem(device,baud,sn);
    List list=new ArrayList();
    if(flag){
        String[] allmsg = smssendinformation.GSMModemSMSReadAll(1);
        // 读出的每一条信息由3部分组成: 电话号码#编码#文本内容
        for (int kk = 0; allmsg != null && kk < allmsg.length; kk++) {
            if (allmsg[kk] == null) continue;
            String[] tmp = allmsg[kk].split("#");
            if (tmp == null || tmp.length != 3) continue;
            //获取数据
            String codeflg = tmp[1];      //编码
            String recvtext = tmp[2];      //短信内容
            if (recvtext != null && codeflg.equalsIgnoreCase("8")){
            //得到Java的短信文本字符串
            recvtext = smssendinformation.HexToBuf(recvtext);
            }
            tmp[2]=recvtext;
            System.out.println("短信内容:"+recvtext);
            list.add(tmp);
        }
    }
    closeConnection();              //关闭连接
    return list;
}
```

20.5.5　邮件群发模块

　　此模块的功能是实现邮件群发功能，并实现附件发送功能。

1. 邮件群发的 Action 实现类

邮件群发模块的 Action 实现类的主要代码如下所示。

```
package com.wgh.action;
………………………………………………
public class SendMail extends Action{
    private SendMailDAO sendMailDAO = null;
    private PersonnelDAO personnelDAO=null;
    private CustomerDAO customerDAO=null;
    private ChStr chStr=new ChStr();
    public SendMail() {
        this.sendMailDAO = new SendMailDAO();
        this.personnelDAO=new PersonnelDAO();
        this.customerDAO=new CustomerDAO();
    }
    public ActionForward execute(ActionMapping mapping,ActionForm form,HttpServletRequest request,HttpServletResponse response){
        String action = request.getParameter("action");
        System.out.println("获取的查询字符串:" + action);
        if (action == null || "".equals(action)) {
            request.setAttribute("error","您的操作有误!");       //将错误信息保存到error中
            return mapping.findForward("error");                //转到显示错误信息的页面
        }else if ("addMail".equals(action)) {
            return addMail(mapping, form, request,response);
        }else if("sendMail".equals(action)){
            return sendMail(mapping, form, request,response);
        }
            request.setAttribute("error", "操作失败!");
            return mapping.findForward("error");
    }
………………………………………………
```

2. 群发邮件群发的 Action 实现类

　　群发邮件使用的是 SendMailDAO 类的方法是 sendMail()，发送邮件的方法 sendMail() 的具体代码如下所示。

```java
// 发送邮件
public int sendMail(SendMailForm s) {
    int ret = 0;
    String from = s.getAddresser();
    String to = s.getAddressee();
    String subject = s.getTitle();
    String content = s.getContent();
    String password = s.getPwd();
    String path = s.getAdjunct();
    try {
        //String mailserver ="smtp."+to.substring(to.indexOf('@')+1,to.length());//在Internet上发送邮件时的代码
        String mailserver = "wanggh";                 //在局域网内发送邮件时的代码

        Properties prop = new Properties();
        prop.put("mail.smtp.host", mailserver);
        prop.put("mail.smtp.auth", "true");
        Session sess = Session.getDefaultInstance(prop);
        sess.setDebug(true);
        MimeMessage message = new MimeMessage(sess);
        message.setFrom(new InternetAddress(from));        // 给消息对象设置发件人
        //设置收件人
        String toArr[]=to.split(",");
        InternetAddress[] to_mail=new InternetAddress[toArr.length];
        for(int i=0;i<toArr.length;i++){
            to_mail[i]=new InternetAddress(toArr[i]);
        }
        message.setRecipients(Message.RecipientType.BCC,to_mail);
        //设置主题
        message.setSubject(subject);
        Multipart mul = new MimeMultipart();
        // 新建一个MimeMultipart对象来存放多个BodyPart对象
        BodyPart mdp = new MimeBodyPart(); // 新建一个存放信件内容的BodyPart对象
        mdp.setContent(content, "text/html;charset=gb2312");
        mul.addBodyPart(mdp); // 将含有信件内容的BodyPart加入到MimeMulitipart对象中
        if(!path.equals("") && path!=null){        //当存在附件时
            // 设置信件的附件 (用本机上的文件作为附件)
            mdp = new MimeBodyPart(); // 新建一个存放附件的BodyPart
            String adjunctname = new String(path.getBytes("GBK"), "ISO-8859-1");
            // 此处需要转码, 否则附件中包括中文时, 将产生乱码
            path = (System.getProperty("java.io.tmpdir") + "/" + path).replace(
                    "\\", "/");
            System.out.println("路径: " + path);
            FileDataSource fds = new FileDataSource(path);
            DataHandler handler = new DataHandler(fds);
            mdp.setFileName(adjunctname);
            mdp.setDataHandler(handler);
            mul.addBodyPart(mdp);
        }
        message.setContent(mul); // 把mul作为消息对象的内容
        message.saveChanges();
        Transport transport = sess.getTransport("smtp");
        // 以smtp方式登录邮箱, 第1个参数是发送邮件用的邮件服务器SMTP地址, 第2个参数为用户名, 第3个参
        // 数为密码
        transport.connect(mailserver, from, password);
        transport.sendMessage(message, message.getAllRecipients());
        transport.close();
        ret = 1;
    } catch (Exception e) {
        System.out.println("发送邮件产生的错误: " + e.getMessage());
        ret = 0;
    }
    return ret;
}
```

20.6　分析 Java Mail 组件

完成了邮件群发模块的编码后，接下来开始发送处理阶段的编码工作。本项目的核心功能之一是实现邮件发送，本项目将使用第三方控件 Java Mail，这样就不用编写太多的代码，只需直接调用 Java Mail 中的函数即可实现邮件发送。

20.6.1　Java Mail 简介

Java Mail 是 Sun 公司提供的一套完整的用于读取、编写和发送邮件的 API，利用 JavaMail 可

以实现类似 outlook、foxmail 等邮件客户端的程序。JavaMailAPI 隐藏了邮件底层的各种复杂操作，对邮件的特定协议提供了支持，如 smtp、pop3、imap、mime 等。简化了编写邮件程序的操作。

JavaMail 只是一套 API 标准，其实现要由 provider 来提供，其中 SUN 公司自己提供了一套实现，做为默认的 provider，也可以采用其他的 provider 实现来进行邮件的发送。.

20.6.2 邮件协议简介

要编写邮件程序，必须了解邮件的各种协议。邮件协议用于邮件服务器与服务器、服务器与客户端之间的相互交流，邮件协议本质上分为 4 种：smtp，pop3，imap，mime。

（1）SMTP：简单邮件传输协议（Simple Mail Transfer Protocol），它是事实上的在 Integer 上传输 E-mail 的标准。SMTP 是一个相对简单的基于文本协议。SMTP 是用于由服务器和服务器之间收发邮件的协议。SMTP 协议的主要功能有 4 个：①客户向服务器发送邮件；②服务器端接收客户邮件；③服务器接收其他服务器发来的邮件；④服务器向其他服务器发送邮件。SMTP 使用 TCP 端口 25。

（2）POP3：邮局协议的第 3 个版本（Post Office Protocol 3），它规定怎样将个人计算机连接到 Internet 的邮件服务器和下载电子邮件的电子协议。它是因特网电子邮件的第一个离线协议标准，POP3 允许用户从服务器上把邮件存储到本地主机上。它使用端口:110。

（3）MIME：多用途网际邮件扩充协议（Multipurpose Internet Mail Extensions and Secure MIME），用于定义复杂邮件体的格式，例如，在邮件体中内嵌的图像数据和邮件附件等。MIME 协议定义了如何在邮件体部分表达出的丰富多样的数据内容。一个采用了 MIME 协议的电子邮件就叫做 MIME 邮件。MIME 的格式灵活，允许邮件中包含任意类型的文件。MIME 消息可以包含文本、图像、声音、视频及其他应用程序的特定数据。MIME 复合消息的目录信头设有分界标志，这个分界标志绝不可出现在消息的其他位置，而只能是在各部之间以及消息体的开始和结束处。

（4）IMAP：交互式邮件存取协议（Internet Mail Access Protocol），与 POP3 类似，主要作用是使邮件客户端（例如 MS Outlook Express）可以通过这种协议从邮件服务器上获取邮件的信息，下载邮件等。

核心 JavaMail API 可以分为两部分，一部分由 7 个类组成：Session、Message、Address、Authenticator、Transport、Store 及 Folder，它们都来自 JavaMail API 顶级包（但开发者需要使用的具体子类可能在 javax.mail.internet 包内）。可以用这些类完成大量常见的电子邮件任务，包括发送消息、检索消息、删除消息、认证、回复消息、转发消息、管理附件、处理基于 HTML 文件格式的消息以及搜索或过滤邮件列表，这类任务主要属于 MTA 范畴。

20.6.3 邮件发送

邮件的发送简单来说可以总结为以下几部分。

（1）建立邮件会话对象（Session）。

（2）由会话对象（session）创建 mimeMessage 邮件。

（3）由会话对象（session）创建邮件发送对象（Transport）。

（4）由发送对象发送邮件，并关闭 Transport 。

Session 是 JavaMail 中最重要的类之一，表示邮件会话，是 JavaMail API 的最高层入口类。要收发邮件，首先得建立 session 对象。建立 Session 对象使用 session 的静态方法 Session. getInstance (Properties pro)；参数需要一个 Properties 对象，它提供了邮件服务器的各种参数，包括邮件服务器所用的传输协议，是否需要登录认证，SMTP 地址和 POP3 地址等。例如下面的 Java 代码。

```
Properties props = new Properties();
props.setProperty("mail.smtp.auth", "true");
props.setProperty("mail.transport.protocol", "smtp");
```

```
props.setProperty("mail.store.protocol", "pop3");
props.put("mail.smtp.host", "smtp.163.com")
Session session = Session.getInstance(props);

Properties props = new Properties();
props.setProperty("mail.smtp.auth", "true");
props.setProperty("mail.transport.protocol", "smtp");
props.setProperty("mail.store.protocol", "pop3");
props.put("mail.smtp.host", "smtp.163.com")
Session session = Session.getInstance(props);
```

要注意的是 Session 的创建还有另一个静态方法 session.getInstance (Properties prop, Authenticator auth)。Authenticator 是一个认证对象，当程序需要邮件服务器用户名和密码时，这个对象被当做回调对象来使用，可以得到认证信息。

再看下面的 Java 代码。

```
Session session = Session.getInstance(props,new Authenticator(){
    protected PasswordAuthentication getPasswordAuthentication(){
        return new PasswordAuthentication("username","password");
    }
  }
);
Session session = Session.getInstance(props,new Authenticator(){
protected PasswordAuthentication getPasswordAuthentication(){
return new PasswordAuthentication("username","password");
}
  }
);
```

PasswordAuthentication 不是 Authentication 的子类,它是一个持有邮件服务器用户名和密码的一个普通 Javabean，只有 getUsername 和 getPassword 两个方法。

在 JavaMail 里，邮件类用 Message 表示，Message 是抽象类，JavaMail 里只提供了一个子类 MimeMessage。MimeMessage 就是前面讲过的 Mime 邮件，可以表示复杂的邮件格式，MimeMessage 的构造器需要提供一个 session 对象，MimeMessage 对象可以设置邮件内容、主题、发件人、收件人等信息。

看下面的 Java 代码。

```
Message message=new MimeMessage(session);
message.setSubject("主题");
message.setText("邮件内容");
message.setFrom(new InternetAddress("xxxx@sohu.com"));

Message message=new MimeMessage(session);
message.setSubject("主题");
message.setText("邮件内容");
message.setFrom(new InternetAddress("xxxx@sohu.com"));
```

邮件的地址用 InternetAddress 表示，复杂结构的 MimeMessage 创建不是很容易。

当建立好邮件对象和 Session 后，下一步就是创建邮件发送象 Transport。当创建好 Transport 对象后，就可以进行邮件发送了，发送时有 3 步操作。

（1）调用 transport 对象的 conection 方法连接 smtp 服务器,该方法有 4 个参数,分别是 smtp 地址，端口号（默认 25），用户名和密码。

（2）发送邮件 Transport.sendMessage (Message)。

（3）关闭 Transport 连接 Transport.close()。

看下面的 Java 代码。

```
Transport tran=session.getTransport();
tran.connection("smtp.163.com",25,"username","password");
tran.sendMessage(message);
tran.close();
Transport tran=session.getTransport();
tran.connection("smtp.163.com",25,"username","password");
tran.sendMessage(message);
tran.close();
```

在此处要注意的是 Transport 是一个抽象类，其子类由 provider 提供，Transport 有两个静态方法 send (Message message)和 send (Message message, Address[] address)。若要使用这两个静态方法，则 session 对象必须包含认证信息，即 Session 对象必须通过 Session.getInstance (Properties prop, Authentication auth)方法获得。调用这两个方法发送邮件时，transport 对象会自动连接服务器，发送并断开，所以若要循环发邮件，最好不要使用这两个方法，因为循环的连接、发送、断开是很费资源的。

邮件地址也可以在发送时指定 send (Message message,Address[] address)。Transport.send Message (Message message,Address[] address)。

20.6.4　收取邮件

Store 对象主要用于从邮件服务器取得邮件，其 API 和 Transport 类似，使用时首先也要进行服务器连接，使用完后要关闭。不同的是 Transport 可以直接发送邮件，而 Store 则需要先打开文件夹 Folder。从 Folder 里才可以得到邮件。Folder 使用完后必须要关闭，Store 也要关闭。

Store 定义的存储器包括一个分层的目录体系，消息存储在目录内，客户程序可以通过获取一个实现了数据库访问协议的 Store 对象来访问消息存储器，绝大多数存储器要求用户在访问前提供认证信息，connect 方法执行了该认证过程。

看下面的 Java 代码如下所示。

```
Store store=session.getStore();
store.connect("pop.163.com",110,"username","password");
Store store=session.getStore();
store.connect("pop.163.com",110,"username","password");
```

Folder 是一个抽象类，用于分级组织邮件，其子类提供针对具体协议的实现。Folder 代表的目录可以容纳消息或子目录，存储在目录内的消息被顺序计数（从 1 开始到消息总数），该顺序被称为"邮箱顺序"，通常基于邮件消息到达目录的顺序。邮件顺序的变动将改变消息的序列号，这种情况仅发生在客户程序调用 Expunge 方法擦除目录内设置了 Flags.Flag.DELETED 标志位的消息时。执行擦除操作后，目录内消息将重新编号。

客户程序可以通过消息序列号或直接通过相应的 Message 对象应用目录中的消息，由于消息序列号在会话中很可能改变，因此应尽可能保存 Message 对象而非序列号来反复引用对象。

连接到 Store 之后，接下来可以获取一个文件夹（Folder）。该文件夹必须先使用 open()方法打开，然后才能读取里面的消息。看下面的 Java 代码。

```
Folder folder = store.getFolder("INBOX");
folder.open(Folder.READ_ONLY);
Message[] message = folder.getMessages();
Folder folder = store.getFolder("INBOX");
folder.open(Folder.READ_ONLY);
Message[] message = folder.getMessages();
```

上述 open()方法指定了要打开的文件夹及打开方式（如 Folder .READ_WRITE）。INBOX 是 POP3 唯一可以使用的文件夹。如果使用 IMAP，还可以用其他的文件夹。获得 Message 之后，就可以用 getContent()获得其内容，或者用 writeTo()将内容写入输出流。getContent()方法只能得到消息内容，而 writeTo()的输出却包含消息头。读完邮件之后要关闭与 Folder 和 Store 的连接。例如下面的 Java 代码。

```
folder.close();
store.close();
```

20.7　项　目　调　试

编译运行后的管理登录界面如图 20-9 所示。

管理主界面效果如图 20-10 所示。

发送短信界面如图 20-11 所示。

图 20-9　管理登录界面效果图

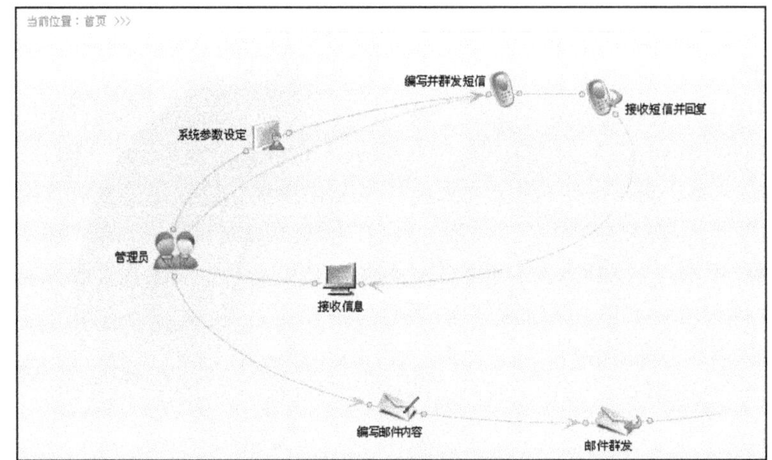

图 20-10　管理主界面效果图

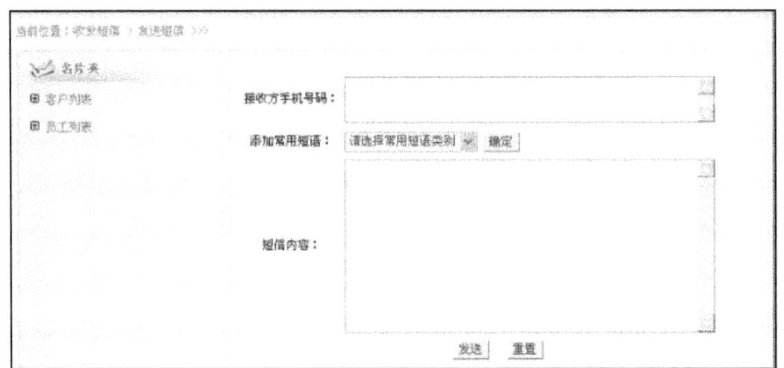

图 20-11　发送短信界面效果图

发送邮件界面如图 20-12 所示。

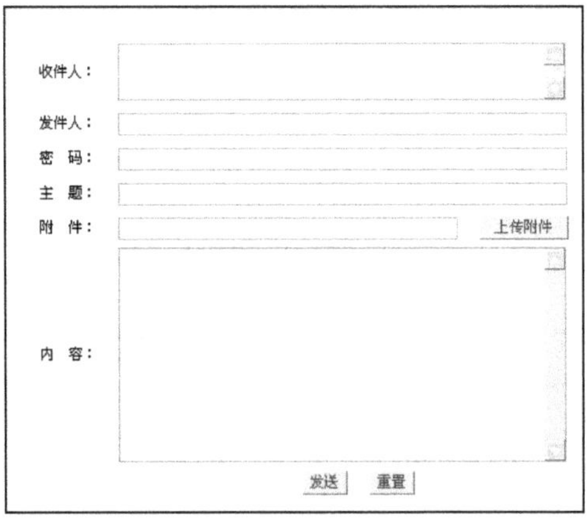

图 20-12　发送邮件界面效果图